钽铌酸钾功能晶体

周忠祥　田　浩　孟庆鑫
宫德维　申艳青　李　均　著

科 学 出 版 社
北　京

内 容 简 介

光电功能材料在光学和材料科学中均占有十分重要的地位，其应用潜力巨大，是当前世界各国科学研究竞争十分剧烈的科学领域之一。本书首先论述钽铌酸钾晶体的性能及其掺杂改性，然后着重以掺锂的钽铌酸钾晶体为例，详细介绍晶体的生长、基本性能、压电性能、电光效应、上转换发光特性及在电控全息方面的应用；同时对两种新型光电功能晶体——钽铌酸钾钠晶体和铌酸钾钠晶体在居里温度附近体现出的巨压电性能做详细论述；最后，对基于顺电相钽铌酸钾锂晶体的电控全息器件（包括电控全息光开关、分束器、图像处理等器件）进行了介绍。

本书可供光电信息、材料、光通信、固体物理、物理化学等相关专业高年级本科生、研究生及相关科研人员、工程技术人员参阅。

图书在版编目(CIP)数据

钽铌酸钾功能晶体/周忠祥等著. —北京：科学出版社，2018.11

ISBN 978-7-03-059048-0

Ⅰ. ①钽… Ⅱ. ①周… Ⅲ. ①光电材料-功能材料-研究 Ⅳ. ①TN204

中国版本图书馆 CIP 数据核字（2018）第 230808 号

责任编辑：杨慎欣 韩海童 / 责任校对：蒋 萍

责任印制：吴兆东 / 封面设计：无极书装

科学出版社出版

北京东黄城根北街 16 号

邮政编码：100717

http://www.sciencep.com

北京凌奇印刷有限责任公司印刷

科学出版社发行 各地新华书店经销

*

2018 年 11 月第 一 版 开本：787×1092 1/16

2019 年 4 月第二次印刷 印张：20 3/4

字数：531 000

定价：148.00 元

（如有印装质量问题，我社负责调换）

前　言

钽铌酸钾（$KTa_{1-x}Nb_xO_3$，KTN）是一种优秀的钙钛矿类固溶体。近十年来，中国、日本等国家的相关大学和研究所突破了 KTN 的生长瓶颈，获得了高光学质量的大尺寸晶体。KTN 晶体因其优良性能被用于设计光偏转器、电控衍射光开关、光电传感器等光电功能器件，但是其优异性能的物理根源仍然是物理学研究者关注的重要问题，属于近年光电功能材料的研究前沿性热点。目前为止，尚未见有关于 KTN 晶体性能及应用方面的专著类书籍出版。

本书以具有多种性能的 KTN 晶体为研究对象，详细介绍其可控生长到掺杂改性，从新型性能调控机制的物理起源到实现晶体的高性能，从激光与晶体相互作用到应用器件的研制，并对包含晶体的电光、压电、铁电、发光、结构改性、微纳结构对性能影响等多方面进行更全面地描述。第 1 章在介绍晶体生长的溶液法、熔融法和气相法三种方法之后，着重介绍 KTN 晶体、钽铌酸钾锂（$K_{1-y}Li_yTa_{1-x}Nb_xO_3$，KLTN）晶体、钽铌酸钾钠（$K_{1-y}Na_yTa_{1-x}Nb_x$，KNTN）晶体、铌酸钾钠（$K_{1-x}Na_xNbO_3$，KNN）晶体的生长，讨论了生长工艺对晶体生长的影响。第 2 章从第一性原理出发，解释了原子局域有序与 KTN 的几何结构与光学性能的相互作用机制，从理论和实验两方面研究 KTN 晶体线性电光效应与二次电光效应。第 3 章讨论居里温度附近 KTN 晶体临界特性，探究极性纳米微区（polar nanoregions，PNRs）的本征特性及其与宏观性能之间的关系成为铁电固溶体研究的重要方向，为实现铁电材料性能人工调控、新型铁电材料开发、新功能特性的探索提供可行路线。第 4 章讨论 KLTN 晶体基本性能及相变。通过晶体介电、热释电和热膨胀性质，对 KLTN 晶体相变过程和机理来进行全面表征，最后给出 KLTN 晶体组分-相变温度相图。第 5 章讨论无铅 KLTN 晶体压电与铁电性能。目前研究和应用最为广泛、占统治地位的含铅压电材料，给人类社会及生态环境带来严重危害，关于 KLTN 晶体的热释电、压电和铁电性能研究鲜有报道，本章将无铅 KLTN 晶体的压电、铁电特性有机结合，开展 KLTN 晶体压电和铁电特性研究。第 6 章讨论 KLTN 晶体的电光性能。由结构简单的铌酸钾晶体入手，从简单到复杂，对 KLTN 晶体线性电光及二次电光性能进行介绍和讨论，并对电控光折变性能和基于二次电光效应的空间光孤子进行研究，为器件开发提供理论基础。第 7 章讨论基于顺电相 KLTN 晶体的电控全息器件，包括基于 KLTN 晶体电控全息光开关、分束器、图像处理和基于折射率梯度可变 KTN 晶体的偏转器件。第 8 章讨论 KLTN 晶体上转换发光性质。通过对稀土掺杂 Er^{3+}及 Er^{3+}/Yb^{3+}四方钨青铜型 KLTN 单晶的生长、基本物理性质、晶体吸收性能和光致发光性能、上转换荧光性能进行系统研究，分析其作为激光晶体的可行性。第 9 章讨论新型光电功能材料 KNTN 晶体，该晶体是 KNN 和 KNT 的固溶体。首先利用第一性原理对 KNTN 晶体性能进行研究；其次，研究 KNTN 单晶电学、压电、磁电耦合特性、光学性质和电光性能。第 10 章主要从 KNN 单晶的相结构、电学性能、压电常数演变、巨压电性能等方面进行讨论。KNN 单晶作为无铅压电材料，相比较陶瓷，该晶体组分均一，结构简单，不存在晶界等不确定因素，在压电和铁电等方面是对材料的物理机理研究的最佳选择。

本书的章节设计、内容规划及编写工作由周忠祥负责，同时参加编写的人员有田浩（第

7 章、第 10 章），孟庆鑫（第 1 章、第 9 章），宫德维（第 6 章、第 8 章），申艳青（第 2 章、第 3 章），李均（第 4 章、第 5 章），全书由周忠祥负责统稿。本书是作者近年来开展课题研究成果的汇编和总结，主要内容来源于本课题组毕业的田浩、宫德维、申艳青、李均、李杨、孙洪国、李磊、杨文龙、李欢、姚博、胡程鹏等十余位博士的学位论文及部分硕士学位论文，同时特别感谢展凯云博士对 6.4 小节内容的贡献。此外，还要特别感谢以下基金项目对本书主要研究成果的资助：国家自然科学基金项目（项目编号：11074059、11674079、11204053、50902034、51502054、61205011）和黑龙江省杰出青年基金项目（项目编号：JC200710）。同时也感谢在本书出版过程中给予帮助的所有人员。

本书内容紧扣钽铌酸钾晶体的研究前沿，体系完善、保证科学性的同时又有一定的前瞻性，作者希冀本书的出版能为国内光电功能材料的发展提供帮助。但近年来钽铌酸钾晶体研究发展很快，再加上时间仓促，疏漏与不足之处在所难免，恳请读者批评指正。

周忠祥

2018 年 7 月

目　　录

第1章

钽铌酸钾类晶体生长

1.1 晶体生长方法

一定配比的物质在相应温度、压力、浓度、介质、酸碱度等条件下由气相、液相、固相转化，形成特定线度尺寸晶体的过程称为晶体生长。晶体生长是基于物质在相关物相中化学势间准平衡关系的合理维持。晶体生长的方法有很多，主要分为溶液法、熔融法和气相法[1, 2]。

1.1.1 溶液法

溶液法分为常温溶液法和高温溶液法。

1. 常温溶液法

常温溶液法是指将原料（溶质）溶解在溶剂中，采取适当的措施使得溶液过饱和状态，使晶体在其中生长的方法。根据工艺的区别，常温溶液法又可分为降温法、流动法、电解溶剂法和蒸发法。本节以最常用的降温法为例，详细说明一下常温溶液法。

降温法的基本原理是利用物质较大的正溶解度温度系数，在晶体生长过程中逐渐降低温度，使析出的溶质不断在晶体上生长。受到蒸发等条件的限制，降温法更适合生长溶解度温度系数较大的物质，物质的溶解度温度系数应大于 1.5g/℃（100g 溶液中）。降温法的起始温度应控制在 50～60℃，降温区间以 15～20℃为宜。这种方法的关键是控制降温速度，保证溶液始终处于亚稳区内，并维持适宜的过饱和度。一般来说，在生长初期降温速度要小些，生长后期则应适当提高降温速度。

在降温过程中，要随时监控溶液的过饱和度。晶体生长过程中，生长涡流的强弱、晶面相对大小的变化、次要面的出现和消失、晶面花纹的形状等生长现象的出现，往往是溶液过饱和度偏高或偏低以及晶体均匀性将遭破坏的信号。因此，可以利用这些现象来评估过饱和度，调整降温速度。

常温溶液法生长晶体具有以下优点。

（1）晶体可在远低于其熔点的温度下生长。有些晶体在温度低于熔点时就会出现分解，或发生非预期晶型转变，也有些晶体在熔化过程中会出现很高的蒸气压，影响生长质量和安全。常温溶液法中溶液的引入，使晶体在较低的温度下生长，可以有效地避免上述问题。此外，低温生长降低了热源和生长容器的要求，同时能够降低生长成本。

（2）降低黏度。有些晶体在熔化状态时黏度很大，冷却时不能形成晶体而成为玻璃体，溶液法采用低黏度的溶剂即可避免这一问题。

（3）容易长成大块的、均匀性良好的晶体，并且有较完整的外形。

（4）在多数情况下，可直接观察晶体生长过程，便于对晶体生长动力学进行研究。

常温溶液法的缺点有：溶液的使用，使得参与生长过程的物质组分增多，影响晶体生长因素比较复杂，生长速度较慢，周期长（一般需要数十天乃至一年以上）。另外，溶液法生长晶体对控温精度要求比较高。

2. 高温溶液法

高温溶液法又称为助溶剂法，是生长晶体的一种重要方法。高温下从溶液或者熔融盐溶剂中生长晶体，可以使溶质相在远低于其熔点的温度下进行生长。高温溶液法又可分为缓冷法和水热法。

缓冷法是指在高温下，当晶体材料全部熔融于助溶剂中之后，通过缓慢降温冷却，使晶体从饱和熔体中自发成核并逐渐成长的方法。缓冷法所使用的设备简单、价廉，因而应用最为广泛。但因为自发成核过程中，可能出现多个晶核，所以不宜生长大尺寸的单晶。缓冷法晶体生长装置示意图，如图 1.1 所示。

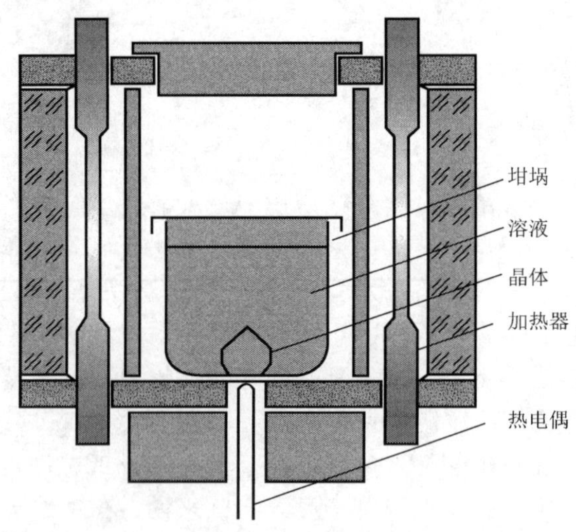

图 1.1　缓冷法晶体生长装置示意图[1]

缓冷法生长单晶最关键的技术是控制过饱和度和成核数。缓冷生长中，减少晶核数的有效方法有温度振动法和局部过冷法。在自发成核前，引入籽晶可以实现真正的单核生长，克服通常缓冷法不宜生长大尺寸单晶的不足。

水热法又称高压溶液法，是利用高温高压的水溶液使那些在大气条件下不溶或难溶于水的物质通过溶解或反应生成该物质的溶解产物，并达到一定的过饱和度而进行结晶和生长的方法。水热法晶体生长装置示意图，如图 1.2 所示。

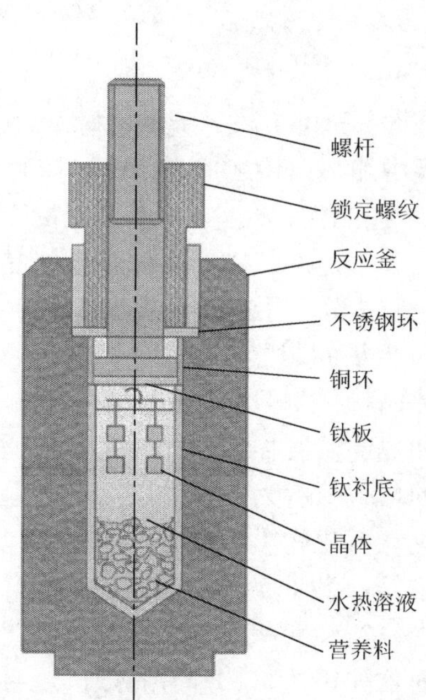

图 1.2　水热法晶体生长装置示意图[1]

水热法生长过程是在压力与气氛可以控制的封闭系统中进行的。这种方法的生长温度比熔融法和熔盐法低很多，生长区基本处于恒温和等浓度状态，温度梯度小，属于稀薄相生长，溶液黏度低。此方法适合生长那些熔化前后会分解、熔体蒸气压较大、高温易升华或者只有在特殊气氛才能稳定的晶体。生长出来的晶体热应力小、宏观缺陷少、均匀性和纯度高。同时，这种方法存在理论分析困难、重现性较差、难于实时观察、参量调节困难等缺点。

总的来说，高温溶液法具有很强的适用性，许多难熔的化合物、在熔点极易挥发的材料、由于变价而分解释放出气体的材料、非同成分熔融化合物等，只要能找到适当的助溶剂或助溶剂组合，都能通过助溶剂法生长出单晶。这种方法非常适合生长高熔点、存在低温相变、存在高蒸气压成分的晶体的制备。

高温溶液法的缺点是许多助溶剂都有不同程度的毒性，其挥发物还经常腐蚀或污染炉体，晶体生长的速度慢、生长周期长，很难生长出大尺寸的晶体。

1.1.2　熔融法

熔融法是将生长晶体的原料熔化，在一定条件下使之凝固，变成单晶，是制备大单晶和特定形状的单晶最常用的一种方法。现代技术应用中所需要的单晶材料，大部分是用熔融法生长制备出来的，如单晶硅、氮化镓、铌酸锂、掺钕的钇铝石榴石等，这种方法生长的许多晶体品种已开始进行工业化生产。与其他方法相比，熔融法通常具有生长快、晶体的纯度和完整性高等优点。生长的单晶不仅适用于基础理论研究，也可以用来制作器件。

熔融法主要包含原料熔化和熔体凝固两大步骤，熔体必须在受控制的条件下实现定向凝固，生长过程是通过固液界面的移动来完成的。熔融法又分为：提拉法、坩埚下降法、泡生法、水平区熔法、焰熔法、浮区法等。本节主要以提拉法和坩埚下降法为例，介绍一下熔融法。

1. 提拉法

提拉法又名丘克拉斯基（Czochralski）法，是熔体生长中最常见的一种方法。具体做法是：将生长晶体的原料放在坩埚中加热，使之成为熔体，控制生长炉内的温度分布（温场），使得熔体和籽晶/晶体的温度有一定的温度梯度。籽晶杆上的籽晶与熔体接触后表面就会发生熔融，此时提拉并转动籽晶杆，处于过冷状态的熔体就会结晶于籽晶上。随着籽晶的提拉和旋转，籽晶和熔体的交界面上原子或分子不断进行重新排列，逐渐凝固而生长出单晶体。

提拉炉是用来进行晶体提拉生长的装置，如图 1.3 所示，一般由五部分组成：①加热系统，主要有电阻加热和感应加热两种。电阻加热使用电阻丝、硅碳棒等，系统成本低，可制成复杂形状的加热器。而感应加热的温度控制更加精确，更适合低温生长，但成本和运转费用高。②坩埚和籽晶夹，常用的坩埚材料为铂、铱、钼、石墨、二氧化硅或其他高熔点氧化物。其中铂、铱和钼主要用于生长氧化物类晶体。籽晶用籽晶夹来固定。籽晶应选用无位错或位错密度低的单晶。③传动系统，为了获得稳定的旋转和升降，传动系统由籽晶杆和升降系统组成。④气氛控制系统，由真空装置和充气装置组成。⑤后加热器，可用高熔点氧化物如氧化铝、陶瓷或多层金属反射器如钼片、铂片等制成，通常放在坩埚的上部，生长的晶体逐渐进入后加热器，生长完毕后就在后加热器中冷却至室温。

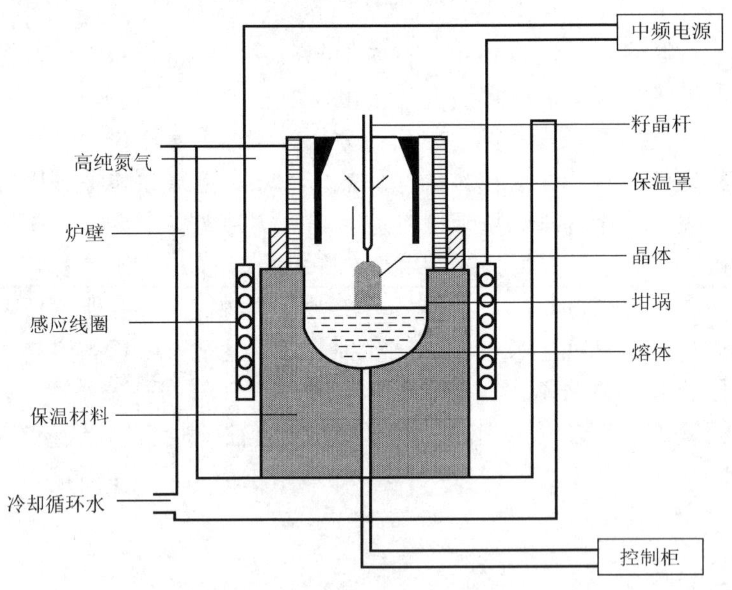

图 1.3　提拉炉结构示意图[2]

提拉法生长晶体的过程大致分为多晶料烧结、提拉晶体以及晶体出炉几个步骤。

（1）多晶料烧结。

采用提拉法生长晶体，多晶料的制备是必不可少的一步。多晶料烧结制备，主要包括称料、混料、烧料、压料、二次烧结、物相判定等几个步骤。按照化学反应成分比，并根据原料特性考虑是否需要过量，将各化学药品称量出来。为了使各成分之间反应完全，药品配好之后，需要长时间搅拌，使它们混合均匀。将混好的原料按照一定的升温方式，在特定的温度下进行烧结。经过一定时间，就可以反应完全，生成多晶料。将烧结的多晶料研磨，再通过油压机压成紧密的块体。一般来说，仅仅经过一次烧结并不能使得原料之间反应完全，应该再进行二次烧结以形成较纯净的多晶料，有时候可能需要多次烧结。对于烧结的多晶料，特别是新晶体，最好用 X 射线粉末衍射或其他手段进行检验，以确定其成分。经过以上步骤，基本上就可以得到可以用于晶体生长的多晶料了。

（2）提拉晶体。

准备好籽晶和晶体生长的多晶料，就可以进行晶体提拉生长了。晶体生长一般包括装炉、上籽晶、化料、下种、提拉五个步骤。首先将制备的原料多晶料装填在坩埚内，放入提拉炉，并用保温材料密封。将籽晶装在籽晶杆上，并将籽晶杆固定在提拉杆上。将多晶料经过一定的升温过程升温到特定的温度，使得多晶料熔融，并保持一个合适的温场（温度梯度）。降低提拉杆使籽晶接触熔体液面，旋转、提拉提拉杆，晶体在籽晶上慢慢生长成大块晶体。

（3）晶体出炉。

晶体生长完成后，经过合适的降温步骤，炉温降至室温，就可以把晶体取出，完成出炉过程了。

提拉法被广泛应用于生长光学晶体，如铌酸锂（$LiNbO_3$）、铌酸钾锂（$K_{1-y}Li_yNbO_3$，KLN）、钽酸钾锂（$K_{1-y}Li_yTaO_3$，KLT）、蓝宝石、红宝石、钇铝石榴石（yttrium aluminum garnet，YAG）和钆镓石榴石（gadolinium gallium garnet，GGG）等。提拉法具有便于观察生长过程、防止坩埚壁上寄生成核、生长速率快并且能够定向生长出优质单晶等优点。但该方法中常采用高温难熔的氧化物（如氧化锆、氧化铝等）作为保温材料，对坩埚有氧化作用，容易对熔体造成污染，在晶体中形成包裹物等缺陷。

2. 坩埚下降法

坩埚下降法，又称垂直布里奇曼法（vertical Bridgman method），是从熔体中生长晶体的一种方法，基本原理如图 1.4 所示。将晶体生长的原料装入合适的容器（通常称为坩埚或安瓿）中，在具有单向温度梯度的晶炉内进行生长。坩埚下降法的晶体生长炉通常采用管式结构，并分为 3 个区域，即加热区、梯度区和冷却区。加热区的温度高于晶体的熔点，冷却区的温度低于晶体熔点，梯度区的温度逐渐由加热区温度过渡到冷却区温度，形成一维的温度梯度。温度梯度形成的结晶前沿过冷是维持晶体生长的驱动力。首先将坩埚置于加热区进行熔化，并在一定的过热度下恒温一段时间，获得均匀的过热熔体。然后通过炉体的运动或坩

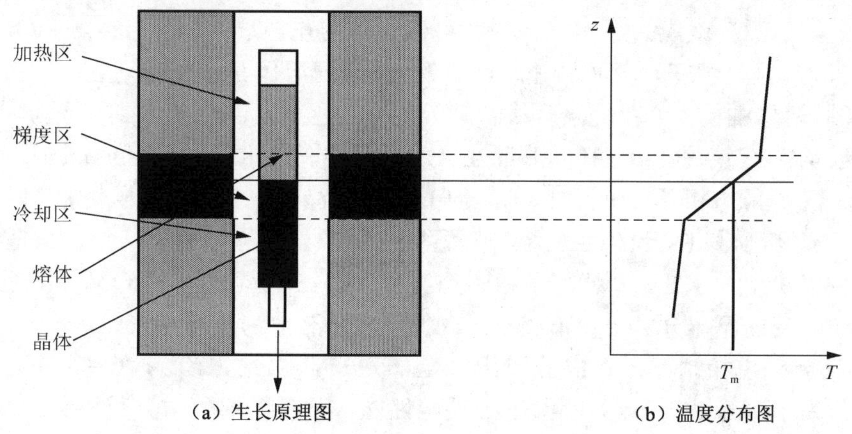

（a）生长原理图　（b）温度分布图

图 1.4 坩埚下降法晶体生长基本原理及温度分布[3]

埚的移动使坩埚由加热区穿过梯度区向冷却区运动。坩埚进入梯度区后熔体发生定向冷却，首先达到低于熔点温度的部分发生结晶，并且随着坩埚的连续运动而冷却，结晶界面沿着与其运动相反的方向定向生长，实现晶体生长过程的连续进行。使用尖底坩埚可以成功得到单晶，也可以在坩埚底部放置籽晶。对于挥发性材料要使用密闭坩埚。此法主要用于生长碱金属和碱土金属的卤化物晶体。其优点有：首先，坩埚封闭，可生长原料中具有挥发性物质的晶体；其次，原料成分易控制，可用于培养籽晶，也可生长大尺寸单晶；最后，由于该法生长的晶体留在坩埚内，可以一炉同时生长几块晶体，易于实现工艺自动化。该方法的缺点是：无法生长负膨胀系数的材料，坩埚的使用容易形成应力和污染，不易于观察晶体生长情况[3]。

1.1.3 气相法

所谓气相法生长晶体，就是将拟生长的晶体材料通过升华、蒸发、分解等过程转化为气相，然后在适当条件下使它成为饱和蒸气，经冷凝结晶而生长成晶体。气相法主要可以分为两种：物理气相沉积法（physical vapor deposition，PVD）和化学气相沉积法（chemical vapor deposition，CVD）。物理气相沉积法是指利用升华-凝结法、分子束外延法、阴极溅射法等物理凝聚的方法将多晶原料经过气相转化为单晶体的过程。化学气相沉积则是通过化学传输法、气体分解法、气体合成法等化学过程将多晶原料经过气相转化为单晶体的方法。

气相法晶体生长的特点是生长的晶体纯度高、完整性好，但是，这种方法晶体生长速度慢，生长过程中很难控制温度梯度、过饱和比、携带气体的流速等因素。目前，气相法主要用于晶须生长和外延薄膜的生长（包括同质外延和异质外延）。由于本书中涉及的钽铌酸钾类晶体并未采用气相法生长，因此我们不再详细论述这种方法。

1.2 KTN 晶体的生长

1.2.1 KTN 系晶体的生长合成相图

铌酸钾（$KNbO_3$）和钽酸钾（$KTaO_3$）都属 ABO_3 钙钛矿结构，但是它们拥有迥然不同的居里温度。基于两种化合物的单元格尺寸相差较小，再加上钽酸盐和铌酸盐同构的自然本性，两种金属盐之间的固溶就成为现实，这样就可以制作居里温度介于 13K（$KTaO_3$ 居里温度）和 688K（$KNbO_3$ 居里温度）之间的任意组分的 KTN 固溶体。

在 KTN 固溶体中，三个相变温度将相图分为四个区域。温度从低到高上升时，晶体的晶相按照顺序经历：三方铁电相（rhombohedral）→正交铁电相（orthorhombic）→四方铁电相（tetragonal）→立方顺电相（cubic）。图 1.5 给出了 KTN 晶体组分随各个相变温度的关系[4]。

从图中可以看出，KTN 系统的三个相变温度都是源自端点组分 $KNbO_3$，正是因为 $KNbO_3$ 自身的相变特点决定了 KTN 系统整个相图的结构。而在室温下，KTN 晶体随组分不同以不同的结构存在：铌的摩尔分数 x 为 0.35～0.40 时 KTN 晶体为立方顺电结构；x 为 0.39～0.47 时，KTN 为四方铁电相；当 $x>0.47$ 直到组分全部为 $KNbO_3$ 时，KTN 在室温下都以正交结构存在。因此，为了研究 KTN 体系室温下的铁电性能，可将铌的摩尔分数控制在 $0.39\leqslant x<1$ 生长合适组分的 KTN 晶体。图 1.6 为 Reisman 等[5]先后通过微分热量和电阻分析描绘出的 KTN 系统的生长合成相图。

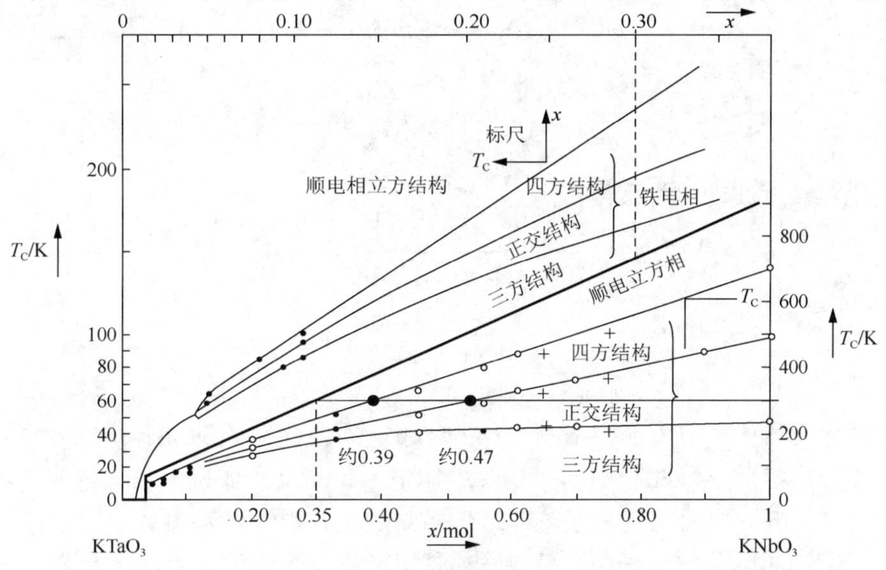

图 1.5　KTN 体系组分相图[4]

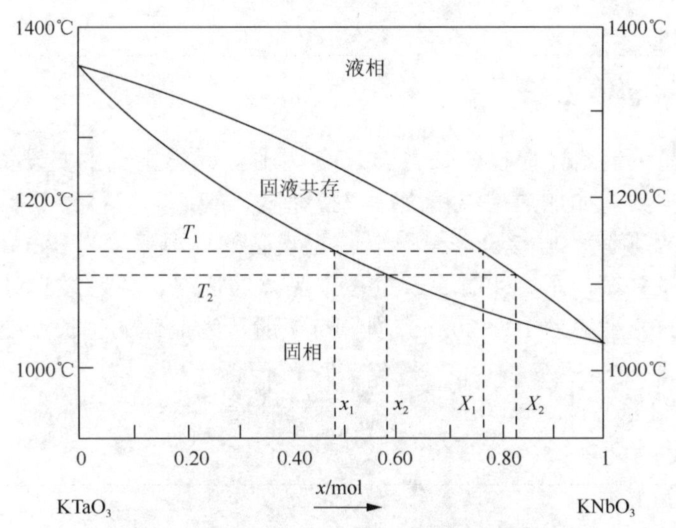

图 1.6　KTN 系统生长相图[5]

王旭平[6]对 KTN 晶体合成相图的固相和液相线进行拟合，得到固液相组分与平衡温度的表达式如下。

固相线：
$$T = -102.4x^3 + 383x^2 - 596.3x + 1352 \tag{1.1}$$

液相线：
$$T = -132.2X^3 + 11.5X^2 - 198.5X + 1352 \tag{1.2}$$

式中，x 和 X 分别表示固相和液相时的铌摩尔分数，K。因此，由温度波动引起的组分变化为

$$\Delta x = \frac{\mathrm{d}x}{\mathrm{d}T}\Delta T \tag{1.3}$$

式（1.3）再结合图 1.6 可以看出，在 KTN 富铌区域，晶体或熔体中铌的摩尔分数越大，由温度波动引起的组分变化也就越大。所以我们在生长富铌 KTN 晶体的时候应该更加重视晶体生长的不均匀性。

晶体生长完成前后，晶体和熔体中铌的摩尔分数（分别用 m 和 M 表示）的变化应满足：

$$m(X_1 - x_1) = (M - m)(X_2 - X_1) \tag{1.4}$$

因为$M \gg m$，即

$$m = \frac{1}{(X_1 - x_1)} M(X_2 - X_1) \tag{1.5}$$

代入组分变化对温度波动的关系得

$$m = \frac{M}{(X_1 - x_1)(-\Delta T / \Delta X)_{T_1}} (T_1 - T_2) \tag{1.6}$$

所以

$$V = \frac{M}{\rho(X_1 - x_1)(-\Delta T / \Delta X)_{T_1}} (T_1 - T_2) \tag{1.7}$$

式中，V为晶体的体积；ρ为晶体密度；$(\Delta T / \Delta X)_{T_1}$为温度为$T_1$处熔体中组分随温度的变化量，$(X_1 - x_1)$也为常数。因此在不同质量的熔体中生长质量和体积一定的晶体时，熔体质量与温度波动（$T_2 - T_1$）成反比例关系，即熔体质量越大，温度波动则越小，引起的组分变化就越小。但是因为实际晶体生长中，温度波动是不可避免的，可以通过加大熔体质量M以减小温度波动所带来的晶体组分不均匀性，即采用大坩埚生长尺寸较小的晶体来尽量降低不均匀性。

1.2.2 熔体提拉法晶体生长

采用工艺最为简单的熔体提拉法来生长 KTN 晶体，晶体生长主要设备是单晶炉，应根据需要选择单晶炉的参数，如加热控温精度、提拉速度、转速、提拉误差等。加热装置采用可控硅中频电源，加热频率为 2～2.5kHz，生长控温设备的控温精度为±0.3℃。单晶炉还应配置称重系统和连续加料系统，了解实时生长过程中晶体的情况，并通过实时加料来保持熔体组分稳定。称重系统的分辨率为 10～20mg。如图 1.7 所示为晶体的生长系统实物图[7]。

图 1.7 熔体提拉法 KTN 晶体生长系统

1. 原料配备

生长晶体的原料为五氧化二铌（Nb_2O_5）、五氧化二钽（Ta_2O_5）、碳酸钾（K_2CO_3），纯度应达到 99.99%以上。配料比按式（1.8）所表示的方程式进行。

$$K_2CO_3 + (1-x)Ta_2O_5 + xNb_2O_5 \xrightarrow{\text{高温}} 2KTa_{1-x}Nb_xO_3 + CO_2\uparrow \tag{1.8}$$

需要注意的是，由于反应最终形成的体系为铌的连续固溶体，因此配料组分和最终想要得到的晶体的组分是不同的。我们可以根据相图来大体计算该对应关系。由于熔体中 Ta 的分凝系数远大于 Nb，因此如果想要生长 x=0.37 的 KTN 晶体，即晶体中 Nb/Ta（摩尔比）=0.37/0.63，在配料时 Nb_2O_5 和 Ta_2O_5 的比例大约为 0.7/0.3。除此之外，由于熔体中 K_2O 易挥发，配料时应适当增加 K_2CO_3 的配料，适当过量的 K_2O 还可以起到有效降低体系熔点的作用，更易加工。

将配制好的原料在混料机中混匀 24h 以上，并在 10MPa 下压制成块，然后置于白金坩埚中进行烧结以得到多晶料。在多晶料合成过程中，烧结温度的选择非常关键。过高的烧结温度会使原料熔化板结，而温度过低又会造成固相反应不完全，都会影响多晶料质量。对于 KTN 多晶料而言，烧结温度应随原料中铌的摩尔分数的增加而有所降低。烧结温度应在 1000～1100℃变动，烧结时间则控制在 10～20h 为宜。为了保证固相反应完全，有时会进行二次烧结，即将第一烧结后的多晶料重新研磨成粉末后重复上一过程，最终得到质量合格的 KTN 多晶粉料。

2. KTN 单晶生长

利用图 1.7 所示的人工晶体生长炉进行 KTN 单晶生长。为了提高晶体的组分均匀性，可以采用大坩埚生长小尺寸晶体。晶体生长过程需经过收颈、放肩、等径生长、脱离和降温等过程。

将合成的多晶料置入白金坩埚中，选择合适的升温速率化料，原料全熔后记下该温度并继续升温约 100℃过热 1～2h，使熔体组分均匀分布，同时还可以驱赶固相反应阶段未释放完全的 CO_2，从而减少晶体生长过程中气泡等缺陷的生成。

待熔体均匀后缓慢降温至略高于全熔点处恒温，准备下种。将经过加工定向的籽晶缓慢下入熔体中，使其稍稍熔化，以驱除籽晶表面可能存在的各种缺陷，并保证籽晶与熔体接触的端面有一层新鲜的原子面。待籽晶生长后，以适当的速度提拉并收细籽晶，防止籽晶中的缺陷延续至晶体中。收颈长度一般 1～2mm，而后进入放肩阶段。

放肩阶段一般要降低提拉速度并降低体系温度，利用这两个参数可控制放肩速度，放肩过程不宜太快避免形成各种缺陷，并把缺陷延伸至整个晶体中去。待肩宽达到预期的大小，适当升高温度，可同时缓慢提高拉速，转入等径生长阶段。

等径生长阶段的关键是如何保证晶体的等径、稳定生长。通过观察晶体与熔体接触界面的光圈大小来控制生长温度和提拉速度以保证晶体的等径生长。在不采用连续实时加料的情况下，等径阶段需要不断降低温度以保证等径生长。为避免温度变化会导致晶体的组分变化进而形成条纹缺陷，在这阶段应尽力避免使用温度调节来控制，可通过调节提拉速度来保证晶体的稳定生长。

当晶体尺寸能达到预期大小以后，适当升高体系温度，并在此温度下保持一段时间，后迅速提高提拉速度，将熔体提出液面，恒温约 10h 后降至室温。因为晶体的降温速率和晶体本身性质、晶体大小都有关系，生长过程中应综合考虑需求选择合适的降温速度。

提拉法生长条件下，尽管圆柱对称的温场对晶体外形有强烈的限制，KTN 单晶仍能表现出其固有的生长习性和本征形态，所有组分的 KTN 单晶都会呈现出四方柱状，如图 1.8 所示。在未引入其他掺杂离子的情况下，所有的 KTN 晶体都是无色透明的。

（a）$KT_{0.65}Nb_{0.35}O_3$

（b）$KT_{0.63}Nb_{0.37}O_3$

图 1.8 提拉法生长的 KTN 晶体

1.3 KLTN 晶体的生长

KLTN 晶体是 KLN 和 KLT 的固溶体混晶。室温下，KLTN 的结构随组分不同既可以顺电相（立方相）存在，又可以铁电相（四方相或正交相）存在。晶体居里点可以通过钽铌比 Ta/Nb 调节，便于根据不同的需要，针对某一专门应用来设计或优化晶体性能[7]。

KLTN 单晶的晶体结构、相变点、熔点、密度和折射率等基本物理性质会随组分中各种元素的摩尔分数（y）变化。当 $y<0.33$ 时，由于 $K_{1-y}Li_yNbO_3$ 和 $K_{1-y}Li_yTaO_3$ 在立方相时的晶胞参数 a 很相近（450℃时，$K_{1-y}Li_yNbO_3$ 的 a =0.40226 nm；$K_{1-y}Li_yTaO_3$ 的 a =0.40026 nm），而且 Ta、Nb 两种元素具有十分相似的性质（Nb^{5+}的离子半径为 0.070 nm，Ta^{5+}的离子半径为 0.073 nm），它们极易与任何组分形成固溶体混晶。此时，KLTN 晶体具有钙钛矿型结构，K 和 Li 原子占据钙钛矿结构的 A 位置，Ta 和 Nb 离子占据 B 位置。从高温到低温依次经历立方相（m3m）、四方相（4mm）、正交相（mm2），相变温度随组分中 x 和 y 值的变化而变化。当 $y\geqslant0.33$ 时，随着 Li 元素的增加，由于 Li 离子和 K 离子在半径上的差异，晶体由钙钛矿结构变为钨青铜结构，晶体中 K、Li、Ta、Nb 的摩尔分数变化都会使其结构发生改变，其相互之间的关系很复杂。

目前为止，已报道生长 KLTN 单晶的方法主要有三种，分别是顶部籽晶助溶剂（top seeded solution growth，TSSG）法、逐步冷却法和微下拉方法。比较三种生长方法，顶部籽晶助溶剂法是目前比较理想的生长 KLTN 单晶的方法。该方法重复性好、生长速度快，生长出的单晶尺寸大，能够满足对晶体光学性能研究的要求[4]。

1.3.1 TSSG 法生长 KLTN 单晶

TSSG 法又称熔盐法，因为这种方法的生长温度较高，也称为高温溶液生长法。它和提拉法很相似，将晶体的原成分在高温下溶解于低熔点助溶剂中，形成均匀的饱和溶液，然后通过缓慢降温或其他方法，形成过饱和溶液，使晶体析出。这种方法生长晶体过程便于观察、晶体完整性高。若选择合适的助溶剂，该方法适合二元及多元固溶体单晶生长，但生长晶体尺寸受限，生长周期长。

TSSG 法生长 KLTN 晶体的主要设备有中频感应加热电源、温控箱和单晶生长炉。

生长晶体所用的单晶炉采用双层水冷炉室，结构如图 1.9 所示。双层设计可以保证温场和气体环境的稳定。采用加热频率为 2 kHz 中频电源加热，温度精度为±0.3℃，保证晶体生长温场基本稳定。将炉内抽为真空或充入晶体生长所必需的气体，创造有利于晶体生长的气体环境。单晶炉炉内采用进口 818P 微机适应温度控制调节器进行调节，生长前编写生长过程的温控程序，可设置温度变化率和不同温度下的维持时间。

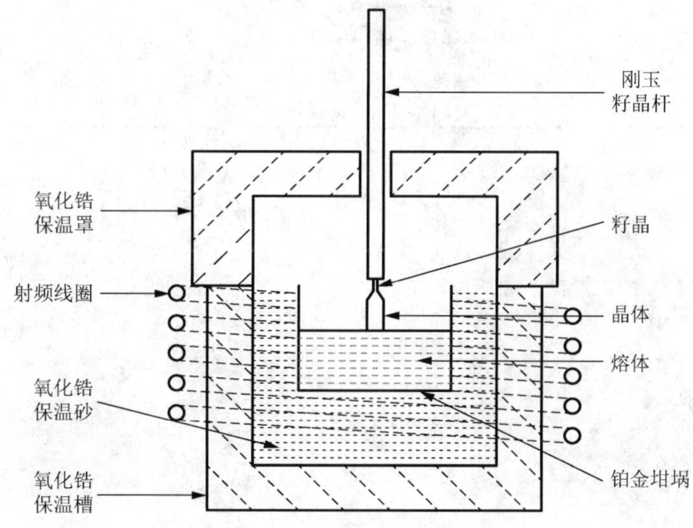

图 1.9　提拉法生长掺杂 KLTN 单晶示意图

坩埚采用铂金属材质，保温材料为氧化锆异型罩及锆沙。生长 KLTN 晶体的原料应为高纯度的原料，分别是 K_2O_3、Li_2O、Ta_2O_5 和 Nb_2O_5，纯度应达到 99.99%以上。为保证生长晶体的质量，需根据图 1.6 所示 KTN 晶体的相图对原料进行配比，完成多晶合成过程。用精度为 10^{-4} g 的电子天平称量原料进行配料以保证原料配比精确。将配好的原料球磨 24 h，进行组分充分的混合和良好的研磨，之后将原料压制成原料块。置于铂金坩埚中在 950～1000℃烧结 8～10 h 进行 KLTN 多晶合成。主要材料合成过程的反应方程式如下：

$$(1-y)K_2CO_3 + yLi_2CO_3 + (1-x)Ta_2O_5 + xNb_2O_5 \longrightarrow 2K_{1-y}Li_yTa_{1-x}Nb_xO_3 + CO_2\uparrow \quad (1.9)$$

经过原料的多晶合成过程，可以将原料中的碳酸盐分解释放出二氧化碳气体。这样就可以避免不经过预烧过程直接将原料熔化后熔体中残留大量气泡，从而最大限度地减少在晶体生长过程中主要由气泡所造成的晶体芯状包裹物出现，提高晶体质量。此外，对原料进行预烧结能够减少晶体生长过程中的高温处理时间，从而有效减少熔体组分的挥发和偏离，提高生长的晶体质量。

晶体生长过程包括化料、收颈、放肩、等径生长和降温过程，详细生长过程与 KTN 生长过程相同，在此不再赘述。将铂金坩埚中的多晶料在单晶炉中加热，待全部多晶料熔化后，继续升温过热 80℃左右以消除浮晶。随后在高于熔点 30℃的温度下恒温一段时间，使原料充分均匀化后，在降温至熔点附近进行晶体生长。收颈阶段拉速要控制在 0.3～0.6 mm/h，转速为 7～15 r/min。在降温过程中，为了减小晶体生长过程中产生的热弹应力，需采取缓慢降温方式，降温速度控制在 50℃/h。如图 1.10 所示为 TSSG 法生长出的肩宽在 1～2cm、透明度非常高的纯 KLTN 晶体。

样品的原料配比中 Nb_2O_5∶Ta_2O_5（摩尔分数）=0.69∶0.31，我们利用电子探针技术，对晶体的组分进行了测量，结果列于表 1.1。从结果可以看出，生长态晶体的组分分布均匀，轴向和径向的组分波动都小于 0.01，Ta 和 Nb 的分凝系数分别为 2.065 和 0.522。

表 1.1 KLTN 晶体的组分及缩写

晶体序号	晶体组分	缩写
1	$K_{0.95}Li_{0.05}Ta_{0.64}Nb_{0.36}O_3$	$KLTN_{0.36}$
2	$K_{0.95}Li_{0.05}Ta_{0.63}Nb_{0.37}O_3$	$KLTN_{0.37}$
3	$K_{0.95}Li_{0.05}Ta_{0.61}Nb_{0.39}O_3$	$KLTN_{0.39}$
4	$K_{0.95}Li_{0.05}Ta_{0.50}Nb_{0.50}O_3$	$KLTN_{0.50}$

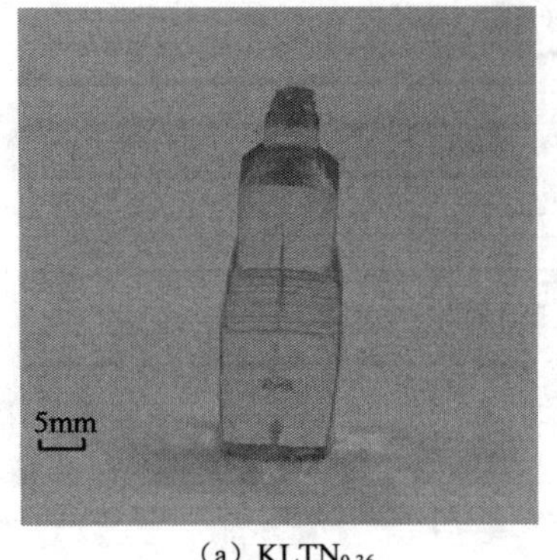

（a）$KLTN_{0.36}$

（b）$KLTN_{0.37}$

图 1.10 TSSG 法生长的 KLTN 晶体

1.3.2 KLTN 晶体的内应力释放与单畴化处理

由 TSSG 法生长出 KLTN 晶体后，需要进行晶体内应力释放和单畴化等前期处理才能对其各项测试和性能进行测量和表征。

通常讲，一个物体，在没有外力和外力矩作用、温度达到平衡、相变已经终止的条件下，其内部仍然存在并自身保持平衡的应力叫作内应力。由于晶体生长过程中不可避免会存在受热、形变不均匀等因素，因此晶体的性能也会出现不均匀。为了消除经过切割和研磨（对于居里温度在室温附近的 KLTN 晶体来说，在进行各种处理时要特别注意样品的温度不要波动太剧烈，有条件的情况下可在恒温的环境中进行）的晶体的内应力，高温退火就显得很重要。高温退火就是将温度升至远高于居里点以上然后缓慢降温，以尽量地释放晶体内部电畴产生的应力的过程。

为了使 KLTN 晶体表现出更好的热释电、压电及铁电性能，必须对消除内应力后的晶体进行极化处理。晶体内部偶极子在外加直流电场作用下沿着电场方向排列，处理后的晶体可以达到近似单畴状态，因此对 KLTN 晶体的极化处理又称为晶体的单畴化处理。为了避免晶体处理过程中遇到的不必要的温度波动，可以采用常温银浆来制作电极，待电极稳固后对其进行极化处理。

电场、时间和温度三个参数是否合理选择直接决定了晶体单畴化处理的成功与否，只有这三个参数相互关联、相互协助才能得到很好的极化效果。首先是极化电压。铁电材料的矫顽场强和饱和场强决定了极化电压的选择。从铁电体的电滞回线中可以看到，唯有在超过矫顽场大小时极化电压才能使大部分的畴发生转向，如要使畴反转达到饱和需再进一步升高电压。但是，温度升高、矫顽场降低，因此极化处理所需的电场绝对值也可随之减小。其次是时间参数。不难想象，加载电压的时间选择长一些，这样畴转向会比较充分，并有利于晶体内部应力的释放。最后是温度因素。温度升高，铁电材料的矫顽场则会降低，因此极化处理所需的外加电场大小可随之减小；如果把样品升温至居里点以上，在保持外加电场的情况下再缓慢冷却，极化效果会更好，而此时所需的外加电场并不需要很大。基于以上阐述内容，晶体的极化处理过程，如图 1.11 所示。

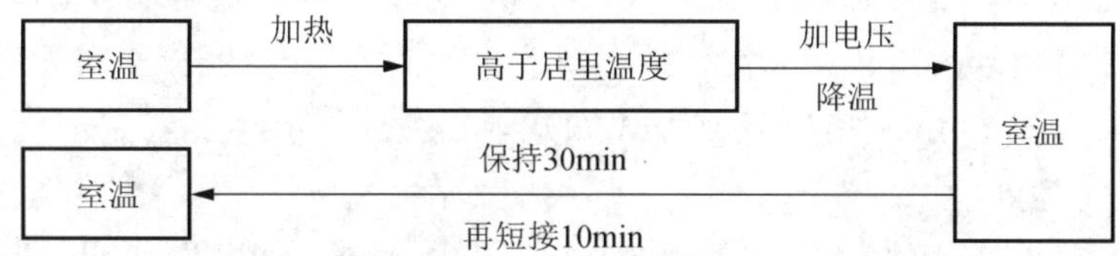

图 1.11　KLTN 晶体的极化处理过程示意图

对于室温铁电体 KLTN 而言，其居里温度在室温以上。极化处理的第一步，先将晶体样品从室温升温至居里温度以上，在这个温度下保持 15～20min，使样品达到热平衡。待温度平衡后开始逐渐施加外加直流电压，此时加载的电压值不用太大，电压加载完毕后稳定 20min 左右，此时测量其电容值和损耗，会发现电容值正在减小而损耗在增大，说明此时加载在晶体上的电压已经在对晶体内部存在的极性微区开始极化。然后再缓慢降温至室温，电压加载的情况下保持 30min，以使电畴在晶体内部更加稳定地固定下来。接下来撤去外加电场，用导线连通样品的两极短接 10min，充分平衡样品两极的电荷，消除空间电荷在接下来的各项电学测试中带来的干扰和影响。在具体的实验中，可通过测量压电性来判定单畴化处理的效果，当压电系数 d_{33} 不再随极化处理电场或时间的增加而升高时，就可以认为单畴化处理已经充分[8]。

1.4　KNTN 晶体的生长

由于钠和锂属同主族碱金属元素，将 KLTN 晶体中的锂元素替换成钠元素，就可以生长出 KNTN 晶体。KNTN 晶体是铌酸钾、铌酸钠、钽酸钾及钽酸钠的固溶体混晶。室温下，KNTN 的结构随组分不同可分别处于顺电相和铁电相。其变晶相界亦可随 Ta/Nb 之比而改变，因此晶体铁电相变的温度具有很大范围。在相界附近，晶体的性能通常有很大的提高。常用的 KNTN 晶体生长方法仍是顶部籽晶助溶剂法[9]。

1.4.1　KNTN 晶体的原料合成

生长 KNTN 晶体的原料包括碳酸钾（K_2CO_3）、碳酸钠（Na_2CO_3）、五氧化二钽（Ta_2O_5）和五氧化二铌（Nb_2O_5），所有原料纯度应在 99.99%以上。将这些原料按一定比例称重后混合，放入球磨罐中，加入适量的无水乙醇使粉体成为浊液，用球磨机进行研磨混合持续约 24h，使粉体混合均匀，得到在微米量级上均匀混合的粉体。混合粉末中 K 原子与 Na 原子的物质的量之和与 Nb 和 Ta 原子的物质的量之和之比为 11∶10；K 原子与 Na 原子的物质的量之比为 3∶1；Ta 原子与 Nb 原子的物质的量之比值为 a∶(1−a)，具体如表 1.2 所示。

表 1.2 钽铌酸钾钠粉体组分配比（物质的量）及对应生长温度

编号	（K+Na）∶（Ta+Nb）	K∶Na	Ta∶Nb	生长温度
A1	11∶10	3∶1	10%∶90%	1193.0℃
A2	11∶10	3∶1	15%∶85%	1245.0℃
A3	11∶10	3∶1	18%∶82%	1277.5℃

将混合粉末在 100MPa 下压制成块后放入铂金坩埚内，将铂金坩埚放置于如图 1.9 所示的加热炉中，从室温升温至 900～1000℃，并在此温度下保持 6～10h，使粉体进行充分的反应，将生成的二氧化碳气体排出，其反应方程式如式（1.10）所示。反应完全后，将温度降至室温，得到 KNTN 多晶体。

$$(1-y)K_2CO_3 + Na_2CO_3 + (1-x)Ta_2O_3 + xNb_2O_5 \xrightarrow{\text{高温}} 2K_{1-y}Na_yTa_{1-x}Nb_xO + CO_2\uparrow \quad (1.10)$$

1.4.2 顶部籽晶助溶剂法生长 KNTN 晶体

将盛放 KNTN 多晶的铂金坩埚放入生长炉（图 1.9）的中频电源线圈中，将温度从室温升温至 1340～1375℃，并将温度保持此范围持续 6～10h，进行过溶，再降温至 1300℃。将经过定向切割的籽晶（沿着$[001]_C$方向）固定在籽晶杆上，以一定速率慢慢放入熔体中首先熔化一部分（缩径），接着将籽晶与熔体分离并将温度以 20～30℃/h 的速率降至该组分单晶对应的生长温度，准备进行生长。

将缩径后的籽晶伸入 KNTN 熔体中进行生长，在籽晶杆转速为 10～25 r/min 的条件下，将单晶放肩至 14～18mm，进行升温并将提拉速度调整为 0.2～0.25mm/h，进行提拉过程并进行等径生长。钽铌酸钾钠单晶被提拉至 25～35mm 后将单晶迅速提拉，使生长的 KNTN 单晶与铂金坩埚中的熔体分离，而后以 30～40℃/h 的速度将温度降至室温，最后将生长得到的单晶取出即是 KNTN 单晶。

顶部籽晶助溶剂法生长得到的钽铌酸钾钠单晶如图 1.12 所示。从图 1.12 中可以看出生长得到的 KNTN 单晶尺寸可达到 $15\times15\times30mm^3$，为乳白色不透明的。这主要是由于实验得到的单晶在室温时处于正交相，有 12 个自发极化方向，这些自发极化方向在 KNTN 单晶内部是随机分布的，这就使光在通过单晶的过程中，其偏振状态被不同方向的极化强度所调制，因此 KNTN 单晶整体上不透明。要使晶体的透明度增加，需要选择 12 个自发极化方向中的任何 1 个对晶体进行极化处理，实现单晶的单畴化。单晶的形状为方形，方形的两条垂直的边分别对应着单晶的$[100]_C$方向以及$[010]_C$方向，这是由籽晶的方向所决定的。单晶的四个角的位置有些圆，这是由于生长时单晶的表面能所决定的，使得$[110]_C$方向生长的速率要小于两倍的$[100]_C$方向生长的速度，从而使单晶的形状不为标准的方形。

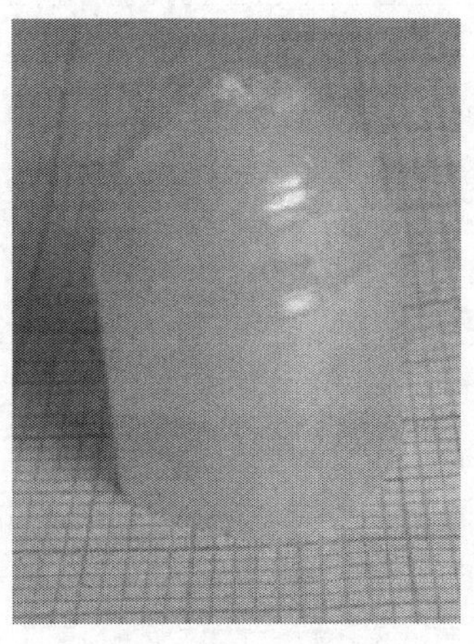
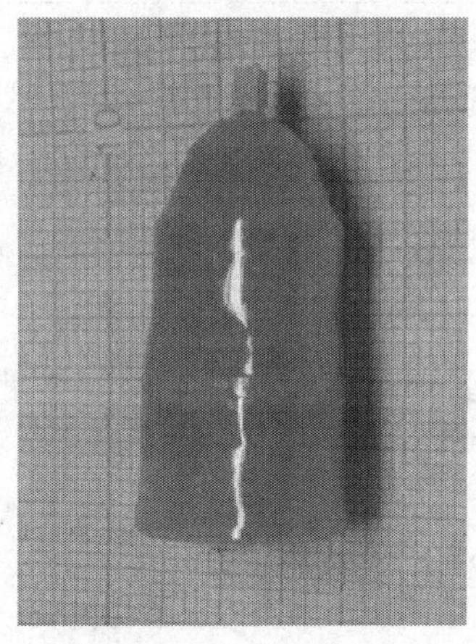

图 1.12 TSSG 法生长的 KNTN 单晶

1.4.3 氧空位对 KNTN 生长的影响

KNTN 单晶的生长与 KLTN 单晶的生长类似，在配料过程中用 Na 元素代替 Li 元素。在相同原料配比的条件下，KNTN 的生长温度要比 KLTN 高 50℃。这有效地降低了晶体生长过程中，宏观缺陷的出现，使晶体生长的成功率得到提高。当原料配比是 K∶Na∶Ta∶Nb=58.5∶3.5∶11∶27 时，生长出的第一块晶体为蓝色，当把余料熔化进行第二次生长的时候，得到的晶体是无色透明的。而用相同配比生长 KNTN 晶体时，得到的晶体都是无色透明的[9]。

晶体呈蓝色的原因是氧空位造成的。在生长过程中，$[K/Na]^+$通过固液界面从溶液进入晶体遵守扩散方程：

$$J^{K/Na} = -D^{K/Na}\nabla C^{K/Na} \tag{1.11}$$

式中，

$$D^{K/Na} = D_0^{K/Na} \exp(-E_A^{K/Na} / k_B T) \tag{1.12}$$

其中，$J^{K/Na}$ 是$[K/Na]^+$从熔体进入晶体的流密度，$C^{K/Na}$ 是$[K/Na]^+$的浓度，$D^{K/Na}$ 是扩散常数，$E_A^{K/Na}$ 是$[K/Na]^+$的激活能，T 是生长温度。因为在溶液中含有过量的$[K/Na]^+$，当生长温度升高之后，更多的$[K/Na]^+$进入到晶体中，导致在晶体中引入了 F 和 F^+心。生长第二块晶体时，因为组分的挥发，溶液中$[K/Na]^+$的摩尔分数减小，所以得到了无色透明晶体。

如图 1.13 所示，对蓝色和无色的 KNTN 晶体在 300～1100nm 范围内的吸收光谱进行测量，结果表明蓝色晶体在 600～1050nm 都有较强的吸收，这个波段恰好对应于 F 和 F^+ 色心的吸收带，而无色晶体在可见及近红外吸收都很小。吸收光谱的测量结果表明以上的理论分析是合理的。

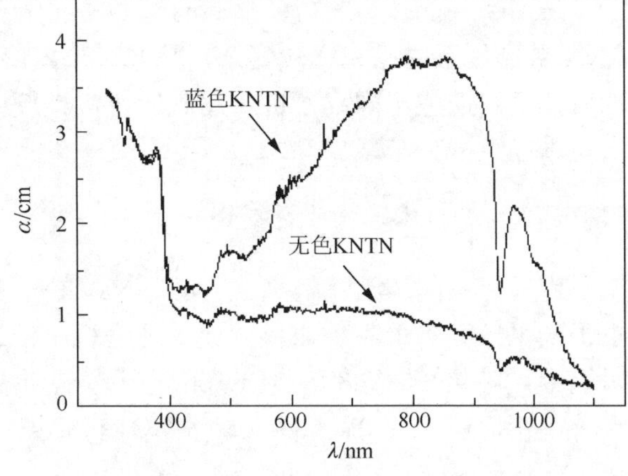

图 1.13 蓝色和无色 KNTN 的吸收光谱

1.5 KNN 晶体的生长

KNN 是由铁电体铌酸钾（$KNbO_3$）和反铁电体铌酸钠（$NaNbO_3$）形成的二元系固溶体，是目前无铅压电材料体系中压电性能表现比较良好的压电材料。当钾钠比（K/Na）的摩尔比为 1∶1 附近时，KNN 存在着晶胞参数不连续的两个正交相共存的准同型相界，并在此区域内表现出较佳的压电性能。钙钛矿结构的 $K_{0.5}Na_{0.5}NbO_3$，随温度的逐渐升高，会经历如图 1.14 所示的一系列相变。该体系的无铅压电材料具有密度小、声速快、机电耦合系数大、介电常数低、压电性能高等优点，常用来制备成光电材料、传声介质和高频换能器等[10]。

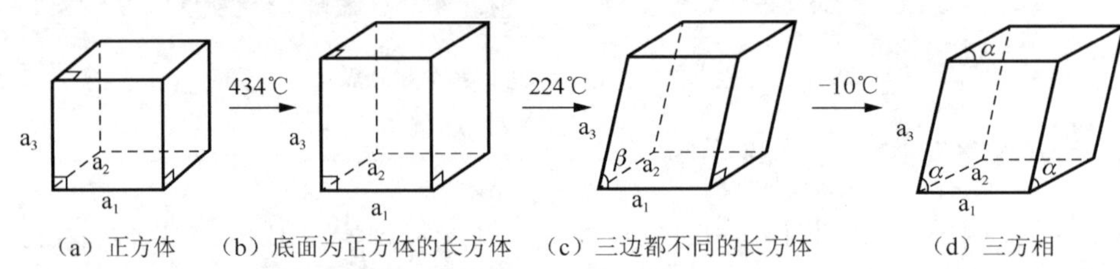

图 1.14 $K_{0.5}Na_{0.5}NbO_3$ 的相变[10]

KNN 基单晶为钙钛矿型固溶体，在高温下，原料中的 K_2O、Na_2O 非常容易挥发，并且在 KNN 基单晶材料中畴的尺寸较大，大尺寸的单晶容易开裂，因此大尺寸的 KNN 基单晶生长十分困难。适合 KNN 单晶生长的方法一般有提拉法、助溶剂法（flux method）和坩埚下降法。除了这三种方法外，最近有些学者还采用了固相晶体生长（solid state crystal growth，SSCG），但是由于其生长工艺难以控制，使得生长出来的晶体小且含有大量的气孔，很难得到广泛的应用。综上四种方法的比较，提拉法具有明显优势，能够满足大尺寸和高质量 KNN 晶体的生长条件。本节主要介绍采用顶部籽晶提拉法生长不同组分、大尺寸的铌酸钾钠晶体。

1.5.1 提拉法生长 KNN 晶体

选用哪种晶体生长方法比较合适，与要生长体系的物理化学性质、相图等各个方面相关。KNN 单晶体系的晶相比较复杂，是非一致固溶体。在晶体生长过程中，由于离子半径等基本性质的不同造成不同离子进入晶胞的快慢程度不同，使得生长的晶体与原始组分有较大差异，出现单晶组分分凝现象[11]。

1. KNN 晶体生长原料及烧结

铌酸钾钠晶体的原料是 K_2CO_3、Na_2CO_3、Nb_2O_5，所有原料的纯度均应大于 99.99%。用电子天平仔细称量各种原料，放入球磨机中混合酒精研磨 24h，将研磨后的粉末烘干并放到坩埚中，在 950℃温度下烧结 10h 进行多晶合成。合成过程的反应方程式如下：

$$(1-x)K_2CO_3 + xNa_2CO_3 + Nb_2O_5 \xrightarrow{\text{高温}} 2K_{1-x}Na_xNbO_3 + CO_2\uparrow \qquad (1.13)$$

2. KNN 晶体生长

将 KNN 多晶原料放入到单晶炉中加热，观察并记录多晶料全部融化温度，然后继续升温。

在温度超过熔点温度 50℃左右后，保持 2h，目的为了使熔体的表面张力、密度和黏性等物理性能稳定。随后降低温度到高于熔点 30℃，恒温一段时间，并准备下晶。将籽晶下降接触熔体后，要保持一段时间，然后将籽晶抬离液面，并确保籽晶末端熔化形成新生的原子面，籽晶的转速应控制在 20r/min，完成收径过程。收径长度不能过长，一般为 1～2mm。

逐渐降低温度到熔点附近，再次将籽晶浸没液面以下，当籽晶周围出现明亮的四方边缘时开始提拉。放肩过程是生长高质量晶体的关键工艺。如果在这个过程中，晶体出现了缺陷，要立即停止，下降籽晶，升高温度熔掉生长的部分，重新进行，否则这些缺陷会在生长的晶体得到放大，影响晶体质量。同时，要控制放肩的速度也要控制好，保证质量的同时，减少过程的时间，提高生长效率。此时晶体生长参数设置为提拉速度 0.2mm/h。

当晶体放肩到 8mm 左右后，将温度升高 1～5℃使晶体自然转到等径生长，可以通过观察液面以下晶体生长状况和晶体与熔体界面处的光圈来确定晶体是否等径生长。随着生长过程的进行，生长晶体的质量逐渐增加，熔体逐渐减少，造成固液界面逐渐降低，越来越靠近铂金坩埚的底部，温度也会越来越高，同时由于生长过程中组分分凝影响，需要通过小幅降温进行控制，此时晶体生长参数设置降温速度为 0.2～0.4℃/h。

当晶体提拉长度达到 20～30mm 后，迅速将晶体拉出液面 15mm 高度，然后开始降温。晶体生长结束后，因为生长要经历立方相→四方相→正交相的相变过程，所以晶体的降温速率会对晶体质量起至关重要的作用。降温速率为 30℃/h 可以在一定程度上起到减少热应力的作用。

在经过 5～6 天的系统调控生长后，可以得到大尺寸、良好质量的各种组分摩尔分数 x = 0.11～0.70 的 $K_{1-x}Na_xNbO_3$ 晶体，如图 1.15 所示。与图 1.16 中用其他方法生长的 KNN 晶体相比较，可以看出采用顶部籽晶提拉法生长的单晶形状规则，且颜色呈现乳白色，这是由晶体处于铁电相，晶体内部存在大量的铁电畴壁造成的[11]。

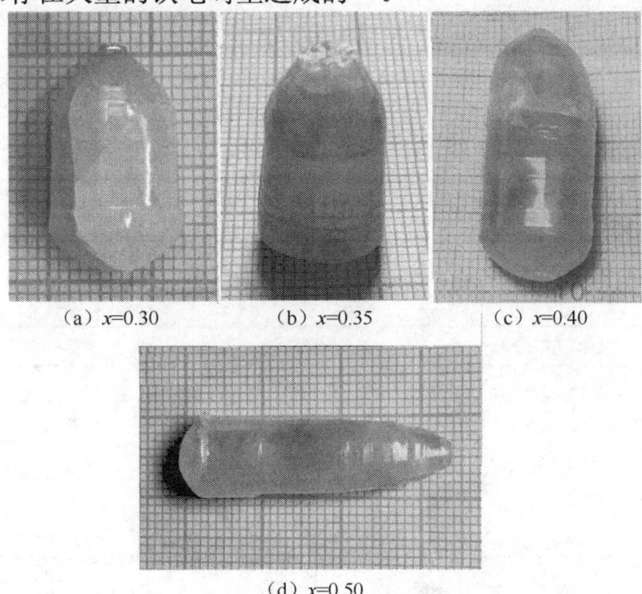

（a）x=0.30　（b）x=0.35　（c）x=0.40

（d）x=0.50

图 1.15　TSSG 法生长的 KNN 晶体

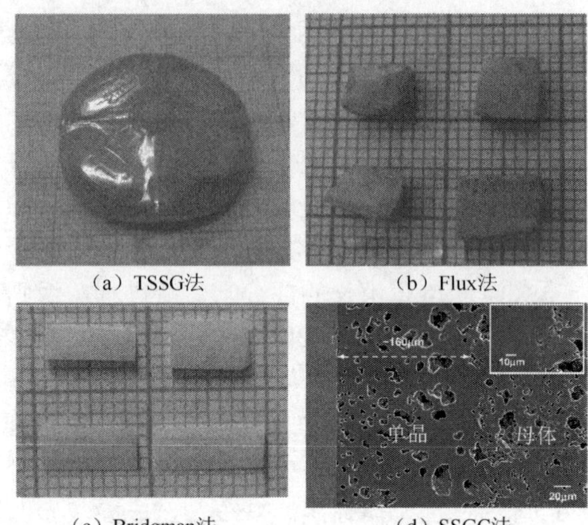

（a）TSSG法　（b）Flux法

（c）Bridgman法　（d）SSGC法

图 1.16　不同方法生长的 KNN 晶体

1.5.2　KNN 晶体的组分和分凝

在晶体生长体系中，分凝系数（α）是对分凝规律的直观表达，是指某一离子在晶体中的摩尔分数 x 和熔体中浓度 X 的比值，即

$$\alpha = \frac{x}{X} \tag{1.14}$$

KNN 晶体的 K 和 Na 的分凝系数和生长温度，如表 1.3 所示。从表 1.3 中可以看到，Na 元素的分凝系数大于 1，而 K 元素的分凝系数小于 1。这意味着在 KNN 晶体连续生长过程中，K 元素的摩尔分数在 KNN 晶体中不断增加，而 Na 元素的摩尔分数不断下降。因此，在一块 KNN 晶体中，靠近籽晶的 K 元素的摩尔分数要比远离籽晶的 K 元素的摩尔分数少。当熔体中 K∶Na 为 73∶27 左右时，K 和 Na 元素的分凝系数差别最大，为 0.458 和 2.47，即在这个比例的原料配比下，晶体生长过程中，组分不均匀的程度最大，这就需要在生长晶体时，尽量生长尺寸相对较小的 KNN 晶体，以保证晶体的高质量。而当熔体中 K∶Na 为 92∶8 左右时，K 和 Na 元素的分凝系数差别最小，为 0.959 和 1.47，即在这个比例的原料配比下，晶体生长过程中，组分不均匀的程度最小，可以生长尺寸相对较大的 KNN 晶体。

表 1.3　KNN 晶体中 K 和 Na 的分凝系数和生长温度

熔体中 K∶Na	晶体中 K∶Na	K 的分凝系数	Na 的分凝系数	生长温度/℃
73∶27	33.4∶66.6	0.458	2.47	1170
76∶24	45.5∶54.5	0.600	2.27	1148.5
79∶21	53.8∶46.2	0.681	2.20	1127.5
82∶18	62.2∶37.8	0.759	2.10	1116
92∶8	88.2∶11.8	0.959	1.47	1065

如表 1.4 所示，给出了不同原料配比下晶体放肩生长时的生长温度。从表 1.4 中可知，原料中 K 元素的摩尔分数越高，生长温度越低，K 元素的摩尔分数每增加 10%，生长温度降低 40～50℃，其中的差异主要来自于每次重新生长晶体时，坩埚重新放置导致生长温度测试的差别。此外，助溶剂增加时，生长温度都会下降，相同 K 元素和 Na 元素配比下生长出来的

晶体组分仅有轻微的变化，但是并没有改变原料配比时晶体组分变化大。说明了晶体组分会因为温度的改变而发生轻微的变化，且温度越低时，晶体组分中 K 元素的摩尔分数越大，但过多的助溶剂添加会影响晶体质量，导致晶体会变黄。

表 1.4　KNN 晶体中生长温度随助溶剂变化

熔体中 K/Na	过量的 K_2CO_3 和 Na_2CO_3 比例/%	生长温度/℃	晶体
73∶27	10	1170	$K_{0.334}Na_{0.666}NbO_3$
	30	1132	$K_{0.350}Na_{0.650}NbO_3$
82∶18	10	1127.5	$K_{0.622}Na_{0.378}NbO_3$
	30	1085	$K_{0.643}Na_{0.357}NbO_3$
92∶8	10	1065	$K_{0.882}Na_{0.118}NbO_3$
	4	1075	$K_{0.854}Na_{0.146}NbO_3$

1.5.3　KNN 晶体形貌研究

1. 晶体生长形态与晶面生长速度的关系

在自由体系中生长的晶体，各个晶面的生长速率是不相同的，在这里讨论的晶体的晶面生长速率是指单位时间内晶面沿其法线方向向外平行推移的距离，同时能够决定晶体生长形态的变化。采用熔体提拉法生长的 KNN 晶体，在提拉方向和垂直提拉的方向上，都会遭到人为的强制干涉，因此，在提拉方向和垂直提拉方向上的晶体形态与各晶面的生长速率有关。下面，本节以二维模型讨论垂直提拉方向上晶体生长形态与晶体各晶面生长速率的关系[12]。

图 1.17 为垂直生长方向截面的示意图。用 L_{110}、L_{100} 分别代表（110）、（100）晶面的大小，R_{110}、R_{100} 分别代表（110）、（100）晶面的生长速率。

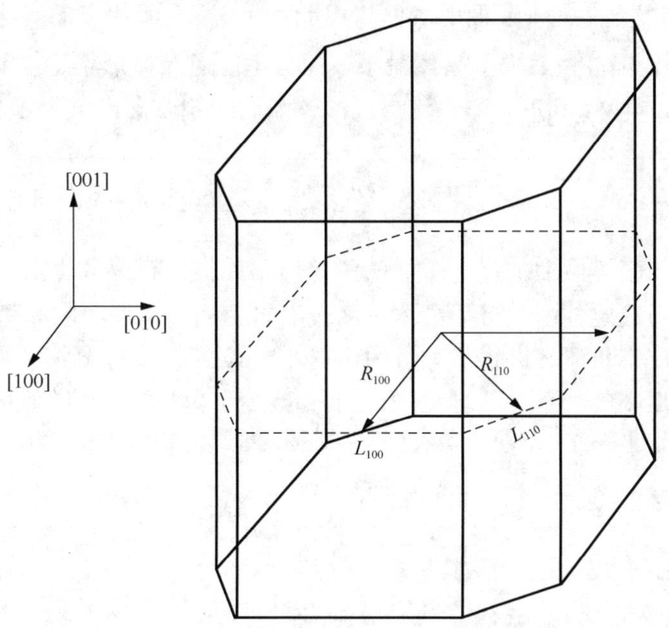

图 1.17　晶面生长速率与晶体生长形态的示意图

在单位生长时间内，通过简单的几何关系可得

$$R_{100}=\frac{L_{100}}{2}+\sqrt{2}\cdot\frac{L_{110}}{2},\quad \frac{L_{110}}{2}=\sqrt{2}\cdot R_{110}-R_{100} \tag{1.15}$$

$$R_{110}=\sqrt{2}\cdot R_{100}-\frac{L_{110}}{2},\quad \frac{L_{110}}{2}=\sqrt{2}\cdot R_{100}-R_{110} \tag{1.16}$$

由以上关系，可得

$$\frac{L_{100}}{L_{110}}=\frac{\sqrt{2}\left(\dfrac{R_{110}}{R_{100}}\right)-1}{\sqrt{2}-\dfrac{R_{110}}{R_{100}}} \tag{1.17}$$

从式（1.17）可知，晶面生长速率的比例直接影响晶面面积比例，影响晶体生长形貌。当$R_{110}/R_{100}\geqslant\sqrt{2}$时，在垂直于生长方向的二维模型中仅会出现（100）晶面；当$R_{110}/R_{100}\leqslant\sqrt{2}/2$时，在二维模型中晶体生长形态仅会出现（110）晶面；只有当$\sqrt{2}/2<R_{110}/R_{100}<\sqrt{2}$时，在二维模型的晶体形态中（100）和（110）晶面才会同时出现，并且晶面面积比受到晶面生长速率的直接影响。

2. 晶面生长速率与晶面表面能的关系

在晶体生长过程中，晶体表面能必须处于最小值，即

$$W=\min\int\gamma(n)\mathrm{d}s \tag{1.18}$$

式中，W表示整体表面自由能；γ表示特定晶面的表面自由能；s表示特定晶面的面积。

由于晶体完全由明显的晶面组成，式（1.18）可变为

$$W=\min\sum_{l}\gamma\left(n_l\right)A\left(n_l\right) \tag{1.19}$$

式中，$\gamma(n_l)$表示法线方向为n_l晶面的表面自由能；$A\left(n_l\right)$表示相应的晶面的面积。

Wulff[13]在 1901 年首先发现了晶体最小表面自由能对晶体形状特征的影响，并提出在平衡态晶体中有一点，即 Wulff Point，从这一点沿各晶面法线方向出发至各晶面的距离l都和相应的$\gamma(n)$成正比：

$$\frac{\gamma\left(n_1\right)}{l_1}=\frac{\gamma\left(n_2\right)}{l_2}=\cdots=\frac{\gamma\left(n_i\right)}{l_i} \tag{1.20}$$

即相对面积随着γ的减小而增加，一个面的生长速率越慢，在晶体上的尺寸就越大，生长形状由慢速生长表面所决定。由此可知晶体晶面表面自由能决定着相应晶面的生长速率。

随后人们对晶体生长形态进行了大量的研究，Hartman 和 Perdok[14]给出了晶体表面附加能与材料表面生长速率的关系。其理论中，薄片模型与体块之间能量差称为表面附加能量，表示为E^{att}，对于任何晶面（hkl），薄片能量E_{hkl}^{sl}和表面附加能量E_{hkl}^{att}的总和为体块能量E^{latt}，即

$$E^{\mathrm{latt}}=E_{hkl}^{\mathrm{att}}+E_{hkl}^{\mathrm{sl}} \tag{1.21}$$

而 Hartman-Perdok 理论中指出如下关系：

$$R_{hkl}\propto\left|E_{hkl}^{\mathrm{att}}\right| \tag{1.22}$$

式中，R_{hkl}为晶面（hkl）的法线方向的生长速率；$\left|E_{hkl}^{\mathrm{att}}\right|$为表面自由能。则可知晶面的生长速

率随着表面自由能的增加成正比增加。由已知的 Hartman-Perdok 理论和 Wulff 结构理论，并结合晶面生长速率和晶体生长形态的关系，通过求出 KTN 晶体特征晶面（110）、（100）的表面能，即可得到晶体的生长形态。

3. KNN 晶体生长形态的研究

KNN 晶体是从 $KNbO_3$ 和 $NaNbO_3$ 固溶体中生长得到的，在生长过程中，表面原子随机分布，即表面层 K 和 Na 比例应与当前熔体中 K、Na 比例相当。分别计算 $KNbO_3$、$NaNbO_3$ 表面能，通过熔体中相应 K、Na 比例取加权平均值，得到 KNN 晶体表面能，具体计算方法详见第 2 章。经过一系列计算，得到图 1.18、图 1.19 所表示优化后的 $KNbO_3$(100)晶面两种表面模型，即 AO 表面模型、BO 表面模型。计算得到（100）晶面表面能。

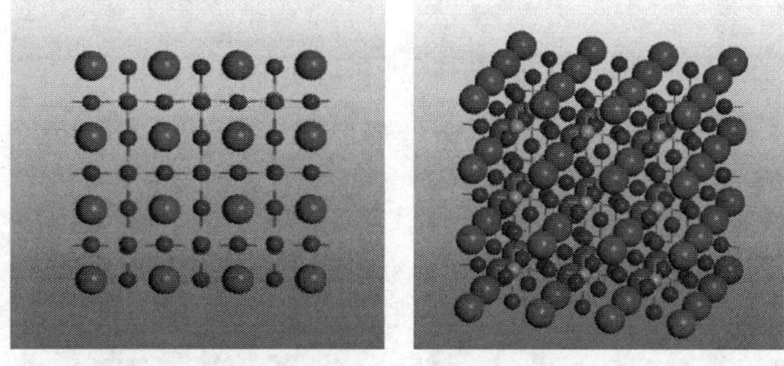

图 1.18　$KNbO_3$ 晶体（100）晶面 AO 表面模型

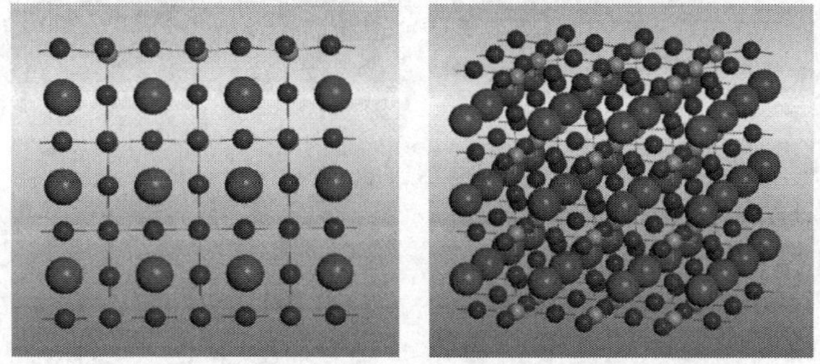

图 1.19　$KNbO_3$ 晶体（100）晶面 BO 表面模型

同理 $KNbO_3$ 晶体（110）晶面优化后的两种表面模型如图 1.20 和图 1.21 所示。（110）晶面表面能 $E_{surf(110)} = 2.728\ J/m^2$ 。由晶面生长速率与晶面表面能关系，可得

$$\frac{R_{110}}{R_{100}} = \frac{E_{surf(110)}}{E_{surf(100)}} \approx 2.557 > \sqrt{2} \tag{1.23}$$

由晶体生长形态与晶面生长速度的关系，可知在 $KNbO_3$ 晶体生长过程中垂直于提拉方向上只会出现（100）晶面，因为 $KNbO_3$ 晶体此时处于立方相，所以在垂直提拉方向上的截面是正方形的。

采用与 $KNbO_3$ 表面能相同计算方法，得到 $NaNbO_3$ 两个晶面表面能为 $E_{surf(110)} = 1.686\ J/m^2$ ，$E_{surf(100)} = 1.437\ J/m^2$ ，则

$$\frac{R_{110}}{R_{100}} = \frac{E_{surf(110)}}{E_{surf(100)}} \approx 1.173 < \sqrt{2} \tag{1.24}$$

由晶体生长形态与晶面生长速度的关系，可知在 $NaNbO_3$ 晶体生长过程中垂直于提拉方向上会同时出现（100）晶面和（110）晶面。

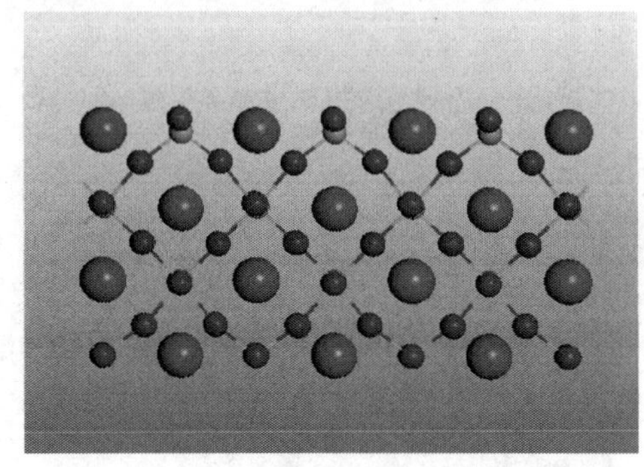
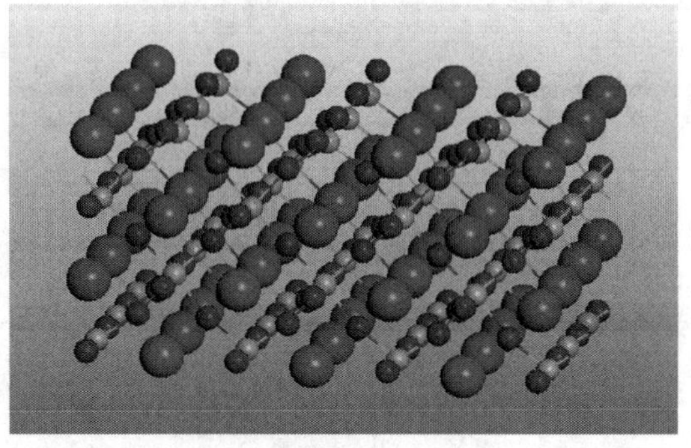

图 1.20　$KNbO_3$ 晶体（110）晶面 AO 表面模型

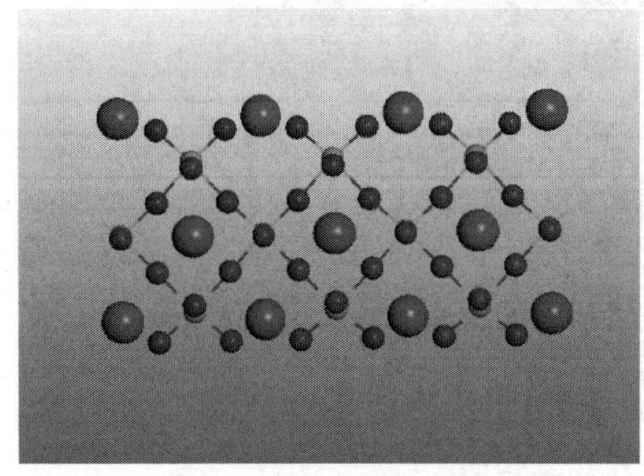

图 1.21　$KNbO_3$ 晶体（110）晶面 BO 表面模型

由 $NaNbO_3$ 晶面和 $KNbO_3$ 晶面表面能计算得知，熔体提拉法晶体生长过程中，$KNbO_3$ 在垂直于生长方向上只会出现（100）晶面，而 $NaNbO_3$ 则会同时出现（100）和（110）晶面。因此在生长 KNN 晶体时，表面原子随机分布，新形成表面由一定比例 $NaNbO_3$ 和 $KNbO_3$ 晶面构成，则 KNN 晶面表面能由相应 $NaNbO_3$ 晶面和 $KNbO_3$ 晶面表面能加权获得。因此 KNN 晶体中在不同 K、Na 比例下只在垂直于生长方向上出现（100）晶面，或是同时具有（100）晶面和（110）晶面。但是生长过程中对晶体进行旋转，人为进行了一定强制，因此在边棱处有时会变圆，出现（110）晶面，同时熔体温场是同心圆分布，生长的晶体在垂直于提拉方向上的截面也会导致（110）晶面形成。因此生长的 KNN 晶体以（100）晶面为主，同时（110）晶面为辅。综上理论计算与实验结果是基本符合，即理论计算对晶体生长与优化工艺具有重要的指导意义。

1.6　生长工艺对晶体生长的影响

单晶生长过程会发生一系列的物理化学变化，因此会受到很多因素的影响，如炉膛温场结构、原料纯度及配比、籽晶质量、晶杆旋转和提拉速度、组分挥发、降温设计等。并且有几种因素是相互联系又相互制约的，因此通过大量的摸索积累晶体生长经验并调节出合理的生长工艺对晶体生长工作至关重要。下面就几个因素说明生长工艺对晶体生长的影响。

（1）温场结构的影响。在实际晶体生长过程中炉膛的温场是影响晶体生长的最主要因素，能够直接决定晶体生长的成败。实验表明，同样一份原料，每次生长之前所做的保温处理不可能完全一样，因此生长结果就不一样。提拉法生长晶体过程中结晶的驱动力都是来源于温场的温度梯度，因此设计一个合理的温场是生长高质量晶体的前提。温度梯度分为轴向温度梯度和径向温度梯度。

轴向温度梯度：轴向温度梯度反映的是熔体上层和下层以及液面上方的温度变化，是晶体生长的驱动力，因此只有选择合适的轴向温度梯度才能保证晶体顺利生长。过大的轴向温度梯度使晶体内产生的热应力过大导致晶体破裂。界面轴向温度梯度的最大值应该满足：

$$\left(\frac{\partial T}{\partial Z}\right)_{\max} \leqslant \frac{2\varepsilon\left(2/h\right)^{\frac{1}{2}}}{\alpha r^{\frac{3}{2}}} \tag{1.25}$$

式中，$\frac{\partial T}{\partial Z}$为轴向温度梯度，℃/m；$\alpha$为热膨胀系数；$h$为热交换系数；$r$为晶体的半径，m。

从式（1.25）可以看出，轴向温度梯度和晶体半径成负相关，即晶体越大，轴向温度梯度需要越小。所以生长大块晶体往往需要设置后加热器。同时轴向温场的温度梯度也不能过小，过小则晶体结晶原动力不足导致控制难度高甚至无法结晶。因为公式中的参数不可能准确测量，所以无法准确计算轴向温度梯度，在实际晶体生长过程中的轴向温度梯度往往需要依靠大量的实际生长经验来摸索得出。

径向温度梯度：径向温度梯度过大会使晶体内部热应力过大，容易导致晶体开裂，因此要尽量减小。同时若径向温度梯度不对称也很不利于晶体生长。在实验过程中需要认真调节坩埚、炉体感应线圈和保温材料，使径向温度梯度保持对称。

轴向温场梯度和径向温场梯度共同作用，是影响晶体和熔体之间的热量输运的主要因素，进而会影响晶体和熔体固液界面的形状。若固液界面处径向热流由环境传递给晶体时，则导致晶体轴向热流中心小于边缘，所以总轴向热流是由晶体流向熔体，则固液界面是凸型（凸向熔体），容易产生生长条纹；相反，当总轴向热流是由熔体流向晶体，固液界面是凹型，则在生长过程中晶体受自然热对流影响导致界面热交换缓慢，晶体容易产生芯状包裹物等缺陷，这都会大大影响晶体的质量。只有在热流大致平衡时，固液界面才是平坦的，这样才能够保证晶体生长的质量。

（2）旋转速度的影响。晶体在生长过程中进行旋转能够搅拌熔体，使其产生强迫对流，有利于熔体的均匀化，同时也增加了径向温场的对称性。并且旋转速度也是影响固液界面形状的主要因素之一。过快的旋转速度使液面有变凹的趋势，过慢的旋转速度使液面有变凸的趋势。一般来说，在生长过程中温场无法实时调节，因此可以调节晶体转速使固液界面尽可能保持平面进行生长。实验中晶体转速一般调节为 8～12r/min，能够得到质量较好的晶体。

（3）籽晶的影响。因为籽晶中的缺陷会继承给新生长的晶体，所以籽晶的质量直接影响到生长晶体的质量。除从高质量的晶体上切取籽晶之外，还可以将晶体生长的收颈阶段多持续一段时间，获得较长较细晶体作为下次籽晶继续使用，提高籽晶利用率。在下晶时进行化晶操作，能够在最大程度上提高籽晶质量。

除此之外，脱尾阶段一定要先升高熔体温度，提高晶体拉速使晶体提拉出液面，而不能手动提拉以防较大的机械振动使晶体断裂，导致生长前功尽弃。降温退火速度一定要慢，以便使晶体尽可能地释放出热应力，防止晶体开裂。特别是晶体尺寸较大时，尽量全程降温速度都保持在 30℃/h 以下。另外，由于掺杂 Er_2O_3 和 Yb_2O_3 后，原料的熔点大幅度提高，甚至超出晶体炉稳定工作温度。需要加入过量 K_2CO_3 使其分解产生的 K_2O 作为助溶剂降低原料熔点，同时适当弥补由于 K_2O 的挥发导致的组分改变。但是 K_2CO_3 不能过量太多，否则会导致晶体不能结晶。实验证明，K_2CO_3 过量高于 20%时熔体便无法结晶[15]。

参 考 文 献

[1] 闵乃本. 晶体生长的物理基础[M]. 上海：上海科学技术出版社, 1982.

[2] 姚连增. 晶体生长基础[M]. 合肥：中国科学技术大学出版社, 1995.

[3] 罗豪甦, 仲伟卓, 殷之文, 等. 晶体的台阶生长及稳定性[J]. 人工晶体学报, 1994, 23（3）: 211-214.

[4] Scheel H J. Theoretical and technological solutions of the striation problem[J] . Journal of Crystal Growth, 2006, 287: 214-223.

[5] Reisman A, Triebwasser S, Holtzberg F. Phase diagram of the system $KNbO_3$-$KTaO_3$ by the methods of differential thermal and resistance analysis[J]. Physical Review, 1955, 77:4228-4230.

[6] 王旭平. KTN 系列晶体的生长及其性能研究[D]. 济南：山东大学，2008.

[7] 田浩. 顺电相钽铌酸钾锂晶体的生长及电控光折变性质研究[D]. 哈尔滨: 哈尔滨工业大学, 2008.

[8] 李均. 无铅钽铌酸钾锂晶体的介电和压电性能研究[D]. 哈尔滨: 哈尔滨工业大学, 2013.

[9] 吕倩倩. 钽铌酸钾钠晶体的光学性质及二波耦合实验研究[D]. 哈尔滨：哈尔滨工业大学，2008.

[10] 杨文龙. 碱金属钽铌酸盐无铅材料的压电和色散特性研究[D]. 哈尔滨：哈尔滨工业大学，2012.

[11] 何世蛟. 钽铌酸钾钠无铅压电单晶的生长及机电性能研究[D]. 哈尔滨：哈尔滨工业大学，2012.

[12] 孟祥达. 正交相钽铌酸钾钠单晶的生长及压电特性研究[D]. 哈尔滨：哈尔滨工业大学，2015.

[13] Wulff G. Zur frage der geschwindigkeit des wachsthums und der auflösung der krystallflächen[J]. Zeitschrift für Krystallographie und Mineralogie, 1901, 34:449.

[14] Hartman P, Perdok W G. On the relations between structure and morphology of crystals. I[J]. Acta Crystallographica, 2010, 8(9): 521-524.

[15] Li Y M, She Z Y, Jiang L, et al. Microstructure, phase transition, and electrical properties of $K_xNa_{1-x}NbO_3$ lead-free piezoceramics[J]. Journal of Electronic Materials, 2012, 41: 546-551.

第 2 章

KTN 晶体的物理与电光性能

钽铌酸钾（KTN）是性能优良的多功能材料，是铌酸钾（$KNbO_3$, KN）和钽酸钾（$KTaO_3$, KT）的固溶体。室温下，改变钽铌比可以调节 KTN 顺电-铁电相界。因此，通过调节钽铌比可优化材料性能。由于优异的电光效应，KTN 系列材料在全息存储、相干光放大和光学相共轭等方面有广阔的应用前景，是目前具有最大二次电光效应的晶体。KTN 系列材料已经大量应用于光偏转器、电控衍射光开关、光电传感器等光电功能器件制作中。模拟计算、实验测量和理论解释是当今科学研究的主要手段，三种方法联合应用得出了一系列重大研究成果。目前第一性原理计算是物理、化学、材料和工程领域研究的标准工具。本章首先从第一性原理出发，主要解释原子局域有序与 KTN 的几何结构、光学性能的相互作用机制；然后讲述 KTN 晶体线性电光效应与二次电光效应的理论解释与实验测量。

2.1 KTN 晶体的第一性原理研究

2.1.1 第一性原理简介

实验的周期长，费用高，并具有一定经验性。用计算机模拟“实验”可以突破上述限制，快捷且节省人力、物力、财力。根据计算模拟预测可能成功的实验方案，能够使实验效率大大提高。计算机模拟方法使用最广泛的是第一性原理[1]。

第一性原理不采用任何经验参数，仅仅通过给定晶体结构和组成元素原子信息，就可以给出十分可靠的结果，精确度非常高。不仅与实验数据符合，更能对目前实验难以确定的物质结构进行预测，解释实验暂时无法探究的材料微观机理。20 世纪 90 年代初，该方法开始被应用于钙钛矿晶体。对该类晶体基态物理性质，如晶格常数、结合能和其他性能可给出与实验符合得相当好的结果。经过 20 多年发展，并随着计算机技术进步，第一性原理已经应用到晶体研究的各个方面，如结构相变、电子结构、介电响应、光学性质、准粒子、晶体缺陷、表面与界面、外界压力作用等。第一性原理计算已经是一个应用广泛的材料研究学科。1998 年，W. Kohn 和 J. Pople 被授予诺贝尔化学奖，以表彰其对材料计算科学的重大贡献。

第一性原理包括从头算法和密度泛函理论。从头算法基于非相对论近似、绝热近似、单粒子近似来求解电子薛定谔方程。后续进行相对论效应、核与电子运动耦合、电子运动相关等修正。该方法计算量特别大，很难处理大体系。密度泛函理论是利用电子密度分布函数描述系统状态。对于大体系，密度泛函理论的计算量要比从头算法少很多，因而在大体系第一性原理计算中得到极其广泛的应用。本书研究结构十分复杂的固溶体材料，因此采用密度泛函理论。

1. Hohenberg-Kohn 定理与 Kohn-Sham 方程

刚开始人们利用多粒子系统薛定谔方程求解固体材料物理性质。多粒子系统薛定谔方程十分复杂，几乎不能直接求解，必须做出合理近似和简化。由此出现将电子与原子核分开的绝热近似。

1964 年出现的 Hohenberg-Kohn 定理给出将多电子问题简化为单电子方程的理论阐述，由此成为密度泛函理论基础。而且 Hohenberg-Kohn 定理将总能用电子密度表示，不再使用电子波函数，降低自由度，简化计算。Hohenberg-Kohn 定理证明电子密度分布函数是研究物理性质的基本变量，并给出利用变分原理求基态的具体方法，但是却未能给出电子密度分布函数及电子系统能量泛函中各项具体泛函形式。

1965 年，为了构建单粒子图像，在 Hohenberg-Kohn 定理基础上，Kohn[2]和 Sham 假定动能泛函可以用无相互作用粒子来代替，把它们之间差别部分归入交换相关能 $E_{xc}[n]$中，同时假定电子密度分布函数由 N 个单独粒子波函数求和得到，变分法求泛函极小值，组成 Kohn-Sham 方程，然后用自洽方法求解。

Kohn-Sham 方程主要是引入无相互作用粒子模型，把有相互作用部分划到交换相关能中。虽然形式上比哈特利-福克近似描述更严格，但是并不知道交换相关能 $E_{xc}[n]$。只有找到准确且便于应用的 $E_{xc}[n]$，密度泛函理论才会在真实理论计算中有意义。因此，$E_{xc}[n]$研究一直备受瞩目。

实际计算一般采用局域密度近似（local density approximation, LDA）处理 $E_{xc}[n]$：假设 $n(r)$ 变化不快，在 dr 内是均匀的，于是 $E_{xc}[n]$可以看作均匀电子气交换关联能量。另外也可以用广义梯度（generalized gradient approximation, GGA）处理 $E_{xc}[n]$。

2. 近似方法

电子密度函数 $n(r)$与交换关联能量有关。由于 $E_{xc}[n]$非局域，要严格描述很不容易。因此出现各种近似方法，如 Kohn 等提出 LDA，基本思想是利用均匀电子气交换相关能来代替实际的交换相关能。

LDA 由于计算加和与平均效应，使得结果十分精确。虽然形式简单，但却非常有效，可以很好地计算出许多半导体和一些基态金属材料的几何结构和物理性质，效果普遍比哈特利-福克方法好。但是，因为该方法假定电子密度均匀，忽略电荷分布不均匀性，对于电子密度变化剧烈体系，如强关联材料和结合能弱的物质，其计算结果误差较大，难以令人满意。

总之，局域密度近似方法在大多数固体材料中都获得成功。然而，依然有许多不足之处：虽然对简单金属能很好预测，但是对其他材料，LDA 会低估晶格常数为 1%～3%。最大缺点是严重地低估了能带带隙。虽然这并不会对晶体和分子等物质总能及相关性质的精确描述产生影响，但是研究半导体和绝缘体性质时，对电子结构的精确描述是必要的。这时，有高达 50%错误的能带带隙就让人难以接受。

GGA 对 LDA 方法做出改进，认为电子空间分布有一定梯度，并引入电子自旋，可以更精确地计算非均匀电子气。GGA 方法在价电子密度变化比较快的分子或原子中，相比 LDA，做了很大改善。然而，对非金属材料，GGA 方法趋于使晶格膨胀。和 LDA 类似，GGA 也严重地低估了材料的能带带隙。

通过引入经验性剪切因子修正，可以让导带相对于价带产生一个刚性位移。如果实验带隙是正确的，那么该方法就会对光学性质给出满意结果。可是，当没有电子结构信息情况下，很难在预测性研究中使用剪切因子修正。目前已经设计出非常多的技术来处理密度泛函能带带隙问题，但是大多都非常复杂、极其消耗时间。一个较实用的解决方案是屏蔽交换-局域密度近似（sX-LDA）方法，它在既有 LDA 泛函框架下，把交换项从交换相关项 $E_{xc}[n]$中抽取出来，代之以非局域交换势，在很多计算中都得到与实验较为接近的结果。

3. 赝势法

处理原子核和内层电子产生势场的方法有赝势法和全电子法。在赝势法中，波函数只用来表示高能电子，而把原子核和内层电子看成一个整体——离子实，由此产生赝势。而全电子法则是用波函数如实地表示所有电子。

多数情况下，在能量上可以清楚地区分离子实和价电子本征谱。化学反应大多只对价电子产生作用，而对离子实的影响却微乎其微。在固体材料中，只有费米能级附近电子（即价电子）对固体电子结构起主要作用，离子实总能量基本没有变化。如果计算离子实电子能级，会大大增加能带数量。而且，一个全电子没有屏蔽晶体势，在计算中很难收敛。因此，最近在材料研究中大部分都使用赝势法，常使用的是模守恒赝势（norm-conserving pseudopotentials，NCP）和超软赝势（ultrasoft pseudopotentials，USP）[3]。

赝势使用过程中，有一个非常重要的概念——赝势硬度系数。当赝势只需要很少傅里叶展开基元就可以精确表达时，认为它很软，反之，则是很硬。当用 NCP 处理过渡金属和第一周期元素（O、C、N 等）电子结构时，赝势就变得很硬。1990 年，Vanderbilt[3]为了产生更软赝势，放宽模守恒条件，在 USP 模型下，核区赝波函数允许尽可能软，这样截止能量就可以戏剧化减少。USP 还有另外优势，产生法则可以通过预定能量范围来保证好的散射性质，这样可以产生有更好传递性和精确度的赝势。传递性则是赝势比全电子方法优越的最好证明。

通常 USP 比 NCP 更有效，更精确。不过，在光学性质计算中，NCP 则比 USP 精确。因此，通常用 USP 进行几何结构优化，用 NCP 研究光学特性。后来，出现对平面波赝势法与全电势线性缀加平面波法（full-potential linearized augmented plane-wave，FLAPW）进行统一的投影缀加波法（projected augmented wave，PAW）。该方法可以很方便地把变分后赝波函数变换成真实波函数。尤其是 PAW 可以和 USP 直接联系，即 USP 总能泛函可以简单地通过把 PAW 全能泛函中两项线性化得到。PAW 方法形式简单，线性变换容易，尽管出现的比较晚，但是目前受到很多学者青睐。

4. 第一性原理软件

本书研究主要选用 Material Studio 材料模拟平台的 CASTEP 模块进行第一性原理研究，首先简要介绍一下 CASTEP 软件[4]。

CASTEP 是剑桥大学凝聚态研究组特别为固体材料而设计的现代化量子力学程序。根据系统中原子类型和数目，即可预测晶格常数、几何结构、弹性常数、能带、态密度、电荷密度、波函数及光学等各种性质。此外，可以计算晶体机械性质（泊松系数、兰姆常数和体弹模量）。过渡态搜索工具研究气相或材料表面化学反应以及体块或表面扩散过程，也可以有效探索半导体或其他材料缺陷性质，还可以计算固体热动力学性质，并能给出核磁共振图谱和扫描隧道显微镜镜像。因此，目前 CASTEP 已经被应用于表面化学、物理和化学吸附、多相催化、半导体缺陷、晶粒间界、堆垛层错、纳米技术、分子晶体、多晶型研究、扩散机理及液体分子动力学等诸多领域。

计算软件多达几千种，较为常用、有效的第一性原理软件还有 VASP、ABINIT、PWSCF、CPMD、SIESTA 及 Octopus 等。其具体情况可以到相关计算科学网站上查找。值得一提的是，每一个软件都不可能解决所有问题，要根据具体的物理模型选择合适计算软件。

2.1.2 KTN 几何结构优化

1. 顺电相 KTN 晶体

由于固溶体微观结构极其复杂，B 位钽离子和铌离子在 KTN 晶体内部随机分布。不可能确切知道这两种离子在 B 位上如何排布。尽管密度泛函理论可以精确处理周期性结构，但对该体系进行第一性原理计算仍然比较棘手。虽然真实 KTN 晶体结构是无序的，为了使问题简化，本节只研究有序 KTN 超晶胞。这种方法已经被用于压电材料锆钛酸铅[$Pb(Zr_{1-x}Ti_x)O_3$，PZT]，铌镁酸铅[Pb(Mg, Nb)TiO_5，PMN]晶体研究。设计三种有序 KTN 超晶胞[5-9]。为了简洁明了，在图 2.1 中只画出 B 位阳离子化学取向。取向 KTN 超晶胞需要 10*n* 个原子。

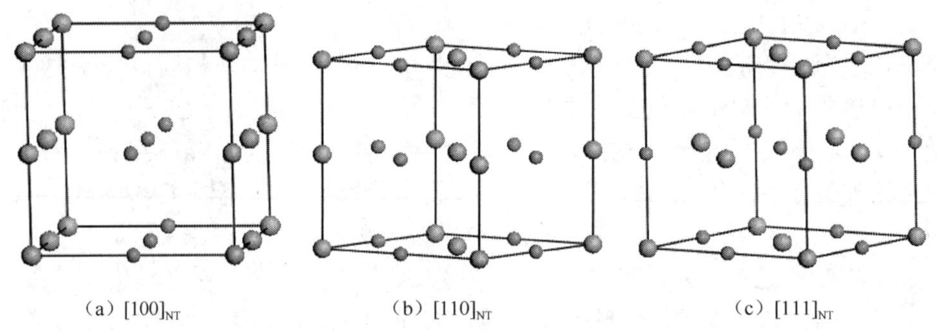

（a）$[100]_{NT}$　　（b）$[110]_{NT}$　　（c）$[111]_{NT}$

图 2.1　$KTa_{1/2}Nb_{1/2}O_3$ 超晶胞 B 位阳离子化学有序取向

本书中所有超晶胞都可以看成层状结构。两个 20-原子超晶胞[模型 A（$[100]_{NT}$）和模型 B（$[110]_{NT}$）]和一个 40-原子超晶胞[模型 C（$[111]_{NT}$）]，其中，N 表示纯 Nb 层平行于面（*hkl*）；T 表示纯 Ta 层平行于面（*hkl*）。图 2.1（a）中的超晶胞也可以看成是在 $KNbO_3$ 原胞沿着[100]方向上堆放一个 $KTaO_3$ 原胞；图 2.1（b）中的超晶胞是两个 $KNbO_3$ 原胞和两个 $KTaO_3$ 原胞在平面（$x \times y$）上交错排列；图 2.1（c）中的超晶胞是四个 $KNbO_3$ 原胞和四个 $KTaO_3$ 原胞在三维空间交错排列。KTN 超晶胞的次晶胞晶格常数初始定为 $\alpha = \beta = \gamma = 90°$ 和 $a = b = c =$ 4.000 Å（1Å=10^{-10}m）。

先利用 BFGS（Broyden–Fletcher–Goldfarb–Shanno）拟牛顿方法对上述 KTN 超晶胞进行几何结构优化。优化过程中，并不对超晶胞形状和离子几何位置进行固定。所用参数设置如下：K（3s, 3p, 4s）、Ta（5d, 6s）、Nb（4s, 4p, 4d, 5s）和 O（2s, 2p）是价态电子。最大平面波截止能为 340eV，自洽场收敛极限取为 10^{-6}eV/原子。采用均匀 Monkhorst-Pack *k* 点取样，3×3×3 *k* 点格子用于 40-原子超晶胞，3×3×6 *k* 点格子用于 20-原子超晶胞。计算结果通过了 *k*

点数和平面波截止能量的收敛测试。

由于局域密度近似方法趋于束缚原子，以至于键长和原胞体积通常都被低估 1～2 个百分点，这使 KTN 晶格被压缩。晶格压缩容易使结构稳定在顺电相。优化超晶胞中，每一个 Ta 离子或 Nb 离子都处于钾立方和氧八面体中心，尽管氧离子位置产生微小变化。极化后 KTN 晶体都处于顺电相。把 $KNbO_3$ 原胞与 $KTaO_3$ 原胞叠加定义为“标准 KTN”。计算所得“标准 KTN”的结构参数，如表 2.1 所示，包括空间群、晶格参数和超晶胞体积。

表 2.1　KTN 超晶胞几何结构参数的计算结果

模型	空间群	$a=b$/Å	c/Å	体积/Å^3
A	P4/mmm	4.001	7.892	127.78
B	P4/mmm	3.992	8.002	127.52
C	Fm3m	3.993	7.986	127.33

优化后晶体对称性和各自初始对称性相同。上述三种模型空间群是其化学状态标记，实际都为立方体系。几何优化结果之间差异很小，而且与山东大学王继扬教授组[10]做的立方 $KTa_{0.67}Nb_{0.33}O_3$ 固溶体（$a=b=3.992\ 79$ Å、$c=7.985\ 58$ Å）实验结果符合得非常好，只有不到 1%的最大误差率。“标准 KTN”晶体体积随着 $KTaO_3$ 原胞周围 $KNbO_3$ 原胞数增加而减小。BO_6 氧八面体通常被认为是 KTN 晶体结构单元。计算了 NbO_6 和 TaO_6，得到 O—O 和 K—O 键长，如表 2.2 所示。对于不同化学取向超晶胞，虽然三种模型晶格参数相差不大，但是 O—O 和 K—O 键长数值却有很大不同。而且，在三种模型中，各端元（$KNbO_3$ 和 $KTaO_3$ 原胞）晶格参数有不小差异。

表 2.2　BO_6 氧八面体中 O—O 和 K—O 的键长计算数据

模型	O—O 的键长/Å		K—O 的键长/Å	
	TaO_6	NbO_6	TaO_6	NbO_6
A	2.829, 2.849	2.829, 2.802	2.829, 2.850	2.829, 2.801
B	2.861, 2.845	2.784, 2.807	2.826, 2.823	2.826, 2.823
C	2.859	2.788	2.824	2.824

2. 铁电相 KTN 晶体

虽然 KTN 固溶体是弛豫性铁电体，不过理论计算预测取向超晶胞是铁电体。通过完全优化取向 KTN 超晶胞，得到 5 种稳定弛豫结构，其几何结构参数优化结果列于表 2.3。下标 F 和 A 分别代表铁电结构和反铁电结构，Δ(Ta)与 Δ(Nb)为计算所得 Ta 和 Nb 离子相对于氧八面体位移。

表 2.3　铁电相 KTN 超晶胞几何结构参数计算结果

模型	空间群	$a=b$/Å	c/Å	Δ(Ta)/Å	Δ(Nb)/Å
$[100]_F$	P4mm	4.029	4.115	0.140	0.169
$[110]_A$	Cmmm	4.058	4.033	0.104	0.121
$[110]_F$	Pmm2	4.073	4.024	0.142	0.176
$[111]_A$	$P\bar{4}2m$	4.084	4.064	0.106	0.132
$[111]_F$	R3m	4.052	4.051	0.120	0.149

对于铁电相 KTN[100]超晶胞，相对于起始结构，除 K 离子，其他所有离子都偏离原来位置。相对于 K 离子，O 离子在[100]方向上位移 $\Delta(O_1)$= −0.091 Å，$\Delta(O_2)$= −0.123 Å，$\Delta(O_3)$= −0.06 Å，$\Delta(O_4)$= −0.052 Å。上述计算结果与 $KTa_{0.56}Nb_{0.44}O_3$ 晶体中子散射结晶实验数据符合得非常好。Nb 离子相对于氧八面体位移与先前理论计算结果相似，Ta 离子沿着[100]方向位移比以前理论计算结果大很多。

弛豫得到的 $KTN[110]_A$ 超晶胞为非极化反铁电相（anti-ferroelectric，AFE）正交 Cmmm 结构，其 K 离子依然静止，然而其他离子在面（110）内偏离理想位置。该反铁电行为是由构成离子反平行位移造成的。反铁电相计算结果对在 1×1 $KNbO_3/KTaO_3$ 超晶格中观测到反铁电行为是一个有力的理论验证。铁电相 KTN[110]结构晶格参数与反铁电相正交结构晶格参数几乎一致。然而，铁电 Pmm2 结构 B 位阳离子位移远大于反铁电相 B 位阳离子位移，且极化铁电 Pmm2 结构能量低于反铁电相 Cmmm，有 0.02eV/20-原子差异。这和对称 $KNbO_3$ /$KTaO_3$ 超晶格实验及计算结果相一致。

对立方相理想 40-原子 KTN[111]超晶胞 Fm3m 进行结构弛豫，所得反铁电 $P\bar{4}2m$ 结构晶格参数见表 2.3。除 K 离子，其他离子在三维空间发生移动。沿着[111]方向进行位移极化，对离子坐标和晶格常数进行调整，然后优化得到沿[111]方向极化稳定的铁电 R3m 对称相。R3m 结构晶格常数和反铁电 $P\bar{4}2m$ 结构晶格参数几乎相等，只有不足 0.4%差异。不过，其 Nb、Ta 离子位移则远大于反铁电 $P\bar{4}2m$ 中 B 位阳离子位移。极化铁电 R3m 结构能量也比反铁电 $P\bar{4}2m$ 低，并有着 0.22eV /40-原子的差异。

实验发现 KTN 晶体 B 位离子偏移现象：X 射线吸收精细结构实验证明在 $KTa_{0.91}Nb_{0.09}O_3$ 晶体中存在 Nb 离子偏心位移。在 70K 温度下，沿着[111]方向偏移是 0.145 Å。本节计算结果和上述实验数据非常符合。然而，实验测得 Ta 离子沿着[111]方向偏心位移却仅有 0.025 Å，这远小于计算结果。上述差异可做如下解释：纯 $KTaO_3$ 晶体并不存在铁电相变，直到 0K 温度，它依然是立方顺电相。但是纯 $KNbO_3$ 晶体却有一系列铁电相变。铁电相变几乎完全是由 $KNbO_3$ 晶体中 Nb 离子偏心位移驱动的。在 $KTa_{0.91}Nb_{0.09}O_3$ 晶体中，Nb 离子浓度远远小于 Ta 离子浓度，即 Ta 离子效应在该晶体中占主导地位。因此 Nb 离子偏心位移对 Ta 离子作用很小。但是，在 $KTa_{1/2}Nb_{1/2}O_3$ 固溶体中，Nb 离子浓度和 Ta 离子浓度相等，于是此时 Ta 离子效应也几乎和 Nb 离子作用相等。因此在有序取向 $KTa_{1/2}Nb_{1/2}O_3$ 固溶体中，Nb 离子偏心位移对 Ta 离子的作用要远大于在 $KTa_{0.91}Nb_{0.09}O_3$ 晶体中。

为了分析铁电 KTN 晶体性质，Eglitis 等利用朗道-金兹堡理论进行一系列半经验计算，得到具备从头算水平的结果[11]，从理论上证明 Nb 离子的确有明显偏心位移。而且，Nb 离子偏心位移和本节结果十分相似。为了简便，在计算 KTN 晶体时固定 Ta 和 O 两种离子，因为以前计算显示 Ta 离子喜欢居于中心位置。但是，当 Nb 离子浓度和 Ta 离子浓度近似相等时，这个近似就明显与实际不符。因此，通过完全弛豫 KTN 晶体中所有离子，发现 Ta 离子有非常大的偏心位移。

2.1.3 KTN 晶体电子结构

1. 顺电相 KTN 晶体

电子结构是光学性质的物理基础。优化后的三种 KTN 超晶胞能带结构，如图 2.2 所示。因为这些超晶胞几何结构相同，所以能带图谱有着明显相似之处。下面以模型 A 为例来描述能带图细节。其中，Fermi 能级位于 0eV，能带弥散性比较大。能带图可以分为三个区域：0～10eV 区域是导带，主要是 B 位阳离子 d 电子和部分氧离子 p 电子；中间区域，−6～0eV 是价带，主要是氧离子 p 电子和部分 B 位阳离子 d 电子。在价带和导带中有很多条能带，而且这些能带相互重叠在一起，表明 B 位阳离子 d 电子和氧离子 p 电子出现明显轨道杂化；−10eV 以下，只有几条能带，都极其平坦，即在此能量区域内各离子间并没有发生显著相互作用。导带底部和价带顶部在布里渊区中心 Gamma 点处是直接跃迁。然而这些能带图谱之间依然有一些不同。尤其是，尽管模型 A 和 B 几何结构相同、原子数相同，但能带分布仍然有些许差异。三种超晶胞禁带宽度分别是 1.572 eV、1.607 eV 和 1.573 eV，远远小于实验测定数据结果 3.6eV，也小于各个端元实验带隙（$KTaO_3$ 是 3.8 eV，$KNbO_3$ 是 3.3 eV），这是由于在局域密度近似中，交换关联能是离散的。王渊旭教授等[12]给出模型 A 能带结构，和本节计算图谱比较相似。不过因为王教授用 GGA 框架下全势线性缀加平面波法，而且直接使用实验测得的晶格常数，所以在能带细节方面与图 2.2 并不完全一致。

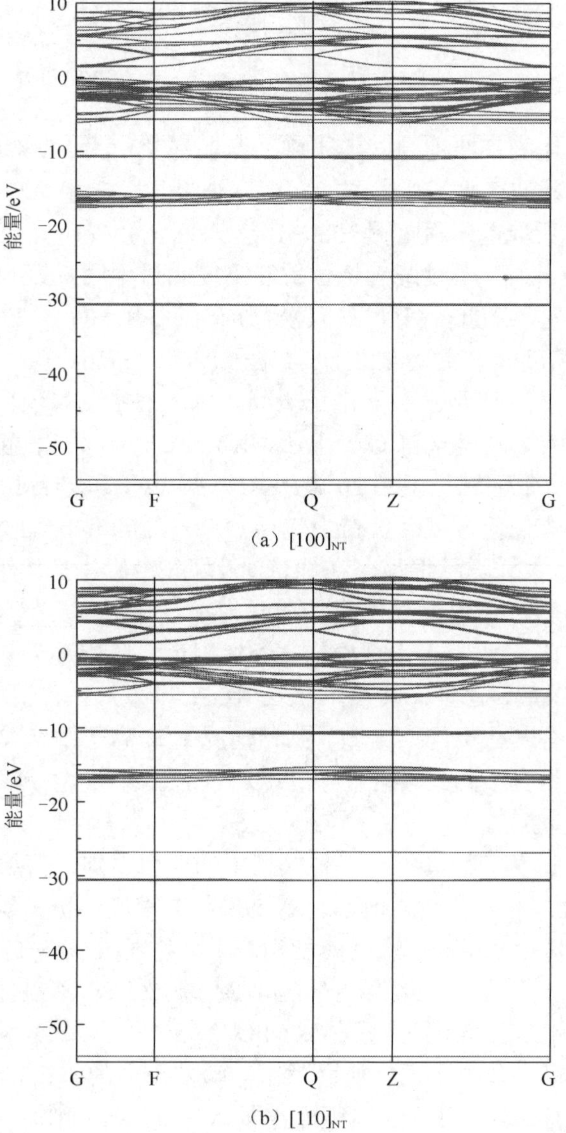

（a）$[100]_{NT}$

（b）$[110]_{NT}$

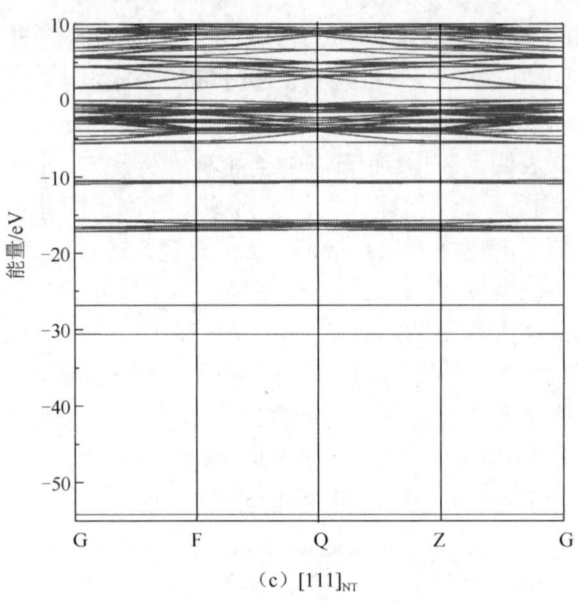

（c）$[111]_{NT}$

图 2.2　$KTa_{0.5}Nb_{0.5}O_3$超晶胞能带结构

为了更好地解释上述能带结构异同，计算了能态密度。图 2.3 绘出 KTN 晶体三种模型的总能态密度和各元素投影态密度，其中总能态密度结果与顺电相 KTN 理论计算数据类似，但是也有一定差异。计算所取能量区间是-60～10eV，而王教授研究得出的则是-30～5eV。尽管在-30～-10eV 都有三个峰，不过两者峰位置和高度明显不同。三种模型的态密度十分相似，只在细节上有差别。首先，总能态密度峰值位置分布在-54、-31、-27、-17、-11、-6～0、1～5eV。其次，-54eV 态密度峰。主要是由 Nb s 电子贡献，-31eV 源于 Nb p 电子贡献，-27eV 包含大部分 K s 电子，-11 eV 是由 K p 电子贡献。以上态密度峰仅仅是各个元素单独贡献，并未出现轨道杂化。-17eV 则是来自 O s 电子、Nb 及 Ta 一部分 p 和 d 电子轨道杂化贡献。再次，位于-10～10eV 宽带区域是由 O 2p 电子、Nb 4d 电子和 Ta 5d 电子轨道杂化产生的，K 离子几乎对整个价带没有任何贡献。价带中包括 O 2p 电子、Nb 4d 电子和 Ta 5d、6s 电子。Nb 4d 和 Ta 5d 对价带最大处贡献很小，在导带最小处 O 2p 电子没有贡献，这和 $KTaO_3$ 晶体理论计算结果一致。然后，KTN 晶体所有构成元素都对导带有贡献。O 2p、Nb 4d 及 Ta 5d 轨道杂化使总能态密度在 4eV 附近出现峰值。9eV 附近，除上述元素轨道杂化贡献外，还有 K p 和 Ta s 电子贡献。最后，总能态密度形状在-10eV 以下，三种情况几乎完全一样；-10eV 以上，总能态密度形状有一些不同。比如，三种情况下 K 离子中 7eV 峰型并不相同。从-6～10eV，B 位离子峰型也稍有不同。这些差异可以通过 KTN 晶体中元素 O、Nb 和 Ta 投影态密度来解释。

为了更清楚理解 Nb 和 Ta 离子在三种模型中的作用差别，仅绘出两种离子在-10eV 和 10eV 能量区间投影态密度，如图 2.4 所示。通过投影态密度分析，发现这两种离子态密度有着明显差别。不过，能带宽度相同，峰型高度相差不大，表明 Nb—O 和 Ta—O 两键都存在着强杂化，并存在很强共价作用，因此 Nb 离子和 Ta 离子在 KTN 晶体中的作用同等重要。这与 KTN 晶体两个端元有着很大不同。晶体 $KNbO_3$ 和 $KTaO_3$ 虽然结构十分相似，但是一个是铁电体，另一个是量子顺电体。不同性质必然有着截然不同的态密度。Postnikov 等[13]研究过它们的电子性能。由于 Nb 离子习惯于偏离氧八面体中心，在 $KNbO_3$ 态密度中出现 Nb—O 键合峰。Ta 离子没有发生偏移，于是 $KTaO_3$ 态密度中没有该峰产生。可能是由于 Ta 离子半径比较大，晶格又比较小，在八面体中不易移动。因为利用第一性原理对 $KTaO_3$ 晶体施加负压，当晶格膨胀到一定程度时，Ta 离子偏离原来位置。在钙钛矿晶体中，晶胞体积对其性质有着十分重要的影响。所以，Ta 离子在两种物质中的不同行为，主要是由于 KTN 和 $KTaO_3$ 晶体晶格常数不同导致的。KTN 晶胞体积比较大，使 Ta 离子有一个比较大的空间，更易于与氧离子产生轨道杂化，使系统能量降低并趋于稳定。不过此时是顺电相，所以两种离子没有发生明显位移。

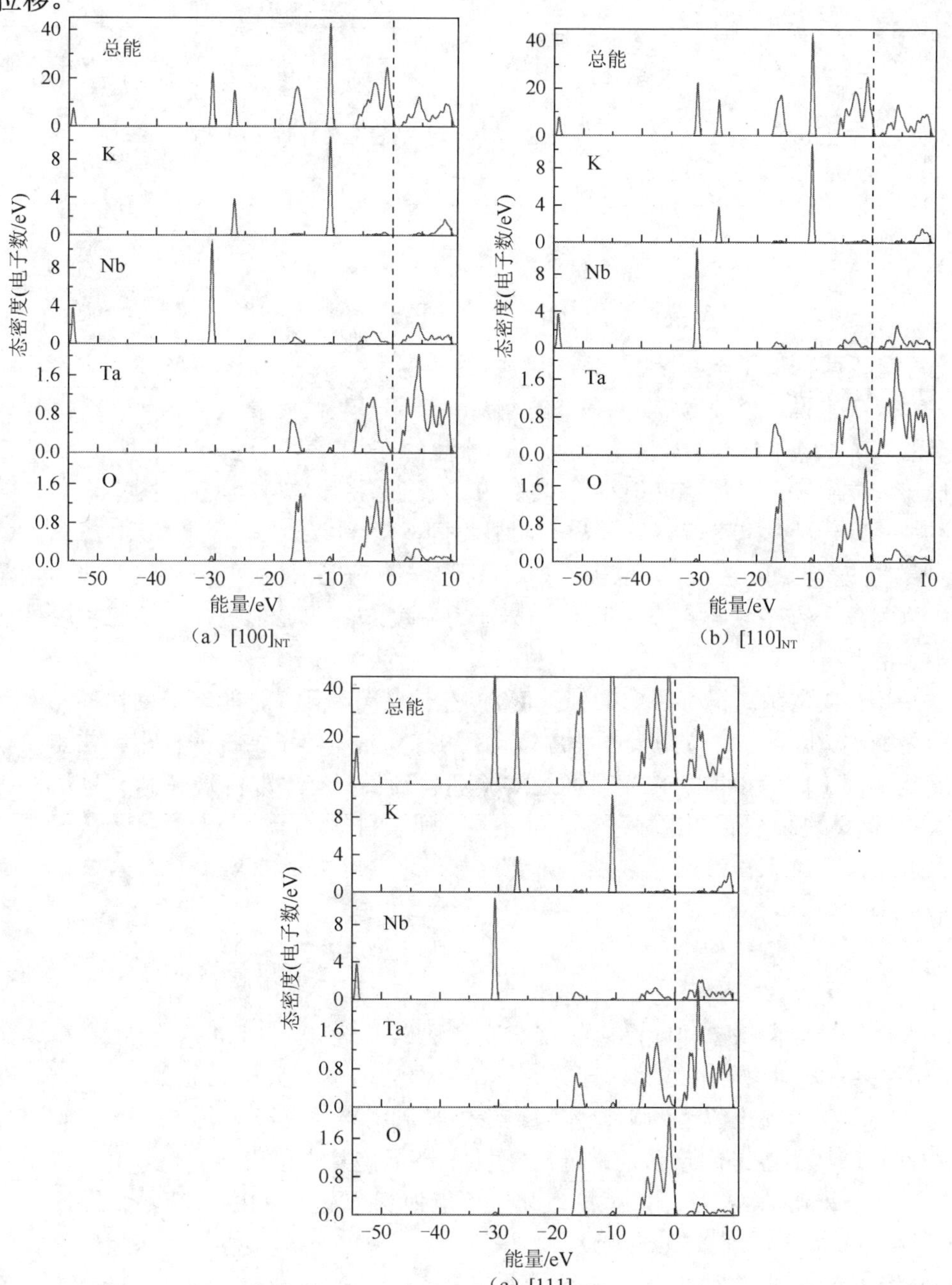

（a）$[100]_{NT}$ （b）$[110]_{NT}$ （c）$[111]_{NT}$

图 2.3 $KTa_{1/2}Nb_{1/2}O_3$ 超晶胞的总能态密度和各元素投影态密度

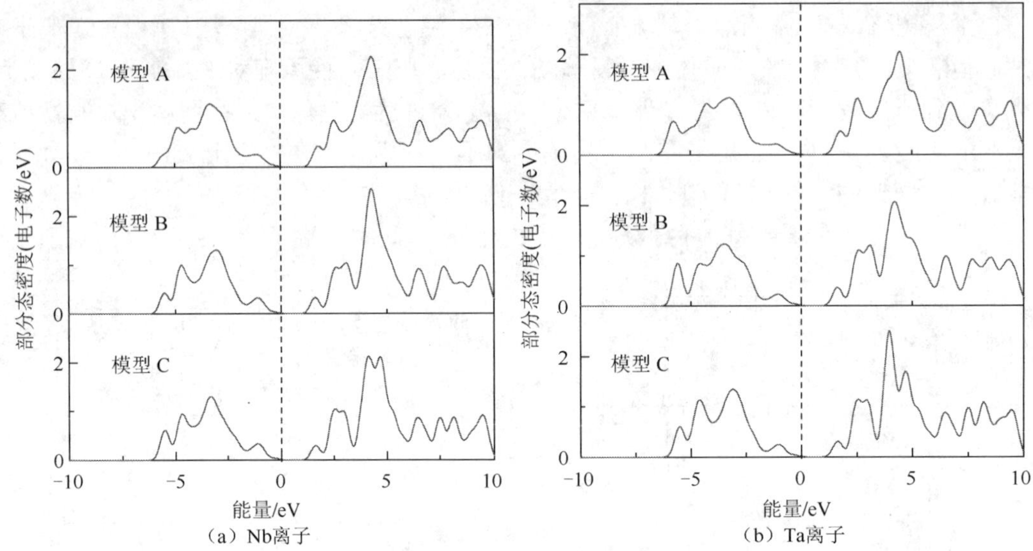

图 2.4　KTN 中 Nb 离子和 Ta 离子部分态密度

下面，讨论两种离子态密度在三种模型中的差别。在 0eV 以上，Nb 离子态密度峰数，对模型 A、B 和 C 来说，分别为 6、7、9。模型 C 峰数最多，则此模型中 Nb—O 轨道杂化最强，即有最多的 Nb d 电子参与杂化。最高投影态密度峰在 4.2eV 附近。当模型从 A 到 C 时，峰位置向低能方向移动，尽管移动很小。显然，Ta 离子态密度峰数也随着模型从 A 变换到 C 而增加。不过，最高投影态密度峰位置却有明显不同，从 4.46eV（模型 A）到 4.25eV（模型 B）再到 3.97eV（模型 C）。在 0eV 以下，两种离子态密度在三种模型中依然有些小差异。综上所述，B 位阳离子有序取向效应对 B 位阳离子态密度产生明显影响，导致三种模型总能态密度出现不小的差异。

总之，由于 B 位阳离子有序取向使得 KTN 晶体能带带隙、总能态密度和各元素投影态密度发生明显变化。因此，B 位阳离子有序取向对 KTN 晶体电子结构的作用非常重要。这与已有认识截然不同，因为以前从来没有通过实验观察到长程有序取向现象，一直认为化学取向不会对 KTN 晶体物理性质产生显著影响。不过，随着科学进步，人们对事物认识更加精确细致，于是近来出现纳米微域研究热潮。本节间接证明一个实验事实，即纳米微域的确有着完全不同的物理性质。

2. 铁电相 KTN 晶体

计算得到三种取向铁电相超晶胞禁带宽度分别是 1.385eV、1.858eV、2.02eV。这在 $KTaO_3$ 和 $KNbO_3$ 两种晶体理论带隙之间。理论计算结果都远远小于实验测定数据 3.6eV。而理论带隙偏小是当密度泛函理论应用到半导体和绝缘体时，由离散交换关联能造成的。KTN[100]和 KTN[110]两种结构带隙是间接跃迁，而 KTN[111]超晶胞是直接带隙。计算所得价带最大处能量差异小于 0.1eV，这样，在能带中很小变化就可能使跃迁发生变化。计算结果定性上和 $KTaO_3$ 与 $KNbO_3$ 两种晶体先前理论数据类似。

图 2.5 给出三种取向 KTN 超晶胞总能态密度（Total density of states，TDOS）和各元素投影态密度（Projected density of states，PDOS）。三种超晶胞 TDOS 图谱构型十分相似。位于

−6～0eV 的态密度结构，是由 O 2p 电子与 Nb 4d 电子和 Ta 5d 电子发生 p-d 轨道杂化产生。0～6eV 态密度结构也包含 p-d 轨道杂化，还有一部分由 K 3p 4s 电子贡献。相对于其他离子，K 离子几乎对整个总能态密度没有贡献。然而，三个 TDOS 图谱构型有很大不同。例如，当超晶胞从 KTN[100]变换到 KTN[110]时，总能态密度峰向高能方向移动。然而，当超晶胞从 KTN[110]变换到 KTN[111]时，总能态密度峰却向低能方向移动（不包括位于低能的第一个峰）。另外，三种超晶胞各个态密度峰高度也截然不同。

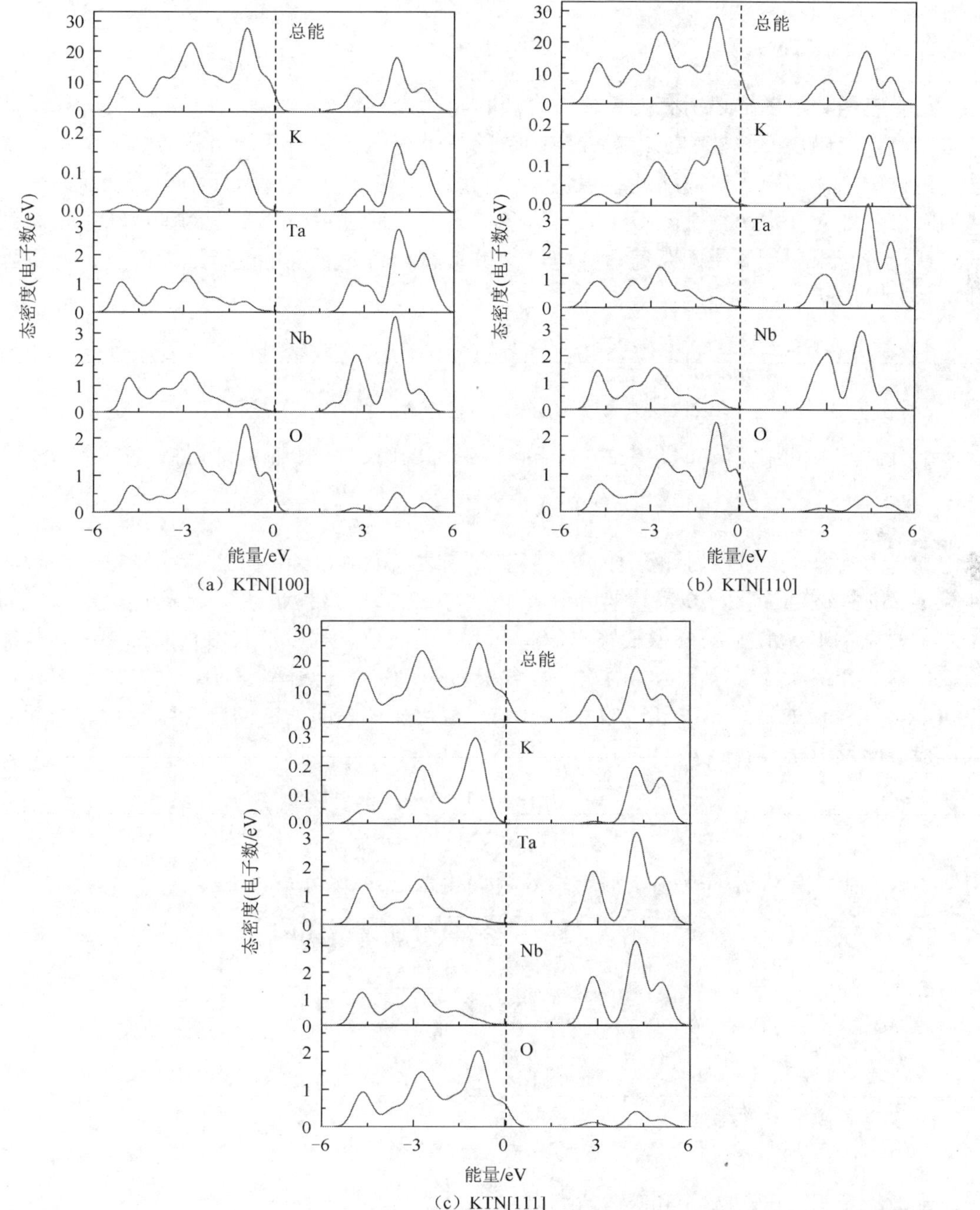

图 2.5　三种取向 KTN 超晶胞总能态密度和各元素投影态密度

各元素投影态密度可以用来分析上述差别。在 KTN[111]超晶胞中，Nb 离子和 Ta 离子 PDOS 对 TDOS 贡献相同。而在其他超晶胞中，Nb 离子 PDOS 与 Ta 离子 PDOS 却有不同。在三种取向超晶胞中，B 或 O 离子 PDOS 很类似，会在细节上有差异。而 K 离子 PDOS 在三种取向超晶胞中却有很大差别。所以 B 位阳离子效应显著影响 K 离子 PDOS，并由此导致三种取向超晶胞 TDOS 有些许差异。

2.1.4 KTN 晶体的光学性质

1. 顺电相 KTN 晶体

复介电函数可以描述所有能量段下介质材料的光学性质。实验中通常用复介电函数来测量体系对外电磁场的线性响应。对介电函数的贡献有电子带内跃迁与带间跃迁两种方式。不过，钙钛矿固体的电子带间跃迁最重要。带间跃迁可以分为直接跃迁和间接跃迁两种。普遍认为间接跃迁对介电函数贡献很小，可以忽略不计。通过对整个布里渊区内从占据态到非占据态跃迁进行求和计算带间跃迁对介电函数的贡献。考虑所有可能跃迁矩阵元，介电函数虚部 $\varepsilon_2(\omega)$ 表示如下：

$$\varepsilon_2(\omega)=\frac{Ve^2}{2\pi hm^2\omega^2}\int \mathrm{d}^3k\sum_{nn'}\left|\langle kn|p|kn'\rangle\right|^2 f(kn)\times[1-f(kn')]\delta(E_{kn}-E_{kn'}-h\omega) \tag{2.1}$$

式中，$h\omega$ 为入射光子能量；p 为动量算符 $(\eta/i)\partial/\partial x$；$|kn\rangle$ 为本征值 E_{kn} 的本征函数；$f(kn)$为费米配分函数。利用 $\varepsilon_2(\omega)$，介电函数实部 $\varepsilon_1(\omega)$可以通过克喇末-克朗尼格（KK）变换得

$$\varepsilon_1(\omega)=1+\frac{2}{\pi}P\int_0^{\infty}\frac{\varepsilon_2(\omega')\omega'\mathrm{d}\omega'}{\omega'^2-\omega^2} \tag{2.2}$$

式中，P 代表积分主值。为计算 $\varepsilon_1(\omega)$，需要在到达高能时，$\varepsilon_2(\omega)$依然能有很好的表现。本章计算 $\varepsilon_2(\omega)$时，能量高达 70eV，把这个值作为式（2.2）的截止能量。选择这个能量区间，就是为了使克喇末-克朗尼格变换能够收敛。有了介电函数，就可以利用它们推导出来其他光学函数。本节介绍和分析以下光学函数，包含反射率 $R(\omega)$、折射率 $n(\omega)$、消光系数 $k(\omega)$、光电导 $\sigma(\omega)$、能量损失函数 $L(\omega)$和吸收系数 $I(\omega)$。假定晶体表面的取向与光轴平行，由菲涅耳公式直接推出反射率 $R(\omega)$：

$$R(\omega)=\left|\frac{\sqrt{\varepsilon(\omega)}-1}{\sqrt{\varepsilon(\omega)}+1}\right|^2=\frac{(n-1)^2+k^2}{(n+1)^2+k^2} \tag{2.3}$$

用如下公式来计算折射率 $n(\omega)$、消光系数 $k(\omega)$和光电导 $\sigma(\omega)$：

$$n(\omega)=\frac{1}{\sqrt{2}}[\sqrt{\varepsilon_1^2(\omega)+\varepsilon_2^2(\omega)}+\varepsilon_1(\omega)]^{1/2} \tag{2.4}$$

$$k(\omega)=\frac{1}{\sqrt{2}}[\sqrt{\varepsilon_1^2(\omega)+\varepsilon_2^2(\omega)}-\varepsilon_1(\omega)]^{1/2} \tag{2.5}$$

$$\sigma_1(\omega)=\frac{\omega}{4\pi}\varepsilon_2(\omega) \tag{2.6}$$

$$\sigma_2(\omega)=-\frac{\omega}{4\pi}[\varepsilon_1(\omega)-1] \tag{2.7}$$

光学常数能量损失函数 $L(\omega)$和吸收系数 $I(\omega)$为

$$L(\omega) = -\mathrm{Im}\left(\frac{1}{\varepsilon}\right) = \frac{\varepsilon_2(\omega)}{\varepsilon_1^2(\omega) + \varepsilon_2^2(\omega)} \tag{2.8}$$

$$I(\omega) = \frac{\sqrt{2}\omega}{c}\left(\sqrt{\varepsilon_1{}^2(\omega) + \varepsilon_2{}^2(\omega)} - \varepsilon_1(\omega)\right)^{1/2} \tag{2.9}$$

式（2.1）～式（2.9）可以计算所有光学函数谱线。不过，局域密度近似下密度泛函理论严重低估激发态能量，导致带隙太小。结果，计算光学函数峰位置都比实验测得的能量低。于是如何处理基态向激发态跃迁受到普遍关注。通常，解决该问题一个被广泛接受的方法是剪切因子修正。它的理论基础是准粒子格林函数方法。大量计算证明局域密度近似与剪切因子修正联合使用可以很好地描述光谱性质。为了与实验所测的带隙值相匹配，必须用剪切因子将导带平移到实验值处。剪切因子取值为 2.0eV，用来计算上述全部光学函数。

三种模型分别沿[100]、[110]和[111]方向取向。本节主要目的是研究 B 位阳离子取向效应对 KTN 晶体光学性质的影响，因此下面只讨论 KTN 在上述取向的光学特性，并比较计算所得光学性质之间的异同[6,7,9]。

图 2.6（a）给出三种模型沿上述特定方向的介电函数虚部。模型 B 中[110]方向两个比较高的介电峰，相对于模型 A，向低能方向移动。模型 A 中第一个峰高度大约是最高峰高度的 80%。模型 B 中第一个峰高度却还不到最高峰高度的 50%。模型 C 沿着[111]方向的介电最高峰，相对于模型 B 也向低能移动，虽然移动的非常小，仅有 0.16eV。不过，前两个模型中第一个峰在模型 C 中并没有出现。

通过虚部由式（2.2）导出介电实部。图 2.6（b）给出三种模型沿指定方向的介电实部谱线。这些曲线主要特征：3.7eV 和 5.3eV 能量附近各有一个峰；5.3eV 和 7.8eV 能量区间则有一个相当陡的递减；7.8eV 附近是一个极小值（为负数），再后有一个缓慢增长并趋于极限值（该值小于 1）。当从模型 A [100]方向变换到模型 C [111]方向时，介电实部峰向低能移动。其中，$\varepsilon_1(0)$是静态介电常数，计算显示三种模型的 $\varepsilon_1(0)$分别为 3.38、5.96、7.09。

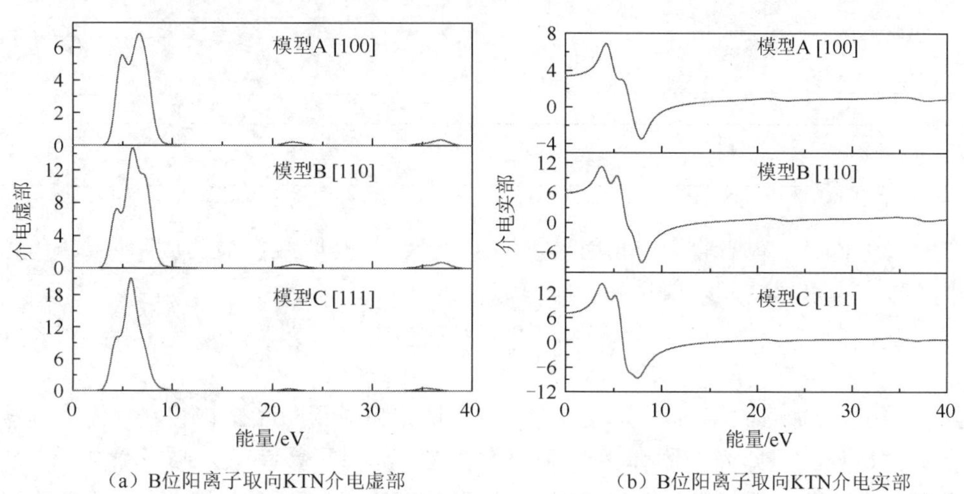

（a）B位阳离子取向KTN介电虚部　（b）B位阳离子取向KTN介电实部

图 2.6　B 位阳离子取向 KTN 介电曲线

图 2.7 给出三种模型沿指定方向反射光谱计算结果。模型 A 反射光谱和王渊旭教授的结果很相近。三种模型 KTN 反射光谱分别从 8.7%、6.4%和 4.0%处开始。模型 A 中沿着[100]

方向，反射光谱在 9.98eV 附近达到最大值 92.93%，随后出现一个很快速的递减，而且反射光谱在大约 18eV 处有个极小值 0。22eV 和 37eV 处也是反射区域，不过数值太小，只有不到 0.8%，以至于在图中无法标记。模型 B 中沿着[110]方向，反射光谱最大值为 87.44%，模型 C 中沿着[111]方向，反射光谱最大值仅为 58.73%。模型 B 沿着[110]方向反射谱最高峰相对于模型 A 向低能方向移动，模型 C 沿[111]方向反射光谱最高峰相对于模型 B 也向低能方向移动。还有，模型 A 反射光谱最宽，模型 C 反射光谱最窄，则 B 位阳离子取向明显影响 KTN 晶体反射光谱。

模型 A，在波长为 488.0nm 氩离子激光照射下，计算得到其折射率为 2.014。这和前人发表同成分 KTN 薄膜实验结果 2.275 很接近。因此可以说该 KTN 薄膜微观结构和模型 A 很相似。图 2.8 绘出折射率计算谱线。三种模型折射率谱线的主要特征有：4.33eV 和 6.07eV 附近有两个峰；6.07～10.66eV 有一个相当陡的递减；大约在 10.66eV 附近出现最小值，随后是一个缓慢增长并达到极值，这个值小于 1；23.3eV 和 38.0eV 处各有个很浅的波谷。当从模型 A [100]方向变换到模型 C [111]方向，折射率峰向低能方向移动，并且在 10eV、23eV、38eV 处波谷变得越来越窄，越来越浅。

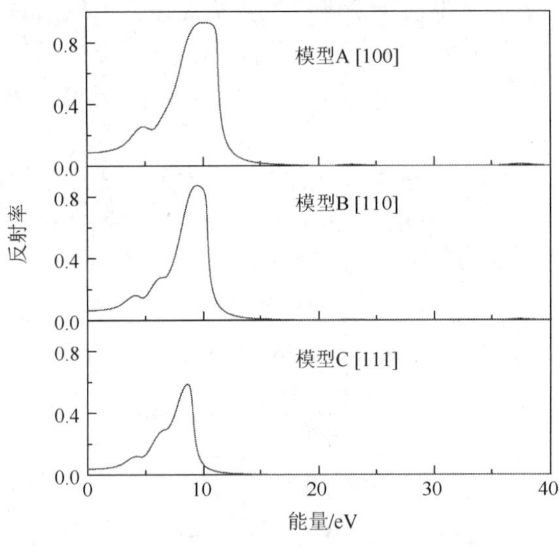

图 2.7　三种顺电相 KTN 模型反射光谱

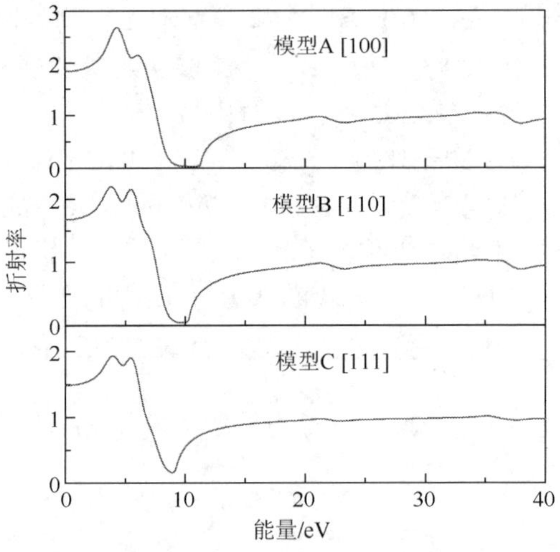

图 2.8　三种顺电相 KTN 模型折射谱

光在物质中传播可被吸收，一般用吸收率 A 表示，它是吸收能流密度除以入射能流密度。当样品很薄时，可以忽略光入射后的振幅衰减。则

$$A \approx (\omega \varepsilon_2 d) / cn = Id \tag{2.10}$$

$$I = \sigma_1 / cn\varepsilon_0 \tag{2.11}$$

由式（2.10）可知吸收率 A 与吸收系数 I 成正比，和样品厚度 d 有关。吸收系数与光强有关，它表示材料吸收，即光在固体中传播指数衰减。计算了频率依存吸收系数谱，如图 2.9 所示。它和介电函数虚部很类似。三个峰分别在 7.8eV、22eV 和 36eV 处，其中第一个峰最高。计算结果和其他理论计算数据差别不大。

等离子体是一种特殊状态，应用比较广泛，出现多种人造等离子体设备，如荧光灯、物理沉积和化学气相沉积等。全部固体材料都可能存在等离子体振荡。$\varepsilon_1(\omega)$通过零点时频率正好满足等离子响应条件。$L(\omega)$是表示与等离子频率相关的峰的一个重要参数，可以描述等离

子体响应。计算三种模型能量损失 $L(\omega)$，图 2.10 绘出相应曲线。计算模型 A 的 $L(\omega)$峰在 11.3eV 能量处，其他两种模型则都向高能移动，分别在 14.2eV 和 14.9eV 处。

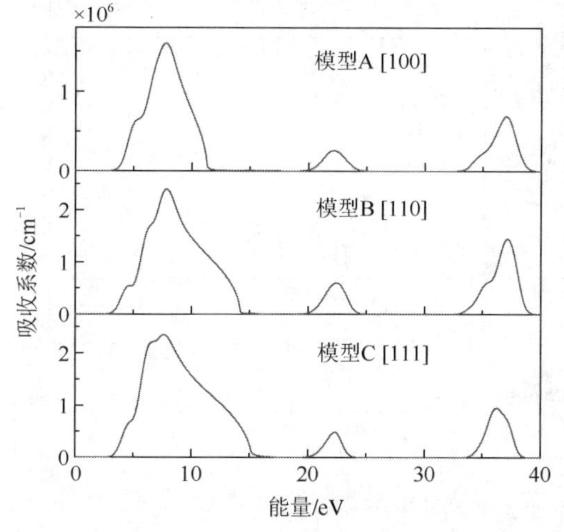

图 2.9 B 位阳离子取向 KTN 吸收系数

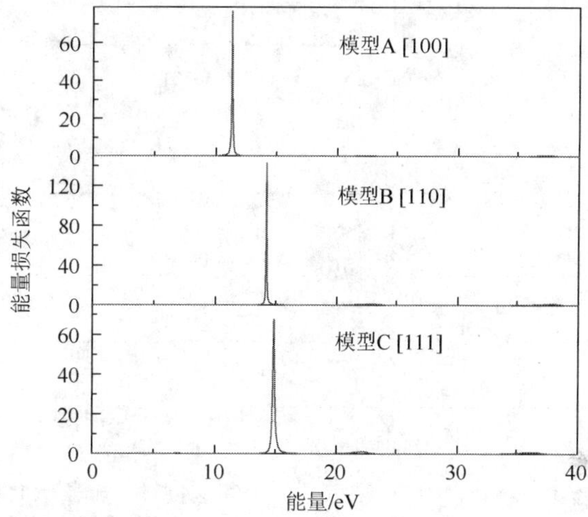

图 2.10 B 位阳离子取向 KTN 能量损失函数

总之，B 位阳离子取向效应明显影响 KTN 晶体光学特性。目前，还没有进行关于 $KTa_{1/2}Nb_{1/2}O_3$ 固溶体在光学频段的实验，当然更没有实验研究 B 位阳离子取向效应对光学特性的影响。所以理论计算结果可以作为将来实验工作的一个参考。

2. 铁电相 KTN 晶体

KTN 三种取向超晶胞分别沿[100]、[110]和[111]方向取向。计算 KTN 沿着上述取向方向的光学性质并进行比较。图 2.11 绘出介电函数光谱曲线，$\varepsilon_2(\omega)$可以描述 KTN 晶体的光学吸收特性，每一幅 $\varepsilon_2(\omega)$光谱都有两个介电峰。它们局域在 KTN [100] 3.74 eV 和 5.07 eV、KTN [110] 3.55 eV 和 5.13 eV、KTN [111] 3.50 eV 和 5.15 eV 处，这两个介电峰是由 O 原子 2p 价带电子向 Nb 原子 4d 或 Ta 原子 5d 导带电子跃迁产生的。值得注意的是光谱不仅仅是由单一带间跃迁产生的，因为在同一能量峰位置上，会有多种跃迁发生。这也可以用来解释其他光谱峰型产生机制。每一幅 $\varepsilon_1(\omega)$光谱也都有两个介电峰。在零频率条件下，$\varepsilon_1(0)$是静态介电常数。三种超晶胞 $\varepsilon_1(0)$分别为 3.62、6.96、10.13。

图 2.12 给出反射率 $R(\omega)$、折射率 $n(\omega)$、能量损失函数 $L(\omega)$和吸收系数 $I(\omega)$各光学函数光谱曲线。三种取向超晶胞的光学性质光谱都极其相似，只有细节差别。当超晶胞从 KTN[100]变换到 KTN [111]时，各光学性质大多数峰型都会向低能方向移动。图 2.12（d）中能量损失函数 $L(\omega)$是一个重要的光学常数，用来描述快电子穿过 KTN 固溶体的能量损失。$L(\omega)$光谱峰代表等离子体响应，与 $R(\omega)$光谱的尾部边缘相对应。在 $L(\omega)$光谱峰左侧或右侧，KTN 固溶体将有介电和金属性质。由于等离子体激发，三种 $L(\omega)$光谱峰最大值位置分别为 8.79 eV、11.46 eV 和 13.06 eV，这具体对应着 $R(\omega)$光谱峰陡然衰减位置。总之，B 位阳离子取向效应明显影响铁电 KTN 晶体光学特性。

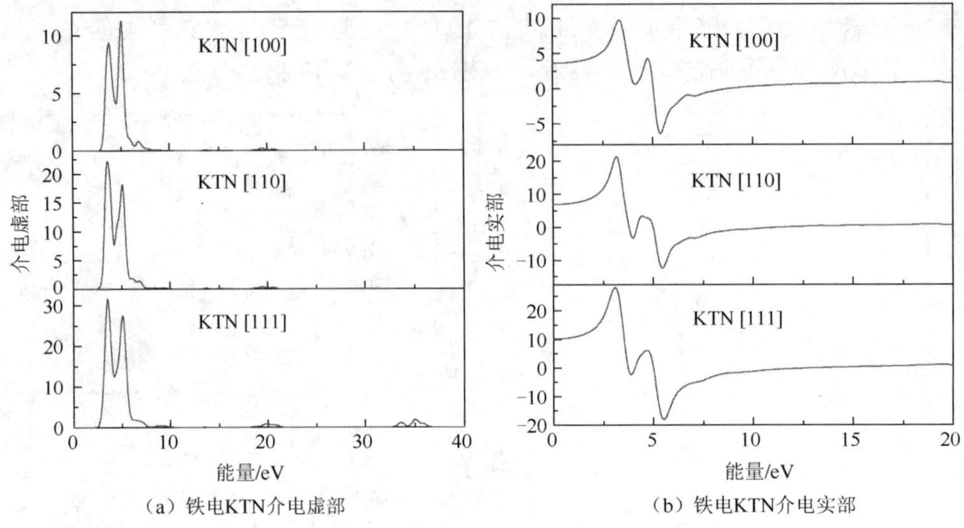

（a）铁电KTN介电虚部

（b）铁电KTN介电实部

图 2.11　三种铁电 KTN 取向超晶胞介电函数

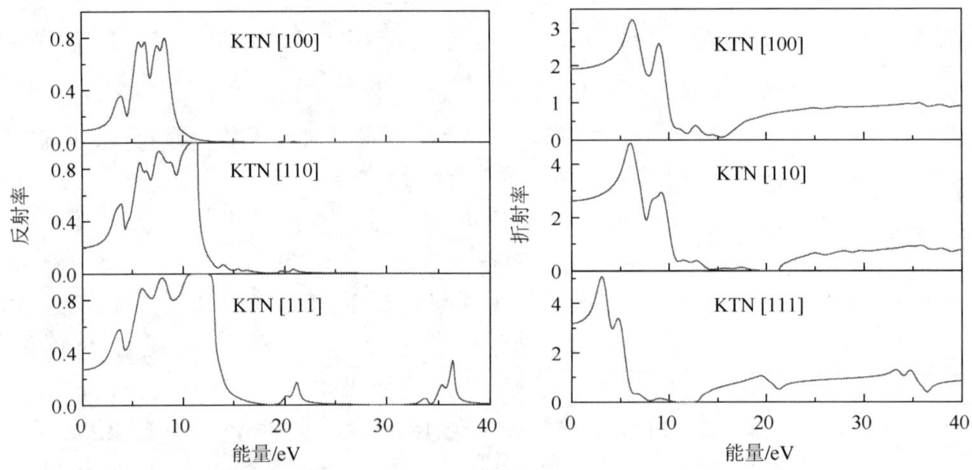

（a）反射谱$R(\omega)$

（b）折射谱$n(\omega)$

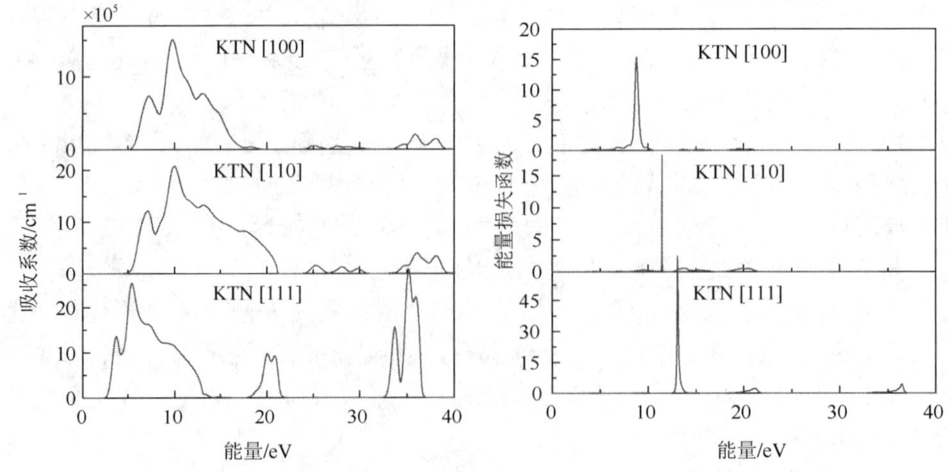

（c）吸收系数$I(\omega)$

（d）能量损失函数$L(\omega)$

图 2.12　光学参数计算结果

2.2　KTN 晶体线性电光性能

$KTa_{1-x}Nb_xO_3$ 材料的电光性能研究主要集中在 x 在 0.35 附近的富钽组分上，以二次电光性能为主，线性电光性能的报道并不多。而就其应用价值而言，线性电光系数要比二次电光系数大几个数量级，因此若制成调制器，其工作电压要远小于二次效应所需的电压。x 在 0.35 附近的 KTN 晶体具有比较大的线性电光系数。但是由于居里温度在室温附近，需要外加电场使样品保持极化才能得到线性电光系数，这也给实验研究和应用带来了不便。进而迫切需要对高居里温度的 KTN 材料的电光性能进行研究[14]。

相对于正交相 mm2 KTN 晶体，四方相 KTN 晶体属于 4mm 晶类。此时线性电光系数有所不同，只有三个不同的线性电光系数：$\gamma_{13}=\gamma_{23}$、γ_{33}、$\gamma_{51}=\gamma_{42}$。外加电场后折射率方程为

$$\left(\frac{1}{n_o^2}+\gamma_{13}E_3\right)(x_1^2+x_2^2)+\left(\frac{1}{n_e^2}+\gamma_{33}E_3\right)x_3^2+2\gamma_{51}E_2x_2x_3+2\gamma_{51}E_2x_1x_3=1 \tag{2.12}$$

2.2.1　双折射方法测量 KTN 晶体的 γ_{13} 和 γ_{33}

1967 年，Hass 等[15]通过双折射方法，将 x=0.38 和 x=0.48 的 KTN 晶体处理成等腰棱镜，其居里温度分别为 28℃和 88℃。在晶体光轴方向[001]上镀电极，在室温 22℃时进行实验，光源为水银灯发出的波长为 546 nm 的绿色单色光，图 2.13 为四方相 KTN 棱镜中的光的传播路径，阴影面为所加电极。

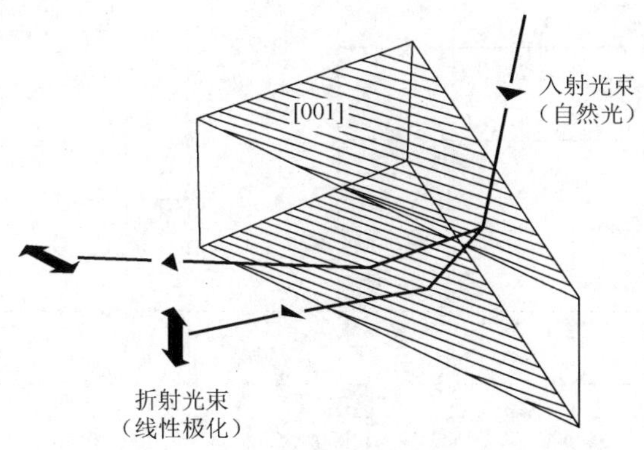

图 2.13　在四方相 KTN 棱镜中光的传播路径

在样品处理时，应对晶体进行单畴化处理，在硅油中将晶体加热至居里温度以上，加上直流电压缓慢降温至测量温度，此时图中透过晶体的两个光斑比较尖锐。并且利用相同方法处理矩形 KTN 晶体，在偏光显微镜中观察，可以近似认为 KTN 晶体是单畴的。

下面利用双折射方法测量 KTN 晶体的线性电光系数 γ_{13} 和 γ_{33}，通过观察自然双折射和加电压时两束光的最小偏向角。晶体棱镜材料的折射率可以利用棱镜的顶角 α 和最小偏向角 δ 之间的关系获得，测得 $n_e^0=2.300$ 和 $n_o^0=2.300\ 12$，因此 $n_e^0-n_o^0=0$，晶体为负单轴晶体。

$$n=\sin\frac{\alpha+\delta}{2}\Big/\sin\frac{\delta}{2} \tag{2.13}$$

折射率变化值可由偏转角大小导出：

$$\mathrm{d}n = \frac{\mathrm{d}\delta \cos[(1/2)(\delta + \alpha)]}{2\sin(\alpha/2)} \tag{2.14}$$

当在晶体光轴方向加电压时，n_e^0、n_o^0 变为 n_e 和 n_o：

$$\begin{aligned} \frac{1}{n_o^2} - \frac{1}{(n_o^0)^2} &= \gamma_{13}E \\ \frac{1}{n_e^2} - \frac{1}{(n_e^0)^2} &= \gamma_{33}E \end{aligned} \tag{2.15}$$

式中，E 为在晶体光轴方向上的电场强度，当其方向与自发极化的方向相同时，E 取正值。此时 $n_e < n_e^0$，$n_o > n_o^0$，因此 $\gamma_{33} > 0$，$\gamma_{13} < 0$。

在室温 22℃时样品 $KTa_{1-x}Nb_xO_3$（x=0.38）的折射率的变化随外加电场 E 的变化曲线，如图 2.14 所示。通过计算可求得 $\gamma_{33} = 1400\,\mathrm{pm/V}$，$\gamma_{13} \approx -100$ pm/V（因为 n_o 的变化值比较小，所以 γ_{13} 仅是近似值）。但是两个数值并不是真正的一次电光系数，因为通过逆压电效应也能够导致折射率发生变化。

KTN 晶体线性电光系数具有非常明显的温度依赖性，但是因为 γ_{13} 的变化值比较小，采用当时的设备很难精确的测量，所以图 2.15 中给出在室温 22℃时样品 $KTa_{1-x}Nb_xO_3$（x=0.48）的 γ_{33} 随温度变化曲线。

当外加电场 E 的方向与自发极化的方向相反时，E 取负值。此时 $n_e > n_e^0$，$n_o < n_o^0$，线性电光系数 $\gamma_{33} > 0$，$\gamma_{13} < 0$。

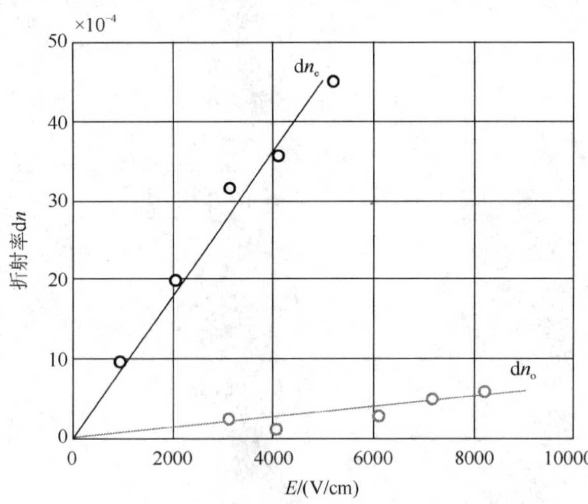

图 2.14　KTN(x=0.38)晶体的折射率 dn 随外加电场 E 的变化曲线

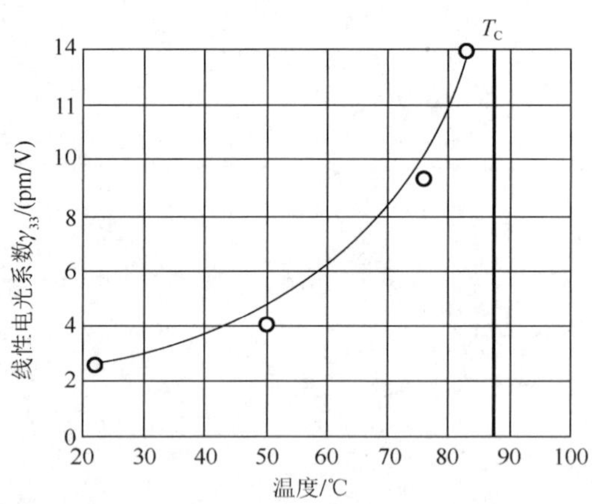

图 2.15　KTN（x=0.48）晶体的 γ_{33} 随温度的变化曲线

2.2.2　半波电压法测量 KTN 晶体的有效电光系数 γ_c

1967 年普林斯顿大学 RCA（Radio Corporation of America）实验室 Raalte[16]对居里温度为 60℃的 KTN 样品进行线性电光系数测试，使用半波电压法测得有效电光系数 γ_c。

图 2.16 测量半波电压和 γ_c 的基本光路配置，测量半波电压和 γ_c 的基本光路配置，起偏器和检偏器垂直放置，入射光偏振方向与施加电场后晶体新折射率椭球主轴夹角为 45°，激光通过正交偏光器下的晶体。其中使用波长为 632.8 nm 的氦氖激光器作为光源。

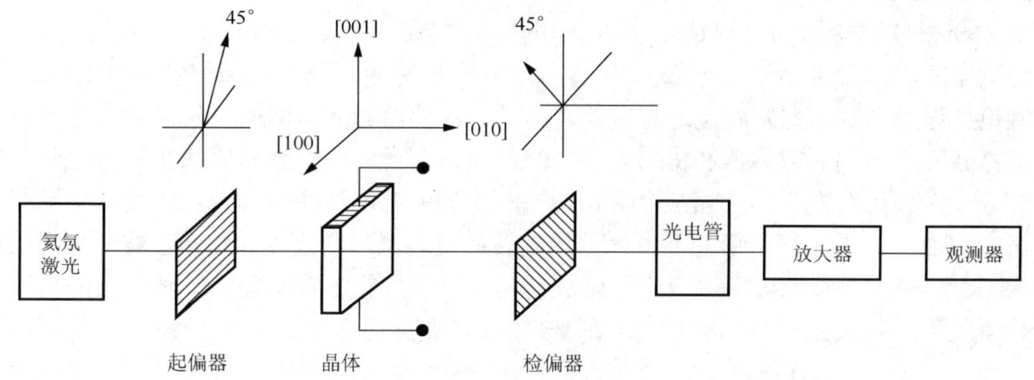

图 2.16 测量半波电压和 γ_c 的基本光路配置

此时出射光强 $I_\perp$ 与入射光强 I_0 之比，即相对透过率 T 为

$$T = \frac{I_\perp}{I_0} = \sin^2 2\varphi \sin^2 \frac{\Gamma}{2} = \sin^2 \frac{\Gamma}{2} = \frac{1}{2}\left(1 - \cos \pi \frac{V}{V_\pi}\right) \tag{2.16}$$

式中，φ 为入射光的偏振方向与施加电场后晶体新折射率椭球主轴的夹角，实验中使用 45°；Γ 为由横向电光效应引起相位差；V 为晶体上所加电压强度。KTN 晶体的半波电压和有效电光系数 γ_c 随温度的变化曲线如图 2.17 所示。

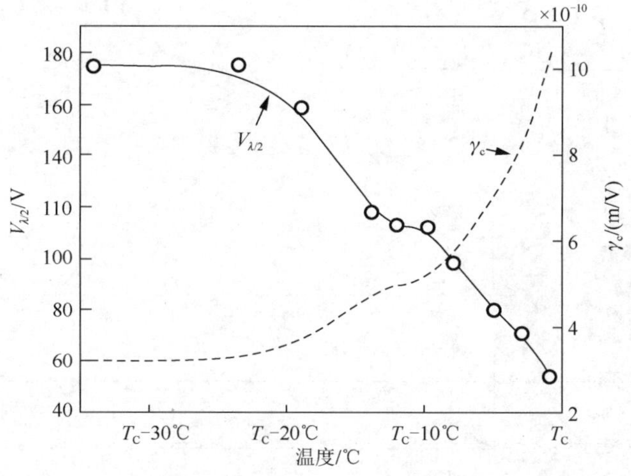

图 2.17 KTN 晶体的半波电压和有效电光系数 γ_c 随温度的变化曲线

2.2.3 交流电压测试法测量 KTN 晶体的切向线性电光系数 γ_{51}

1967 年普林斯顿大学 RCA 实验室的 Raalte[16]使用交流电测试法，测量 KTN 样品切向线性电光系数 γ_{51}。KTN 晶体样品经过切割抛光等前期处理之后，沿[001]方向极化，撤去两端电极后，再沿[100]的两个端面涂覆电极，放入可以使样品晶轴旋转的微调样品架中心。

由切向的线性电光系数 γ_{51} 式（2.17）可以看出，测定 γ_{51} 的关键在于，测量在与晶体的光轴方向成 90° 的面上加电场时所引起的主轴的旋转角度 θ。

$$\theta = \gamma_{51} \frac{n_o^2 n_e^2}{n_o^2 - n_e^2} \frac{U}{b} \tag{2.17}$$

式中，U 为外加电场的电压值；b 为电极间的距离；n_o 和 n_e 为材料的折射率。由外加电场和旋转角度的线性关系，便可以得到切向的线性电光系数γ_{51}。在实验中频率为70Hz正弦电压。

测试原理如图2.18所示，γ_{51}测量是与光源波长无关的，同时为了避免干涉，因此采用白色显微镜灯作为光源，光先后通过起偏器、样品、检偏器和光探测器。实验时，光入射方向平行于样品[010]方向，起偏器和检偏器呈90°夹角。开始时，晶体折射率主轴必须与正交偏光器平行，此时探测器上光强应为最小值。而当在样品[100]方向外加一个交流场$E=[1-\cos(\omega t)]E/2$后，该电场将引起晶轴随着场旋转往复，探测器接收到的光强波形将为正弦形式，为了测得外加电场峰值所对应的晶轴旋转角度θ，旋转晶轴来抵消外加电场的作用，这一旋转角度用α来表示。可以通过旋转晶轴观察波形变化的方式，在图2.19中B和C两种情

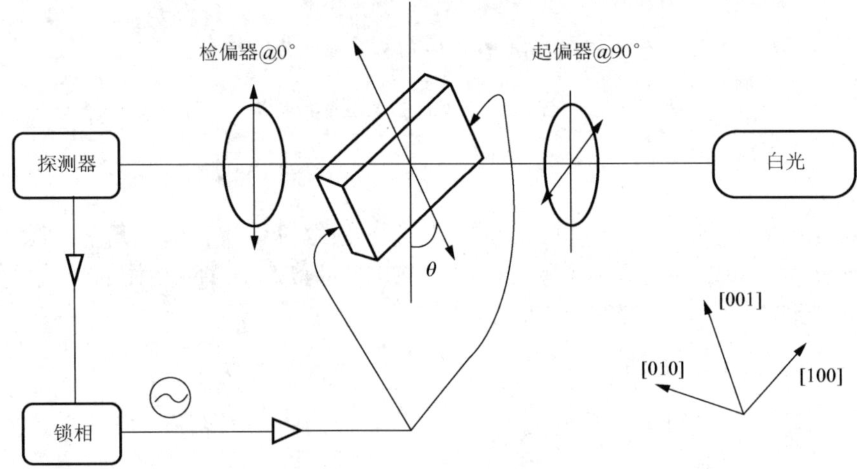

图2.18 交流电压测试法原理图

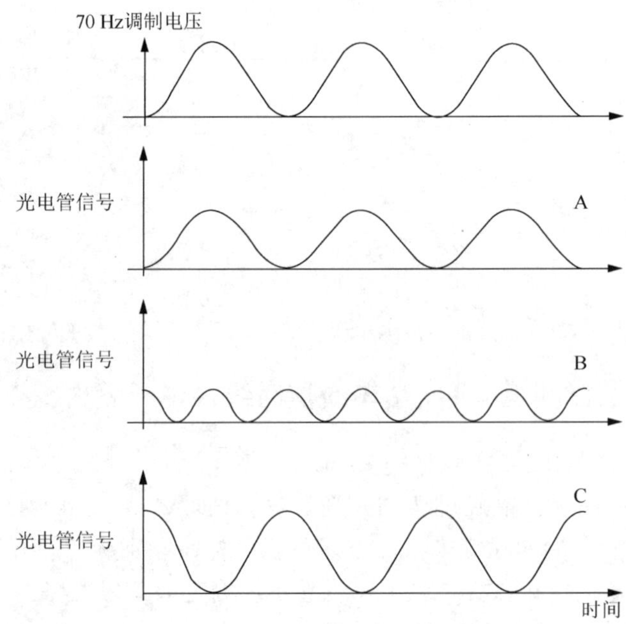

图2.19 在70Hz的外加电场的作用下，不同旋转角度下的光信号

A: $\alpha=0$; B: $\alpha=\theta/2$; C: $\alpha=\theta$

况下得到不同外加电场之下样品晶轴的旋转角度 θ。在 $\alpha=0$ 处，探测器所得到的正弦信号如图 2.19 中 A 所示，与电压信号的波形相同。在 $\alpha=\theta/2$ 处，探测器所得到的正弦信号就不再与外加电场频率相同，是两倍频的情况，即频率为 2ω，如图 2.19 中 B 所示。当角度增大到 $\alpha=\theta$ 时，得到的波形与 $\alpha=0$ 时相同，但相位相差 180°，此时晶体光轴从 $+c$ 变为了 $+a$，因此 $\gamma_{51}>0$。

测量居里温度分别为 60℃、52℃、40℃的三种不同 KTN 样品的 γ_{51}。KTN 晶体切向线性电光系数 γ_{51} 随温度的变化关系，如图 2.20 所示。

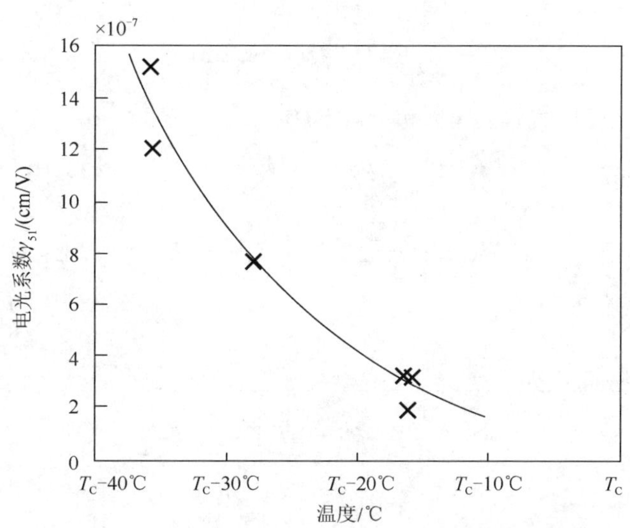

图 2.20　KTN 晶体的切向线性电光系数 γ_{51} 随温度的变化关系

2.3　KTN 晶体的二次电光性能

2.3.1　二次电光效应

立方相晶体中心对称，不存在线性电光效应，二次电光效应起主要作用。外加电场 E，晶体折射率为

$$n(E)=n-\frac{1}{2}sn^3E^2+L \tag{2.18}$$

式中，$n(E)$ 为外加电场作用下晶体的折射率；n 为未加电场时的折射率；$\boldsymbol{s}$ 为二次电光系数（Kerr 系数），是个四阶张量。从物理机制来看，电光效应归属非线性光学研究的范畴，是一种特殊的三阶非线性光学效应，是入射光场 $\boldsymbol{E}(\omega)$ 与直流电场 $\boldsymbol{E}(0)$ 混合作用在物质中产生的三阶非线性极化，其三阶非线性极化强度为

$$\boldsymbol{P}^{(3)}(\omega)=6\varepsilon_0\chi^{(3)}(\omega;0,0,\omega)\left|\boldsymbol{E}(0)\right|^2\boldsymbol{E}(\omega) \tag{2.19}$$

式中，$\chi^{(3)}(\omega;0,0,\omega)$ 为三阶非线性极化率；ε_0 为真空电容率。

虽然电光效应可以用非线性极化来处理，但实际上对电光效应的表述却采用与非线性光学效应不同的数学处理。折射率椭球法成功地解释了这类现象，这种表述非常直观且方便。

1. 电光效应的折射率椭球表述

晶体光学性质各向异性是由于晶体的光频介电常数$[\varepsilon_{ij}]$（或介电不渗透性系数$[\beta_{ij}]$）是二阶对称张量所造成的。二阶对称张量可以用示性曲面形象地描述，$[\beta_{ij}]$的示性曲面称为折射率椭球，因此可用折射率椭球来描述晶体中光波的性质。电场的作用是使晶体折射率椭球主轴的方向和大小发生变化。

折射率椭球形式为

$$\frac{x_i x_j}{n_{ij}^2}=1 \quad (i,j=1,2,3) \tag{2.20}$$

因为$\beta_{ij}=1/\varepsilon_{ij}=1/n_{ij}^2$，所以式（2.20）可变化为

$$\beta_{ij}x_i x_j=1 \tag{2.21}$$

将式（2.21）展开

$$\beta_{11}x_1^2+\beta_{12}x_1x_2+\beta_{13}x_1x_3+\beta_{21}x_2x_1+\beta_{22}x_2^2+\beta_{23}x_2x_3+\beta_{31}x_3x_1+\beta_{32}x_3x_2+\beta_{33}x_3^2=1 \tag{2.22}$$

未加电场时，折射率椭球记作

$$\beta_{ij}^0 x_i x_j=1 \tag{2.23}$$

在主轴坐标系中，系数简化为

$$\beta_{11}^0=\frac{1}{n_1^2}，\quad \beta_{22}^0=\frac{1}{n_2^2}，\quad \beta_{33}^0=\frac{1}{n_3^2} \tag{2.24}$$

$$\beta_{23}^0=\beta_{31}^0=\beta_{12}^0=0 \tag{2.25}$$

即未加电场时折射率椭球为

$$\beta_{11}^0x_1^2+\beta_{22}^0x_2^2+\beta_{33}^0x_3^2=1 \tag{2.26}$$

根据固体量子理论，当在晶体上加上电场后，将导致晶体中束缚电荷的重新分布，且可能导致离子晶体晶格微小变形，其最终结果是介电不渗透性张量的改变，即施加电场时，折射率椭球将发生畸变：

$$\beta_{ij}(E)x_i x_j=1 \tag{2.27}$$

折射率椭球变化用系数β_{ij}^0的增量$\Delta\boldsymbol{\beta}_{ij}$描述。因此，式（2.27）转化为

$$(\beta_{ij}^0+\Delta\boldsymbol{\beta}_{ij})x_i x_j=1 \tag{2.28}$$

式中，$\Delta\boldsymbol{\beta}_{ij}$是由外加电场引起的，因此它是外加电场的函数。对于二次电光效应，其与外加电场成平方关系为

$$\Delta\boldsymbol{\beta}_{ij}=\beta_{ij}(E)-\beta_{ij}^0=\boldsymbol{s}_{ijkl}E_kE_l \tag{2.29}$$

其中，$\boldsymbol{s}_{ijkl}$为二次电光系数（Kerr 系数），是四阶张量。因为$\Delta\boldsymbol{\beta}_{ij}$是对称二阶张量，所以$\boldsymbol{s}_{ijkl}$对前两个下标是对称的。此外，因为$E_kE_l=E_lE_k$，所以$\boldsymbol{s}_{ijkl}$对后两个下标也是对称的。于是简化坐标为

$$\begin{array}{ccccccc} ij\ (\text{或}kl) & 11 & 22 & 33 & 23,32 & 31,13 & 12,21 \\ & \downarrow & \downarrow & \downarrow & \downarrow & \downarrow & \downarrow \\ m\ (\text{或}n) & 1 & 2 & 3 & 4 & 5 & 6 \end{array}$$

将式（2.29）改写为矩阵式：

$$\Delta\boldsymbol{\beta}_m=\boldsymbol{s}_{mn}(EE)_n \tag{2.30}$$

$\boldsymbol{s}_{ijkl}$和$\boldsymbol{s}_{mn}$关系为

$$\boldsymbol{s}_{mn}=\begin{cases}\boldsymbol{s}_{ijkl} & n=1,2,3\\ 2s_{ijkl} & n=4,5,6\end{cases} \tag{2.31}$$

式中，$\boldsymbol{s}_{mn}$ 是 6×6 矩阵，称为二次电光系数矩阵；$\boldsymbol{s}_{ijkl}$ 的独立矩阵元数从 81（3×3×3×3）个减少到 36（6×6）个。取 β_{ij}^{0} 的主轴坐标系，式（2.30）可转化为

$$\begin{bmatrix}\Delta\boldsymbol{\beta}_1\\ \Delta\boldsymbol{\beta}_2\\ \Delta\boldsymbol{\beta}_3\\ \Delta\boldsymbol{\beta}_4\\ \Delta\boldsymbol{\beta}_5\\ \Delta\boldsymbol{\beta}_6\end{bmatrix}=\begin{bmatrix}s_{11} & s_{12} & s_{13} & s_{14} & s_{15} & s_{16}\\ s_{21} & s_{22} & s_{23} & s_{24} & s_{25} & s_{26}\\ s_{31} & s_{32} & s_{33} & s_{34} & s_{35} & s_{36}\\ s_{41} & s_{42} & s_{43} & s_{44} & s_{45} & s_{46}\\ s_{51} & s_{52} & s_{53} & s_{54} & s_{55} & s_{56}\\ s_{61} & s_{62} & s_{63} & s_{64} & s_{65} & s_{66}\end{bmatrix}\begin{bmatrix}E_1^2\\ E_2^2\\ E_3^2\\ E_2E_3\\ E_1E_3\\ E_1E_2\end{bmatrix} \tag{2.32}$$

对于给定晶体，在式（2.32）基础上，可以求出 $\Delta\boldsymbol{\beta}_{ij}$ 的各个具体分量。从而得出晶体受到外加电场作用时的折射率椭球。

2. 马赫-曾德尔电光系数测量系统

在实际应用和研究中，对材料的电光系数进行测量是非常必要的。目前的测量方法主要基于波导技术和干涉技术。基于波导技术方法通常要求特定的波导结构，因此实现起来比较复杂，而且不适用于块状晶体。基于干涉技术方法主要是马赫-曾德尔（Mach-Zehnder）干涉法。此方法通过改变外加电场方向和晶体中光的偏振方向，可以测量电光系数张量的各个张量元及它们的符号，精度高。

（1）测量原理。

图 2.21 是典型马赫-曾德尔干涉仪。探测点光强与信号光和参考光两臂相位差 $\varPhi$ 有关 [$\varPhi=2\pi(n_{\rm R}l_{\rm R}-n_{\rm S}l_{\rm S})/\lambda$，式中，$n$ 和 l 分别是折射率和光传输的距离，下标 R 和 S 分别代表参考臂和信号臂，λ 为光的波长]，即

$$\begin{aligned}I&=I_1+I_2+2\sqrt{I_1I_2}\cos\varPhi\\&=\frac{1}{2}(I_{\max}+I_{\min})+\frac{1}{2}(I_{\max}-I_{\min})\cos\varPhi\end{aligned} \tag{2.33}$$

式中，$I_{\max}=(\sqrt{I_1}+\sqrt{I_2})^2$ 和 $I_{\min}=(\sqrt{I_1}-\sqrt{I_2})^2$ 分别是干涉光强的最大值和最小值；I_1 和 I_2 是信号光和参考光的光强。由式（2.33）可知，当 $\varPhi$ 在 $\varPhi_0=(m+1/2)\pi$，$m=0,\pm1,\cdots$ 附近有微小变化时，$\cos(\varPhi+\Delta\varPhi)\approx\pm\Delta\varPhi$，其中 ± 号与 m 值有关，而且光强变化为

$$\Delta I=I-\frac{1}{2}(I_{\max}+I_{\min})=\pm\frac{1}{2}(I_{\max}-I_{\min})\Delta\varPhi \tag{2.34}$$

所以，把系统稳定在 $\varPhi_0$ 点，干涉条纹强度的变化与光程的变化线性关系。当用光电探头探测这一变化时，式（2.34）可以转化为

$$\Delta\varPhi=\frac{v_{\rm out}}{(V_{\max}-V_{\min})/2}=\frac{v_{\rm out}}{V_{\rm p-p}/2} \tag{2.35}$$

式中，$v_{\rm out}$ 对应 ΔI；$V_{\max}$ 和 $V_{\min}$ 分别对应 $I_{\max}$ 和 $I_{\min}$；$\Delta\varPhi=2\pi\Delta(nl)/\lambda$。如果对晶体施加频率为 f_0 的交流电场，$v_{\rm out}$ 可以由锁相放大器测量，整个系统测量 $\Delta\varPhi$ 的灵敏度将很高。

然而，在搭建计算机控制的测量系统时，通过反馈环控制参考臂光程很难做到把系统稳定在工作点。入射光强度的改变和其他因素（空气扰动以及样品的光吸收等）都会引起系统工作点漂移，从而导致实验结果误差较大。

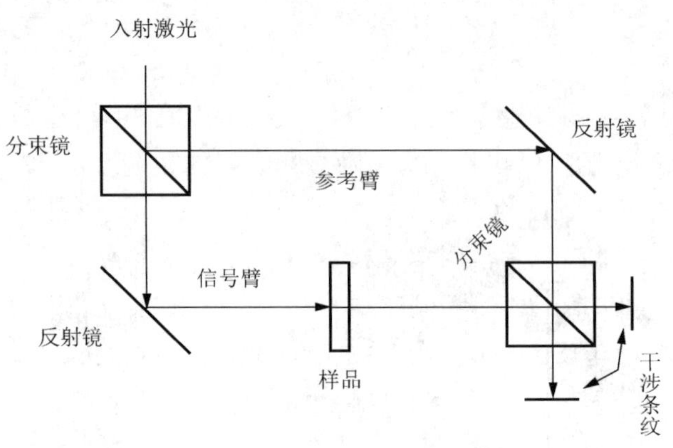

图 2.21 典型的马赫-曾德尔干涉仪光路

如果用一个电致伸缩位移器，驱动参考臂反射镜缓慢移动来改变参考臂的长度l_R，相干条纹强度就会随之改变，即测得I_{max}和I_{min}。同时，在样品上施加频率为f_0的交流电场，会使信号臂上光程产生微小改变（比波长小很多），这样相位Φ为$\Phi_{ref}+\Delta\Phi$。于是，式（2.33）转化成

$$I=\frac{1}{2}(I_{max}+I_{min})+\frac{1}{2}(I_{max}-I_{min})\cos(\Phi_{ref}+\Delta\Phi) \tag{2.36}$$

式中，Φ_{ref}包括参考臂移动产生的相移和信号臂的低频噪声；$\Delta\Phi$是加在样品上的交流电场产生的相移。因为$\Delta\Phi$很小，所以

$$I=\left(\frac{1}{2}(I_{max}+I_{min})+\frac{1}{2}(I_{max}-I_{min})\cos\Phi_{ref}\right)-\left(\frac{1}{2}(I_{max}-I_{min})\sin\Phi_{ref}\right)\Delta\Phi \tag{2.37}$$

当$\Phi_{ref}=(m+1/2)\pi$时，式（2.37）简化为式（2.34）的形式；当$\Phi_{ref}=m\pi$时，式（2.37）右侧第二项为零，第一项得到I_{max}和I_{min}，即$V_{p-p}/2$。所以，在参考臂一个扫描周期内，测量出式（2.35）的所有参数，计算出$\Delta\Phi$。尽管v_{out}、V_{max}和V_{min}会因为各种不同噪声发生变化，但$\Delta\Phi$变化很小。并且通过长时间测量取$\Delta\Phi$的均值能够提高数据的精度。基于这些改进，系统对于光程差的分辨率仅达到$10^{-4}\lambda$。

（2）测量系统。

计算机控制的扫描马赫-曾德尔干涉电光系数测量系统示意图，如图 2.22 所示。

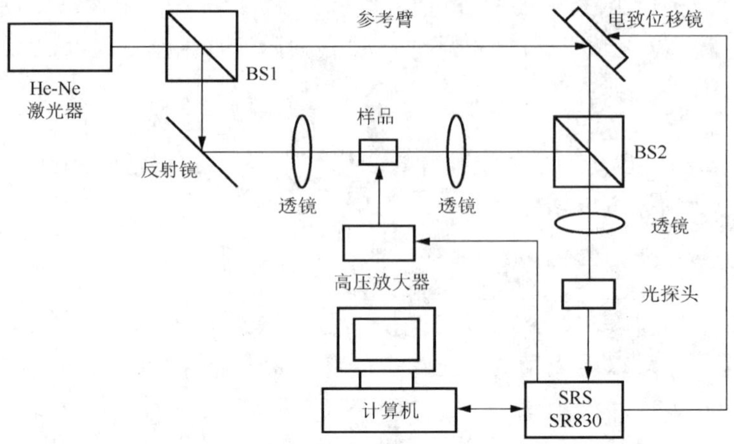

图 2.22 自动扫描马赫-曾德尔干涉电光系数测量系统

光源为 He-Ne 激光器。激光束经过分束镜 BS1 后通过参考臂和信号臂，在信号臂光束经凸透镜聚焦通过样品，光经过信号臂和参考臂在半反半透镜 BS2 处发生干涉，干涉条纹通过凸透镜被放大后到达探测器前的小孔。光强信号经探测器转化为电压信号被锁相放大器探测。锁相放大器（SRS SR830）输出的两个正弦电压信号经高压放大器放大后分别加在驱动参考臂反射镜的电致伸缩位移器和信号臂的样品上。晶体上的交流电压的频率 f_0 选择 217Hz，参考臂反射镜的扫描频率 f_R 为 0.2Hz，探测器的直流和交流输出都输入到锁相放大器上。因为是二次电光效应，所以锁相放大器应选择测量频率为 $2f_0$ 的信号。整个实验系统的控制和数据采集都由计算机通过 RS-232 接口控制，控制程序用 LabVIEW 7.0 编写。

因为光折变效应晶体会对入射光束散射，导致光束质量变差，所以通过晶体的光束采用弱光；为了提高干涉条纹的调制度，使参考臂和信号臂的两束光的光强相等；在测量电光系数不同张量元时，为了避免调整晶体方向所产生的误差，在光路中加入偏振片，通过改变样品中光束的偏振方向来实现对不同电光系数张量元的测量；为了测量温度对晶体电光性能的影响，将样品放入温控仪中，温度控制精度为±0.2℃。

2.3.2　KTN 晶体的二次电光系数

1. 钽铌酸钾晶体有效电光系数频率特性[17]

在 KTN 的各种研究中，电光系数 s_{11} 和 s_{12} 是重要参数。由折射率椭球方程可知，当电场加在晶体[001]（定义为 x_3 方向）方向时，由于二次电光效应使得晶体[100]（定义为 x_1 方向）和[010]（定义为 x_2 方向）方向折射率变化分别为

$$\Delta n_1 = \Delta n_2 \approx -\frac{1}{2} n_0^3 s_{12} E^2 \tag{2.38}$$

$$\Delta n_3 \approx -\frac{1}{2} n_0^3 s_{11} E^2 \tag{2.39}$$

式中，Δn_1、Δn_2 和 Δn_3 分别代表晶体在[100]、[010]和[001]方向折射率变化。所以当光束通过晶体时，电场产生光程变化为

$$\Delta(n_1 l) = \Delta(n_2 l) = \frac{\lambda}{2\pi}\Delta\Phi = -\frac{1}{2} s_{12} n_0^3 l E^2 \tag{2.40}$$

$$\Delta(n_3 l) = \frac{\lambda}{2\pi}\Delta\Phi = -\frac{1}{2} s_{11} n_0^3 l E^2 \tag{2.41}$$

将式（2.35）代入上式得

$$s_{1j} = -\frac{\lambda}{\pi n_0^3 l E^2}\Delta\Phi = -\frac{\lambda}{\pi n_0^3 l E^2}\frac{v_{\text{out}}}{(V_{\max} - V_{\min})/2} \tag{2.42}$$

尺寸 $2.201\times1.981\times1.961\text{mm}^3$ 的 $KTa_{0.61}Nb_{0.39}O_3$ 晶体，测量温度为 19.7℃，使晶体处于立方顺电相。首先在低频 17 Hz 条件下进行测量。通过示波器读出并计算式（2.42）中 v_{out} 和所加电压 V^2，通过最小二乘法进行线性拟合，最终拟合直线如图 2.23 所示。斜率 $b = 0.082\,48$，即 $v_{\text{out}}/V^2 = 0.082\,48$（未考虑单位问题），此时工作点光强对应电压信号为 $V_{\text{p-p}}/2 =$ 288mV。且入射激光波长 $\lambda = 632.8\,\text{nm}$，晶体折射率 $n_0 = 2.224$，两极间距 d=1.981mm，晶体在通光方向上长度 l=1.961mm。将以上数据带入式（2.42）中，可得频率为 17 Hz 条件下 KTN 晶体的有效电光系数为 $S_c = 3.61\times10^{-15}\ \text{m}^2/\text{V}^2$。

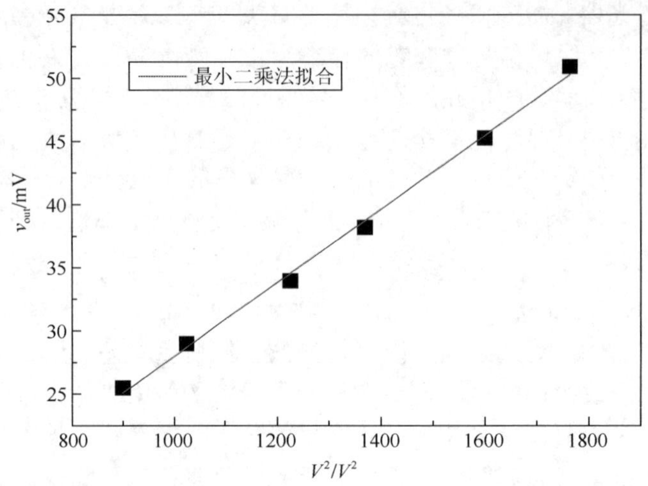

图 2.23 测试信号 v_{out} 与外加电压 V 的关系

由于 KTN 晶体二次电光系数频率依赖性，研究频率对 KTN 晶体电光性能的影响，采用上节测量方法，并通过改变外加电场频率重复上述实验过程，测得居里温度附近立方顺电相 KTN 晶体在 17～2000Hz 范围内的 10 组不同频率下的有效电光系数，如表 2.4 所示，其中每一点数值都是经过五到六次测量并拟合计算所得。

表 2.4 KTN 晶体不同频率下的有效电光系数

序号	频率 f/Hz	有效电光系数 S_c / （10^{-15}m^2/V^2）
1	17	3.61
2	50	2.84
3	100	2.58
4	200	2.39
5	500	1.91
6	700	1.69
7	800	1.58
8	1000	1.39
9	1500	1.01
10	2000	0.94

图 2.24 给出 KTN 晶体有效电光系数随频率的变化趋势，随频率的增大其有效电光系数逐渐减小。而在低频段时，这与传统电光晶体如铌酸锂（LN）、铌酸钾（KN）等不同，它们的电光系数随其频率的变化影响很小，具体原因将在下节中给出相关解释。

2. 钽铌酸钾晶体电光性能的频率特性分析[17]

对于 KTN 晶体电光性能的频率特性，这里将对其物理机制进行分析。一方面考虑晶体内部极化机制对频率特性的影响，另一方面考虑晶体在居里温度点附近，由于相变扩张导致的微畴影响。这两方面是顺电相 KTN 晶体在居里温度点附近电光性能频率色散的主要影响因素。

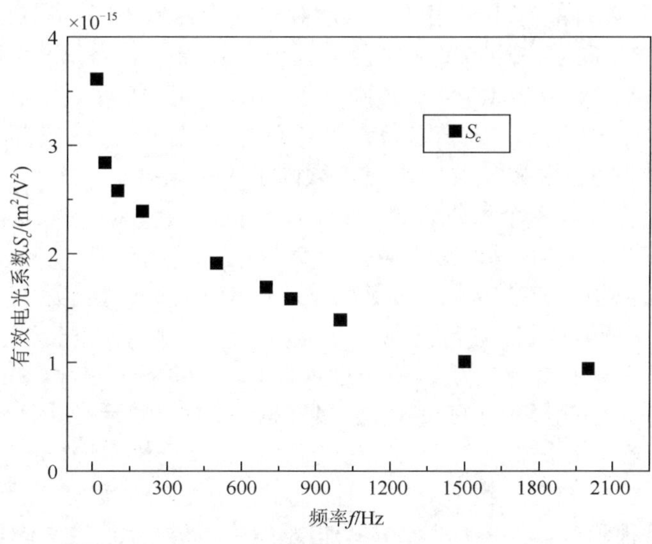

图 2.24　KTN 晶体有效电光系数随频率的变化

立方顺电相 KTN 晶体各向同性，具有中心对称性，则其电光效应为二次电光效应。按 Pockel 的逆介电张量表述方法：

$$\Delta\beta = h : EE = g : PP \tag{2.43}$$

式中，β 为逆介电张量；h 为电光系数；g 为极光系数。

由此可见，电光效应是由外加电场引起介质折射率发生变化的一种效应，而其本质是外加电场引起晶体内部极化产生电偶极矩所致，才使得晶体折射率分布发生改变。而对于 KTN 晶体而言，在其内部形成电偶极矩的方式有三种，即为电子位移极化、离子位移极化，以及固有电矩的取向极化。

对于电子位移极化，在无电场作用时原子核中心位置与组成分子或原子（离子）的电子云中心重合，不具有分子电矩。当对晶体加以电场后，电子云形态发生畸变。与此同时，原子核对电子引力作用即恢复力使其趋向于恢复原来状态。当这两种作用达到平衡时，将产生分子感生电矩，即其本质是由于电子云畸变而产生的。离子位移极化与其产生机制类似，是在电场作用下分子的正、负离子发生相对位移从而产生感生电矩所导致的。而固有电矩取向极化，却是由于某些分子极性结构导致的，所以即使在没有电场对其作用时也可能具有一定固有电矩，但其在空间沿各个方向概率相等，所以总体上并不表现出极化现象。而当电场对其作用后，电场的力矩对每个分子的固有电矩都将产生影响，使其向着与外电场平行的方向偏转，使得晶体沿该方向的总电矩不再为零，即为固有电矩的取向极化。

这三种极化机制对于电场频率响应是不同的。在低频或静电场条件下，存在三种极化机制的贡献。随着频率增大，因为分子惯性大这一特点，取向极化贡献将首先跟不上频率响应而开始减小，直到超高频和微波频段（3～30 GHz）将彻底消失，而这一过程是一个渐变的过程，所以在低频段范围内也可以观测到。然后到红外频段附近，离子极化的贡献开始出现明显减小，再到光频阶段，便只剩下电子极化率的贡献了，因为其他极化机制的变化已经完全跟不上电场的变化。所以，晶体的极化率将随电场频率的变化而变化，从而影响晶体的电光系数，即极化率将随着电场频率的增大而减小。

晶体中的铁电畴是指铁电晶体内部自发极化方向不同的各个区域，而 KTN 晶体是典型的钙钛矿型铁电体，在居里温度以下时，畴是其铁电性能的一项重要标志。因为是在略高于居里温度点处进行测量的，所以可能有由于相变扩张而导致的少量铁电畴的存在，这里暂称为微畴。

KTN 晶体由四方相向立方相转变时，四方晶胞较长的 c 轴将缩短，另外两轴 a、b 将伸长，最终形成立方晶胞。在立方 KTN 晶体中，各个方向相互等价，所以自发极化有六种可能方向，即[100]方向、[010]方向、[001]方向或是它们所对应的相反的方向。而在 KTN 晶体中，为了使静电能达到最小，自发极化方向总是更倾向于沿不同方向，从而便形成各种类型畴区。如上所述，其自发极化具有六个可供选择的方向，且沿各个方向的可能性相同，那么两相邻畴方向就只可能形成两种夹角，即 180° 畴区和 90° 畴区。

由此，既然在顺电相 KTN 晶体内部存在 90° 和 180° 两种畴，那么在加电场时，其电畴必将发生重新取向，并且其极化方向将向着与电场方向平行的方向转变，即发生畴的反转。而畴的反转包括新畴成核和畴壁运动这两个过程，其响应时间在 1 μs～1 ms，具体情况不同可能会出现一定偏差。这就导致了随着外加电场频率增大，畴反转将逐渐跟不上电场的变化而使得畴的自发极化在电场方向上出现减小的趋势，对电光效应将产生影响。

传统电光晶体，如铌酸锂、钽酸锂等，居里温度很大，在 1200℃附近。在室温下，其自发极化处于单畴态且很稳定。加电场时，电畴很难发生反转。而 KTN 晶体居里温度在室温附近，畴不稳定，在电场作用下易发生反转。这样既贡献较大的电光系数，又导致晶体在低频条件下，电光系数随频率的增大而减小。

实际上，微畴存在是由于晶体内部部分不对称引起自发极化，而固有电矩取向极化表征的正是由于晶体内部不对称性而产生极化的一种机制。所以把微畴影响归为固有电矩取向极化的一种。

3. 电光性能频率特性的变温测量与分析[17]

微畴对于电光性能频率特性的影响，其本质是微畴反转需要一定时间响应，这对于不同晶体、不同温度都是不尽相同的，例如铌酸锂晶体畴反转稳定时间为 30 ms，反转时间相当慢。这是由于铌酸锂晶体居里温度很高，在室温附近时畴很稳定导致的。因此畴对温度有一定依赖性，应进一步观测立方顺电相居里温度附近的 KTN 晶体微畴对于温度是如何响应的，即对其有效电光系数频率特性进行了变温的测试与表征。

测量温度分别为 19.7℃、22.7℃、25.7℃，都是通过温度控制装置对其温度进行精确掌控的，温度精度达到 ±0.2℃。测量手段仍然是上面的单光束补偿法测量系统，在不同温度下测得的有效电光系数经计算所得如表 2.5 和图 2.25 所示。

表 2.5 KTN 晶体电光性能频率特性的变温测量

频率 f/Hz	有效电光系数 s_c /（10^{-15} m²/V²）		
	19.7℃	22.7℃	25.7℃
17	3.61	1.67	1.2
50	2.84	1.58	1.08
100	2.58	1.45	1
200	2.39	1.33	0.85
500	1.91	0.88	0.66
700	1.69	0.77	0.52
800	1.58	0.74	0.5
1000	1.39	0.6	0.41
1500	1.01	0.43	0.28
2000	0.94	—	—

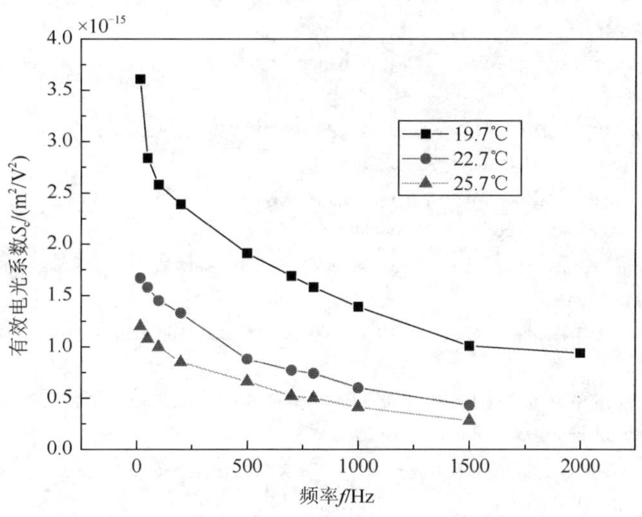

图 2.25　KTN 晶体电光性能频率特性的变温测量

不同温度下，KTN 晶体有效电光系数仍然具有频率色散特性。不仅如此，随着温度升高其有效电光系数也在减小，这主要是因为介电常数ε对温度有依赖性，由 Drdomenico 和 Wemple 理论以及 Curie-Weiss 定律进行分析，可以很容易得到这一结果。然而主要关注的是 KTN 晶体有效电光系数的频率色散在不同温度下的变化量的大小，随着温度的升高，其曲线越发平缓。利用频率为 1500 Hz 和 100 Hz 时的三个温度下的 6 个数据，计算其在不同温度下的变化量，结果如表 2.6 所示。

表 2.6　KTN 晶体不同温度下有效电光系数频率特性的变化率

序号	温度/℃	变化量/（10^{-15} m²/V²）
1	19.7	1.57
2	22.7	1.02
3	25.7	0.72

随着温度升高有效电光系数变化量明显减小，即对频率的依赖性减弱。这是因为畴对于温度的响应，温度越高畴就越容易实现反转过程，所以其频率色散也就越不明显，也可以将其表述为低温将限制畴反转。这也很容易理解，随着温度升高，晶体内部热运动加剧，使得其内部新畴成核以及畴壁运动更加迅速，所以就导致畴对于温度的依赖性。近年来，KTN 晶体实验研究取得了一系列重要的创新性成果[18-23]。

参 考 文 献

[1] 申艳青. 有序取向与 A 位部分替代 KTN 固溶体的第一性原理研究[D]. 哈尔滨：哈尔滨工业大学, 2009:19-69.

[2] Kohn W. Nobel Lecture: Electronic structure of matter-wave functions and density functionals[J]. Reviews of Modern Physics, 1999, 71: 1253-1266.

[3] Vanderbilt D. Soft self-consistent pseudopotentials in a generalized eigen-value formalism[J]. Physical Review B., 1990, 41: 7892-7895.

[4] Clark S J, Segall M D, Pickard C J, et al. First principles methods using CASTEP[J]. Zeitschrift für Kristallographie, 2005, 220: 567-570.

[5] Shen Y, Zhou Z. The effect of B site cations on the electronic structure of para-electric $KTa_{1/2}Nb_{1/2}O_3$ Crystal[J]. Journal of Alloys and Compounds, 2008,466:525-529.

[6] Shen Y, Zhou Z. The effect of B site cations on optical properties of paraelectric $KTa_{1/2}Nb_{1/2}O_3$ crystal[J]. Computational Materials Science, 2008,41(4):542-546.

[7] Shen Y, Zhou Z, Tian H, et al. The effect of B site cations on the properties of para-electric $KTa_{1/2}Nb_{1/2}O_3$ crystal from first-principles calculations[J]. Physica B-Condensed Matter, 2007,400:212-217.

[8] Shen Y, Zhou Z. The effect of local ordering on the structure phase transition in disordered $KTa_{1/2}Nb_{1/2}O_3$ from first principles studies[J]. Computational Materials Science, 2008, 42(3):434-438.

[9] Shen Y, Zhou Z. Structural, electronic, and optical properties of ferroelectric $KTa_{1/2}Nb_{1/2}O_3$ solid solutions[J]. Journal of Applied Physics, 2008,103(7):074113.

[10] Wang X, Wang J, Yu Y, et al. Growth of cubic $KTa_{1-x}Nb_xO_3$ crystal by Czochralski method[J]. Journal of Crystal Growth, 2006, 293: 398 -403.

[11] Eglitis R I, Fuks D, Dorfman S, et al. Large-scale modelling of the phase transitions in $KTa_{1-x}Nb_xO_3$ perovskite solid solutions[J]. Materials Science in Semiconductor Processing, 2003, 5: 153-157.

[12] Wang Y X, Zhong W L, Wang C L, et al. Electronic structure of $KTa_{0.5}Nb_{0.5}O_3$ in the ferroelectric phase and paraelectric phase[J]. Physics Letters A, 2001, 285: 390-394.

[13] Postnikov A V, Neumann T, Borstel G, et al. Ferroelectric structure of $KNbO_3$ and $KTaO_3$ from first-principles calculations[J]. Physics Letters B , 1993, 48: 5910-5918.

[14] 李杨. 钽铌酸钾锂单晶电光性能和压电谐振增强特性研究[D]. 哈尔滨：哈尔滨工业大学, 2013:9-13.

[15] Haas W, Johannes R. Linear electrooptic effect in KTN crystals[J]. Applied Optics , 1967, 6(11):2007-2009.

[16] Raalte J A. Linear electro-optic effect in ferroelectric KTN[J]. Journal of the Optical Society of America, 1967, 57(5):671-674.

[17] 田浩. 顺电相钽铌酸钾锂晶体的生长、电光及电控光折变性质研究[D]. 哈尔滨：哈尔滨工业大学, 2008:44-52.

[18] Tian H, Tan P, Meng X, et al. Effects of growth temperature on crystal morphology and size uniformity in $KTa_{1-x}Nb_xO_3$ and $K_{1-y}Na_yNbO_3$ single crystals[J]. Crystal Growth & Design, 2016, 16:325-330.

[19] Tian H, Tan P, Meng X, et al. Variable gradient refractive index engineering: design, growth and electro-deflective application of $KTa_{1-x}Nb_xO_3$[J]. Journal of Materials Chemistry C, 2015, 3:10968-10973.

[20] Tian H, Yao B, Wang L, et al. Dynamic response of polar nanoregions under an electric field in a paraelectric $KTa_{0.61}Nb_{0.39}O_3$ single crystal near the para-ferroelectric phase boundary[J]. Scientific Reports, 2015, 5:13751.

[21] Tian H, Yao B, Tan P, et al. Double-loop hysteresis in tetragonal $KTa_{0.58}Nb_{0.42}O_3$ correlated to recoverable reorientations of the asymmetric polar domains[J]. Applied Physics Letters, 2015, 106:102903.

[22] Tan P, Tian H, Hu C, et al. Temperature field driven polar nanoregions in $KTa_{1-x}Nb_xO_3$[J]. Applied Physics Letters, 2016, 109:252904.

[23] Wang L, Tian H, Meng X, et al. Field-induced enhancement of voltage-controlled diffractive properties in paraelectric iron and manganese co-doped potassium-tantalate-niobate crystal[J]. Applied Physics Express, 2014, 7:112601.

第3章

居里温度附近 KTN 临界特性

铁电固溶体在相变附近的优异性能与相变过程中出现的极性纳米微区（PNRs）关系密切。因此探究 PNRs 的本征特性及其与宏观性能的物理关系成为铁电固溶体研究的重要方向，并为实现铁电材料性能人工调控、新型铁电材料开发及新功能特性的探索提供可行路线。KTN 晶体相变过程中展现了几乎所有铁电体中与 PNRs 相关的物理现象，非常利于探索 PNRs 的起源、演化规律及其与宏观性质的关系。目前 KTN 晶体中 PNRs 研究大多集中在起源及演化规律两方面，本章将对非常重要的 PNRs 与材料宏观性能的关系，以及 PNRs 调控机制进行阐述[1]。

3.1 居里温度附近 KTN 晶体的极化演变特性

铁电体在居里温度附近的异常特性一直是研究热点。这些异常与铁电体各自极化演变特性具有密切联系，研究铁电体在居里温度附近的极化演变特性及其影响因素，对进一步理解铁电体中临界异常现象的本质至关重要。

相比其他钙钛矿固溶体，KTN 晶体中 B 位只有 Ta^{5+}和 Nb^{5+}两种，化合价相同，极化基本来源于 B 位离子位移。KTN 中 Ta^{5+}几乎不会出现明显位移，因此 KTN 极化基本都来自于 Nb^{5+}位移，且不存在局域有效场，更容易进行极化演变过程分析。

其他 B 位离子价态相等的非铅基铁电体，如 $Ba(Zr, Ti)O_3$，由于 Zr^{4+}和 Ti^{4+}离子半径相差太大，无法实现任意比例大尺寸晶体生长，通常只能制备陶瓷材料。陶瓷不仅在完整周期性结构上无法与晶体相比，在制备过程中更易引入氧空位等点缺陷，增加其内部极化演变规律的干扰因素。而 KTN 中 Ta^{5+}和 Nb^{5+}离子半径几乎相同，任意比例皆可生长出高质量单晶，周期性结构完整，缺陷少，更利于分析内部极化演变规律[2]。

3.1.1 KTN 晶体居里温度以上介电弛豫

介电弛豫铁电体存在 PNRs，其铁电-顺电相变特点如下：①相变过程相对平缓，随温度变化介电峰不尖锐；②介电峰值存在频率色散，随测量频率升高，介电峰值明显降低；③介电峰值位置存在频率色散，随测量频率变化介电峰所处的温度发生位移。虽然 KTN 介电温度谱不存在上述特征，但是 KTN 在居里温度附近出现大的电光和电控光折变等效应，其相变过程得到重视。KTN 晶体相变过程仍然具备一定弛豫性质，是弱弛豫铁电体，并且其弛豫性与 PNRs 相关[3]。

弛豫铁电体介电系数遵循修正的Curie-Weiss定律，即

$$\frac{1}{\varepsilon_r}-\frac{1}{\varepsilon_{max}}=\frac{(T-T_{max})^\gamma}{C'} \tag{3.1}$$

式中，ε_{max}为铁电-顺电相变相对介电常数的最大值；T_{max}为相对介电常数最大值对应的温度；C'为修正 Curie-Weiss 常数；γ为弛豫因子，是衡量铁电体弛豫性的量化指标。当$\gamma=1$时，修正公式退化为标准 Curie-Weiss 定律，是正常铁电体。当$\gamma=2$时，铁电体相变过程具有典型弛豫性。将式（3.1）等号两边取对数

$$\ln(1/\varepsilon_r-1/\varepsilon_{max})=\gamma\ln(T-T_{max})-\ln C' \tag{3.2}$$

将铁电体高于介电峰值温度T_{max}部分转化为以$\ln(T-T_{max})$为变量的$\ln(1/\varepsilon_r-1/\varepsilon_{max})$的函数，两者呈线性关系，其斜率即为弛豫因子$\gamma$。图3.1给出$KTa_{0.61}Nb_{0.39}O_3$晶体介电系数$\varepsilon_r$及其倒数随温度变化规律，根据介电系数峰值位置得到其居里温度T_C为21.0℃。

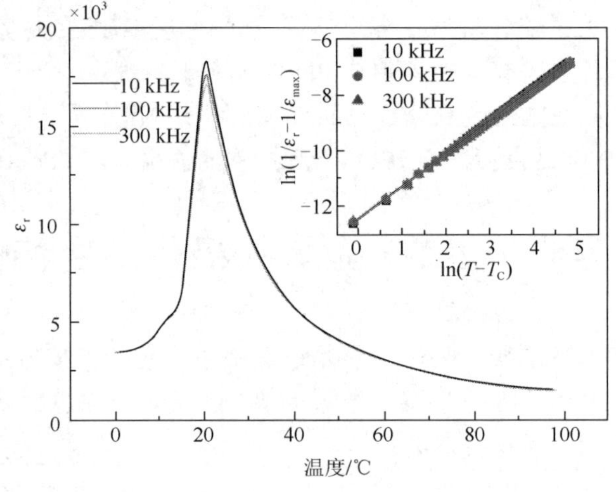

（a）介电系数ε_r随温度变化规律

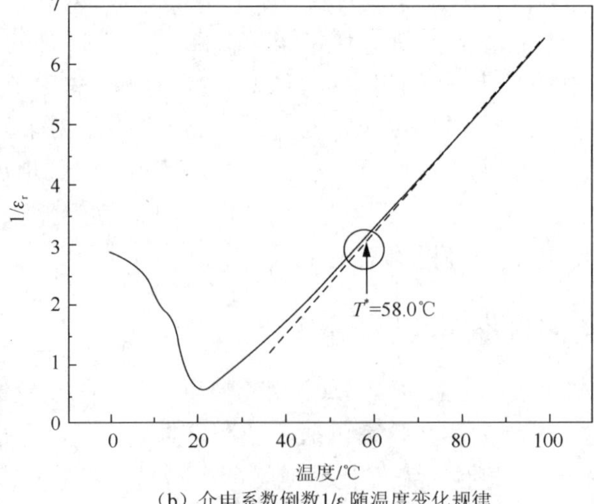

（b）介电系数倒数$1/\varepsilon_r$随温度变化规律

图3.1 $KTa_{0.61}Nb_{0.39}O_3$介电系数ε_r及其倒数$1/\varepsilon_r$随温度变化规律

$KTa_{0.61}Nb_{0.39}O_3$ 晶体介电系数 ε_r 随温度变化规律并没有表现出铅基弛豫铁电体的三个频率色散特征。但是弛豫因子 $\gamma=1.16$，即 KTN 晶体介电系数随温度变化规律并未遵循标准 Curie-Weiss 定律，表现出弱弛豫特征。另外，图 3.1（b）给出介电系数倒数偏离标准 Curie-Weiss 定律时的特征温度 T^*。

第一性原理计算以及 X 射线吸收精细结构（X-ray absorption fine structure，XAFS）等实验均证实，几乎整个热力学温度范围内，Ta^{5+}均不发生明显位移，因此 KTN 晶体极化主要来自 Nb^{5+}。当温度降低到 T_B 时，Nb^{5+}组成的晶格软模发生软化，Nb^{5+}开始出现位移，形成晶格尺度上的偶极子。由于 Ta^{5+}的分离包围削弱了 Nb^{5+}形成的偶极子间的相互作用，使得 KTN 晶体中的偶极子不能像纯 $KNbO_3$ 晶体那样迅速关联合并，而是形成分立的 PNRs，在 PNRs 内部原来的所有偶极子不再作为个体独立运动，而是作为一致取向的整体运动。当温度降低到 T^*时，PNRs 间相互作用加剧，PNRs 平均尺寸快速增长，弛豫时间迅速增大。当温度达到 T_C 时，PNRs 弛豫时间趋向无穷，最终转化为静态的宏观极化。由于 KTN 晶体在居里温度处的相变是从顺电立方相转变为铁电四方相，因此 PNRs 取向沿着六个<001>晶体学方向，并且在热扰动下在六个方向上发生跃迁。因为 KTN 中极化来源相比 $Pb(Mg_{1/3}Nb_{2/3})O_3$ 等铅基铁电体更为单一（KTN 中为 Nb^{5+}，$Pb(Mg_{1/3}Nb_{2/3})O_3$ 中为 Pb^{2+}和 Nb^{5+}），并且其同一位置占位离子价态相同，导致其极化演变过程组分起伏导致的微区居里温度波动相对更小，所以其不表现出类似 $Pb(Mg_{1/3}Nb_{2/3})O_3$ 中明显的介电色散特性，但是由于极性微区在 T^*特征温度处物理性质改变（具有局域应变场），使得其介电系数随温度变化规律偏离 Curie-Weiss 定律，表现出弛豫特性。

3.1.2　KTN 晶体居里温度以下异常双电滞回线

通常固溶体同一温度下的相结构会随着材料组分的不同而发生改变。随着 Ta/Nb 比例由高到低，KTN 晶体在室温下分别以立方、四方、正交相结构存在。在过去几十年里，KTN 一直被认为是正常铁电体，即其在四方铁电相的电滞回线是单回线形状。但是对 KTN 晶体在靠近 T_C 的四方相进行细致研究，发现其具有类似反铁电体电滞回线的双回线形状，并且会伴随着大的非线性电致应变。

图 3.2 给出 $T_C=51.0$℃时 KTN 样品在 18.0℃时（即晶体处于四方相），频率为 10 Hz，幅值为 10.00 kV/cm 电场作用下的 *P-E*（极化-电场）曲线。晶体电滞回线具有与反铁电体非常相似的双回线形状。当电场 *E* 从 0 开始逐渐增大时，晶体极化强度 *P* 一开始接近于线性增长；在 *E* 达到 7.51 kV/cm 处时，极化强度 *P* 发生陡然跃变，由 4.89 μC/cm² 变为 16.02 μC/cm²，增长幅度超过跃变前极化强度的两倍；之后直到电场 *E* 增大到最大 10 kV/cm 处，极化强度 *P* 缓慢增加。当电场由最大值逐渐降低时，极化强度 *P* 刚开始逐渐减小，在电场 *E* 降至 3.61 kV/cm 时，极化强度 *P* 发生陡然下降，由 11.00 μC/cm² 变为 2.20 μC/cm²，在之后电场降低至 0 过

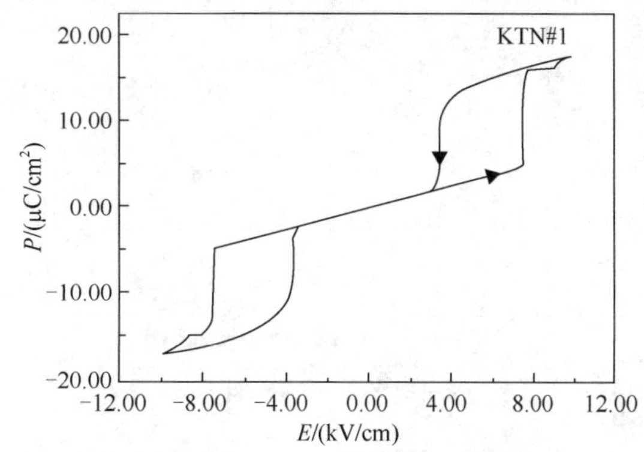

图 3.2　KTN（$T_C=51.0$℃）晶体 10 Hz 电场下 *P-E* 曲线

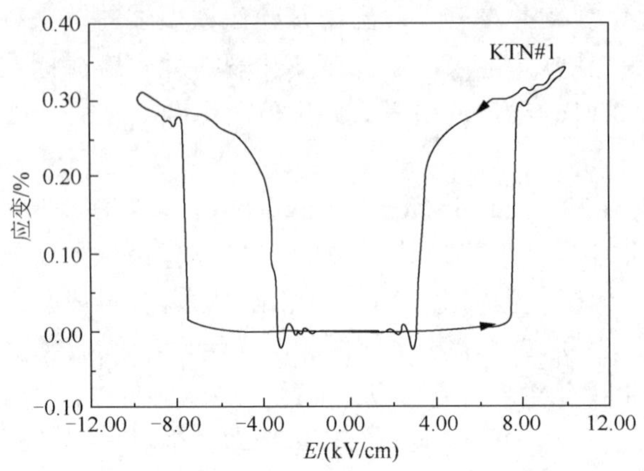

图 3.3 KTN（T_C= 51.0℃）晶体 10 Hz 电场下 *S-E* 曲线

程中，极化强度 *P* 与电场强度 *E* 发生线性变化。线性度与最开始电场从 0 增大时极化随电场变化线性度几乎相同。

KTN 晶体和反铁电体一样，当极化强度 *P* 发生陡然跃变时，晶体内部会伴随着大的非线性电致应变，图 3.3 给出 KTN（T_C= 51.0℃）样品在上述电滞回线测试过程中的 *S-E*（应变–电场）曲线。电场从 0 增到 7.51 kV/cm 过程中，晶体几乎不发生形变。电场达到 7.51 kV/cm 时，伴随晶体极化强度 *P* 陡然跃变，晶体应变 *S* 也发生阶跃变化，应变幅值接近 0.30%。同样在电场从最大值逐渐降至 3.61 kV/cm 的过程中，晶体应变以较低速率逐渐减小，当达到 3.61 kV/cm 时，晶体应变由 0.21%直接减小接近于 0。在此过程中 KTN 晶体非线性电致应变恢复性非常好，几乎没有残留应变。

为了进一步测试四方相 KTN 晶体双电滞回线及电致应变的稳定性，采用单向电场对另一块 KTN 晶体进行测试。图 3.4 给出 T_C= 48.0℃的 KTN 样品在 18.0℃时（即晶体处于四方相），频率为 10 Hz，幅值为 10 kV/cm 单向电场作用下的 *P-E* 曲线。在电场 *E* 上升过程中，极化强度在 5.02 kV/cm 和 6.31 kV/cm 处发生跃变；在电场下降过程中，极化强度在 1.10 kV/cm 电场处发生陡峭下降，电场降低至 0 后，极化强度也几乎消失。如图 3.5 所示的是相应的 *S-E* 曲线，晶体形变两次跃变，并且对应电场与 *P-E* 曲线中极化发生跃变的电场保持一致。在外加电场减小到 0 时，晶体应变也减小至 0，即晶体形变消失。另外在应变跃变过程中也存在与图 3.3 所示 KTN（T_C= 51.0℃）样品一样的应变曲线回落现象。实验证明，四方相 KTN 晶体在居里温度附近的双电滞回线及电致应变现象不论对于单向电场还是双向电场，恢复性和稳定性都很好。

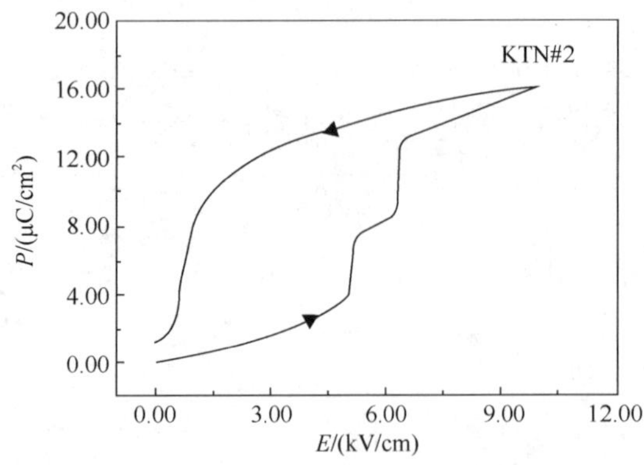

图 3.4 KTN（T_C= 48.0℃）晶体 10 Hz 单向电场下 *P-E* 曲线

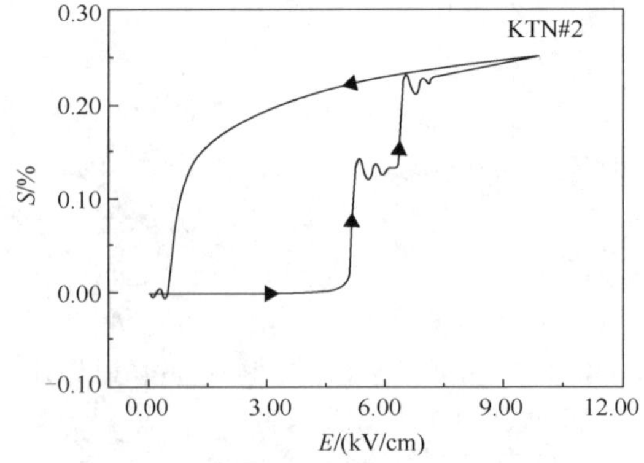

图 3.5 KTN（T_C= 48.0℃）晶体 10 Hz 单向电场下 *S-E* 曲线

对于 KTN（T_C= 51.0℃）和 KTN（T_C= 48.0℃）两块样品，其各自 *P-E* 和 *S-E* 曲线中极化 *P* 发生跃变的电场强度与应变 *S* 发生跃变的电场强度完全对应，这表明 KTN 晶体中大的非线性电致应变与内部极化状态演变有密切关系。铁电体中的非线性电致应变往往是由于铁电体内部非 180° 极化翻转造成的。

另外选取两块居里温度各不相同的样品 KTN（T_C= 42.0℃）和 KTN（T_C= 41.0℃）进行 *P-E* 和 *S-E* 曲线测试，如表 3.1 所示。在同一测试温度条件下，随着居里温度降低，KTN 晶体发生极化跃变的阈值电场 E_c 逐渐降低；在相同幅度电场作用下，KTN 晶体中最大极化强度和最大应变也随着居里温度降低逐渐降低。这表明 KTN 的非线性电致应变确实与极化翻转有密切关系。由于电致伸缩系数 Q_{11} 和 Q_{12} 对于同一材料体系通常保持不变，且不随温度发生变化，因此随晶体居里温度降低，逐渐靠近测试温度，晶体内部极化强度 *P* 逐渐减小，与表中 P_{max} 变化规律相符合；非线性电致应变也会随样品居里温度降低逐渐减小，与表中 S_{max} 变化规律吻合；由于极化强度减小，所需要扭转极化的阈值电场强度也相应降低，与表中 E_c 变化规律相符合。

表 3.1　四块 KTN 样品 *P-E* 及 *S-E* 测试结果

编号	T_C/℃	*T*/℃	E_{max}/（kV/cm）	P_{max}/（μC/cm²）	S_{max}/%	E_c/（kV/cm）
KTN#1	51.0±0.1	18.0±0.1	10.00±0.01	17.60±0.01	0.35±0.01	7.51±0.01
KTN#2	48.0±0.1	18.0±0.1	10.00±0.01	16.19±0.01	0.28±0.01	5.02±0.01
KTN#3	42.0±0.1	18.0±0.1	5.00±0.01	9.15±0.01	0.24±0.01	4.19±0.01
KTN#4	41.0±0.1	18.0±0.1	5.00±0.01	9.13±0.01	0.21±0.01	4.15±0.01

注：E_{max} 表示电场幅值；P_{max} 表示最大极化强度；S_{max} 表示最大应变；E_c 表示极化跃变阈值电场

将四方相 KTN 与反铁电体 $PbZrO_3$、$Pb_{0.99}Nb_{0.02}[(Zr_{0.57}Sn_{0.43})_{0.7}Ti_{0.3}]_{0.98}O_3$ 和 $Pb_{0.97}La_{0.02}(Zr_{0.75}Sn_{0.22}Ti_{0.03})O_3$ 进行比较，室温下四方相 KTN 的极化跃变阈值电场，小于 10 kV/cm。而上述三种反铁电体对应的阈值电场大约为 600 kV/cm、400 kV/cm 和 200 kV/cm，最小也是 KTN 阈值电场的 20 倍以上。四方相 KTN 晶体所伴随的电致应变达到甚至超过上述反铁电体中最大应变量（0.3%）。综上所述，四方相 KTN 晶体在某些需要大的电致应变材料领域具有很大潜在的应用前景，有效降低所需要的电场能量，当然另一方面其损耗也是未来实际应用中所需要重视并改善的问题。

3.1.3　KTN 晶体四方相中双电滞回线物理机制

将电致相变与钉扎效应和四方 KTN 晶体中双电滞回线进行比较，发现这两种机制均不适用于 KTN 晶体：电致相变机制是将顺电立方相的铁电体通过外加电场诱发铁电相，因此适用于双电滞回线出现于顺电相情况；钉扎效应主要适用条件是 ABO_3 结构铁电体进行非等价态 B 位离子掺杂，在铁电体中形成大量 O^{2-} 氧空位缺陷；而当前 KTN 晶体出现双电滞回线的结构为四方相，晶体没有进行离子掺杂，且占据 B 位的 Ta^{5+} 与 Nb^{5+} 具有相同价态，所以上述两种机制无法合理解释 KTN 中双电滞回线。

结合朗道理论以及局域组分波动理论进一步分析[4]提出，适用于 KTN 晶体双电滞回线的机制模型——B 位离子局域组分各向异性诱导非对称极化结构。KTN 极化主要来自于 B 位 Nb^{5+} 偏心位移，其取向沿着六个晶体学<001>任一方向。在各向同性晶体中，上述六个晶体学方向等效，因此在晶体进入铁电四方相时各方向吉布斯自由能 *G* 最小值相同，即具有相同势阱深度 ΔG，如图 3.6（a）所示。正如局域组分波动理论，B 位取代钙钛矿型铁电体，会不可避免地存在局域组分波动，对于某一局域区域而言，其周围势阱不可能是完全立方或者球形对称结构。由于 KTN 中 Ta^{5+}几乎不会位移形成偶极子，晶体内部偶极子之间相互作用主要为 Nb^{5+}与 Nb^{5+}相互作用。所以 Nb^{5+}少的一方势阱ΔG_1相对较浅，Nb^{5+}多的一方势阱ΔG_2相对较深。这样在此区域内由于局域组分梯度会形成一个梯度势，使得吉布斯自由能在局域内不再对称，其中自发极化会优先朝着势阱更深的方向取向。在居里温度下某一温度范围内，微区热活跃能 E_k满足条件$\Delta G_1 < E_k < \Delta G_2$时，微区内极化取向稳定沿图 3.6（b）右方向。当 KTN 外加电场与自发极化方向相同时，自发极化被外加电场拉伸，但方向维持不变，当外加电场逐渐减小到 0 时，自发极化恢复初始状态；当外加电场与自发极化方向相反，电场达到一定阈值 E_{th}，左边势阱ΔG_1低于右边势阱ΔG_2且右边势阱深度小于微区的热活跃能 E_k时（即$\Delta G_1 > E_k > \Delta G_2$），自发极化发生翻转，跃迁到势阱左边方向，当外电场逐渐减小至 0，势阱逐渐恢复初始状态$\Delta G_1 < E_k < \Delta G_2$，在热活跃能作用下，自发极化方向由左再次跃迁回初始右取向。因此在外加电场消失后，晶体内各取向极化总能回到初始状态，形成 *P-E* 曲线的双回线现象。

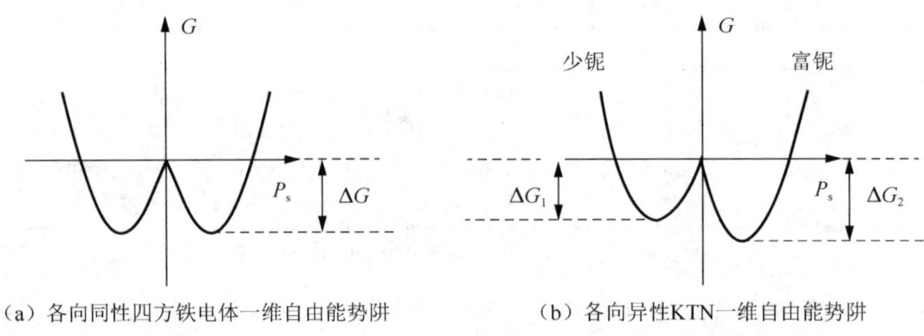

（a）各向同性四方铁电体一维自由能势阱　（b）各向异性KTN一维自由能势阱

图 3.6　理想各向同性四方铁电体和各向异性 KTN 一维自由能势阱示意图

3.1.4　KTN 晶体居里温度附近极化演变过程表征

1. 偏光显微镜表征

铁电体内部极化与折射率有着密切关系，当铁电体中出现自发极化时，会伴随双折射，偏光显微镜是一种常用的观测铁电体内部极化演变的有效手段。把四方相 KTN 沿三个晶体学[100]、[010]和[001]方向切割成薄片，将其放置到偏光显微镜下，起偏器与检偏器相互垂直。若垂直于入射光截面内的两个晶体学方向分别与起偏器以及检偏器平行，则光通过晶体后偏振方向仍然与起偏器方向一致，因此光不能通过垂直的检偏器，视场是黑暗的；当垂直于入射光截面内的两个晶体学方向与起偏器或者检偏器存在夹角时，光通过晶体后由线偏振变为椭圆或圆偏振光，则有部分光强通过检偏器，视场是明亮的，且随着极化强度增大亮度越强。由于畴壁处散射相对严重，在视场整体明亮情况下，畴壁呈现为颜色较暗的线条状图案；在整体视场黑暗的情况下，畴壁为颜色相对较亮的线条。

图 3.7（a）给出居里温度 T_C=41.0℃的 $KTa_{0.58}Nb_{0.42}O_3$ 样品在 22.0℃未外加电场时偏光显微镜成像。晶体沿[100]、[010]和[001]方向切割为 2.20 mm× 3.30 mm× 0.98 mm 薄片放置于偏光显微镜下，通光方向为[001]，起偏器与检偏器互相垂直，晶体[100]与起偏器（或检偏器）夹角为 45°，沿晶体学<110>方向有多组颜色较暗的线条。对于四方相 KTN 晶体，其内部极化取向沿六个晶体学<001>方向，因此所观测到的线条为四方相 90° 畴壁结构。因为畴壁结构与极化排列直接相关，所以畴壁形状直接确定内部极化排列情况。用数字 1、2、3 分别标明

三个畴壁特征区域，然后给样品外加 10 Hz, 5.00 kV/cm 交流电场，15 个周期后撤掉电场再次进行观察，如图 3.7（b）所示。区域 1，2，3 中畴壁结构与外加电场之前的情形基本相同，即外加电场之后，四方相 KTN 晶体内部极化确实能够自发恢复至初始状态，侧面验证四方相 KTN 晶体异常双电滞回线的讨论结果。

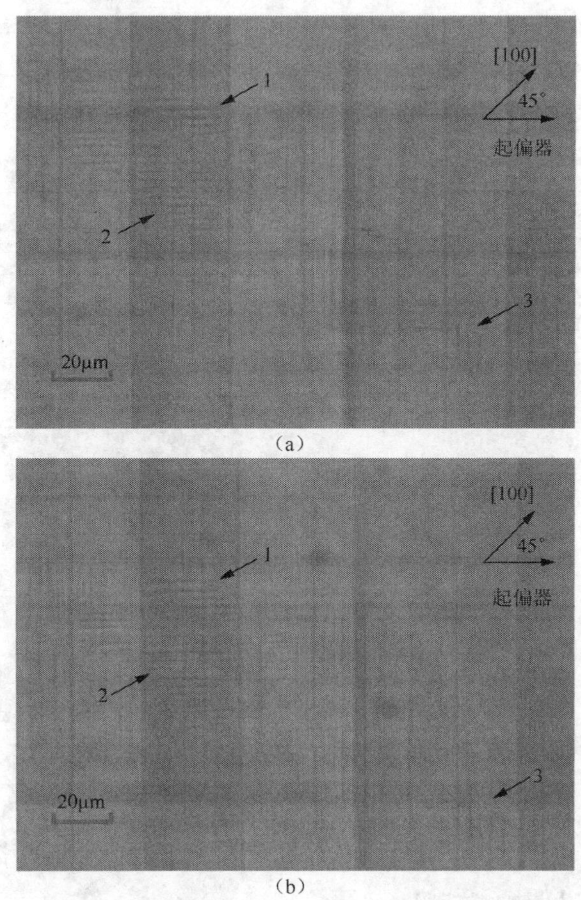

图 3.7　$KTa_{0.58}Nb_{0.42}O_3$（T_C= 41.0℃）样品在 22.0℃偏光显微镜成像

2. 压电力显微镜表征

压电力显微镜（piezoresponse force microscope, PFM）是一种获得铁电体表面形貌、极化分布及取向的重要表征手段，已经广泛应用于铁电领域[5]。在原子力显微镜基础上外加压电力系统模块，利用铁电极化逆压电性质，在扫描探针上施加交流电场激发不同取向极化产生不同程度应变，再通过系统内部处理应变信号与交流电场相位差，进而区分出不同取向极化结构。压电力显微镜用来获得铁电体中 μm 以下的极化结构信息，是表征铁电体微区极化演变的重要手段。

将 $KTa_{0.58}Nb_{0.42}O_3$（T_C = 41.0℃）样品（001）面放置于 PFM 下进行测试，扫描在 25.0℃、30.0℃、35.0℃、40.0℃、45.0℃、50.0℃下的响应相位图，如图 3.8 所示。25.0℃时，有两种颜色代表的相位差为 180° 的互相交错排列的条形区域，代表 KTN 晶体表面向上与向下取向的极化结构。单个区域宽度在 500 nm 以下，即在居里温度稍微偏下的一段四方相内，KTN

中畴结构仍然在亚微米量级，小于通常铁电体铁电相中微米量级畴结构，这也是居里温度附近四方相 KTN 出现不同于其他铁电体的双电滞回线的一个重要原因：由于畴结构更小，热扰动所需要克服的各个极化取向间势垒更低。去掉外电场后翻转极化更容易恢复初始状态。随着温度逐渐升高到 40.0℃，原本清晰的区域边界逐渐模糊，越来越多区域联结一起。这是因为随着温度上升，铁电体内部自发极化逐渐减小，极化微区尺寸也在逐渐减小；同时，温度升高导致热扰动加剧，而减小尺寸降低了微区在不同自发极化方向发生跃迁的能量势垒，所以微区动态性质越来越强，外加激励电场很容易引发微区内极化的反转而不再是极化拉伸或

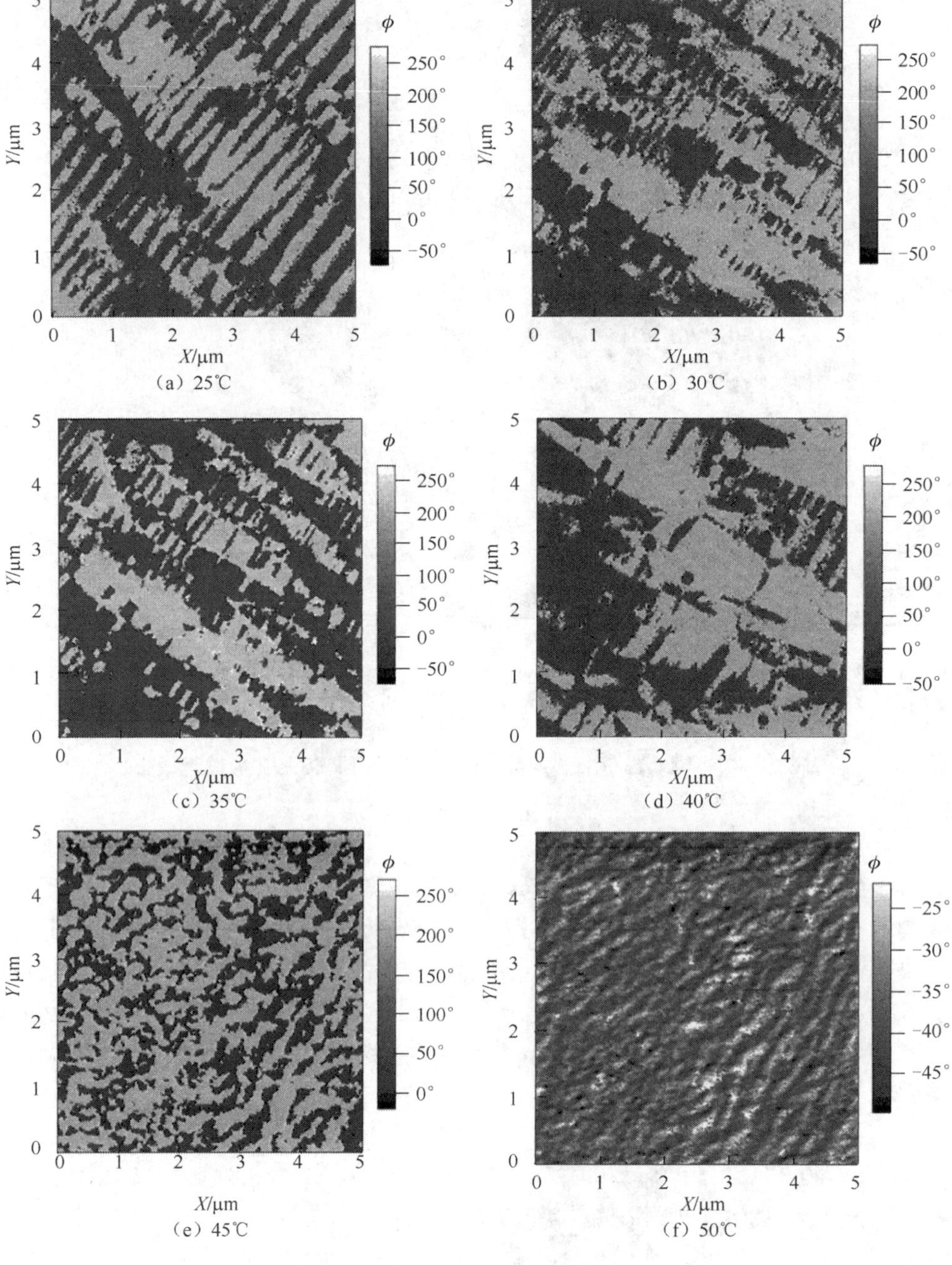

图 3.8 不同温度下 $KTa_{0.58}Nb_{0.42}O_3$ 样品 PFM 相位图

者收缩，进而导致原本的区域边界变得模糊甚至消失不见。当温度上升超过居里温度达到 45.0℃时，原本规则的线状区域演变为互相联结的岛状图案。此过程中，微区极化的动态性质快速增强，当温度再继续上升，区域内几乎所有极化在电场激励作用下都会发生扭转，观测到的相位图对比度严重降低，图案中颜色之间相位差远小于 180°。

3.2　PNRs 对 KTN 晶体电光性能的影响

为何 KTN 晶体在居里温度附近（$T_C < T < T^*$）电光性能如此优良？如果能够发现其优异电光性能的根源，建立结构-性能的关系，将为电光效应甚至铁电体性能提高起到引导作用。近几十年来，越来越多的研究表明 KTN 晶体在居里温度附近优异的电光性能与其内部 PNRs 有密切联系[6-8]。

3.2.1　KTN 中 PNRs 对电光效应贡献物理机制

1. PNRs 对折射率影响机制

KTN 晶体在温度范围 $T_C < T < T^*$内，其内部 PNRs 已经具有一定的准静态性质，其内部极化取向与四方相 KTN 晶体中自发极化取向一致，沿六个晶体学<001>方向，所以在 $T_C < T < T^*$ 温度范围内某一区域内 PNRs 的取向排布，如图 3.9 所示。定义[100]、[010]、[001]方向分别为 x、y、z，P_{Xi}、P_{Yi} 和 P_{Zi} 分别为沿 x、y 和 z 取向的 PNRs 产生自发极化强度。虽然对于 x（或 y，z）方向上，单个 PNR 内自发极化强度沿着坐标轴正向，也可能沿着坐标轴负向，但是根据二次电光效应，由于晶体不存在自发极化时的折射率 n_0 和极化相关的二次电光系数 g_{11}、g_{12} 均为常数，所以对单个 PNR 而言，不论极化强度朝坐标轴正负哪个方向，其在 x、y、z 三个方向引起的折射率差是相同的，即具有方向相反、强度相同的自发极化的两个 PNRs 其折射率椭球是相同的。因此，宏观上晶体的折射率为

$$\begin{cases} n_x = n_0 - \dfrac{1}{2} n_0^3 \left[g_{11}\left(P_{Xi}^2\right) + g_{12}\left(P_{Yi}^2\right) + g_{12}\left(P_{Zi}^2\right) \right] \\ n_y = n_0 - \dfrac{1}{2} n_0^3 \left[g_{12}\left(P_{Xi}^2\right) + g_{11}\left(P_{Yi}^2\right) + g_{12}\left(P_{Zi}^2\right) \right] \\ n_z = n_0 - \dfrac{1}{2} n_0^3 \left[g_{12}\left(P_{Xi}^2\right) + g_{12}\left(P_{Yi}^2\right) + g_{11}\left(P_{Zi}^2\right) \right] \end{cases} \tag{3.3}$$

式中，n_x、n_y、n_z 为 x、y、z 三个方向的折射率。

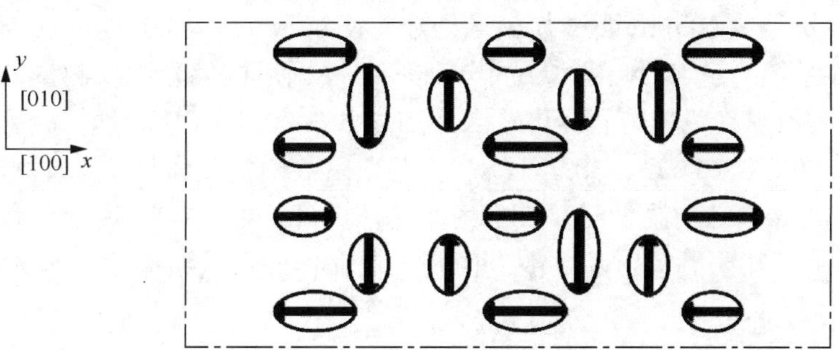

图 3.9　$T_C < T < T^*$温度范围内某一区域内 PNRs（椭圆区域）取向示意图

2. 电场作用下 PNRs 响应特性

当沿着 x 方向外加电场 E，由于 y 和 z 方向均与外电场方向垂直，两个方向上的 PNRs 都在电场作用下发生偏转，具有相同行为，因此将只关注平行于电场的 x 和垂直于电场的 y 方向折射率。因为 PNRs 尺寸很小，在外加电场 E 作用下主要进行重新排列取向过程，所以此处暂不考虑电场 E 引起的 PNRs 内部极化拉伸或收缩。垂直于电场方向的 PNRs 沿电势能更低方向进行重新排布，平均结果表现为向 x 方向发生偏转，平行于电场的 x 方向 PNRs 取向仍沿 x 轴，如图 3.10 所示，其中虚线椭圆表示发生偏转的 PNRs。

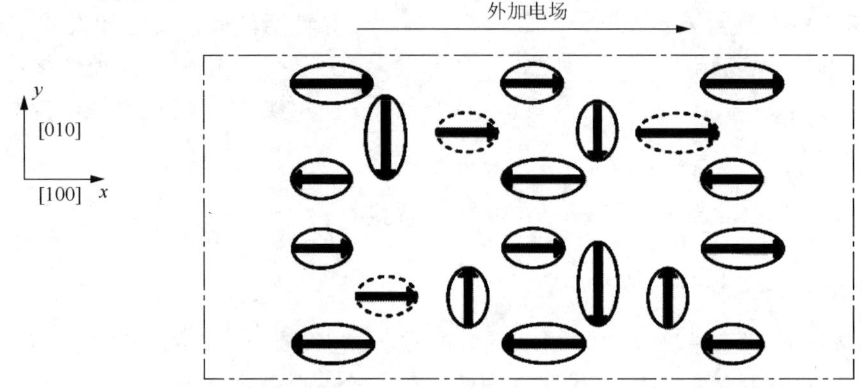

图 3.10 外加电场下 PNRs（椭圆区域）取向二维示意图

设 n_x'、n_y' 为外加电场后晶体折射率，P_{Xi}'、P_{Yi}' 和 P_{Zi}' 为 PNRs 重新排布后 x、y 和 z 方向极化强度，Δn_x 和 Δn_y 分别为外加电场引起的 x 和 y 方向折射率差，ΔP_Y 和 ΔP_Z 为重新排布后 y 与 z 方向极化强度与外加电场前各自方向极化强度的差值。在测量以及使用晶体电光效应时，通常采用与电场 E 相关的二次电光系数 R_{11}、R_{12} 描述晶体二次电光效应大小。结合宏观折射率与第 2 章的二次电光效应公式，R_{11}、R_{12} 与 PNRs 极化强度关系如下：

$$\begin{aligned} |R_{11}| &\propto \left| g_{11}\left(P_{Xi}'^2 - P_{Xi}^2\right) + g_{12}\left(\Delta P_Y^2 - 2\Delta P_Y |P_{Yi}|\right) + g_{12}\left(\Delta P_Z^2 - 2\Delta P_Z |P_{Zi}|\right) \right| \\ |R_{12}| &\propto \left| g_{12}\left(P_{Xi}'^2 - P_{Xi}^2\right) + g_{11}\left(\Delta P_Y^2 - 2\Delta P_Y |P_{Yi}|\right) + g_{12}\left(\Delta P_Z^2 - 2\Delta P_Z |P_{Zi}|\right) \right| \end{aligned} \tag{3.4}$$

3.2.2 KTN 居里温度附近电光效应温度响应特性

选取三块少量 Na 掺杂的 $K_{0.95}Na_{0.05}Ta_{1-x}Nb_xO_3(x = 0.40,0.42,0.43)$，居里温度分别为 10.0℃、20.0℃、30.0℃。三块样品都沿[100]、[010]、[001]方向处理为 2.00 mm × 4.00 mm × 4.00 mm 方块，并对 4.00 mm × 2.00 mm 面进行抛光处理，在 4.00 mm × 4.00 mm 面镀银电极。由自动马赫-曾德尔干涉系统测量 KTN 晶体二次电光系数[9]，采用椭偏光谱仪测量晶体折射率色散曲线。通过拟合得到折射率色散方程，再代入所需波长参数得到对应折射率。三块 KTN 晶体居里温度分别为 10.0℃、20.0℃、30.0℃，二次电光系数测量晶体处于顺电相，因此分别选取 25.0℃、25.0℃、35.0℃三个温度测量其折射率色散曲线，如图 3.11 所示。和其他钙钛矿铁电体一样三块晶体都存在明显折射率色散，但是三块晶体的色散结果相差不大，采用 Sellmeier 色散方程[10]进行拟合：

$$n^2 = A + \frac{B}{\lambda^2 - C} - D \times \lambda^2 \tag{3.5}$$

式中，A、B、C、D 为拟合常数；λ 为波长，μm。结果如下：

$$n^2 = 4.753 + \frac{0.0884}{\lambda^2 - 0.0627} - 0.0448 \times \lambda^2 \tag{3.6}$$

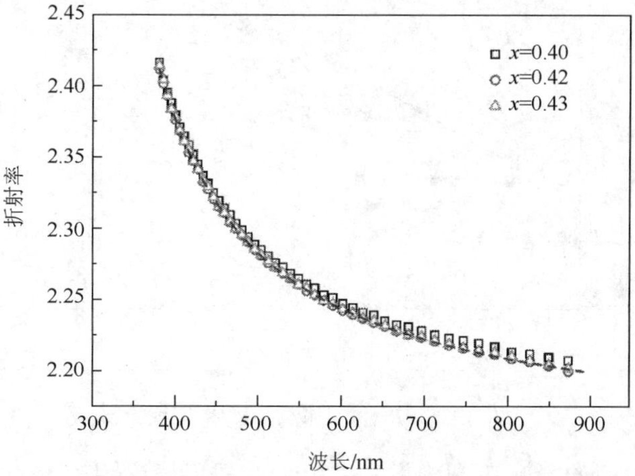

图 3.11　$K_{0.95}Na_{0.05}Ta_{1-x}Nb_xO_3(x = 0.40, 0.42, 0.43)$晶体折射率色散

代入激光波长，得到 $K_{0.95}Na_{0.05}Ta_{1-x}Nb_xO_3(x = 0.40, 0.42, 0.43)$晶体居里温度附近顺电相中 632.8 nm 处折射率均近似为 2.24。

分别测量三块晶体在温度范围（$T - T_C < 15$℃）内的二次电光系数 R_{11} 和 R_{12}，如图 3.12 所示。随着温度升高，晶体二次电光效应逐渐减小，这是由于温度升高，晶体介电系数逐渐下降，同样大小电场引起的极化强度降低。据式（3.3）可知，极化相关的二次电光系数 g_{11}、g_{12} 不随温度发生变化，因此同样电场强度引起的折射率变化降低，二次电光系数 R_{11}、R_{12} 也逐渐减小。三块晶体二次电光系数大小的比值$|R_{11}/R_{12}|$却随温度的变化逐渐升高，如图 3.13 所示，与$|R_{11}|$、$|R_{12}|$各自随温度的变化规律恰好是相反的。此异常现象与 KTN 晶体内部 PNRs 的演化有着密切关系。

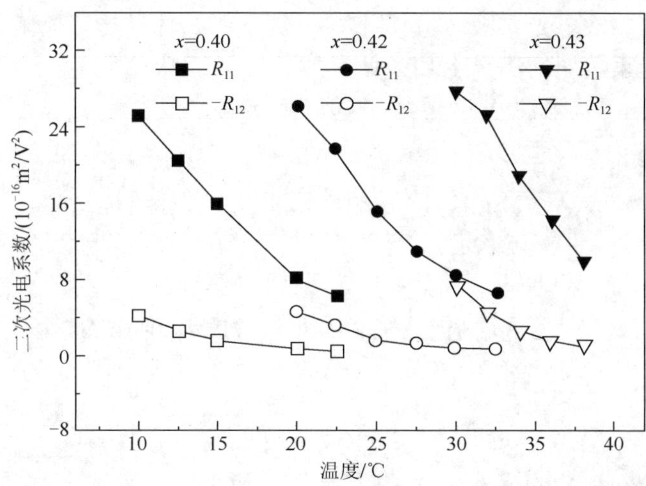

图 3.12　$K_{0.95}Na_{0.05}Ta_{1-x}Nb_xO_3$（$x = 0.40, 0.42, 0.43$）晶体二次电光系数 R_{11}，$-R_{12}$ 随温度变化规律

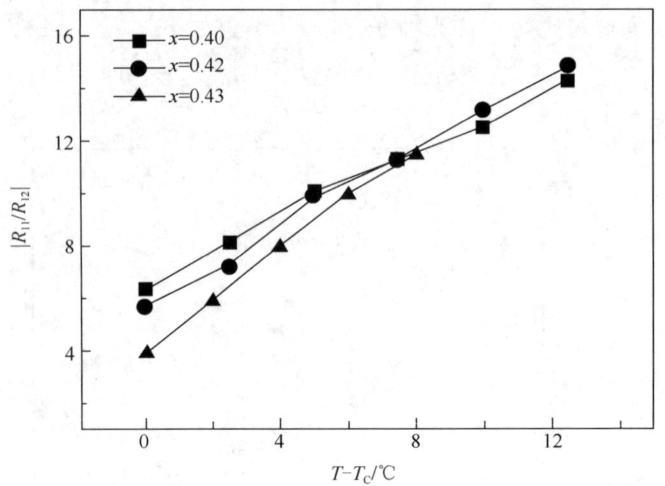

图 3.13 $|R_{11}/R_{12}|$随温度的变化规律

从 PNRs 对电光效应的影响机制出发，进一步对居里温度附近 KTN 晶体二次电光系数随温度变化规律进行讨论。因为 y 和 z 方向上 PNRs 均朝外电场方向发生偏转，具有相同行为，所以两个方向极化强度近似看作相等，即

$$\left|P_{yi}\right| \approx \left|P_{zi}\right| \quad \Delta P_y \approx \Delta P_z \tag{3.7}$$

式中，ΔP_y（或ΔP_z）是由P_{yi}（或P_{zi}）偏转引发，外加电场很小，符合极小近似条件，得

$$\Delta P_y = \alpha\left|P_{yi}\right|, \quad 0<\alpha \ll 1, \tag{3.8}$$

其中，α 为偏转因子，主要与外电场大小相关，极小近似下可看做与外电场强度成线性关系。R_{11}，R_{12}转变为

$$\begin{aligned} \left|R_{11}\right| &\propto \left|g_{11}\left(P_{xi}'^2 - P_{xi}^2\right) + 2g_{12}\left(\alpha^2 - 2\alpha\right)P_{yi}^2\right| \\ \left|R_{12}\right| &\propto \left|g_{12}\left(P_{xi}'^2 - P_{xi}^2\right) + \left(g_{11} + g_{12}\right)\left(\alpha^2 - 2\alpha\right)P_{yi}^2\right| \end{aligned} \tag{3.9}$$

由于极化对应的二次电光系数 g 主要取决于钙钛矿晶体结构，不随温度发生变化。无铅钙钛矿铁电体中电光系数 g 均满足下列条件：

$$g_{11} > 0, g_{12} < 0 \quad \left|g_{11} / g_{12}\right| > 2 \tag{3.10}$$

$|R_{11}|$和$|R_{12}|$均是 PNRs 内极化强度 P_{Yi} 的单调递增函数。因为 $R_{11} > 0$ 且 $R_{12} < 0$，所以$|R_{11}/R_{12}|$为

$$\left|\frac{R_{11}}{R_{12}}\right| = \frac{g_{11}\left(P_{xi}'^2 - P_{xi}^2\right) + 2g_{12}\left(\alpha^2 - 2\alpha\right)P_{yi}^2}{-g_{12}\left(P_{xi}'^2 - P_{xi}^2\right) - \left(g_{11} + g_{12}\right)\left(\alpha^2 - 2\alpha\right)P_{yi}^2} \tag{3.11}$$

在极小近似情况下，$\left(P_{xi}'^2 - P_{xi}^2\right)$远小于$P_{yi}^2$，因此只考虑 P_{yi} 变化的影响。将式（3.11）对 P_{yi} 作偏导计算

$$\frac{\partial\left(\left|\frac{R_{11}}{R_{12}}\right|\right)}{\partial P_{yi}} = \frac{2\left[\left(\frac{g_{11}}{g_{12}}\right)^2 + \left(\frac{g_{11}}{g_{12}}\right) - 2\right]g_{12}^2\left(P_{xi}'^2 - P_{xi}^2\right)\left(\alpha^2 - 2\alpha\right)P_{yi}}{\left[-g_{12}\left(P_{xi}'^2 - P_{xi}^2\right) - \left(g_{11} + g_{12}\right)\left(\alpha^2 - 2\alpha\right)P_{yi}^2\right]^2} \tag{3.12}$$

由式（3.10）与 $0<\alpha\ll 1$ 两个条件可知，则式（3.12）中偏导恒为负，即 $|R_{11}/R_{12}|$ 是 P_{yi} 的单调递减函数。

随着测试温度升高远离居里温度，KTN 中 PNRs 自发极化逐渐减小，即 P_{yi} 逐渐减小。由于 $|R_{11}|$ 和 $|R_{12}|$ 均是 PNRs 内极化强度 P_{yi} 的单调递增函数，而 $|R_{11}/R_{12}|$ 是 P_{yi} 的单调递减函数，所以随着居里温度升高，二次电光系数大小逐渐降低，而两者比值却逐渐升高，呈现相反变化关系。当温度越来越高，PNRs 内自发极化逐渐消失，不再对晶体电光效应有贡献时，由式（3.11）可知，二次电光系数比值 $|R_{11}/R_{12}|$ 将趋向于理想中心对称情况下比值 $-(g_{11}/g_{12})$，所以 KTN 晶体二次电光系数比值随温度升高的变化规律恰好反映晶体自身结构对称性逐渐提升。

3.2.3　KTN 居里温度附近电光效应频率响应特性

本节讨论不同温度下 KTN 晶体二次电光系数随外加电场频率变化规律，分析 PNRs 对 KTN 晶体电光效应频率响应特性影响。选取样品 $KTa_{0.61}Nb_{0.39}O_3$（$T_C=21.0$℃），沿[100]、[010]、[001]方向切割为 2.20 mm×3.30 mm×0.98 mm 薄片，将 3.30 mm×2.20 mm 面抛光处理，并在 3.30 mm×0.98 mm 面镀银电极。设计电光调制器件时通常用 $R_{11}-R_{12}$，所以主要讨论 $R_{11}-R_{12}$，测量电光系数 $R_{11}-R_{12}$ 选择塞拿蒙补偿法（Sénarmont compensator method）光路[11]，如图 3.14 所示。

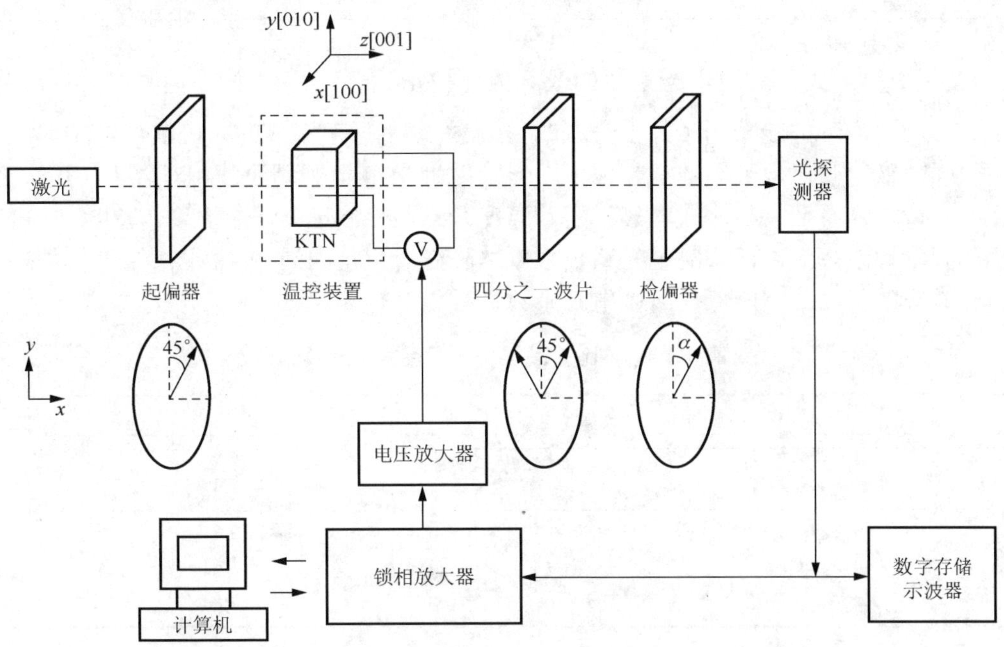

图 3.14　塞拿蒙补偿法光路

$KTa_{0.61}Nb_{0.39}O_3$ 晶体在温度范围 0℃ $<T-T_C<$ 13℃，外加电场频率范围 500 Hz～300 kHz 下的二次电光系数 $R_{11}-R_{12}$，如图 3.15 所示。随着外电场频率升高，电光系数都呈现逐渐减小趋势，最后趋于稳定值。这是由于 KTN 晶体中不可避免的组分波动导致 PNRs 尺寸不可能完全一致，存在一定尺寸分布波动。在某一温度下随着外加电场频率升高，尺寸较大的 PNRs 响应速度逐渐不能跟上电场变化，不能对二次电光系数形成贡献，进而导致电光系数降低。衰减因子 β 为不同温度下晶体二次电光系数随频率的衰减程度。

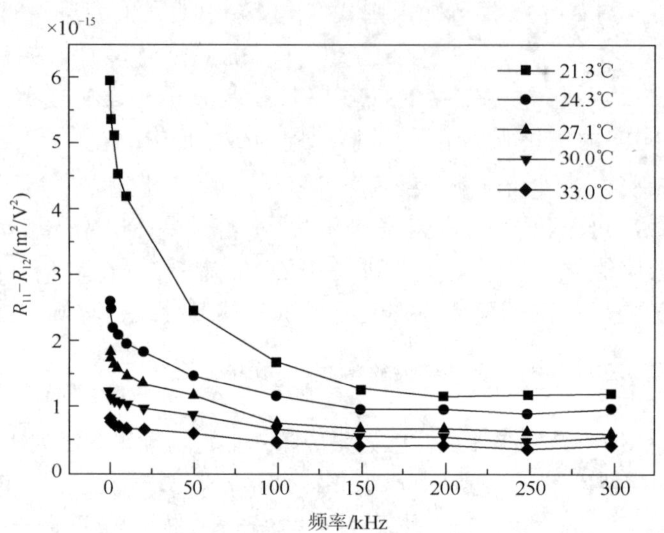

图 3.15 $KTa_{0.61}Nb_{0.39}O_3$ 晶体在 0℃< $T-T_C$ <13℃范围内 R_{11}–R_{12} 系数频率特性

$$\beta=\frac{\left(R_{11}-R_{12}\right)_{\max}-\left(R_{11}-R_{12}\right)_{\text{stab}}}{\left(R_{11}-R_{12}\right)_{\text{stab}}} \tag{3.13}$$

式中，$\left(R_{11}-R_{12}\right)_{\max}$ 为低频时电光系数的最大值；$\left(R_{11}-R_{12}\right)_{\text{stab}}$ 为电光系数衰减趋向平稳时的稳定值。不同温度下的衰减因子列于表 3.2。在温度靠近居里温度时，PNRs 内部自发极化强度相对较强，低频时对电光系数贡献很大，但是因为 PNRs 平均尺寸相对较大，所以随着电场频率升高，电光系数衰减比较明显；随着温度升高，慢慢远离居里温度，KTN 中 PNRs 内自发极化强度逐渐降低，低频时电光系数也慢慢降低。但是因为 PNRs 平均尺寸越来越小，其对电光效应的贡献比例降低，所以电光系数衰减相对较弱。

表 3.2 $KTa_{0.61}Nb_{0.39}O_3$ 晶体不同温度下衰减因子 β

T/℃	衰减因子 β
21.3±0.1	3.93
24.3±0.1	1.86
27.1±0.1	1.75
30.0±0.1	1.34
33.0±0.1	1.02

通过偏光显微镜观察 KTN 消光比随温度变化，可反映 PNRs 尺寸演变规律。$KTa_{0.61}Nb_{0.39}O_3$ 在 21.3℃、27.1℃、33.0℃、65.0℃温度下通过偏光显微镜观察到的图像如图 3.16 所示。起偏器与检偏器相互垂直，晶体[100]方向与起偏器和检偏器分别成 45°夹角。随着温度升高视场中图像亮度逐渐降低，当温度达到 65.0℃时，图像几乎变得完全黑暗。理想立方相晶体折射率各向同性，不管晶体如何放置都不会影响光偏振，只要起偏器与检偏器方向垂直，则应完全消光，视场黑暗。但是当晶体[100]方向与起偏器存在夹角时，图案并不完全黑暗，即晶体内部存在局域各向异性的 PNRs，影响光偏振。KTN 晶体中极性纳米微区取向沿六个晶体学<001>方向，在温度较高时，PNRs 平均尺寸远小于波长，光波作用范围内沿各个取向的 PNRs

密度相等，则[100]和[010]方向折射率相等，不影响光偏振，图案完全黑暗；随着温度降低，PNRs 平均尺寸逐渐增大，光波作用范围内 PNRs 各个取向的密度差异逐渐增大，引发越来越大的双折射，降低光的线偏振度，因此图案更加明亮。

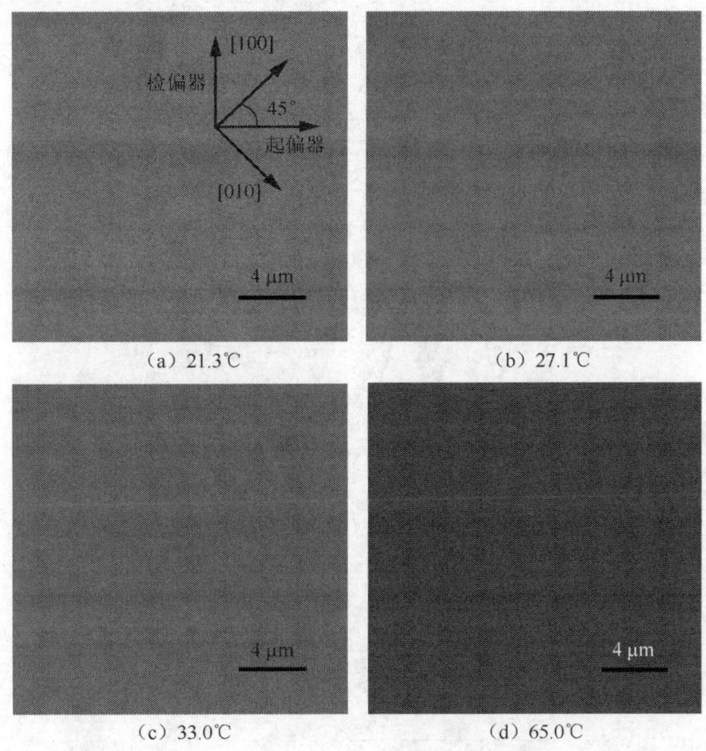

（a）21.3℃　（b）27.1℃

（c）33.0℃　（d）65.0℃

图 3.16　$KTa_{0.61}Nb_{0.39}O_3$ 在不同温度下的偏光显微镜成像

随电场频率变化过程中，KTN 晶体二次电光系数出现畸变。这是 $T-T_C<3$℃时同一方向存在非对称取向密度的较大尺寸 PNRs 引起的，即无外场作用时 KTN 晶体自发存在轻微的宏观极化强度，这与 KTN 晶体不经过极化处理就具有很小压电系数相一致。如图 3.17 所示为 21.3℃时外加电场 E 与相位差变化 $\Delta\Phi$ 的波形。在正二次电光效应中，由同样大小的正向和反向电场引起相位差 $\Delta\Phi$ 大小一致。但是图 3.17（a）中明显的二次电光效应畸变，即在正向最大电场 E_{max} 与负向最大电场 E_{min} 处，$\Delta\Phi$ 是不同的。此外，图 3.17（b）中二次电光效应畸变低频时相对明显，随着电场频率升高，畸变逐渐减弱，当频率达到 300 kHz 时，畸变几乎完全消失，此电场频率也恰巧是二次电光系数变为稳定值的频率。下面用 KTN 晶体电光效应贡献机制对上述现象进行解释。

若某一温度下晶体中沿六个自发极化方向 PNRs 密度分别为 k_x^+、k_x^-、k_y^+、k_y^-、k_z^+ 和 k_z^-，单个 PNR 内平均偶极矩为 p，则宏观晶体折射率为

$$
\begin{aligned}
n_x &= n_0 - \frac{1}{2}n_0^3\left[g_{11}(k_x^+ p)^2 + g_{11}(k_x^- p)^2 + g_{12}(k_y^+ p)^2 + g_{12}(k_y^- p)^2 + g_{12}(k_z^+ p)^2 + g_{12}(k_z^- p)^2\right] \\
n_y &= n_0 - \frac{1}{2}n_0^3\left[g_{11}(k_y^+ p)^2 + g_{11}(k_y^- p)^2 + g_{12}(k_x^+ p)^2 + g_{12}(k_x^- p)^2 + g_{12}(k_z^+ p)^2 + g_{12}(k_z^- p)^2\right]
\end{aligned}
\tag{3.14}
$$

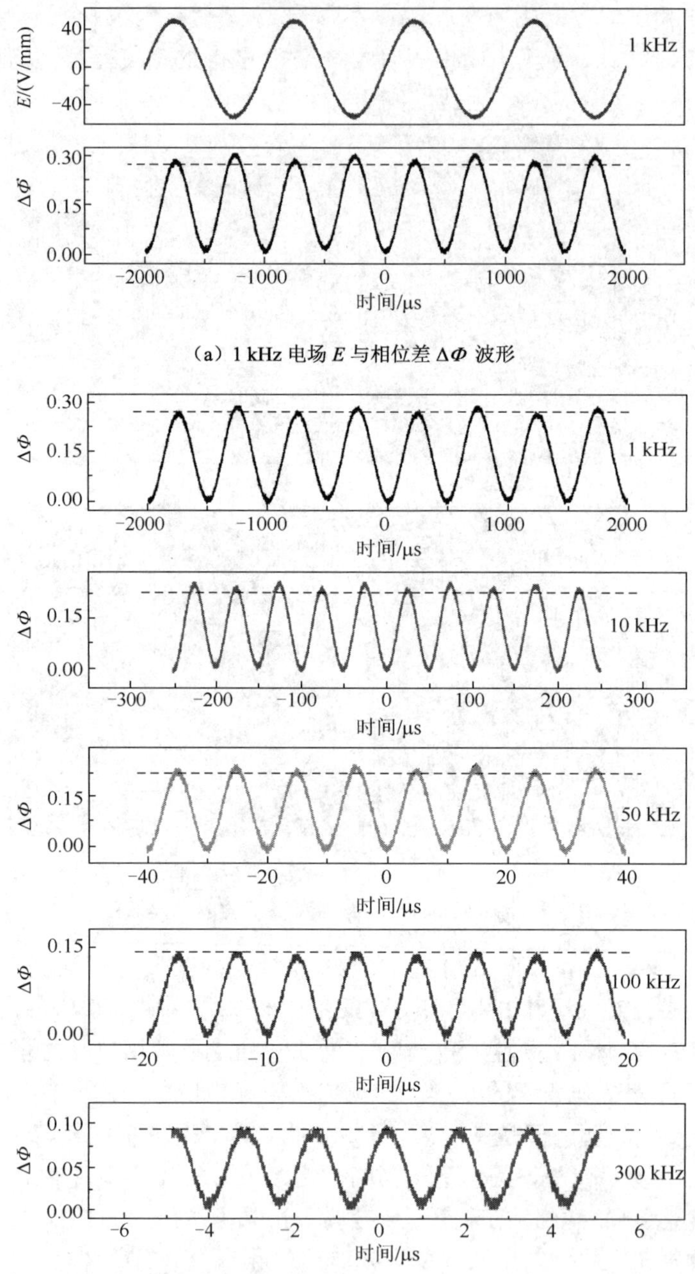

图 3.17 21.3℃时外加电场 E 与相位差变化 $\Delta\Phi$ 的波形

外加电场 E 沿 x 方向，则 y 与 z 方向的 PNR 对正向和反向电场响应度相同，不会对电光效应畸变造成影响，所以只考虑 x 方向 PNR 取向密度的非对称性，即 $k_x^+ \neq k_x^-$ ，$k_y^+ \approx k_y^- \approx k_z^+ \approx k_z^- \approx k$ 。外加电场，PNRs 重新分布取向，垂直于电场的 PNRs 朝着势能更低的电场方向扭转，但其自身热活跃能倾向于维持 PNRs 初始的宏观无序分布，因此当系统达到平衡状态时，沿 y 和 z 方向的极性纳米微区密度 $k_\perp$ 为

$$k_{\perp}=k\mathrm{e}^{\frac{-W}{k_B(T-T_C)}},\qquad W=\gamma|E||p| \tag{3.15}$$

式中，k_B为波尔兹曼常数；W为电场作用势能，其正比于电场强度E与偶极矩p的乘积；γ为比例系数。极小近似下（$k-k_{\perp}$）与外电场强度E成线性关系。因为非常靠近居里温度，晶体内部已经存在某些尺寸相对较大，接近于稳定畴结构的极性区域，所以沿x方向的较大PNRs内偶极矩会因电场方向不同而增大（与电场同向）或减小（与电场反向）。因此电场作用下x与y方向折射率为

$$\begin{cases} n_x'=n_0-\dfrac{1}{2}n_0^3\left[g_{11}\left(k_x^+\right)^2(p+\Delta p)^2+g_{11}\left(k_x^-\right)^2(p-\Delta p)^2\right.\\ \qquad\left.+4g_{12}\left(k\mathrm{e}^{\frac{-W}{k_B(T-T_C)}}p\right)^2\right] \\ n_y'=n_0-\dfrac{1}{2}n_0^3\left[2g_{11}\left(k\mathrm{e}^{\frac{-W}{k_B(T-T_C)}}p\right)^2+g_{12}\left(k_x^+\right)^2(p+\Delta p)^2\right.\\ \qquad\left.+g_{12}\left(k_x^-\right)^2(p-\Delta p)^2+2g_{12}\left(k\mathrm{e}^{\frac{-W}{k_B(T-T_C)}}p\right)^2\right] \end{cases} \tag{3.16}$$

式中，$\Delta p=\eta E$为偶极矩变化量，与外电场强度成线性关系；η为PNRs线性电极化率。由于y和z方向PNRs偏转对x正向负向对称，为了直观简洁，先忽略y方向极性微区偏转导致x方向的极性微区密度变化，这并不影响讨论线性电光与二次电光效应来源。则电场引起双折射Δn为

$$\begin{aligned}\Delta n&=(n_x'-n_x)-(n_y'-n_y)\\ &\approx\frac{1}{2}n_0^3(g_{11}-g_{12})\left[\underbrace{2k^2p^2\frac{W^2}{k_B^{\,2}(T-T_C)^2}}_{\Delta n_1}-\underbrace{4k^2p^2\frac{W}{k_B(T-T_C)}}_{\Delta n_2}\right.\\ &\qquad\left.-\underbrace{\left[\left(k_x^+\right)^2+\left(k_x^-\right)^2\right]\Delta p^2}_{\Delta n_3}-\underbrace{2\left[\left(k_x^+\right)^2-\left(k_x^-\right)^2\right]p\Delta p}_{\Delta n_4}\right]\end{aligned} \tag{3.17}$$

其中，$\Delta n_1\propto W^2\propto\gamma^2E^2p^2$；$\Delta n_2\propto W\propto\gamma|E||p|$；$\Delta n_3\propto\Delta p^2\propto\eta^2E^2$；$\Delta n_4\propto\Delta p\propto\eta E$。其中，$\Delta n_1$和$\Delta n_3$项与电场强度平方$E^2$成正比，尽管分别来自于垂直于电场的PNRs的重新取向及平行于电场的PNRs偶极矩变化，但都会对晶体二次电光效应有贡献。Δn_2正比于电场强度$|E|$，但与电场方向无关。Δn_4正比于电场强度E，与电场方向相关。因此外电场$\pm E$时，双折射Δn分别为$\Delta n_1-\Delta n_2-\Delta n_1-|\Delta n_4|$和$\Delta n_1-\Delta n_2-\Delta n_1+|\Delta n_4|$，因此相位差$\Delta\Phi$不相同。$\Delta n_2$和$\Delta n_4$都产生线性信号叠加于二次信号上，但是仅有$\Delta n_4$会造成图3.17中的畸变。$\Delta n_2$与电场方向无关的线性电光效应曾被Pierangeli等[16]在KTN中极小电场下观测到，与上述结果一致。

综上，KTN晶体居里温度附近的二次电光效应畸变，与居里温度附近较大尺寸PNRs非对称性取向密度相关。低频时，PNRs对电光效应贡献很大，因此畸变明显；随着频率逐渐升

高，PNRs 贡献逐渐降低，畸变逐渐消失。随着温度升高远离居里温度，晶体中 PNRs 不再在电场下发生拉伸或收缩，不论低频或者高频，上述畸变逐渐消失。在居里温度附近，PNRs 的重新分布取向过程对二次电光效应形成贡献很大，因此极大增强了居里温度附近晶体的二次电光效应。

3.3 KTN 晶体中 PNRs 增强临界机电耦合特性

弛豫铁电体多年来受到最多关注的是其在相界附近的强机电耦合效应及其在电能-机械能转换方面的应用，如用来制作超声换能器、超声马达、高精度电控位移器、超声清洗及声呐探测等。这主要是铁电体的压电及逆压电效应。在致力于提高弛豫铁电体压电性能过程中，大部分弛豫铁电体如 $Pb(Mg_{1/3}Nb_{2/3})O_3$-$PbTiO_3$，$Pb(Zn_{1/3}Nb_{2/3})O_3$-$PbTiO_3$ 等在准同相界附近具有最优的压电性能，这与准同相界中出现 PNRs 存在密切关系。

弛豫铁电体内部除了在铁电-铁电相界处有 PNRs，其顺电-铁电相变附近也存在着 PNRs。而居里温度处铁电自发极化强度较小，外电场作用下不易形成稳定宏观极化，没有大而稳定压电效应，因此很少关注顺电-铁电相界处铁电材料的机电耦合性能。理论上，铁电体中能够诱发机电耦合的效应不只有压电效应，电致伸缩效应也引起外电场与材料机械应变的耦合作用。但是由于电致伸缩效应是二阶物理效应，比一阶压电效应弱很多，所以很难观测到电致伸缩效应引发的机电耦合。

由于 PNRs 影响，晶体不能在外电场作用下产生稳定的宏观极化。但是晶体电致伸缩性能显著提高，产生与压电效应相当的应变量。由于电致伸缩效应相比压电效应不需要对样品进行复杂的升温极化等过程，简化材料处理流程，并且有效避免极化过程中样品损耗率，此外更高击穿电压使得电致伸缩效应具有更佳优势。所以弛豫铁电体居里温度附近的巨电致伸缩效应已经引起广泛关注。但是目前弛豫铁电体在顺电-铁电附近的强电致伸缩效应的根源仍未得到较好解释。

弱弛豫铁电体 KTN，在居里温度附近其内部也存在着 PNRs，同时电致伸缩效应强[13]。相比强弛豫铁电体如 $Pb(Mg_{1/3}Nb_{2/3})O_3$-$PbTiO_3$，其结构更加简单，主要影响极化的 B 位原子种类更少，且价态一致，原子半径几乎相同，相变过程中 PNRs 取向更加清晰，因此非常适合分析 PNRs 对电致伸缩的贡献机制，建立两者的联系[1]。

3.3.1 KTN 居里温度附近巨电致伸缩性能

电致伸缩系数理论推导与第 2 章电光效应公式类似，不再赘述。对块状晶体，最简单有效的电致伸缩系数测量方法是迈克尔逊干涉法。在样品表面喷镀金膜，将入射到样品的信号光反射回去与参考光进行干涉，通过外加电场使晶体发生应变，改变信号光的光程，进而改变探测器接收到的光强，测量相位差计算得到晶体的应变，进而得到晶体电致伸缩系数。

实验中为了提高测量数据精度，排除外界噪声干扰，在实际测量系统中采用外加交流电场，配合锁相放大器对光强波动信号进行锁频滤波，再由计算机自动采集。由于 KTN 晶体顺电相电致伸缩效应中，应变与外电场平方成正比，应变变化频率为外电场频率两倍。所以锁相放大器的滤波频率也设定为外电场频率两倍。自动扫描迈克尔逊干涉测量系统[9,14]如图 3.18 所示，系统测量电致伸缩系数误差低于 $0.03\times10^{-16}\ m^2/V^2$。

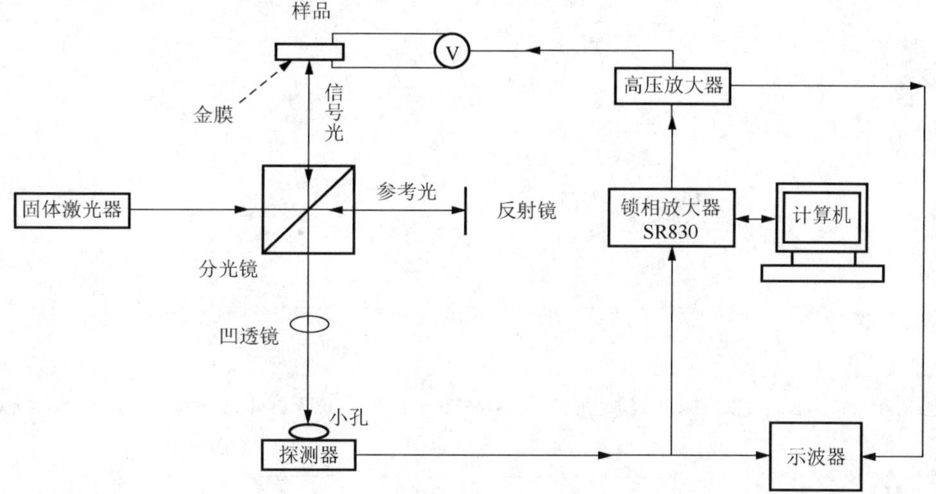

图 3.18　自动扫描迈克尔逊干涉系统示意图

选取两块少量 Na 掺杂 KTN 晶体 $K_{0.95}Na_{0.05}Ta_{1-x}Nb_xO_3(x = 0.42, 0.43)$，均沿晶体学<001>方向切割为 4.83 mm× 4.50 mm× 1.83 mm 片状。在 4.83 mm× 4.50 mm 抛光面喷镀金电极，然后进行介电温度曲线测量确定居里温度。图 3.19 给出两块晶体介电温度曲线，两块晶体的居里温度分别为 20.0℃和 30.0℃。

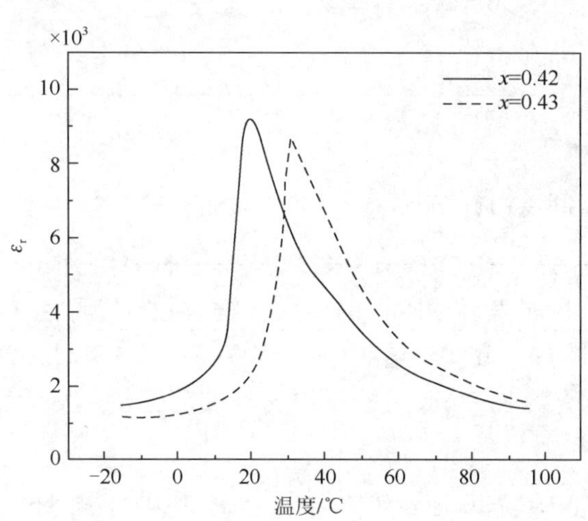

图 3.19　$K_{0.95}Na_{0.05}Ta_{1-x}Nb_xO_3(x = 0.42, 0.43)$晶体介电温度曲线

外加电场沿着晶体厚度 1.83 mm 方向，电场频率 27 Hz，测试温度 35.0℃。图 3.20 给出外加电场幅值为 1.50 kV/cm 时电场 E 与两块样品应变 S_{11} 和 S_{12} 波形曲线，两块样品应变 S_{11} 和 S_{12} 变化曲线频率均是电场频率的两倍，说明此时样品中应变确实是由电致伸缩效应所引发的。如图 3.21 所示，样品形变 S_{11} 和 S_{12} 都与电场平方 E^2 的拟合曲线有非常高的线性关系，每条拟合曲线斜率即对应电致伸缩系数。

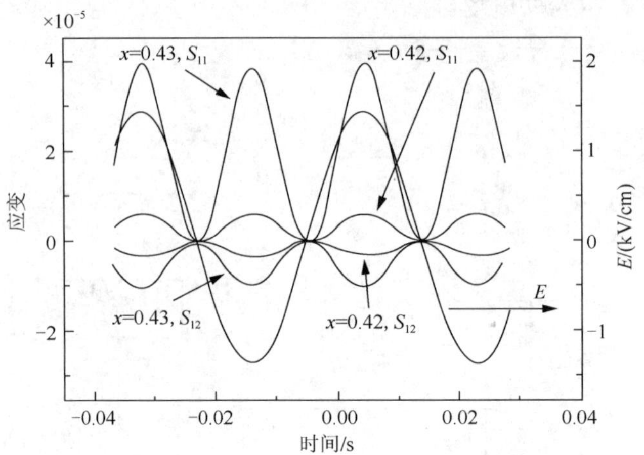

图 3.20　$K_{0.95}Na_{0.05}Ta_{1-x}Nb_xO_3$($x$ = 0.42, 0.43)在 27 Hz, 1.50 kV/cm 电场下应变 S_{11} 和 S_{12} 曲线

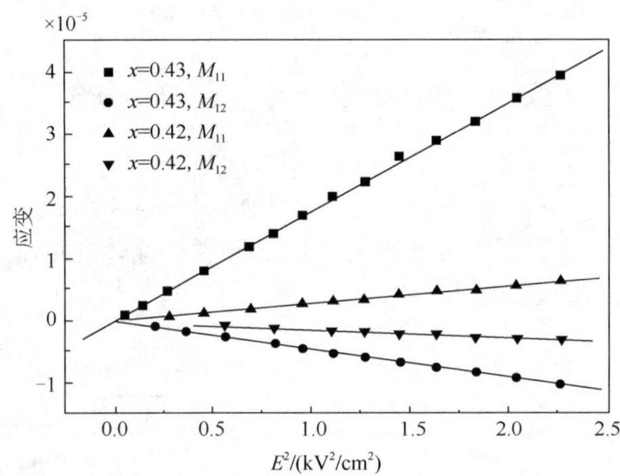

图 3.21　$K_{0.95}Na_{0.05}Ta_{1-x}Nb_xO_3$($x$ = 0.42, 0.43)晶体应变 S 与电场平方 E^2 关系

表 3.3 给出 $K_{0.95}Na_{0.05}Ta_{1-x}Nb_xO_3$($x$ = 0.42, 0.43)两块晶体在 35.0℃时电致伸缩系数 M_{11} 及 M_{12} 测量结果。KTN 晶体在居里温度附近的电致伸缩系数 M_{11} 可达 17.60×10^{-16} m²/V²，远高于其他普通铁电体顺电相中 10^{-17} m²/V² 量级电致伸缩系数，在外加 500 V/mm 电场下其应变量相当于同等电场条件下 d_{33} 为 875 pm/V 的压电材料的应变量，对无铅铁电体系而言是非常高的应变量。

表 3.3　$K_{0.95}Na_{0.05}Ta_{1-x}Nb_xO_3$($x$ = 0.42, 0.43)晶体 35.0℃时电致伸缩系数 M_{11} 及 M_{12}

晶体组分	T_C/℃	M_{11}/（m²/V²）	M_{12}/（m²/V²）
$K_{0.95}Na_{0.05}Ta_{0.58}Nb_{0.42}O_3$	10.0±0.1	（2.80±0.03）×10^{-16}	（−1.41±0.03）×10^{-16}
$K_{0.95}Na_{0.05}Ta_{0.57}Nb_{0.43}O_3$	21.0±0.1	（17.60±0.03）×10^{-16}	（−4.62±0.03）×10^{-16}

3.3.2　KTN 居里温度附近机电耦合共振

机电耦合共振是指外加交流电场材料发生应变，产生弹性波，当沿某一方向传播的弹性波频率与该方向本征机械共振频率相同时，引发机械共振。对于片状样品或条状样品，其沿

某一方向传播纵波发生机械共振的共振频率为

$$f=\frac{1}{2L}\sqrt{\frac{1}{\rho S_{11}}} \tag{3.18}$$

通常钙钛矿结构铁电体电致伸缩系数非常小，在 10^{-17} m^2/V^2 量级以下，而压电系数在数百 pm/V，因此铁电体中机电耦合共振大都是压电效应引发的[15]。但是 KTN 晶体在居里温度附近电致伸缩系数提高了两个量级以上，电致伸缩系数引发的机电耦合共振成为可能。

最常用的观察铁电体机电耦合共振方法是阻抗分析仪测量介电频率谱线。当材料发生机械共振时，介电系数会出现峰值，因此通过峰值频率测材料的机电耦合共振频率。但是阻抗分析仪中给出的激励交流电压只有 1～2 V 且无法调节，压电材料引发比较强的弹性波，观察到机电耦合共振现象；但是对于同样尺寸的电致伸缩效应材料，此电压引起的弹性波要弱很多，很难用介电谱方法观察到共振。虽然也有研究者通过给电致伸缩效应外加偏置直流电压，使材料表现出电致压电效应，进而观察机电耦合共振。但是由于偏置电压条件影响，可能观察不到一些由本征电致伸缩引起的机电耦合共振。

材料应力会通过光弹效应引起双折射变化。因此，可以采用塞拿蒙补偿法，探测或研究内部应力引起晶体电光效应的变化，观察机电耦合。选取 $KTa_{0.62}Nb_{0.38}O_3$(KTN38)和 $KTa_{0.61}Nb_{0.39}O_3$(KTN39)样品，均沿晶体学<001>方向切割为 3.04 mm×1.77 mm×1.01 mm 片状长方体，在 3.04 mm×1.01 mm 面上喷镀金电极。如图 3.22 所示为 KTN38 和 KTN39 的介电温度曲线，居里温度为 18.0℃和 22.0℃，插图中特征温度 T^*分别为 55.0℃和 59.0℃。

24.0℃时，外加 10 V/mm 的交流电场，随着电场频率从 1 kHz 到 1 MHz，除了一开始随着外电场频率升到 300 kHz 时，晶体电光效应些许下降然后保持稳定，在电场频率达到 740 kHz 时，电光效应明显增强。图 3.23 给出 $KTa_{0.61}Nb_{0.39}O_3$ 在 1 kHz 及 740 kHz 光强波动曲线，图中 0.5V/mm 的直线表示外加电场前系统调至工作点时光强，具备以下三个特征：①在同样电场幅值条件下，740 kHz 频率电场引起的光强波动幅值是 1 kHz 光强波动的近 10 倍，二次电光系数分为 75.43×10^{-15} m^2/V^2 和 8.41×10^{-15} m^2/V^2；②740 kHz 与 1 kHz 作用一样，光强变化频率均是对应电场频率两倍；③1 kHz 频率电场下光强波动保持在工作点一侧，而 740 kHz 频率电场作用下，光强在工作点两侧进行波动变化。

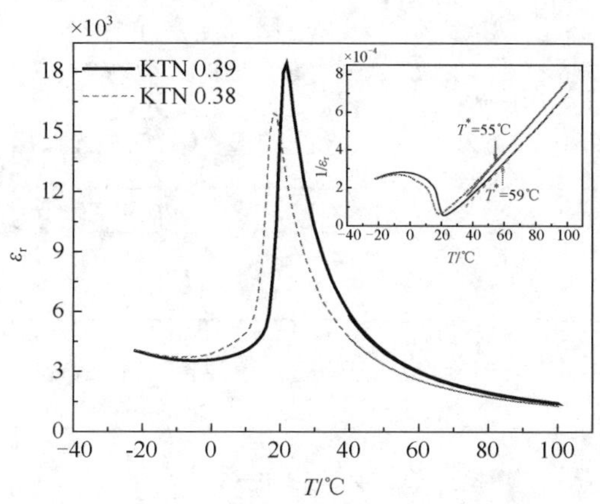

图 3.22 KTN38 和 KTN39 晶体介电温度曲线

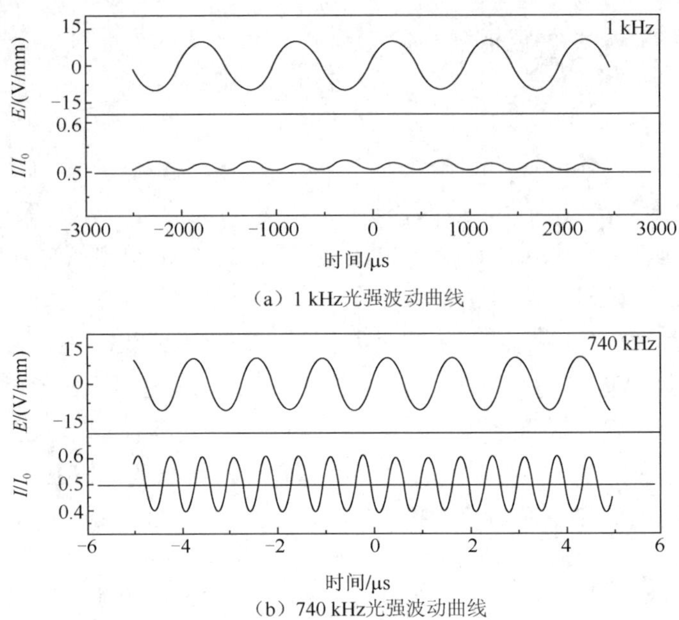

（a）1 kHz光强波动曲线

（b）740 kHz光强波动曲线

图 3.23　$KTa_{0.61}Nb_{0.39}O_3$ 晶体 24.0℃时的光强波动曲线

对于二次电光效应，折射率变化与电场平方成正比，即 $\Delta n \propto E^2$，不论电场方向如何变化，折射率变化符号相同。因此电场作用下双折射引起的光相位差符号相同，光强变化曲线保持在工作点的相同一侧。然而在 740 kHz 电场处，光强波动穿越了工作点，在两侧波动，光强波动的幅值明显相比低频发生增强，且光强变化频率仍然保持电场频率的两倍关系。综上，电场频率为 740 kHz 时，晶体产生机械共振，增强电光效应，这共振仅由 10 V/mm 电场下的电致伸缩效应引发。

为了进一步证实晶体电光效应增强是由机械共振引发，采用偏压介电频谱测量两块样品机械共振频率。图 3.24 给出两块样品 24.0℃时在 15 V/mm、25 V/mm、35 V/mm 直流偏置电场下介电频谱。晶体尺寸，I/I_0 频率，介电响应频率均列于表 3.4 中，$KTa_{0.61}Nb_{0.39}O_3$ 和 $KTa_{0.62}Nb_{0.38}O_3$ 分别在 740 kHz 和 750 kHz 时发生电光共振，由于光强波动频率为电场频率两倍，因此机械振动频率为 1.48 MHz 及 1.50 MHz。这两个频率与通过介电共振谱测量的两块晶体各自 1.77 mm 方向的机械共振频率基本保持一致，误差不超过 2%。

表 3.4　$KTa_{0.61}Nb_{0.39}O_3$ 和 $KTa_{0.62}Nb_{0.38}O_3$ 24.0℃时电光共振与介电响应频率

样品	晶体尺寸 $w \times d \times l$/mm³	E 频率/kHz	I/I_0 频率/MHz	介电响应频率/MHz
KTN39	3.04 × 1.77 × 1.01	740	1.480	0.875（w), 1.475（d), 2.400 （l）
KTN38	3.04 × 1.77 × 1.01	750	1.500	0.825（w), 1.525（d), 2.400 （l）

晶体电光共振确实是由电场引发的机械共振导致的，图 3.23 给予了证实。弹光效应引发的双折射 $\Delta n'$ 为

$$\Delta n' = c_e\left(T_{11} - T_{22}\right) \tag{3.19}$$

式中，c_e 为有效弹光系数；$\left(T_{11} - T_{12}\right)$ 为两个垂直方向的应力差。当发生机械振动时，随着某一位置处的拉伸和压缩，应力 $\left(T_{11} - T_{12}\right)$ 符号由+（或−）变化到−（或+），因此方向相反的应力产生正负号相反的双折射 $\Delta n'$，导致两个方向相互垂直的偏振光产生的相位差符号相反，因

此光强会在初始光强（即工作点）的两边波动。综上所述，在居里温度以上 KTN 晶体中，机电耦合共振确实仅由强度很小的交流电场（约 10 V/mm）引发，来源于 KTN 居里温度附近极大的电致伸缩效应。

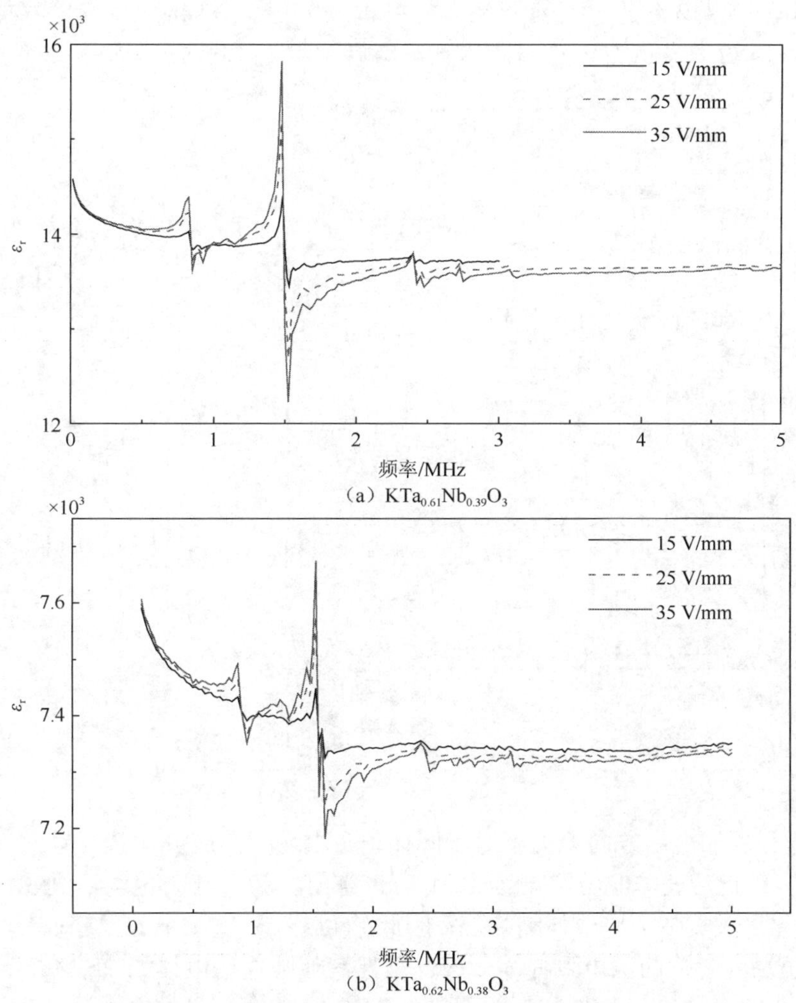

图 3.24　24.0℃时 $KTa_{0.61}Nb_{0.39}O_3$ 和 $KTa_{0.62}Nb_{0.38}O_3$ 直流偏置电场下的介电频谱

3.3.3　KTN 居里温度附近巨电致伸缩效应物理机制

KTN 晶体居里温度附近的巨电致伸缩效应同样与 PNRs 关系密切。在温度范围 $T_C < T < T^*$ 内，KTN 中 PNRs 具有局域应变场性质[16]，PNRs 动态取向变化会与晶格声学模发生耦合。在外电场作用下，PNRs 受电势能影响重新取向。在局域应变场与声学模耦合作用下，集体重新取向过程会在晶体中产生宏观应变。因为对于居里温度以上 KTN 晶体，正向反向电场等效，应变大小和符号与外加电场方向无关，因此电场引发晶体应变为电致伸缩效应。与普通钙钛矿结构铁电体相比，诱发 PNRs 重新取向所需的电场强度要小很多，因此 KTN 晶体在居里温度附近的电致伸缩效应大。

PNRs 自身具有局域场，没有外加电场时，x 方向应变为

$$\begin{aligned} S_x &= Q_{11}(k_x p)^2 + Q_{12}(k_y p)^2 + Q_{12}(k_z p)^2 \\ &= Q_{11}(k_x p)^2 + 2Q_{12}(kp)^2 \end{aligned} \tag{3.20}$$

式中，p 为当前温度下单个 PNR 平均偶极矩；k_x、k_y 和 k_z 为沿 x、y、z 方向 PNRs 密度；Q_{11} 和 Q_{12} 是与极化相关的本征电致伸缩系数。当外电场 E 沿 x 方向时，y 和 z 方向 PNRs 在电场下同样偏转，代入近似条件 $k_y \approx k_z \approx k$。达到平衡后 y 和 z 方向取向 PNRs 密度为

$$k_y' = k_z' = k\mathrm{e}^{\frac{-W}{k_B(T-T_C)}} \tag{3.21}$$

此时，x 方向应变 S_x' 为

$$S_x' = Q_{11}\left(k_x + k\left(2-2\mathrm{e}^{\frac{-W}{k_B(T-T_C)}}\right)\right)^2 p^2 + 2Q_{12}\left(k\mathrm{e}^{\frac{-W}{k_B(T-T_C)}}\right)^2 p^2 \tag{3.22}$$

由外电场 E 引起的应变变化 ΔS 为

$$\begin{aligned} \Delta S &= S_x' - S_x \\ &= Q_{11}\left[\left(k_x + k\left(2-2\mathrm{e}^{\frac{-W}{k_B(T-T_C)}}\right)\right)^2 - k_x^2\right]p^2 + 2Q_{12}\left[\left(\mathrm{e}^{\frac{-W}{k_B(T-T_C)}}\right)^2 - 1\right]k^2p^2 \\ &= Q_{11}\left[k^2\left(2-2\mathrm{e}^{\frac{-W}{k_B(T-T_C)}}\right)^2 + 2kk_x\left(2-2\mathrm{e}^{\frac{-W}{k_B(T-T_C)}}\right)\right]p^2 + 2Q_{12}\left[\left(\mathrm{e}^{\frac{-W}{k_B(T-T_C)}}\right)^2 - 1\right]k^2p^2 \\ &\approx \frac{(4Q_{11}+2Q_{12})W^2}{k_B{}^2(T-T_C)^2}k^2p^2 + \frac{(4Q_{11}k_xk - 4Q_{12}k^2)W}{k_B(T-T_C)}p^2 \\ &\approx \frac{(4Q_{11}+2Q_{12})\alpha^2E^2p^2}{k_B{}^2(T-T_C)^2}k^2p^2 + \frac{(4Q_{11}k_xk - 4Q_{12}k^2)\alpha|E||p|}{k_B(T-T_C)}p^2 \end{aligned} \tag{3.23}$$

式中，ΔS 符号与外加电场方向无关，对于同样正负电场，其应变一致；且式（3.23）第二项远小于第一项，因此应变与电场平方近似成正比。综上，KTN 中外电场下 PNRs 重新取向引发的宏观应变变化极大贡献于电致伸缩效应，因此 PNRs 在外电场下的无序–有序重新排列取向导致 KTN 居里温度附近的巨电致伸缩效应。虽然其他弛豫铁电体如 $Pb(Mg_{1/3}Nb_{2/3})O_3$ 相变过程中 PNRs 与 KTN 中 PNRs 取向特性并不完全一致，但在外电场作用下都由无序向部分有序转变。因此本节所述的 PNRs 无序–有序转变引发巨电致伸缩效应机制同样适用其他弛豫铁电体。

3.4 KTN 晶体中极性纳米微区非随机取向特性

KTN 晶体中 PNRs 与介电、电光、机电耦合等宏观物理性质有着密切的关系，对材料的性能有着重要的影响[1]。不仅仅是 KTN 晶体，对于存在于 PNRs 的所有铁电体，其宏观物理性质及功能性都受到 PNRs 的影响。如 $Pb(Mg_{1/3}Nb_{2/3})O_3$-$PbTiO_3$ 晶体铁电相未极化状态下就具有高的光学透过率，并且在铁电相时为二次电光效应，而非通常铁电体中的线性电光效应。

对比 KTN 晶体与铅基铁电体 $Pb(Mg_{1/3}Nb_{2/3})O_3$ 和 $Pb(Mg_{1/3}Nb_{2/3})O_3$-$PbTiO_3$，在铁电相变过程中都会存在 PNRs，但是所表现出的物理性质却完全不同。以介电行为为例：①KTN 晶体在顺电–铁电相变过程中，介电峰形状尖锐，介电峰位置基本不随电场频率变化发生移动，介

电峰值随外界电场频率升高略微降低，但降低幅值很小，所以 KTN 不存在通常意义上的介电弥散；②PMN 晶体顺电-铁电相变过程中在很宽的温度范围内，介电峰形状平缓，介电峰位置随外电场频率变化发生明显移动，介电峰值随电场频率升高明显降低，因此 PMN 晶体中存在非常严重的弥散行为；③Pb(Mg,Nb)TiO_5.$PbTiO_3$(PMN-PT)晶体的介电行为弥散程度介于两者中间，随着 PT 含量升高，介电峰更陡峭，介电峰值位置随电场频率变化移动范围更窄，介电峰值随电场频率升高降低幅值也更小，因此存在介电弥散行为的温度区间越来越窄，介电弥散越来越弱。

对于不同体系铁电体，即使都存在 PNRs，但是 PNRs 性质却可能有很大差异，这主要是 PNRs 演化过程中的取向动力学性质不同。而 PNRs 性质的不同也会导致材料的物理性能有很大的不同。因此，探究材料体系对 PNRs 的演化及取向的影响，是铁电体相变研究的重要内容。并且 PNRs 对材料性能调控作用很大，如果能揭开材料与 PNRs 的关系，将能够为实现人工设计材料性能提供捷径。

3.4.1　KTN 晶体居里温度以上的折射率各向异性

居里温度以上 KTN 晶体无色透明，光学质量好，并且有很大二次电光效应，通过外电场调制其折射率进而调制光信号。因此，折射率分布是 KTN 电光晶体重要的宏观性能。若结构为中心对称，宏观折射率各向同性；当中心对称被破坏，存在自发极化，宏观折射率各向异性，这也是铁电相存在自发双折射的原因。

折射率随温度变化过程中，KTN 晶体在居里温度以上一段范围内就已经开始出双折射，即折射率各向异性。居里温度以上 KTN 晶体双折射与铁电相双折射物理根源不同，它并不是晶体宏观极化引起的，而是与 PNRs 取向密切相关。

1. KTN 晶体居里温度以上双折射现象

将 $KTa_{0.60}Nb_{0.40}O_3$ 晶体沿[100]、[010]和[001]方向切割为 2.20(x)mm×3.30(y)mm×0.98(z)mm 薄片，对 3.30 mm×2.20 mm 面进行光学抛光处理，并在 3.30 mm×0.98 mm 的面上镀银电极。图 3.25 给出介电常数 ε_r 及其倒数 $1/\varepsilon_r$ 随温度变化曲线，从 ε_r 峰值得 T_C = 27.0℃，插图中箭头标明特征温度 T^*，即 $1/\varepsilon_r$ 随温度变化偏离高温部分线性规律的位置，代表 KTN 中 PNRs 开始具有准静态的局域应变场性质的温度。

将样品放控温盒中，以 0.5℃/min 速率从 30.0℃升至 70.0℃，然后再以 0.5℃/min 速率降至 30.0℃。在温度高于居里温度时，存在自发双折射。并且随着温度升高，双折射逐渐减小。当温度达到 50.0℃以上时，双折射基本消失；继续升到 70.0℃后逐渐降温，当达到 50.0℃时，双折射又开始出现，并且随温度降低逐渐增大。30.0～50.0℃范围内升温降温过程中双折射变化规律，如图 3.26 所示，KTN 晶体居里温度以上的双折射重复性比较好，微小差异是由于 KTN 晶体本征热滞导致。双折射随温度变化规律经过多次重复测量，结果保持一致。

不止 KTN 晶体，其他存在 PNRs 的铁电晶体在居里温度以上也出现双折射。例如 Ziębińska 等[17]在含有大量氧空位缺陷的 $BaTiO_3$ 晶体中发现，在居里温度以上 30℃左右范围内有明显双折射。而达到 160～170℃，也就是逆介电常数随温度变化开始符合居里外斯定律时（对应 KTN 中的 T^*），双折射基本消失，如图 3.27 所示[16]。这表明 $BaTiO_3$ 晶体居里温度以上双折射与氧空位作用产生的 PNRs 相关。不论是 KTN 晶体还是含有大量氧空位的 $BaTiO_3$ 晶体，两者居里温度以上双折射本质起源相似。

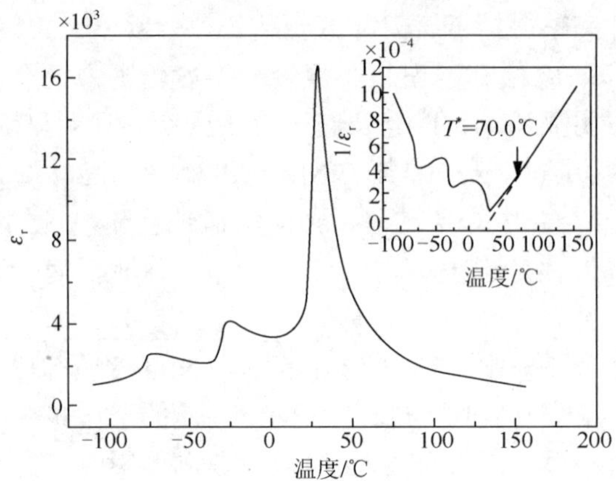

图 3.25 $KTa_{0.60}Nb_{0.40}O_3$ 晶体介电系数 ε_r 及其倒数 $1/\varepsilon_r$ 随温度变化曲线

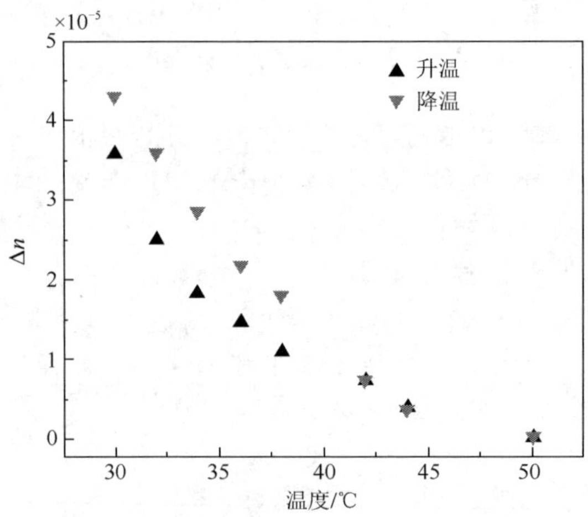

图 3.26 $KTa_{0.60}Nb_{0.40}O_3$ 晶体居里温度以上双折射随温度变化规律

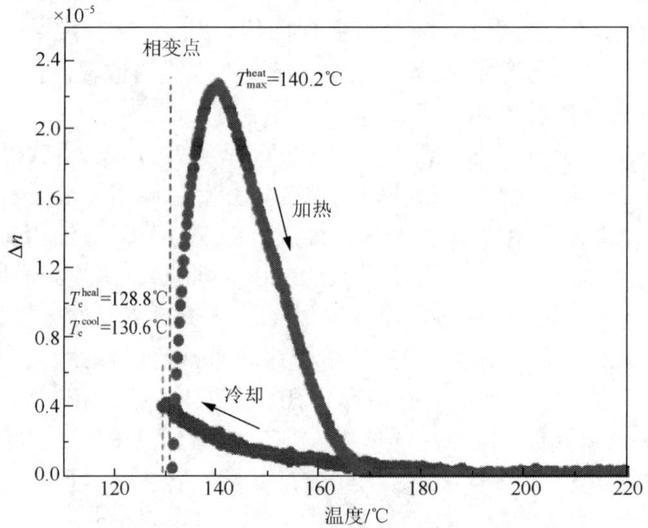

图 3.27 包含大量氧空位缺陷 $BaTiO_3$ 晶体双折射变化规律

对存在双折射时外加电场下 KTN 的折射率变化进行研究。首先将系统调至工作点$I = I_0 / 2$，即探测器接收到的光强 I 为系统最大通光光强的一半，此时外加交流电场，观察光强变化。30.0℃时，外加电场 E 与探测光强 I 的波动曲线，如图 3.28 所示。光强波动频率为外加电场频率的两倍，对于相同大小的正反方向电场，光强波动大小相等，符号相同，为二次电光效应，证明不存在极化的拉伸与收缩。因此居里温度以上的双折射不像铁电相一样由宏观极化导致。

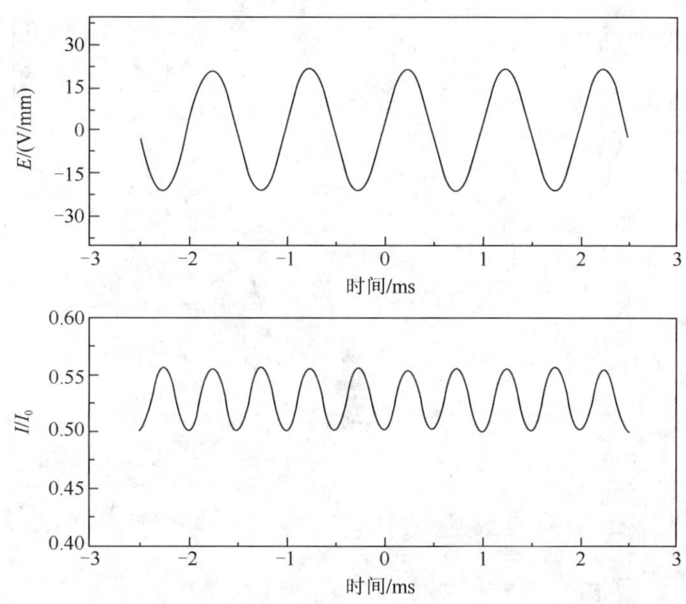

图 3.28　30.0℃时外加电场 E 与光强 I 波形

外电场下 PNRs 扭转取向会贡献于 KTN 二次电光效应，而较大 PNRs 的拉伸或收缩（类似宏观极化外电场下行为）会贡献于线性电光效应。当只存在 PNRs 的扭转取向时，外加同样大小正负电场，对应光强大小相同，光强波动曲线各个峰值相等；当两者同时存在时，外加同样大小正负方向的电场对应的光强大小会存在差异，光强波动曲线中会出现高低峰。

将 KTN 样品在 21.0℃时外加 500 V 电压极化 2h，再升至 30.0℃观察外电场下光强波动曲线，如图 3.29 所示。线性电光效应与二次电光效应共存。铁电极化后，KTN 中存在宏观自发极化，当温度升高到刚超过居里温度时，宏观极化并不立刻消失，晶体中 PNRs 与宏观极化共存。然后随着温度继续升高，宏观极化逐渐消失，线性电光效应贡献减小，高低峰现象逐渐减弱。当温度达到特征温度 $T^* = 70.0$℃时，高低峰完全消失，如图 3.30 所示。和图 3.28 一样，此时光强波动的频率为外加电场频率的两倍，且相同大小的正反方向电场所对应的光强波动大小相等，符号相同，为完全二次电光效应。当温度达到特征温度 T^*时，晶体中宏观极化完全消失，完全转变为无序的 PNRs，且此时 PNRs 不具有局域应变场及局域双折射性质，几乎不来源于二次电光效应，所以此时电光效应远小于 30℃时晶体二次电光效应，约为其四十分之一。

继续升温至 90.0℃，保持 1h 确保宏观自发极化完全消失，且 PNRs 恢复各自高温初始状态。然后逐渐降至 30.0℃，观察光强波动曲线。在整个温度降低过程中，虽然晶体中逐渐出现双折射，如图 3.26 所示。但外加电场下光强波动曲线仍然与图 3.28 和图 3.30 一样，光强波动频率为外加电场频率的两倍且光强波动的峰值均相等。降低至 30.0℃时电场与光强波动曲线，如图 3.31 所示，与图 3.28 相比，两者基本保持一致，证明升降温前后晶体内部极化状态的自发一致性。

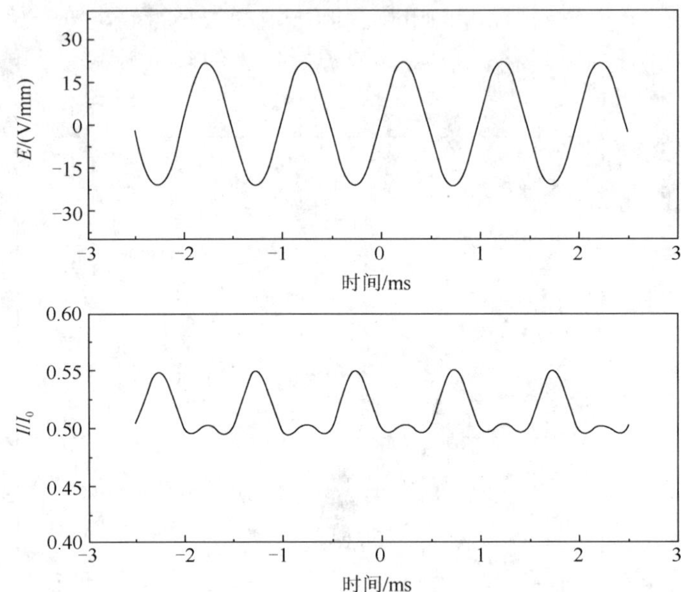

图 3.29 $KTa_{0.60}Nb_{0.40}O_3$ 极化后 30.0℃时外加电场 E 与光强 I 波形

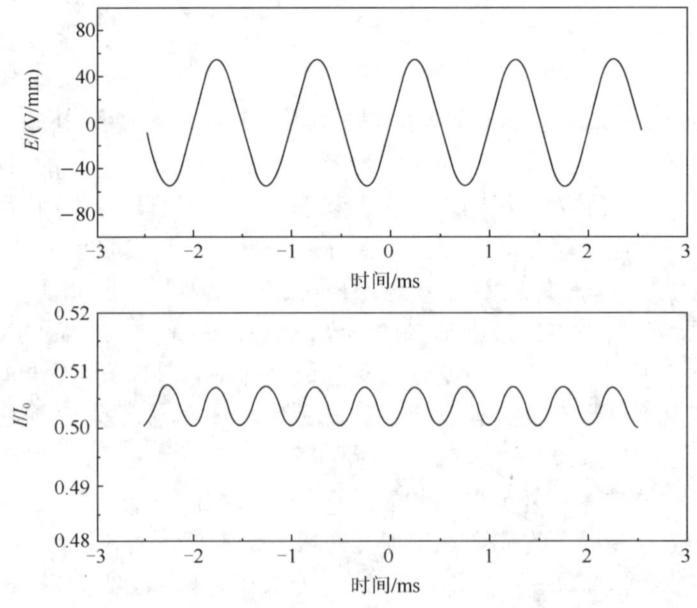

图 3.30 70.0℃时外加电场 E 与光强 I 波形

KTN 晶体居里温度以上的自发双折射具有非常好的温度稳定性和遍历性，且与宏观极化无关，双折射也不同于铁电相中双折射机制，不是由宏观极化引发。

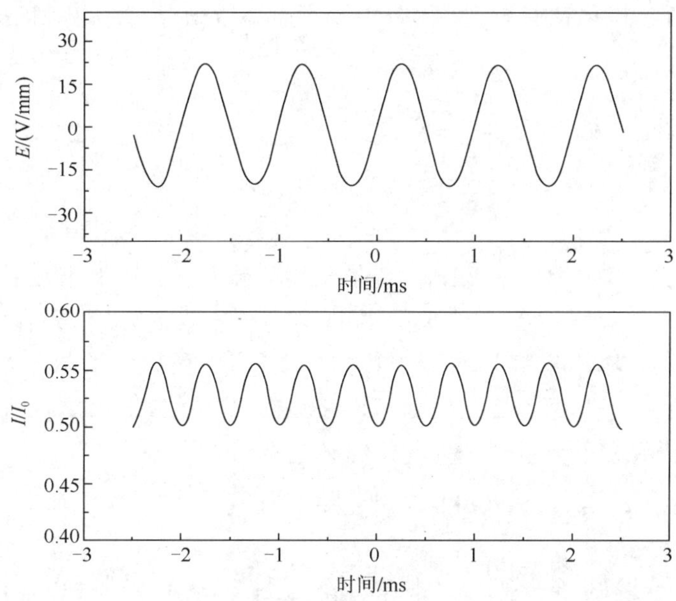

图 3.31　从 90.0℃降温至 30.0℃时外加电场 E 与光强 I 波形

2. KTN 晶体居里温度以上双折射物理机制

居里温度以上 KTN 晶体双折射与二次电光效应共存的物理机制为 PNRs 取向各向异性。PNRs 对 KTN 晶体折射率的影响机制，单个 PNRs 自发极化具有局域双折射性质，宏观折射率是波长相关的尺度范围内所有 PNRs 对折射率影响的平均。如图 3.32 所示，x 和 y 方向总的 PNRs 密度不等，折射率 n_x 和 n_y 分别为

$$\begin{cases} n_x = n_0 - \dfrac{1}{2} n_0^3 \left[g_{11}(k_x p)^2 + g_{12}(k_y p)^2 \right] \\ n_y = n_0 - \dfrac{1}{2} n_0^3 \left[g_{11}(k_y p)^2 + g_{12}(k_x p)^2 \right] \end{cases} \tag{3.24}$$

式中，n_0 为不存在极化时折射率；g_{11} 和 g_{12} 为与极化强度相关的二次电光系数；p 为 PNR 内平均偶极矩；k_x 和 k_y 分别为沿 x 轴及 y 轴的 PNRs 密度。因为沿 x、y 轴各自方向的极性微区密度不相等，即 $k_x \neq k_y$，则 x 和 y 方向折射率不相等，即 $n_x \neq n_y$ 。

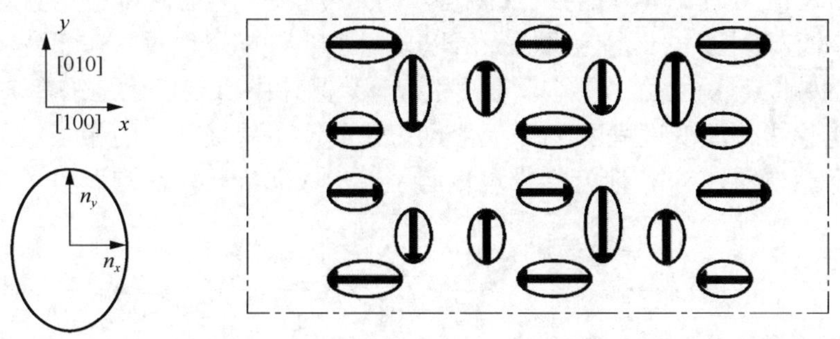

图 3.32　PNRs 各向异性分布引发双折射物理机制示意图

居里温度以上的双折射由 PNRs 各向异性取向分布导致。双折射时，KTN 折射率变化与外加电场方向无关，不存在光强波动的高低峰。设外电场沿 x 方向，取向沿 y 方向的 PNRs

重新分布取向。不考虑极化拉伸与收缩，外电场下重新取向分布后，y 和 x 方向 PNRs 密度 k_y' 和 k_x' 分别为

$$\begin{cases} k_y' = k_y \mathrm{e}^{\frac{-W}{k_B(T-T_C)}} \\ k_x' = k_x + k_y\left(1-\mathrm{e}^{\frac{-W}{k_B(T-T_C)}}\right) \end{cases} \tag{3.25}$$

式中，k_B 为波尔兹曼常数；$W=\gamma|E||p|$ 为电场作用势能；γ 为比例常数。重新取向后沿 x、y 方向的折射率 n_x' 和 n_y'，如式（3.26）所示。因为沿 x 正向或者负向同样幅值的电场 $\pm E$、W 大小相等符号相同，折射率 n_x' 和 n_y' 均与外电场方向无关，所以对于同样大小、方向相反的电场的折射率差 $\Delta n = n_x' - n_y'$ 保持不变，引起的相位差相同。所以在 PNRs 各向异性取向模型中，由外加电场引起的折射率不会引起光强变化的高低峰。

$$\begin{cases} n_x' = n_0 - \dfrac{1}{2}n_0^3[g_{11}(k_x' p)^2 + g_{12}(k_y' p)^2] \\ \quad = n_0 - \dfrac{1}{2}n_0^3\left\{g_{11}\left[k_x + k_y\left(1-\mathrm{e}^{\frac{-W}{k_B(T-T_C)}}\right)\right]^2 p^2 + g_{12}\left[k_y\mathrm{e}^{\frac{-W}{k_B(T-T_C)}}\right]^2 p^2\right\} \\ n_y' = n_0 - \dfrac{1}{2}n_0^3[2g_{11}(k_y' p)^2 + 2g_{12}(k_x' p)^2] \\ \quad = n_0 - \dfrac{1}{2}n_0^3\left\{g_{11}\left[k_y\mathrm{e}^{\frac{-W}{k_B(T-T_C)}}\right]^2 p^2 + g_{12}\left[k_x + k_y\left(1-\mathrm{e}^{\frac{-W}{k_B(T-T_C)}}\right)\right]^2 p^2\right\} \end{cases} \tag{3.26}$$

3.4.2 KTN 中极性纳米微区各向异性取向机理

如果铁电体完全中心对称，则 PNRs 朝每个自发极化方向的取向概率完全随机，那么多次降温形成 PNRs 取向排布应该不完全一致。但是 KTN 晶体升降温过程中双折射重复性非常好，KTN 晶体中 PNRs 排列具有非常好的遍历性，在降温过程中其总会按照固定分布规律进行取向排布，这与顺电相中心对称性不符合。因此 KTN 晶体中应存在某一作用因素，破坏了中心对称性，使得 PNRs 取向特性不再完全随机，而是按照一定规则取向。

考虑 Ta/Nb 总比例为 0.6/0.4 的某二维微区中的 B 位离子非均匀排布情况，如图 3.33 所示。因为每个 B 位离子均处于一个晶胞中心，所以只标 Ta^{5+}和 Nb^{5+}位置。在相变过程甚至整个热力学温度范围内，位于 B 位的 Ta^{5+}几乎不发生位移，晶体中所有极化几乎都来自于 B 位 Nb^{5+}位移。因此在考虑极化演变过程中，只考虑 Nb^{5+}位移产生偶极子间的相互作用。在温度从高温逐渐降低刚到达 T_B 时，Nb^{5+}刚开始出现偏心位移形成偶极子，在点偶极子模型下两个偶极子的相互作用 $\boldsymbol{F}_{\text{int}}$ 为

$$\boldsymbol{F}_{\text{int}} = \eta \frac{\boldsymbol{r}}{|\boldsymbol{r}|^3} \tag{3.27}$$

式中，$\boldsymbol{r}$ 为两个偶极子中心间矢量间距；η 为偶极相互作用归一化常数。

二维情况下 Nb^{5+}的自发位移取向只能沿$[001]$、$[00\bar{1}]$、$[010]$和$[0\bar{1}0]$四个方向，先分别计算每个 Nb^{5+}形成的偶极子受到其他 Nb^{5+}形成偶极子的作用力在上述四个方向上的投影。以

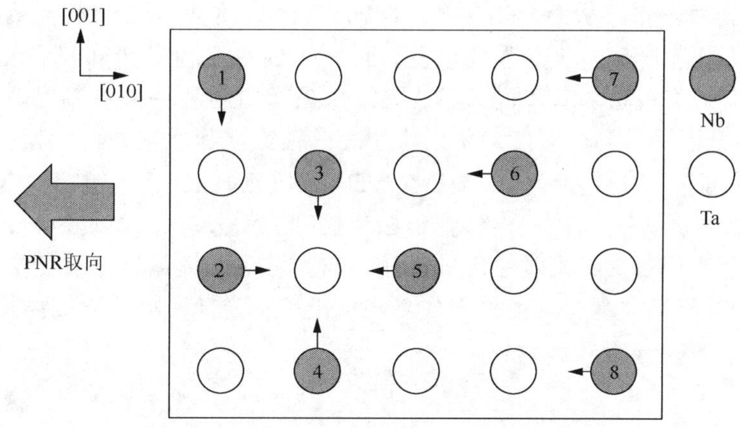

图 3.33　KTN 中二维 PNR 取向示意图

6 号 Nb^{5+}为例，受到作用力在[001]方向上的投影 $\boldsymbol{F}_{int}^{[001]}$ 来自于 1 号以及 7 号 Nb^{5+}所形成的偶极子为

$$
\begin{aligned}
\boldsymbol{F}_{int}^{[001]} &= \boldsymbol{F}_{16}^{[001]} + \boldsymbol{F}_{76}^{[001]} \\
&= \frac{\eta}{(3a)^2 + a^2}\cos\left(\arctan\frac{3a}{a}\right) + \frac{\eta}{a^2 + a^2}\cos\left(\arctan\frac{a}{a}\right) \\
&= \frac{\eta}{10a^2}\cdot\frac{1}{\sqrt{10}} + \frac{\eta}{2a^2}\cdot\frac{1}{\sqrt{2}}
\end{aligned}
\tag{3.28}
$$

式中，$\boldsymbol{F}_{16}^{[001]}$、$\boldsymbol{F}_{76}^{[001]}$ 分别为 1 号及 7 号 Nb^{5+}形成偶极子对 6 号 Nb^{5+}形成偶极子的作用力沿[001]方向的投影；a 为相邻 B 位离子平均间距。6 号 Nb^{5+}形成偶极子所受到作用力沿着[00$\bar{1}$]方向投影 $\boldsymbol{F}_{int}^{[00\bar{1}]}$ 来自于 2、4、5、8 号 Nb^{5+}形成的偶极子，沿着[010]方向投影 $\boldsymbol{F}_{int}^{[010]}$ 来自于 7、8 号 Nb^{5+}形成偶极子，沿着[0$\bar{1}$0]方向投影 $\boldsymbol{F}_{int}^{[0\bar{1}0]}$ 来自于 1、2、3、4、5 号 Nb^{5+}形成偶极子，上述三个方向投影公式类似推出。$\boldsymbol{F}_{int}^{[001]}$、$\boldsymbol{F}_{int}^{[00\bar{1}]}$、$\boldsymbol{F}_{int}^{[010]}$ 和 $\boldsymbol{F}_{int}^{[0\bar{1}0]}$ 关系如下：

$$
\boldsymbol{F}_{int}^{[0\bar{1}0]} > \boldsymbol{F}_{int}^{[00\bar{1}]} > \boldsymbol{F}_{int}^{[010]} > \boldsymbol{F}_{int}^{[001]} \tag{3.29}
$$

因此 6 号 Nb^{5+}形成的偶极子在上述局域组分分布朝[0$\bar{1}$0]方向的优先取向，如图 3.33 中 6 号 Nb^{5+}上箭头所示。其他 7 个 Nb^{5+}形成偶极子，根据各自受到的其他偶极子作用力沿各个方向投影的大小关系，得出各自的优先取向，如各自 Nb^{5+}上箭头所示。

综上 KTN 晶体在局域内组分分布不可能完全均匀，因此偶极子形成过程中，各自取向不完全随机，而是受到局域组分分布影响，可能会沿某一方向优先取向。然后在随着温度进一步降低，该区域内偶极子相互作用增强，合并为单个 PNR。根据极化成核理论，合并后 PNR 极化也优先朝微区内偶极子取向最多的方向。上述取向过程受到本征局域组分分布影响，与温度等外界条件无关，在重复升降温过程中，极化取向不再完全随机，而是在组分分布影响下按照一定规律进行取向，因此在重复温度变化过程中观察到几乎完全相同的双折射变化规律。

不论是 KTN 中局域 B 位离子非均匀分布还是 $BaTiO_3$ 内氧空位缺陷引入，都是在局域内破坏顺电相的中心对称，使 PNRs 沿某一方向优先取向，由此导致不完全随机性最终形成局域内 PNRs 各向异性分布，从而影响各个方向的折射率。但是由于本征影响因素不同，KTN 中 Ta^{5+}和 Nb^{5+}分布不会随温度变化发生改变，而 $BaTiO_3$ 中氧空位分布受温度影响严重，因此两者所引起异常双折射现象显著不同。首先 KTN 升降温过程中同一温度双折射大小基本一致，而 $BaTiO_3$ 中升温降温同一温度双折射大小相差很大。其次 KTN 中双折射在升降温过程中都不会出现 $BaTiO_3$ 中的极大峰值。最后，KTN 和包含氧空位缺陷的 $BaTiO_3$ 在居里温度以上的双折射，都提供了人工调控铁电体内部极化排列的手段，通过调控组分或缺陷分布，诱导极化排列，进而实现对材料宏观性能的控制。该方法可行性最近已被证实，成功通过生长组分周期调制的 KTN 晶体，在其内部形成了极化沿单一方向排列的光栅结构。

参考文献

[1] 姚博. 钽铌酸钾晶体居里温度附近临界特性研究[D]. 哈尔滨: 哈尔滨工业大学, 2016: 13-74.

[2] Tian H, Yao B, Tan P, et al. Double-loop hysteresis in tetragonal $KTa_{0.58}Nb_{0.42}O_3$ correlated to recoverable reorientations of the asymmetric polar domains[J]. Applied Physics Letters, 2015, 106:102903.

[3] Rahaman M M, Imai T, Miyazu J, et al. Relaxor-like dynamics of ferroelectric $K(Ta_{1-x}Nb_x)O_3$ crystals probed by inelastic light scattering[J]. Journal of Applied Physics, 2014, 116: 074110.

[4] 徐家跃, 金敏. 新型弛豫铁电晶体-生长、性能及应用[M]. 北京：化学工业出版社, 2007:12.

[5] Vasudevan R K, Marincel D, Jesse S, et al. Polarization dynamics in ferroelectric capacitors: local Perspective on emergent collective behavior and memory effects[J]. Advanced Functional Materials, 2013, 23: 2490-2508.

[6] Tian H, Yao B, Wang L, et al. Dynamic response of polar nanoregions under an electric field in a paraelectric $KTa_{0.61}Nb_{0.39}O_3$ single crystal near the para-ferroelectric phase boundary[J]. Scientific Reports, 2015, 5:13751.

[7] Tian H, Yao B, Hu C, et al. Impact of polar nanoregions on the quadratic electro-optic effect in $K_{0.95}Na_{0.05}Ta_{1-x}Nb_xO_3$ crystals near the Curie temperature [J]. Applied Physics Express, 2014, 7:062601.

[8] Yao B, Tian H, Hu C, et al. Wavelength dependence of electro-optic effect in paraelectric potassium sodium tantalate niobate single crystal [J]. Applied Optics, 2013, 52:8229.

[9] 田浩. 顺电相钽铌酸钾锂单晶的生长及光折变性质研究[D]. 哈尔滨: 哈尔滨工业大学, 2008:49-52.

[10] He C, Ge W W, Zhao X Y, et al. Wavelength dependence of electro-optic effect in tetragonal lead magnesium niobate lead titanate single crystals[J]. Journal of Applied Physics, 2006, 100:113119.

[11] Lin Y, Ren B, Zhao X, et al. Large quadratic electro-optic properties of ferroelectric base $0.92Pb(Mg_{1/3}Nb_{2/3})O_3$-$0.08PbTiO_3$ single crystal[J]. Journal of Alloys and Compounds, 2010, 507: 425-428.

[12] Tian H, Jia J S, Zhou Z X, et al. Large electrostrictive effect in $K_{0.99}Li_{0.01}Ta_{1-x}Nb_xO_3$ lead-free single crystals[J]. Physica Status Solidi A, 2012, 209(11): 2291-2294.

[13] Zhang Q, Pan W, Cross L E. Laser interferometer for the study of piezoelectric and electrostrictive strains[J]. Journal of Applied Physics, 1988, 63:2492-2496.

[14] Pattnaik R, Toulouse J. New dielectric resonances in mesoscopic ferroelectrics [J]. Physical Review Letters, 1997, 79:4677-4680.

[15] Toulouse J. The three characteristic temperatures of relaxor dynamics and their meaning[J]. Ferroelectrics, 2008, 369:203-213.

[16] Ziębińska A, Rytz D, Szot K, et al. Birefringence above Tc in single crystals of barium titanate [J]. Journal of Physics: Condensed Matter, 2008, 20: 142202.

[17] Pierangeli D, Ferraro M, Mei F D. Super-crystals in composite ferroelectrics[J]. Nature Communications, 2016, 7:10674.

第4章

KLTN 晶体基本性能及相变

本章将通过晶体介电、热释电和热膨胀等性质对 KLTN 晶体的相变过程和机理进行全面的表征。

按照电学性能和机制，晶体材料可分为介电晶体、导电晶体、半导体和超导体等。电介质的特点是以感应极化的方式而不是传导的方式来传递电的作用和影响，同时这也是电介质材料与导电材料最基本的区别。在电介质材料中起电作用的是束缚着的电荷，它们在电场作用下，正负束缚电荷的中心不再重合，从而引起电极化，而电极化的结果产生对外的影响，从而将电的作用传递开来。电场作用下引起晶体的电极化，称为介电性质，用二阶的介电张量描述。电极化存在于所有的晶体中，即所有晶类都具有介电性能，因为所有的晶体在电场的作用下都将产生电极化现象。本章将对无铅晶体 KLTN 的介电行为进行系统性的表征。鉴于是对晶体样品在包含其所有相变点的温度区间内进行介电行为的研究，因而晶体性能的晶向依赖性就必须考虑。为此，本章将开展 KLTN 晶体介电行为的晶向依赖特性研究，再分析单畴化处理和晶体掺杂对其介电行为的影响。作为介电性能研究的重要组成部分，KLTN 晶体的相变弛豫和可调谐特性在本章中也将进行表征和分析（所有介电性能的测试均在真空环境中进行）。

晶体由于温度的变化也会引起电极化状态的改变，这称为热释电效应。热释电系数是一阶张量，只有极性晶类的晶体才可能具有此种性质，而具有此种性质的晶体即被称为热释电晶体。热释电晶体之所以会具有热释电效应，是因为这些晶体本身就具有自发极化的性质，晶体的温度变化时，在晶体内产生的应变可用应变张量来表示。如果整个晶体均匀地发生同样的微小温度变化，从而引起的形变也是均匀的，而且应变张量的所有分量都和微小温度变化成正比，因此晶体随温度变化引起的相变也可以通过其热膨胀性质来体现，并加以分析。

本章也将给出 KLTN 晶体的组分-相变温度相图，并对 KLTN 晶体的相变机制进行阐述。

4.1 KLTN 晶体的基本物理性质

4.1.1 KLTN 晶体的结构演变

KLTN 晶体属于 ABO_3 型钙钛矿结构（图 4.1），本节将采用 X 射线衍射的方法进行分析，并定性地给出晶体的结构，定量地计算出晶体的晶格常数。

如图 4.1 所示为顺电相 $K_{0.95}Li_{0.05}Ta_{0.63}Nb_{0.37}O_3$ 和 $K_{0.95}Li_{0.05}Ta_{0.50}Nb_{0.50}O_3$ 晶体的 X 射线衍射（X-ray diffraction，XRD）图谱[1]。

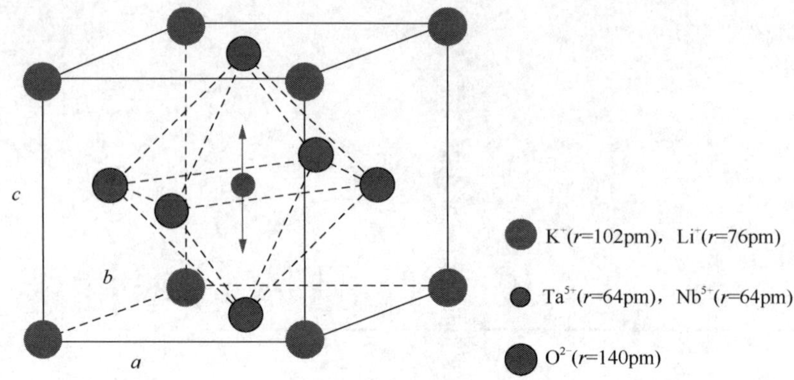

图 4.1 KLTN 晶体的结构

把图 4.2 中的峰值与粉末衍射标准联合委员会（Joint Committee on Powder Diffraction Standards，JCPDS）粉末衍射卡片 70-2011 进行对比，对粉末衍射峰进行指标化，可以发现随

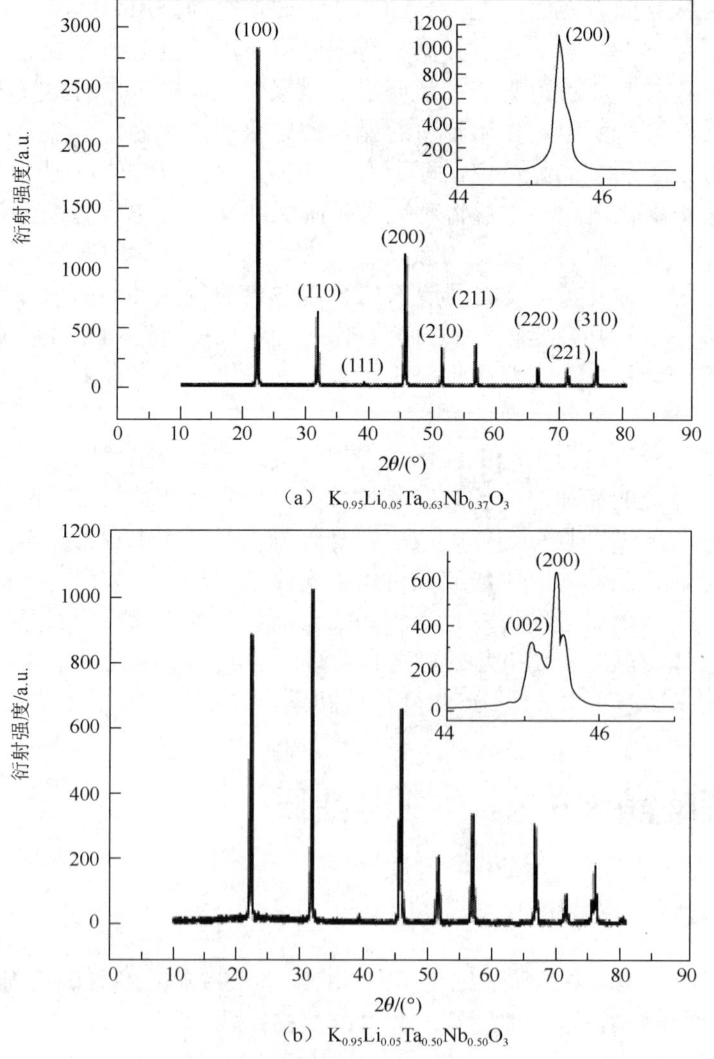

（a） $K_{0.95}Li_{0.05}Ta_{0.63}Nb_{0.37}O_3$

（b） $K_{0.95}Li_{0.05}Ta_{0.50}Nb_{0.50}O_3$

图 4.2 顺电相 KLTN 的 XRD 谱

着晶体中 Nb（摩尔分数）的增加，晶体的[100]、[010]轴开始缩短，[001]轴开始伸长，（200）面的衍射峰劈裂成分别为（200）面和（002）面的两个衍射峰，晶体从立方钙钛矿结构相变成四方钙钛矿结构，自发极化沿（100）方向。把各个晶面的衍射角度导入 Unitcell 程序，计算出 4 种样品在室温时的晶格常数，结果如表 4.1 所示。从表中可以看出，当 $x \leqslant 0.41$ 晶体在室温下为立方结构，随着 Nb（摩尔分数）的增加，晶格常数变小，这与 Ta 和 Nb 原子半径的大小相关[2]。

表 4.1　室温下四种组分 KLTN 晶体的结构及晶格参数

晶体组分	结构	晶格常数/Å
$K_{0.95}Li_{0.05}Ta_{0.63}Nb_{0.37}O_3$	m3m	3.992
$K_{0.95}Li_{0.05}Ta_{0.61}Nb_{0.39}O_3$	m3m	3.988
$K_{0.95}Li_{0.05}Ta_{0.59}Nb_{0.41}O_3$	m3m	3.984
$K_{0.95}Li_{0.05}Ta_{0.50}Nb_{0.50}O_3$	4mm	a =3.981 c =3.984

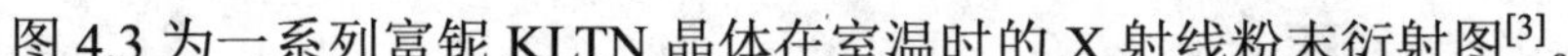

图 4.3 为一系列富铌 KLTN 晶体在室温时的 X 射线粉末衍射图[3]。

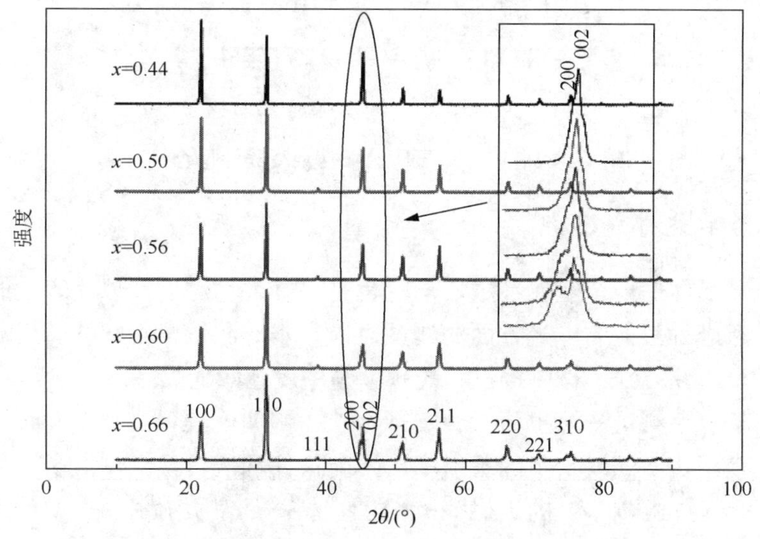

图 4.3　富铌 KLTN 晶体的 X 射线粉末衍射图

从 XRD 的图样中可以看出，富铌 KLTN 晶体具有纯净的钙钛矿结构，没有其他杂态（如焦绿石相）的任何痕迹。在图 4.3 的插图中，衍射峰（002）和（200）的劈裂可以清晰地被观察到，两个峰的形状和相对强度揭示了在室温下铌摩尔分数 x=0.44～0.66 的 KLTN 晶体为铁电四方相结构，属于 4mm 点群。

基于以上XRD图样所示的衍射峰数据，可以计算出所测富铌KLTN晶体的晶格常数(表4.2)。

表 4.2　富铌 KLTN 晶体的晶格常数

晶格常数	x				
	0.44	0.50	0.56	0.60	0.66
a、b/Å	3.9906	3.9891	3.9880	3.9891	3.9859
c/Å	3.9941	3.9955	3.9969	3.9982	3.9994

晶格常数 a、b 和 c 的演变情况在图 4.4 中可以清晰地显示出来。本节对晶格常数进行了线性拟合，图 4.4 中分别给出了晶格常数 a、b 和 c 的演变情况。因为钽离子的半径 r（Ta^{5+}）要稍大于铌离子的半径 r（Nb^{5+}），所以晶格常数 a 和 b 将随 KLTN 晶体中铌的摩尔分数的增加而减小，晶格常数 c 随铌的摩尔分数的增加而相应的变大。因此，可以预测这两条线的交点将会出现在 x=0.35 处，这与之前文献报道的结果（KTN 系统中，当 x=0.35～0.39 区域时，居里温度在室温附近）非常一致[4]。

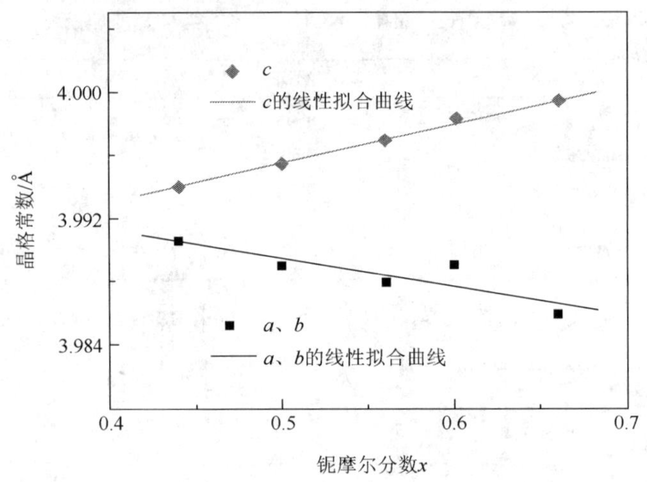

图 4.4 KLTN 晶体晶格常数及线性拟合

4.1.2 KLTN 晶体折射率色散

折射率是光学晶体的一个重要参数，同时也是进行各种测试，以及表征时必不可少的材料信息。因此，在进行其他的电光方面的测试之前，本节测量了不同波长及温度下的 KLTN 系列晶体的折射率，并得到了材料折射率的频率与温度色散的关系。

常用的晶体折射率测量方法主要有棱镜耦合法、椭偏仪法和最小偏向角法等。棱镜耦合法只能测量晶体在固定激光波长下的折射率，不能很便利地转换测试波长。椭偏仪法虽对样品的要求不高，但只能测量单一的折射率，KLTN 晶体是双折射材料，折射率的测定需要区别 n_o 和 n_e。最小偏向角法可以精确地测量 n_o 和 n_e 的值，且操作简单。因此，对于本书而言，最小偏向角法是最可取的办法。

最小偏向角法所需要的晶体样品呈三棱镜的形状，测试原理如图 4.5 所示。三棱镜晶片的顶角α可采用反射法很容易的测量得到，棱镜两侧端面需抛光至光学级别[5]。当单色平行光入射到棱镜上后，经过两次折射射出，其入射光与出射光之间的夹角 δ 定义为偏向角。测试时，转动三棱镜，改变入射光的入射角，那么出射光的方向也会随之改变，即偏向角 δ 的大小会发生变化，沿着偏向角减小的方向，保持样品中心轴不动，继续缓慢转动三棱镜，使偏向角 δ 继续减小，当晶体转到某个位置时，如果继续沿此方向转动下去，偏向角不再减小反而逐渐增大，这一特殊位置所对应的偏向角就是最小偏向角 $\delta_{\min}$。棱镜材料的折射率 n 就可以利用式（4.1）中顶角 α 以及最小偏向角 $\delta_{\min}$ 之间的关系求得。

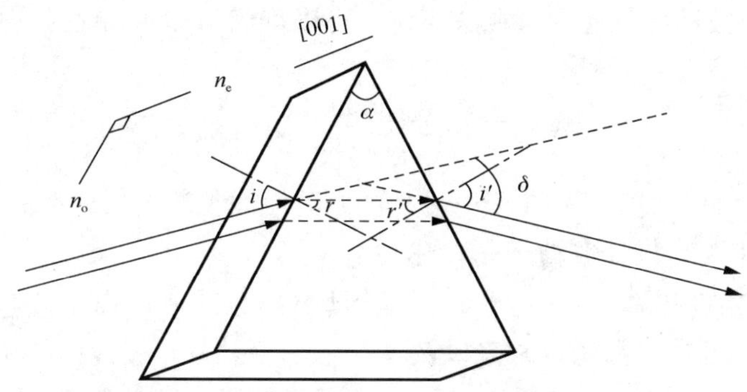

图 4.5　最小偏向角法测量晶体双折射的原理图

$$n = \sin\frac{\alpha + \delta_{\min}}{2} \bigg/ \sin\frac{\alpha}{2} \tag{4.1}$$

顺电相 KLTN 晶体为光学各向同性晶体，其折射率 n 只有一个数值，所以不用考虑样品切割的方向，也不用考虑入射光的偏振方向。样品抛光后在分光计中进行折射率测量，分光计使用精密的 GI-4M 分光计，以汞灯、钠灯和 He-Ne 激光为光源，分别利用汞灯的 435.8nm、546.1nm 和 577nm 谱线，钠灯的 589.3nm 谱线和 He-Ne 激光器的 632.8nm 波长。

介质折射率随着入射光波长的变化而改变的性质称为折射率色散。表 4.3 中为实验测得的 KLTN 晶体在不同波长下的折射率，折射率随波长的变化关系由图 4.6 给出。与其他 ABO_3 型钙钛矿结构化合物一样，KLTN 单晶具有较大的折射率和明显的色散现象，其折射率随波长的增大迅速减小。折射率的色散行为本质是由材料的能带结构决定的，ABO_3 型钙钛矿结构化合物中具有相似的 BO_6 氧八面体结构，使得它们晶体能带结构也相似。

表 4.3　室温下 KLTN 单晶的折射率

波长/nm	折射率 n
435.8	2.410
546.1	2.309
577.0	2.293
589.3	2.288
632.8	2.271

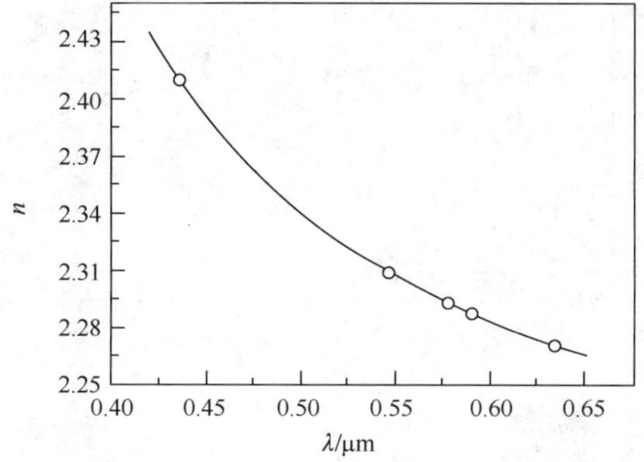

图 4.6　KLTN 单晶的折射率色散曲线与塞尔迈耶尔方程的拟合结果

通过对表 4.3 中数据进行最小二乘法拟合，可以得到 KLTN 单晶折射率色散的塞尔迈耶尔方程为[6]

$$n^2 = 4.733 + \frac{0.1439}{\lambda^2 - 0.0556} + 0.0181 \times \lambda^2 \tag{4.2}$$

根据式（4.2），可以计算出 KLTN 在透光区内其他波长下的折射率。例如，在倍频 YAG 激光 532nm 的波长下，可以计算得到 $n = 2.317$。

对于铁电相的 KLTN 晶体，分别测定了四个不同组分的 $K_{0.95}Li_{0.05}Ta_{1-x}Nb_xO_3$（$x$ = 0.52、0.60、0.69 和 0.78）晶体样品的寻常光以及非寻常光折射率。棱镜样品从生长出来的大块样品中切割而得，其厚度沿着[001]方向，两个侧面进行良好的抛光处理，上下端面敷以电极并沿着厚度方向极化。因为需要分别测定 n_o 和 n_e，所以一个偏振片被引入到棱镜样品前，起到改变入射光的偏振方向的作用，测量 n_o 时，入射光的偏振方向应与[001]方向垂直，而测量非寻常光的折射率 n_e 时，入射光的偏振方向与[001]方向平行。

实验测量时，采用白光光源以及波长连续可调的滤波器，实现对不同组分 KLTN 晶体在不同波长下的折射率的测定，得到了 KLTN 系晶体的折射率色散关系。几个组分的样品在 633 nm 波长下的折射率以及自然双折射的大小在表 4.4 中被对比总结，而各组分的折射率 n_o 和 n_e 随波长的变化关系，如图 4.7 所示。

表 4.4　KLTN 系列单晶组分的折射率（室温，633 nm）

组分	n_o	n_e	$n_o - n_e$
0.52:KLTN	2.251	2.227	0.024
0.60:KLTN	2.267	2.237	0.030
0.69:KLTN	2.279	2.242	0.037
0.78:KLTN	2.300	2.256	0.044

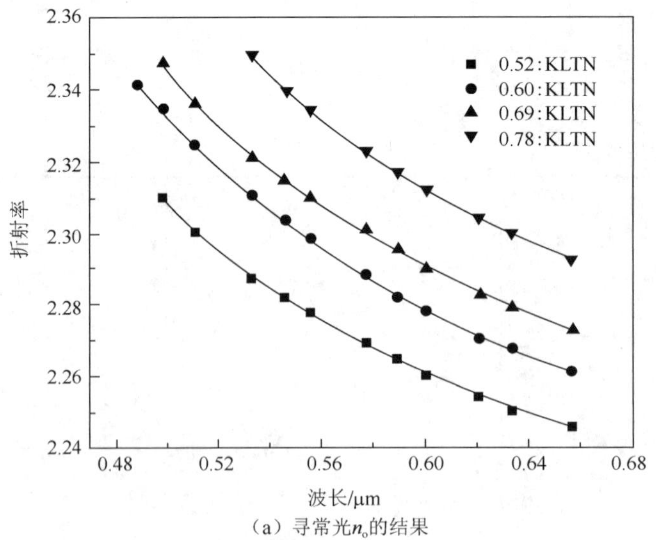

（a）寻常光n_o的结果

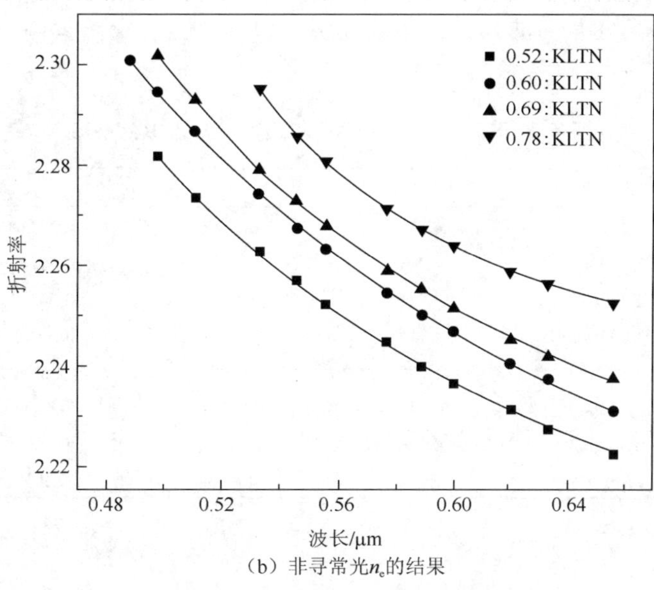

（b）非寻常光n_e的结果

图 4.7　KLTN 系列单晶折射率色散与塞尔迈耶尔方程拟合

与大部分 ABO_3 型钙钛矿结构化合物类似，KLTN 系列单晶折射率较大且色散现象明显，每个组分都表现出一致的变化规律：$n_o > n_e$ 代表 KLTN 系列晶体是负单轴晶体，其折射率随波长的增大而迅速减小，另外在不同的组分之间，随着 Nb 摩尔分数的增加折射率增大，且各组分的自然双折射也逐渐增大。所测折射率随晶体组分变化的原因，主要是各组分的居里温度不同，其居里温度越接近室温，折射率就越小且自然双折射也越小。

关于折射率随温度变化的特性，使用两侧带有通光口的控温盒来控制温度变化，在单晶样品居里温度附近的一段温度区间内，分别对寻常光和非寻常光在 633 nm 波长下的折射率进行测定。如图 4.8 所示，以 0.52: KLTN 晶体样品为例，随着温度的升高，寻常光的折射率缓慢减小，而非寻常光光折射率首先缓慢增长而在接近居里温度处急剧变大，并在居里温度点处重合，这意味着晶体由各向异性逐渐过渡变为各向同性。

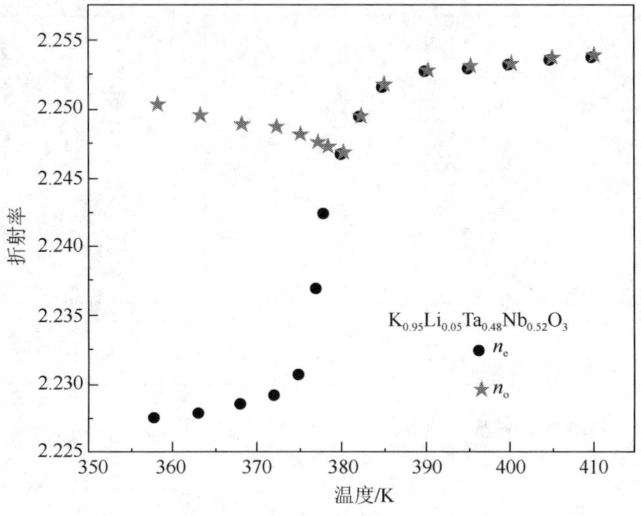

图 4.8　0.52: KLTN 晶体折射率的温度依赖特性

表 4.5 给出拟合的塞尔迈耶尔公式中的参数，以此可以计算出 KLTN 系列单晶在其他波长下的折射率。

表 4.5 KLTN 系列单晶塞尔迈耶尔方程拟合系数

组分	折射率	A_i	B_i	C_i	D_i
0.52:KLTN	2.251(n_o)	4.713	0.1117	0.06334	−0.06012
	2.227(n_e)	4.701	0.09337	0.06709	0.04726
0.60:KLTN	2.267(n_o)	4.636	0.1589	0.04263	−0.1543
	2.237(n_e)	4.978	0.05254	0.1110	0.3908
0.69:KLTN	2.279(n_o)	5.277	0.03679	0.1496	0.5664
	2.242(n_e)	4.817	0.06946	0.1096	0.0723
0.78:KLTN	2.300(n_o)	4.966	0.09982	0.1078	0.04373
	2.256(n_e)	5.024	0.02238	0.2035	0.1158

考虑塞尔迈耶尔公式中的参数是没有任何物理意义的，此处采用基于单个振动子近似的单项塞尔迈耶尔关系

$$n^2-1=\frac{S_0\lambda_0^2}{1-\lambda_0^2/\lambda^2}=\frac{E_d E_0}{E_0^2-E^2} \tag{4.3}$$

式中，n 代表折射率；λ 代表入射光波长；S_0 为平均振子强度；λ_0 代表平均振子位置；E 代表入射光能量；E_d 代表色散能量；E_0 代表单个振子能量。

振子塞尔迈耶尔关系里的参数 λ_0、E_0、S_0 和 E_d 可以通过式（4.4）线性拟合得

$$\frac{1}{n^2-1}=-\frac{1}{S_0\lambda^2}+\frac{1}{S_0\lambda_0^2}=-\frac{1}{E_d E_0}\cdot E^2+\frac{E_0}{E_d} \tag{4.4}$$

拟合结果如图 4.9 和图 4.10 所示，利用所测得的 KLTN 单晶在不同波长下的折射率值，画出$(n^2-1)^{-1}$与 E^{-2} 以及λ^{-2}之间的线性拟合关系，由斜率和截距就可以计算得出塞尔迈耶尔参数，结果列于表 4.6 中[7]。

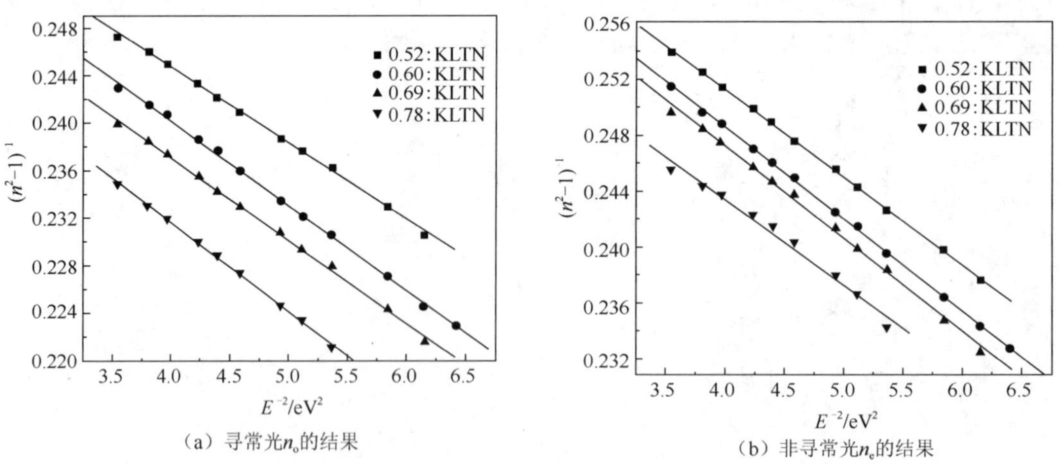

（a）寻常光n_o的结果　（b）非寻常光n_e的结果

图 4.9 KLTN 系列单晶的单项塞尔迈耶尔关系：$(n^2-1)^{-1}$ 随 E^{-2} 变化的线性拟合曲线

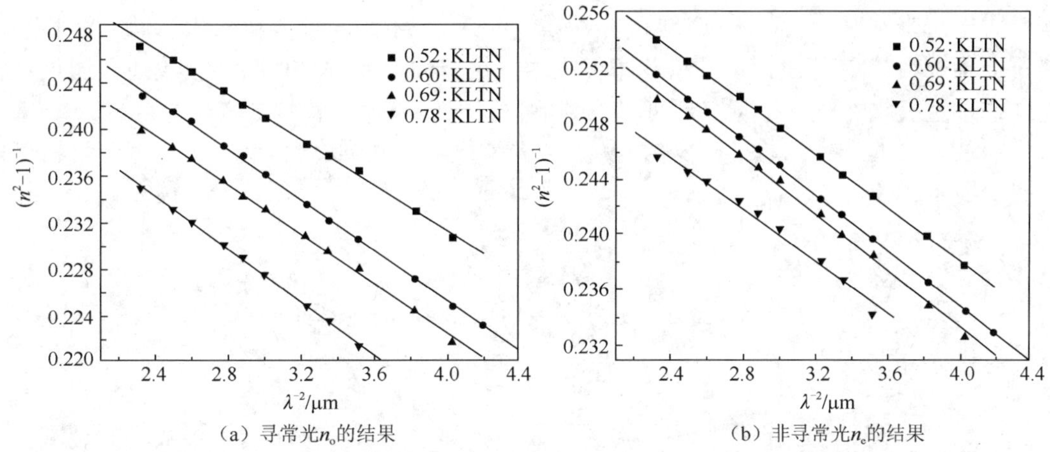

(a) 寻常光n_o的结果　　(b) 非寻常光n_e的结果

图 4.10　KLTN 系列单晶的单项塞尔迈耶尔关系：$(n^2-1)^{-1}$ 随 λ^{-2} 变化的线性拟合曲线

表 4.6　室温下 KLTN 系列单晶的塞尔迈耶尔振子参数

KLTN 单晶	n/633nm	E_0/eV	E_d/eV	λ_0/nm	S_0/（$\times10^{14}m^{-2}$）	E_0/S_0/（$\times10^{-14}eV\cdot m^2$）
0.52:KLTN	2.251n_o	6.50	24.06	190	1.03	6.33
	2.227n_e	6.65	24.07	186	1.05	6.33
0.60:KLTN	2.267n_o	6.15	22.88	201	0.923	6.66
	2.237n_e	6.47	23.55	191	1.00	6.47
0.69:KLTN	2.279n_o	6.17	23.29	200	0.943	6.54
	2.242n_e	6.43	23.47	192	0.990	6.49
0.78:KLTN	2.300n_o	5.91	22.57	209	0.876	6.75
	2.256n_e	6.63	24.74	186	1.08	6.16

表 4.6 中最后一项，是由 Wemple 和 Drdomenico[8]所定义的折射率色散参量 E_0/S_0，他们在研究了大量的具有氧八面体结构的铁电晶体之后，得出结论，认为结构内部的 BO_6 八面体是决定晶体能带结构的关键，故此类铁电体折射率色散参量值基本一致，即 $E_0/S_0=6\pm0.5\times10^{-14}\,eV\cdot m^2$。本节计算结果也印证了这一结论，不同组分的 KLTN 晶体的折射率色散参量值大致相等，在 6.1×10^{-14}～$6.7\times10^{-14}\,eV\cdot m^2$ 的范围内，符合氧八面体结构所具有的典型值[9]。

以上实验所得的折射率测试的结果，将用于后续的电光测试等工作，折射率结果的准确性是极为重要的。

4.1.3　KLTN 晶体的光谱特性

晶体的光学透过性能代表了材料的通光效果和质量，一个新材料能否应用于光学方面，其光学透过性的优劣起了决定性的作用。使用紫外-可见-近红外分光光度计测量了 KLTN 系列晶体的光学透过性能，得出一系列单晶样品的紫外吸收边，并计算得出了晶体的禁带宽度等信息。

晶体光学透过性能的好坏，是其能否被广泛研究和应用的关键，是评价光学材料性能优劣的重要因素，另外研究材料中的光吸收特性，能够直接获得大量关于材料电子能带结构以及吸收边等多方面的信息。

材料在发生本征吸收时，电子吸收光子后将由价带跃迁到导带，这一跃迁的发生要求光子能量大于禁带宽度，所以本征吸收光谱中就存在一个截止波长，波长大于此光波长时，光子能量会小于禁带宽度 E_g，无法引起本征吸收，这一波长就称为材料的吸收边。通过对材料的光学透过及吸收性能进行研究，可以得到晶体材料的吸收边和禁带宽度等信息。

当强度为 I_0 的平行光通过厚度为 t 的均匀介质之后，其强度会减弱为 I，这一过程可以用以下表达式来描述

$$\frac{\mathrm{d}I}{I} = -\alpha \mathrm{d}t \tag{4.5}$$

式中，α 为吸收系数。因为光强会随着 t 的增加而减弱，所以式中存在一个负号。对式（4.6）进行积分可得

$$I = I_0 \mathrm{e}^{-\alpha t} \tag{4.6}$$

式（4.6）表明，当光在介质中传播的时候，光强将随着传播距离呈指数式的衰减。式中 I/I_0 为光学透过率 T，故吸收系数 α 可以通过式（4.7）得

$$\alpha = \frac{1}{t}\ln\frac{1}{T} \tag{4.7}$$

本节工作采用 Ocean Optics 公司的 HR4000 型光纤光谱仪以及白光光源，对 KLTN 系列晶体的光学吸收和透过性能进行测试，波长范围覆盖 300～1100nm 的紫外-可见-近红外的波段。

待测晶片经过定向、切割以及抛光处理，并沿[001]方向极化，使铁电晶体的多畴态向单畴态转化，避免样品内多畴的存在导致光散射，通光方向沿着样品的[100]方向。

根据以上介绍的原理及方法，对 KLTN 系列晶体材料的吸收及透光性能进行了研究，结果如图 4.11 和图 4.12 所示。对于不同组分的 KLTN 晶体样品，其紫外吸收边基本一致，处于 400 nm 附近，这也与大多数的氧八面体钙钛矿结构晶体所具有的光学透过性能类似。

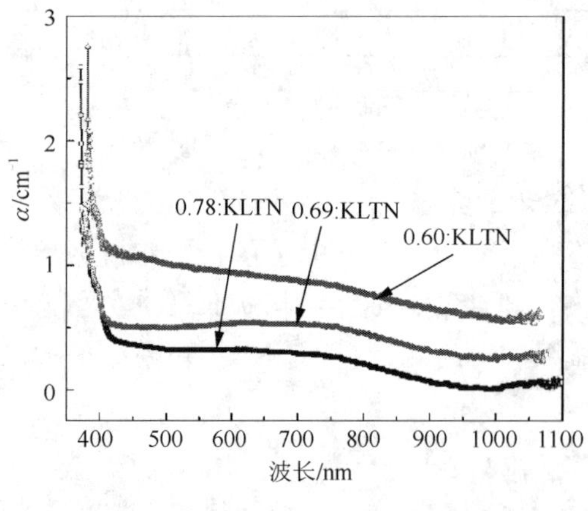

图 4.11 KLTN 晶体的吸收谱

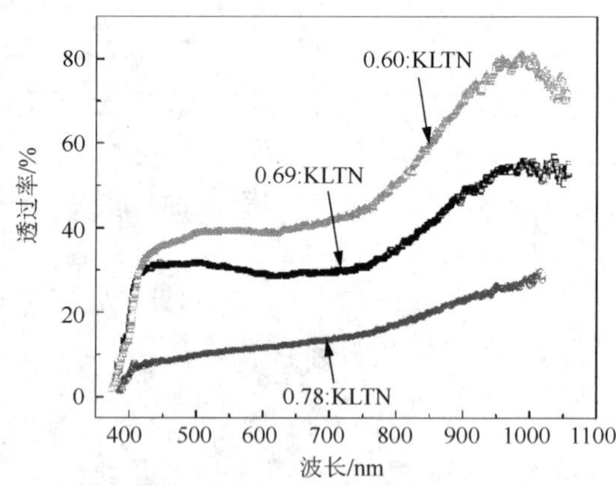

图 4.12 KLTN 晶体的透光性能

由透射谱的结果可以看出，在高于吸收边的可见光以及近红外的光波范围内，KLTN 晶体虽处于铁电相，但其透光性能良好，能够满足光学测试的要求。

陶尔公式能够用来计算吸收系数与单晶带隙之间的关系，其表达式为

$$(\alpha h\nu)^2 = B(h\nu - E_g) \tag{4.8}$$

式中，$h\nu$ 为入射光能量；h 为普朗克常数 4.136×10^{-15} eV · s；ν 为入射光频率；E_g 为带隙能量；B 是一个常数。将这一关系作图，结果如图 4.13 所示，很显然，横轴截距即为 E_g 的结果。

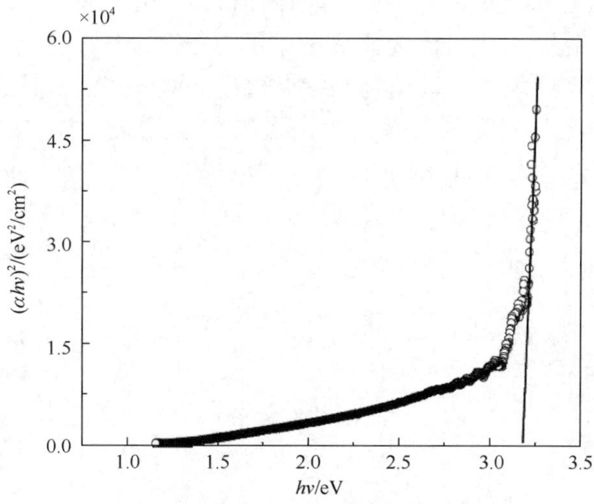

图 4.13　KLTN 单晶的 $(\alpha h\nu)^2$ 与 $h\nu$ 的关系

如表 4.7 所示，KLTN 系单晶的禁带宽度在 3.20 eV 左右，且在不同的单晶组分之间，随着铌含量（摩尔分数）的增大，禁带宽度逐渐增大。

表 4.7　不同晶体组分 KLTN 单晶的禁带宽度

组分	E_g/eV
0.60:KLTN	3.18
0.69:KLTN	3.20
0.78:KLTN	3.31

采用同样方法对掺杂 KLTN 晶体的吸收谱进行测量，波长覆盖 300～1100nm 的紫外-可见光-近红外波段。图 4.14 为纯 KLTN 与掺杂 KLTN 的吸收光谱对比，图中文字代表如下：Fe:KLTN 0.06%代表掺杂铁的质量比为 0.06%的 KLTN，Mn:KLTN 0.5%代表掺杂锰的摩尔比为 0.5%的 KLTN，Cu:KLTN 0.5%代表掺杂铜的摩尔比为 0.5%的 KLTN。

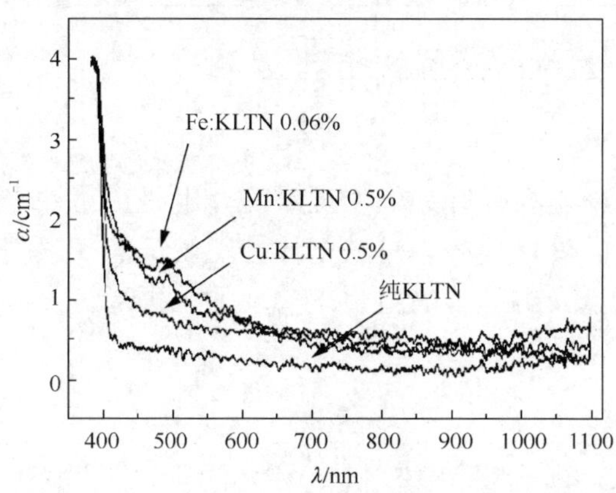

图 4.14　纯 KLTN 与掺杂 KLTN 晶体的吸收光谱对比图

纯 KLTN 单晶的透光性质与大多数氧八面体钙钛矿结构晶体相类似，在可见光-近红外范围内都有很好的透光率。在 410nm 以下，晶体透光率开始减小，在 380nm 波长，晶体变为全吸收，这里就是晶体的紫外吸收边的位置。晶体在掺杂过渡元素 Mn、Fe、Cu 后，其紫外吸收边向长波方向移动，这是由于过渡元素离子中的电子跃迁影响到吸收边的位置。在 400～600nm 波段，吸收系数明显增加，此变化与掺杂离子的吸收以及掺杂带来的本征缺陷有关。

KLTN 单晶带隙与吸收系数的关系可以通过陶尔公式来计算，结果如图 4.15 所示。在高吸收区，$\alpha h\nu$ 的平方近似为一直线，把它延长与横坐标相交，所得的截距即为 E_g 的结果。表 4.8 列出了不同掺杂 KLTN 晶体的带隙能量[2]。

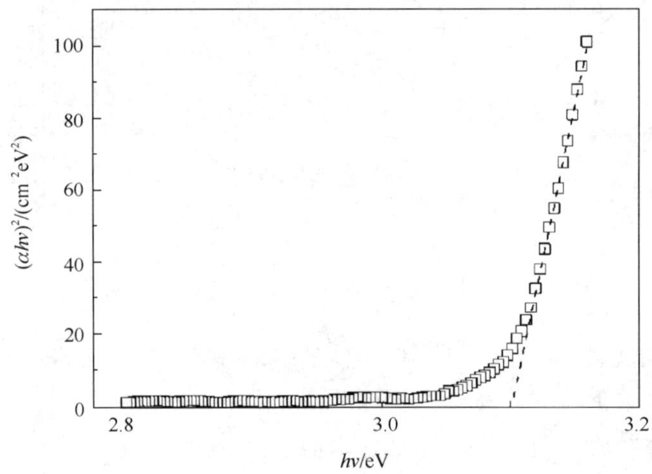

图 4.15 纯 KLTN 单晶的（$\alpha h\nu$）^{2} 与 $h\nu$ 的关系

表 4.8 不同掺杂能量 KLTN 的带隙能量

晶体	带隙能量/eV
KLTN	3.10
Fe:KLTN 0.06%（质量比）	3.01
Cu:KLTN 0.5%（摩尔比）	3.04
Mn:KLTN 0.5%（摩尔比）	3.08

4.2 KLTN 晶体的介电性质

作为综合反映介电晶体电极化行为的物理量，介电常数是铁电体电学行为的主要参数之一，测量介电常数随温度的变化曲线，是铁电体性能表征的一项基本内容。具体实验中对介电常数的测量则是通过测量介电晶体的电容来实现的，再通过介电常数与电容值的关系式得到富铌 KLTN 晶体的介电常数

$$C = \varepsilon_0 \varepsilon_r \frac{A}{d} \tag{4.9}$$

式中，ε_0 是真空介电常数，$\varepsilon_0 = 8.85\times10^{-12}$ F/m；ε_r 为垂直极板方向的相对介电常数；A 为极板的电极面积；d 为极板的间距。

晶体样品的介电测试是在 Cryo 公司定制的真空腔（cryogenic station）中进行的。在真空环境中测试，首先要求精确的温控，精度可达 0.1 K，控温范围在 10～500 K；再者需要尽量避免外界影响以得到准确的测量结果。使用的仪器为 HP 4284 LCR 测量仪，其主要指标包括：频率范围 20 Hz～1 MHz；可测量参数 C、D、L、R 等；使用来自宾夕法尼亚的 Paul 教授开发的测试程序进行控制，实现半自动测量。基于以上条件，对 KLTN 晶体的介电性能在温区为 20～500 K 范围内，不同的频率下进行表征。

由于生长出的富铌 KLTN 晶体在室温下是四方相，所以晶体沿[001]和[100]取向的性能会有所不同，下面将按不同取向对晶体的介电性能进行分析[4]。

4.2.1　KLTN 晶体介电行为

1. KLTN 晶体介电行为的取向特性

一系列富铌 KLTN 晶体在未极化状态和不同频率下，其[001]方向的介电常数随温度变化的介温曲线，如图 4.16 所示。

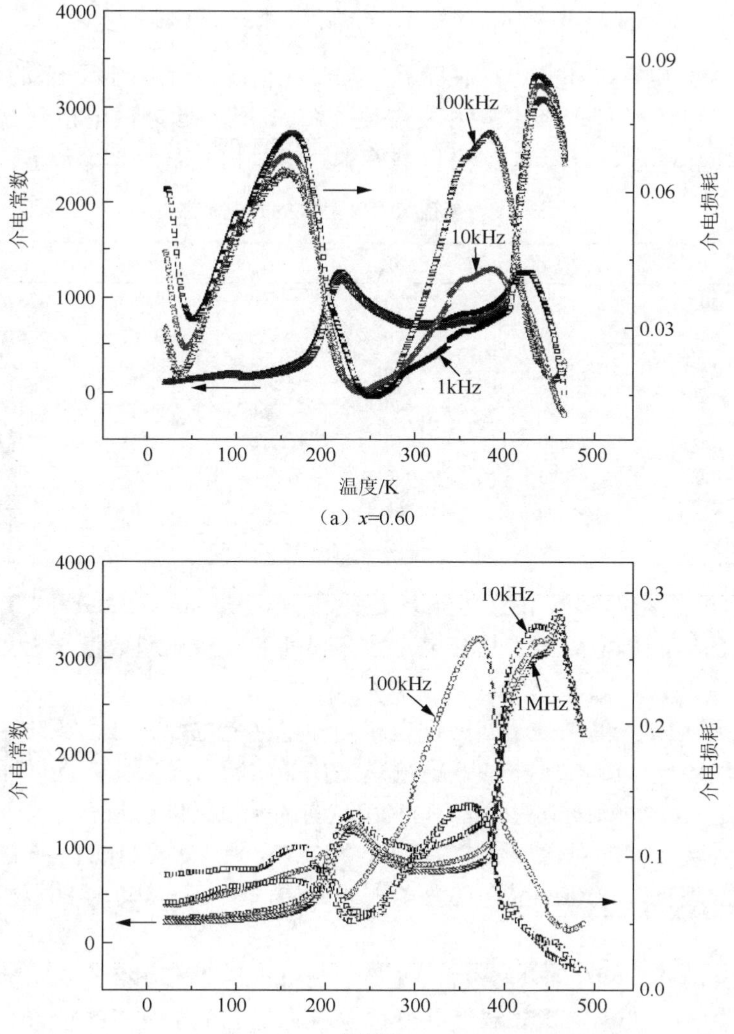

（a）x=0.60

（b）x=0.63

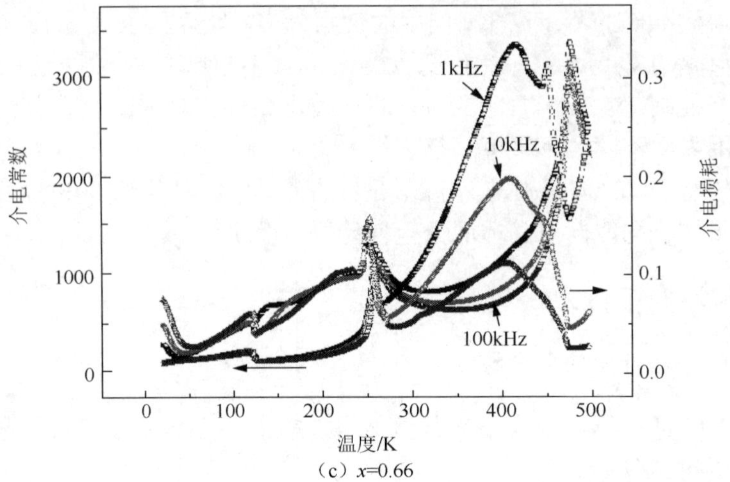

（c）x=0.66

图 4.16　部分 KLTN 晶体介电测试结果

根据图 4.16 中介电常数和介电损耗随温度的变化情况，再结合接下来的热释电测试结果，晶体的相变温度（包括三方-正交铁电相变温度 $T_{R\text{-}O}$，正交-四方铁电相变温度 $T_{O\text{-}T}$ 和由四方铁电相到立方顺电相的居里温度 T_C）可以被确定，这些相变温度具体数值，如表 4.9 所示。

表 4.9　富铌 KLTN 晶体的介电参数

x	$T_{R\text{-}O}$/K	$T_{O\text{-}T}$/K	T_C/K	ε_{33RT}	$\tan\delta_{RT}$	ε_{33para}	$\tan\delta_{para}$
0.44	50	80	330	6390	0.080	8200	0.045
0.50	50	90	370	3910	0.582	6100	0.056
0.56	65	130	420	6470	0.428	12000	0.054
0.60	95	220	440	740	0.021	1000	0.051
0.63	100	230	460	1226	0.238	2470	0.016
0.66	120	270	480	858	0.083	2600	0.134
0.69	95	200	500	84.6	0.037	—	—
0.78	125	295	560	5100	0.217	—	—

表 4.9 中列出了介电常数和介电损耗在室温（room temperature, RT）和处于顺电相（paraelectric）时的一些典型数值，从介电常数和损耗的一些典型数值来看，晶体样品的组分不均匀性是存在的。

因为是对富铌 KLTN 单晶处于四方铁电相的介电性能进行表征，此时单晶样品沿不同晶向的介电性能有所不同。图 4.16 中的介电测量是在晶体的自发极化方向（即[001]方向）进行的，所以得到的是 ε_{33}，同样对这些样品在[100]晶向的介电性能也进行了测试，这样就可以进行不同晶向介电常数之间的对比。测试时用 0.60: KLTN 晶体对沿[100]方向的介电常数和介电损耗进行系统性的表征，与[001]晶向的介电测试一样，在 20～500 K 的温度区间内、不同频率下进行测试。

图 4.17 给出[100]晶向的介电常数 ε_{11} 和损耗 tanδ随温度和频率的变化情况。与[001]晶向的结果一样，[100]晶向介电常数随温度的变化也能确定三个相变点的位置：从频率为 10 kHz 的升温曲线可以读出三方-正交相变温度 $T_{R\text{-}O}$ 为 110 K，正交-四方相变温度 $T_{O\text{-}T}$ 为 200 K 左右，居里温度 T_C 则为 450 K。在温度低于 100 K 时，ε_{11} 的数值非常小，介电损耗也在0.10左右，随后，介电常数 ε_{11} 在各个相变点的开始出现异常，而且非常明显，同时从器件设计和应用的

角度来看，介电常数 ε_{11} 在室温下的数值非常具有吸引力。升温曲线和降温曲线之间的温度滞后现象也被观察到，$\Delta T_{\text{R-O}} \approx 20$ K，$\Delta T_{\text{O-T}} \approx 23$ K 和 $\Delta T_{\text{C}} \approx 25$ K，同时清楚地显示了 KLTN 晶体的相变类型为一阶相变。

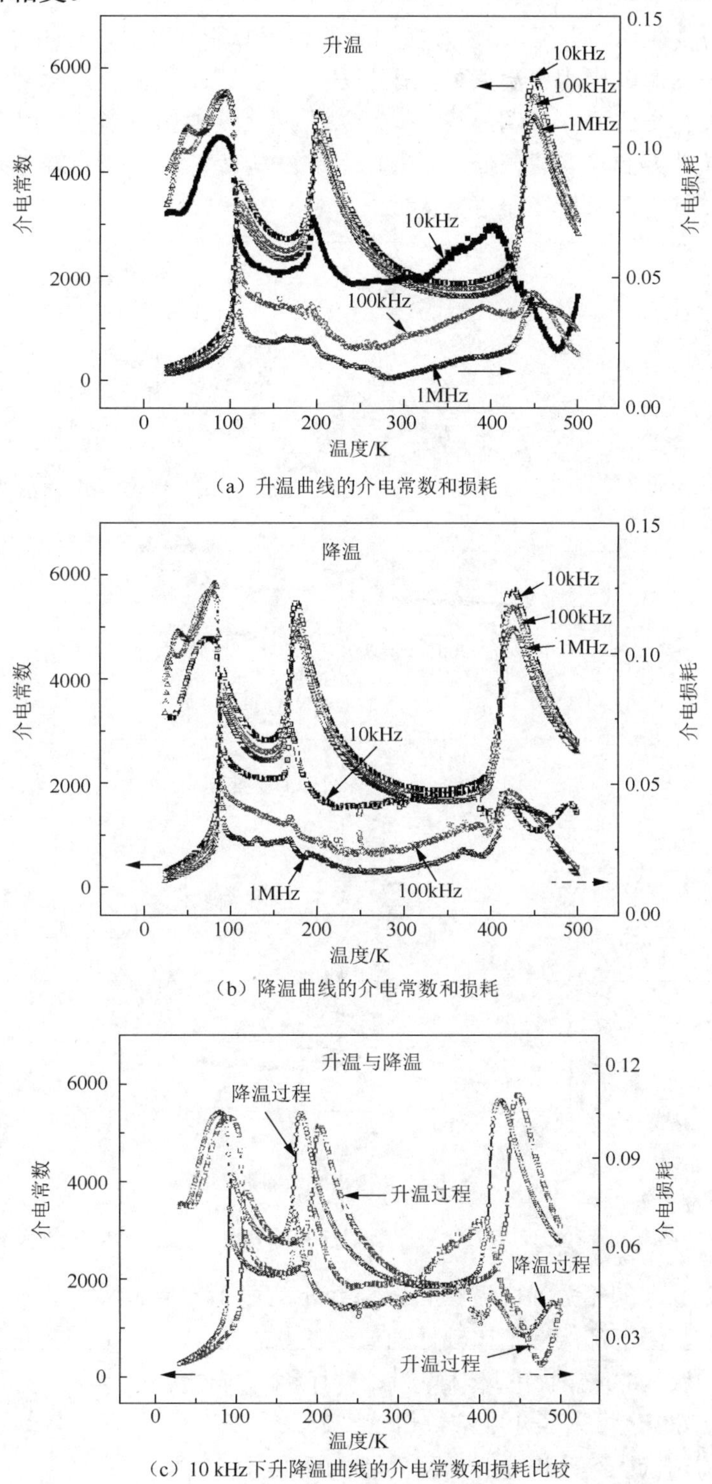

（a）升温曲线的介电常数和损耗

（b）降温曲线的介电常数和损耗

（c）10 kHz 下升降温曲线的介电常数和损耗比较

图 4.17 KLTN 晶体沿[100]晶向的介电常数和介电损耗

沿[100]和[001]晶向的介电常数 ε_{11} 和 ε_{33} 以及损耗的比较，如图 4.18 所示。从图 4.18 中可以看出，无论在升温曲线还是在降温曲线中，ε_{11} 的数值均可达到 ε_{33} 的 5 倍。在室温时，ε_{11} 的典型值为 2130，整个温区内的最大值为 5800（居里峰处）。对于沿[100]和[001]晶向的介电常数曲线，两者的差别非常明显。*a* 轴方向测量的相变峰非常明显，而此时对应的 *c* 轴方向则要弱很多，尤其是两个铁电相变温度处，因为从三方到正交以及从正交到四方的相变中，沿 *a* 轴的晶格结构变化要比沿 *c* 轴明显得多，所以在两个铁电相变峰处，沿 *a* 轴的测量结果非常明显，而对于从四方到立方的相变，明显的晶格结构变化发生在 *c* 轴方向，所以此时 *c* 轴方向的居里峰比 *a* 轴方向居里峰要更高。

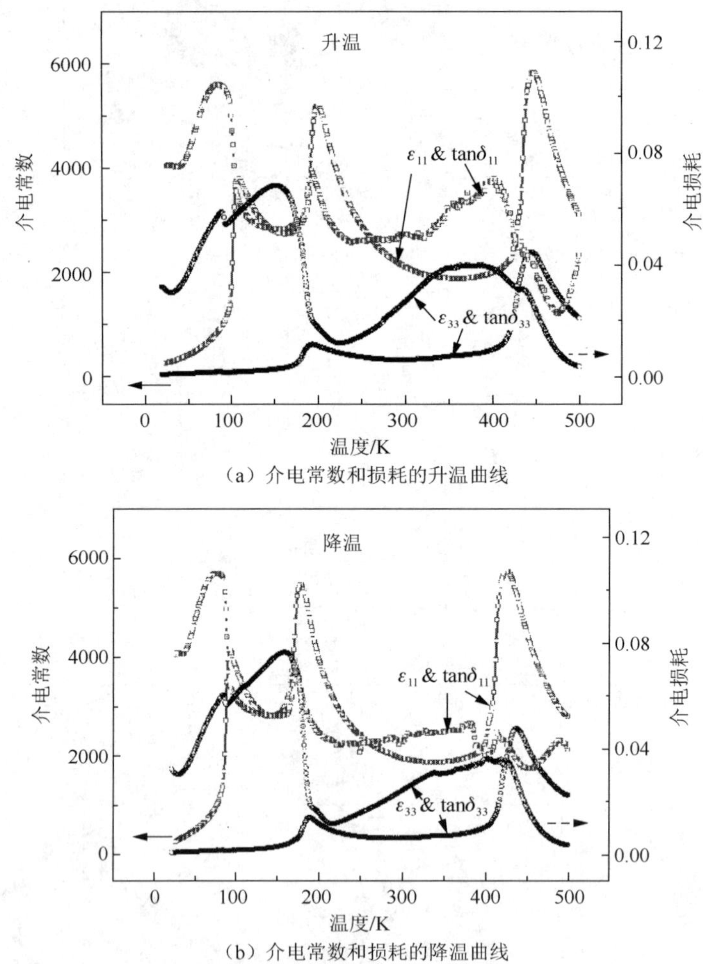

（a）介电常数和损耗的升温曲线

（b）介电常数和损耗的降温曲线

图 4.18　10kHz 下 KLTN 晶体沿[100]和[001]晶向的介电常数和损耗

比较这两个晶向的相变温度，在相变峰处还是存在一定的漂移，但这两个晶向的介电损耗相差无几，在室温下都保持了比较低的值，在 0.04 左右，其中一些典型的参数列于表 4.10 中。至于另外一块 0.63: KLTN 晶体样品，也对两个晶向的介电常数进行了测试，数值分别为 ε_{33}=500 和 ε_{11}=7600，可见其介电常数相差倍数大于 15 倍，这对于钙钛矿结构来说都是在正常范围之内，与钙钛矿晶体相变时结构的各向异性密切相关。

表 4.10　晶体 0.60: KLTN 沿[100]和[001]晶向的介电常数、损耗和相变温度

状态		$T_{R\text{-}O}$/K	$T_{O\text{-}T}$/K	T_C/K	ε_{rmax}	$\tan\delta_{max}$	ε_{rRT}	$\tan\delta_{RT}$
[100] 晶向	升温过程	110	200	450	5830	0.10	2130	0.05
	降温过程	90	177	425	5710	0.10	1950	0.04
[001] 晶向	升温过程	88	195	445	2484	0.06	371	0.03
	降温过程	82	188	437	2646	0.07	379	0.03

2. 单畴化处理对 KLTN 晶体介电行为的影响

本小节对 0.60: KLTN 晶体样品的介电性能在不同的测试条件下进行了研究，首先给出样品未极化状态下（即铁电晶体单畴化处理之前）介电常数和介电损耗随温度变化的升温曲线和降温曲线，此环节样品的升降温程序可随情况而定，即先升至高温（500 K）也可先降至低温（20 K）。在具体的实验中，先将温度升至高温然后降温，测量介电常数和介电损耗的降温曲线，待测完降温曲线，温度降至 20 K 时，再升温测介电常数和介电损耗的升温曲线，全部测试结束后温度回至室温。在整个过程中，为了避免晶体样品承受较大的温度波动，实验中设定升温或降温速率为 2 K/min。

图 4.19 给出了未极化状态下，0.60: KLTN 晶体沿[001]晶向的介电常数和介电损耗随温度和频率的变化情况。

图 4.19 中实线和虚线分别代表了未极化样品的介电常数和介电损耗。升温曲线与降温曲线相比，介电损耗（$\tan\delta$）在 250 K 到 400 K 之间剧烈地增加，同时介电常数在这段温度区域内有小幅度的减小。由图 4.19（c）中可以看到，所有测量的介电升温和降温曲线都显示出在介电峰值时的温度滞后特性。

先将 0.60: KLTN 晶体样品进行单畴化处理，施加的电场大小为 100 V/mm，以获取晶体样品在单畴化处理后的介电性能。图 4.20（a）和（b）分别给出了样品极化后测得的介电常数和介电损耗随温度变化的升温和降温曲线，此过程的升降温与上面的程序不尽相同，因为样品是极化的，开始测量之前需将温度降至最低点（20 K），如果一开始就将温度升至高温（500 K），那么所谓极化后的样品已经退极化，就不能够用于研究极化后样品的介电性能的变化。

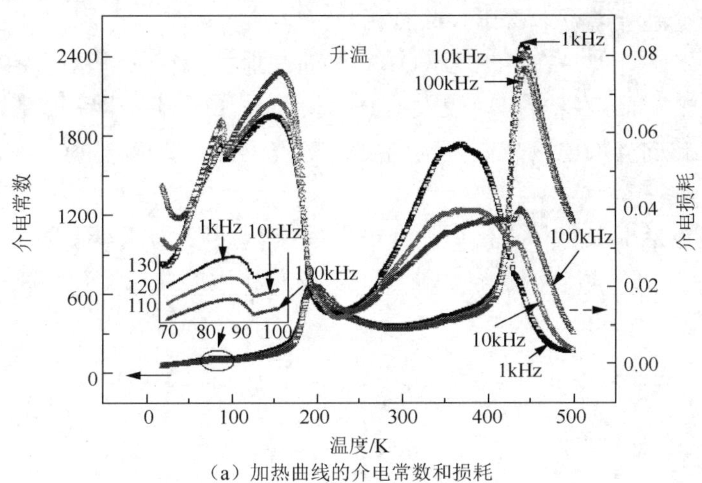

（a）加热曲线的介电常数和损耗

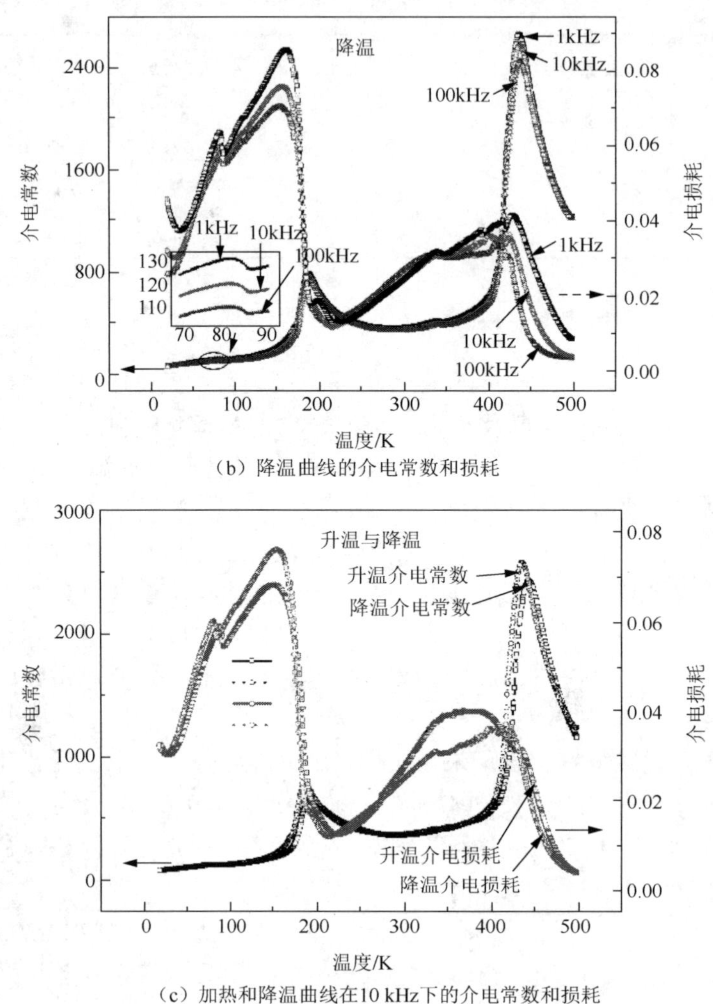

（b）降温曲线的介电常数和损耗

（c）加热和降温曲线在10 kHz下的介电常数和损耗

图 4.19　未极化状态、不同频率下介电常数和介电损耗随温度的变化情况

可见经过单畴化处理后，升温曲线中的介电常数和损耗在 20 K 到 400 K 之间表现出了很大的变化。从其介电温度谱可以看出，此时相变温度 $T_{R\text{-}O}$ 和 $T_{O\text{-}T}$ 分别为 90 K 和 180 K，介电损耗则较大幅度地增加，但是在 50K 到 180K 区间却保持在很低的水平上。总体上来讲，在极化以及退极化后的样品中将会出现较大的介电损耗，其原因在于铁电晶体经单畴化处理后内部偶极子和电畴转向外加电场方向，当温度升高破坏其一致取向时，则需要比单畴化处理前更多的能量。

在本小节中，包括未极化和极化后的介电性能测试在内，相变温度处的峰值宽度也会有一些不同。将 0.60: KLTN 晶体的所有相变温度，以及相应的介电常数在 1 kHz 下测得的最大值和室温下的数值列于表 4.11 中。

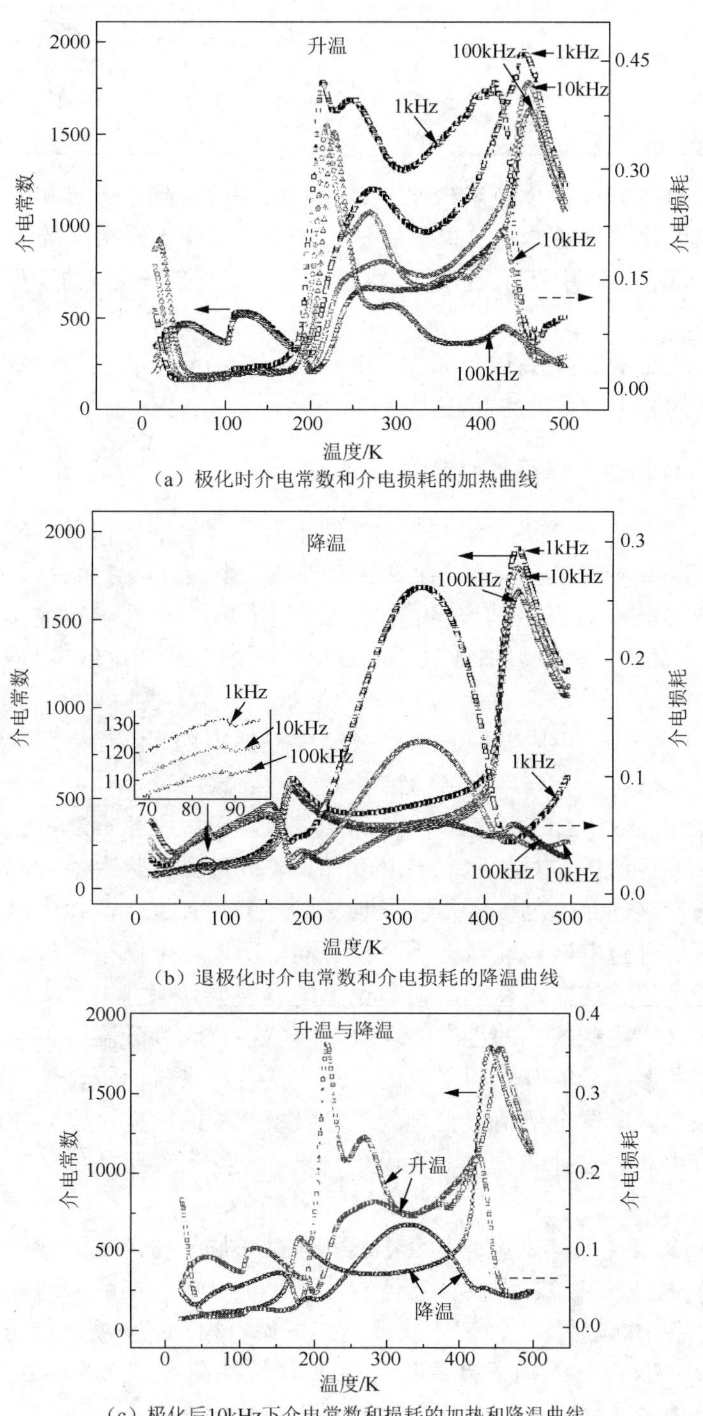

(a) 极化时介电常数和介电损耗的加热曲线

(b) 退极化时介电常数和介电损耗的降温曲线

(c) 极化后10kHz下介电常数和损耗的加热和降温曲线

图 4.20　在极化和退极化状态下、不同频率下介电常数和介电损耗随温度的变化情况

表 4.11 未极化、极化和退极化状态下 0.60: KLTN 晶体的介电常数和损耗

状态		$T_{R\text{-}O}$/K	$T_{O\text{-}T}$/K	T_C/K	ε_{rmax}	$\tan\delta_{max}$	ε_{rRT}	$\tan\delta_{RT}$
未极化	升温过程	88	195	445	2484	0.064	371	0.032
	降温过程	82	188	437	2646	0.070	379	0.027
极化	升温过程	122	276	451	1955	0.421	1099	0.306
退极化	降温过程	87	183	442	1906	0.262	446	0.240

0.60: KLTN 晶体的相变温度在未极化和退极化状态时，除了升温和降温时存在的温度滞后外，并无太大的变化，但晶体样品极化后，相变温度则表现出很大的差异，特别是两个铁电相变温度 $T_{R\text{-}O}$ 和 $T_{O\text{-}T}$，其中 $T_{R\text{-}O}$ 升高 30 K 左右，而 $T_{O\text{-}T}$ 的变化更加剧烈、增大近 100 K，居里温度略有升高。

因此单畴化处理对 KLTN 晶体介电行为的影响比较明显，其三个相变温度表现出聚拢现象，同时整个温区的介电常数值也相应上升。

3. 掺杂对 KLTN 晶体介电行为的影响

从前面两个小节中纯 KLTN 晶体的介电性能来看，介电损耗相对较高，会影响和限制其实际应用。因此，开展对 KLTN 晶体进行掺杂的研究工作，图 4.21 和图 4.22 给出了未极化状态下，铁元素掺杂 KLTN（Fe: KLTN）晶体样品在不同频率下介电常数和介电损耗随温度变化的升温曲线（图 4.21）和降温曲线（图 4.22），图中实线和虚线分别代表介电常数和介电损耗。

从图 4.22（a）和（b）可以发现，随着 KLTN 晶体中铁元素的掺杂，在居里峰附近发生了很有意思的实验现象。在 0.44: Fe: KLTN 和 0.50: Fe: KLTN 晶体中，介电常数随频率出现色散现象，对于 0.50: Fe: KLTN 而言，介电常数的频率色散发生在靠近铁电相这一侧；而值得注意的地方是频率色散的非对称性，当温度升高、高过介电常数最大值后，介电频率色散消失，若降温回来，这种介电色散将会很快地恢复。因为 KLTN 晶体中微极化结构的无序状态，极性纳米微区的任意取向在能量上不会再等同，所以各个微极化矢量可能需要更长的时间来达到能量的最小值。这样，移动的缺陷也可能会根据其偏好来重新排列，以进一步地稳定其取向和降低这种"跳跃式"的色散。在这个模型中，因为升温时整个可移动的纳米微区都将参与进来重建色散，所以升温和降温的非对称性看起来就比较合理，而色散现象的主要贡献正是来自微极化区，这个所谓微极化区"呼吸模式"的模型，建立在由缺陷转移构成微极化区的稳定过程中，在这种情况下，不论是升温还是降温都可能移动其边界区域，进行重新调整色散。

对于 0.44: Fe: KLTN 晶体来说，其介电频率色散不同于传统的弛豫铁电体，出现在了顺电相一侧，而在 0.56: Fe: KLTN 晶体中则不存在上述的介电频率色散现象。从低温至高温，Fe: KLTN 晶体同纯 KLTN 晶体一样都依次经历三方铁电相、正交铁电相、四方铁电相和立方顺电相状态，Fe: KLTN 晶体的相变温度 $T_{R\text{-}O}$ 和 T_C 可以从图 4.21 和图 4.22 中得到，但是，从正交到四方的铁电相变温度 $T_{O\text{-}T}$ 在介电常数随温度变化的曲线中表现得不太明显，但是在介电损耗随温度变化的曲线中还是在相应的温度点存在介电损耗的异常情况。

同样发现，随着 Fe: KLTN 晶体中铌摩尔分数的增加，所有组分的三个相变温度都有增加的趋势，再连同升温曲线中室温和顺电相状态时的介电常数和介电损耗值一起列于表 4.12 中。

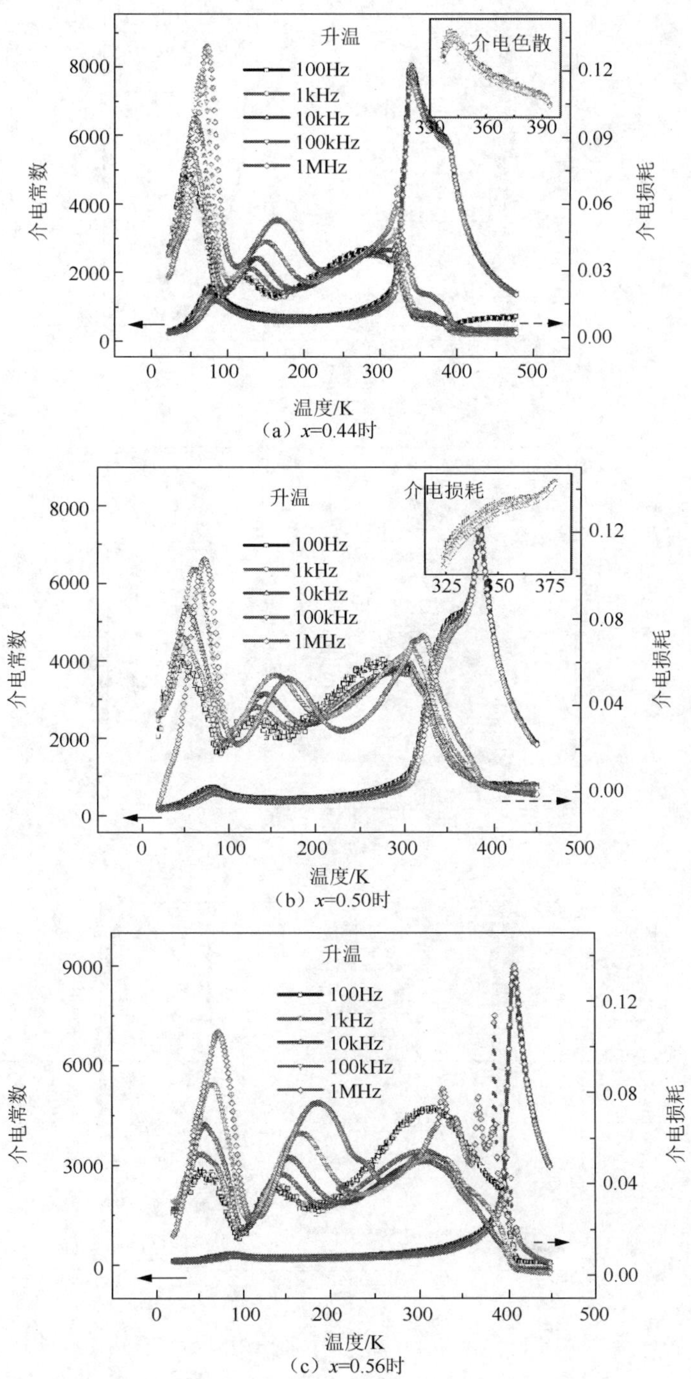

图 4.21 Fe: KLTN 晶体介电常数和损耗不同频率下随温度的升温曲线

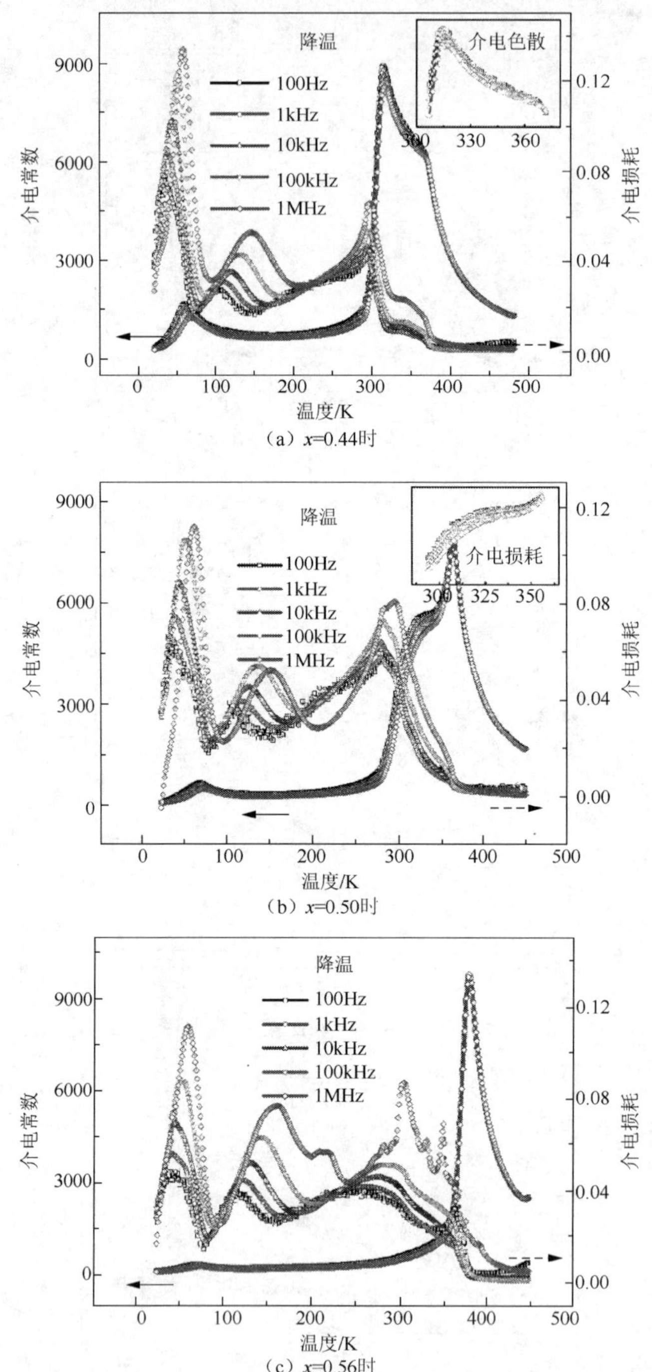

（a）x=0.44时

（b）x=0.50时

（c）x=0.56时

图 4.22 晶体 Fe: KLTN 介电常数和损耗不同频率下随温度的降温曲线

表 4.12 Fe: KLTN 晶体的一些典型介电参数和相变温度

x（Nb）	$T_{R\text{-}O}$/K	T_C/K	ε_{rRT}	$\tan\delta_{RT}$	ε_{rpara}	$\tan\delta_{para}$
0.44	80	320	1086	0.036	1345	0.0027
0.50	85	370	890	0.054	450	0.0019
0.56	90	410	358	0.054	2962	0.0026

相比于纯 KLTN 晶体，Fe: KLTN 晶体介电损耗的数值有着显著的变化，在整个温度区域都非常小，尤其是在室温附近及以上的铁电相时和进入顺电相后，这对于 KLTN 晶体的各种应用来说无疑是非常有帮助的。同样地，在介电测量的升温曲线和降温曲线中，较小的温度滞后现象被观察到，如图 4.23 所示。

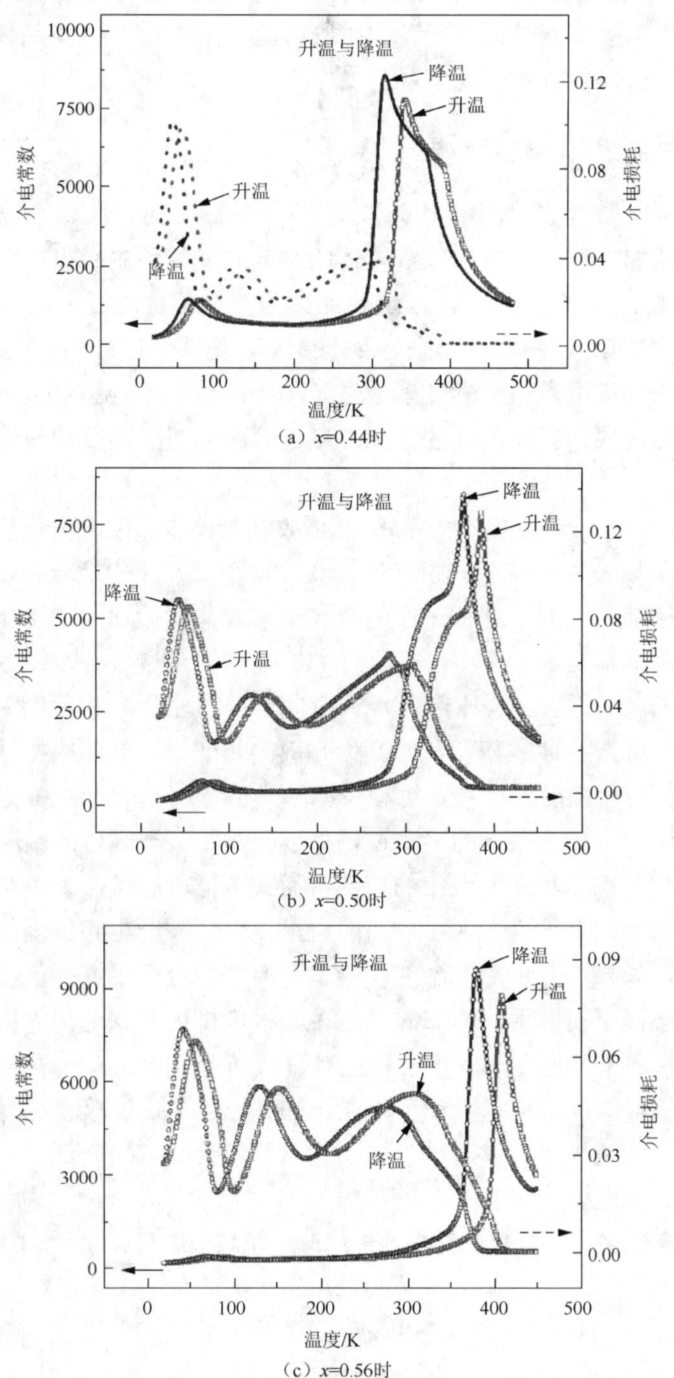

图 4.23　Fe: KLTN 晶体介电测量的温度滞后现象

而这种温度滞后现象也证明了 KLTN 系统的一阶相变特性，同时发现与纯 KLTN 的规律一致，在这三个组分晶体升温和降温曲线中，升温曲线介电峰温度都是高于降温曲线所对应的相变温度，而最大介电常数都是降温曲线高于升温曲线。

至此，对 KLTN 晶体进行有效的掺杂在改善其介电性能上确实有较为显著的效果，为晶体提供了良好的应用前景，同时也驱使我们在以后的工作中对 KLTN 晶体进行更为广泛的掺杂，也可以预期更好性能参数的出现[5,6]。

4.2.2 KLTN 晶体的介电弛豫性质

对于 KTN 类晶体而言，组分的不均匀性是一个不可避免的问题。复合型钙钛矿型晶体被 Smolenskii 首次合成以来，人们对弛豫铁电体的弥散相变特性先后提出了不少的理论模型和解释。同样是 Smolenskii 等在研究铌镁酸铅晶体的弛豫特性时提出了成分起伏理论，经过 Kirillov 和 Isupov 等的补充逐渐发展起来。成分起伏理论是基于复合离子随机分布现象，从统计数学角度建立起来的模型，在数学处理上做了不少简化，忽略了铁电体内极性微区之间的相互作用和在铁电体内同样存在的那些居里温度远离平均居里温度的极性微区对介电弛豫的影响[10]。

富铌 KLTN 晶体是复合型的钙钛矿晶体，造成铁电体内微区成分不均匀性的根源在于 B 位 Nb^{5+}和 Ta^{5+}阳离子以及 A 位 K^{+}和 Li^{+}（锂元素含量很低）无序地分布在晶体中，等同晶格位置将由相应的离子随机占据，这种无序的分布会造成晶体微观尺度上化学成分的起伏，即产生微观离子浓度与晶体宏观浓度不同的极性微区，进一步造成各个微区居里温度的差异，大量具有不同居里温度的微区就会引起弛豫铁电体宏观物理量（如居里温度）呈现弥散分布，从而使晶体产生具有弥散特性的相变，即产生弥散的相变峰，晶体内极性微区组分起伏的程度及居里温度对组分变化的敏感度决定了相变峰的峰值宽度。

在成分起伏理论中，极性微区的极化过程如下：对于某一固定的温度 T，铁电体内居里点大于 T 的微区发生从顺电相到铁电相的相变，而铁电体内居里点小于 T 的微区则保持顺电相，所以当温度略低于铁电体内微区中最高的居里点时，被顺电相包围的孤立的极性微区在铁电体中开始出现，如果进一步降低温度，一方面原来的这些极性微区慢慢长大；另一方面铁电体内新的极性微区不断产生，降低温度越多，极性微区在铁电体内所占的比例越大，甚至有些微区已经连接起来，随即形成自发极化畴以及畴壁。

每一个独立的极性微区都可以看作一个微小的铁电体，自发极化也是沿相应等价的晶体学方向。极性微区里的偶极子可以通过热扰动在这些等价的方向间跃迁，如施加电场则发生德拜介电弛豫，从而产生极化。

图 4.24 给出了富铌 KLTN 晶体的介电弛豫情况。在高于居里温度时，$\ln(T-T_m)$和 $\ln(1/\varepsilon-1/\varepsilon_m)$之间呈线性关系。

如图 4.24 所示，与 Fulcher 的结论相同，各曲线基本成线性关系，由这些曲线的斜率可以得出各样品的γ值，见表 4.13。

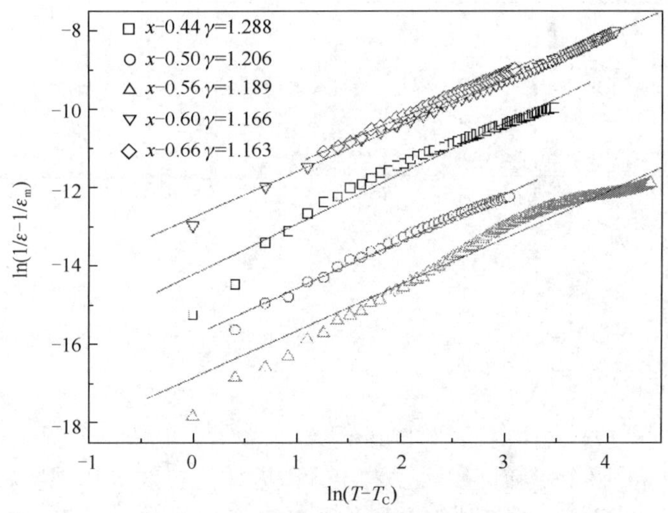

图 4.24　富铌 KLTN 晶体介电弛豫情况

表 4.13　富铌 KLTN 晶体的弛豫因子

铌的摩尔分数 x	γ
0.44	1.288
0.50	1.206
0.56	1.189
0.60	1.166
0.66	1.163

随着体系中铌的摩尔分数增加，KLTN 晶体的弛豫程度逐渐减弱，即在居里相变点以上温度区域内晶体中存在的极性纳米微区逐渐减少，相变过程愈加简单化，另外此结果与之前开展的研究工作结果相一致。

4.2.3　KLTN 晶体的介电可调谐特性

在外加电场的作用下，电位移矢量 $\boldsymbol{D}$ 随电场强度 E 的变化关系为[11]

$$\boldsymbol{D} = \varepsilon_0 E + P = \varepsilon_0 \varepsilon_{\mathrm{r}} E \tag{4.10}$$

式中，ε_{r} 即为相对介电常数。因此极化强度与外加电场的关系表示如下：

$$P = \varepsilon_0 (\varepsilon_{\mathrm{r}} - 1) E \tag{4.11}$$

当温度高于居里温度，铁电材料处于顺电相，其自发极化会完全消失，自发极化强度的变化就和线性电介质一样，相对介电常数值为 1，如图 4.25（a）所示。自发极化强度与外加电场呈线性关系，但实际上很多铁电材料在温度高于居里温度且处于顺电相时，自发极化强度与外加电场仍然呈非线性关系，相对介电常数呈现与铁电相一样的规律。本章所研究的富铌 KLTN 晶体就是在温度越过居里温度后，介电常数依然呈现非线性变化的规律。

铁电材料处于铁电相时则具有自发极化，在外加电场的作用下偶极矩会改变方向并进行重新排列，因此铁电材料 P-E 曲线呈现出电滞回线，如图 4.25（b）所示。而本节讨论介电可调谐性关注的重点是图 4.25（b）中的 O-A-B-C 段，即电滞回线的起始曲线。

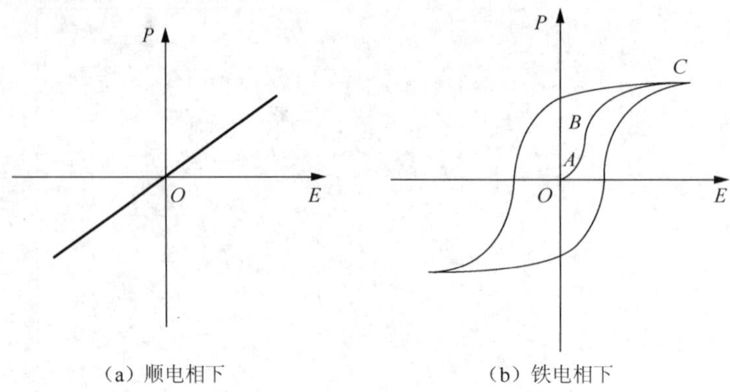

（a）顺电相下　　（b）铁电相下

图 4.25　*P-E* 关系曲线

从图 4.25（b）中的整个电滞回线可以看出，铁电体的自发极化强度和外加电场呈现非线性变化规律，因此介电常数显然是外加电场的函数。介电常数同时也是温度的函数，所以极化强度与外加电场的关系式改写为

$$P=\varepsilon_0[\varepsilon_r(E,T)-1]E \tag{4.12}$$

从式（4.12）可知，极化强度变化的非线性特点是电场可调的铁电体研究和应用的物理基础。

介电可调谐度（Tunability）通过介电常数在给定的温度下，外加直流偏压时的值与在无外加电场时的值的变化来测定，公式如下：

$$\text{Tunability}(\%)=\frac{\varepsilon(E_0)-\varepsilon(E)}{\varepsilon(E_0)}\times 100\% \tag{4.13}$$

式中，$E_0=0$，E 为计算可调谐度时的外加直流偏置电场。

对于可调谐的介电材料，其品质因子（K 因子）被定义为

$$K\text{因子}=\frac{\varepsilon(E_0)-\varepsilon(E)}{\varepsilon(E_0)}(1/\tan\delta) \tag{4.14}$$

组分为 $x = 0.44$ 的 KLTN 晶体被用来进行介电可调谐性能的研究，其介电常数和损耗在高于居里温度的四个温度下进行了测试，温度分别为 370 K、400 K、430 K 和 450 K。因为 0.44: KLTN 晶体的居里温度为 330 K，所以样品在这四个温度下都处于顺电相，只是靠近或远离居里峰的位置不同。在每个平衡温度下，外加直流偏置电压按照下面的顺序加载在样品上：①从 0 逐渐增加到 200 V/mm 左右；②再由 200 V/mm 逐渐减小为 0，偏压加载的步进为 10 V/mm。0.44: KLTN 晶体介电常数和损耗在不同温度下随偏压的变化情况以及介电可调谐度的结果见图 4.26。

如图 4.26 所示，介电常数随偏置电场的不断增大而下降，最后趋于稳定。可调谐度随外加直流偏置电场的增大而进一步增大，最大值 43%出现在 370 K 的测量温度，而此时加载的偏置电场仅为 160 V/mm。从开始施加电场到电场强度为 80 V/mm 区间，介电常数有微弱的上升行为，说明 KLTN 晶体存在电滞回线起始曲线的灵敏区，但电场强度超过 80 V/mm 时，介电常数开始迅速下降。当电场强度到达 160～200 V/mm 时，这种下降趋势趋于平缓，即电场调制介电常数饱和。同时，从图 4.26（a）也可以看出随着测试温度的增加，介电可调谐性的非线性程度减弱。如图 4.26（c）所示的介电损耗在测量温度为 370 K 和 400 K 时，随着外加电场的增大而减小到一个稳定值 A；在测量温度为 430 K 和 450 K 时，随着外加电场的增大而增大，最后趋于一个稳定值 B；很有趣的现象出现了，这两个稳定值 A 和 B 基本相同，

即 A≈B≈0.4。换言之，在不同的测试温度下，介电损耗在加载电压后趋于一致。这也与晶体内部的微观机制一致，即温度导致的热运动与外加偏置电场对晶体内部规整化之间的平衡。

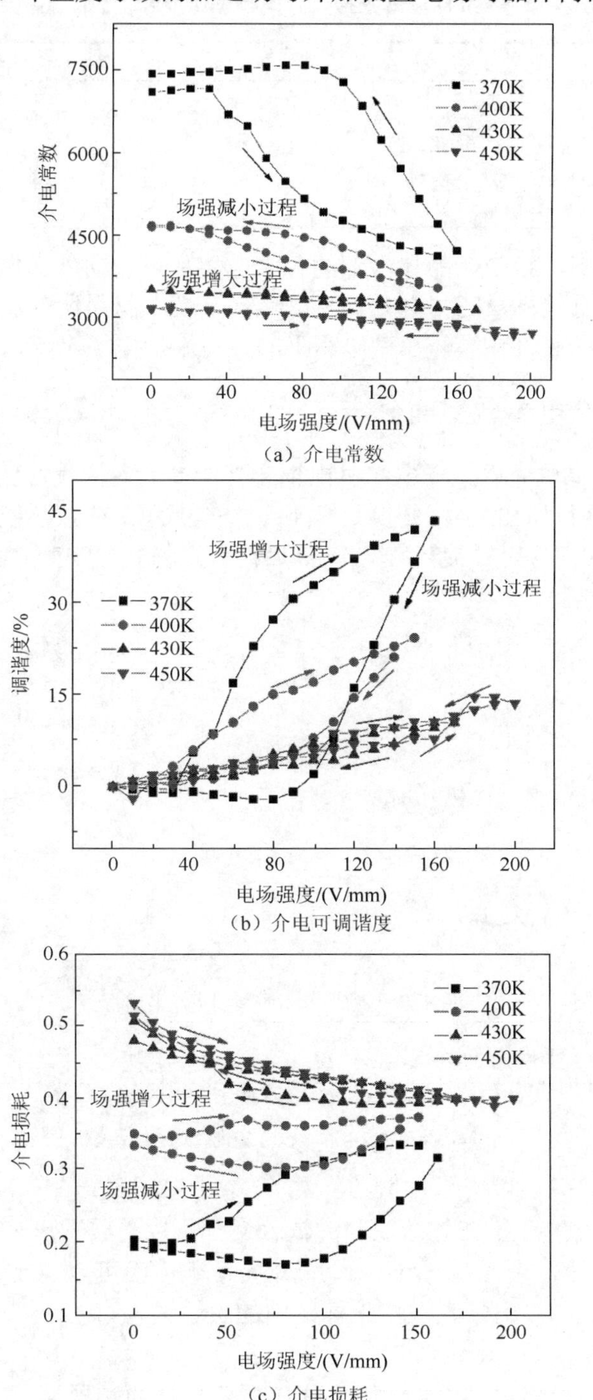

图 4.26　组分为 $x = 0.44$ 的 KLTN 晶体的介电可调谐性能

本章中，作者也对其他几个组分 KLTN 晶体的介电可调谐性能进行了探索，但由于 KLTN 系列晶体样品的介电损耗值相对较大，所以其介电可调谐性的品质因子经计算后不大。一系列 KLTN 晶体的最大介电可调谐度和相应的品质因子列于表 4.14 中。

表 4.14　KLTN 晶体的最大介电可调谐度和相应的品质因子

x	调谐度 $_{max}$/%	K 因子
0.43	43.2	1.36
0.49	10.6	0.18
0.56	27.6	0.28
0.62	51.2	2.87

在外加电场作用下，KLTN 晶体内部的各个电畴尽可能向外加电场的方向运动，电畴的运动除了和外加电场有关外，还与电畴自身的运动活性、材料所处温度密切相关。因此，以上几种因素综合决定了 KLTN 晶体在铁电相下的介电性能电场可调谐能力。

4.2.4　KLTN 晶体介电参数空间分布

为了研究 KLTN 晶体介电、压电和机电耦合性能的晶向依赖特性，分析其相应系数从一个取向到另一个取向所对应的坐标变换是必不可少的步骤。在数学模型中，坐标变换被定义为：首先是坐标轴沿 Z 轴顺时针旋转角度 ϕ，然后再沿 X 轴顺时针旋转角度 θ，如图 4.27 所示。

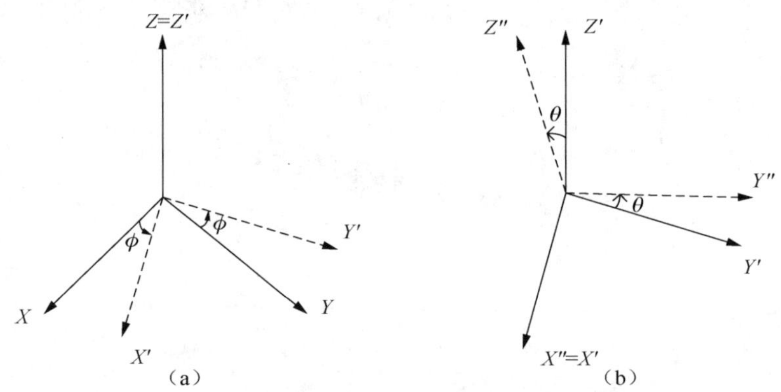

图 4.27　数学模型中坐标变化过程

与其相对应的坐标变换矩阵可以表示为

$$\boldsymbol{a}=\begin{pmatrix} \sin\theta\cos\phi & \sin\theta\sin\phi & \cos\theta \\ \cos\theta\cos\phi & \cos\theta\sin\phi & -\sin\theta \\ -\sin\phi & \cos\phi & 0 \end{pmatrix} \tag{4.15}$$

遵循这样的操作过程，物理量在任意取向的依赖性都可以被展示出来。

利用坐标变换规律，新坐标系下二阶的介电常数 ε 就可以表示出来，再应用压缩指标（notation）来简化计算，以上常数在新坐标系中的表达式为

$$\varepsilon'=\boldsymbol{a}\varepsilon\boldsymbol{a}^{\mathrm{T}} \tag{4.16}$$

式中，$\boldsymbol{a}$ 为转换矩阵，矩阵 $\boldsymbol{a}^{\mathrm{T}}$ 的上标“T”代表原矩阵 $\boldsymbol{a}$ 的转置。

这样，在三维空间中，介电系数 ε_{33} 可以被确定。由于 0.60: KLTN 晶体在室温下为四方相，具有 4mm 宏观对称性，因此可以确定它共有两个独立的介电参数，经过介电测试和相关计算，0.60: KLTN 晶体的介电参数被得到，即

$$\begin{bmatrix} \varepsilon_{11} & 0 & 0 \\ 0 & \varepsilon_{11} & 0 \\ 0 & 0 & \varepsilon_{33} \end{bmatrix} = \begin{bmatrix} 2130 & 0 & 0 \\ 0 & 2130 & 0 \\ 0 & 0 & 371 \end{bmatrix} \tag{4.17}$$

应用上述的计算方法，利用 Mathematica 软件进行模拟，介电、压电、弹性和机电耦合系数的三维分布图可以描绘出来。

图 4.28 给出了介电常数的晶向依赖性，最大介电常数出现在垂直于极化方向的[100]方向，同时最小值出现在平行于极化方向的[001]方向，这与其他钙钛矿固溶体的结果一致。

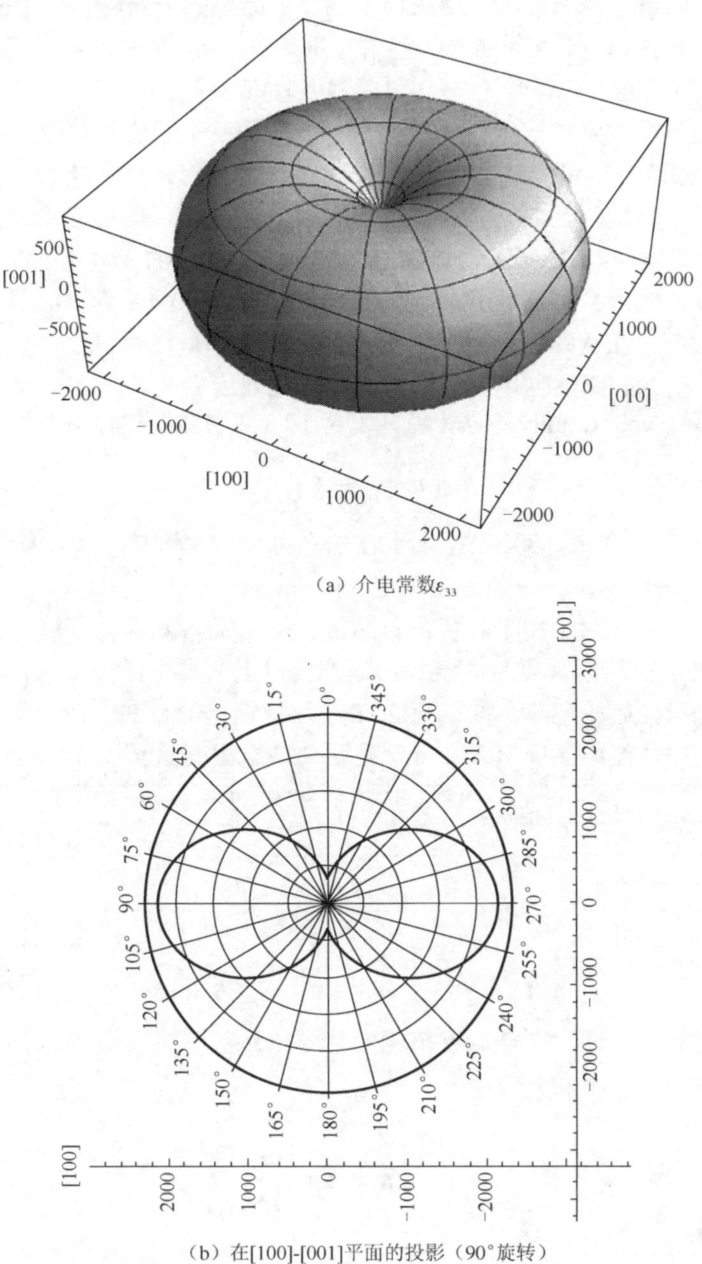

（a）介电常数ε_{33}

（b）在[100]-[001]平面的投影（90°旋转）

图 4.28　0.60: KLTN 晶体介电常数晶向依赖特性

4.3 KLTN 晶体的热释电性质

热释电效应是指极化强度随温度变化而表现出的电荷释放现象，宏观上表现为温度的改变使材料两端出现电压或产生电流。热释电效应的研究已经在铁电陶瓷和晶体领域开展数年，热释电材料因其涉及红外辐射检测方面的应用而引起了大家相当大的兴趣。对于不同热释电的应用，这类材料的电学性能可以使用热释电性能的品质因子（figure of merit，FOM）进行优化。这里给出一些热释电材料的热释电性能在应用时与器件性能直接相关的评价指标，比如电流响应度（F_i）、电压响应度（F_v）和探测灵敏度（F_D）[12]。

首先要明确热释电效应的具体分类，从材料处于的受力状态可以分为初级和次级热释电效应。在热释电性能测量过程中，温度发生变化，材料的尺寸和形状如果都保持不变（即材料受夹时）的情况下测量得到的是初级热释电效应。如果热释电材料温度发生变化可以自由地热胀冷缩（即材料自由时），又因为热释电材料是压电材料的一大类，晶体的应变就会产生额外的极化，所以此时测量得到的并非真的热释电效应，而称之为次级热释电效应。要想只得到初级热释电效应，在实际测量中很困难，因此大家都是在材料自由状态下进行热释电性能参数的测量，数值为初级热释电效应和次级热释电效应之和。

本工作采用 Byer and Roundy 方法来测量富铌 KLTN 晶体的热释电系数。热释电系数 p_i 为

$$p_i = \frac{i}{A\mathrm{d}T / \mathrm{d}t} \tag{4.18}$$

式中，i 为测量的热释电电流，通过 HP 4140B 热释电测试仪测量而得；A 为样品的电极面积；$\mathrm{d}T/\mathrm{d}t$ 代表了升温或降温速率（一般设定为 2～4 K/min）。

这里需要注意的是，对于用于热释电测试的晶体样品，其极化程序与前面提到的极化过程略有不同，如图 4.29 所示。当从高温（居里温度以上）加电压降温时，不在室温停留而继续降温至热释电测试的起始温度，即低温 20 K。这样极化的目的，在于更好地将晶体的所有相变在测得的热释电曲线中显现出来，特别是两个铁电相变。

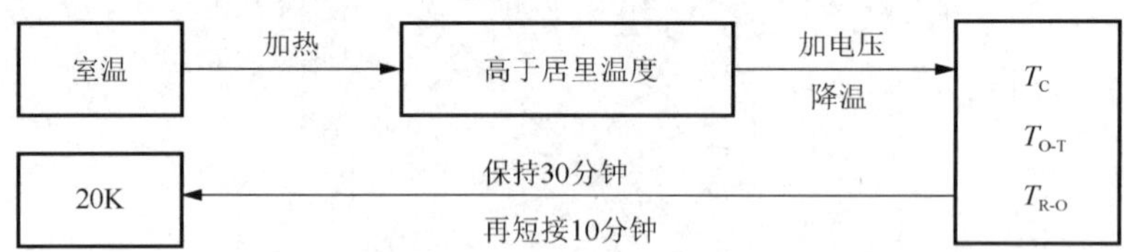

图 4.29　用于热释电测试样品的极化过程

自发极化强度 P_s 可以通过在全温度范围对热释电系数 p_i 的积分而求得。对热释电材料性能的评价通常采用以下三个品质因子。

电流响应度：

$$F_i = \frac{p_i}{C_v} \tag{4.19}$$

电压响应度：

$$F_v = \frac{p_i}{C_v \varepsilon_0 \varepsilon_r} \tag{4.20}$$

探测度：

$$F_D = \frac{p_i}{C_v \sqrt{\varepsilon_0 \varepsilon_r \tan \delta}} \tag{4.21}$$

式中，p_i 为热释电系数；C_v 为容积比热；ε_0 为真空介电常数；ε_r 为相对介电常数；$\tan\delta$ 为介电损耗。

4.3.1　自发极化随温度及组分变化规律

富铌 KLTN 晶体的热释电系数（黑线）和计算得到的自发极化强度（红线），如图 4.30 所示。

在热释电系数与温度的关系曲线中，富铌 KLTN 晶体的各个相变点都很清晰地显示出来，特别是居里峰，而且随着铌摩尔分数 x 的增加，居里温度逐渐增大。通过计算可得到室温下热释电性能品质因子（F_i、F_v 和 F_D）。热释电系数、计算得到的自发极化强度和三种热释电性能品质因子列于表 4.15 中。

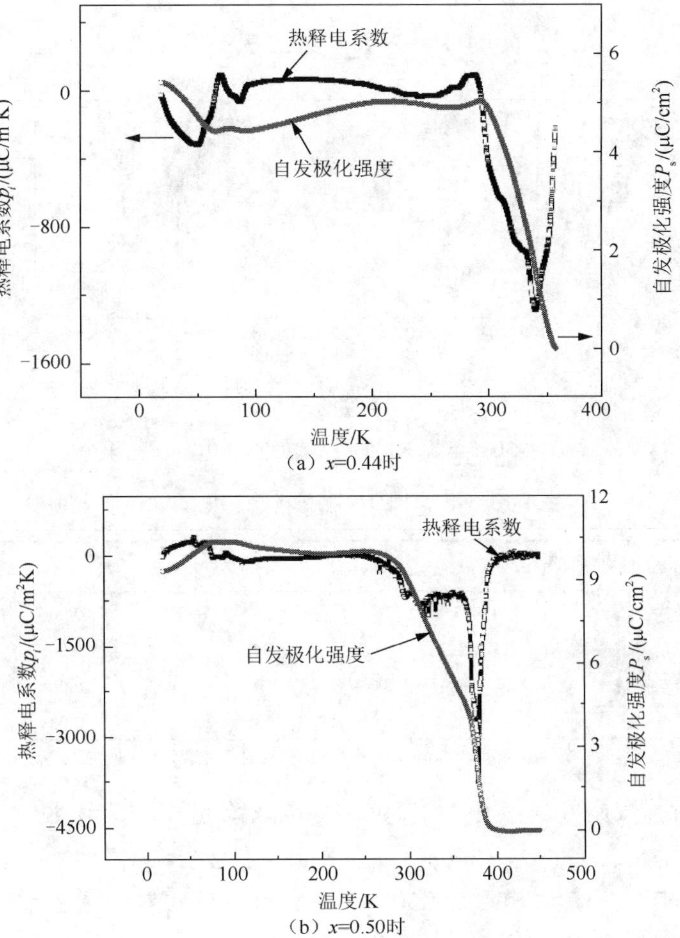

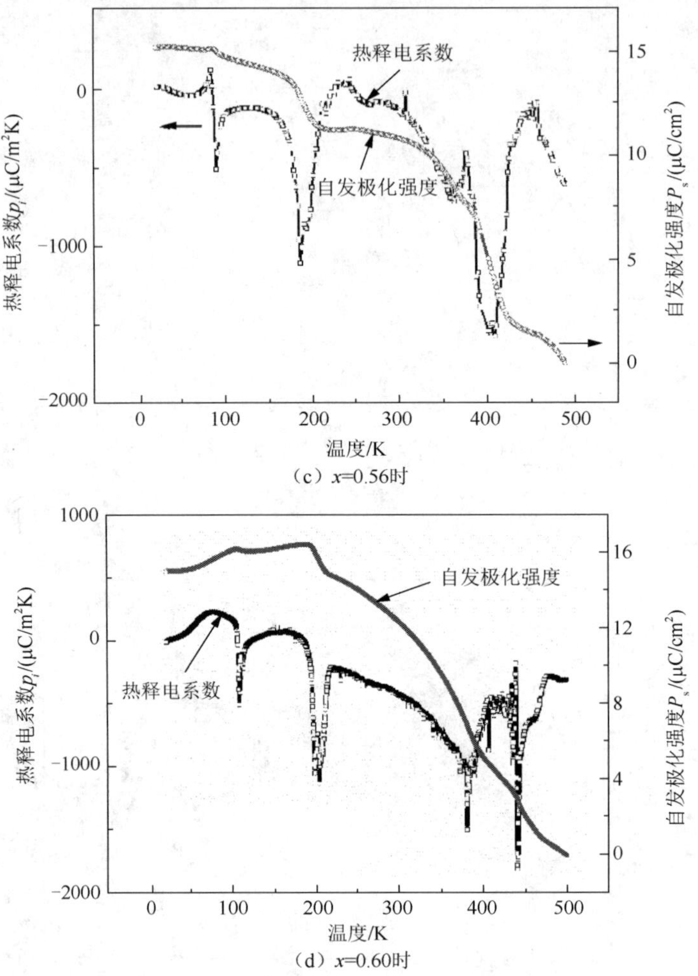

(c) x=0.56时

(d) x=0.60时

图 4.30 富铌 KLTN 晶体的热释电测试结果

表 4.15 富铌 KLTN 晶体的热释电测试结果

x	p_i/（μC/ m²·K）	P_s/（μC/cm²）	F_i/（pm/V）	F_v/（m²/C）	F_D / μPa$^{-\frac{1}{2}}$
0.46	384	5	142	0.006	2.07
0.51	632	9	243	0.009	2.63
0.55	144	10.8	58	0.006	1.88
0.62	400	12	148	0.037	5.92

注：p_i 表示热释电系数；P_s 表示自发极化强度；F_i 表示电流响应度 FOM；F_v 表示电压响应度 FOM；F_D 表示探测度 FOM

从表 4.15 中所列数据可以看出，测得的热释电系数 p_i 和计算得到的自发极化强度都非常可观。热释电系数的最大值 632 μC/（m²·K）在 0.51: KLTN 中得到，这个数值比现在广泛应用的热释电材料 $LiTaO_3$ 的热释电系数 230 μC/（m²·K）还可观。这些可观的热释电系数预示着 KLTN 系统是一种很有前景的热释电材料。

自发极化强度的变化规律则更加明显：随着铌摩尔分数的增加，自发极化强度也变大。自发极化强度的最大值在 0.62: KLTN 晶体中得到，数值为 12 μC/m²，这也与接下来在电滞回线中得到的结果相匹配。当居里温度减小到室温附近时，晶体本身容易受周围环境的影响，致使这些样品很轻易地退极化，从而自发极化强度退化到一个很低的水平。在计算品质因子的过程中需要注意的是，KLTN 晶体的容积比热被估计与集成材料相比拟，数值在 2.5×10^6 J/（$m^3\cdot K$）左右，所以这四个组分的容积比热分别设定为 2.7×10^6 J/（$m^3\cdot K$）、2.6×10^6 J/（$m^3\cdot K$）、2.5×10^6 J/（$m^3\cdot K$）和 2.4×10^6 J/（$m^3\cdot K$）。电流响应度 FOM 的最大值（243 pm/V）在 0.51: KLTN 晶体中得到，而电压响应度 FOM 和探测度 FOM 的最大值分别为 0.037 m^2/C 和 5.92μ$Pa^{-1/2}$，均在 0.62: KLTN 晶体中得到。因为 KLTN 系统相对较大的介电常数和介电损耗，所以电压响应度 FOM 和探测度 FOM 比起经典的热释电材料（如上面提到的 $LiTaO_3$）要小。

4.3.2 掺杂对热释电效应的优化及分析

在热释电性能测试之前，三种组分掺铁的 KLTN 晶体均在 100 V/mm 的外加电场下极化。图 4.31 给出了 Fe: KLTN 晶体在不同温度下的热释电系数和计算得到的自发极化强度曲线。

由这三个组分的热释电系数曲线，可以发现其在居里相变温度附近的急剧变化，同样也能看到三方-正交铁电相变的拐点；而对于正交-四方相变的变化点，仍然不能很清晰地观察到。

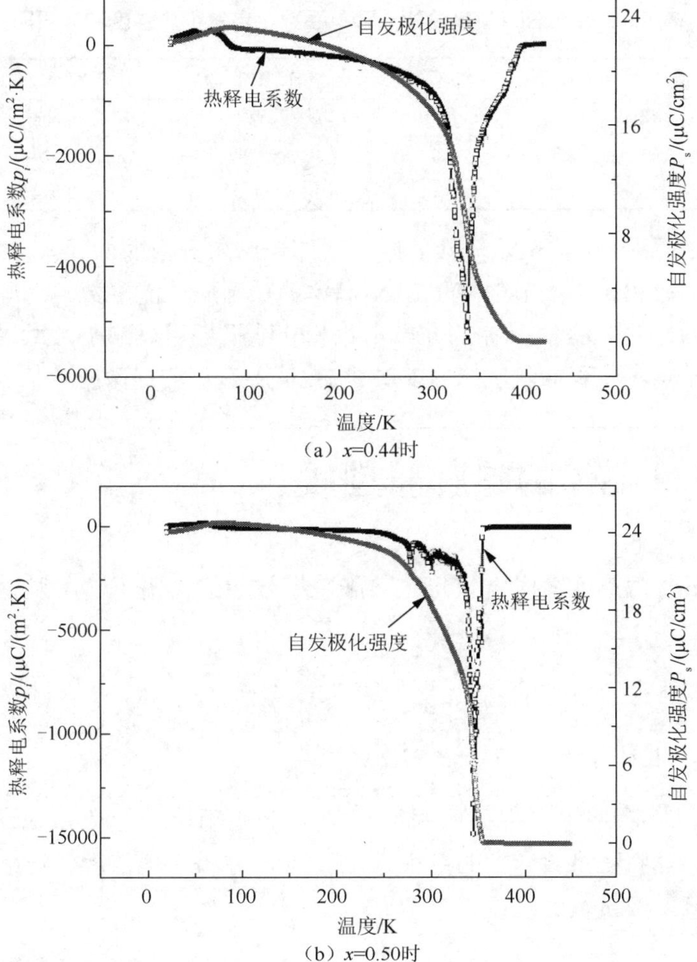

（a）x=0.44时

（b）x=0.50时

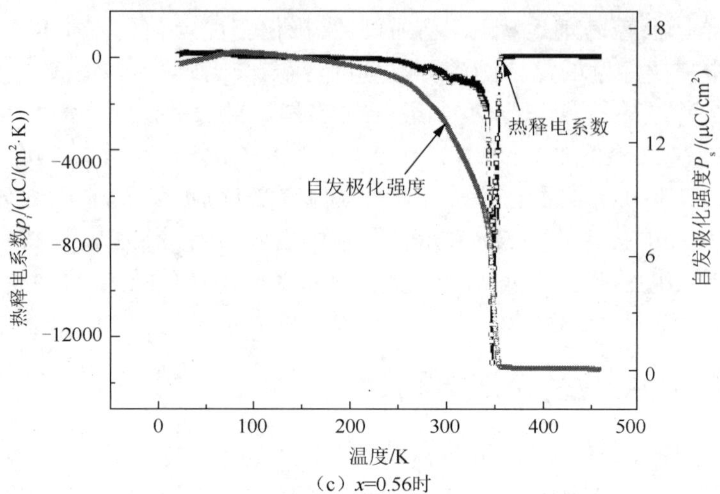

（c）x=0.56时

图 4.31 Fe: KLTN 晶体的热释电系数和自发极化强度随温度的曲线

Fe: KLTN 晶体热释电性能的品质因子（F_i、F_v 和 F_D）也得到了计算，再连同室温时的热释电系数（p_i）和自发极化强度（P_s）一起列于表 4.16。

表 4.16 Fe: KLTN 晶体的热释电系数、自发极化强度和品质因子

x（Nb）	p_i /（μC /（m^2 · K））	P_s /（μC / cm^2）	F_i / (10^{-10} m/V)	F_v /（m^2 / C）	F_D / (10^{-5} $Pa^{-1/2}$)
0.44	914	17	3.39	0.005	0.42
0.50	665	16.4	2.46	0.024	1.40
0.56	250	13.3	0.93	0.014	0.23

随着 Fe: KLTN 晶体中铌摩尔分数的减少（即钽摩尔分数的增加），热释电系数和自发极化强度也随之增加。相比于上节中纯 KLTN 晶体的热释电性能参数，这些数值相当可观，而且更加稳定，因为掺铁 KLTN 晶体的介电常数和介电损耗明显减小，所以热释电性能的品质因子，特别是电压响应度和探测敏感度 FOM，数值上有着明显改善[10,11]。

4.4 KLTN 晶体的热膨胀性质

热膨胀是指外部温度改变时，材料在热胀冷缩效应的作用下，所发生的拉伸或收缩的行为，这一过程可以用下述关系式来形容

$$x_{ij} = \frac{\Delta L}{L} \tag{4.22}$$

$$\alpha = \frac{1}{L}\frac{\Delta L}{\Delta T} \tag{4.23}$$

式中，x_{ij} 为材料的膨胀或收缩的量 ΔL 与原长度 L 之间的比值；ΔT 为温度的改变量；α 称为线性热膨胀系数。热膨胀系数通常的量级为 10^{-6} /K，并极大地依赖于温度的变化，或者说对于温度变化的响应是非常敏感的。

热膨胀系数是一个对称的二阶张量，它在材料中空间分布的剖面图如图 4.32 所示，可见热膨胀系数与介电常数不同，α 可以是正的也可以是负的，在某一特定的方向甚至可以为零。

热膨胀特性的测试首先是对材料的力学与热学综合特性的一种表征。另外，对于铁电体而言，热膨胀系数的测试过程不同于介电和热释电等测试手段，没有外加电场或者应力的参与，完全依靠材料对于温度变化的响应，所以通过热膨胀特性的测试，可以通过材料结构的变化找到相变温度，同时可以研究材料的各向异性，内部原子力以及铁电材料所存在的动态局域极化的特性。

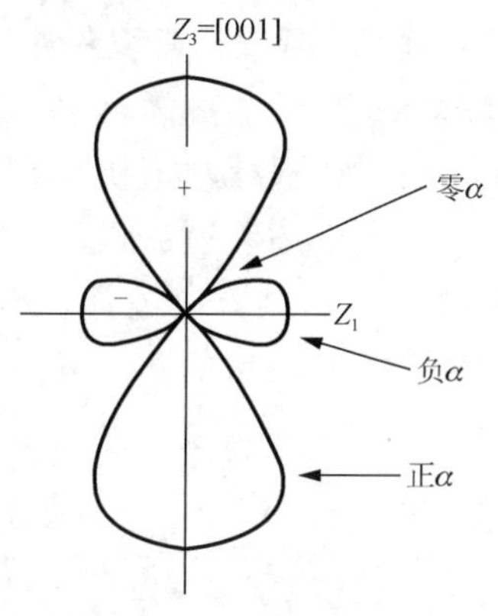

图 4.32　热膨胀系数空间分布图

在钙钛矿以及钨青铜结构的材料中，在材料的相变温度 T_m 以上约 100℃的温度范围内，随机的局域极化仍然存在，并在 T_d 以上才完全变为零。在 T_m 到 T_d 的温度范围内，平均的极化强度 $\bar{P}$ 为零，但方均根极化强度 $\left(\bar{P}^2\right)^{1/2}$ 却不为零，这一现象也称为偶极子玻璃态极化。通过热膨胀的测试，可以观察到 T_d 的存在，确定 T_d 的大小，以及计算局域极化的大小[10]。

测量材料热膨胀性能的常用方法有两种。一是光学相干法，样品置于热台上，样品上放置了一块光学平板，并与样品间形成一个空气间隙，产生干涉条纹。这样当温度导致样品发生形变时，可以通过干涉条纹的变化测得样品热膨胀的形变和系数；另一种方法，是将样品置于控温腔中，使用顶杆将材料夹持住，材料在变温过程中的微小形变都可以通过顶杆传送出来。因为这种方法可以将材料不同方向的热膨胀性能区分开来进行测试，所以非常适合晶体类的材料，根据晶向，切割不同取向的晶体样品，可以从热膨胀性能的数据中得到材料更多的物性信息。

本工作中所采用的测试手段就是基于后一种方法并将其改进发展而来的，称为线性电压差动变换（linear voltage differential transformer, LVDT）法。这里顶杆所感受到的微小变化被传送至线性电压差动膨胀计，这种方法的优势在于每一个单位的形变量都会被线性的赋予一个电压输出，将力学变量与电学变量线性的联系在一起，测试结果更精确、扰动小，可以全电脑程序控制，与其他测试方法相比具有极大的优越性[9]。

4.4.1　热膨胀形变与零极化温度

在本节工作中，选取 $x = 0.52$、0.60、0.69 和 0.78 四个组分的 KLTN 晶体，且每个组分均准备了沿[100]和[001]方向的长柱（长度在 2～3.5 mm）来研究其热膨胀性能。

（1）样品准备：用于热膨胀的样品是分别沿着四块晶体的 c 轴方向和 a 轴方向切割而成的长条状晶块，保证测试方向与其垂直方向的长度比大于 3，以确保得到明显的形变结果。

（2）极化处理：在待测晶块的 c 轴两端镀银电极，并将样品置于温控腔中升温至高于居里温度，加一个适当大小的电压，约为 350 V/mm，降温至室温完成极化的过程。无论沿 a 轴或是沿 c 轴切割的晶块，其极化处理都是沿着自发极化的 c 轴方向进行的。

（3）测试过程：样品置于热膨胀温控腔体中，用石英玻璃顶杆将其固定于二级控温玻璃管中，并行放置一个尺寸与样品相当的石英玻璃标准件作为测试时的参考样品。温度对于样品膨胀的影响用线性电压差动变换器（LVDT）测得，其具体型号为 Series 6500, Theta Industries, Inc., NY。测量的温区设定为 140～800 K，升降温速率均为 2℃/min。因为进行测试的是极化后的样品，所以升降温程序设置为：先从室温降至低温（140 K），再升温至最高温度（800 K），最后降至室温。此时样品已基本退极化，也同样进行了连续第二个温度循环的热膨胀性能测量，以对比极化与退极化状态对材料热膨胀性能的影响。

使用上述测试流程，对 x=0.52、0.60、0.69 和 0.78 的富铌 $K_{0.95}Li_{0.05}Ta_{1-x}Nb_xO_3$ 系晶体分别沿 c 和 a 轴方向进行了热膨胀的测试。对四个组分，八块样品测试所得的热膨胀形变及热膨胀系数的结果如图 4.33～图 4.36 所示。

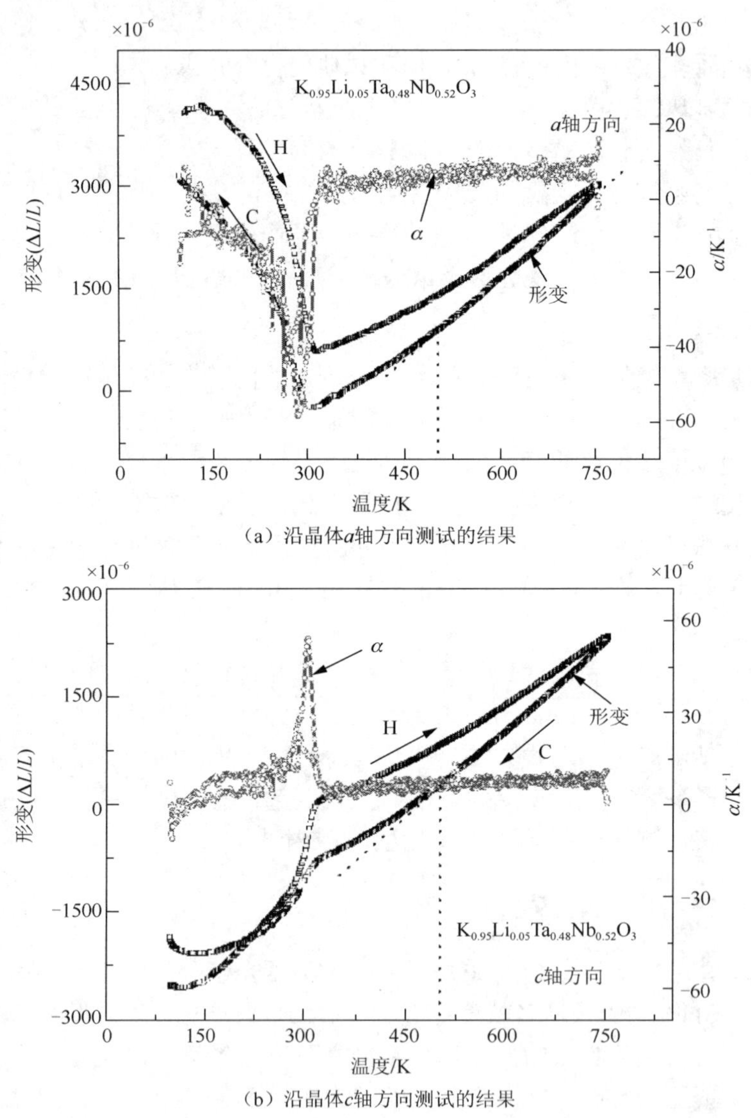

图 4.33 晶体 0.52: KLTN 的热膨胀性能

从以上的结果中发现：在室温时，热膨胀形变和热膨胀系数的值都比较小，但是在相变温度附近时就呈现出很剧烈的变化。所有组分的 KLTN 单晶的热膨胀曲线都存在一个或多个拐点，这一拐点所在的位置就标志着一次结构相变的发生。在这一拐点处，热膨胀系数也出现了急剧的变化而不再是相对的稳定值。除了 0.52: KLTN 晶体之外，得到了其他的三个组分晶体的二次结构相变，从高温到低温，对应着立方相到四方相再到正交相的变化。而对于 0.52: KLTN 晶体，因为测试温区没能达到足够低，所以只得到了第一次的顺电-铁电相变温度点。

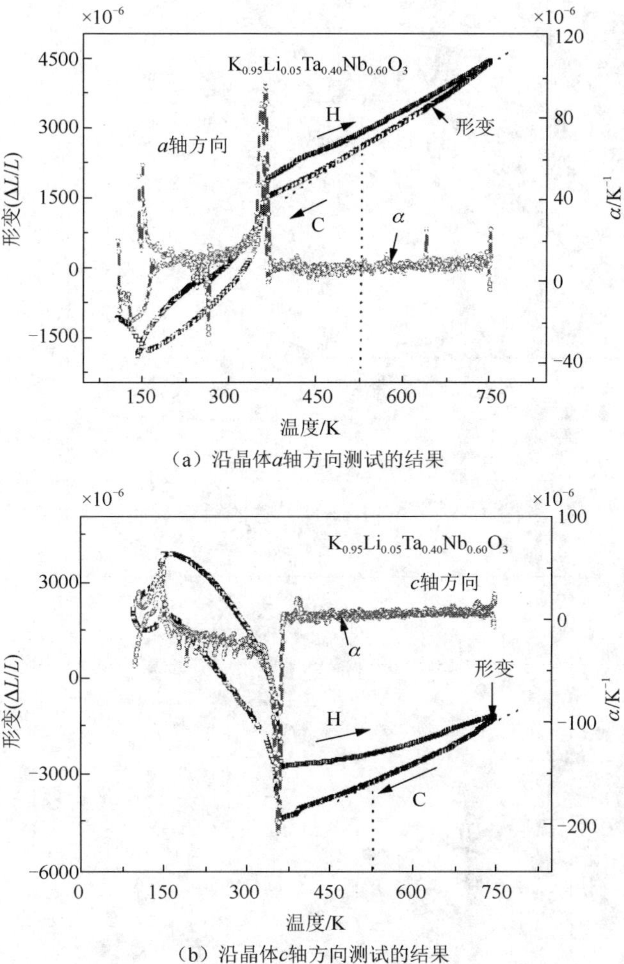

（a）沿晶体a轴方向测试的结果

（b）沿晶体c轴方向测试的结果

图 4.34　0.60: KLTN 晶体的热膨胀性能

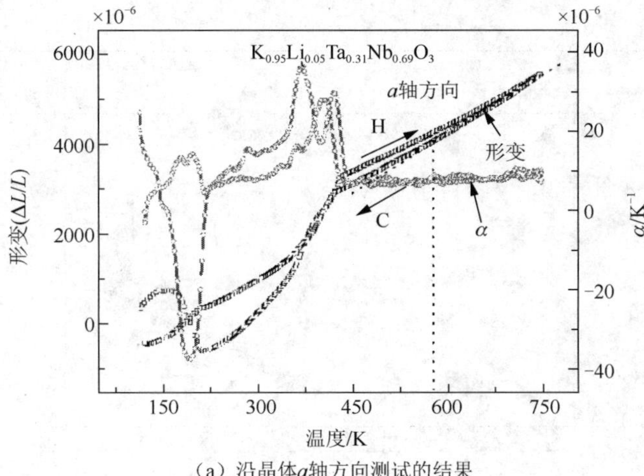

（a）沿晶体a轴方向测试的结果

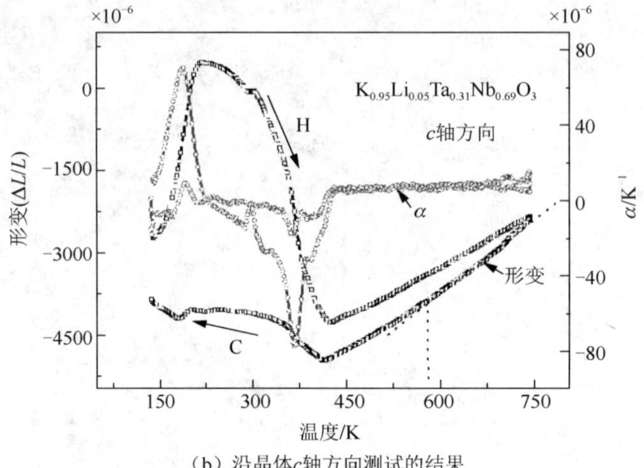

（b）沿晶体c轴方向测试的结果

图 4.35　0.69: KLTN 晶体的热膨胀性能

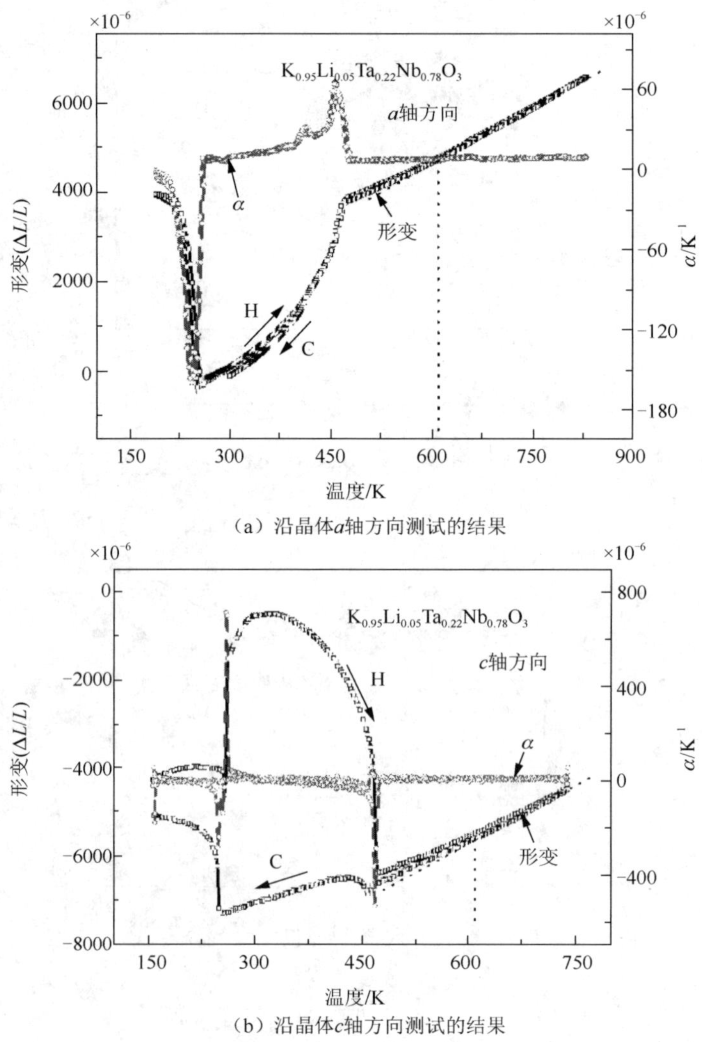

（a）沿晶体a轴方向测试的结果

（b）沿晶体c轴方向测试的结果

图 4.36　0.78: KLTN 晶体的热膨胀性能

另外，热膨胀形变在高温区呈线性关系，而在顺电-铁电相转变温度 T_m 以上，热膨胀与温度的关系并没有变为完全的线性，而是在某一个温度 T_0 之后才完全变为线性关系。这里 T_0 的意义类似于弛豫铁电体中的 T_d，作者定义这样的一个温度 T_0 为零极化温度。

对于标准铁电体来说，T_m 处极化强度应变为零。但事实上，在 KLTN 晶系中，温度高于 T_m 时，极化强度仍旧存在并逐渐减小，直到 T_0 处极化强度才真正变为零。T_m 和 T_0 之间所存在的极化称为动态局域极化，是一种玻璃态的极化机制，具有泡状的不规则极化区域，且极化区域尺寸随温度升高逐渐减小并慢慢消失。观察不同的单晶组分，可以发现，当铌摩尔分数越少时，这种非线性越明显，而对于铌摩尔分数为 0.79 的样品，高温区域较之其他组分更倾向于线性关系。从热膨胀数据中得出各组分的相变温度点 T_m、零极化温度 T_0 及热膨胀系数 α 并归纳于表 4.17 中。

表 4.17　KLTN 晶体热膨胀测试的结果

组分	T_m/K	T_0/K	T_0-T_m/K	$T_{T\text{-}O}$/K	αc 轴方向/$\times10^{-6}\,K^{-1}$
0.52: KLTN	325	500	175	—	3.37
0.60: KLTN	365	529	164	170	4.83
0.69: KLTN	435	575	140	230	4.27
0.78: KLTN	480	604	124	260	3.22

由表 4.17 中的对比结果可以看出，KLTN 系单晶的稳定热膨胀系数在 3×10^{-6}～$4\times10^{-6}\,K^{-1}$，室温附近膨胀效应并不明显，不易发生由于温度变化而脆裂的现象。另外，随着 KLTN 晶体中铌摩尔分数的增大，零极化温度 T_0 也在 500 K 到 600 K 的范围内逐渐增大；而 T_m 与 T_0 的差值 T_0-T_m 却随着铌摩尔分数的增大而减小。这说明随着铌摩尔分数的增加，晶体样品居里温度增加的同时，其极性微区存在的温度范围逐渐减小，但仍有 150 K 左右。

4.4.2　热膨胀形变的取向特性

本工作对 KLTN 晶体不同取向的样品的热膨胀数据进行了比较，如图 4.37 所示。可以看出，无论是 a 轴方向或是 c 轴方向的晶块，都可以得到一致的相变温度。可见产生相变的时候，晶胞并不是只有单一方向在变化，而是三个方向共同作用的结果。另外，可以发现对于 KLTN 系单晶的热膨胀形变，沿 a 轴的形变为正，而 c 轴为负，这意味着相变过程中 a 轴在伸长，而 c 轴在收缩。而在高温区域，两轴近乎平行，随温度变化的形变量相当，都在线性的变化，正是立方相各向同性的表现和佐证。

在不同的晶向之间，相变温度处还存在着正负膨胀率对应出现的情况，以 0.78: KLTN 晶体为例，在立方-四方相的转变点，a 轴方向样品的膨胀率为正，即随着温度增加，a 轴方向上出现了正膨胀，而 c 轴方向样品在这一温度区间的热膨胀系数却为负，即出现了热缩冷胀的现象。而四方相向正交相转变时，a 轴方向出现负膨胀，c 轴方向相对地出现了正膨胀，这是由于结构相变所导致的负热膨胀现象。

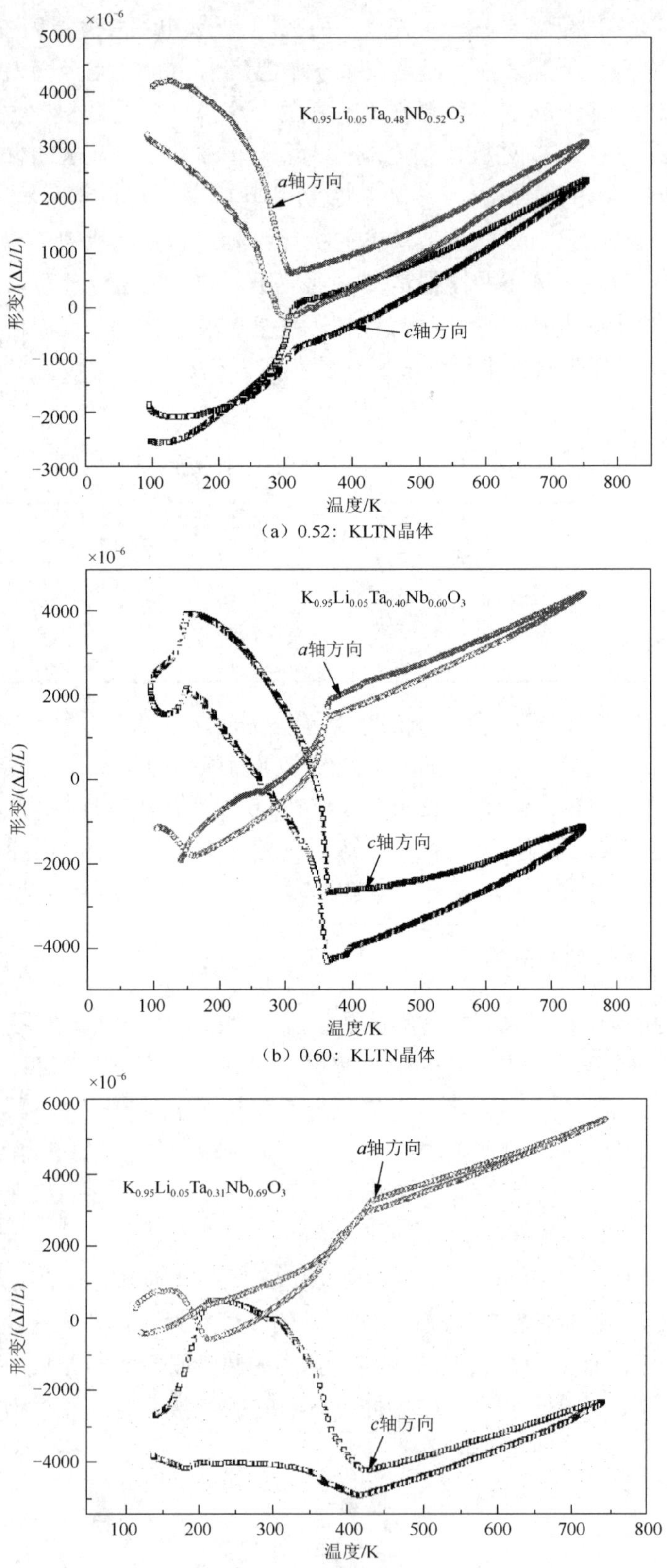

（a）0.52：KLTN晶体

（b）0.60：KLTN晶体

（c）0.69：KLTN晶体

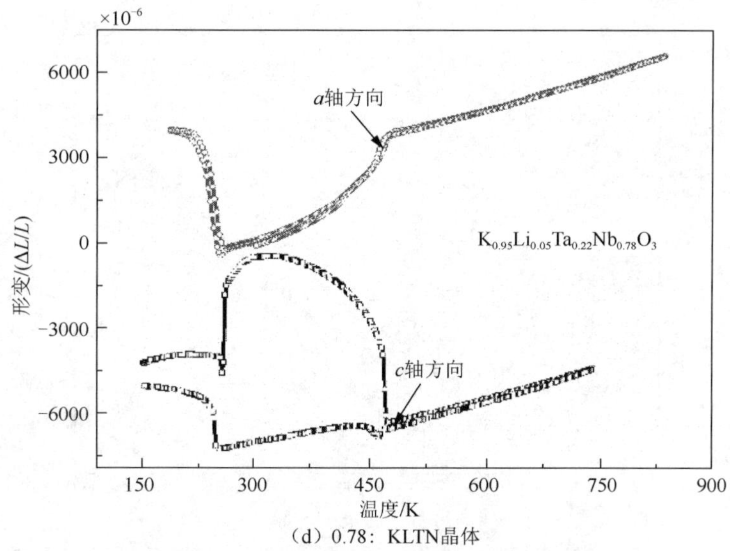

（d）0.78：KLTN晶体

图 4.37　KLTN 晶体不同取向的热膨胀性能的对比

4.4.3　热膨胀的结构相变

至此，对于 $K_{0.95}Li_{0.05}Ta_{1-x}Nb_xO_3$ 样品 x=0.52、0.60、0.69 和 0.78 四个晶体组分，通过介电和热膨胀两种实验手段分别得到了它们的相变点。通过对比两组实验数据，发现两种实验手段得到的结构相变温度并不相同，两个峰值之间存在着一定的偏差，数值结果被总结列于表 4.18 中。

表 4.18　介电温谱与热膨胀测试所得的 KLTN 单晶的居里温度

组分	介电 T_C/K	热膨胀 T_C/K
0.52:KLTN	380	325
0.60:KLTN	440	365
0.69:KLTN	500	435
0.78:KLTN	560	480

对于一阶相变而言，介电常数和热膨胀系数均应当在材料的居里温度处出现峰值或者跃变。但表 4.18 中的结果指出，对于所测试的样品，两组数据的峰值存在着 60 K 左右的差别，通过介温谱测试得到的峰值要大于热膨胀测试的结果。两者的对比置于图 4.38 中。

对于铁电-铁电相变，三种实验手段的结果吻合的很好，而对于顺电-铁电相变的转变温度，热膨胀曲线在介温谱开始上升的温度处便展现出了数据的峰值。通过图 4.38（d）可以很清楚地看到介电与热膨胀在 260 K 处都出现了四方相至正交相的相变。但观察图 4.38（a）～（c）可以发现，热膨胀数据出现急剧转折的位置恰好处于介电数据开始上升的位置。

通常而言，对于一阶相变的铁电体，其居里温度应该在介温测试与热膨胀测试中得到一致的结果，但由于 KLTN 晶体是一种固溶物体系，组分存在着很大的不均匀性。晶块中某一部分由于温度变化开始出现形变，引发了热膨胀曲线的变化。而此时材料中介电性能的改变才刚刚开始，只有组分比例最高的部分产生结构变化时，介温谱才会出现其峰值。固溶物体系组分的不均匀性导致 KLTN 系晶体有着许多不同于传统铁电体的性能，也存在很多尚未解释的现象，这都为 KLTN 系晶体的实用提供了更多的可能。

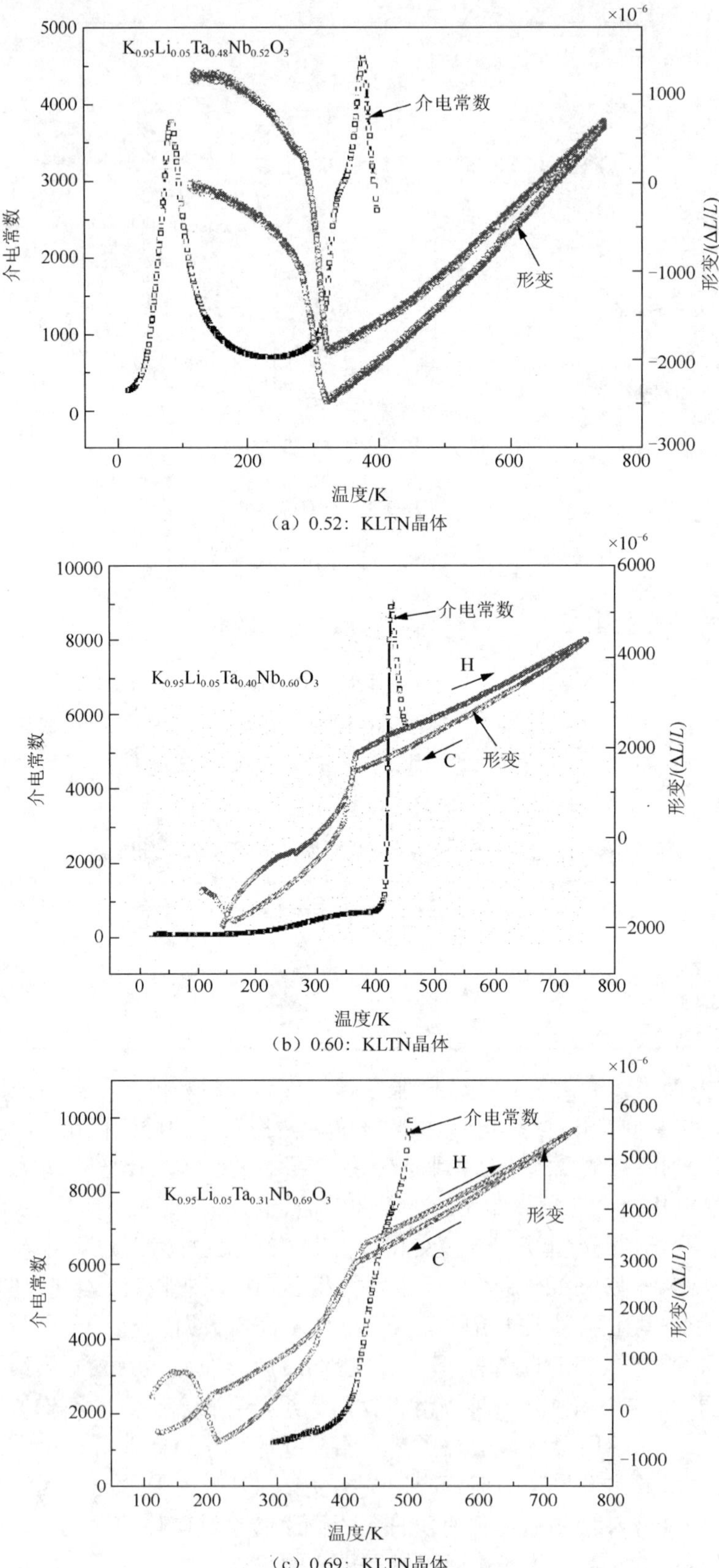

(a) 0.52：KLTN晶体

(b) 0.60：KLTN晶体

(c) 0.69：KLTN晶体

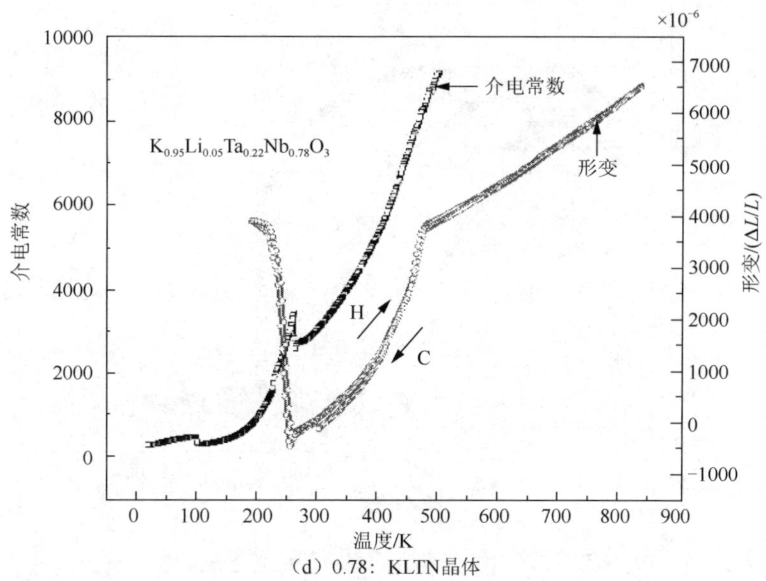

（d）0.78：KLTN晶体

图 4.38　KLTN 单晶介电与热膨胀性能的对比

4.4.4　自发极化强度与动态极化强度

对材料的热膨胀行为进行研究，除了可以给出样品在热学和力学方面的膨胀特性、结构相变特点以及晶向依赖等信息，热膨胀形变还与材料内部的极化强度存在密切的关系。

$$x_{ij}=\frac{\Delta L}{L_0}=Q_{ijkk}P_k^2 \tag{4.24}$$

式中，$\Delta L/L_0$ 和 x_{ij} 为样品的热膨胀形变；P_k 表示极化强度；而 Q_{ijkk} 是四阶的电致伸缩系数，可以在顺电相时测定，且对大多数钙钛矿结构的材料可以认为电致伸缩系数为一个常数，这里可以取 $Q_{11}=9.5\times10^{-2}\ \mathrm{m^4/C^2}$ 和 $Q_{12}=-3.1\times10^{-2}\ \mathrm{m^4/C^2}$。

这一关系式描述了热膨胀与极化强度 P 之间的关系，或者说是热膨胀与（P^2）$^{1/2}$ 之间的关系。在零极化温度以下，材料的外部极化整体表现为零，即 P 的平均值为零，但其方均根却不为零。由热膨胀形变的实验结果，可以计算得到材料内部所存在的总的极化强度的大小，其中温度 T_m 和 T_0 之间所存在的极化强度就称之为动态局域极化强度，用 P_d 来表示。

对于 $K_{0.95}Li_{0.05}Ta_{1-x}Nb_xO_3$ 的 x=0.52、0.60、0.69 和 0.78 四个晶体组分，由高温向低温积分 c 轴方向热膨胀形变的结果，得到了总极化强度的大小，如图 4.39 所示。由结果可以看出，在室温下随着铌摩尔分数的增加，总的极化强度随之增大。在每个样品的居里温度点处，极化强度急剧下降，在高于居里温度的位置保持小的波动，而并未完全变为零。

此时，将样品总的极化强度与其自发极化强度进行对比，可以定量地分析动态局域极化在这一过程中所起到的作用。热释电测试便可以为我们提供自发极化强度的信息。

热释电效应指的是当材料外部环境温度改变时，材料内部产生自发极化，在上下表面产生感应电荷的效应。这一过程描述如下：

$$i_P = Ap\frac{\mathrm{d}T}{\mathrm{d}t} \tag{4.25}$$

式中，i_P 为电流；A 为样品上的电极面积；p 为热释电系数，μC/（$\mathrm{m^2\cdot K}$）；$\mathrm{d}T/\mathrm{d}t$ 为单位时间内温度的变化率，本工作中的温度变化率为 4℃/min。

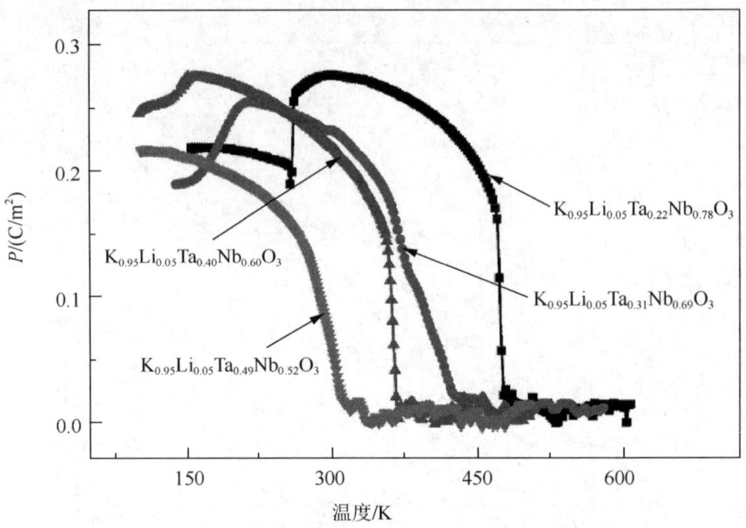

图 4.39 KLTN 晶体计算得到的局域极化随温度的变化情况

热释电效应测量的是由于温度变化所导致的样品表面电荷的变化，测试结果很精确，是自发极化的重要实验手段。通过测试，可以了解材料在不同温度下的热释电系数，且通过对热释电系数的积分，能够得到材料的自发极化强度。

在进行测试之前，要先对样品进行极化处理，而后降低样品温度，使用 HP 4140B 热电分析仪及电脑控制的控温和数据采集软件，在变温的过程中，收集表面电荷，得到 KLTN 晶体的热释电结果，并从低温向高温积分热释电系数，得到样品自发极化强度 P_s。

将热膨胀测试所得到的总极化强度和热释电测试得到的自发极化强度随温度的变化曲线，以及室温下的值进行对比，结果如图 4.40 和表 4.19 所示。

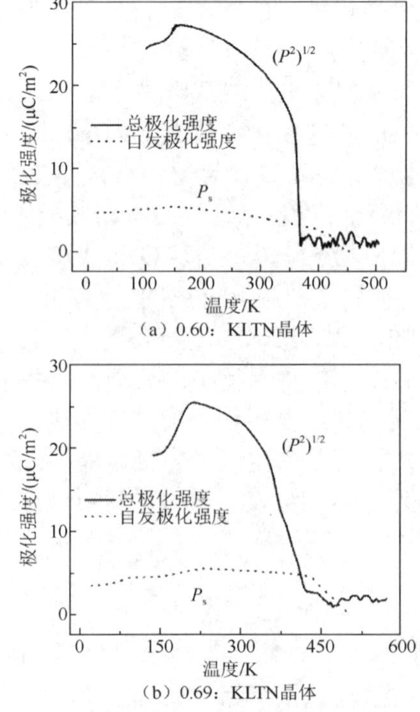

（a）0.60：KLTN晶体

（b）0.69：KLTN晶体

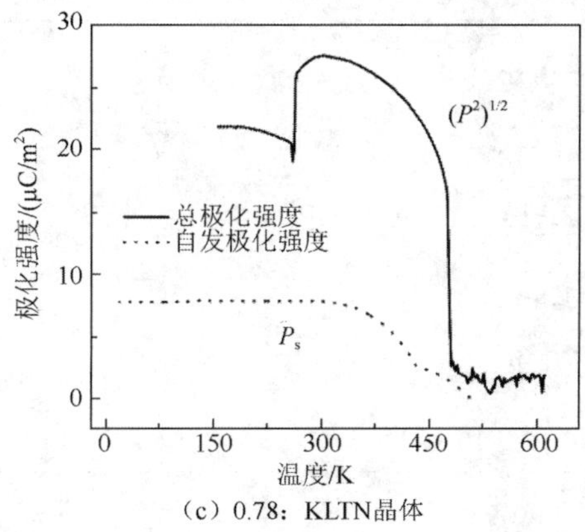

（c）0.78：KLTN晶体

图 4.40　KLTN 晶体自发极化强度与总的极化强度的对比

表 4.19　KLTN 晶体室温下的自发极化强度与总极化强度的对比

组分	总极化强度/（$\mu C/cm^2$）	自发极化强度/（$\mu C/cm^2$）
0.60:KLTN	21.8	4
0.69:KLTN	23.1	5
0.78:KLTN	27.5	8

在表 4.19 中，对比热释电数据所得到的自发极化强度和热膨胀数据所得到的总的极化强度，可以看出总的极化强度要大于自发极化强度，其中的差值便是动态局域极化。换言之，在居里温度附近，动态的局域极化在这里起到了很大的作用，这种玻璃状的极化态来自于自发极化，并作用于居里温度以上的一段温度范围内，这也就很好地解释了居里温度附近 KLTN 系晶体材料所具有的优异的性能。

4.5　KLTN 晶体的相变特性

基于以上无铅晶体KLTN介电测试的结果，可以绘制其相图以及对其相变机制进行深入分析。

4.5.1　KLTN 晶体的组分相图

结合前面所得到的介电的相变温度，再结合热释电以及热膨胀的结果，绘制 KLTN 晶体的组分-相变温度关系图（图 4.41）。

如图 4.41 所示，KLTN 晶体的三个相变温度都随 Nb 摩尔分数的增加而增大，但其变化速率不尽相同。从第 2 章 KTN 系统的相图可以看出居里温度和正交-四方铁电相变温度呈线性规律变化，所以对这两个相变温度进行了线性拟合得到 KTN 晶体在富铌区域相变温度的变化规律：

$$T_{O-T}=615x-165 \tag{4.26}$$

$$T_C=680x+30 \tag{4.27}$$

可以看出居里温度 T_C 的变化规律与第 1 章绪论中文献的公式基本一致。而对于正交-四方铁电相变温度，令 $x=1$，即组分全部为（$K_{0.95}Li_{0.05}$）NbO_3 时，与 $KNbO_3$ 的相变温度也基本吻合。

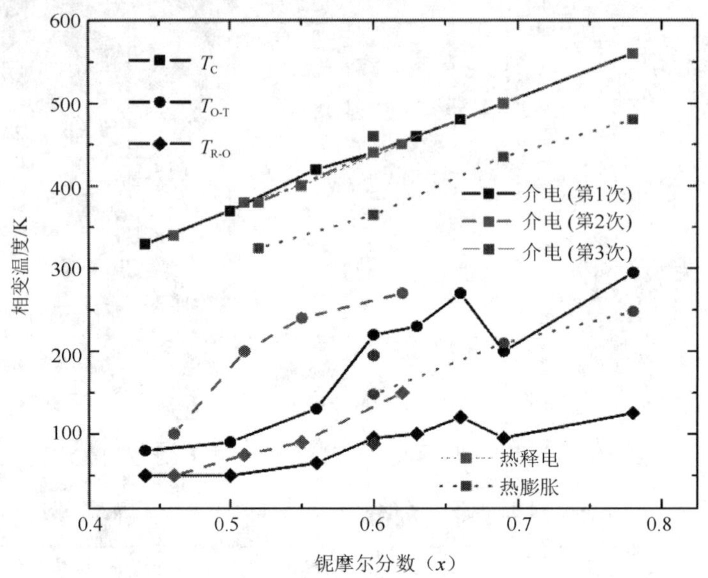

图 4.41 富铌 KLTN 晶体的组分相图

这里需要特别指出两点：第一，热释电与介电测试结果的差别，具体表现为热释电测得的两个铁电相变温度基本整体高于介电测试的结果，这是因为进行热释电测试之前，晶体样品是进行了极化处理，而正是极化处理会使样品的相变温度“聚拢”；第二，通过热膨胀测试得到的正交-四方铁电相变温度与介电测试结果很好地吻合，但是在居里温度上却有一定的出入，这是因为富铌 KLTN 晶体中存在的弥散居里相变现象，即在居里相变附近、热膨胀测试的响应从介电常数开始往峰值方向上升的时候非常灵敏，从介电测试得到的曲线也可以看出，介电常数开始上升至到达峰值确实还有一段的距离，这就是图 4.41 中通过热膨胀测试得到的居里温度与介电测试结果的差别所在。三方-正交铁电相变温度的变化则相对一直平稳、略有上升。

从 KLTN 晶体这三个相变温度的测量结果来看，介电和热释电测试正交-四方铁电相变温度的结果变化稍微比较大。在 $x \approx 0.45$ 和 $x \approx 0.65$ 组分附近，各次测量的结果比较吻合。但 x 在 0.45～0.65 时，各次测量之间的差别还是比较大的，最大温差接近 100 K，说明在 KLTN 晶体中存在的组分起伏对正交-四方铁电相变的影响较其他两个相变温度是比较大的。但可喜的是，我们寻找到了正交-四方相变温度在室温附近的晶体组分，当 x=0.66 和 0.78 时，KLTN 晶体的 $T_{O\text{-}T}$ 分别为 270 K 和 290 K（接近或在室温附近），这为以后的工作中研究在此温度区域晶体的压电、铁电性能提供了很好的素材。

4.5.2 KLTN 晶体的相变机制

在 KLTN 富铌区域相图中，三个相变温度将相图分为四个区域（图 4.42），因此温度从低到高上升时，富铌 KLTN 晶体按照顺序经历：三方铁电相（Rhombohedral，R）→正交铁电相（Orthorhombic，O）→四方铁电相（Tetragonal，T）→立方顺电相（Cubic，C）。

在各个相状态下，其晶格常数和角度为：三方铁电相 $a=b=c$，$\alpha=\beta=\gamma\neq 90°$；正交铁电相 $a\neq b\neq c$，$\alpha=\beta=\gamma=90°$；四方铁电相 $a=b\neq c$，$\alpha=\beta=\gamma=90°$；立方顺电相 $a=b=c$，$\alpha=\beta=\gamma=90°$。

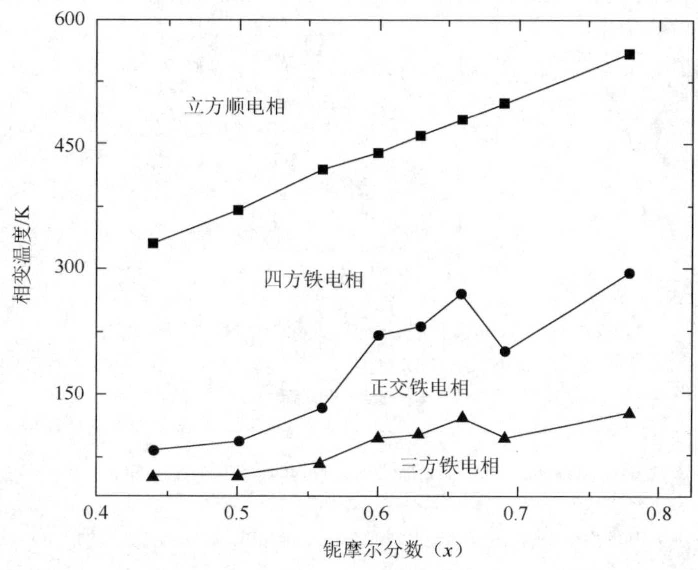

图 4.42　富铌 KLTN 晶体相图分区

B 位 Nb^{5+}和 Ta^{5+}在三方相时沿 4 个三重轴、在正交相时沿 6 个二重轴和在四方相时沿 3 个四重轴方向偏离其中心位置，以表现出整个 KLTN 晶体的铁电性。在晶体未被极化时，三方相时的自发极化方向沿 8 个等效的$[111]_C$方向，正交相时的自发极化方向沿 12 个等效的$[101]_C$方向，以及四方相时的自发极化方向沿 6 个等效的$[001]_C$方向。经过极化处理，外加电场的方向沿$[001]_C$方向，晶体在三方相下的自发极化变为靠近外场方向的 4 个等效$[111]_C$方向、正交相时沿$[101]_C$方向以及四方相时沿$[001]_C$方向。

如图 4.43 所示，晶体样品从低温的三方相开始升温，当到达三方-正交相边界时，自发极化的方向将会从 R[111]向 O[101]转变；当临近正交-四方相边界时，自发极化的方向将会从 O[101]向 T[001]转变。图 4.43（c）中的箭头方向指出了晶体在低温升至居里温度以上时自发极化方向改变的路径。

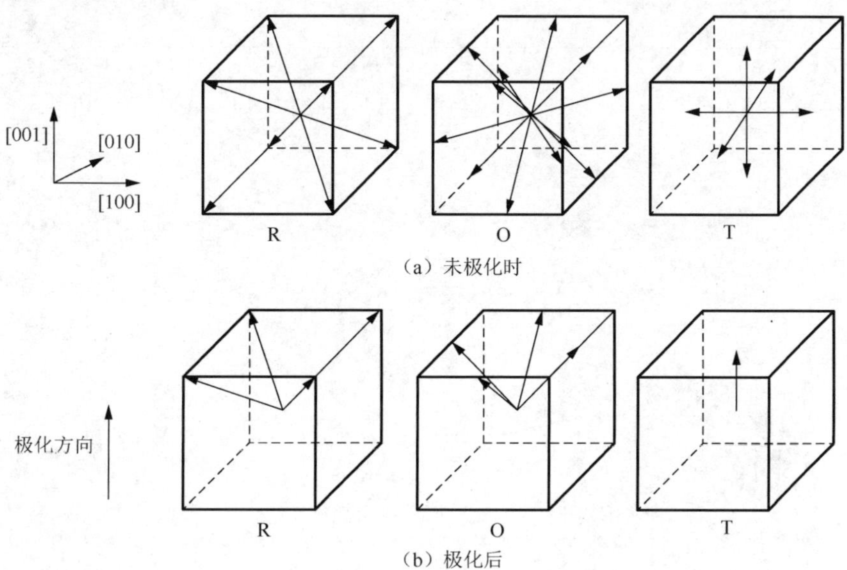

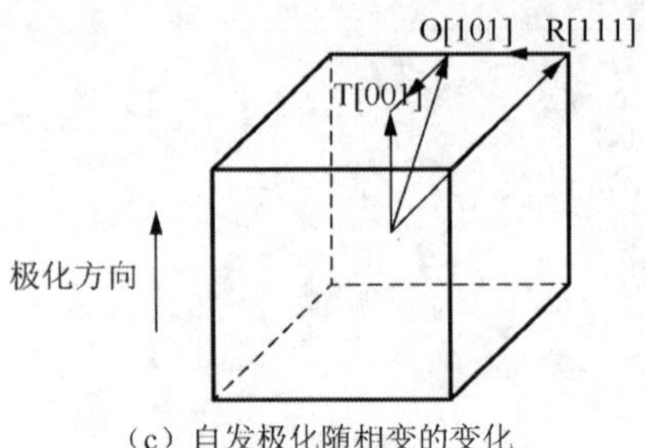

（c）自发极化随相变的变化

图 4.43　自发极化的方向以及随相变的变化示意图

参考文献

[1] Tian H, Zhou Z, Gong D, et al. Growth and optical properties of paraelectric $K_{1-y}Na_yTa_{1-x}Nb_xO_3$ single crystals[J]. Applied Physics B, 2008, 91: 75-78.

[2] 田浩. 顺电相钽铌酸钾锂晶体的生长及电控光折变性质的研究[D]. 哈尔滨: 哈尔滨工业大学, 2008.

[3] Li J, Li Y, Zhou Z, et al. Orientation dependence of dielectric and piezoelectric properties of $(K_{0.95}Li_{0.05})(Ta_{0.40}Nb_{0.60})O_3$ single crystal[J]. Ceramics International, 2015, 41: 6657-6662.

[4] 李均. 无铅钽铌酸钾锂晶体的介电和压电性能研究[D]. 哈尔滨: 哈尔滨工业大学, 2013.

[5] 赫崇君. 弛豫铁电单晶 PMN-PT 的光学与压电性能[D]. 哈尔滨: 哈尔滨工业大学, 2007.

[6] He C, Ge W, Zhao X, et al. Wavelength dependence of electro-optic effect in tetragonal lead magnesium niobate lead Titanate single crystals[J]. Journal of Applied Physics, 2006, 100: 113119.

[7] Li Y, Li J, Zhou Z, et al. Thermal expansion behavior and polarization properties of lead-free ferroelectric potassium lithium tantalite niobate single crystals[J]. Ceramics International, 2014, 40(1): 1225-1228.

[8] Drdomenico M, Wemple S H. Oxygen-octahedra ferroelectrics. I. Theory of electro-optical and nonlinear optical effects[J]. Journal of Applied Physics, 1969, 40:720-734.

[9] 李杨. 钽铌酸钾锂单晶电光性能和压电谐振增强特性研究[D]. 哈尔滨: 哈尔滨工业大学, 2013.

[10] Newnham R E. Properties of materials[M]. Oxford: Clarendon Press, 2005.

[11] 李远, 秦自楷, 周志刚. 压电与铁电材料的测量[M]. 北京: 科学出版社, 1984.

[12] 钟维烈. 铁电体物理学[M]. 北京: 科学出版社, 2000.

第5章

无铅 KLTN 晶体压电与铁电性能

作为人类社会发展的基础产业，材料工业在国民经济中占着举足轻重的地位。而压电、铁电材料作为一类重要的功能材料，在超声探测、超声成像、高应变驱动器等电声转换器件上得到了广泛的应用。压电材料不仅实际应用广泛，在全世界拥有百亿美元的市场，其世界市场份额也约占整个功能材料的三分之一，而且其相关材料科学与应用技术的研究一直经久不衰。随着人类社会可持续发展战略的实施和人们对于生态环保意识的逐步提高，铅对环境的污染和对人类健康的损害越来越受到人们的关注。目前，研究和应用最为广泛、也是占统治地位的压电材料是 $Pb(Zr_{1-x}Ti_x)O_3$(PZT)、$Pb(Mg,Nb)TiO_5$-$PbTiO_3$(PMN-PT)和 $Pb(Zn,Nb)TiO_5$-$PbTiO_3$(PZN-PT)等铅基钙钛矿型弛豫铁电体，但是其中 PbO(或 Pb_3O_4)占原料总重量的70%左右，使得这一类材料给人类社会及生态环境带来严重危害，并且与人类社会的可持续发展是相悖的。因此研究和开发无铅压电、铁电材料是一项具有重大社会和经济意义的课题。

5.1 无铅压电晶体研究进展

2004 年 Saito 等[1]在无铅压电、铁电材料的研究中取得了突破性成果，Cross[2]对此评价为“在漫漫摸索的道路上终现曙光”，这将国际铁电领域的注意力又重新聚焦在无铅压电材料上。

2009 年西安交通大学 Liu 等[3]在无铅压电、铁电材料领域的研究再次取得突破性进展，这被认为可能引发新一轮的无铅压电材料的研究热潮。这些研究成果必将逐步进入市场进行检验，因此感兴趣的研究者都会有足够的动力去探索和发展新的无铅压电材料。

近年来，无铅压电、铁电材料的探索和研究已成为国际铁电领域研究的热点课题。但到目前为止，这项工作还处于研究发展阶段，并未达到成熟和实用的程度。这表明，寻找无铅系列压电材料、实现压电材料的无铅化生产已成为一项非常重要和紧迫的任务，因此积极探索无铅压电材料受到目前国内外科技和企业的普遍关注。

钽铌酸钾（KTN）晶体是最早被发现的光折变材料，也是众人皆知的固溶体。关于 KTN 晶体绝大多数的研究工作都集中在其光学性能上，比如线性或二次电光系数，其光折变和电控全息性能也被广泛地研究。其中也有一些报道涉及 KTN 晶体的相变行为，但它们只是给出了一些相变温度的数据和结果，而其他重要的方面，热释电、压电和铁电性能却鲜有报道。而且直到现在，关于 KTN 晶体的研究都集中在富钽区域，对于富铌区域基本没有被研究。因此基于无铅压电、铁电材料的开发背景和 KTN 晶体的研究现状，本章将这两部分有机结合起来继而开展富铌 KTN 晶体的各项研究工作[4]。

5.2 压电性能测量原理与方法

5.2.1 压电参数测量方法

为促进压电学的发展，国际上成立了压电晶体委员会，并于 1957 年颁布了压电阵子的定义和测量方法，1958 年颁布了弹性系数、压电常数和电容率的测量方法，1987 年 IEEE 又颁布了新的压电测量标准（IEEE Standard on Piezoelectricity/IEEE Standard 176-1987）[5]。中国也于 1982、1989 年颁布了有关压电陶瓷材料命名、性能测试方法的国家标准（GB3389—2008，GB11309—89）。IEEE 标准测量方法是目前国内外广泛采用的压电参数测量方法，其测量理论和方法是在忽略材料中的固有损耗因素，即假设压电材料是理想无损材料的条件下得出的。优点是所需测试仪器均为通用仪器，测量电路简单。

压电性能的测量方法可分为电测法、声测法、力测法和光测法，其中电测法中又分为静态法（GB3389.2—82）、准静态法（GB11309—89）及动态法（GB3389.4—82）。静态法和准静态法是根据正压电效应原理设计的测量方法，其中静态法测量误差较大，为±（10～15）%，准静态方法误差为±5%。标准方法中用的最多的还是动态法，也称谐振-反谐振方法，即用交流信号激励样品，使之处于特定的运动状态，通常是谐振及谐振附近的状态，通过测量其室温下的谐振频率 f_r 及反谐振频率 f_a 和其他一些参数（如振子电容、尺寸及密度），并进行适当的计算便可获得压电参量的数值。动态法的特点是可以测得多个压电参数，精度较高，误差为±3%。另外，IEEE 标准中也有根据逆压电效应原理设计的测量方法，即在试样上外加电场，通过测量试样产生的形变计算压电应变常数。利用逆压电效应时，可以采用各种精密微位移测量技术进行微小形变的测量，如迈克尔逊干涉仪、光外差干涉仪、光学杠杆法等。

采用谐振-反谐振法测量晶体的压电性能，所需设备和测量过程相对简单，但对样品规格有较高要求。对在一定的边界条件下，通过求解压电方程，可得到晶体压电参数与谐振、反谐振频率的关系式。由于边界条件的限制，测量时需要把材料制成若干个所谓的标准样品。“标准”的含义是样品的取向、形状、尺寸和电极的配置符合理论的要求。用改进坩埚下降法生长的 PMN-PT 单晶尺寸足够大，满足谐振-反谐振方法对压电振子的尺寸要求，从而避免其他模式的干扰，所以本章采取谐振-反谐振方法获得一整套数据。

对于电容率，通常是把样品做成一个平板电容器，在远低于样品的最低固有谐振频率下测其电容，并算出自由（恒应力）电容率；在远高于样品的最高固有谐振频率下测其电容，算出夹持（恒应变）电容率。对于弹性常量，通常是把样品做成一个薄片，通电激发其某一振动模式，测量谐振频率，根据谐振频率和弹性常量的关系算出弹性常量。对于机电耦合系数，要根据不同的振动模式选择样品，通常激发其某一振动模式，测出两个特征频率（谐振频率及反谐振频率），算出相应的系数。对于压电应变常量，可利用测得的相关机电耦合系数、弹性常量和电容率求出[6]。

5.2.2 压电振子

使用谐振-反谐振方法测量压电晶体的谐振频率和反谐振频率时，压电晶体在三个晶轴方向上都会产生振动。为了减小各个晶轴方向振动之间的相互耦合以及避免其他模式的干扰，

IEEE 标准规定将压电晶体制作成不同几何尺寸比例的样品，因此引进了压电振子的概念[7]。

将压电材料制成不同几何尺寸比例的振子模型，当在压电振子上施加的激励电信号频率等于压电材料本身的固有谐振频率时，逆压电效应就会使之发生谐振，然后机械谐振又借助压电材料的正压电效应，输出电信号被实验仪器所接收[6]。

在共振研究中，为了产生几近纯净的振动模式，在制作压电振子时，对其尺寸比例有严格的要求：对于纵向振动模式，压电振子的厚度（[001]方向）与横向尺寸（[100]和[010]方向）的比例应尽可能大；对于横向长度方向振动模式，压电振子的长度（[100]方向）与厚度（[001]方向）的比例要至少大于 5，且长度（[100]方向）与宽度（[010]方向）的比例应大于 10；对于厚度振动模式，压电振子的厚度（[001]方向）要远小于横向尺寸（[100]和[010]方向）；对于剪切振动模式，在压电振子的厚度（[001]方向）远小于横向尺寸（[100]和[010]方向）的同时，长度（[100]方向）与宽度（[010]方向）的比例应在 2 左右。

图 5.1 给出本节中使用的压电振子，包括纵向振动模式 k_{33}、横向长度方向振动模式 k_{31}、厚度振动模式 k_t 和剪切振动模式 k_{15}。图 5.1 中箭头方向代表 KLTN 晶体的极化方向，阴影部分为振子的电极面。

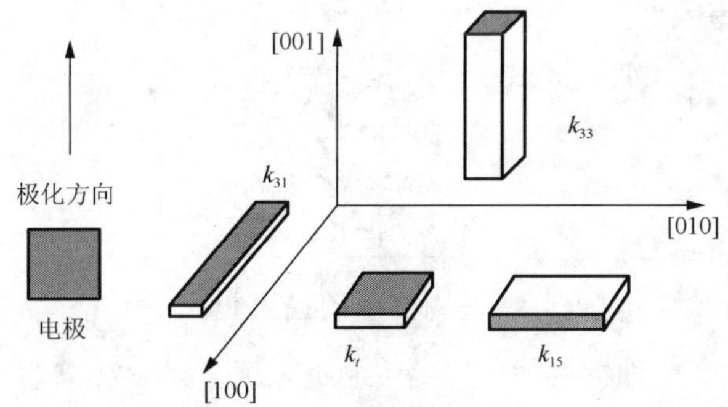

图 5.1　富铌 KLTN 晶体压电振子

压电共振测试结果通过 HP 4194A 阻抗/增益相位分析仪测量得到。所有的压电性能系数都是根据 IEEE 标准，通过谐振频率和反谐振频率计算得到，其中压电常数 d_{33} 是直接通过 d_{33} 压电测试仪得到的。

5.3　无铅 KLTN 晶体的压电性能

压电测试原理在很多相关书籍和论文中均有阐述[6,7]，下面将对本节中所用到的横向长度方向振动模式、纵向振动模式、厚度振动模式和剪切振动模式进行原理上的介绍，并给出谐振-反谐振法测试富铌 KLTN 晶体的结果。

5.3.1　横向长度振动模式

横向长度伸缩振动模式是激励电场沿厚度方向，弹性波沿长度方向传播的一种压电振动。如图 5.2 所示为能激励这种振动的长条片压电振子。振子的长度为 L，宽度为 w，厚度为 t，分别沿 x（即 1），y（即 2）和 z（即 3）轴方向，而且 $L \gg w$，$L \gg t$。振子沿 z 轴极化，z 面上有激励电极。在这些条件下，可以近似认为只有在长度方向存在不为零的应力，只有在厚度方向存在不为零的电场。电位移也只有厚度方向的分量。厚度方向的电位移通过压电应变常量 d_{31} 与长度方向的振动相耦合。该振子的电学和力学边界条件为

$$\begin{aligned} &E_1=E_2=0, E_3 \neq 0 \\ &D_1=D_2=0, D_3 \neq 0 \\ &\frac{\partial E_3}{\partial x}=\frac{\partial E_3}{\partial y}=0 \\ &T_1 \neq 0, T_2=T_3=T_4=T_5=T_6=0 \end{aligned} \tag{5.1}$$

式中，E_1、E_2 和 E_3 为电场沿 x、y 和 z 方向的分量；D_1、D_2 和 D_3 为电位移矢量的三个分量；T_1、T_2 和 T_3 为 x、y 和 z 方向的纵向应力，T_4、T_5 和 T_6 为 yz、zx 和 xy 方向的切向应力。从以上边界条件可以看出，在电场 E_3 的激励下，压电振子内部只存在应力分量 T_1,因而只能在 x 方向产生形变。横向长度伸缩振动模式的压电方程为

$$\begin{aligned} S_1 &= s_{11}^E T_1 + d_{31} E_3 \\ D_3 &= d_{31} T_1 + \varepsilon_{33}^T E_3 \end{aligned} \tag{5.2}$$

其中，S_1 为沿 x 方向的纵向应变；s_{11}^E 为短路（恒电场）弹性顺度常数分量；d_{31} 为压电应变常数分量；ε_{33}^T 为自由（恒应力）介电常数分量。

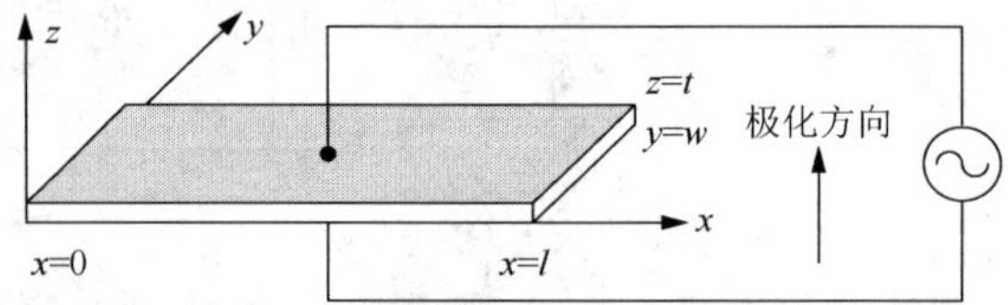

图 5.2 用于测量 s_{11}^E 和 k_{31} 的 z 方向极化的长条压电片（电极面与 z 方向垂直）

经推导可得到横向长度伸缩振动压电振子的机电耦合因数 k_{31} 计算表达式：

$$\tan\frac{\pi f_a}{2f_r} \bigg/ \left(\frac{\pi f_a}{2f_r}\right) = \left(\frac{k_{31}^2-1}{k_{31}^2}\right) \tag{5.3}$$

式中，f_r 为谐振频率；f_a 为反谐振频率。由此还可求出压电应变常量 d_{31} 的计算表达式：

$$d_{31} = k_{31}(\varepsilon_{33}^T s_{11}^E)^{1/2} \tag{5.4}$$

在实验中，生长出来的一系列富铌 KLTN 晶体被制作成 k_{31} 振子然后对其压电性能进行了测试。表 5.1 列出了 KLTN 晶体（其中组分为 x=0.51、0.60、0.69 和 0.78）横向长度伸缩振动模式下压电振子的具体尺寸 l、w、t，计算得到的机电耦合系数 k_{31} 和压电系数 d_{31}；以及通过 $s_{11}^E = 1/(4l^2\rho f_r^2)$ 计算得到的短路弹性柔顺系数 s_{11}^E。

表 5.1 富铌 KLTN 晶体横向长度振动模式压电参数

x	l/mm	w/mm	t/mm	f_r/Hz	f_a/Hz	s_{11}^E /（10^{-12} m²/N）	k_{31}	d_{31}/(pC/N)
0.51	3.84	1.58	1.10	299 000	330 500	3.54	0.475	90.8
0.60	4.20	1.65	1.26	599 500	693 500	7.05	0.562	139
0.69	3.62	1.32	0.54	614 000	761 000	8.69	0.662	195
0.78	3.57	1.40	1.35	574 000	638 500	9.73	0.489	135

从表 5.1 中所得到的数据可以看出，富铌 KLTN 晶体在横向长度振动模式下的压电性能整体上都比较可观。对不同组分的压电参数大小进行比较，0.60: KLTN 晶体的 k_{31} 和 d_{31} 值最

大，而当铌摩尔分数再增加时，其压电性能和机电耦合系数都呈现下降趋势。

5.3.2　厚度伸缩振动模式

厚度伸缩振动模式的压电振子通常是薄圆片或薄方片，其弹性波为纵波。如图 5.3 所示为能激励这种振动的压电振子。振子的长度为 L，宽度为 w，厚度为 t，分别沿 x、y 和 z 轴方向，而且 $L \gg t$，$w \gg t$。压电振子沿 z 轴极化，z 面上有激励电极。

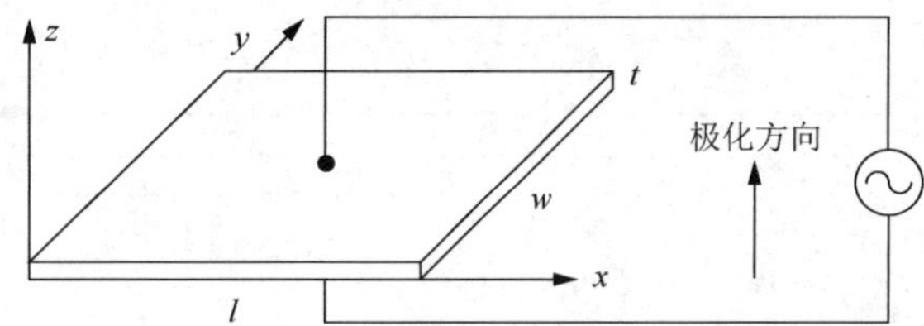

图 5.3　用于测量 c_{33}^E，c_{33}^D，k_t，ε_{33}^T 和 ε_{33}^S 的 z 方向极化的压电振子（电极面与 z 方向垂直）

因为 $L \gg t$，$w \gg t$，当厚度可与弹性波的波长相比时，横向尺寸远大于波长，故可以认为振子作厚度伸缩振动时在横向是刚性受夹的。在这样的条件下，应变分量：

$$S_1 = S_2 = S_4 = S_5 = S_6 = 0, S_3 \neq 0 \tag{5.5}$$

应力分量：

$$T_1 = T_2 = T_4 = T_5 = T_6 = 0, T_3 \neq 0 \tag{5.6}$$

电场分量：

$$E_1 = E_2 = 0, E_3 \neq 0 \tag{5.7}$$

式中，S_1、S_2 和 S_3 分别为沿 x、y 和 z 方向的纵向应变；S_4、S_5 和 S_6 为 yz、zx 和 xy 方向的切向应变。假设振子内部自由电荷密度为零，则电位移分量：

$$\begin{gathered} D_1 = D_2 = 0 \\ D_3 \neq 0 \\ \partial D_3 / \partial z = 0 \end{gathered} \tag{5.8}$$

取应变 S_3 和电位移 D_3 为独立变量，压电方程为

$$\begin{gathered} T_3 = c_{33}^D S_3 - h_{33} D_3 \\ E_3 = -h_{33} S_3 + \beta_{33}^S D_3 \end{gathered} \tag{5.9}$$

其中，c_{33}^D 为开路（恒电位移）弹性刚度常数分量；h_{33} 为压电劲度常数分量；β_{33}^S 为受夹（恒应变）介电隔离率分量。经推导可得到厚度伸缩振动压电振子的机电耦合因数 k_t 计算表达式

$$k_t^2 = \frac{\pi}{2}\frac{f_s}{f_p}\tan\left[\frac{\pi}{2}\frac{(f_p - f_s)}{f_p}\right] \tag{5.10}$$

忽略机械损耗的影响，振子的反谐振频率 f_a 与并联谐振频率 f_p 相等，谐振频率 f_r 与串联谐振频率 f_s 相等，即 $f_a = f_p$，$f_r = f_s$，于是：

$$k_t^2 = \frac{\pi}{2}\frac{f_r}{f_a}\tan\left[\frac{\pi}{2}\frac{(f_a - f_r)}{f_a}\right] \tag{5.11}$$

由此还可求出压电应变常量 h_{33}。$k_t^2 = h_{33}^2 / (\beta_{33}^S c_{33}^D)$ 给出：

$$h_{33} = k_t (\beta_{33}^S c_{33}^D)^{1/2} \tag{5.12}$$

β_{33}^S 由受夹电容 C_s 计算[$C_s = Lw / (t\beta_{33}^S)$]，$c_{33}^E$ 由压电体处于电学开路边界条件和电学短路边界

条件下的弹性刚度的关系式决定：

$$c_{33}^D = c_{33}^E + \frac{h_{33}^2}{\beta_{33}^S}$$
$$c_{33}^E = c_{33}^D(1-k_t^2) \tag{5.13}$$

而纵向振动模式压电振子的压电系数 d_{33} 在实验中是直接通过 d_{33} 压电测试仪得到的。将 k_{33} 和 d_{33} 的测试结果列于表 5.2 中，表中弹性柔顺系数 s_{33}^D 由 $s_{33}^D=(4l^2\rho f_p^2)^{-1}$ 计算得到。

表 5.2 富铌 KLTN 纵向振动模式压电参数

x	l/mm	w/mm	t/mm	f_r/kHz	f_a/kHz	k_{33}	s_{33}^D /（10^{-12} m²/N）	d_{33}^* /（pC/N）
0.51	0.81	0.73	3.50	622	747	0.594	6.29	≈400
0.60	1.02	0.95	3.86	985	1450	0.775	4.63	≈600
0.69	0.88	0.79	3.10	679	924	0.720	5.46	≈400
0.78	0.56	0.52	3.87	265	302	0.520	33.9	≈260

* d_{33} 值为 d_{33} 压电测试仪直接测得

5.3.3 纵向长度伸缩振动模式

棒的纵向长度伸缩振动模式是一种纵效应振动，其弹性波传播方向平行于激励电场方向。对于铁电材料来说，试样两端面（即 z 面）既是极化用电极，又是激励用电极。如图 5.4 所示为棒形压电振子，振子的宽度为 w，厚度为 t，长度为 L，分别沿 x、y 和 z 轴方向，且 $L \gg w$，$L \gg t$。令压电棒振子满足以下力学和电学边界条件：

$$S_1 = S_2 = S_4 = S_4 = S_6 = 0, S_3 \neq 0$$
$$T_1 = T_2 = T_4 = T_5 = T_6 = 0, T_3 \neq 0$$
$$E_1 = E_2 = 0, E_3 \neq 0$$
$$D_1 = D_2 = 0, D_3 \neq 0$$
$$\nabla \cdot D = 0$$
$$\partial D_3 / \partial z = 0 \tag{5.14}$$

取应力 T_3 和电场 D_3 为独立变量，压电方程为

$$S_3 = s_{33}^D T_3 + g_{33} D_3$$
$$E_3 = -g_{33} T_3 + \beta_{33}^T D_3 \tag{5.15}$$

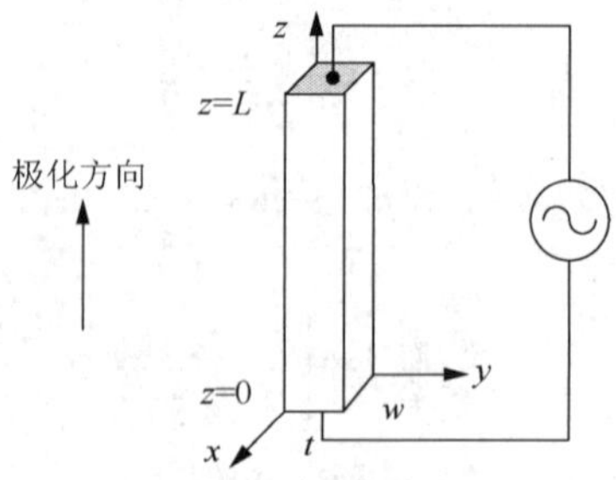

图 5.4 用于测量 s_{33}^E、s_{33}^D 和 k_{33} 的 z 方向极化的压电棒（电极面与 z 方向垂直）

经推导可得到纵向伸缩振动的机电耦合因数 k_{33} 计算表达式

$$k_{33}^2 = \frac{\pi}{2}\frac{f_r}{f_a}\tan\left[\frac{\pi}{2}\frac{(f_a - f_r)}{f_a}\right] \tag{5.16}$$

式中，$k_{33}^2 = d_{33}^2/(\varepsilon_{33}^T s_{33}^E)$。由此还可求出电学开路弹性顺度系数 $s_{33}^D = 1/[\rho(2Lf_a)^2]$，电学短路弹性顺度系数 $s_{33}^E = s_{33}^D/(1-k_{33}^2)$。

制作各组分 KLTN 晶体的厚度振动模式压电振子，测量其相关参数，通过 $\varepsilon_{33}^S = C^S t/A$、$\beta_{33}^S = (\varepsilon_{33}^S)^{-1} = A/C^S t$、$C_{33}^D = 4\rho f_a^2 t^2$、$C_{33}^E = C_{33}^D(1-k_t^2)$、$e_{33} = 2d_{31}C_{13}^E + d_{33}C_{33}^E$、$h_{33} = \beta_{33}^S e_{33}$ 和 $Q_m = 2\pi f_r L_1/R_1 = (2\pi f_r C_1 R_1)^{-1}$ 计算得到受夹的介电常数 ε_{33}^S 和介质隔离率 β_{33}^S，恒电位移下弹性刚度系数 c_{33}^D、恒电场下弹性刚度系数 c_{33}^E，压电应力常数 e_{33} 和压电应变常数 h_{33}。将这些参数与谐振-反谐振法测得的机电耦合系数 k_t 列于表 5.3。

表 5.3　富铌 KLTN 晶体厚度振动模式的性能参数

x	l/mm	w/mm	t/mm	ε_{33}^S	β_{33}^S /（$10^{-4}/\varepsilon_0$）	f_r/Hz	f_a/Hz
0.51	3.53	3.35	0.95	93.8	107	1 214 450	1 433 900
0.60	2.80	2.46	0.56	570	17.6	3 801 500	5 654 000
0.69	2.11	1.68	0.77	123	81.5	3 393 500	4 154 000
0.78	4.15	4.08	1.56	312	32.1	2 153 000	2 4200 00
x	k_t	c_{33}^D /（10^{10}N/m^2）	c_{33}^E /（10^{10}N/m^2）	e_{33}/（C/m^2）	h_{33}/（10^8V/m）	Q_m	—
0.51	0.571	4.57	3.08	3.52	42.4	19.6	—
0.60	0.773	22.4	9.03	26.0	51.5	14.8	—
0.69	0.616	23.8	14.8	9.91	91.2	17.4	—
0.78	0.495	34.8	26.3	15.3	55.5	21.2	—

5.3.4　厚度切变振动模式

试样如图 5.5 所示。振子的厚度为 t，宽度为 w，长度为 L，分别沿 x、y 和 z 轴方向，而且 $L \gg t$，$w \gg t$。这种条件下，一般可激发纯厚度切变振动模式。这里讨论横效应振动，其弹性波是横波。振子沿 z 轴极化，而激励电极在 x（或 y）面上。

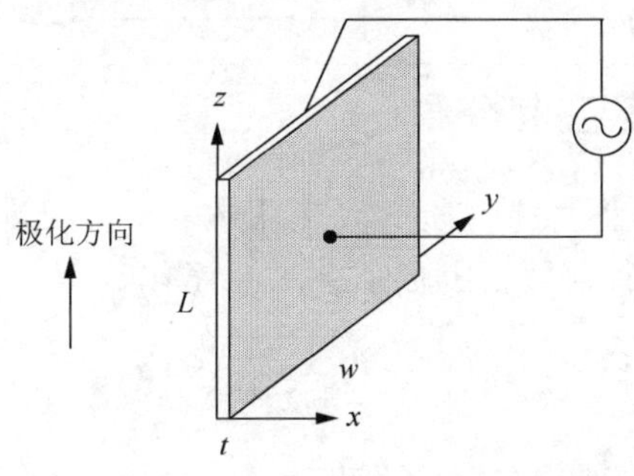

图 5.5　压电剪切薄片（电极面与 y 方向垂直）

假设振子满足下列力学和电学边界条件：

$$S_1 = S_2 = S_3 = S_4 = S_6 = 0, S_5 \neq 0$$

$$T_1 = T_2 = T_3 = T_4 = T_6 = 0, T_5 \neq 0$$

$$E_2 = E_3 = 0, E_1 \neq 0$$

$$D_2 = D_3 = 0, D_1 \neq 0$$
$$\nabla \cdot D = 0 \tag{5.17}$$

取应变 S_5 和电位移 D_1 为独立变量，压电方程为

$$\begin{aligned} T_5 &= c_{55}^D S_5 - h_{15} D_1 \\ E_1 &= -h_{15} S_5 + \beta_{11}^S D_1 \end{aligned} \tag{5.18}$$

以下的分析方法和结果都与厚度伸缩振动模式相同，只需把所有的公式和结果的 c_{33}^D、h_{33} 和 β_{33}^S 分别换成 c_{55}^D、h_{15} 和 β_{11}^S，因此厚度切变振动机电耦合因数为

$$k_{15}^2 = \frac{\pi}{2}\frac{f_r}{f_a}\tan\left[\frac{\pi}{2}\frac{(f_a - f_r)}{f_a}\right] \tag{5.19}$$

电学开路弹性刚度系数 $c_{55}^D = \rho(2tf_a)^2$；电学短路弹性刚度系数 $c_{55}^E = c_{55}^D(1-k_{15}^2)$；电学短路弹性顺度系数 $s_{55}^E = 1/c_{55}^E$；电学开路弹性顺度系数 $s_{55}^D = 1/c_{55}^D$；由此还可求出压电应变常量 $d_{15} = k_{15}(\varepsilon_{11}^T s_{55}^E)^{1/2}$。$\beta_{11}^T$ 和 β_{11}^S 由低频电容 $C_0 = Lw/t\beta_{11}^T$ 和高频电容 $C_s = Lw/t\beta_{11}^S$ 计算。对于四方相 PMN-0.35PT 单晶来说，弹性刚度与弹性顺度系数的 55 分量与 44 分量相等。

因为厚度切变振动模式压电振子的制作对晶体的要求很高，即铁电单晶沿[001]方向很难得到本小节中所需的（001）或（010）晶片。所以在实验中对于 KLTN 晶体 k_{15}，我们只在 0.60: KLTN 和 0.69: KLTN 两个组分进行了测量，厚度切变振动模式压电振子的尺寸、通过阻抗分析仪测量压电振子得到的谐振频率和反谐振频率，以及通过 $\varepsilon_{11}^T = C^T l/wt$、$\beta_{11}^T = (\varepsilon_{11}^T)^{-1} = wt/C^T l$、$s_{55}^D = (4t^2\rho f_p^2)^{-1}$ 和 $s_{55}^E = s_{55}^D/(1-k_{15}^2)$ 计算得到富铌 KLTN 晶体沿[100]方向的介电常数、弹性常数和压电系数结果列于表 5.4 中。

表 5.4　富铌 KLTN 晶体厚度切变振动模式下的性能参数

x	l/mm	w/mm	t/mm	ε_{11}^T	β_{11}^T /（$10^{-4}/\varepsilon_0$）	f_r/Hz	f_a/Hz
0.60	1.86	1.89	0.87	4220	2.39	2 370 000	2 722 500
0.69	2.80	2.46	0.56	9400	1.06	2 050 000	2 303 625
x	k_{15}	s_{55}^D /（10^{-12} m²/N）	s_{55}^E /（10^{-12} m²/N）	d_{15}/（pC/N）	g_{15} /（V · m/N）	Q_m	—
0.60	0.531	1.62	2.26	154	16.5	29.7	—
0.69	0.494	1.39	1.84	193	26.0	47.5	—

5.3.5　KLTN 晶体压电参数空间分布

利用坐标变换规律，新坐标系下二阶的介电常数（ε）、三阶的压电常数（d）和四阶的弹性常数（s）就可以表示出来，再应用压缩指标来简化计算，以上常数在新坐标系中的表达式为

$$d' = \boldsymbol{a} d \boldsymbol{A}^{\mathrm{T}} \tag{5.20}$$

$$\boldsymbol{A} = \begin{bmatrix} a_{11}^2 & a_{12}^2 & a_{13}^2 & 2a_{12}a_{13} & 2a_{11}a_{13} & 2a_{11}a_{12} \\ a_{21}^2 & a_{22}^2 & a_{23}^2 & 2a_{22}a_{23} & 2a_{21}a_{23} & 2a_{21}a_{22} \\ a_{31}^2 & a_{32}^2 & a_{33}^2 & 2a_{32}a_{33} & 2a_{31}a_{33} & 2a_{31}a_{32} \\ a_{21}a_{31} & a_{22}a_{32} & a_{23}a_{33} & a_{22}a_{33}+a_{23}a_{32} & a_{21}a_{33}+a_{23}a_{31} & a_{22}a_{31}+a_{21}a_{32} \\ a_{11}a_{31} & a_{12}a_{32} & a_{13}a_{33} & a_{12}a_{33}+a_{13}a_{32} & a_{13}a_{31}+a_{11}a_{33} & a_{11}a_{32}+a_{12}a_{31} \\ a_{11}a_{21} & a_{12}a_{22} & a_{13}a_{23} & a_{12}a_{23}+a_{13}a_{22} & a_{13}a_{21}+a_{11}a_{23} & a_{11}a_{22}+a_{12}a_{21} \end{bmatrix} \tag{5.21}$$

式中，$\boldsymbol{a}$ 为转化矩阵；$\boldsymbol{A}$ 为应变转换矩阵；矩阵 $\boldsymbol{a}^{\mathrm{T}}$ 和 $\boldsymbol{A}^{\mathrm{T}}$ 中的上标 T 代表原矩阵的转置。

新坐标系下机电耦合系数 k_{33} 可以用下面的表达式来计算：

$$k'_{33}=\frac{d'_{33}}{\sqrt{s'_{33}\varepsilon'_{33}}} \tag{5.22}$$

式中，d'_{33}、s'_{33} 和 ε'_{33} 分别代表了新坐标系下的压电常数、弹性系数和介电常数。

这样，在三维空间中，纵向压电系数 d_{33} 和机电耦合系数 k_{33} 就可以被确定。

因为 0.60: KLTN 晶体在室温下为四方相，具有 4mm 宏观对称性，所以可以确定它共有 3 个独立的压电参数，它们分别是

$$d_{31},d_{33},d_{15}：\begin{bmatrix} 0 & 0 & 0 & 0 & d_{15} & 0 \\ 0 & 0 & 0 & d_{15} & 0 & 0 \\ d_{31} & d_{31} & d_{33} & 0 & 0 & 0 \end{bmatrix} \tag{5.23}$$

经过各项测试和计算，0.60: KLTN 晶体的这 11 个独立参数被得到，列于表 5.5 中。

我们计算了用来衡量铁电材料综合质量的品质因子 d_h/ε_r =32×10^{-14}C/N，发现与 PZT（2.5×10^{-14}C/N）相比要高一个数量级。

应用上述的计算方法，利用 Mathematica 软件进行模拟，压电和机电耦合系数的三维分布图可以描绘出来。

表 5.5　0.60: KLTN 晶体的压电和机电耦合系数压电系数　（单位：10^{-12} C/N）

函数	数值	函数	数值	函数	数值
d_{31}	−140	d_{15}	190	k_{33}	0.75
d_{33}	400	k_{31}	0.56	k_{15}	0.49

图 5.6 和图 5.7 分别给出了纵向压电常数 d_{33} 和机电耦合系数 k_{33} 的晶向依赖性。对于 KLTN

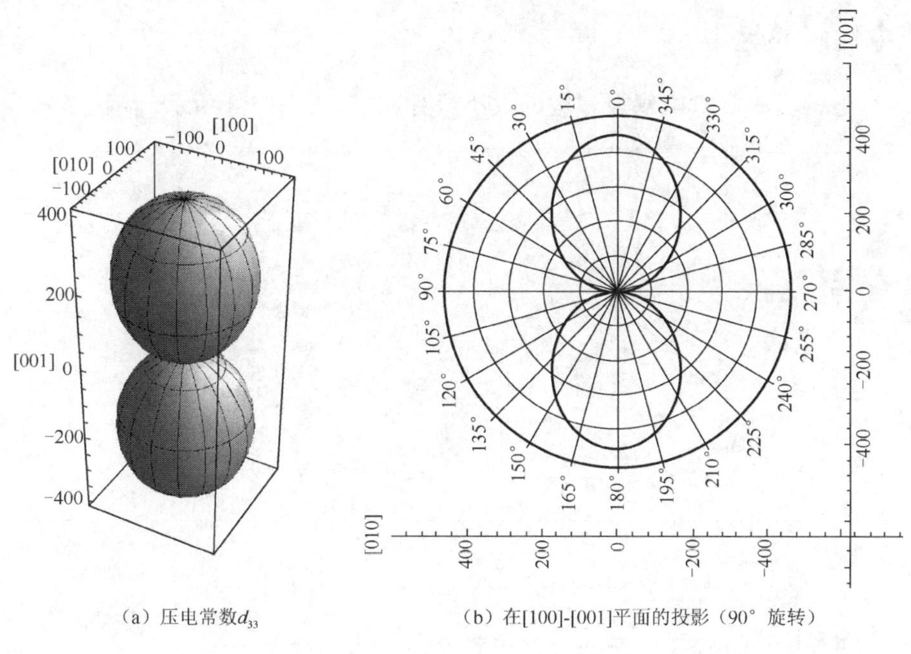

（a）压电常数d_{33}　（b）在[100]-[001]平面的投影（90° 旋转）

图 5.6　0.60: KLTN 晶体压电常数晶向依赖特性

晶体在室温下的压电常数 d，两个特性贡献了其在[001]方向的最大值，分别是：①介于横向压电系数 d_{31} 和纵向压电系数 d_{33} 之间的剪切压电系数 d_{15} 的数值相对较小；②4mm 点群的高对称性。基于这两个原因，四方相 0.60: KLTN 晶体的模拟结果与其他在特殊角度具有最优性能的报道稍有不同。对于机电耦合系数 k，其最大值通过数学计算也在[001]方向得到。

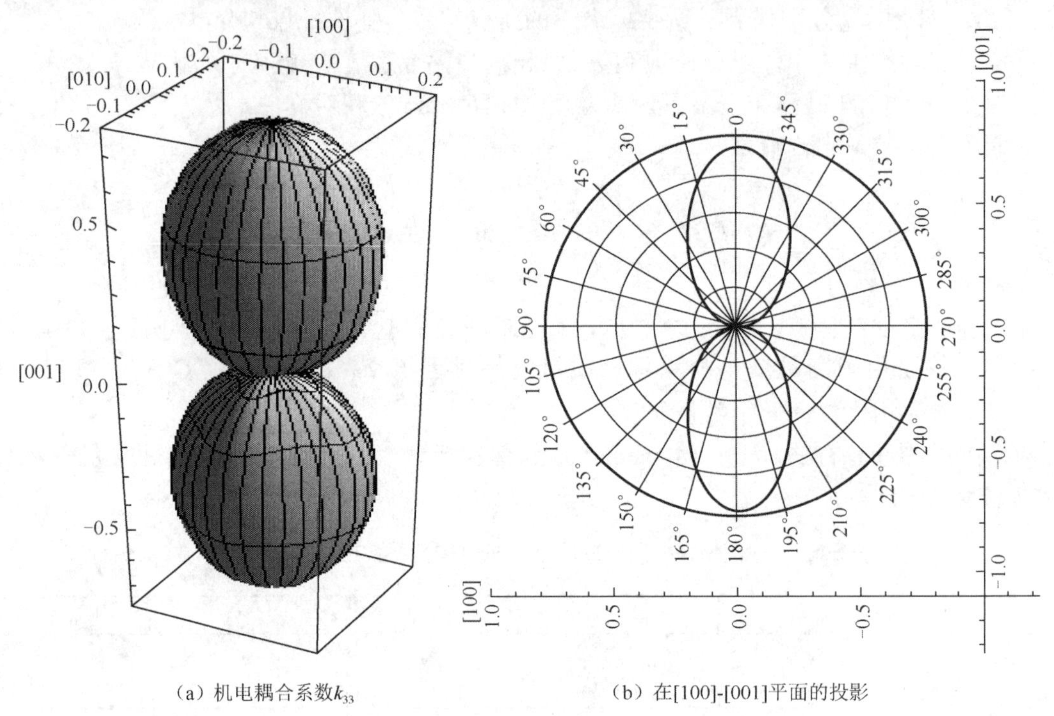

图 5.7 0.60: KLTN 晶体机电耦合系数常数晶向依赖特性

5.3.6 压电性能的优化

将不同组分的压电和机电耦合参数的大小进行比较，如图 5.8 所示。当铌摩尔分数从 0.60

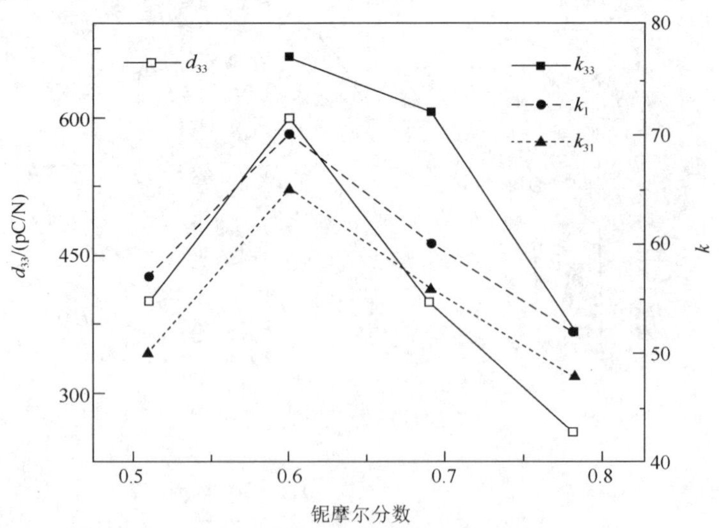

图 5.8 KLTN 各压电参数随组分的变化

增加到 0.78 时，KLTN 晶体的压电性能和机电耦合系数都呈现下降趋势。而铌摩尔分数最小的 0.51: KLTN 晶体的压电性能和机电耦合系数并不比 0.60: KLTN 晶体的大，这是由于 0.51: KLTN 晶体的居里温度比较低、靠近室温，温度波动和环境变化都致使退极化现象极易发生；按照上述提到的变化规律，如果施加外置偏压进行测量，可以预测其压电性能也会很可观，这将在下一步的工作中进行验证。

我们注意到，从目前的测试结果来看，0.78: KLTN 晶体的压电性能不太理想。因为 0.78: KLTN 晶体的正交-四方相变温度处于室温附近，按照多晶态相变理论，其压电性能理应更加优秀。分析其中的原因发现，0.78: KLTN 晶体单畴化处理的不充分是其主要因素。0.78: KLTN 晶体的居里温度在 560K 左右，而单畴化处理时最高温度只达到了 500K，此时样品还处于四方相，并没有达到居里温度以上而进行极化，所以其单畴化效果并不理想。在下一步的工作中，我们将更换设备对 0.78: KLTN 晶体进行过居里温度的单畴化处理，继而探索多晶态相变在富铌 KLTN 晶体中的性能增强效应。

下面将上述各个压电振子测得的压电参数、机电耦合系数与传统的压电材料相比较，数据结果列于表 5.6 中。从表 5.6 中所列数据可以看出富铌 KLTN 晶体的压电和机电耦合性能整体上都比较可观，与传统的 PZT 陶瓷性能（其中 PZT5H 性能最优）也可以相比拟。

表 5.6　富铌 KLTN 单晶以及 PZT5H 陶瓷的压电系数和机电耦合系数

组分	d_{33}/（pC/N）	k_{33}/%	k_t/%	d_{31}/（pC/N）	k_{31}/%
0.51: KLTN	400	—	57	90.8	50
0.60: KLTN	600	77	70	139	65
0.69: KLTN	400	72	60	195	56
0.78: KLTN	260	52	52	135	48
PZT5H	593	75	50	130	39

对于 Fe: KLTN 晶体，在室温时处于四方铁电相，三个组分样品的压电系数 d_{33} 值由 d_{33} 测量仪直接测得。

我们制作了横向长度振动模式压电振子，因此铁元素掺杂 KLTN（即 Fe: KLTN）晶体的压电系数 d_{31}、机电耦合系数 k_{31} 以及压电性能品质因子 Q_m 由谐振-反谐振方法得到，列于表 5.7 中。观察其变化规律，Fe: KLTN 晶体的压电和机电耦合参数都随着晶体中铌摩尔分数的增加而增加，与纯 KLTN 晶体压电性能变化规律一致。但是与纯 KLTN 晶体相比，其压电性能有所减弱；而从掺杂机理上来讲，掺杂铁元素理应增强 KLTN 系统的压电性能，其中的具体原因我们将在下一步的工作中进行研究。

表 5.7　Fe: KLTN 晶体的压电常数和机电耦合系数

铌含量（摩尔分数）x	d_{33}/（pC/N）	k_{31}	d_{31}/（pC/N）	Q_m
0.44	300	45.4%	−73.6	64
0.50	360	47.6%	−111.8	21
0.56	400	49.4%	−117.8	18

为了下一步器件设计和应用工作的开展，我们很有必要将富铌 KLTN 晶体的应用前景做展望。接下来将富铌 KLTN 晶体的居里温度和压电系数 d_{33} 与其他传统的无铅陶瓷材料以及 PZT 系材料的性能相比较。

从图 5.9 可以看出，富铌 KLTN 晶体在目前研究的无铅压电材料中具有一定的实际应用优势，特别是 0.60: KLTN 和 0.69: KLTN 两个组分的晶体，在居里温度适宜应用的同时保持了较高水平的压电和机电耦合性能。在下一步的研究中我们将开展 KLTN 晶体压电性能方面的实际应用工作。

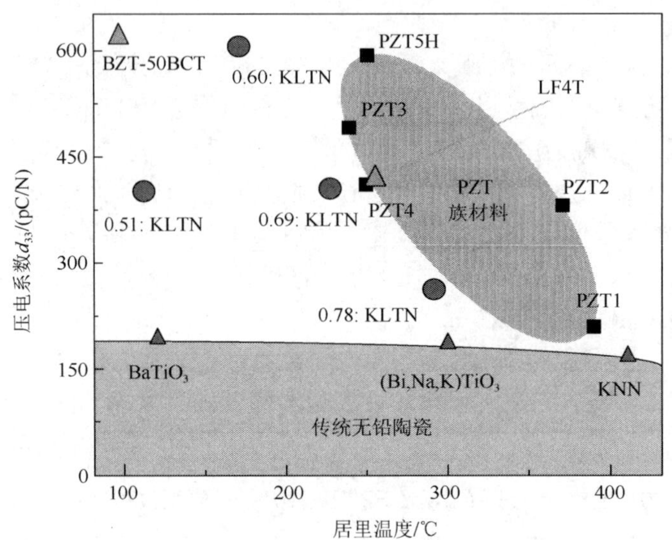

图 5.9 压电材料 d_{33} 和居里温度关系

5.4 无铅晶体 KLTN 的铁电性能

所谓铁电晶体是指在外电场的作用下，自发极化的方向可以逆转或者可以重新取向的热释电晶体。我们知道富铌 KLTN 晶体已经是性能良好的热释电晶体，那么其自发极化能否逆转或重新取向就需要通过实验测定其是否具有电滞回线来判断。

类似于铁磁体中存在磁畴对磁滞回线的说明，铁电晶体中存在电畴可以解释电滞回线现象。在铁电晶体中存在自发极化规则排列的区域，即铁电畴，因为这个区域中晶体的极轴方向和对称性密切相关，所以每个电畴中极化强度的方向是确定的，继而畴间的相对取向（即畴壁）也是固定的。但是不同电畴的极化方向不尽相同，因此晶体整体上各个电畴极化相互抵消、使得其总电矩为零[6]。

5.4.1 铁电参数测量方法

电介质中有部分晶体，在一定的温度范围，由于组成晶胞的原子（或离子）的非中心对称排列，存在自发极化，这些自发极化的状态是可随外加电场的变化（包括模值和方向）而变化的，这些晶体被称为铁电晶体。自发极化是矢量，它在铁电晶体中的空间取向是任意的，因此晶体在宏观上不显示极化。但仔细观察铁电晶体的微观和亚微观结构时，可以看到存在不少自发极化取向一致的区域，这些区域被称为铁电畴。电畴的取向与晶体结构密切相关，它是沿着某个非对称极轴取向的。

电滞回线是铁电体的主要特征之一。电滞回线的测量是检验是否是铁电体的一个主要手段。铁电体在交变电场作用下，除了像一般电介质一样产生感应极化外，更主要的是内在自发极化的转向。在足够高的外电场作用下，晶体内大部分的自发极化转向沿外加电场的方向，并达到饱和。如果再进一步增大外电场，只能使自发极化进一步伸长，这种伸长与感应极化相似，是可逆的。但已转向的自发极化在外电场回零时不能回零，因而存在剩余极化。外加电场反向时，在一定的场强范围内，剩余极化仍然保持或有微小的减小。然而，当反向电场强度超过一个被称为矫顽场强的强度时，自发极化迅速反转，并能达到反向饱和。在反向电场经过最大值再回到零以完成电场的第一循环周期时，铁电体内仍能保持反向剩余极化。

测量电滞回线的基本回路，如图 5.10 所示的 Sawyer-Tower 回路。从电路的基本原理来讲，它可以测量两个相互关联的函数，把它们随时间的变化关系在示波器上显示出来。

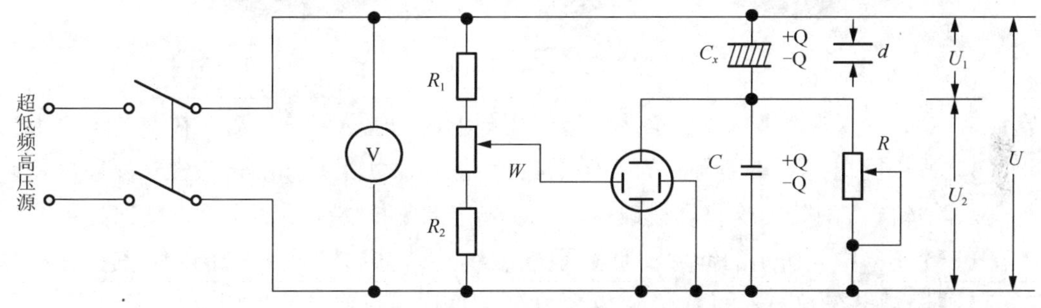

图 5.10　测量电滞回线的基本原理

在被测样品 C_x 上串接一个电容量很大的电容器 C，为了消除 U_1 和 U_2 的相位差，在电容 C 上并联了一个电阻 R，调整 R 的大小便可以使 U_1、U_2 的相位相同。因为 C_x 和 C 是串联的，所以两个电容器上的电荷是一样多的，$Q_x = Q_c = Q$，即

$$C_xU_1 = CU_2$$
$$U_2 = \frac{C_xU_1}{C} = \frac{Q}{C} = \frac{AD}{C} \propto D \tag{5.24}$$

因为样品的有效电极面积 A 和电容 C 是已知的，A/C 为常数，故 U_2 与电位移矢量 D 成正比，对于压电材料，$\varepsilon \gg 11$，故 $D \approx P$，U_2 与 P 成正比，电容器上的电压 U_2 接到示波器的垂直致偏电极上，垂直幅度 U_y 与电压 U_2 成正比，也就是说，示波器垂直振幅与电位移 D（或极化强度 P）成正比。水平致偏电极则接到电位器 W 的滑动点上，因为 $C \gg C_x$，所以 $U \gg U_1$，因此水平致偏电极之间的水平幅度电压 U_x 正比于试样两端的电压 U_1，而试样两端的电场强度 $E = U_1 / d$，因此在示波器上可以观察到 P-E（或 D-E）曲线，即电滞回线。

5.4.2　无铅晶体 KLTN 的偶极取向特性

压电响应力显微镜是一种非常重要的获得多铁材料表面纳米信息的技术。PFM 显微术是在原子力显微镜（atomic force microscopy，AFM）的基础上，利用材料自身逆压电效应来探测样品表面形变和畴结构的一类技术总称。现在 PFM 显微术已作为铁电材料研究的重要手段，在纳米尺度畴结构的 3D 成像、畴结构的动态研究和控制、微区的压电、铁电、漏电等物理性能表征等领域都有应用。具体地，当交变电场通过原子力显微镜探针加载到晶体表面时，会引起样品表面的起伏振荡，而锁相放大器此时则可以给出该振荡信号的振幅和相位信息；

其中振幅衬度（对比度）反映了压电系数的大小，而样品中铁电畴的极化方向则是通过相位衬度（对比度）反映出来。当电压通过 AFM 一个能导通的针尖加载在样品表面时，PFM 开始测量样品的力学响应。作为对电信号刺激的响应，样品开始有规律的扩张或压缩，如图 5.11 所示。

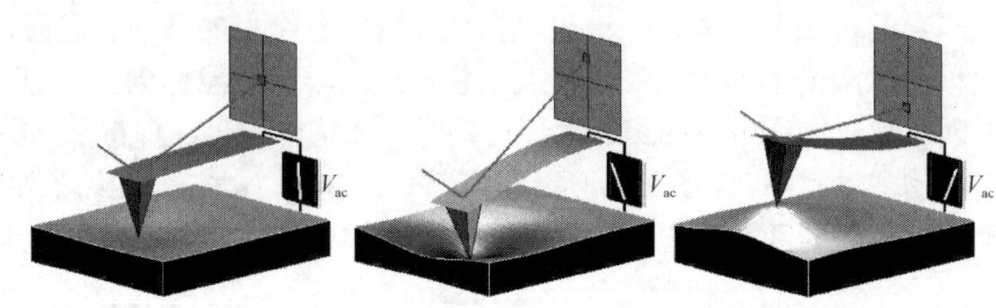

图 5.11 PFM 工作原理

富铌 KLTN 晶体的畴结构及表面形貌通过压电响应力显微镜观察到。在实验中所用的样品是沿（001）平面自然劈裂而得到的 0.69: KLTN 晶体。如果晶体的自然生长面经过任何加工或处理，晶体固有的畴结构将会被破坏，所以一定要是自然劈裂而未经过任何处理的晶体样品。在 PFM 实验中，所用的针尖实质上是导通的，具体成分为锑掺杂的硅，其弹性系数在 1～5N/m，共振频率在 60～100kHz。幅值为 10V 的偏压可以通过针尖加载在所测样品上，具体而言，样品的底面通过银电极附着在样品架上，银电极的作用一方面是固定样品，另一方面是为电压提供一个接地端。通过锁相放大器，电压垂直加载在样品上以获取垂直幅值和相位信号。第二个锁相放大器被用来在样品表面水平地加载一次谐波（交替波的基础成分），获取水平方向的幅值和相位信号。调制电场的频率可随样品变化，继而保持在样品共振频率附近。扫描面的尺寸范围也根据样品需要的分辨率不同而不同。

后期处理软件 Nanoscope 7.3 可以去除图像中的噪点，同时也可以给出扫描图像的 3D 显示。0.69: KLTN 样品的 PFM 图像如图 5.12 所示，图中分别为 Height、Deflection Error、Amplitude1、Phase1、Amplitude2 和 Phase2 图像。其中 Height 表示样品（001）平面的表面高度；Deflection Error 为（001）平面的方向误差；Amplitude1 和 Amplitude2 分别为沿[001]方向和[100]方向的幅值；Phase1 和 Phase2 分别为沿着[001]方向和[100]方向的相位。

从 Height 和 Deflection Error 以及其 3D 显示图可以看出，晶体的自然解理面呈屋脊型分布，从中我们可以知道晶体在其生长过程中的结晶形式。从 Amplitude1 和 Phase1 晶体[001]方向畴结构的幅值和相位图中可以看出，晶体沿[001]方向的畴很明显；而从 Amplitude2 和 Phase2 晶体在[100]方向畴结构的幅值和相位图中可以看出，晶体在[100]方向上的畴存在但不明显。不难理解，晶体在室温时处于四方相，其自发极化的方向总体上是指向[001]方向的，与此同时也有部分畴在[100]方向上存在分量，因此在[100]方向也存在一定数量的铁电畴，但比起沿[001]方向的畴来说其数量还是很少的。

我们也进行了加载电压以观察电畴反转和获得电滞回线的尝试，但是由于待测样品是单晶而非薄膜，最大的加压幅值 10V 对于力图使单晶电畴反转而言还是太小。因此，本部分工作我们只是在静态下观察了样品的表面偶极状况。

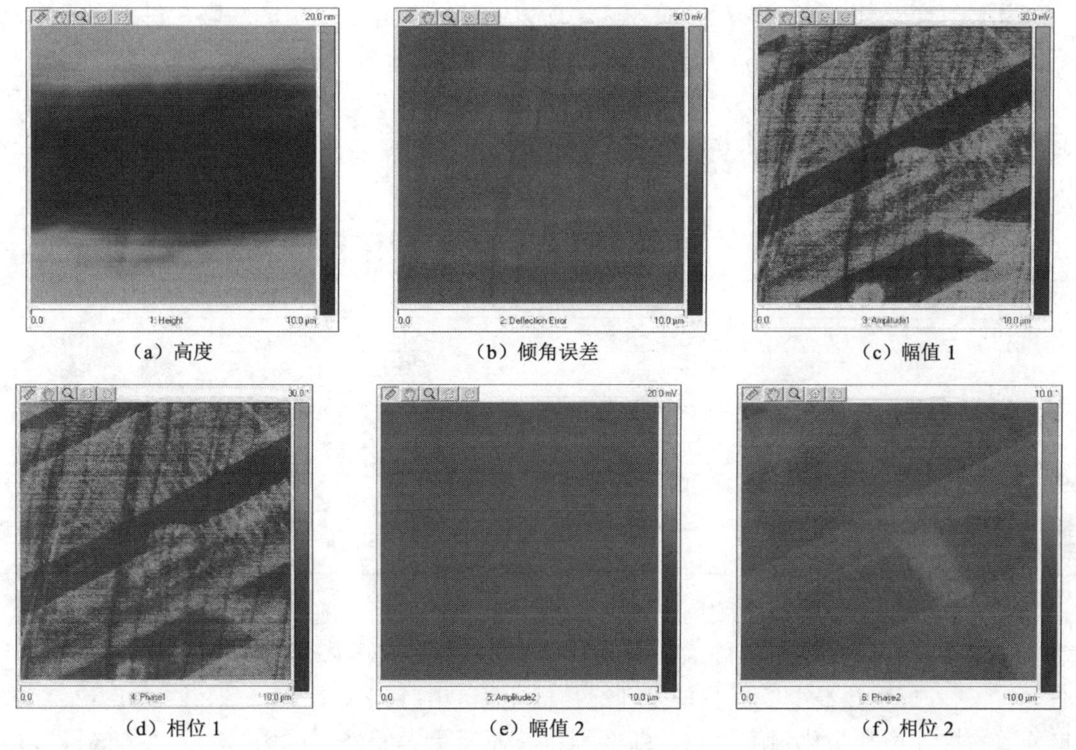

（a）高度　（b）倾角误差　（c）幅值 1

（d）相位 1　（e）幅值 2　（f）相位 2

图 5.12　0.69: KLTN 样品的 PFM 图像

5.4.3　组分和掺杂对剩余极化和矫顽场的影响

首先使用改进的 Sawyer-Tower 回路，在不同的频率下对铌摩尔分数分别为 0.51、0.60、0.69 和 0.78 的纯 KLTN 晶体的自发极化随电场（P-E）的变化规律，即电滞回线，进行了系统地测量，如图 5.13 所示，继而得到相关的铁电参数：剩余极化强度和矫顽场。

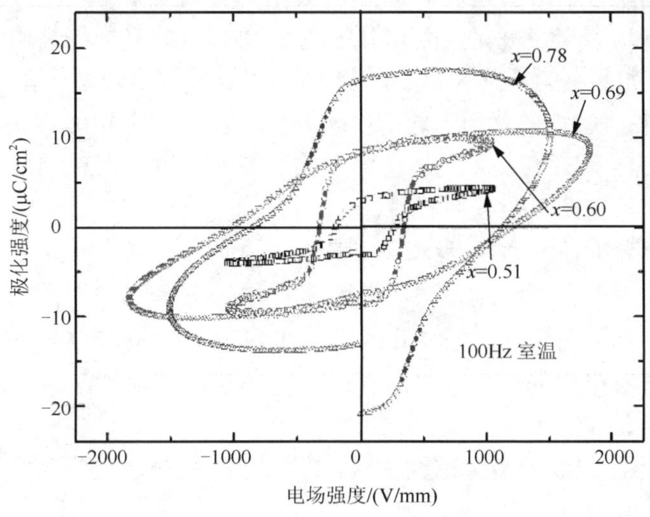

图 5.13　富铌 KLTN 晶体的电滞回线

因为 KLTN 晶体的介电损耗相对较大，所以晶体内部存在一定的缺陷，进而导致在测量电滞回线时存在较大的电导率，电滞回线有变圆的趋势。从图 5.13 中 KLTN 晶体的电滞回线中，我们可以得到其剩余极化强度 P_r 矫顽场 E_c 等参数。剩余极化强度和矫顽场实际上是相应的正负值平均而得出，剩余极化为 $P_r=(P_{r+}+P_{r-})/2$，矫顽场为 $E_c=(E_{c+}+E_{c-})/2$ [4]。这些参数与组分的关系在表 5.8 给出。

表 5.8 富铌 KLTN 晶体与其他无铅压电材料铁电参数对比

类别	组分	P_r /（μC/cm^2）	E_c /（kV/cm）
无铅单晶	0.51: KLTN	3.0	0.19
	0.60: KLTN	8.4	0.32
	0.69: KLTN	15.7	0.86
	0.78: KLTN	8.3	1.10
无铅陶瓷	$0.95(K_{0.5}Na_{0.5})NbO_{5.}0.05LiNbO_3$[4]	9.05	2.2
	$Ba(Ti_{0.8}Zr_{0.2})O_{5.}50(Ba_{0.7}Ca_{0.3})TiO_3$[8]	14.8	0.168
	$(K_{0.5}Na_{0.5})NbO_{5.}LiTaO_3$[8]	9	12.5

观察剩余极化强度 P_r 和矫顽场 E_c 的变化规律，我们发现：随着 KLTN 晶体中铌摩尔分数的增加，矫顽场 E_c 逐渐增大，即 KLTN 晶体随着铌摩尔分数的增加而变为比较硬的铁电体。此结果与 3.3.6 节中热释电效应测量得到饱和极化强度的变化规律相一致，KLTN 晶体随着铌摩尔分数的增加饱和极化强度增加，那么预示着需要更大的外加电场驱动力，即矫顽场，才能使其偶极子或铁电畴转向、继而反转。再者，因为其电滞回线的测量均在室温时进行，而 KLTN 晶体随着铌摩尔分数的增加其居里温度升高，即测量温度与居里温度之间的差距拉大，晶体在测量温度时的铁电相程度愈深，内部偶极子或铁电畴的活性下降，因此也需要更大的矫顽力来使 KLTN 晶体的极化方向与外场方向保持同步。另外，材料内部的应力以及其他因素（空位、杂质、位错等）也是影响无机非金属材料矫顽场的重要影响因素。而剩余极化强度 P_r 则没有表现出很强的规律性，总体上还是与热释电测量得到的饱和极化强度规律相似，即随着铌摩尔分数的增加而增大，其中 0.51: KLTN 的剩余极化强度 P_r 值比其他组分都小是因为其居里温度在室温附近、极易退极化。

总结和比较矫顽场和剩余极化强度，组分为 0.69: KLTN 晶体的铁电性能最优，与其他高矫顽场的材料相比，如此小的矫顽场也能激励 15.7μC/cm^2 的剩余极化强度（数据对比如表 5.8 所列），对应用而言具有较大的优势。剩余极化强度与压电陶瓷相比相差不大，而矫顽场却大约小一个数量级，这样 KLTN 晶体就是一种“软”的铁电体，而矫顽场的减小使得对材料进行有效极化和电畴的调控都变得相对容易。

对于所有三个组分的铁元素掺杂 KLTN 晶体，用于表征其电滞回线的电场从小到大依次递增，直到样品能承受的最大电压。铁元素掺杂 KLTN 晶体的电滞回线，如图 5.14 所示。

基于晶体内部的缺陷在掺铁后的显著改善，掺铁 KLTN 晶体的电滞回线比纯 KLTN 晶体有了大幅度优化，随着电压的加大，电滞回线变化非常规律，且在回线饱和的同时并没有出现电导率较大的状况。

Fe: KLTN 晶体电滞回线的两个重要参数，矫顽场 E_c 和剩余极化强度 P_r，可以从最优的电滞回线中读取而得。其值列于表 5.9 中。

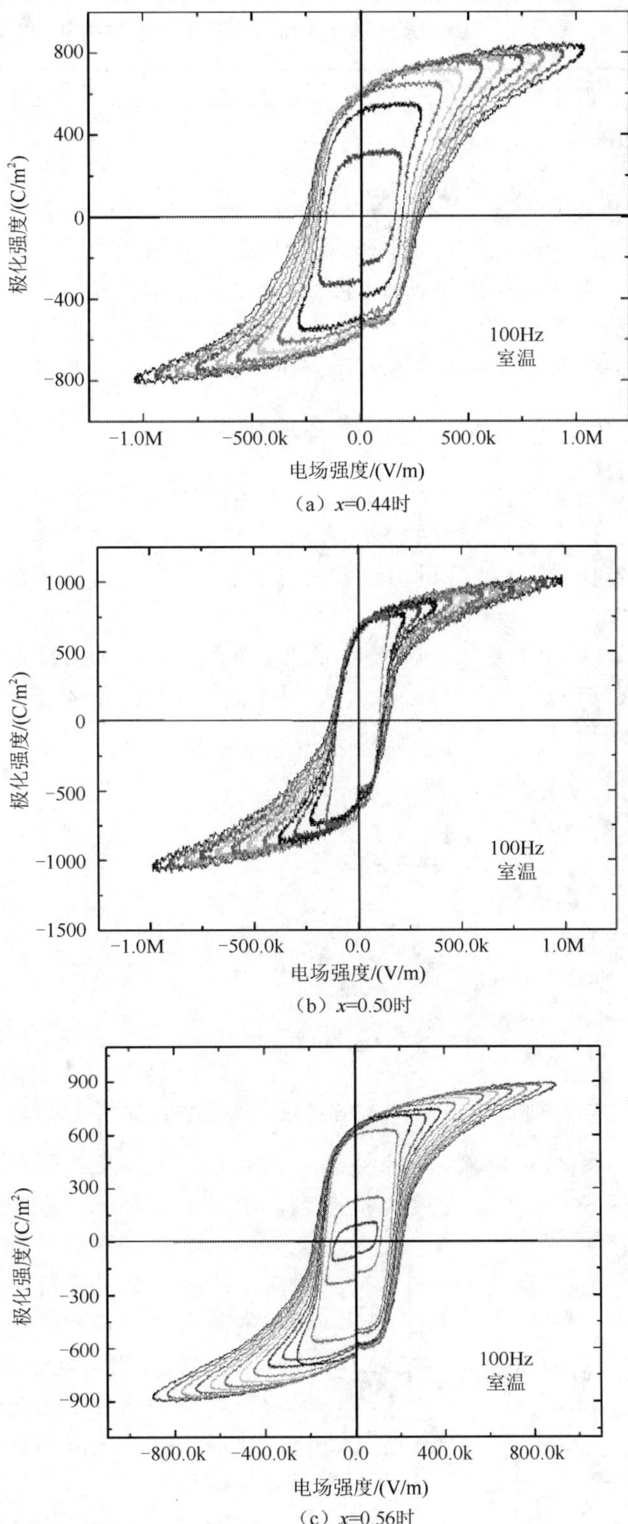

（a）x=0.44时

（b）x=0.50时

（c）x=0.56时

图 5.14　Fe: KLTN 晶体室温时的电滞回线

表 5.9 Fe: KLTN 晶体的矫顽场和剩余极化强度

x（Nb）	E_c/（V/mm）	P_r/（μC/cm^2）
0.44	250	6
0.5	200	7
0.56	180	6

数值介于 180V/mm 和 250V/mm 之间的矫顽场是非常有吸引力的，这有利于样品的极化处理和应用器件设计。与热释电测量所得的自发极化强度相比，电滞回线的饱和极化强度与其有相类似的变化趋势，但是数值上要小一些，因为绝大多数情况下，电滞回线所得的极化强度数值要略低一些；剩余极化强度的数值在 6μC/cm^2 左右。

5.4.4 无铅晶体 KLTN 的自发极化特性及机理分析

无论是热释电测试得到的自发极化强度还是电滞回线测量得到的剩余极化强度，它们的变化规律基本相似，说明在极化强度的测试方法上，具有很强的共通性；对室温时自发和剩余极化强度的数值进行比较可以发现与其他材料测试结果相一致的规律：剩余极化强度整体上是小于自发极化强度的。

从本章热释电以及 KLTN 晶体热膨胀性能的测量结果中，KLTN 晶体自发极化的峰值基本一致，其变化走势却有较大的不同。将这两种测量中自发极化的变化趋势绘成示意图进行对比，不同之处更清晰地显现出来，如图 5.15 所示。

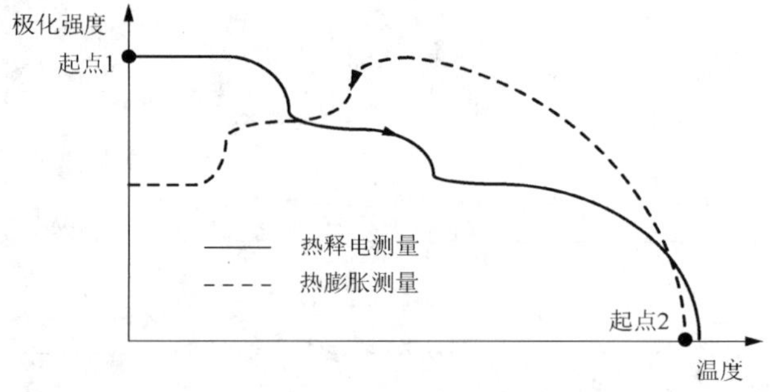

图 5.15 热释电和热膨胀测试的对比情况

图 5.15 中起点 1 表示热释电测试的起始点，起点 2 为热膨胀测试的起始点，箭头指向表示自发极化强度在这两种测试时的温度控制走势。如图 5.15 所示：在热释电测试中，自发极化强度从低温到高温是逐渐下降的，在相变点时有一个很陡峭的下降，最后降至零；而在热膨胀的测量中，自发极化强度从高温到低温变化时，在立方-四方相变温度前是上升的趋势，然后在两个铁电相变温度时是很陡峭的下降趋势，待温度继续下降至最低温度时，自发极化强度保持稳定。

热释电和热膨胀测试所得自发极化强度变化规律不同的原因就在于这两种测试之前采取的极化程序不完全相同。综合本节中采取的不同极化过程，对比情况如图 5.16 所示。

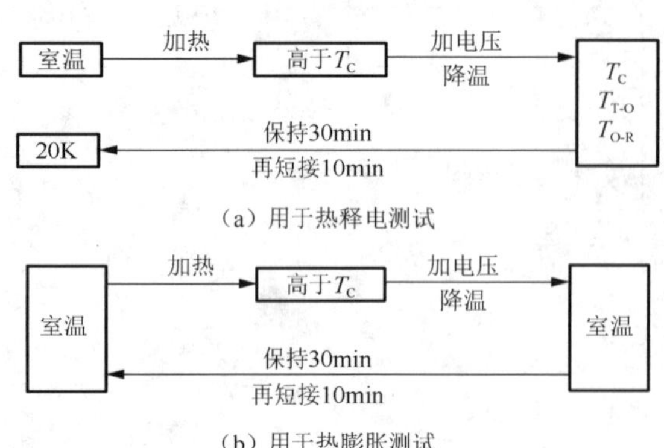

图 5.16 KLTN 晶体的不同极化程序

热释电测试的起始点为低温 20K，而样品的极化是一直持续到 20K 的；此时在晶体内部，因为外加电场的存在，自发极化沿四个等价的[111]方向。当温度升高至三方-正交相变时，[111]方向的自发极化就会等概率地向[010]方向和正交相自发极化的[101]方向转移，因此投射在[001]方向的自发极化减少，所以表现为在三方-正交相变时宏观上自发极化强度的减小。进一步升高温度至正交-四方相变温度时，[101]方向的自发极化强度等概率地向[001]和[100]方向转移，因此[001]方向上的自发极化进一步减少、晶体的自发极化强度继续减小。而热膨胀测试的起始温度为高温（600K），此时晶体样品均处于完全的顺电相，没有自发极化的存在。热膨胀测试温度方向与热释电测试方向相反，因此在立方顺电相到四方铁电相的转变过程中，晶体内部逐渐产生自发极化，并沿[001]方向。当晶体完全处于四方相时，其自发极化强度达到最大值。继续降温至四方-正交相变温度时，自发极化将向四个等价的[101]方向移动，投射在[001]方向的自发极化强度减小。当温度到达正交-三方相变温度时，自发极化由[101]向等价的[111]方向移动，所以投射在[001]方向的自发极化强度进一步减小。

5.5 无铅晶体 KLTN 的电致伸缩特性

一般的压电材料中存在着两种机电耦合效应，即压电效应和电致伸缩效应。一般情况下所观察到的效应常常是综合效应，例如晶体受电场作用会被极化，而同时由于逆压电效应还会有应变，这种应变又会反过来使晶体产生新的极化，所以观察到的极化现象实际上是以上两种效应的综合。压电效应和电致伸缩效应又有所不同，前者是在电场不太强时的一级近似效应，仅存在于具有非对称中心的材料中，且与电场强度的方向有关；而后者则为电场的平方效应，存在于所有电介质，且与电场强度的方向无关，它是由于诱导极化引起的一种基本的机电耦合现象。

5.5.1 电致伸缩效应的概念

电致伸缩效应是很弱的二次效应，因此过去并未引起人们的注意。直到 1976 年，美国宾州州立大学的 L. E. Cross、R. E. Newnham 以及 G. R. Barsch 教授领导的铁电研究组对电致伸缩理论以及实验开展大力研究后，发现了一些具有大电致伸缩系数的材料，电致伸缩现象才跃居至与压电现象并列，成为引人注目的研究领域[8]。

由热力学唯象理论可知，晶格点群属于具有对称中心的材料，无外应力时其应变 x 与极化强度 P 的关系为

$$x_{ij} = Q_{ijkl} P_k P_l \tag{5.25}$$

即应变与极化强度的平方成正比，将 x 的两个脚标按惯例简化成一个，式（5.25）改写成

$$x_i = Q_{ikl} P_k P_l \quad (i = 1,2,\cdots,6;\ k,l = 1,2,3) \tag{5.26}$$

再规定：

$$Q_{ikl} = \begin{cases} Q_{ik}\left(k = l\right) \\ \dfrac{1}{2} Q_{i\mu}\left(k \neq l\right) \end{cases} \tag{5.27}$$

式中，μ=4，5，6，分别对应 k，l 的组合为 23，13，12。这样，电致伸缩系数 Q 由本来是 81 个分量的四阶张量，简化成只有 36 个分量。

以电场作为变量时，同样有

$$x_i = M_{ikl}E_kE_l \tag{5.28}$$

式中，M_{ikl} 也叫电致伸缩系数。

对于立方钙钛矿型结构和其他立方晶系，电致伸缩系数张量为

$$\boldsymbol{Q} = \begin{bmatrix} Q_{11} & Q_{12} & Q_{12} & 0 & 0 & 0 \\ Q_{12} & Q_{11} & Q_{12} & 0 & 0 & 0 \\ Q_{12} & Q_{12} & Q_{11} & 0 & 0 & 0 \\ 0 & 0 & 0 & Q_{44} & 0 & 0 \\ 0 & 0 & 0 & 0 & Q_{44} & 0 \\ 0 & 0 & 0 & 0 & 0 & Q_{44} \end{bmatrix} \tag{5.29}$$

顺电相 KLTN 晶体是立方晶系，只有三个独立的电致伸缩系数，即 Q_{11}、Q_{12} 和 Q_{44}。所以对于计算电致伸缩系数的过程，主要就是求解出 Q_{11}、Q_{12} 和 Q_{44}。

5.5.2 电致伸缩系数的测量方法

利用迈克尔逊测量系统对 KLTN 晶体的电致伸缩系数进行测量。探测器处的干涉光强为

$$\begin{aligned} I &= I_1 + I_2 + 2\sqrt{I_1I_2}\cos\varPhi \\ &= \frac{1}{2}(I_{\max} + I_{\min}) + \frac{1}{2}(I_{\max} - I_{\min})\cos\varPhi \end{aligned} \tag{5.30}$$

式中，I_1 和 I_2 是信号光和参考光的光强，$I_{\max} = (\sqrt{I_1} + \sqrt{I_2})^2$ 和 $I_{\min} = (\sqrt{I_1} - \sqrt{I_2})^2$ 分别是干涉光强的最大值和最小值。当信号光与参考光相位差 $\varPhi$ 在 $\varPhi_0 = (m + 1/2)\pi$，$m = 0, \pm1, \cdots$ 附近有微小变化时，$\cos(\varPhi + \Delta\varPhi) \approx \pm\Delta\varPhi$，光强的变化为

$$\Delta I = I - \frac{1}{2}(I_{\max} + I_{\min}) = \pm\frac{1}{2}(I_{\max} - I_{\min})\Delta\varPhi \tag{5.31}$$

所以，把系统稳定在 $\varPhi_0$ 点，干涉条纹强度的变化与光程的变化成线性关系。当用光电探头探测这一变化时，式（5.30）可以转化电压形式为

$$\Delta\varPhi = \frac{v_{\text{out}}}{(V_{\max} - V_{\min})/2} = \frac{v_{\text{out}}}{V_{\text{p-p}}/2} \tag{5.32}$$

其中 v_{out} 对应 ΔI；$V_{\max}$ 和 $V_{\min}$ 分别对应 $I_{\max}$ 和 $I_{\min}$。如果对晶体施加频率为 f_0 的交流电场，v_{out} 可以由锁相放大器测量。从式（5.32）中可以看出，尽管 v_{out}、$V_{\max}$ 和 $V_{\min}$ 的值会因为各种不同的噪声发生变化，但它们的比值 $\Delta\varPhi$ 的变化很小。并且通过长时间测量取 $\Delta\varPhi$ 的均值能够提高数据的精度。

由电场产生的光程变化为

$$2\cdot\Delta l = \frac{\lambda}{2\pi}\Delta\varPhi \tag{5.33}$$

$$\frac{\Delta l}{l} = M_{11}\cdot E^2 \tag{5.34}$$

联合式（5.31）～式（5.33），可得

$$M_{11} = \frac{\Delta l}{lE^2} = \frac{\lambda\Delta\varPhi}{4\pi\cdot lE^2} = 4.57\times10^{-18}\cdot\frac{v_{\text{out}}\cdot l'}{V^2} = 4.57\times10^{-18}\cdot B\cdot l' \tag{5.35}$$

式中，V 为所加电压；v_{out} 为锁相放大器输出值；B 为 $\frac{v_{out}}{V^2}$；l 为晶体的长度。

可得到电致伸缩系数：

$$Q_{11} = \frac{M_{11}}{{\varepsilon_r}^2{\varepsilon_0}^2} \tag{5.36}$$

5.5.3　无铅晶体 KLTN 的电致伸缩性能

电致伸缩材料和压电材料广泛用于驱动器、空间反射镜等机电设备中。压电材料在同型相界或者多态相界表现出很高的压电性能，但是压电材料存在较大的磁滞损耗，而且需要极化处理，这就导致了传统多层驱动器大的应变适配的问题。解决这个问题的方法之一就是采用电致伸缩材料取代压电材料。压电材料在高频时的磁滞损耗很小，而且不需要经过极化处理就可以应用。

在绝大多数材料中，电致伸缩效应十分微弱，但是铁电体在居里温度以上很小的范围内却具有很高的电致伸缩系数。这是因为铁电体此时的相变产生了大的驱动应变。铅基铁电体被认为是最好的电致伸缩材料，因为其应变可达 0.1%，而电致伸缩系数 Q_{11} 可达 $10^{-2}\,m^4/C^2$。但是，大多数铅基铁电体还有近乎甚至超过 50%质量分数的 PbO，其毒性限制了其商业应用。随着环境保护相关法律的压力，无铅电致伸缩材料的需求越来越大。但是传统的无铅电致伸缩材料的电致伸缩系数要低于铅基铁电体，而近年来报道的无铅电致伸缩材料$(Sr_{0.35}Na_{0.25}Bi_{0.35})TiO_3$存在很高的无磁滞电致伸缩应变和电致伸缩系数，而另外一种无铅电致伸缩材料 $0.82(0.94Bi_{0.5}Na_{0.5}TiO_3\text{-}0.06BaTiO_3)\text{-}0.18K_{0.5}Na_{0.5}NbO_3$ 同时表现出纯粹的电致伸缩效应，低能量损耗以及很高的电致伸缩系数。这些材料的居里温度都在室温附近。

钽铌酸钾锂单晶是一种很好的电光晶体，其居里温度可以通过控制钽铌摩尔分数之比调节到室温附近。在立方-四方相界附近，四方相 $K_{0.95}Li_{0.05}Ta_{0.61}Nb_{0.39}O_3$ 晶体表现出优良的压电性能，其压电常数 d_{33} 和 d_{31} 分别达到 431 pC/N 和−183.1 pC/N。通常情况下压电效应往往伴随电致伸缩效应一同发生。我们生长并研究的 $K_{0.99}Li_{0.01}Ta_{1-x}Nb_xO_3$（$x$=0.38，0.39，0.40）晶体，其居里温度在室温附近，这增加了今后无铅电致伸缩材料的选择性。

实验中我们利用顶部籽晶助溶剂法生长了不同组分的 KLTN 晶体，利用粉末 X 射线衍射仪（SHIMADZU XRD-6000）表征其晶体的结构。晶体经过切割并抛光，使其达到光学质量，其切割方向沿着晶轴[001]方向，尺度为 3.5 mm×3.5 mm×1.0 mm。抛光后的方形的表面通过溅射镀上银膜作为电极和反射镜。样品的居里温度通过测定其相对介电常数随着温度变化的关系测得，之后还测量了其电滞回线。在测量其应变的实验中，外加电场沿着[100]方向，测量的应变也是沿着[100]方向。

通过电子探针分析和原子吸收谱测量，我们确定了之前生长的 KLTN 晶体样品的组分为 $K_{0.99}Li_{0.01}Ta_{1-x}Nb_xO_3$（$x$=0.38，0.39，0.40）。如图 5.17 所示，是不同组分时晶体在 25℃时的 XRD 谱图，这些典型的峰值显示该晶体均为钙钛矿结构，而且没有发现明显的峰有分裂发生，说明晶体具有立方相结构。如图 5.18 所示，不同组分晶体的介温谱的峰值表明对于 x=0.38，0.39，0.40 该晶体的居里温度分别为−3℃、11℃和 21℃。这些晶体的居里温度都在室温附近。在 25℃测得不同的晶体样品的电滞回线，如图 5.19 所示。对于 x=0.38，0.39 的样品，*P-E* 曲线十分细长，而且非线性程度很低，这表明此时的晶体为顺电相晶体。对于 x=0.40 的晶体，其磁滞回线可能起源于施加电场时晶体内部存在的极性微区的相关长度的变化。对于铅基材料，大的介电常数，纳米极性微区和狭长的 *P-E* 曲线往往导致大的、低损耗的电致伸缩应变。KLTN 单晶在交变电场下的性质将在下面讨论。

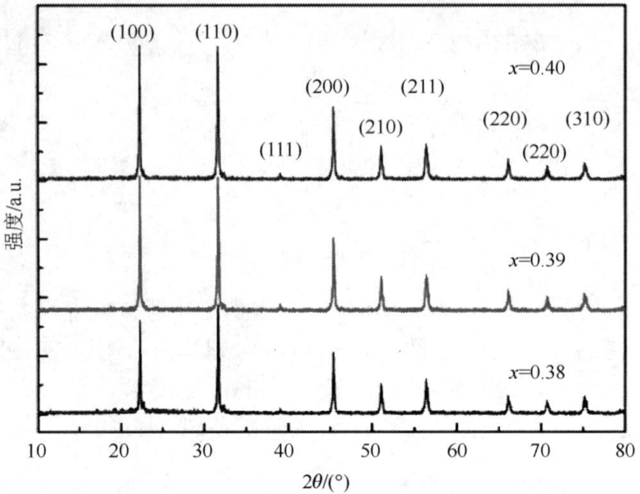

图 5.17 不同组分 KLTN 晶体 XRD 图

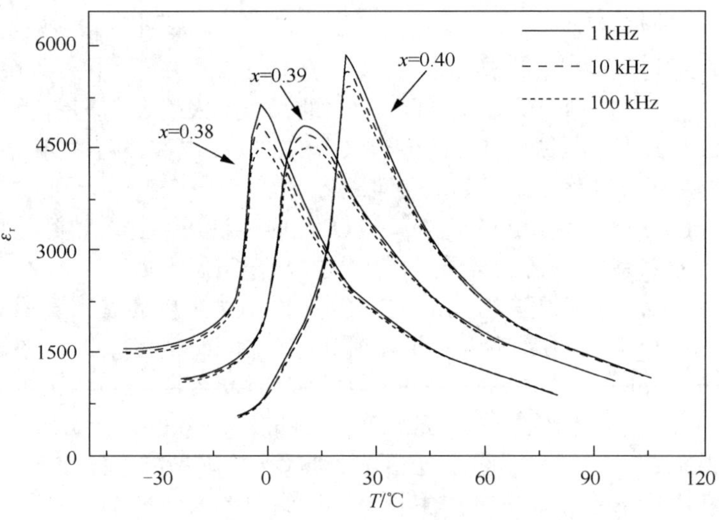

图 5.18 KLTN 晶体介温谱图

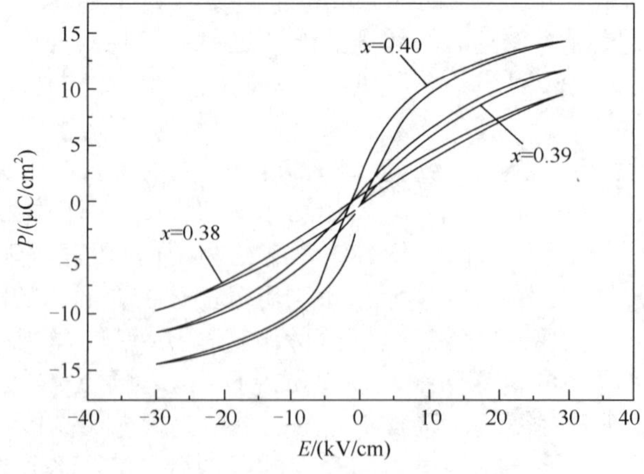

图 5.19 KLTN 晶体电滞回线图

在电致伸缩效应中，电场强度 E 带来的应变 S 遵循以下理论关系：

$$S = ME^2 \tag{5.37}$$

或者

$$S = QP^2 \tag{5.38}$$

式中，M 和 Q 都是电致伸缩系数；P 是电极化强度。在测量应变时，交变电场的频率被锁定在 27.75Hz 以避免低频噪音。图 5.20 表示 $K_{0.99}Li_{0.01}Ta_{0.60}Nb_{0.40}O_3$ 晶体在 25℃时，不同电场下产生的应变。可见应变与正弦曲线符合的很好，而且频率确实为 55.5Hz。这表明立方相 KLTN 晶体中表现出纯粹的电致伸缩效应。应变的最大值与电场强度平方的最大值之间呈现较好的线性关系，计算得出电致伸缩系数 M_{11} 达到 $8.8\times10^{-16}\ m^2/V^2$。

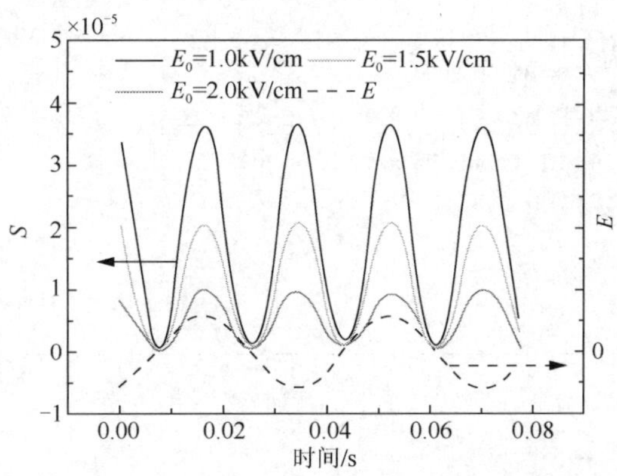

图 5.20　KLTN 晶体在交变电场下产生的应变

应变随着电极化强度平方的关系，如图 5.21 所示。对于每个组分的 KLTN 晶体，它们都呈现很好的线性关系，线性拟合后的直线的斜率即为各组分对应的电致伸缩系数 Q。由此得到，对于 x=0.40 的组分，Q_{11}=0.12 m^4/C^2；对于 x=0.39 的组分，Q_{11}=0.038 m^4/C^2，$M_{11}=1.2\times10^{-16}m^2/V^2$；对于 x=0.38 的组分，Q_{11}=0.029 m^4/C^2，$M_{11}=0.29\times10^{-16}m^2/V^2$。通过与其他铅基材料比较，可见 KLTN 晶体在居里温度附近的电致伸缩系数达到传统铅基材料的 6 倍，其电致伸缩性能相当可观。

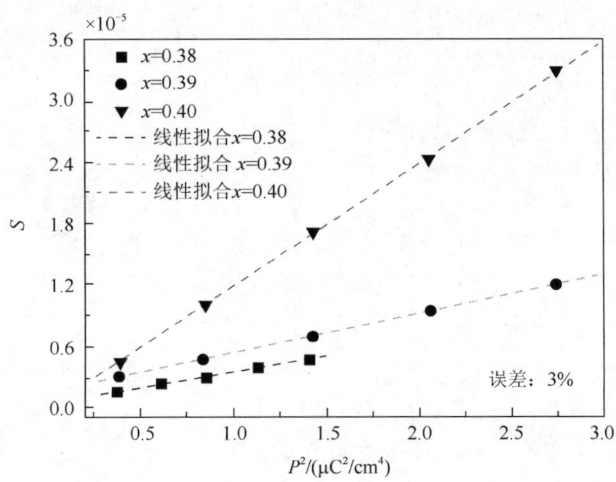

图 5.21　KLTN 晶体电致伸缩系数

综上所述，居里温度在室温附近的KLTN晶体在居里温度附近具有纯粹的电致伸缩效应，而且其电致伸缩系数可与传统的铅基电致伸缩材料相媲美，这为今后无铅电致伸缩材料及相关器件的研发开辟了一条新的路径。

参考文献

[1] Saito Y, Takao H, Tani T, et al. Lead-free piezoceramics[J]. Nature, 2004, 432:84-87.
[2] Cross L E. Lead-free as Last[J]. Nature, 2004, 432: 24-25.
[3] Liu W F, Ren X B. Large piezoelectric effect in Pb-free ceramics[J]. Physical Review Letters, 2009, 103: 257602.
[4] 李均. 无铅钽铌酸钾锂晶体的介电和压电性能研究[D]. 哈尔滨: 哈尔滨工业大学, 2013.
[5] IEEE standard on piezoelectricity: IEEE Std. 176-1987[S]. New York: The Institute of Electrical and Electronics Engineers, 1987.
[6] 钟维烈. 铁电体物理学[M]. 北京: 科学出版社, 2000.
[7] 李远, 秦自楷, 周志刚. 压电与铁电材料的测量[M]. 北京:科学出版社, 1984: 8, 15.
[8] Newnham R E. Properties of materials[M]. Oxford: Clarendon Press, 2005.

第6章

KLTN晶体的电光性能

在信息技术时代，市场对于器件的要求越来越高，尤其是进入21世纪，随着光学科技的逐渐发展，人们对新型电光材料有了更高的要求。更快的响应速度、更小的能耗以及更高的稳定度等成为科研人员不断追寻的目标，因此寻找和开发性能更加优异的电光材料成为研究热点。

目前被广泛研究和应用的电光材料主要分为两类。一类是传统的电光材料，如碳酸钡（$BaTiO_3$）、铌酸锶钡（$Sr_xBa_{1-x}Nb_2O_6$，SBN）、铌酸锂（$LiNbO_3$）单晶以及上述材料的衍生物，这些均为无铅材料。另一类是近年来逐渐发展起来的含铅铁电单晶，例如PMN-PT和PZN-PT等晶体材料。含铅铁电材料虽具有很高的电光系数，且已经得到广泛应用，但由于铅对环境存在污染，并且传统的几种电光晶体也越来越不能够满足市场的需求，人们迫切地需要找到一种性能优异的新型电光材料。钽铌酸钾锂（KLTN）晶体作为一种新型电光材料，其具有电光系数大、半波电压小、压电系数大、机电耦合系数高等特点，因此极具发展潜力。

电光系数的大小是电光材料是否具有应用空间的一个重要标准，所以在实验上准确测定晶体的电光系数矩阵对晶体的研究而言是一项至关重要的工作。本章由结构简单的KN晶体入手，从简单到复杂，逐步对高铌含量的KLTN晶体电光性能进行介绍，为器件开发提供一定的理论基础。

6.1 KLTN的线性电光效应

6.1.1 有效电光系数γ_c的频率依赖特性

本节重点研究的材料为富铌KLTN单晶，其晶体组分$K_{0.95}Li_{0.05}Ta_{1-x}Nb_xO_3$，其中$x = 0.52$、0.60、0.69或0.78，在室温下四个组分都处于四方铁电相，4mm点群，其线性电光系数γ_{ij}共有三个非零元素γ_{13}、γ_{33}和γ_{51}。另外，有效电光系数γ_c也是描述材料整体电光性能常用的量值之一。

测量线性电光系数的方法主要分为两大类，包括双光束法和单光束法。其中双光束测量即为马赫-曾德尔（Mach-Zehnder）双光束干涉法，可以用于测量γ_{13}和γ_{33}。而单光束测量则包括用于测量γ_c的塞拿蒙（Sénarmont）补偿法和用于测量γ_{51}的交流电压测试法[1]。

首先，塞拿蒙补偿法的测试光路简单，操作性强，能够方便快捷的得到材料的有效电光系数。下面给出了该方法的测试原理及所需实验仪器。塞拿蒙补偿法也可以称为PSCA系统，

P 和 A 分别代表起偏器和检偏器，S 为样品，C 则指补偿器，一般是一个 1/4 波片。其测试原理简单，所以被广泛地应用于电光材料研究领域。He-Ne 激光器的输出被适当衰减后首先经过起偏器，起偏器的偏振方向设置为相对样品的光轴成 45° 夹角，样品上施加电场的方向与光轴平行，即沿着[001]方向，而通光方向与光轴垂直，沿着[010]方向，样品与检偏器之间放置的 1/4 波片是为了将测试的工作点定于如图 6.1 所示的通光比与相位延迟关系的特性工作曲线的最大线性处，1/4 波片的快轴也与晶体主轴成 45° 夹角，检偏器位于 1/4 波片后，与晶体主轴成 β 的夹角。示波器用于观察信号波形的变化，锁相放大器用于提供外加的调制电场，同时收集光探测器传来的小信号，基于 LabVIEW 的测试软件可以完成对设备的全操控，实现连续改变调制频率的扫描测试。

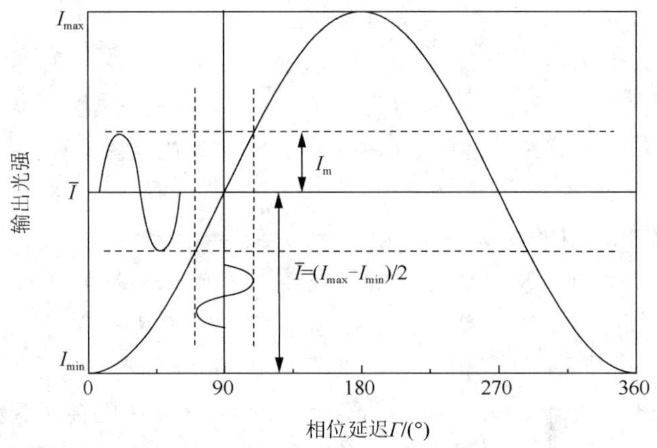

图 6.1　通光比与相位延迟之间的函数关系

塞拿蒙单光束补偿系统中光传输的公式为

$$T = I / I_0 = T_0 \sin^2\left(\frac{\Gamma_E + \Gamma_0}{2} - \beta\right) \tag{6.1}$$

式中，I_0 和 I 分别为输入和输出光强；Γ_0 和 Γ_E 为晶体的自发相移以及加电场后的相移；T_0 为光传输的最大值。

在实际光路调节的过程中，未加调制电场时，转动检偏器的方位角一周，通过光强会随之出现共四个周期的最强与最弱，显然其中最弱处即为抵消了自然双折射的 $\sin^2(0)$ 的位置，为最低点。另外，系统的最高点在 $\sin^2(\pi/2)$ 的位置出现，令系统在最高点或最低点处开始工作，若施加外场，因为曲线正处于变化剧烈处，很难得到稳定的实验结果，所以应调节检偏器使系统工作在最大线性处，这样就可以得到可信的测试结果。

在计算有效电光系数时，贝塞尔函数（Bessel function）可以用于描述相位延迟所造成的输出光强，其表达式为

$$I_m = I_\omega \approx \bar{I} \times \Gamma_m \tag{6.2}$$

式中，I_ω 代表圆频率 $W_m = 2$ 时交流电场下的输出光强；Γ_m 为最大相移；I_m 为此时对应的输出光强。且样品电光效应造成的相位延迟为

$$\Gamma_m = \frac{2v_m}{v_{p-p}} \tag{6.3}$$

其中，v_m 为锁相放大器接收到的光信号电压值；v_{p-p} 为系统工作曲线的峰峰值。

根据有效电光系数 γ_c 的定义，对于四方铁电相 KLTN 单晶，电光效应所引起的相位延迟为

$$\Gamma = \frac{2\pi L}{\lambda}\Delta n = \frac{2\pi L}{\lambda}\cdot\frac{1}{2}n_e^3\gamma_c E = \frac{n_e^3\pi L}{\lambda}\cdot\gamma_c E \tag{6.4}$$

式中，λ 是入射光波长；L 为光波经过样品所走的长度；E 为外加电场强度。若 d 为样品电极间的厚度，则有 $E=V/d$，式（6.4）可写成

$$V = \frac{\lambda\cdot\Gamma_m}{n_e^3\gamma_c\pi}\cdot\frac{d}{L} \tag{6.5}$$

结合前面的式（6.3），可以得到所测样品有效电光系数的表达式：

$$\gamma_c = \frac{\lambda\cdot d}{\pi\cdot n_e^3\cdot L}\cdot\frac{\Gamma_m}{V_m} = \frac{\lambda\cdot d}{\pi\cdot n_e^3\cdot L}\cdot\frac{2v_m}{V_m v_{p-p}} \tag{6.6}$$

其中，V_m 为外加电场的大小。

使用自行编写的 LabVIEW 程序可以实现对锁相放大器、光探测器以及示波器的控制，实现自动逐点连续扫描不同外加电场频率下的有效电光系数。为了研究调制频率对于电光性能的影响，我们对不同组分的 KLTN 晶体样品的线性电光性能的频率依赖特性进行了研究，也为其他类似结构材料的电光性能的频率依赖特性研究提供一定的参考。

采用单光束塞拿蒙补偿法，使用 He-Ne 激光器，在 633 nm 的激光波长下测试了室温下 $K_{0.95}Li_{0.05}Ta_{1-x}Nb_xO_3$，$x = 0.52$、0.60、0.69 及 0.78，四个晶体组分在连续的调制频率作用下的有效电光系数 γ_c，外加调制场频率的变化范围从 100 Hz 到 100 kHz，且外加的正弦调制电场的绝对值很小，通常是 1 Vrms，以避免由于调制电场而改变晶体的极化状态。本工作中的四个组分 KLTN 晶体的基本信息总结于表 6.1 中，其中包括居里温度、样品的尺寸、633 nm 下的折射率[2]。

表 6.1　KLTN 系列晶体样品的基本信息

组分	尺寸（$w\times l\times d$）/mm^3	n_o	n_e	T_C/K
0.52: KLTN	2.490 × 1.945 × 2.589	2.2505	2.2271	380
0.60: KLTN	2.797 × 1.250 ×1.551	2.2674	2.2370	438
0.69: KLTN	1.670 × 0.878 × 1.457	2.2791	2.2416	500
0.78: KLTN	2.583 × 0.940 × 2.317	2.3002	2.2563	560

但这里有一点要指出的是，对于 $x = 0.52$ 的 KLTN 晶体样品，其介电常数在室温下刚好处在剧烈变化的位置，故而其电光以及压电性能表现出了一些不稳定性。与文献报道中对于 0.35: KTN 线性电光性能的测试，需要一个外加电场来保持晶体的极化状态类似，本工作中我们也需要对 0.52: KLTN 外加一个直流偏压，以保持晶体内部偶极子最大限度地沿自发极化方向分布，以得到更稳定的数据，这里我们所使用的直流偏压的大小是 54 V/mm[3]。

如图 6.2 所示为 $x = 0.52$、0.60、0.69 及 0.78 四个组分的 KLTN 晶体在室温下的有效电光系数 γ_c 随频率变化的曲线。对于任意组分的室温铁电相的 KLTN 晶体，随着外加电场调制频率的增大，其有效电光系数 γ_c 逐渐减小，在约 50 kHz 以后降至一个稳定的较小的值。且随着铌摩尔分数的减小，γ_c 的值逐渐增大，0.60: KLTN 及 0.52: KLTN 晶体在 300 pm/V 处左右的有效电光系数优于目前常用的绝大多数无铅铁电电光单晶。

分析频率依赖特性的成因，主要是由于材料内部极化机制对于频率的响应是在逐渐变化所导致的。低频时，空间电荷场极化起主要作用，但随着频率的增加，空间电荷场极化逐渐

无法跟随频率的变化。对于电光材料而言，外部表现便是电光信号的减小，直至空间电荷场完全不起作用，这时偶极子取向极化开始占主导地位，但其值要比空间电荷场极化小得多，这就导致了高频处的电光系数很小。另外，对比研究了 0.52: KLTN 晶体在有无外加直流偏压下得到的有效电光系数的差别，图 6.3 中的结果表明外加直流电场对于 0.52: KLTN 晶体的电光性能有着很大的提升作用。对 0.52: KLTN 晶体进行极化之后，其极化效果很难保持，此时测得的有效电光系数在低频处仅为 78 pm/V。而如果使用一个直流偏压，大小仅为 54 V/mm，测试曲线就能够很好地稳定在低频 300 pm/V 以上。可见，外加偏压的确可以起到帮助样品保持极化、稳定其性能的作用。在实际应用中，小的外加直流偏压是很容易实现的，例如在 KLTN 单晶组分中，0.60: KLTN 无须任何外部辅助就具有很好的电光性能，而 0.52: KLTN 单晶也只需要很小的直流偏压便可以达到更好的电光表现，是一种极具潜力的电光材料。KLTN 晶体各组分的有效电光系数被总结列于表 6.2 中。

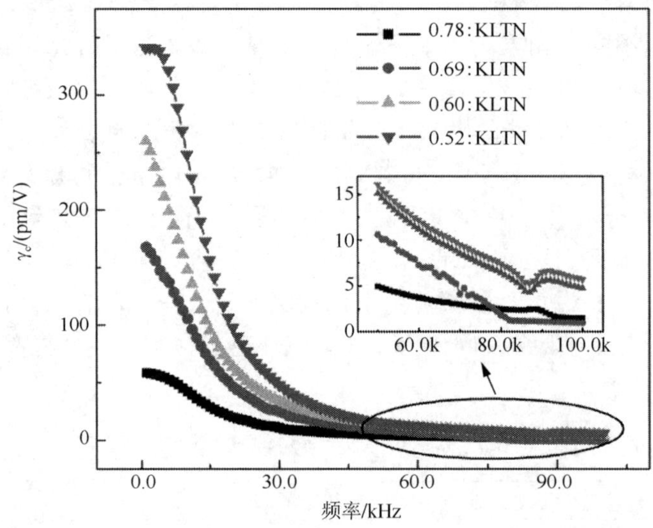

图 6.2　KLTN 系列晶体有效电光系数的频率依赖特性曲线

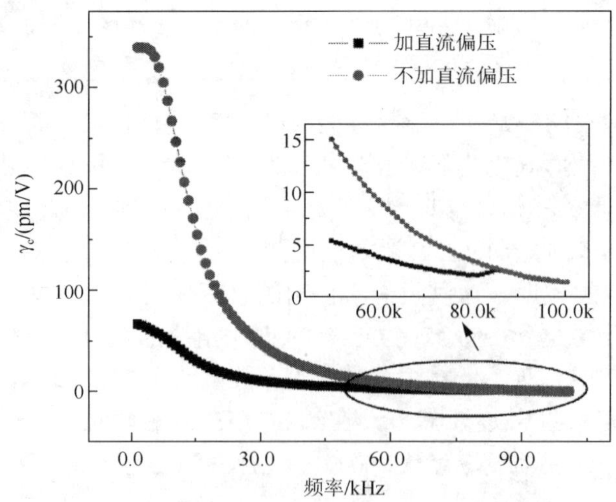

图 6.3　外加直流偏压对 0.52: KLTN 晶体有效电光系数的影响

表 6.2　KLTN 系列晶体的有效电光系数

组分	γ_c /（pm/V）
0.52: KLTN	78*/322**
0.60: KLTN	260.1
0.69: KLTN	167.8
0.78: KLTN	58.5

* 无外加偏压

** 外加直流偏压 54 V/mm

6.1.2　γ_{13} 和 γ_{33} 的频率依赖特性及压电修正

采用 2.3 节中描述的 Mach-Zehnder 方法测量电光系数矩阵中的 γ_{13} 和 γ_{33} 分量，这种方法精度较高，通常用于细致表征材料电光参数以及那些电光效应不太明显的材料。双光束干涉法与单光束补偿法在操作上存在着一定的相似之处，例如测量工作曲线的峰峰值的方法，以及需要保证测试在系统的线性区域内进行。类似地，材料的线性电光系数 γ_{13} 和 γ_{33} 可用下列表达式进行计算：

$$\gamma_{13} = \frac{\lambda \cdot d}{\pi \cdot n_o^3 \cdot L} \cdot \frac{2v_{out}}{V_m \cdot V_{p-p}} \tag{6.7}$$

$$\gamma_{33} = \frac{\lambda \cdot d}{\pi \cdot n_e^3 \cdot L} \cdot \frac{2v_{out}}{V_m \cdot V_{p-p}} \tag{6.8}$$

式中，V_m 为外加电场的大小。

测试中，待测样品的几何形状、晶向以及激光偏振方向的设置如图 6.4 所示。样品沿[001]方向极化，通光方向沿[010]方向，测量 γ_{13} 和 γ_{33} 时，所用激光的偏振方向不同，因为 γ_{13} 与 n_o 相关，而 γ_{33} 与 n_e 相关，故而在测 γ_{13} 时，激光的偏振方向则与光轴平行，而 γ_{33} 的测试中激光的偏振方向则与光轴垂直，在光路中增加一个偏振片便实现了这一功能。对 γ_{13} 和 γ_{33} 分别进行测定时，因为干涉系统非常敏感，很容易受到扰动，若使用程序控制，容易出现一段时间过后，系统偏离线性工作区间的问题。故对于 γ_{13} 和 γ_{33} 的测量，我们采用手动逐点扫描的方法，对 x= 0.60、0.69 及 0.78 三块不同组分的 KLTN 晶体样品的 γ_{13} 和 γ_{33} 的频率依赖特性进行研究。

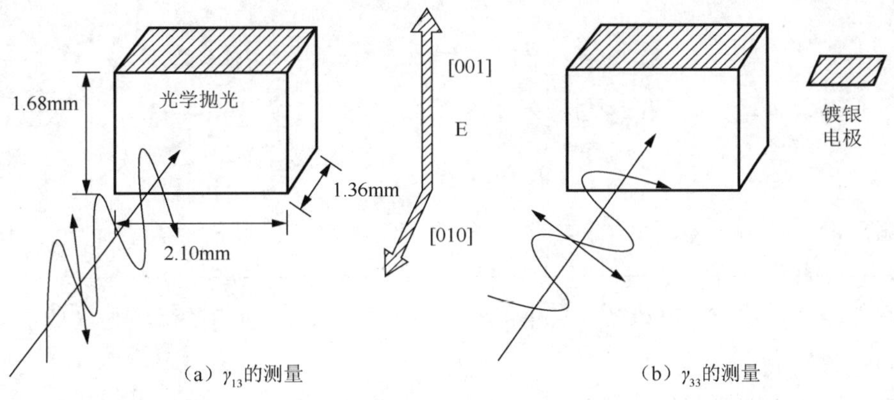

（a）γ_{13}的测量　　（b）γ_{33}的测量

图 6.4　双光束干涉法中样品的取向及偏振光设置

KLTN 晶体线性电光系数 γ_{13} 和 γ_{33} 频率依赖特性的研究结果如图 6.5 和图 6.6 所示。类似于 γ_c 的结果，对任意组分的 KLTN 单晶，线性电光系数 γ_{13} 和 γ_{33} 都随调制频率的增加而减小然后趋于稳定，且铌摩尔分数由 0.78 降至 0.60 的过程中，电光系数 γ_{13} 和 γ_{33} 逐渐增大。其中图 6.6 所示的结果为 γ_{13} 的绝对值（KLTN 系材料的 γ_{13} 为负值）。

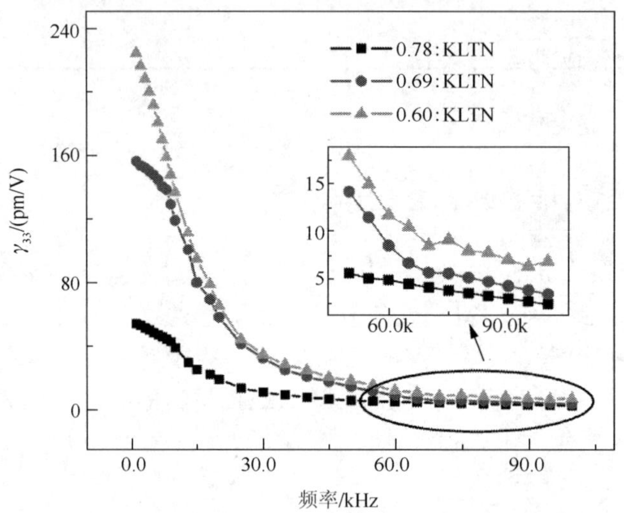

图 6.5　KLTN 系列晶体有效电光系数 γ_{33} 的频率依赖特性

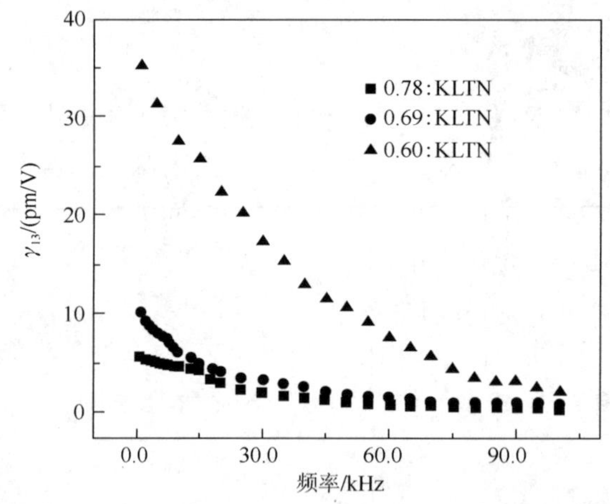

图 6.6　KLTN 系列晶体有效电光系数 γ_{13} 的频率依赖特性

由于电光系数张量元 γ_{13} 和 γ_{33} 与有效电光系数 γ_c 存在着如下关系：

$$\gamma_c = \gamma_{33} - \gamma_{13} \cdot \frac{n_o^3}{n_e^3} \tag{6.9}$$

使用测得的 γ_{13} 和 γ_{33} 代入式（6.9）计算得到了 x=0.60、0.69 和 0.78 三种组分 KLTN 晶体相应的有效电光系数 γ_c 的值，与实验所得的 γ_c 进行对比，结果如图 6.7 所示，可见实验值与计算所得结果吻合得很好。可以说，对于所测的三种组分，两种测试手段得到的 γ_c、γ_{13} 和 γ_{33} 均是可靠的实验结果。

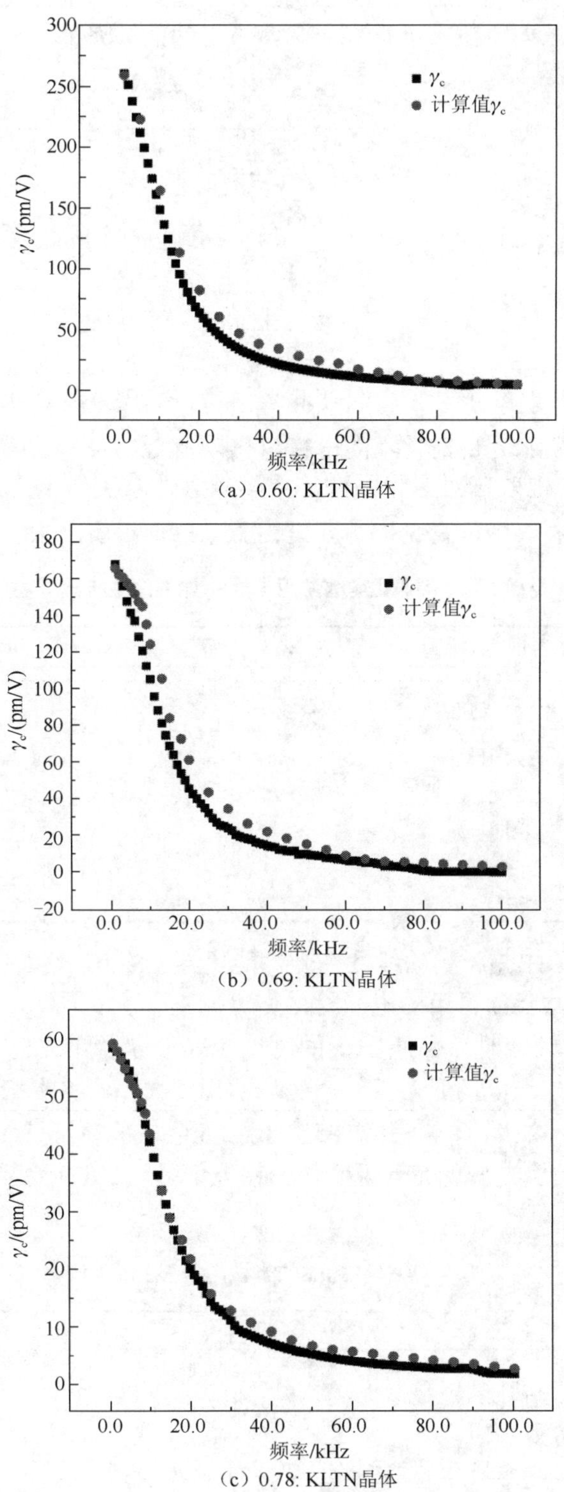

（a）0.60: KLTN晶体

（b）0.69: KLTN晶体

（c）0.78: KLTN晶体

图 6.7　KLTN 系晶体实验与计算所得的 γ_c 的对比图

另外，因为 KLTN 单晶具有优异的压电性能，在进行电光测试时，材料由于外加电场的影响，会发生形变，继而影响光程。所以，以上所介绍的均为表观电光系数 γ^a，而真实的线

性电光系数γ^{r}需要利用压电系数来进行修正。两者之间的关系为

$$\begin{aligned} \gamma_{13}^{r} &= \gamma_{33}^{a} - \frac{2(n_e - 1)}{n_e^3} d_{31} \\ \gamma_{13}^{r} &= \gamma_{13}^{a} - \frac{2(n_o - 1)}{n_o^3} d_{31} \end{aligned} \tag{6.10}$$

再由有效电光系数表达式$\gamma_c = \gamma_{33} - \gamma_{13} \cdot n_o^3 / n_e^3$可得单晶实际的有效电光系数$\gamma_c^{r}$和表观电光系数$\gamma_c^{a}$的关系为

$$\gamma_c^{r} = \gamma_c^{a} - \frac{2(n_e - n_o)}{n_e^3} d_{31} \tag{6.11}$$

可见，利用材料的折射率n_o和n_e，只要测量出材料的压电常量d_{31}值，就可以算出其实际电光系数值。如表 6.3 所示为目前常用的电光材料以及 KLTN 单晶经过修正的线性电光系数及压电系数d_{31}。其中压电效应对电光系数的贡献较大，真实的电光系数γ_{13}甚至可以为零，这种情况在高压电性能材料中很常见，主要是由于电致伸缩所产生的形变影响了光程。

表 6.3　KLTN 及其他常用电光晶体的线性电光系数

组分	γ_{33}^{a} / γ_{33}^{r} /（pm/V）	γ_{13}^{a} / γ_{13}^{r} /（pm/V）	γ_c^{a} / γ_c^{r} /（pm/V）	d_{31} /（pC/N）
0.52: KLTN	—	—	322/321.4	135.2
0.60: KLTN	223.7/180.7	−35.23/～0	260.1/259.1	194.7
0.69: KLTN	155.7/124.9	−10.2/～0	167.8/166.8	139.5
0.78: KLTN	53.7/33.8	−5.62/～0	58.5/57.8	90.8
$BaTiO_3$	80	24	55	—
$LiNbO_3$	30.8	8.6	22	—
SBN61	235	47	205	—

总体而言，KLTN 系单晶材料的线性电光性能优异，0.60: KLTN 单晶就参数和稳定性而言为最优组分，性能可与目前常用的电光材料相比拟。

在评价电光材料的性能时，品质因子的高低也是衡量标准之一。这里品质因子定义为 FOM=$n_i^3 \gamma_{jk}$，描述材料外加电场后，折射率变化的程度大小。将本工作中得到的 KLTN 系晶体材料的半波电压以及品质因子等信息总结置于表 6.4 中，并与目前常用的电光材料进行对比，KLTN 系晶体优越的电光表现充分说明作为铁电单晶，KLTN 系晶体材料是极具研究价值和实用意义的晶体材料[2]。

表 6.4　KLTN 晶体的半波电压及品质因子

组分	$V_{\lambda/2}$/V	FOM
0.52: KLTN	237	4331
0.60: KLTN	270	2608
0.69: KLTN	323	1843
0.78: KLTN	1239	653.2
$BaTiO_3$	—	334
$LiNbO_3$	—	328
SBN61	—	2785

6.1.3　切向线性电光系数γ_{51}及机理分析

关于切向的线性电光系数γ_{51}的介绍和计算公式指出，测定γ_{51}的关键在于确定外加电场所引起的主轴的旋转角度。测试原理如图 2.18 所示，为避免干涉，我们采用白光光源，光先后通过起偏器、样品、检偏器和光探测器，并由锁相放大器检测，锁相放大器也同时为系统提供了调制电场。在切向线性电光系数γ_{51}的测试当中，我们采用了改进的交流电压测试法。待测的四个不同组分的 KLTN 晶体样品经过切割抛光等前期处理之后，沿[001]方向极化，撤去两端电极后，再沿[100]的两个端面涂覆电极，放入可以使样品晶轴旋转的微调样品架中心，调节精度为 0.2°。以其中一块样品为例，如图 6.8 所示为待测样品前期处理的基本信息。

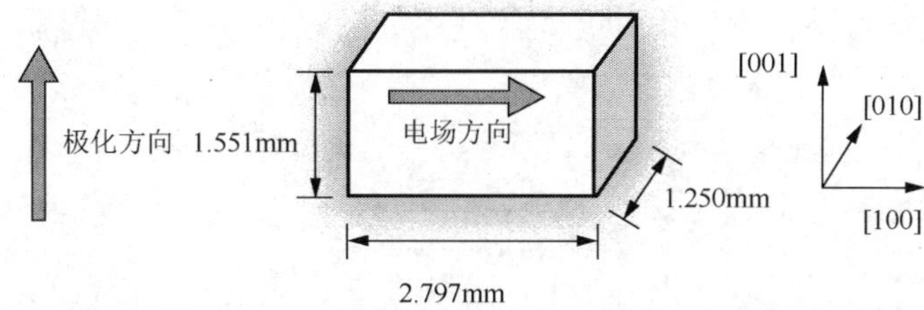

图 6.8　交流电压测试法中的样品信息

测试中，光的入射方向平行于样品的[010]方向，当起偏器和检偏器呈 90°夹角时，探测器检测不到光信号。而当在样品的[100]方向外加一个交流场 $E_x = [1-\cos(\omega t)]E/2$ 后，该电场将引起晶轴随着电场旋转往复，探测器接收到的波形将为正弦形式，如图 6.9（b）所示。

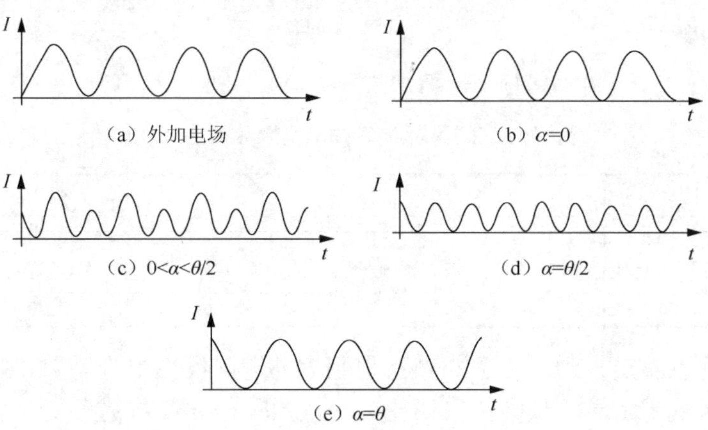

图 6.9　不同旋转角度下的光信号

为了测得外加电场峰值所对应的晶轴旋转角度 θ，我们旋转晶轴来抵消外加电场的作用，这一旋转角度用α来表示，随着旋转角度增大，测得信号峰值逐渐变小。在$\alpha=\theta/2$处，探测器所得到的正弦信号就不再与外加电场频率相同，而是两倍频的情况，即频率为2ω，如图 6.9（d）所示。而当 $0<\alpha<\theta/2$ 或者 $\theta/2<\alpha<\theta$ 时，波形如图 6.9（c）所示，频率仍为ω，当角度继续增大到$\alpha=\theta$时，得到的波形与$\alpha=0$时相同，但相位相差 180°。这样我们就可以通过旋转晶轴观察波形变化的方式，得到不同外加电场之下样品晶轴的旋转角度 θ。我们对这一方法的改进在于，引入锁相放大器来代替光电管之类的光探测器，原理相同但操作相对

容易，且精度有了很大的提高。

式（6.12）可以计算出样品所具有的切向线性电光系数 γ_{51}：

$$\theta = \gamma_{51} \frac{n_o^2 n_e^2}{n_o^2 - n_e^2} \frac{U}{b} \tag{6.12}$$

式中，U 是外加电场的电压峰值；b 为电极间的距离；n_o 和 n_e 为材料的折射率。由外加电场和旋转角度的线性关系，我们可以得到 γ_{51} 的大小，多次测试的误差为±0.04°，相当于 γ_{51} 测试结果的 13%。

切向线性电光系数 γ_{51} 主要是靠测量晶轴在外加电场作用下的旋转角度得到的。这里值得指出的是，研究表明切向线性电光系数 γ_{51} 对外加电场的频率并不敏感，在整个测试频段内的结果基本一致，于是便选择 100 Hz 作为测试电场的工作频率，进行了测试。对于三个组分的 KLTN 晶体，外加电场与晶轴旋转角度之间的关系如图 6.10 所示，通过斜率计算出来的 γ_{51} 的值如表 6.5 所示。

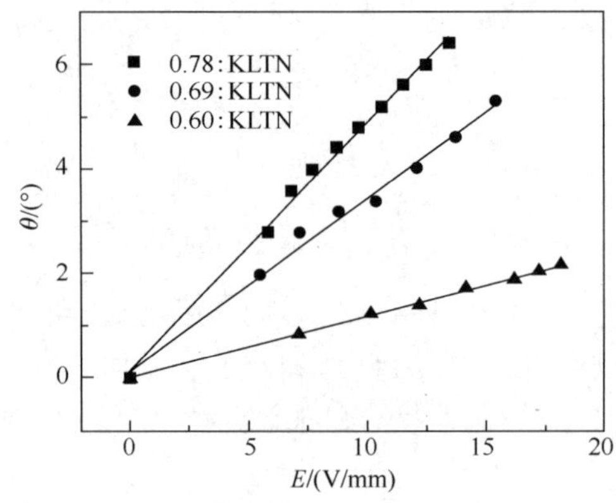

图 6.10　KLTN 晶体外加电场与晶轴旋转角度之间的关系

表 6.5　KLTN 晶体切向电光系数 γ_{51} 的大小

组分	γ_{51} /（$\times 10^4$ pm/V）
0.60: KLTN	1.10±0.14
0.69: KLTN	2.39±0.31
0.78: KLTN	6.17±0.80

由以上结果可以看出，KLTN 系材料有着巨大的切向线性电光系数，随着铌摩尔分数的增加而增大，其不具有明显的频率依赖特性。这与 Newnham[4]报道的结果相吻合，其中，对于 $KTa_{0.53}Nb_{0.47}O_3$ 晶体组分，γ_{51} =5770±1150pm/V，而 $KTa_{0.48}Nb_{0.52}O_3$ 晶体组分的 γ_{51} =7850±1550pm/V，实验结果遵循铌摩尔分数增加，γ_{51} 随之增大的规律。且 KLTN 系晶体材料的 γ_{51} 远远大于目前市面上常用的电光材料，利用这一重要发现，可以尝试使用 KLTN 晶体的切向电光系数制成各种器件，这必将极大地影响和推动电光以及光机电一体化工业的进程。

这里，KLTN 系单晶优异的切向线性电光系数主要归因于其较大的[100]方向的介电常数 ε_{11} 的贡献。对比分析一些常见材料的线性电光系数 γ_{13}、γ_{33}、γ_{51} 以及[001]和[100]方向上的介电常数 ε_{33} 和 ε_{11}，从定性分析的角度来看，当 ε_{11} 大于 ε_{33} 时，材料的 γ_{51} 就将大于其 γ_{13} 和 γ_{33} 的值，如表 6.6 所示为几种材料的电光系数和介电常数。

表 6.6 0.60: KLTN、$BaTiO_3$ 以及 SBN 晶体的介电常数与电光系数

组分	γ_{33} / (pm/V)	γ_{13} / (pm/V)	γ_{51} / (pm/V)	ε_{33}	ε_{11}
0.60: KLTN	223.7	−35.2	1.10×10^4	1099	15200
$KNbO_3$	64	−28	105	24	780
SBN61	235	47	42	900	450
$BaTiO_3$	80	24	1640	130	4000

这里，我们还可以利用线性电光系数与二次电光系数的关系，对这一情况进行定量的分析和讨论。

$$\gamma_{33}-\gamma_{13}=2\varepsilon_{33}\varepsilon_0 P_s\left(g_{11}-g_{12}\right) \tag{6.13}$$

$$\gamma_{51}=\varepsilon_{11}\varepsilon_0 P_s g_{44} \tag{6.14}$$

式中，g_{11}、g_{12} 和 g_{44} 是二次极光系数；P_s 是极化强度；ε_{33} 和 ε_{11} 分别为[001]和[100]方向上的介电常数，真空介电常数为 ε_0 = 8.85 pF/m。很显然，这里介电常数对于电光系数的大小起到了很大的作用。对于 KLTN 系材料，ε_{11} 通常要比 ε_{33} 大很多，例如 0.60: KLTN 的样品，充分极化后其介电常数高达 $\varepsilon_{33}\approx1099$ 和 $\varepsilon_{11}\approx15\,200$，极化强度的典型值为 40 $\mu C/cm^2$，其二次极光系数 g_{44} 的大小就约为 0.2 m^4/C^2。研究表明，绝大多数钙钛矿材料的二次极光系数基本一致，在 0.15 附近，数据的吻合度较好。

很多的物理性能都是与方向有关的，这种各向异性就决定了需要使用张量来描述这些性能。通过 6.1.2 小节所介绍的实验方法，得到了室温铁电的 KLTN 单晶的线性电光系数张量，γ_{ij} 的形式为 3×6 阶，具有 18 个张量元，但事实上对于 4mm 点群的 KLTN 单晶而言只有 3 个非零张量元。也就是说，通过这三个数值，可以得到样品任意方向的电光系数，即可以得到材料线性电光系数在三维空间中分布的特性[5]。

6.1.4 KLTN 晶体电光系数的空间分布

1. 张量的三维空间分布理论

张量在三维空间上的分布可以通过坐标系之间的变换来获得。坐标系变换可以帮助我们去认知这些描述物理性质的张量，而晶体的对称性是决定如何进行坐标变换的关键，在掌握了某一物理性质所具有的非零张量元之后，我们就可以通过坐标变换给出其在三维空间中的分布。坐标变换就相当于将其所具有的非零张量元按材料的对称性平均分布至三维空间中，这样材料中任意晶向的物理性质的大小都可以由这个空间分布得到。

坐标系变换的基本思想来自于 Phenomenology 理论，是材料研究领域最基本的理论之一。坐标系变换的过程简要描述为以下两个步骤：第一，以 z 轴为中心顺时针旋转坐标系，角度为 ϕ；第二，以原点为中心偏离 z 轴旋转，角度为 θ。这样，由这两个旋转角度我们便得到了一个全新的坐标系，这一过程如图 6.11 所示。

经过数学以及几何学推导，可以得到两个坐标系之间的变换矩阵 $\boldsymbol{a}$ 和 $\boldsymbol{A}$。接下来，我们将尝试使用变换矩阵 $\boldsymbol{a}$ 和 $\boldsymbol{A}$ 及其共轭转置矩阵 $\boldsymbol{a}^{\mathrm{T}}$ 和 $\boldsymbol{A}^{\mathrm{T}}$ 在新的坐标系之下重新计算和表征物理量。这里要使用的变换矩阵 $\boldsymbol{a}$ 和 $\boldsymbol{A}$ 的形式在式（6.15）和式（6.16）中给出。

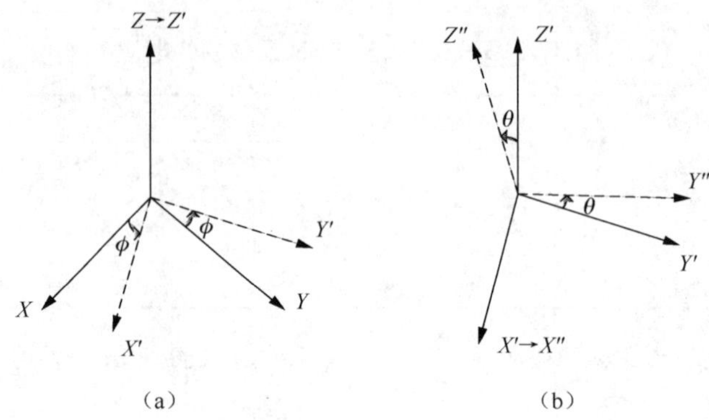

图 6.11 坐标系旋转变换理论

$$\boldsymbol{a}=\begin{pmatrix}\sin\theta\cos\varphi & \sin\theta\sin\varphi & \cos\theta \\ \cos\theta\cos\varphi & \cos\theta\sin\varphi & -\sin\theta \\ -\sin\varphi & \cos\varphi & 0\end{pmatrix} \tag{6.15}$$

$$\boldsymbol{A}=\begin{bmatrix} a_{11}^2 & a_{12}^2 & a_{13}^2 & 2a_{12}a_{13} & 2a_{11}a_{13} & 2a_{11}a_{12} \\ a_{21}^2 & a_{22}^2 & a_{23}^2 & 2a_{22}a_{23} & 2a_{21}a_{23} & 2a_{21}a_{22} \\ a_{31}^2 & a_{32}^2 & a_{33}^2 & 2a_{32}a_{33} & 2a_{31}a_{33} & 2a_{31}a_{32} \\ a_{21}a_{31} & a_{22}a_{32} & a_{23}a_{33} & a_{22}a_{33}+a_{23}a_{32} & a_{21}a_{33}+a_{23}a_{31} & a_{22}a_{31}+a_{21}a_{32} \\ a_{11}a_{31} & a_{12}a_{32} & a_{13}a_{33} & a_{12}a_{33}+a_{13}a_{32} & a_{13}a_{31}+a_{11}a_{33} & a_{11}a_{32}+a_{12}a_{31} \\ a_{11}a_{21} & a_{12}a_{22} & a_{13}a_{23} & a_{12}a_{23}+a_{13}a_{22} & a_{13}a_{21}+a_{11}a_{23} & a_{11}a_{22}+a_{12}a_{21} \end{bmatrix} \tag{6.16}$$

这里 $\boldsymbol{a}$ 是很简单的坐标系变换矩阵，而 $\boldsymbol{A}$ 是基于 $\boldsymbol{a}$ 发展而来，专为处理高阶张量而给出的变换矩阵，其中每一个矩阵元均由 $\boldsymbol{a}$ 的矩阵元计算得到。

对于二阶的介电常数、三阶的压电系数和电光系数、四阶的弹性系数等，计算新坐标系下的物理量的公式如下：

$$\varepsilon'=\boldsymbol{a}\cdot\varepsilon\cdot\boldsymbol{a}^{\mathrm{T}} \tag{6.17}$$

$$d'=\boldsymbol{a}\cdot d\cdot\boldsymbol{A}^{\mathrm{T}} \tag{6.18}$$

$$\gamma'=\boldsymbol{A}\cdot\gamma\cdot\boldsymbol{a}^{\mathrm{T}} \tag{6.19}$$

$$s'=\boldsymbol{A}\cdot s\cdot\boldsymbol{A}^{\mathrm{T}} \tag{6.20}$$

仅讨论三阶的线性电光系数，对于 4mm 点群，其线性电光系数的表达式为式（6.21），通过变换式（6.19），可以得到原始的线性电光系数在新坐标系中的一个全新的表达式。坐标变化法的准则是无论是原始的物理量或是新的物理量，其结构对称性是不会改变的。

$$\gamma'=\begin{pmatrix} 0 & 0 & \gamma_{13} \\ 0 & 0 & \gamma_{13} \\ 0 & 0 & \gamma_{33} \\ 0 & \gamma_{51} & 0 \\ \gamma_{51} & 0 & 0 \\ 0 & 0 & 0 \end{pmatrix} \tag{6.21}$$

基于这一准则，将实验测得的线性电光系数 γ_{13}、γ_{33} 和 γ_{51} 代入式（6.21），并通过式（6.19）进行运算，可以得到一个包含角度和原始线性电光系数信息的 γ'_{33} 的表达式，我们称其为线性电光系数的三维空间分布式，或整体电光系数。由此分布可以发现沿不同晶向的材料所表现出来的线性电光系数不尽相同，而在某一特定方向可以得到整体电光系数的最大值。

2. KLTN 单晶线性电光表现的三维空间取向特性

对实验测得的 KLTN 系单晶在低频场下的线性电光系数矩阵元，如表 6.7 所示。

表 6.7　KLTN 单晶在低频场下的线性电光系数矩阵元

组分	γ_{33} /（pm/V）	γ_{13} /（pm/V）	γ_{51} /（pm/V）
0.60: KLTN	223.7	−35.23	11 060
0.69: KLTN	155.7	−10.2	23 900
0.78: KLTN	53.7	−5.62	61 650

以其中的 0.60: KLTN 晶体为例，经过运算，其线性电光系数在材料内部三维空间中的分布式为

$$\begin{aligned}\gamma'_{33} &= 22\,120\cos\theta\cos[\phi]^2\sin[\theta]^2 + 22\,120\cos\theta\sin[\theta]^2\sin[\phi]^2 \\ &\quad + \cos\theta(223.7\cos[\theta]^2 - 35.2\cos[\phi]^2\sin[\theta]^2 - 35.2\sin[\theta]^2\sin[\phi]^2)\end{aligned} \tag{6.22}$$

将这一分布用软件进行模拟，得到 0.60: KLTN 晶体整体电光系数沿样品各晶向的分布，如图 6.12 所示。

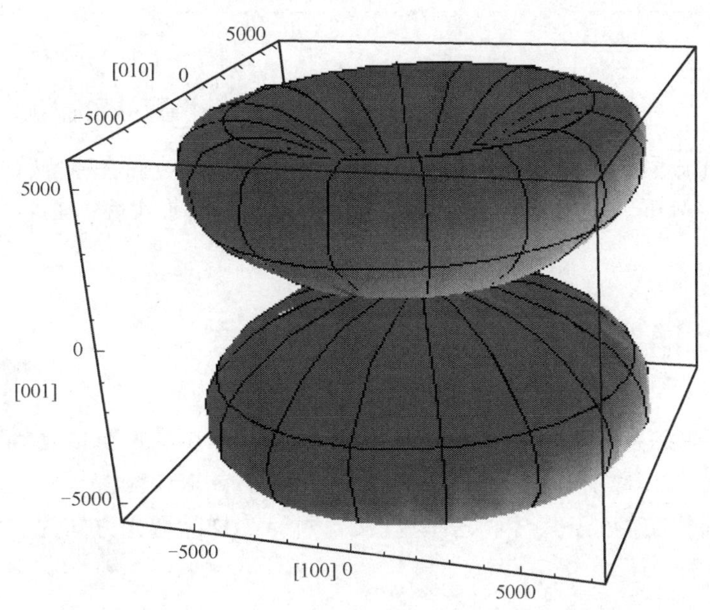

图 6.12　KLTN 晶体整体电光系数的晶向依赖特性

可见切向电光系数 γ_{51} 在材料整体电光表现中起到了至关重要的作用。为了更清楚地了解这一分布，也为了寻找最佳晶向，我们画出[100]-[001]平面的分布图，如图 6.13 所示，由这一剖面图可以看出，沿晶体的[001]方向 γ'_{33} 的最大值为 223.7 pm/V，但由于 γ_{51} 的巨大贡献，材料整体电光系数的最大值出现在与[001]方向呈 54.53° 夹角的方向，最大值为 8548.3 pm/V。同样的情况也发生于其他的 KLTN 晶体组分上，由于 γ_{51} 的值很大，故而导致了整体电光系数的最大值偏离了[001]方向而沿着某一特定方向。

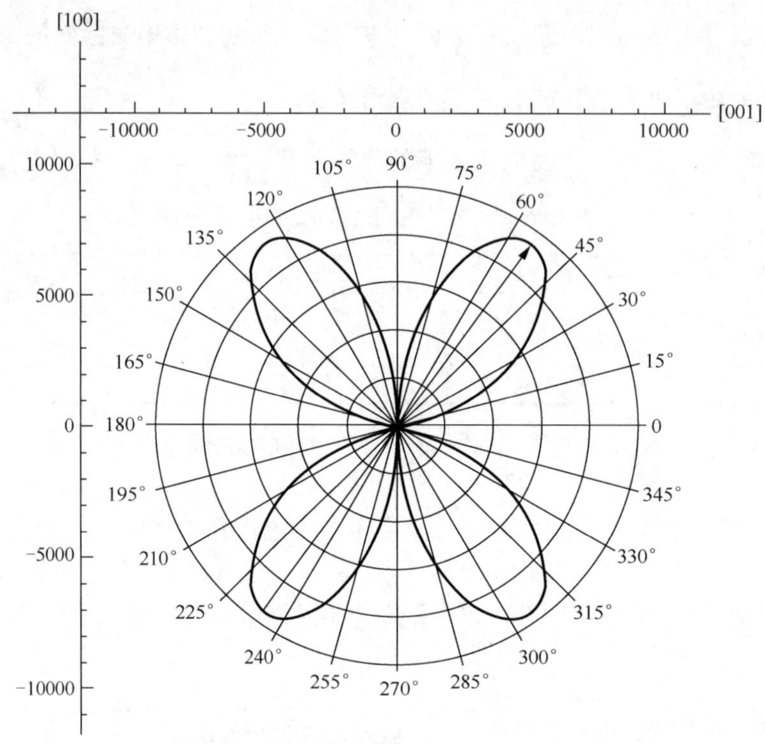

图 6.13 KLTN 晶体整体电光系数分布在 xz 平面上的剖面图

KLTN 晶体充分利用了其较大的切向电光系数值从而获得了这种特殊的晶向依赖特性的电光性能，单晶材料可以通过处理找到最大值晶向，如能用于实际，必将极大的推动电光技术的发展[6]。

6.2 顺电相 KLTN 的二次电光性能

在对 KLTN 晶体的各种研究中，其电光系数 s_{11} 和 s_{12} 是常用的重要参数，而文献中对 s_{11} 和 s_{12} 的测量和研究很少[7]。因此本节实验系统地测量了不同组分的 KLTN 晶体的 s_{11} 和 s_{12} 。表 6.8 列出了实验中测试晶体的组分、尺寸和居里温度。表中 l 为样品通光方向的长度，w 为晶体的宽度，d 为电场方向的厚度。

表 6.8 KLTN 样品的组分、尺寸和居里温度

晶体组分	尺寸（$l\times w\times d$）/mm^3	居里温度/℃
$K_{0.95}Li_{0.05}Ta_{0.63}Nb_{0.37}O_3$	5.30×3.80×2.10	−10.1
$K_{0.95}Li_{0.05}Ta_{0.61}Nb_{0.39}O_3$	5.45×5.45×2.10	9.5
$K_{0.95}Li_{0.05}Ta_{0.59}Nb_{0.41}O_3$	5.50×3.46×2.16	21.9

结合 2.3.2 节中的相关知识可以得到顺电相 KLTN 晶体的二次电光系数公式如下：

$$s_{1j}=-\frac{\lambda}{\pi n_0^3 lE^2}\Delta\Phi=-\frac{\lambda}{\pi n_0^3 lE^2}\frac{v_{\text{out}}}{(V_{\max}-V_{\min})/2}，j=1,2 \tag{6.23}$$

在居里温度附近，处于顺电相的晶体有很大的二次电光效应。如图 6.14 所示为 25℃时，

对于 $K_{0.95}Li_{0.05}Ta_{0.59}Nb_{0.41}O_3$，相位变化 $\Delta\Phi$ 与外加电场平方 E^2 的关系。图 6.14 中的点为实验数据，可以看出 $\Delta\Phi$ 与外加电场的平方 E^2 很好地符合线性关系。对实验数据进行线性拟合（图 6.14 中的虚线），将得到的斜率代入式（6.34）可以计算出其所对应的电光系数。如表 6.9 所示为 3 种成分 KLTN 晶体，在 $T = T_C + 3$ ℃时的二次电光系数 s_{11} 和 s_{12} 。

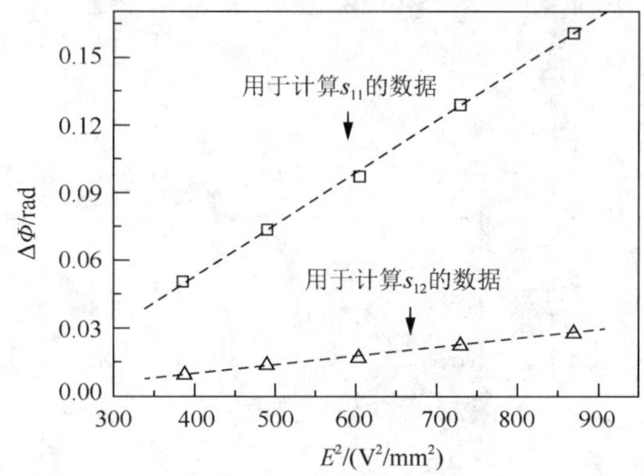

图 6.14 $K_{0.95}Li_{0.05}Ta_{0.59}Nb_{0.41}O_3$ 中信号光相位变化 $\Delta\Phi$ 与外加电场平方 E^2 的关系（T=25℃）

表 6.9 $T = T_C + 3$ ℃时 KLTN 的电光系数

晶体组分	s_{11} /（m^2/V^2）	s_{12} /（m^2/V^2）	g_{11} /（m^4/C^2）	g_{12} /（m^4/C^2）
$K_{0.95}Li_{0.05}Ta_{0.63}Nb_{0.37}O_3$	10.2×10^{-16}	-1.4×10^{-16}	0.17	−0.025
$K_{0.95}Li_{0.05}Ta_{0.61}Nb_{0.39}O_3$	4.9×10^{-16}	-0.8×10^{-16}	0.12	−0.02
$K_{0.95}Li_{0.05}Ta_{0.59}Nb_{0.41}O_3$	7.2×10^{-16}	-1.2×10^{-16}	0.08	−0.014

如表 6.9 所示，在居里温度附近 KLTN 都有很大的二次电光系数 s_{11}，其数值最大达到了 10^{-15} m^2/V^2，比普通晶体的二次电光系数大两个数量级。所以，在相同的电场下，KLTN 能够实现更大的折射率调制，使实现电控全息衍射器件成为可能。

为了研究温度对 KLTN 电光性能的影响，实验测量了在不同温度 T 时 KLTN 中光束的相位变化 $\Delta\Phi$ 与外加电场的关系，计算出了相应的二次电光系数。如图 6.15 所示为 $K_{0.95}Li_{0.05}Ta_{0.61}Nb_{0.39}O_3$ 和 $K_{0.95}Li_{0.05}Ta_{0.59}Nb_{0.41}O_3$ 晶体的实验结果。从图 6.15 中可以看出随着温度的升高，$K_{0.95}Li_{0.05}Ta_{0.61}Nb_{0.39}O_3$ 和 $K_{0.95}Li_{0.05}Ta_{0.59}Nb_{0.41}O_3$ 的电光系数开始减小。这是由于晶体的介电常数 ε 随温度的变化引起的。根据 Drdomenico 和 Wemple 的理论，在不同温度下晶体的极光系数 g_{ijkl} 不变，而

$$s_{ijkl} = \varepsilon_0^2(\varepsilon_k - 1)(\varepsilon_k - 1)g_{ijkl} \tag{6.24}$$

根据 Curie-Weiss 定律在居里温度附近 $\varepsilon = C/T - T_C$ ，C 为常数，称为居里常数。可得

$$s \propto (\varepsilon - 1)^2 \propto \frac{1}{(T - T_C)^2} \tag{6.25}$$

高于居里温度时，晶体的二次电光系数随温度变化的负二次方减小。

结合第 4 章中的 KLTN 的介电谱（图 4.16），计算出了不同温度下的 KLTN 的极光系数，结果如图 6.16 所示。结果表明，在实验误差的范围内（5%），KLTN 的极光系数不随温度变化，与理论十分符合[8]。

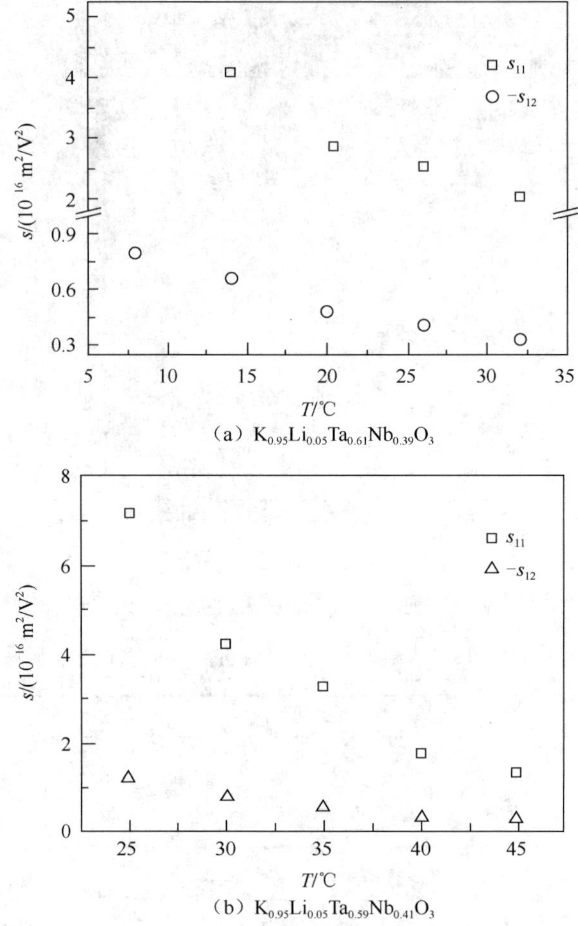

（a）$K_{0.95}Li_{0.05}Ta_{0.61}Nb_{0.39}O_3$

（b）$K_{0.95}Li_{0.05}Ta_{0.59}Nb_{0.41}O_3$

图 6.15　温度对 KLTN 电光系数的影响

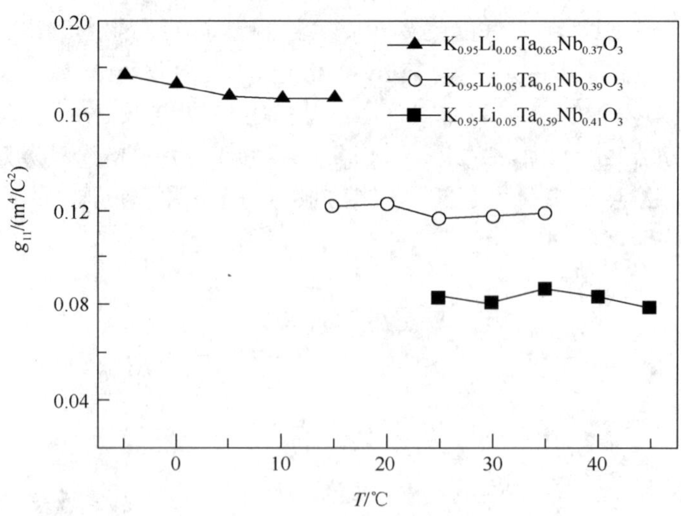

图 6.16　不同温度下 KLTN 晶体的极光系数

6.3 KLTN 晶体基于二次电光效应的光折变性能

6.3.1 光折变特征参量

光折变效应是指电光材料在光的辐射下，折射率发生改变的一种非线性光学现象，而且变化的折射率分布与光强的空间分布是相对应的。光折变效应涉及光激载流子的产生、迁移和电光效应等过程，不同的应用领域对光折变材料的性能要求不同，但有几项基本性能是所有光折变材料应该具备的，如衍射效率、二波耦合增益系数、光折变响应时间、光折变灵敏度。下面分别介绍这些性能的定义[9]。

（1）衍射效率。在光折变晶体内通过光折变效应写入的光栅是体相位栅。稳态透射体相位栅的衍射效率为

$$\eta = \exp\left(-\frac{\alpha l}{\cos\theta}\right)\sin^2\left(\frac{\pi l \Delta n}{\lambda\cos\theta}\right) \tag{6.26}$$

式中，α 为晶体的吸收系数；l 为通光方向的晶体厚度；Δn 为体相位栅的振幅；λ 为写入光栅的波长；θ 为写入光束之间夹角的一半。式（6.37）右端第一个因子表示吸收对衍射效率的影响，第二个因子表示体相位栅对读出光束的衍射。

在辐照刚开始（$t=0$）时，分别测得两束写入光的透射光强 I_{10} 和 I_{20}，当两束写入光束的透过光强达到稳态时，快速挡住其中一束写入光，在该光束的透射方向测得的光强便是另一束写入光在体相位栅上的衍射光强 I_D，用 I_D 除以 $t=0$ 时（即体相位栅没有写入时）该光束的透射光强，便可以求得体相位栅的衍射效率

$$\eta = \frac{I_{1D}}{I_{10}} = \frac{I_{2D}}{I_{20}} \tag{6.27}$$

（2）二波耦合增益系数。当两束光耦合写入的体相位栅相对于光强分布存在相移 $\varPhi$ 时，两束光之间会发生能量转移。测量二波耦合增益系数 $\varGamma$ 时，分别测得出射时信号光与泵浦光之比 $I_S(l)/I_P(l)$ 和入射时两者之比 $I_S(0)/I_P(0)$。忽略吸收系数 α 时，可得

$$\varGamma = \frac{1}{l}\ln\left[\frac{I_S(l)}{I_P(l)}\cdot\frac{I_P(0)}{I_S(0)}\right] \tag{6.28}$$

如果考虑吸收系数 α，则有效增益系数

$$\varGamma_{eff} = \varGamma - \alpha \tag{6.29}$$

（3）光折变响应时间。因为光折变效应是一个电光过程，通过电光效应产生折射率变化的空间电荷场 E_{sc} 的形成需要经过光激载流子的产生、迁移、积累，这个过程决定了光折变的响应时间。光折变的弛豫实际上是空间电荷的弛豫，如果电荷迁移长度 L_{eff} 远远小于光栅间距，即 $KL_{eff} \ll 1$ 时，则弛豫时间近似等于光电导与暗电导的弛豫时间

$$\tau_{sc} \approx \frac{\varepsilon_0\varepsilon_r}{\sigma_{ph}+\sigma_d} = \frac{\varepsilon_0\varepsilon_r}{qu(n_e+n_d)} \tag{6.30}$$

式中，$\sigma_{ph} = q\mu n_e$ 为光电导；$\sigma_d = \beta = q\mu n_d$ 为暗电导；n_e 和 n_d 分别为光激载流子浓度和暗载流子浓度。因为 $\sigma_{ph} \gg \sigma_d$，所以写入响应时间短于暗擦除时间。

光折变效应这种非瞬时的响应时间是区别于强光非线性光学效应的特征之一，后者是瞬时的，没有惯性。光折变的响应时间通常取从光辐照开始到光折变达到饱和时所需时间的 1/e。

（4）光折变灵敏度和品质因素。光折变灵敏度 S 定义为每单位体积吸收的单位光能量所引起的折射率变化 Δn，其表述为

$$S=\frac{\mathrm{d}n}{\mathrm{d}W}=\frac{\Delta n}{\alpha I_0\tau_{\mathrm{sc}}} \tag{6.31}$$

式中，$W=\alpha W_0$，W_0 为入射光能；$\alpha I_0\tau_{\mathrm{sc}}$ 为在达到饱和之前，单位体积光折变材料吸收的光能。

光折变灵敏度的另一个定义为

$$S=\frac{\mathrm{d}n}{\mathrm{d}W_0}=\frac{\Delta n}{I_0\tau_{\mathrm{sc}}} \tag{6.32}$$

其表示单位入射光能引起的折射率变化。作为一个简捷的比较标准，定义光折变材料的品质因数为

$$Q_{\mathrm{ph}}=\frac{n_0^3 r_{\mathrm{eff}}}{\varepsilon} \tag{6.33}$$

式中，n_0 为材料的线性折射率；r_{eff} 为有效电光系数；ε 为材料的介电系数。可以看出，式(6.32)的分子正比于折射率改变量 Δn，分母正比于光折变响应时间 τ_{sc}。所以 Q_{ph} 越大，该材料越好，因为它表明 Δn 越大，τ_{sc} 越短。

6.3.2 二波耦合原理与实验光路

光折变材料的性能包括以上众多指标。材料本身的性质参数对光折变性能有很大影响，如光激载流子浓度、光电导率和暗电导率等。利用二波耦合技术可以有效地测量以上各参数，表征光折变材料的性能。

二波耦合技术的实验光路和装置，如图 6.17 所示。采用波长为 532nm 的激光器作为光源，激光出射后被分束镜 BS 分成两束，分别定义为信号光（I_{S}）和参考光（I_{R}）。这两束光分别

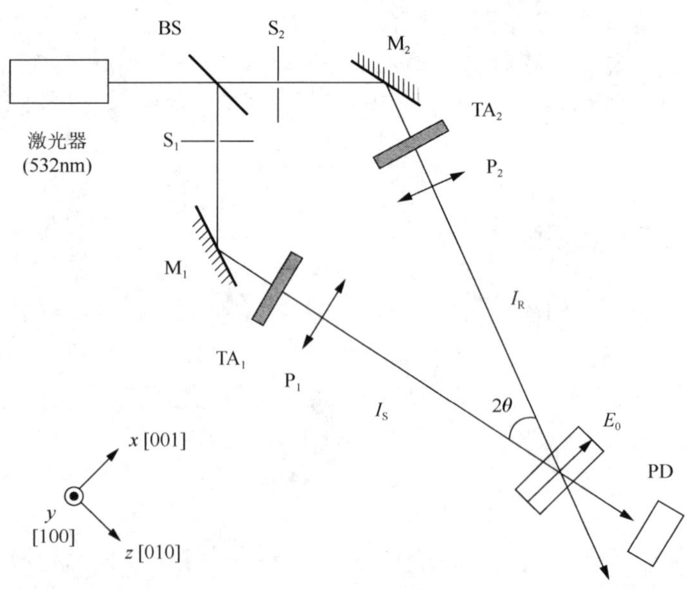

图 6.17 二波耦合实验装置图

M_1，M_2：反射镜；BS：分束镜；TA_1，TA_2：可调衰减器；PD：光电探测器；E_0：外加电场；I_{R} 和 I_{S}：参考光（泵浦光）和信号光；S_1，S_2：快门；P_1，P_2：偏振片

被反射镜 M_1 和 M_2 反射，在晶体内发生干涉。样品的晶体学方向与坐标轴的对应如图 6.17 所示，信号光和参考光的波矢 $\boldsymbol{k}$ 在 xz 平面内（晶体的（100）面），夹角为 2θ，被晶体表面法线平分。晶体表面法线沿 z 方向（晶体的[010]方向），干涉条纹的光栅波矢 $\boldsymbol{K}$ 与外加电场 $\boldsymbol{E}_0$ 都沿 x 方向（晶体的[001]方向）。在信号光和参考光入射到晶体前，在每束光的路径上加快门（S）、偏振片（P）和可调谐衰减片（tunable attenuator，TA）。快门用于控制光束的通过，偏振片由于调整入射光的偏振方向，可调谐衰减片用来调节入射光的强度。两束光透过晶体后的强度由功率计探测，整个实验的控制及数据采集由计算机控制，程序由 LabVIEW 7.0 编写[8]。

实验中所使用的样品为 $Fe_{0.03}$:KLTN、$Mn_{0.25}$:KLTN 和 $Mn_{0.5}$:KLTN。样品的尺寸及居里温度列于表 6.10 中，表中 l 代表样品通光方向的厚度，w 代表晶体的宽度，h 代表样品在外加电场方向的高度。通光面为 $w\times h$ 面，为晶体的（100）面；电场加在 $w\times d$ 面，为晶体的（001）面。整个实验过程中，温度保持在 25℃，样品处于顺电相。

表 6.10 掺杂 KLTN 晶体样品的尺寸及居里温度

样品	尺寸（$l\times w\times h$）/mm^3	居里温度/℃
$Fe_{0.03}$:KLTN	1.7×4.0×3.5	12
$Mn_{0.25}$:KLTN	1.5×3.0×2.1	11
$Mn_{0.5}$:KLTN	1.4×5.0×3.0	12

6.3.3 KLTN 的电控光折变性能

1. 衍射效率与光折变灵敏度

在第 5 章已经讨论过，两束相干光在顺电相 KLTN 晶体中相干，在外加电场作用下 KLTN 晶体中同时存在波矢为 $\boldsymbol{K}$ 和 2$\boldsymbol{K}$ 的折射率光栅。其中波矢为 $\boldsymbol{K}$ 的光栅与写入光之间满足 Bragg 匹配条件，光栅的衍射效率为

$$\eta = \exp\left(-\frac{\alpha l}{\cos\theta}\right)\sin^2\left(\frac{\pi l}{\lambda\cos\theta}s_{\text{eff}}n_0^3E_{\text{sc}}E_{0R}\right) \tag{6.34}$$

从式（6.34）可以看出，KLTN 的衍射效率主要与有效电光系数 s_{eff}、写入光与晶体表面法线的夹角 θ、空间电荷场 E_{sc}，以及外加读出电场 E_{0R} 有关。

（1）读出光的偏振方向选择。因为顺电相 KLTN 晶体中光激载流子的迁移机制为外电场下的漂移和浓度的扩散，所以写入光的偏振方向不影响空间电荷场的形成。但在光栅读出过程中，不同读出光的偏振方向对应不同的有效电光系数，所以光栅的衍射效率与读出光的偏振方向有关。令读出光偏振方向与 y 轴的夹角为 $\varPhi$。当 $\varPhi$ 为小角度时，有效电光系数为

$$s_{\text{eff}} = s_{11}\cos^2\varPhi + s_{12}\sin^2\varPhi \tag{6.35}$$

将式（6.35）代入式（6.34），得到读出光的衍射效率的表达式如下：

$$\eta = \exp\left(-\frac{\alpha l}{\cos\theta}\right)\sin^2\left[\frac{\pi l}{\lambda}n_0^3(s_{11}\cos^2\varPhi + s_{12}\sin^2\varPhi)E_{\text{sc}}E_{0R}\right] \tag{6.36}$$

图 6.18 所示为 $\varPhi$ 变化时，Fe:KLTN 晶体内光折变光栅的衍射效率。信号光和参考光的功率同为 3.5mW，夹角 $2\theta = 10^\circ$，记录光栅时不加外电场，读出时加外电场 E_{0R}=2kV/cm。如图 6.18 所示，$\varPhi$ 越小衍射效率越高。当 $\varPhi = 0$ 时，即读出光的偏振方向在 xz 平面内时，光栅的衍射效率最大。这符合 KLTN 电光性质，是由于 s_{11} 远大于（$s_{11} \approx -8s_{12}$）导致的。

根据以上的分析，当读出光的偏振方向在 xz 平面内时，晶体的衍射效率最大。所以，在衍射效率的研究与测量中，信号光和参考光的偏振方向都选择在 xz 平面内。

（2）外电场作用下的光栅衍射效率及光折变灵敏度。研究外加读出电场 E_{0R} 对掺杂 KLTN 晶体衍射效率的影响时，具体实验过程如下：光强相等的信号光 I_S 和参考光 I_R 在晶体内写入光栅，此过程中不加外电场。当空间电荷场稳定后，挡住 I_S 和 I_R。之后，在外加电场 E_{0R} 作用下，用 I_R 读出光栅。实验中功率计始终测量信号光方向的光功率，数据采集时间为 50ms。如图 6.19 所示为光栅衍射过程的典型实验结果。过程 A 为写入光栅过程中信号光功率；过程 B 为关闭信号光和参考光过程；过程 C 为外加电场下，光栅对参考光的衍射和擦除过程。

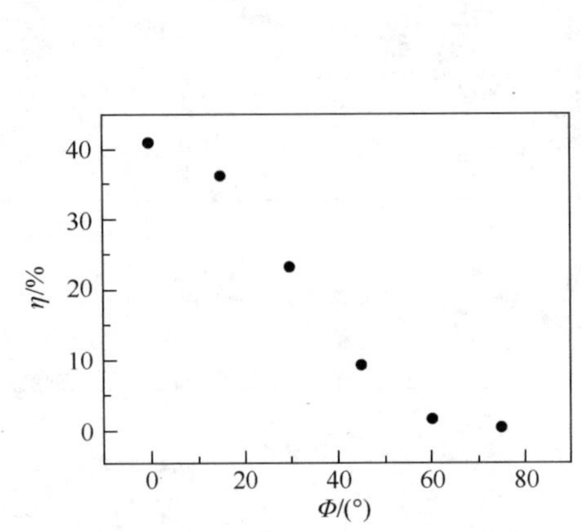

图 6.18　不同 Φ 时的衍射效率 η

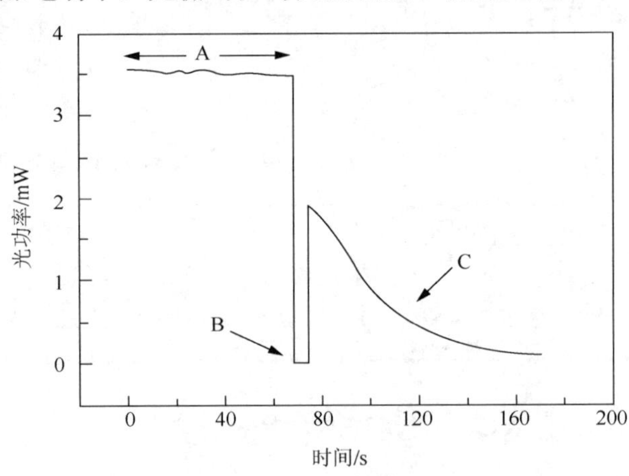

图 6.19　KLTN 晶体内光栅的衍射过程

如图 6.20 和图 6.21 所示分别为 $Fe_{0.03}$:KLTN、$Mn_{0.25}$:KLTN 和 $Mn_{0.5}$:KLTN 晶体的衍射效率 η 随外电场 E_{0R} 的变化，I_S 和 I_R 的夹角均为 10°。

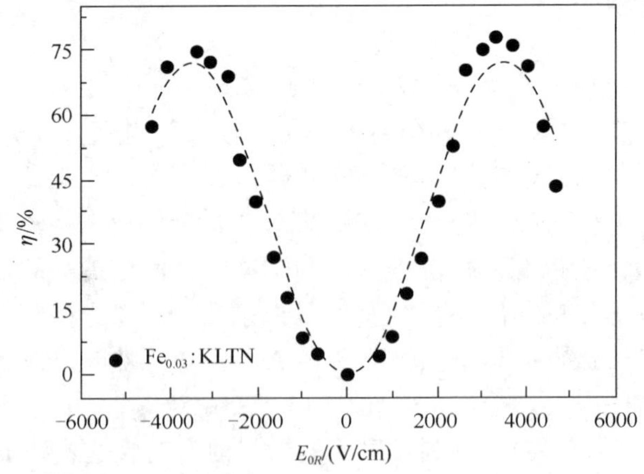

图 6.20　$Fe_{0.03}$:KLTN 晶体的衍射效率 η 随外电场 E_{0R} 的变化

从图中可以看出，随着外加电场的增加，KLTN 晶体衍射效率的变化符合式（6.36），并在峰值时达到很高的衍射效率。$Fe_{0.03}$:KLTN、$Mn_{0.25}$:KLTN 和 $Mn_{0.5}$:KLTN 的最大衍射效率分别为 78%、90%和 62.5%，其对应的外电场分别为 3.3kV/cm、2.9kV/cm 和 1.6kV/cm。

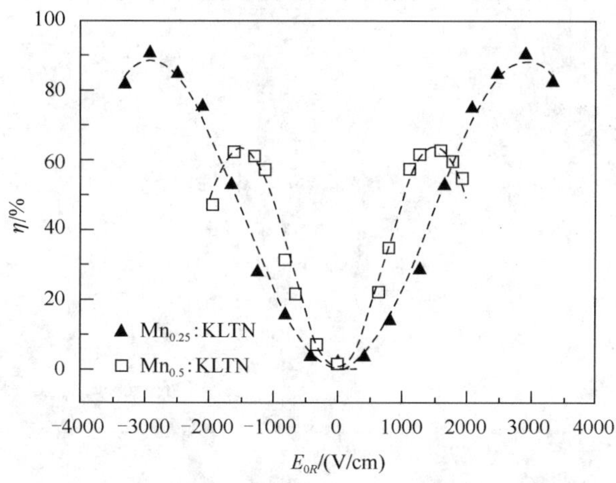

图 6.21　Mn_{025}:KLTN 和 Mn_{05}:KLTN 晶体的衍射效率 η 随外电场 E_{0R} 的变化

利用式（6.36）对图 6.23 和图 6.24 中的数据进行拟合，可以得到晶体的空间电荷场 E_{sc} 。结合第 4 章中掺杂 KLTN 晶体的吸收光谱数据以及 $1W/cm^2$ 写入光强度下晶体的光折变响应时间，可以计算出 3 种晶体的光折变灵敏度。结果如表 6.11 所示。为了说明表中数值的大小，这里和掺铜 KLTN 晶体作对比。根据 Agranat[7]报道，在 1.6kV/cm 的外加电场下，掺铜 KLTN 晶体的光折变灵敏度为 $7.3\times10^{-6}cm^2/J$。在相同的电场下，$Fe_{0.03}$:KLTN、$Mn_{0.25}$:KLTN 和 $Mn_{0.5}$:KLTN 的光折变灵敏度分别为 $1.1\times10^{-4}cm^2/J$、$1.6\times10^{-4}cm^2/J$ 和 $4.8\times10^{-4}cm^2/J$。可见掺杂铁、锰元素有效地提高了 KLTN 晶体的光折变灵敏度，尤其是 $Mn_{0.5}$:KLTN 的光折变灵敏度要比 Cu:KLTN 高两个量级。

表 6.11　掺杂 KLTN 晶体空间电荷场、响应时间及光折变灵敏度

样品	空间电荷场/（V/cm）	响应时间/s	光折变灵敏度/（$10^{-7}E_{0R}\,cm^3/VJ$）
$Fe_{0.03}$:KLTN	122	3	0.7
$Mn_{0.25}$:KLTN	416	0.6	1.0
$Mn_{0.5}$:KLTN	801	0.4	3.0

（3）角度对光栅衍射效率的影响。当写入光的夹角 2θ 变化时，空间电荷场及有效电光系数都随之变化。有效电光系数与 θ 的关系为

$$s_{\text{eff}} = s_{11}\cos^2\theta + s_{12}\sin^2\theta \tag{6.37}$$

于是，光栅的衍射效率为

$$\eta = \exp\left(-\frac{\alpha l}{\cos\theta}\right)\sin^2\left[\frac{\pi l}{\lambda}n_0^3(s_{11}\cos^2\theta + s_{12}\sin^2\theta)E_{sc}E_{0R}\right] \tag{6.38}$$

图 6.22 为 $Fe_{0.03}$:KLTN 和 $Mn_{0.5}$:KLTN 晶体的衍射效率随写入光夹角的变化，外加电场分别为 3kV/cm 和 1.2kV/cm。从图中可以看出当 2θ 较小时，晶体的衍射效率高；2θ 较大时，晶体的衍射效率较小。随着 2θ 的变化，衍射效率存在峰值。这与（1）的理论计算相符，是由有效电光系数及空间电荷场随 2θ 的改变（图 6.18）共同作用产生的结果。

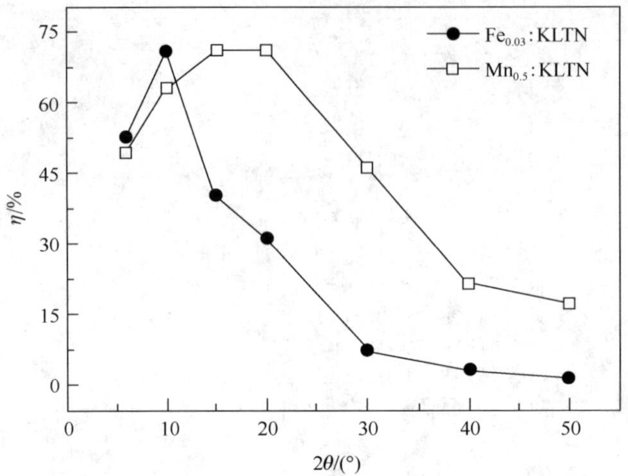

图 6.22 $Fe_{0.03}$:KLTN 和 $Mn_{0.5}$:KLTN 晶体衍射效率 η 随写入光夹角 2θ 的变化

2. 二波耦合增益系数与响应时间

（1）掺杂 KLTN 晶体的二波耦合增益系数。

顺电相 KLTN 晶体的二波耦合增益系数 Γ 为

$$\Gamma = \frac{4\pi\Delta n}{m\lambda\cos\theta}\sin\Phi = \frac{4\pi n_0^3(s_{11}\cos^2\theta + s_{12}\sin^2\theta)E_{sc}E_{0R}}{m\lambda\cos\theta}\sin\Phi \tag{6.39}$$

在二波耦合增益实验中，调整信号光和参考光的光强比为 1∶1000，即参考光作为泵浦光 I_P。在光栅写入过程中不加外电场，此时 $\Phi = \pi/2$。光栅达到稳态后，施加脉冲外电场，测量信号光的增益。图 6.23 为信号光的放大过程。从图 6.23 中看出，在不加电场时信号光没有被放大，施加脉冲电场后信号光被放大。

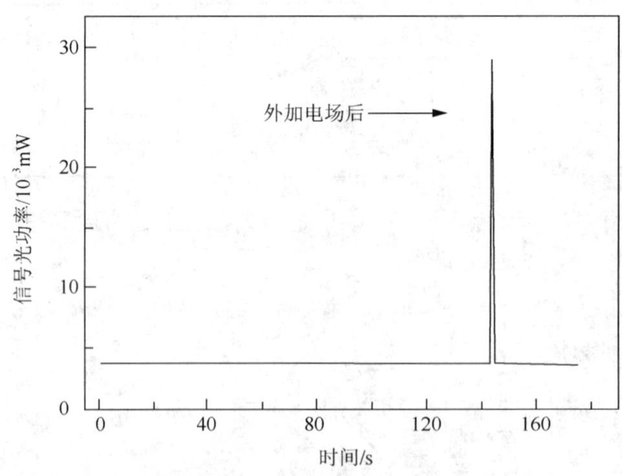

图 6.23 外加电场下信号光的增益

如图 6.24 所示为 $2\theta = 10°$ 时，掺杂 KLTN 晶体的二波耦合增益系数 Γ 随外加电场 E_{0R} 的变化。从图中可以看出，顺电相 KLTN 晶体的增益系数随电场线性增加，达到很高的数值。在实验中发现，在高外加电场下，$Mn_{0.5}$:KLTN 晶体的光感应光散射变得严重，导致增益系数不再线性增加。

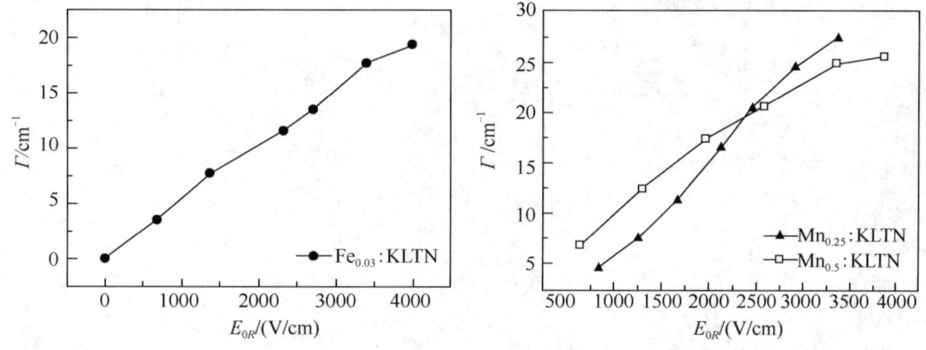

图 6.24　掺杂 KLTN 晶体的二波耦合增益系数 Γ 随外加电场 E_{0R} 的变化

由式（6.39）可知，当两束光的夹角 2θ 变化时，增益系数的改变反映出空间电荷场及有效电光系数的改变。图 6.25 为 $Fe_{0.03}$:KLTN、$Mn_{0.25}$:KLTN 和 $Mn_{0.5}$:KLTN 晶体的增益系数 Γ 随 2θ 的变化，外加电场分别为 3kV/cm、2kV/cm 和 1.2kV/cm。

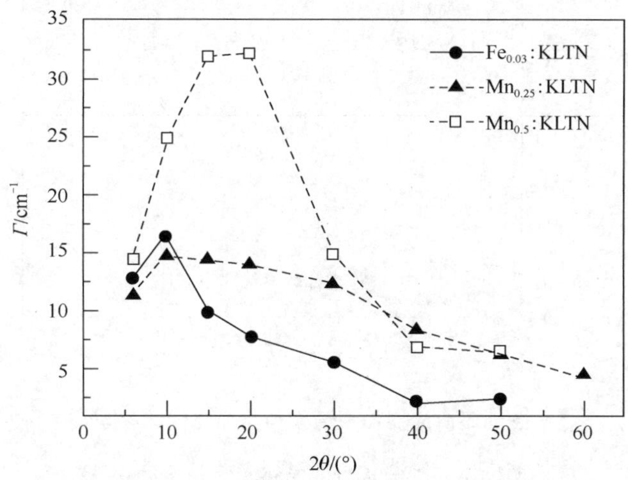

图 6.25　掺杂 KLTN 晶体的增益系数 Γ 随 2θ 的变化

（2）掺杂 KLTN 晶体的响应时间。

如图 6.26 所描述的是典型的二波耦合记录和擦除过程中信号光强度随时间的变化，图中的点为实验数据。写入光栅的过程中，信号光强度的增加按照公式 $A(1-e^{-t/\tau_r})$ 进行拟合；擦除过程中，则按照公式 Be^{-t/τ_e} 进行拟合，这里的 A 和 B 为常量，τ_r 和 τ_e 分别是光栅写入和擦除的时间。可见，图中的曲线对数据拟合得很好。

对于大的增益（$\Gamma>1$），光栅写入时间 τ_r 与光折变响应时间 τ_{sc} 有如下关系：

$$\frac{1}{\tau_{sc}}=\frac{1}{\tau_r}\Gamma l=\frac{\sigma_d}{\varepsilon_0\varepsilon_r}+\frac{\sigma_{ph}}{\varepsilon_0\varepsilon_r}=\frac{\sigma_d}{\varepsilon_0\varepsilon_r}+\frac{e\mu\tau_r\alpha\lambda}{\varepsilon_0\varepsilon_r hc}I_P \tag{6.40}$$

由此可见，光栅形成速率 $1/\tau_{sc}$ 与泵浦光 I_P 成正比。通过测量不同光强下的光栅形成速率，对其进行线性拟合，便可以得知晶体的光电导以及暗电导。如图 6.27 所示为实验测量结果及其拟合曲线，拟合得到的 $Fe_{0.03}$:KLTN、$Mn_{0.25}$:KLTN 和 $Mn_{0.5}$:KLTN 晶体的光电导和暗电导列于表 6.12 中。可见，$Mn_{0.5}$:KLTN 晶体有很大光电导，从而具有很高的光折变灵敏度。

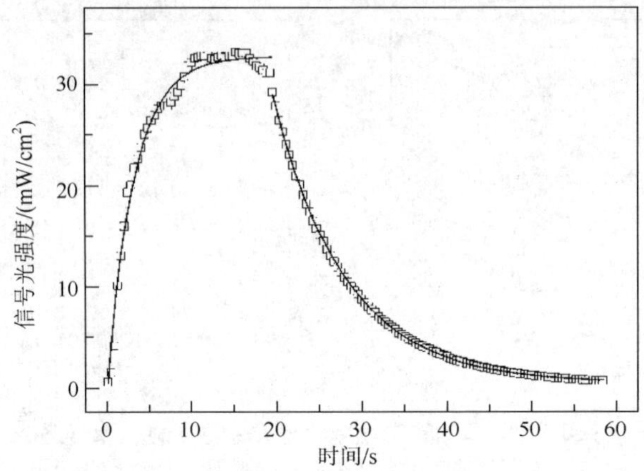

图 6.26 二波耦合记录和擦除过程中信号光强度随时间的变化

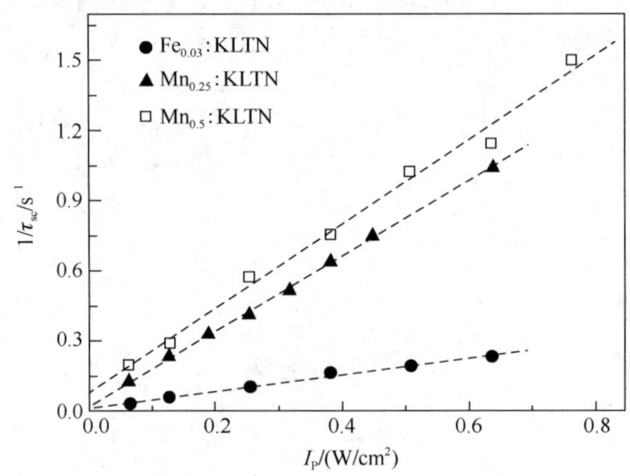

图 6.27 光栅形成速率与泵浦光强的关系

表 6.12 掺杂 KLTN 晶体光电导和暗电导

样品	光电导/$\Omega^{-1}cm^{-1}$	暗电导/$\Omega^{-1}cm^{-1}$
$Fe_{0.03}$:KLTN	59.2×10^{-11}	1.3×10^{-11}
$Mn_{0.25}$:KLTN	146.0×10^{-11}	1.2×10^{-11}
$Mn_{0.5}$:KLTN	219.9×10^{-11}	6.4×10^{-11}

3. 光激载流子类型

二波耦合能量转移是判断光激载流子类型的有效方法。实验过程中发现不论信号光和参考光的光强比如何变化，能量转移方向总与外加电场方向相同。图 6.28 为在所示的光路配置下，信号光随外电场方向和大小的变化。从图中可以看出加反向电场时，信号光的强度增大，即能量由参考光转移至信号光，转移方向与外电场相反；反之，能量由信号光转移至参考光，转移方向也与外电场相反。由此可以判断，KLTN 晶体中光激载流子以空穴为主[10]。

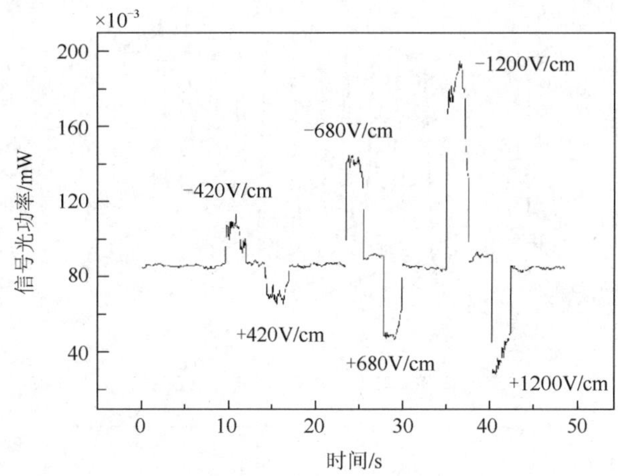

图 6.28　信号光随外电场方向和大小的变化

6.4　基于 KLTN 晶体二次电光效应的空间光孤子

中心对称光折变晶体因为具有中心对称结构，不存在线性电光效应，所以与非中心对称光折变晶体相比，中心对称光折变晶体的电光效应很弱。但是对于某些特殊的中心对称光折变晶体如钽铌酸钾锂（KLTN），在相变温度附近时，二次电光效应非常明显，在外加电场的作用下，晶体的折射率变化可达 10^{-2}，这为空间光孤子在该种晶体中的研究提供了可能[11]。

6.4.1　亮空间光孤子

顺电相钽铌酸钾锂（KLTN）晶体参数为 n_0=2.2，g_{eff}=0.12m^4/C^2，T=21℃，ε_r=8000，λ_0=0.5μm，x_0=40μm，E_0=1000V/cm、2000V/cm、3000V/cm。在上述条件下，计算得 β=17.8、71.3 和 160.3。图 6.29 和图 6.30 分别给出了当 r=5 时亮空间孤子的归一化光强 I/I_{max} 分布曲线，以及当 r=5，β=17.8 时亮孤子的能量演化曲线。图 6.30 表明，在忽略扩散场的影响下，光波将会始终保持入射初的形状和幅值在晶体中直线传播，这也正是孤子波本身的特性所在。此外，图 6.31 给出了中心对称光折变晶体中亮空间孤子的存在曲线，即孤子的光强半宽度 Δs 随入射光强 r 的变化曲线。

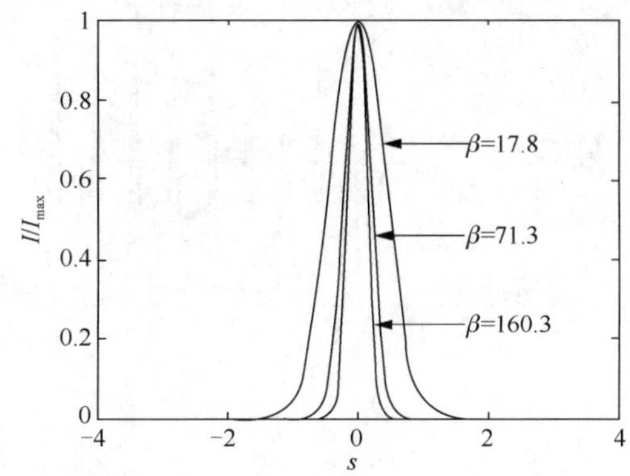

图 6.29　中心对称中光折变晶体亮空间孤子归一化光强分布

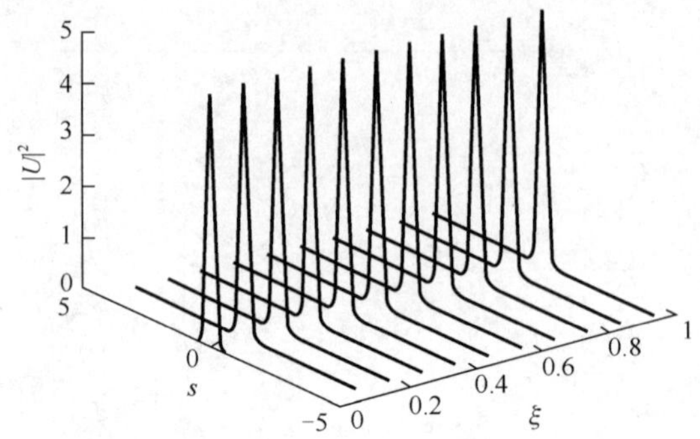

图 6.30　中心对称光折变晶体中的亮空间光孤子的能量演化（r=5，β=17.8）

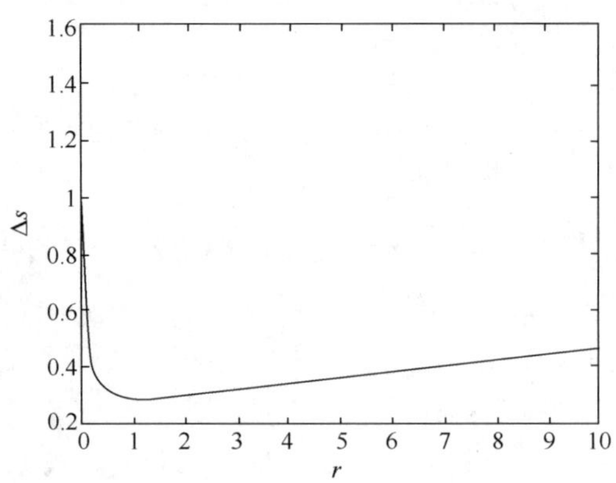

图 6.31　中心对称光折变晶体中的亮空间光孤子的存在曲线（β=71.3）

（1）自偏转效应。

当入射光束的尺寸与载流子扩散长度相当时，扩散场对空间电荷场的影响不能忽略。为了研究扩散效应对孤子传播的影响，通常采用的方法是使用数值积分得到归一化强度包络，将其作为初始的入射光波函数，然后再数值求解光束演化方程。采用上述晶体参数，当 β=71.3 时，计算得到 $\gamma_1 = 0.452$， $\gamma_2 = 7.16\times10^{-4}$ 。图 6.32 给出了孤子的动态演化曲线，由该图可明显地看出，在扩散场的作用下，孤子的中心轨迹发生了弯曲，但是其孤子的能量幅值基本保持不变，也就是说可以认为孤子的传播过程是一个绝热过程。为了便于观察孤子传播的轨迹，图 6.33 给出了该孤子演化的平面图，其表明光束中心的偏转轨迹为一条抛物线。这些特点与非中心对称光折变晶体中的孤子演化情况类似。

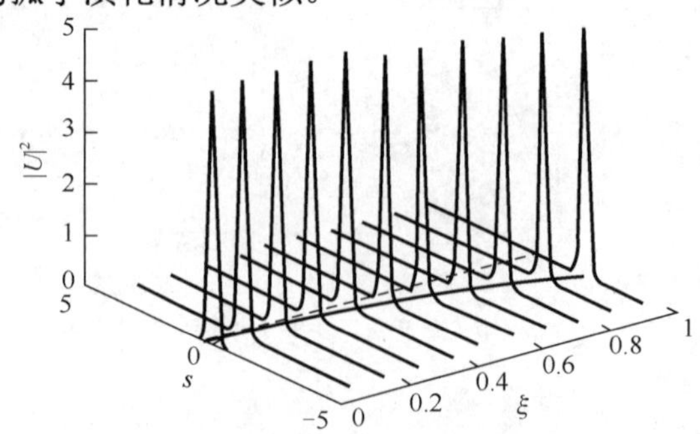

图 6.32　中心对称光折变晶体中亮空间孤子的能量演化（r=5，β=71.3， γ_1=0.452， γ_2=7.16×10^{-4}）

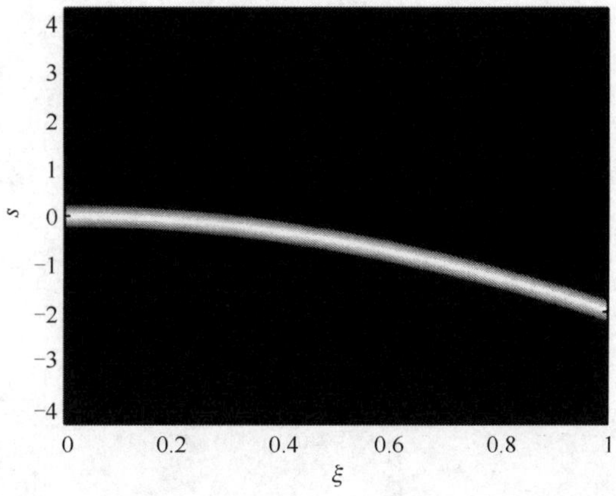

图 6.33　当 r=5，β=71.3，γ_1=0.452，γ_2=7.16×10^{-4}时光束传播的平面图

（2）温度特性。

首先考虑温度对亮空间孤子光强包络面的影响。KLTN 晶体参数为 n_0=2.4，g_{eff}=0.12 $\text{m}^4\,\text{C}^{-2}$，$T_c$=279.2K，$\varepsilon_{r0}$=7.21×$10^3$，$T_0$=300K，$E_t\approx10^{-19}$J。为简便起见，取 $E_t=10^{-19}$J，其他参数为 λ=0.5μm，x_0=40μm，r_0=2，E_0=2000V/cm。需要说明的是，一方面为了利用晶体的大介电常数，要求晶体的温度应选择在相变温度（T_p=283K）附近，但是另一方面为了满足平均场近似，采用的温度也不能过于靠近相变温度，温度过于靠近相变温度时，介电常数的非线性效应将非常明显。这里考虑晶体温度在 290～320K 范围内空间孤子的温度特征。图 6.34 给出了晶体的温度分别在 T=295K、300K 和 310K 时，空间孤子的无量纲光强包络面。显然，在不同的温度下，孤子的能量幅值和形状均发生了变化。图 6.35 是考虑温度效应时，空间孤子的存在曲线。很明显，随着温度的升高，孤子的峰值 r 急剧变小，而孤子的光强半宽度 Δs 则单调的增加。这与当温度恒定时的情形不同，在温度恒定的情况下，由于非线性的饱和性，孤子宽度将出现一个极小值。上述结论表明，在温度对孤子宽度影响的各个因素中，介电常数的温度依赖性起着主要作用。图 6.36 分别给出了温度 T=290K、300K 和 320K 时孤子宽度 Δs 随外加电场的变化曲线，显然孤子的宽度与外加电场值成反比。

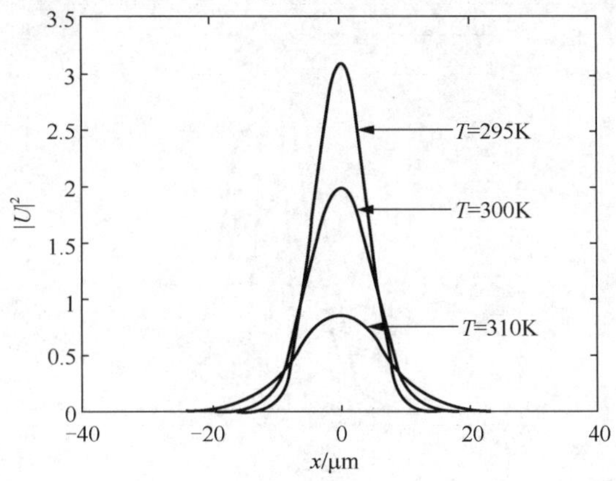

图 6.34　当 r_0=2，E_0=2000V/cm，x_0=40μm，T=295K、300K 和 310K 时，亮空间孤子的能量包络面

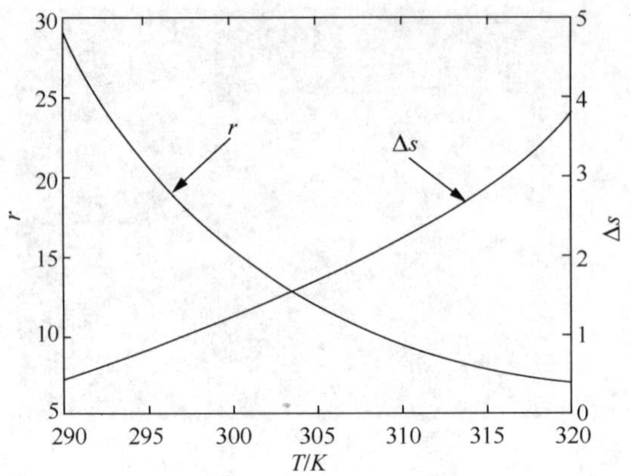

图 6.35 孤子的宽度和无量纲能量峰值随温度的变化曲线

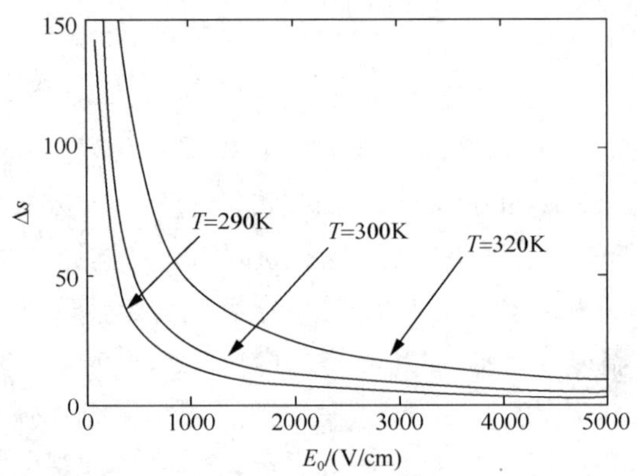

图 6.36 当温度 T=290K、300K 和 310K 时孤子宽度随外加电场的变化曲线

（3）时间效应。

顺电相 KLTN 晶体参数 $n_0 = 2.2$，$g_{\text{eff}} = 0.12\text{m}^4/\text{C}^2$，$\varepsilon_r = 8000$，$\lambda_0 = 0.5\ \mu\text{m}$，$E_0 = 2000\ \text{V/cm}$，通过计算得 $d \approx 0.5\mu\text{m}$。图 6.37 给出了当 $r = 50$、$\tau = 0.001$、0.02 和 5 时亮空间孤子的归一化光强包络面。显然，随着时间的推移，孤子的形状发生了明显的变化。

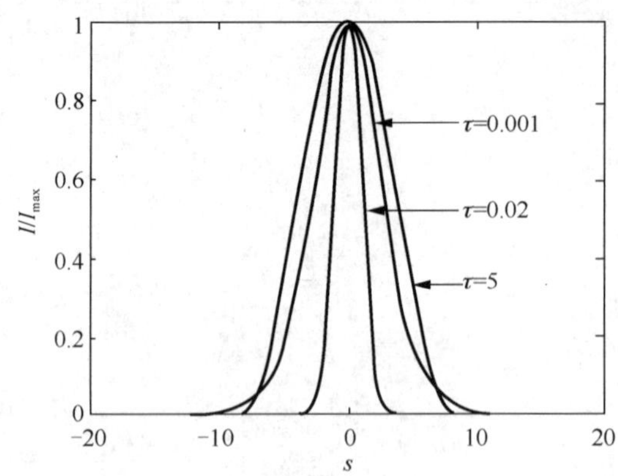

图 6.37 当 $r = 50$，$\tau = 0.001$、0.02 和 5 时，亮空间孤子的归一化光强包络面

亮孤子的时间演化行为可描述如下。在整个演化过程的初始阶段（$\tau = 0.001$），因为晶体内部空间电荷场很弱，所以形成了一个很宽的孤子态。随着时间的推移，光折变空间电荷场

逐步建立，通过二次电光效应，引起了很大的晶体折射率的改变。当光折变效应引起的折射率非线性变化达到饱和时，孤子的宽度在瞬间也达到一个极小值，由于其瞬时特性，该孤子态实际上是准稳态孤子。随着时间进一步变化，屏蔽场逐步建立，孤子的宽度也随之增大，当τ=1 时，孤子的宽度将达到一个常量保持不变，此时孤子的状态达到稳态。如图 6.38 所示为中心对称光折变晶体中亮空间孤子光强半宽度 Δs 随时间τ的演化曲线。很明显，当 r> 1 时，孤子宽度最小值出现在瞬态区域，存在准稳态；然而当 r<1 时，孤子的宽度最小值则在稳态区域出现，也就是说不存在准稳态，这是因为当入射光强很小时，非线性效应永远达不到饱和值。图 6.39 给出了准稳态孤子的建立时间随 r 的变化曲线，显然准稳态孤子的形成时间反比于入射光强与暗辐射强度的比值 r。作为对比，给出了相同参数条件下，中心对称光折变晶体（实线）和非中心对称光折变晶体中（虚线）亮孤子宽度随时间的演化曲线，如图 6.40 所示；表明它们具有相同的变化规律，但是由于所需非线性更小，中心对称光折变晶体中亮孤子的宽度随时间更快地达到最小值。

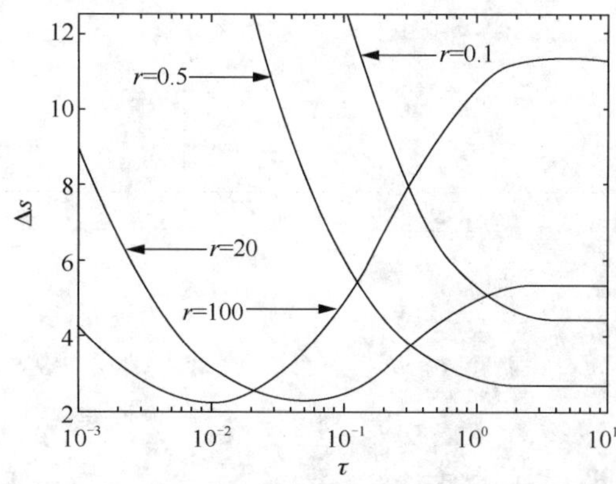

图 6.38　当 r = 0.1、0.5、20 和 100 时，亮空间孤子光强中宽度 Δs 随时间τ的变化曲线

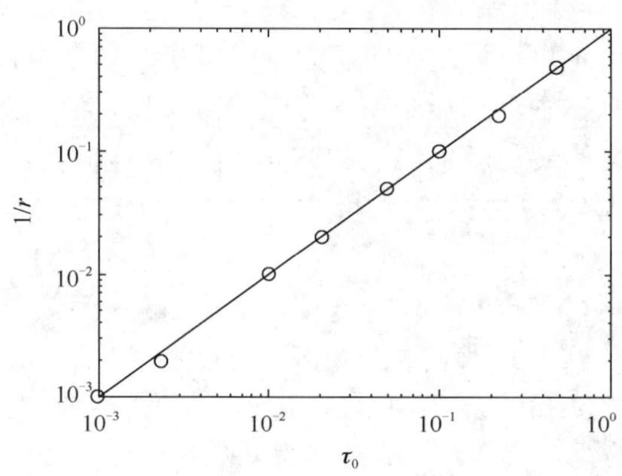

图 6.39　准稳态孤子的建立时间τ_0随 1/r 的变化曲线（圆和实线分别为数值计算和线性拟合结果）

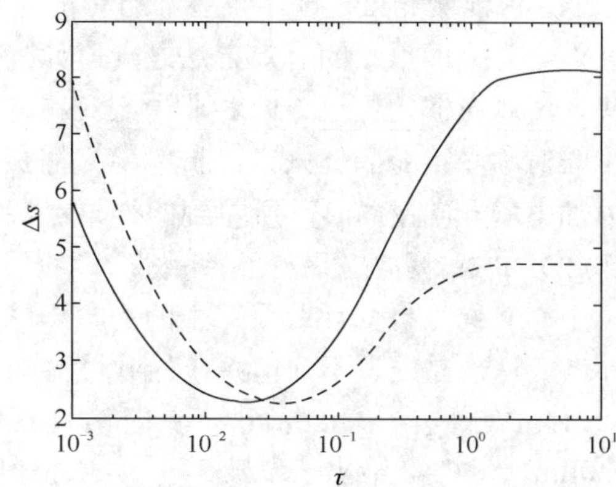

图 6.40　当 r=50 时，中心对称光折变晶体（实线）和非中心对称光折变晶体中（虚线）亮空间孤子宽度随时间演化曲线

6.4.2 全息空间光孤子

（1）中心对称光折变哈密顿系统。

顺电相 KLTN 晶体，晶体的参数为 n_0=2.27，g_{11}=0.16m^4/C^2，g_{12}=−0.02m^4/C^2，ε_r=1.58×10^4。其他参数为 E_0=1000V/cm，2θ=1°，x_0=20μm，φ=0.25。经过计算得到β=46.3。如图 6.41 所示为在上述参数下亮全息孤子的存在曲线（孤子的宽度随能量比值的平方根的变化曲线）。如图 6.42 所示为当σ=5 时，亮全息孤子的归一化能量包络面，此时孤子的宽度为 11.1μm。此时，孤子的宽度反比于外加电场值。

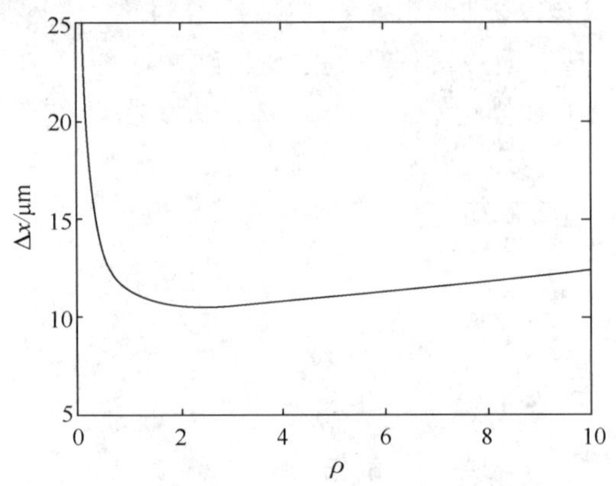

图 6.41　亮全息孤子的存在曲线

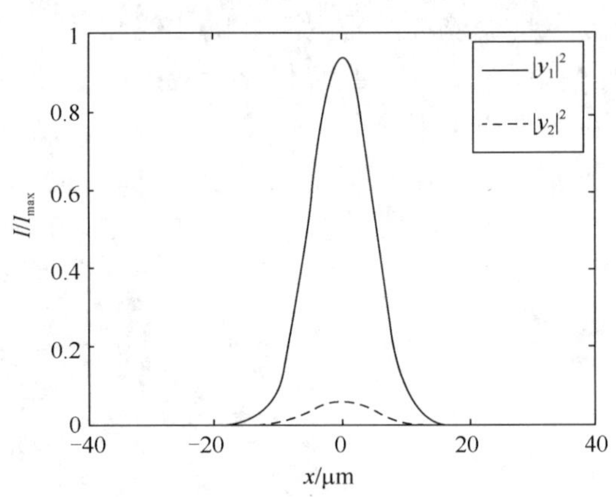

图 6.42　当σ=5、β=46.3 和φ=0.25 时，亮全息孤子的归一化能量包络面

上面的计算是在$\theta \ll 1$的条件下得到的。首先，两束相干光束光电场慢变振幅满足衍射傍轴波方程；其次，在孤子的形成时使用较大的二次电光系数 g_{11}；最后，使两光束之间能量耦合较弱，保证两光束之间不发生非对称能量转移。可见，保证$\theta \ll 1$是在中心对称光折变晶体中获得全息空间孤子的有效方法之一。此外，因为全息孤子起源于折射率光栅引起的全息自聚焦，所以光栅的极化方向对非中心对称光折变晶体中全息孤子态的影响非常明显，但是对于中心对称光折变晶体来讲，折射率光栅极化方向始终与外加电场的方向一致，所以当施加的外加电场方向反向时，所得到的结果保持不变。

（2）中心对称光折变耗散系统。

中心对称光折变耗散系统中的亮暗全息孤子具有确定的幅值和宽度，大小只依赖于晶体的参数，这也是能量不守恒系统的共性。KLTN 晶体的参数为λ_0=532nm，n_0=2.27，T=299K，g_{11}=0.16m^4/C^2，g_{12}=−0.02m^4/C^2，ε_r=1.58×10^4，N_A=5×10^{23}m^3，α_0=3.79cm^{-1}，其他参数取为 2θ=4°，x_0=20μm。图 6.43 给出了参数 $\Gamma-\alpha_0$ 随外加电场的变化关系。经过计算得，在 $G=0$ 处，外加电场值为 E_0=1.05×10^{4}V/m，稳定全息孤子的存在条件是 E_0>1.05×10^{4}V/m。这与非中心对称光折变耗散系统的情况不同，在非中心对称光折变耗散系统，外加电场为零时，在适当的条件下也会产生稳态全息孤子。

下面处理中心对称光折变耗散系统的光束传播问题。光路配置如图 6.44 所示，晶体的三个主轴沿系统的 x、y 和 z 轴方向，且外加电场施加在晶体的 x 轴方向。两束相干光对称地入射到晶体上。两束光的波矢均在 xz 平面内，夹角为 2θ（$\theta \ll 1$）。信号光为非寻常光，其在 y

轴方向上的能量分量保持不变。另一束线偏振光作为泵浦光在两个横向方向上均具有恒定不变的能量分布，其偏振方向与 y 轴方向角度为 φ。半波片的作用是改变 φ 的值。如果光束的横向宽度远小于晶体 x 方向尺寸 W，则外加电场 E_0 近似等于 V_0/W，其中 V_0 为外加电压。

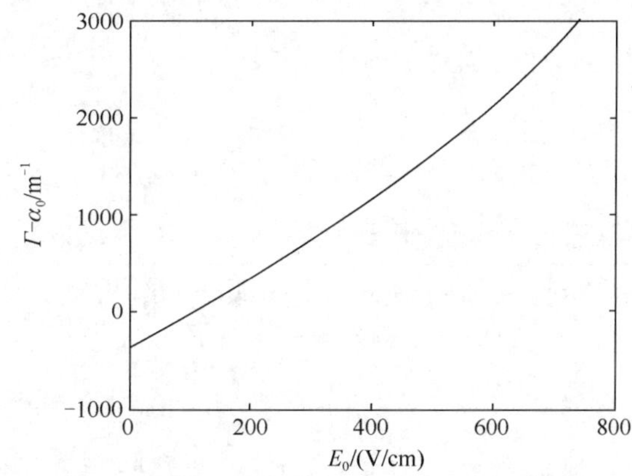

图 6.43 参数 $\Gamma-\alpha_0$ 随外加电场的依赖曲线

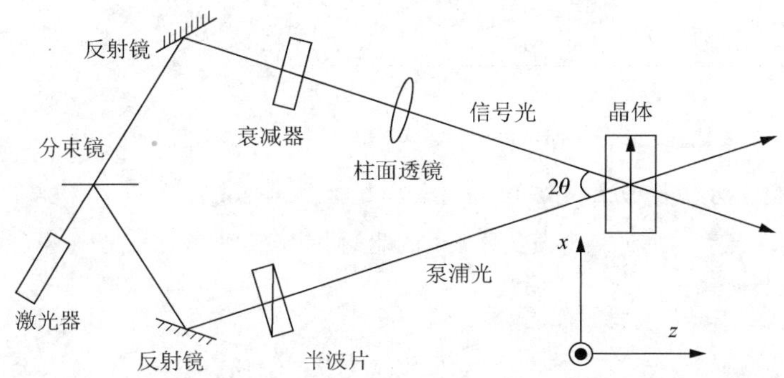

图 6.44 中心对称光折变耗散系统中产生全息孤子的光路配置图

在 λ_0=532nm 处，顺电相中心对称光折变晶体 KLTN 晶体参数为 n_0=2.27，g_{11}=0.16m^4/C^2，g_{12}=−0.02m^4/C^2，ε_r=1.58×10^4，x_0=10μm，其他参数为 N_A=5×10^{23}m^3，T=299K，α_0=3.79cm^{-1}，2θ=4°，φ=2°。计算得在 G=0 处 $E_0(0)$=4.0×10^{4}V/cm。

此耗散系统中，获得稳定耗散全息孤子的必要条件为外加电场值必须高于 4.0×10^{4}V/cm。这里，取 E_0=4.1×10^{4}V/cm。计算得 g=0.061，g_0=0.038，β=1.95，以及对于亮孤子 ρ=0，可以得到孤子参数为 $F=F_0$=0.12，$B=B_0$=0.23，$b=b_0$=0.01 和 $\nu=\nu_0$=1.88 的亮全息孤子。孤子的光强半宽度是 78μm，其峰值能量为 $F_0^2=0.013$。对于暗孤子，取 ρ=0.01，可以得到 $D=D_0$=0.094，$H=H_0$=0.26，$d=d_0$=190，$\Omega=\Omega_0$=1.91。其光强半宽度为 68μm，能量幅值为 $D_0^2=0.0088$。由于干涉条纹宽度时是 7.6μm，所以有足够多的干涉条纹数目来保证二波耦合过程发生。图 6.45 和图 6.46 分别给出了在上面的参数下亮暗耗散全息孤子稳定动态演化曲线（传播距离 ξ=3，即 $z\approx$1cm）。

当 $\alpha_0=0$，$\varphi=0$ 时，即忽略晶体的吸收，同时泵浦光转变为背景光。在这些条件下孤子完全由自相位调制自聚焦激发，此时 $g=g_0=0$，$\alpha=0$。对于亮孤子，能量幅值为 $r=\min_{g,\alpha\to 0}3(g-\alpha)/(2g)$，为一个任意正数。计算得 $F\to r^{1/2}$，$b\to g/(3\beta)\to 0$，$B\to(2r\beta)^{1/2}$，$\nu\to\beta(1-r)$。亮孤子的解析解简化为

$$U_b(s,\xi)=r^{1/2}\mathrm{sech}\left[(2r\beta)^{1/2}s\right]\exp\left[-\mathrm{i}\beta(1-r)\xi\right] \tag{6.41}$$

由式（6.41）可知获得亮孤子的必要条件为$\beta>0$。对于暗孤子来讲，能量幅值为$\rho\to\lim_{g,\alpha\to 0}(g-\alpha)/g$，其为一个任意正数，$D\to\rho^{1/2}$，$d\to -g/\left[3\beta(1+\rho)^2\right]\to 0$，$H\to(1+\rho)(-2\rho\beta)^{1/2}$，$\Omega\to\beta(1-2\rho)(1+\rho)^2$。

暗孤子的解析解简化为

$$U_d(s,\xi)=\rho^{1/2}\tanh\left[(1+\rho)(-2\rho\beta)^{1/2}s\right]\exp\left[-\mathrm{i}\beta(1-2\rho)(1+\rho)^2\xi\right] \tag{6.42}$$

由式（6.42）可知获得暗孤子的必要条件为$\beta<0$。式（6.41）和式（6.42）为自相位调制自聚焦机制下中心对称光折变晶体中小振幅空间孤子的解析解。

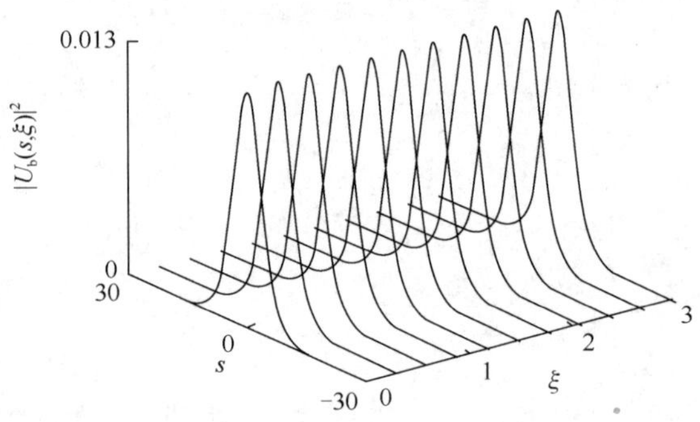

图 6.45　参数为 $F=F_0=0.12$，$B=B_0=0.23$，$b=b_0=0.01$ 和 $v=v_0=1.88$ 的一个亮全息孤子的能量稳定演化曲线

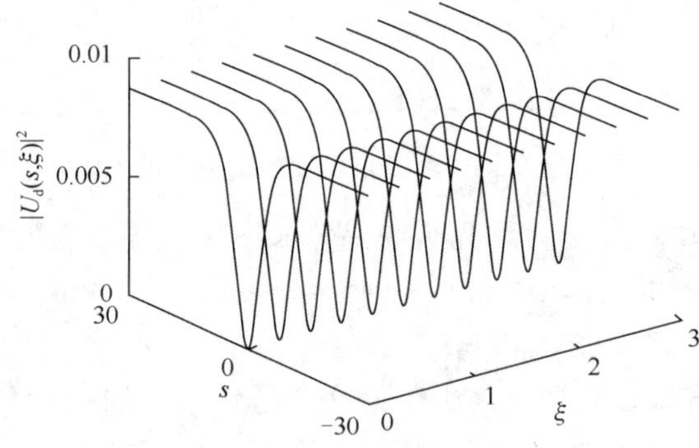

图 6.46　参数为 $D=D_0=0.094$，$H=H_0=0.26$，$d=d_0=190$ 和 $\Omega=\Omega_0=1.91$ 的一个暗全息孤子的能量稳定演化曲线

参考文献

[1] Nye J F. Physical properties of crystal: their representation by tensors and matrices[M]. Boston: Oxford University Press, 1985.

[2] 李杨. 钽铌酸钾锂单晶电光性能和压电谐振增强特性研究[D]. 哈尔滨: 哈尔滨工业大学, 2013.

[3] Li Y, Li J, Zhou Z Z, et al. Low-frequency-dependent electro-optic properties of potassium lithium tantalate niobate single crystals[J]. Europhysics Letters, 2013, 102: 37004.

[4] Newnham R E. Properties of materials[M]. Oxford: Clarendon Press, 2005.

[5] Li J, Li Y, Zhou Z Z, et al. Linear electro-optic coefficient γ_{51} of tetragonal potassium lithium tantalate niobate single crystal[J]. Optical Materials Express, 2013, 3: 2063-2071.

[6] Li J, Li Y, Zhou Z Z, et al. Orientation dependent electro-optic properties of potassium lithium tantalate niobate single crystal[J]. Journal of Applied Physics, 2014, 115(9): 093104.

[7] Agranat A, Hofmeister R, Yariv A. Characterization of a new photorefractive material: $K_{1-y}Li_yTa_{1-x}Nb_xO_3$[J]. Optics Letters, 1992, 17(10): 713-715.

[8] 田浩. 顺电相钽铌酸钾锂晶体的生长及电控光折变性质研究[D]. 哈尔滨: 哈尔滨工业大学, 2008.

[9] Tian H, Zhou Z Z, Gong D W, et al. Photorefractive properties of paraelectric potassium lithium tantalite niobate crystal doped with iron[J]. Optics Communications, 2008, 281: 1720-1724.

[10] Tian H, Zhou Z Z, Gong D W, et al. Enhanced photorefractive properties of parelectric potassium lithium tantalite niobate by manganese doping[J]. Journal of Physics D: Applied Physics, 2008, 41: 09515.

[11] 展凯云. 中心对称光折变晶体中空间光孤子的理论研究[D]. 哈尔滨: 哈尔滨工业大学, 2011.

第7章

基于顺电相 KLTN 晶体的电控全息器件

7.1 基于 KLTN 晶体电控全息光开关

7.1.1 光开关原理

对于通过二波耦合记录的体全息相位 Bragg 光栅而言，其光栅间距是一定的。全息光栅由于写入光波长和入射角的不同，具有不同的光栅间距。从光栅间距表达式可以看出，对于一定间距的 Bragg 光栅，其 Bragg 匹配条件可以表示为 $\Lambda = \lambda / (2n\sin\theta)$ 。因此，对于一定角度入射的不同入射光，满足匹配条件的波长光将被 Bragg 光栅衍射，如图 7.1 所示。当不加外电场时，晶体内不存在线性光栅，不同波长 λ_1 、 λ_2 光通过晶体，开关处于“通”状态；加外电场时，晶体内的线性光栅对符合 Bragg 匹配条件的 λ_1 光衍射，开关处于“断”状态，而不满足匹配条件的 λ_2 光仍然可以通过，保持开关处于“通”状态。这就是 Bragg 光栅的波长选择性。

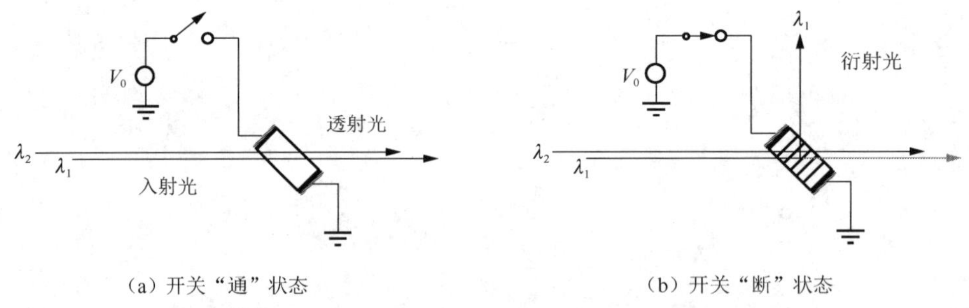

（a）开关“通”状态　　（b）开关“断”状态

图 7.1　电控全息 Bragg 光栅光开关

对于一定波长入射光而言，根据 Bragg 匹配，其一定对应一个匹配的 Bragg 衍射角。变换不同的入射角，可以控制不同波长光的衍射。这就是 Bragg 光栅的角度选择性。

入射光的角度、波长偏离 Bragg 条件时，会导致 Bragg 光栅衍射效率迅速下降。体全息 Bragg 光栅的这一特性，是波长选择性和角度选择性的根本。

首先利用波长为 λ 的两记录光束在晶体中写入光栅，然后在外加电场下，该波长入射光可直接作为读出光被体全息相位 Bragg 光栅衍射，即记录光自动满足 Bragg 相位匹配，可以通过控制外加电场来控制全息光开关的开关状态。

7.1.2　光开关实施方案

1. 短波记录、长波读取原理

对于一定波长入射光而言，根据 Bragg 匹配，其一定对应一个匹配的 Bragg 衍射角。记录光读取时自动满足 Bragg 匹配。而对于不同于记录光波长的信号光读取时，需要变换不同的入射角，从而控制不同波长光的衍射，如图 7.2 所示。

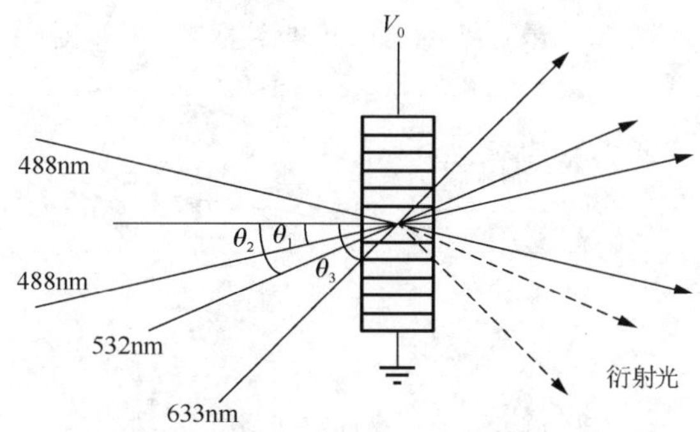

图 7.2　短波长写入、长波长读取示意图

读取的角度可以通过匹配条件公式 $\Lambda=\lambda_1/2n_1\sin\theta$ 算出：

$$\Lambda=\lambda_1/2n_1\sin\theta_1=\lambda_2/2n_2\sin\theta_2=\lambda_3/2n_3\sin\theta_3 \tag{7.1}$$

对于波长为 λ_1 记录光，其沿记录角 θ_1 读取时自动满足 Bragg 匹配。而对于波长为 λ_2 和 λ_3 的读取光，则需要先算出对应于记录光栅的 Bragg 匹配衍射角 θ_2 和 θ_3。此时，读取光的衍射效率修正为

$$\eta=\sin^2\left[\frac{\pi L}{\lambda(\cos\theta_R\cos\theta_S)^{1/2}}s_{eff}n_0^3E_{sc}E_0\right] \tag{7.2}$$

式中，θ_R 和 θ_S 分别表示光栅记录角和衍射读取角。

短波记录、长波读取，又称两波长法（two-wavelength method, TWM）。该方法具有两个明显的优势：一是电光晶体对短波长的记录光更加敏感，记录过程更快，记录的光栅更不易被擦除；二是长波长读取满足通信波段的需要，研究更切合实际。

2. 短波记录、长波读取实验

利用 $Mn_{0.5}$:KLTN 晶体在记录夹角较大的二波耦合光路下实现体全息相位 Bragg 光栅衍射及其波长选择。晶体尺寸：长 3.979mm、电场方向 1.911mm、通光方向 0.478mm。

记录光采用 532nm 绿光，记录时间 60s。斜入射读取时，532nm 绿光记录光可实现读取，632.8nm 红光通过匹配角选择，也可实现读取。红光斜入射读取包括正向读取和反向读取两种情况实验设计，如图 7.3 和图 7.4 所示，目的是为了验证体相位 Bragg 光栅的空间对称性。根据 Bragg 匹配条件算出红光 Bragg 衍射角，利用两波长法实验可以验证 Bragg 光栅的波长选择。

图中 L_1 为 He-Ne 激光器，输出光波长 632.8nm；L_2 为倍频激光器，输出光波长 532nm；TA 为衰减片；M 为反射镜；BS 为光楔；S 为快门；I_S 为信号光，I_R 为参考光；虚线表示屏可移动。

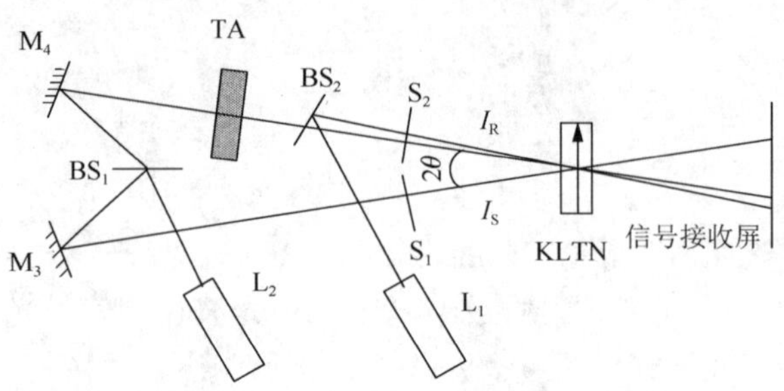

图 7.3 绿光记录、红光同向读取实验装置图

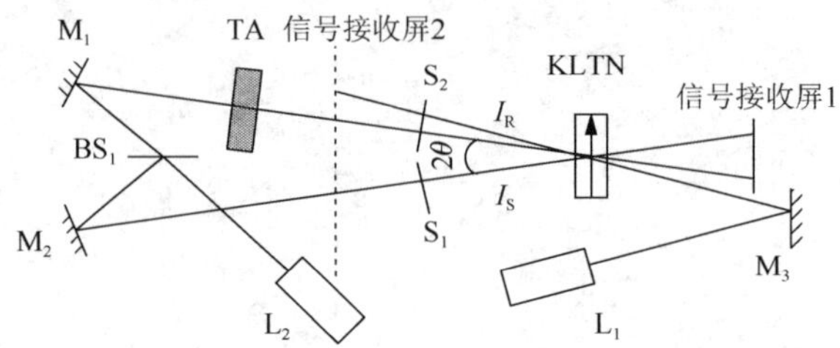

图 7.4 绿光记录、红光反向读取实验装置图

室温为21℃、外电压600V、θ_R为8.74°（即夹角$2\theta=17.48°$），计算得出读取波长为632.8nm读取光对应的Bragg匹配角θ_S为5.2°。

观察实验现象表明正向读取与反向读取结果一致，说明体相位 Bragg 光栅空间具有对称性。如图 7.5 所示为一组正向读取的衍射现象。

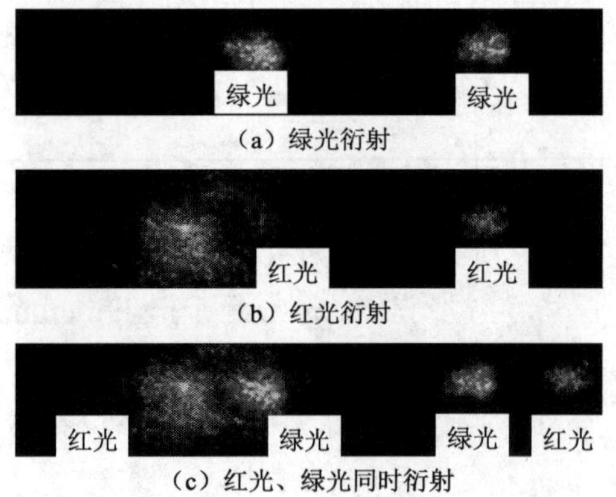

图 7.5 短波记录、长波读取衍射图像

Bragg 光栅衍射有一定的失配范围，计算匹配角时，不同波长光通过介质的折射率是不一样的，但是一般差距较小，在近似的匹配角下进行实验，仍然具有很好的现象，说明 Bragg 光栅衍射允许一定的失配范围。但当红光尝试采用读取角为 6° 时读取，没有衍射现象发生，这也恰恰说明由于 Bragg 匹配条件要求较高，Bragg 失配的范围很小。

7.1.3 多波长选择功能光开关

利用顺电相晶体的二次电光效应及其全息晶体的多重全息记录能力，通过在一种单块晶体写入两重 Bragg 光栅，可实现两波长信号的电控提取及分离，即可实现 1×2 及 2×1 光开关，具有光束合束、光束分束、多信号同时读取等三种功能。根据这种光开关的工作原理，下面给出两种开关制作方案，一种是利用两重光栅实现信号同时提取，另一种是利用两重光栅实现信号同时提取并分离，同时对提取信号的均匀性进行分析讨论。这种利用多重写入技术制作的光开关功能更为强大、成本更低、开光响应时间短、重复性好、稳定可靠，可适用于各种光学互联网络。

1. 多重光栅技术

利用全息技术手段，在 KLTN 晶体内部写入多重全息图有多种方法。常用的技术包括角度复用技术和波长复用技术，此外还有空间位置复用、电场复用技术等方法。角度复用技术是通过旋转晶体实现在晶体中先后写入多重光栅，这些光栅间距 Λ 大小相同，光栅矢量方向不同；波长复用技术，是利用不同波长光先后在晶体中写入多重光栅，这类多重光栅矢量的方向相同，大小不同；波长、空间位置双复用技术是通过调节光路改变记录角，同时相应变换不同波长光，先后在晶体中记录多重光栅，这样写入的多重光栅矢量方向不同，大小也不同。图 7.6 为波长复用技术、波长、空间位置双复用技术实现多重光栅控制的光开关的示意图。

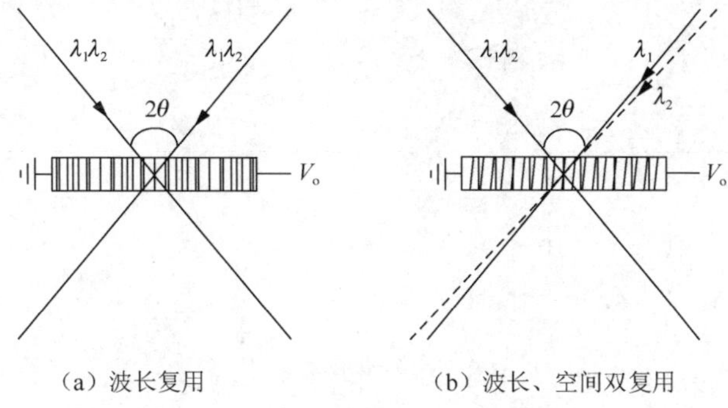

(a) 波长复用　　(b) 波长、空间双复用

图 7.6　两重光栅的两种记录方式

对于复用技术而言，若采用等长时间记录每一幅光栅，记录第二重光栅时，记录光将会对先记录的 Bragg 光栅进行擦除，则最终折射率调制 Δn 各不相同，进而导致各幅光栅的衍射效率不均匀，无法使各通道获得均匀的衍射效率。为了补偿后写入过程对已有光栅的擦除，可采用时间递减法。为使每幅光栅的衍射效率相等，必须满足：

$$\frac{\Delta n_1}{\lambda_1 \cos\theta_1} = \frac{\Delta n_2}{\lambda_2 \cos\theta_2} = \cdots = \frac{\Delta n_N}{\lambda_N \cos\theta_N} \tag{7.3}$$

式中，λ_N 为第 N 幅全息图入射波长；θ_N 为入射角；Δn_N 为折射率调制度。

利用复用技术在顺电相 KLTN 晶体内部记录两重 Bragg 光栅制作的光开关具有明显的优势，它在阵列光开关网络中的应用如图 7.7 所示。多重光栅记录方式制作的光开关，由于其具有更多的波长选择，可以简化阵列，同时减少晶体材料的使用，提高材料的利用率。这就是多重光栅的优势。

2. 波长复用光开关方案

在较大记录夹角的二波耦合光路下，在 $Mn_{0.5}$:KLTN 晶体内部写入两重体相位 Bragg 光栅，分析衍射特性、波长选择性，可获取实验现象。波长复用两重 Bragg 光栅记录光路设计，如图 7.8 所示。图中 L_1 为 He-Ne 激光器，输出光波长 632.8nm；L_2 为倍频激光器，输出光波长 532nm；TA 为衰减片；M 为反射镜；BS 为光楔；S 为快门；I_S 为信号光，I_R 为参考光。

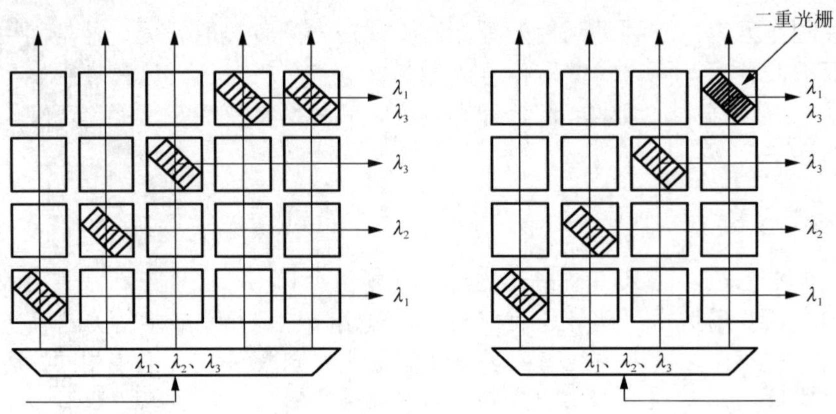

（a）使用单一Bragg光栅记录的电光材料　　（b）使用两重Bragg光栅记录的电光材料

图 7.7　光开关阵列

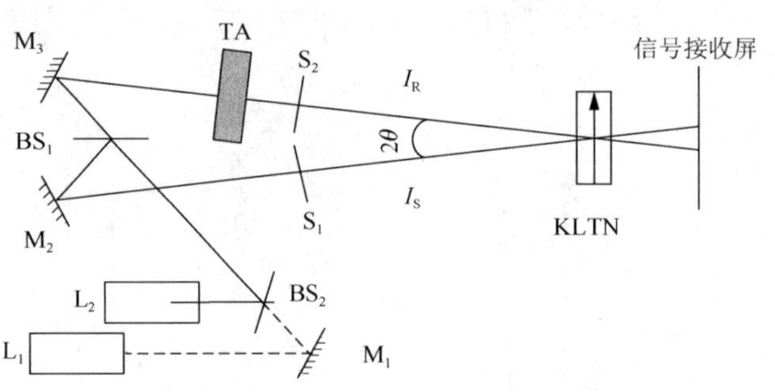

图 7.8　波长复用实验装置

将红光、绿光耦合为一束光，通过分光光楔，分为两束相干记录光，在晶体中干涉记录体相位 Bragg 光栅，从而实现波长复用。实验光路夹角 17.34°、温度 24℃。首先分别测得红光、绿光在该光路及其实验条件下的饱和写入时间分别为 120s、60s，擦除时间分别为 115s、30s。对于两重记录光栅，一般第一次记录采取饱和记录，第二次记录的时间取饱和记录时间的一半。

在晶体中通过波长复用技术记录光栅，两波长光记录的先后顺序有两种：一是绿光先饱和记录 90s，红光用自身饱和时间的一半记录 60s；二是红光先饱和记录 150s，绿光用自身饱和时间的一半记录 30s。这两种记录顺序都可以得到波长复用的两重 Bragg 光栅，实验分别测量了红光、绿光在这两种波长复用顺序记录的光栅中的 Bragg 衍射特性，并与自身单独记录光栅时的衍射特性进行比较。对于记录光波长为 632.8nm 的红光而言，记录单一 Bragg 光栅时间 120s。对于记录光波长为 532nm 的绿光而言，记录单一 Bragg 光栅时间 60s。不同记录顺序两重 Bragg 光栅以及单一 Bragg 光栅中，红光衍射效率同外电压关系如图 7.9 所示，绿光衍射效率同外电压关系如图 7.10 所示。

从红光、绿光在自身记录的单一 Bragg 光栅中的衍射特性及其两重光栅中的衍射特性对比不难看出，多重光栅记录的两种顺序，绿光先记录较红光先记录好，原因是绿光比红光能量高，能激发更深层载流子，容易对红光记录的光栅造成擦除，而绿光先记录的 Bragg 光栅则不易被红光擦除。因此，如果采用波长复用技术，则采用绿光先记录，红光后记录的方式。实验中采用绿光先饱和记录 90s，红光再记录 60s。衍射特性对比还可看出，由于两重光栅的记录，造成了红光、绿光衍射峰相对于自身记录单一 Bragg 光栅时的衍射峰发生漂移，达到峰值所需外电压加大。

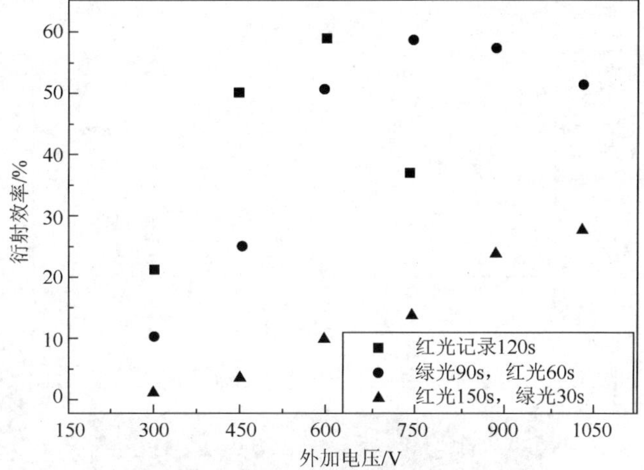

图 7.9　不同记录顺序红光衍射效率同外电压关系比较

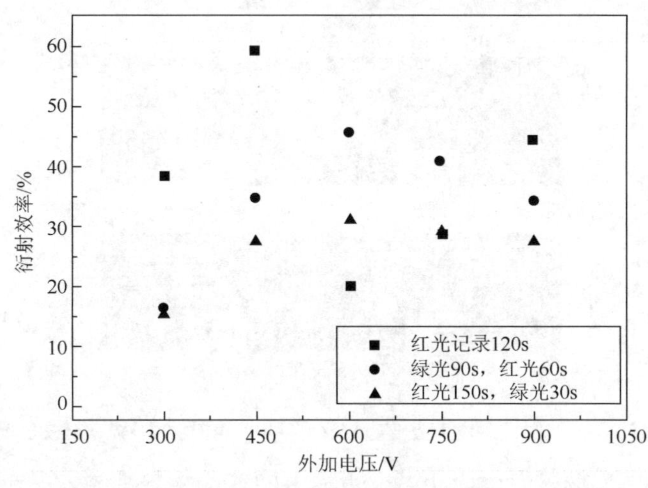

图 7.10　不同记录顺序绿光衍射效率同外电压关系比较

通过波长复用技术在晶体内叠加产生矢量方向相同、大小不等的两套光栅，当一束红绿光沿任何一写入方向入射时，将分别满足其中一套光栅的 Bragg 匹配条件，因而将同时沿同一方向（与入射对称方向）被衍射，这种两重光栅可以用于控制两种信号的同时提取。若需要两种提取信号的强度一致（即衍射效率均匀），则如图 7.11 所示，选择红光、绿光衍射效率相同时的外电压（两者必有交点），即可实现控制。图中可以看出，在外加电压 600V 时衍射效率较为接近，因此基于 600V 外加电压下拍摄了一组两重光栅红绿光衍射图像，如图 7.12 所示，所有图像左侧光斑为原路传输光，右侧光斑为衍射光。

3. 波长、空间双复用光开关方案

通过波长复用技术在晶体中写入两套 Bragg 光栅，实现了电控多重全息光开关的多波长选择功能，可以同时控制两不同波长信号光衍射，但由于衍射光方向相同，无法将两不同波长信号光分开，这种情况可采用波长、空间双复用技术。

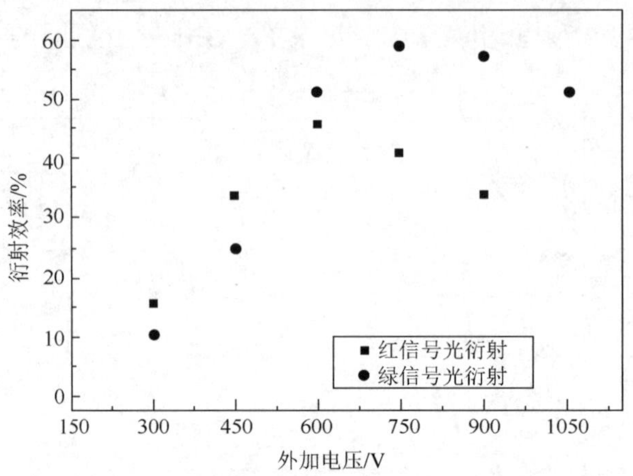

图 7.11 两重光栅中红绿光衍射效率同外电压关系对比

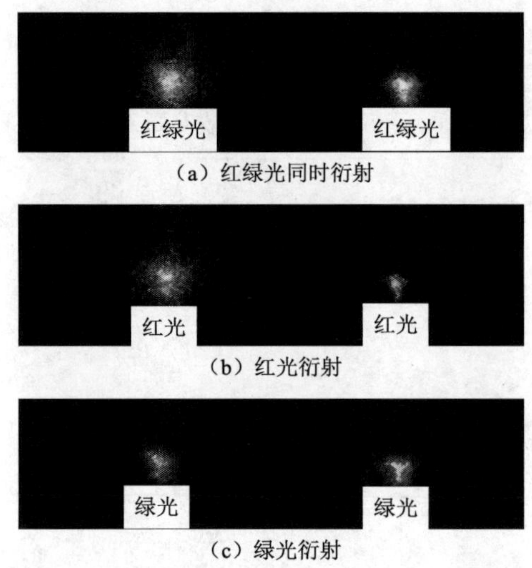

图 7.12 外电压 600V 下红绿光衍射图像

在较大记录夹角的二波耦合光路下，在 $Mn_{0.5}$:KLTN 晶体内部写入两重体相位 Bragg 光栅。波长、空间双复用实验装置如图 7.13 所示，图中 L_1 为 He-Ne 激光器，输出光波长 632.8nm；L_2 为倍频激光器，输出光波长 532nm；TA 为衰减片；M 为反射镜，其中 M_2 可调；BS 为光楔；S 为快门；I_S 为信号光，I_R 为参考光。

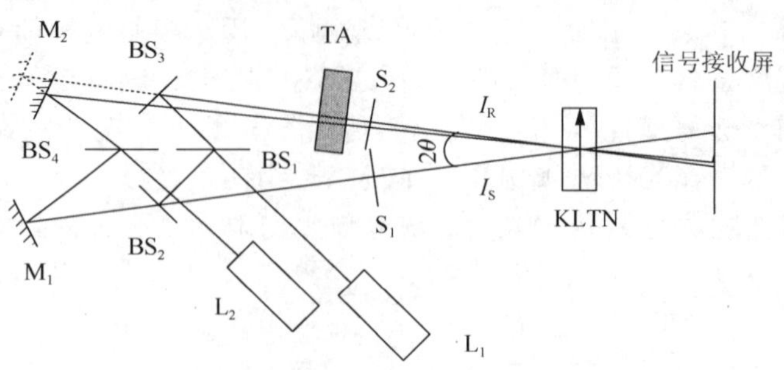

图 7.13 波长、空间双复用实验装置

方案中，红光、绿光信号光光路固定，绿光参考光光路通过调节 M_4 同红光光路分开。其中红光光路夹角 17.34°、绿光光路夹角 18.9°，温度 24℃。红光、绿光读取时沿参考光光路入射，可在同一位置探测红绿光衍射。红光、绿光在自身记录的单一 Bragg 光栅中的衍射特性及其通过波长、空间复用技术制作的两重光栅中的衍射特性对比如图 7.14 和图 7.15 所示。

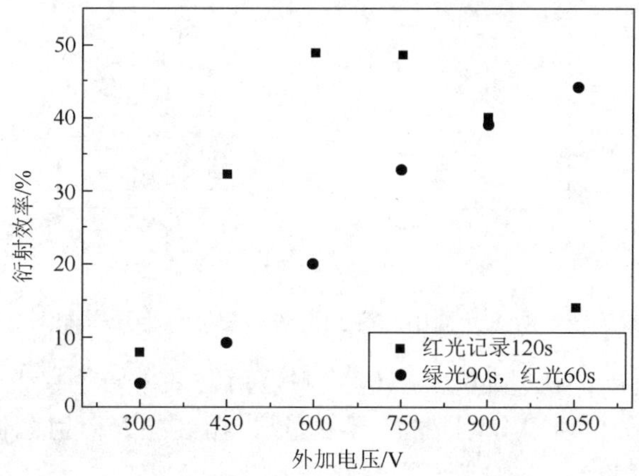

图 7.14　不同记录方式红光衍射效率同外电压关系

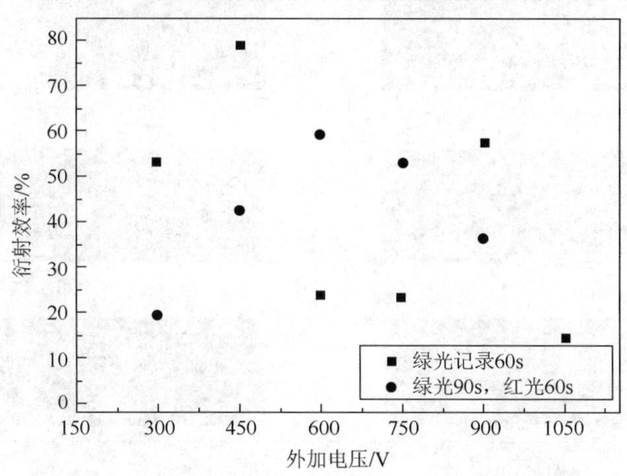

图 7.15　不同记录方式绿光衍射效率同外电压关系

从图 7.14 和图 7.15 红光、绿光衍射特性在不同光栅中对比可以看出，由于波长、空间双复用两重光栅的记录，造成了红光、绿光衍射峰相对于自身记录单一 Bragg 光栅时的衍射峰发生漂移，达到峰值所需外电压加大，这同波长复用记录的两重光栅结论一致。

当一束红绿光沿信号光方向入射时，分别满足其中一套光栅的 Bragg 匹配条件，因而将沿不同方向被同时衍射，从而实现同时控制两种信号的提取和分离，进而实现多重 Bragg 光栅的电控 1×2 光开关。若红光、绿光分别从参考光光路入射，同样分别满足各自衍射条件，则可实现光束同方向衍射，进而实现两波长光的合束，应用于 2×1 光开关。若需要控制提取的两信号功率相等（即衍射效率相等），则选择两波长光衍射效率相同时的外电压，即可实现控制，如图 7.16 所示。

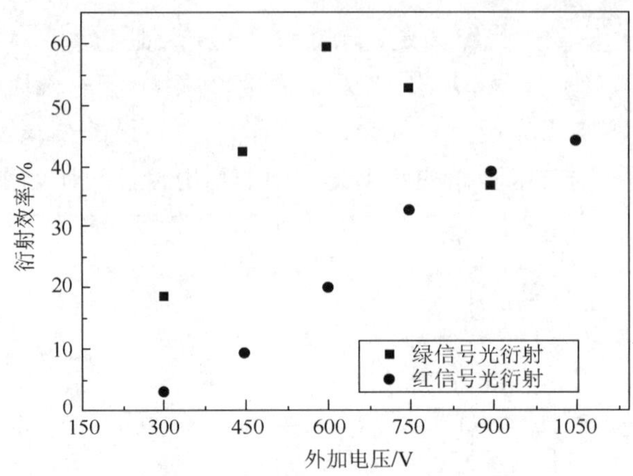

图 7.16 两重光栅中红绿光衍射效率同外电压关系对比

从图 7.16 中可以看出，在外加电压 900V 附近衍射效率较为接近，此时外电压较高。因此基于 600V、750V 外加电压时分别拍摄一组两重光栅红绿光衍射图像（图 7.17 和图 7.18），所有图像左侧光斑为衍射光，右侧光斑为原路传输光。

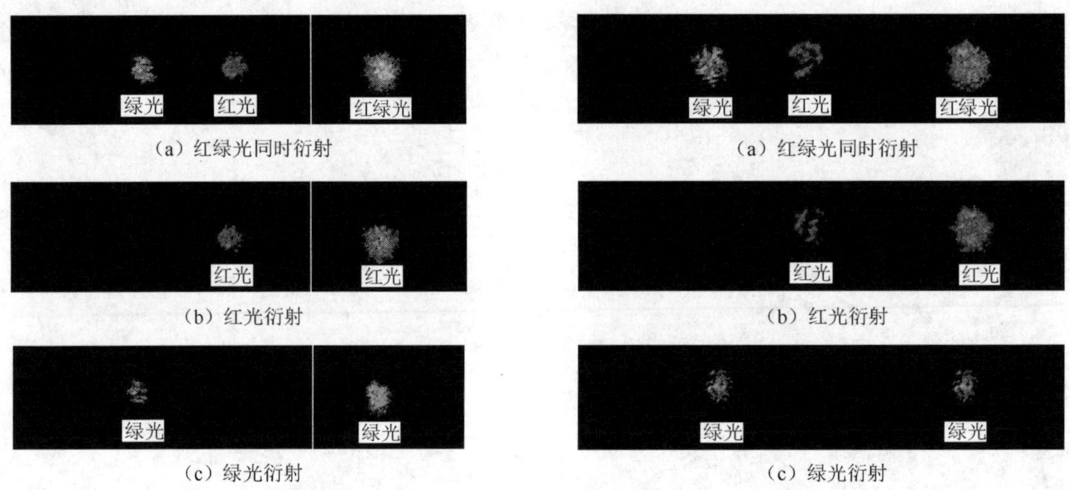

（a）红绿光同时衍射 （b）红光衍射 （c）绿光衍射

图 7.17 外电压 600V 下红绿光衍射图像

（a）红绿光同时衍射 （b）红光衍射 （c）绿光衍射

图 7.18 外电压 750V 下红绿光衍射图像

4. 多重光栅间的交扰分析

利用全息技术手段，在 KLTN 晶体内部写入多重全息图，基于 Bragg 衍射理论的研究一般假设不同写入光栅之间相互独立，交扰噪音只是所有的 Bragg 失配的栅对入射光的衍射强度和。事实上对于光折变多重全息存储，由于光折变的非线性响应，同一空间点所存储的多幅图像的相位栅之间必然存在相互影响，这便是多重写入光栅间的相互交扰问题。

在光通信应用方面，串扰可以有定量的描述。在光交叉连接器件中，串扰定义为

$$C=\left|\frac{P_{\text{out}}^{\text{all channels}}-P_{\text{out}}^{\text{reference}}}{P_{\text{out}}^{\text{reference}}}\right| \tag{7.4}$$

式中，$P_{\text{out}}^{\text{all channels}}$ 为所有信道满负载时，研究链路的输出功率；$P_{\text{out}}^{\text{reference}}$ 为只有研究链路一个信道工作时，研究链路的输出功率。串扰可以理解为满负载系统和单负载系统运行状况的相差

程度。

对于体全息图再现等技术，这种定量描述显然是不够的。体相位 Bragg 光栅如果没有很直观的描述形成串扰的原因，串扰现象就会使其无法真正应用为光开关器件。

两种复用技术制作的两重光栅，在衍射读取时都出现这样一个现象：红光的衍射位置靠外侧有微弱的衍射点，同样绿光的衍射位置靠里侧也有一微弱的衍射点。图像拍照时由于其强度过小，手工添加描绘此现象，如图 7.19 所示。

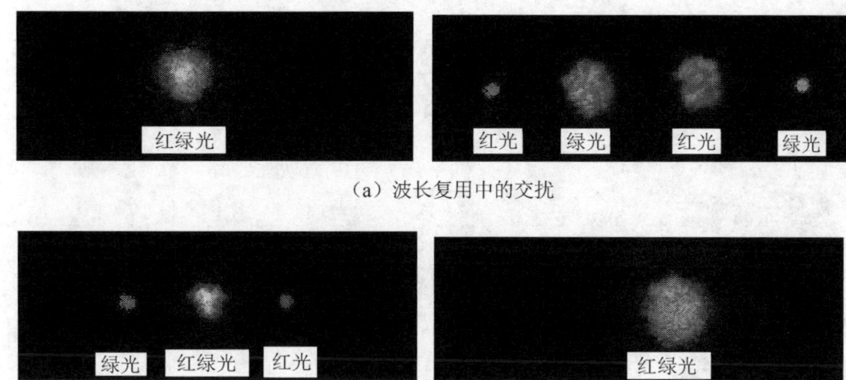

（a）波长复用中的交扰

（b）波长及空间双复用中的交扰

图 7.19　光栅衍射中的交扰现象

衍射中产生交扰的原因可以从折射率的周期性调制分析。体相位 Bragg 光栅的实质是空间上折射率的周期性变化调制，一套体相位 Bragg 光栅实际上就是一套折射率大小不断起伏变化的过程。当在晶体中同时存在两套体相位 Bragg 光栅时，每套光栅本身对应于一种折射率大小起伏的过程。这两套光栅的起伏周期不同，起伏程度也不同，那么在空间位置上的这两种调制信息间，必然会产生新的相互微小起伏扰动，这种扰动附着于每套光栅本身的周期性调制，具有新的光栅矢量和周期，故而导致了新的微弱衍射。

7.2　基于 KLTN 晶体电控全息衍射分束器

光学分束器在光学传输和光学信息处理领域被广泛应用。根据分束原理光学分束器可以分为传统的光学分束器、双折射光学分束器、二元光学分束器、光纤耦合器等类型。

本节介绍两种新型电控衍射光学分束器。这两种分束器基于光折变效应和二次电光效应，并且利用二次电光效应的电控开关特性实现了对光栅的再现控制。这种分束器在自由空间光开关和光互连领域有广阔的应用前景，它提供了一种易操作、低成本、多路输出的光学分束方法。

7.2.1　电控二次电光效应 Bragg 衍射分束器

在电控二次电光效应 Bragg 衍射分束器的制作过程中，核心为利用顶部籽晶助溶剂法生长出 Mn 离子掺杂浓度（质量分数）为 0.5%的 KLTN 晶体，成分为 $K_{0.99}Li_{0.01}Ta_{0.63}Nb_{0.37}O_3$。晶体长出后，经过定向、切割以及抛光等工艺，晶体被切成 5.00 mm×3.00 mm×1.50 mm 的长方体，其（100）、（010）、（001）方向分别与 5.00 mm、3.00 mm、1.50 mm 边平行。作为电极的银线通过导电胶粘贴到晶体 5.00×1.50 mm^2 面。利用安捷伦 4294A 精密阻抗分析仪、THMS600 冷热台等相关仪器可测定晶体的相对介电系数随温度的变化（图 7.20），从图中可以看出稳态相对介电系数与温度的变化关系服从 Curie–Weiss 定律，晶体在相变点附近其稳态介电系数达到峰值，其顺电相到铁电相的相变温度为 T_C=23˚C。因为这个温度附近的顺电相状态下可以有大的 Kerr 效应，所以器件适合工作在室温。

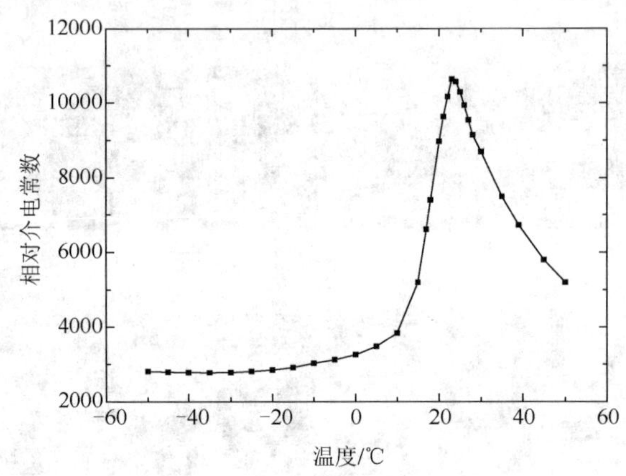

图 7.20 相对介电常数随温度的变化关系

采用二波耦合来测定晶体的性能，如图 7.21 所示为实验示意图。采用直角坐标系，晶体的（100）、（010）和（001）轴方向分别与 x, y, z 坐标轴平行。首先，从半导体激光器出射的水平偏振激光束（波长 532nm）被分束器分为参考光和信号光，每束的功率均为 3.5 mW，信号光垂直样品表面照射到样品上，参考光与信号光在样品内通过光折变效应建立折射率光栅。两光束的波矢和偏振方向均在（x, z）平面内且它们之间的夹角为 2β。实验时，电场沿 x 轴方向施加，这样光栅波矢方向就可以平行于外电场方向，曝光时间可通过控制光阑开关加以控制。在记录光栅过程中，不施加外电场，只有当测量衍射效率时才施加外电场。在非均匀光照射下，电荷载流子（电子或空穴）在光亮区被激发，通过迁移机制被迁移到光暗区，晶体内空间电荷场建立起来，并且通过二次电光效应实现折射率的调制。如图 7.22 所示为晶体内的光栅衍射效率随参考光与信号光之间夹角的变化关系，从图中可以看出两光束在夹角为 10°～20° 区间衍射效率最大，因此在分束器的制作过程中应选择这样的角度范围。

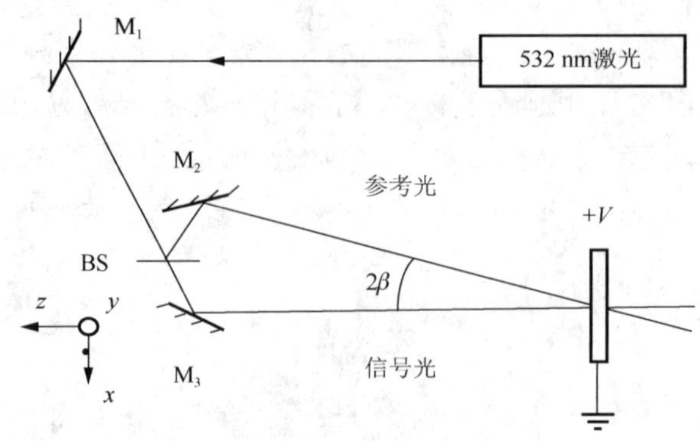

图 7.21 二波耦合时的衍射效率测量光路图

M 为反射镜；BS 为分束器

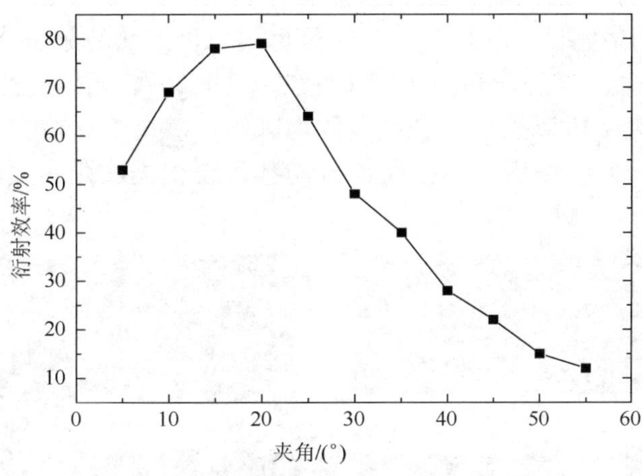

图 7.22　衍射效率随角度的变化关系

分束器的制作过程类似于图 7.21，波长为 532nm 的半导体激光束被分束器分为信号光和参考光，两光束构成的入射平面在 *xz* 面内，每束光的功率均为 3.5mW。信号光垂直于样品表面照射到样品上。在整个记录过程中，不施加外电场，信号光的方向与位置保持不变，保持参考光在晶体上照射位置不变的前提下，改变参考光的方向。在此，以信号光传播方向为参照，取参考光沿顺时针方向旋转夹角为正。首先，两光束之间夹角为+20°（空气中）时记录光栅，15 秒后，第一幅全息图记录完成，改变参考光的方向到+10°，第二次记录全息图。在全息图记录过程中，由于记录光束的擦除作用，前面记录的全息图会受到擦除，为此需要预先设计记录时间序列，以此来达到相同的衍射效率。通过理论计算和实验摸索，第二幅全息图记录时间选择 13 秒。然后把夹角再分别调整到−10°、−20°记录全息图，记录时间分别为 11 秒和 10 秒，通过 4 次记录，5 束出射光束电控 Bragg 衍射光学分束器制作完成。也可采取另外一种方法来记录衍射效率均等的分束器，实验光路图如图 7.23 所示，从激光器出射的光束被分成 5 束相干光束，经过反射镜反射后，照射到晶体上的同一点。每束光的功率均为 3.0 mW。相邻光束间的夹角为 10°，记录 7 秒后，很多个 Bragg 光栅被记录在晶体中，分束器制作完成。

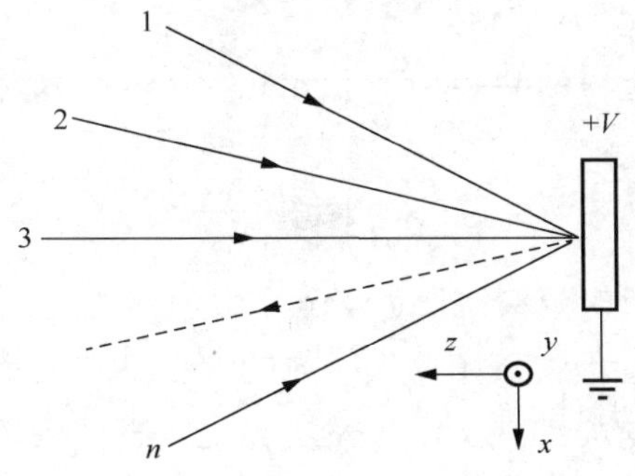

图 7.23　电控 Bragg 衍射光学分束器的制作示意图

为了对分束器的分束能力进行评估，晶体被一束波长、偏振及入射方向与制作分束器过程中信号光方向完全相同的另一光束照射。当大小为 E_0 =1600V/cm 的外电场施加到晶体上时，全息光栅处于“开”状态，入射光由于满足 Bragg 衍射条件而被衍射，5 束出射光的强度几乎相等[图 7.24（a)]。当关闭外电场时，光栅处于“关”状态，入射光的大部分都可以直接透射过晶体而不发生衍射[图 7.24（b）]。对于采用第二种方法制作的分束器，晶体可以被与制作过程中用于记录光栅的任何一束入射光同波长、同偏振、同方向的光束照射，这时在外电场作用下，入射光束都可以被分为强度大约均等的 5 束光（图 7.25）。从上面的制作过程和光栅衍射原理可知，每束输出光的强度和方向都可以根据实际需要和晶体性能进行预先设计。

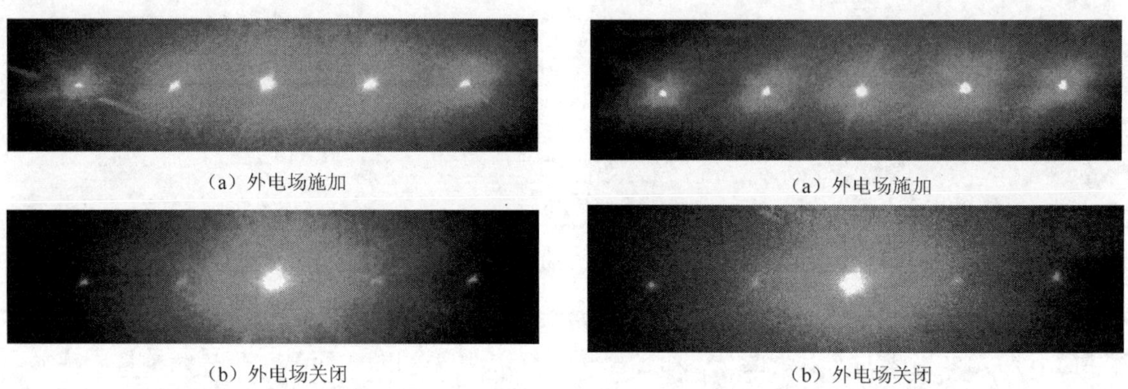

（a）外电场施加　　（a）外电场施加

（b）外电场关闭　　（b）外电场关闭

图 7.24　时间序列顺序记录的第一种分束器的分束实验图

图 7.25　同时曝光记录的第二种分束器的分束实验图

实验研究发现，即使当外加电场 E_0=0 时，依然有残留的 Bragg 衍射存在，而从式（7.2）中可以看到衍射是应该消失。对于这种理论与实验存在的偏差目前还没有令人信服的理论进行解释，不过好在记录时间不长时残留的衍射并不强，通常可以忽略，并且可以通过实验前的一些热处理方法给予减弱。

对于电光晶体，入射光的衍射严重依赖于其偏振状态。当水平偏振和竖直偏振的入射光照射到已经记录完全息光栅的晶体时，其产生的折射率变化分别为

$$\Delta n_1' = n_0^3 g_{11} \varepsilon_0^2 \left(\varepsilon_r - 1\right)^2 E_0 E_{sc} \tag{7.5}$$

$$\Delta n_3' = n_0^3 g_{12} \varepsilon_0^2 \left(\varepsilon_r - 1\right)^2 E_0 E_{sc} \tag{7.6}$$

因此，在顺电相状态，对应的衍射效率分别为

$$\eta_1 = \exp\left(-\frac{\alpha d}{\cos\beta}\right)\sin^2\left[\frac{\pi d}{\lambda_R} n_0^3 g_{11} E_0 E_{sc}\right] \tag{7.7}$$

$$\eta_3 = \exp\left(-\frac{\alpha d}{\cos\beta}\right)\sin^2\left[\frac{\pi d}{\lambda_R} n_0^3 g_{12} E_0 E_{sc}\right] \tag{7.8}$$

由于 g_{11} 大于 g_{12}，所以衍射效率 η_1 要大于 η_3。从式（7.7）和式（7.8）可知，对于同样大小的 ε_r、E_0 和 E_{sc}，在分束过程中，如果入射光的偏振方向由水平转为竖直，衍射效率将立刻变小。实验上也观察到了这样的现象，虽然实验上竖直偏振入射光的衍射效率很小，但这提供了一种竖直偏振入射光的分束方法。

7.2.2　电控全息 Raman-Nath 衍射分束器

前面介绍了电控 Bragg 衍射光学分束器，对于 Bragg 衍射光学分束器，虽然具有可以在预先设定衍射方向出光，且其出射光强分布可以预先设计等优点，但是当全息光栅制作完成

后，其分束比例也就确定了下来，不能根据实际情况进行调节，并且这种分束器对入射光的波长、偏振、入射角度都有严格的要求，且不能对携带信息的光束进行分束，这些就限制了它的实际应用范围。

下面将介绍一种基于顺电相 KLTN 晶体的二次电光效应和光折变全息光栅 Raman-Nath 衍射的电控光学分束器，这种分束器通过小角度二波耦合制作而成，当入射光束照射到分束器上时，可以通过外加电场控制分束与否，这种分束器在光开关与光互连领域有着诱人的前景，提供了一种低成本、高可靠性、多路输出、宽波长范围、响应时间短、大角度冗余度、容易操作的分束方法。

首先，实验上采用了顶部籽晶助溶剂法生长出铁离子掺杂浓度（质量分数）为 0.03%的 $K_{0.99}Li_{0.01}Ta_{0.63}Nb_{0.37}O_3$ 晶体，晶体被切成 4.50 mm×4.00 mm×0.20 mm 的长方体，其（100），（010），（001）方向尺寸分别与 4.50 mm，4.00 mm，0.20 mm 边平行，银线用导电胶固定在两个 4.50 mm ×0.20 mm 面作为电极。晶体的相变温度为 T_C=−4℃（图 7.26），对于铁离子掺杂浓度（质量分数）为 0.03%的 KLTN 晶体为了减小杂散光，在 18℃ 进行相关实验，在这个温度晶体处于顺电相，虽然这个温度相对介电系数不是最大，但杂散光在可接受的范围内。

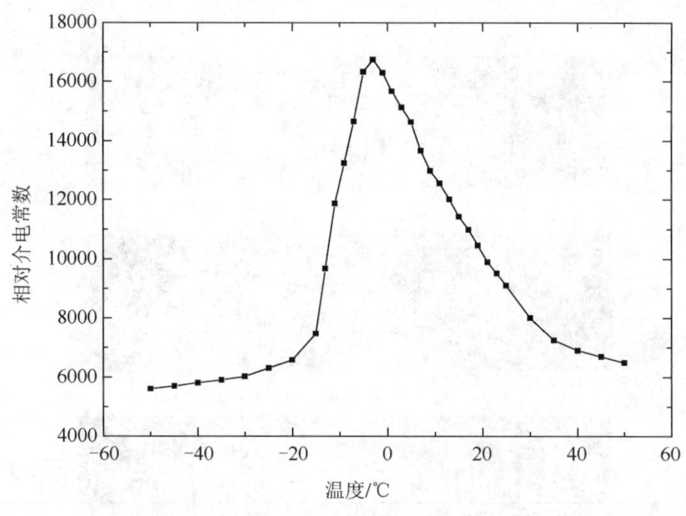

图 7.26 相对介电常数随温度的变化关系

1. 一维电控 Raman-Nath 衍射光学分束器

利用如图 7.27 所示的实验装置来制作分束器，采用直角坐标系，晶体的（100）、（010）和（001）轴分别与 x, y, z 坐标轴平行。水平偏振 He-Ne 激光器出射激光束被分束器分为两束，每束入射光的功率为 4 mW，两激光束以 1.5° 夹角（空气中）对称入射到晶体 4.50 mm×4.00 mm 表面，晶体内相应的光栅周期为 $\Lambda \approx 24.2\ \mu m$，在记录光栅期间，电场沿 x 轴方向施加，发现 Raman-Nath 衍射光会从透射光两边逐渐的出现。当 Raman-Nath 衍射光的强度达到稳定状态后，光栅已经建立，停止记录光栅，分束器制作完成。因为晶体内空间电荷场 E_{sc} 相对于外电场 E_0 通常很小，其对应的折射率变化很小，所以产生的衍射可以忽略不计，晶体内只有光栅波矢为 K 的光栅。

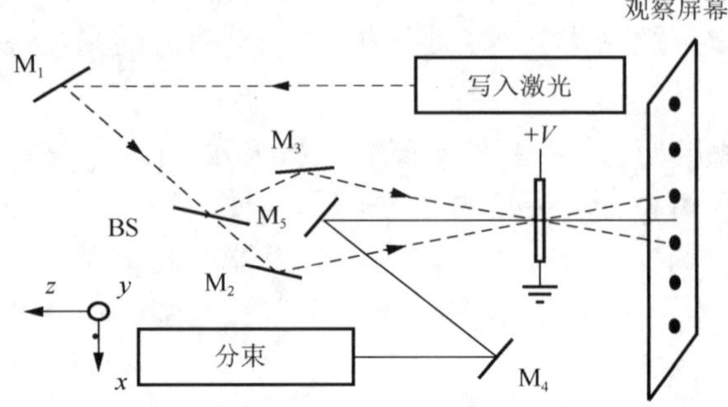

图 7.27 电控 Raman-Nath 衍射光学分束器实验光路图
M 为反射镜；BS 为分束器

在记录电控全息光栅过程中，当各阶 Raman-Nath 衍射光达到稳定状态时，Raman-Nath 衍射的阶次是随着外加电压的增加而增加的，如图 7.28 所示。当外加电场大于 E_0 =6000V/cm 时，杂散光增多，并且晶体有被击穿而碎裂的危险，因此主要研究 E_0 =6000V/cm 的实验结果，这时衍射阶次最多。

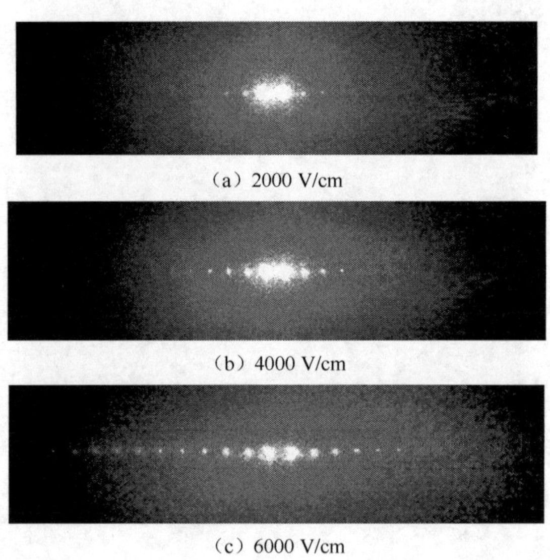

（a）2000 V/cm

（b）4000 V/cm

（c）6000 V/cm

图 7.28 小角度二波耦合时的 Raman-Nath 衍射

为了评估前面所制作的电控 Raman-Nath 衍射光学分束器的电控分束能力，实验在 6000 V/cm 的外加电场作用下，在 KLTN 晶体中记录体全息光栅，光栅记录完成后，用另外一束水平偏振的 He-Ne 激光垂直照射晶体 4.50mm× 4.00mm 面。并且在晶体之前用直径为 1.0mm 的光阑限制入射光，使其光强最大的部分通过光阑并照射到全息光栅的中间部位。当用不同大小的外电场施加到晶体上时，可以在 KLTN 晶体后观察到不同强度的各阶 Raman-Nath 衍射光，其响应时间短，并且各阶 Raman-Nath 衍射光之间的夹角几乎相等（图 7.29）。如图 7.30 所示为不同外加电场情况下，各阶 Raman-Nath 衍射光的相对强度。这里，相对强度定义为第 k 阶 Raman-Nath 衍射光的强度与 0 阶透射光的强度的比值。

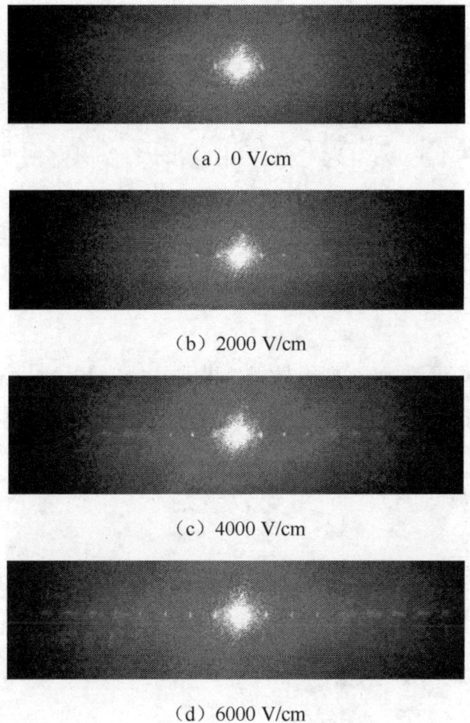

（a）0 V/cm

（b）2000 V/cm

（c）4000 V/cm

（d）6000 V/cm

图 7.29　读出光的 Raman-Nath 衍射光

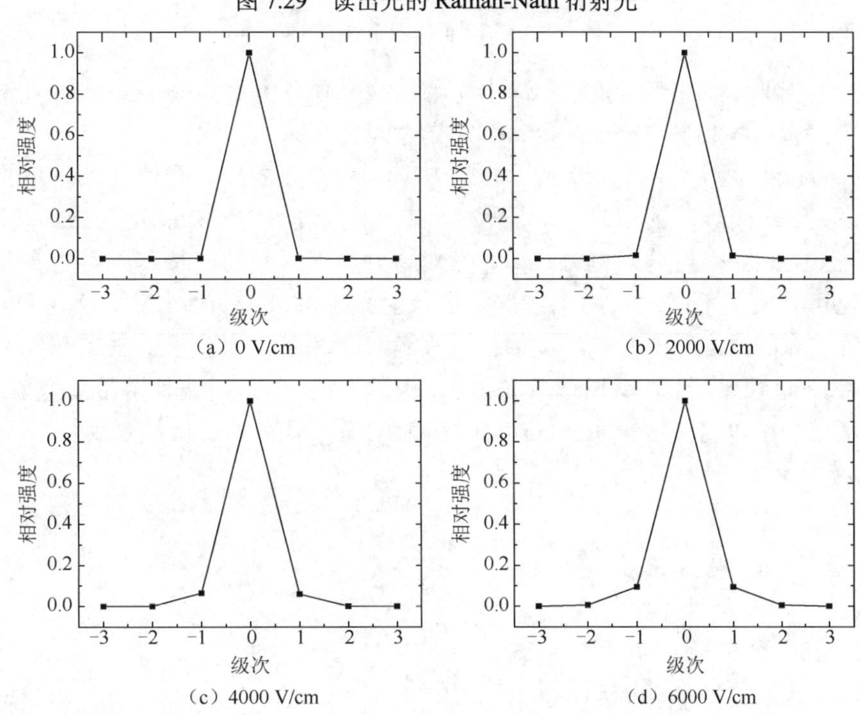

（a）0 V/cm　（b）2000 V/cm

（c）4000 V/cm　（d）6000 V/cm

图 7.30　读出光 Raman-Nath 衍射光的相对强度

根据光栅衍射理论，当折射率光栅被入射激光束照射，在晶体中存在两种类型的衍射：Bragg 衍射和 Raman-Nath 衍射。对于这两种衍射，可以通过调制系数 $\gamma = \pi \Delta n d / \lambda_R \cos\phi$ 和

$Q'=Q/\cos\phi=2\pi\lambda_R d/n_0\Lambda^2\cos\phi$ 来进行区别。在 Bragg 衍射范围内，调整系数 $Q\geqslant10$ 并且 $Q'/\gamma\geqslant10$ 。这时照射到晶体内全息光栅上的入射光除了透射光之外，只有一个衍射光出现。在 Raman-Nath 衍射范围，调整系数 $Q'\gamma\leqslant1$ 并且 $Q'\leqslant2$ ，在此范围内，入射光照射到光栅上会产生多个衍射光。在实验中，n_0 约为 2.3，并且折射率变化最大值 Δn 约为 10^{-4}，因此，衍射应该为 Raman-Nath 衍射。根据 Raman-Nath 衍射理论：

$$\zeta_k=\frac{J_k^2(v)}{J_0^2(v)} \tag{7.9}$$

式中，$v=(2\pi\Delta nd)/\lambda_R$ 。

对于 KLTN 晶体中光栅波矢为 K 的光栅，根据图 7.29 所示的相对强度，当外加电场为 0 V/cm、2000 V/cm、4000 V/cm 和 6000 V/cm 时，其最大折射率变化分别为 1.2×10^{-5}、4.6×10^{-5}、8.9×10^{-5} 和 1.32×10^{-4}，对应的 $Q'\gamma$ 与 Q 值均在 Raman-Nath 衍射区间，因此观察到的衍射属于 Raman-Nath 的假设是正确的。通过图 7.30 可以看到，各阶衍射光的强度可以通过外加电场加以控制。

在 Raman-Nath 衍射范围，当读出光以入射角度 ϕ 入射时，衍射光光强最大值的角度分布满足：

$$\sin\theta_k-\sin\phi=\sin(\varphi_k+\phi)-\sin\phi=\frac{k\lambda_R}{\Lambda}，\ k\text{ 为整数} \tag{7.10}$$

由于角度 $\theta_{k,K}$ 、$\varphi_{k,K}$ 、ϕ 都很小，式（7.10）可以简化为

$$\theta_{k,K}\approx\varphi_{k,K}+\phi\approx2\frac{\lambda_R}{\lambda_W}k\beta+\phi \tag{7.11}$$

从式（7.11）可以看出不同波长的读出光都可被晶体分为多束 Raman-Nath 衍射光。对于同一波长的读出光，各相邻 Raman-Nath 衍射光之间夹角基本相同。

根据 Bessel 函数性质，从式（7.9）与式（7.10）中可以看出，即使当入射光的波长 λ_W 和入射角度 ϕ 偏离记录光栅时的记录光的波长 λ_R 和入射角度 β 时，Raman-Nath 衍射光也存在，而这正是 Raman-Nath 衍射分束器的优点，其对待分束入射光的波长和入射角度要求很宽松。从上面分析也可看出，不同波长的携带信息的入射光也可以被晶体分束，各不同波长入射信号光之间的各 Raman-Nath 衍射光之间的衍射夹角基本相等。实验上，采用图 7.31 的光路图加载图像信息。6000 V/cm 外电场记录光栅后，图 7.32 给出不同波长携带图像信息入射光的分束结果，从图中可以看到多个 Raman-Nath 衍射图像可以在晶体后被观察到。

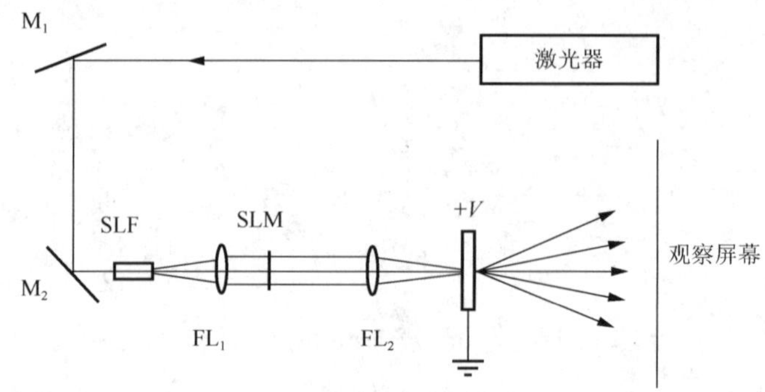

图 7.31　信号光的高阶衍射光路图

M 为反射镜；SLF 为空间光滤波器；FL 为傅里叶透镜；SLM 为空间光调制器

对于顺电相 KLTN 晶体来说，其有效二次电光系数分量 g_{12} 是一个非零系数，因此，当电场施加于 x 轴方向时，y 轴方向也能够形成光折变效应，对此我们也进行了实验验证。记录光栅过程中，电场施加于 x 轴方向，二波耦合入射光在 yz 平面内，Raman-Nath 衍射光逐渐从中间向两边依次出现，但需要更多的时间才能到达稳定状态，并且衍射阶次与衍射效率远小于前面的实验（图 7.33 和图 7.34）。

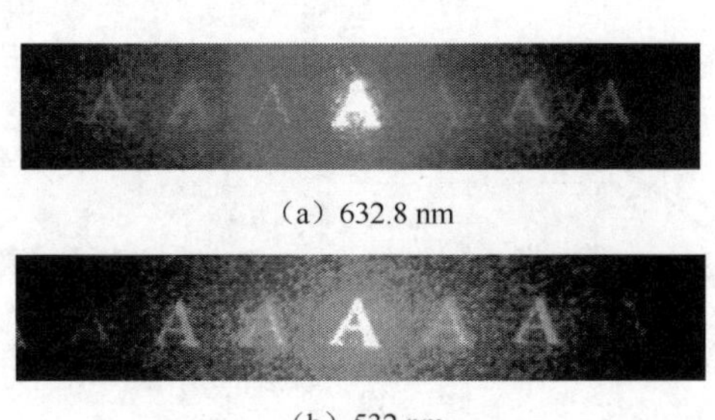

（a）632.8 nm

（b）532 nm

图 7.32　Raman-Nath 衍射图像

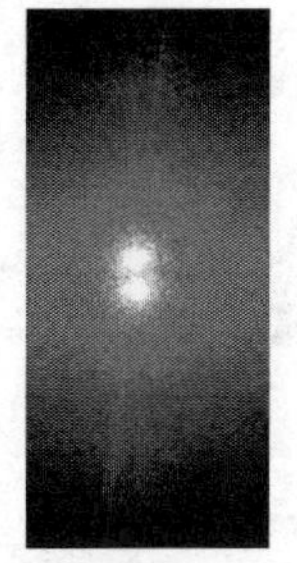

（a）外加6000V/cm电场时

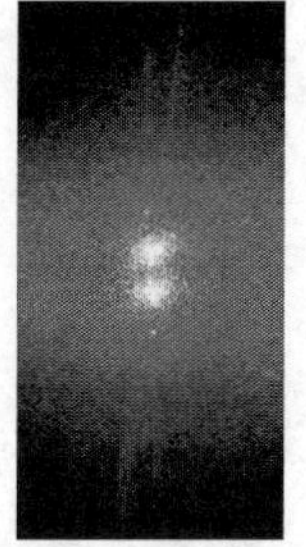

（b）电场关闭后

图 7.33　入射光在 yz 平面内的二波耦合 Raman-Nath 衍射

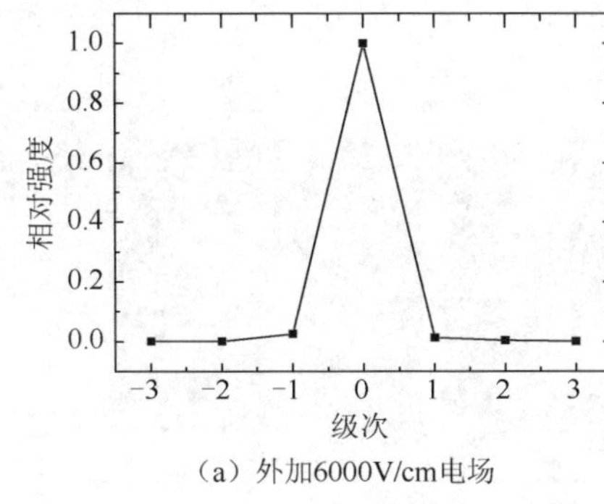

（a）外加6000V/cm电场

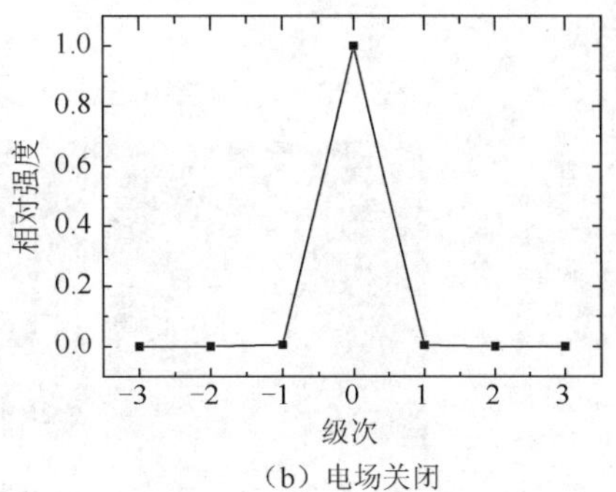

（b）电场关闭

图 7.34　入射光在 yz 平面内 Raman-Nath 衍射的相对强度

2. 二维电控 Raman-Nath 衍射光学分束器

既然光折变效应可以在 x 轴方向与 y 轴方向同时发生，并且顺电相 KLTN 晶体的动态响应范围可以达到 20，利用顺电相 KLTN 晶体就可以实现二维光学分束。当施加的电场方向与 x 轴和 y 轴成 45° 时，这时新的主轴折射率为

$$\begin{cases} n_1' \approx n_0 - \dfrac{1}{4} n_0^3 (g_{11} + g_{12} + g_{44}) \varepsilon_r^2 (\varepsilon_r - 1)^2 (E_0^2 + 2E_0 E_{sc} + E_{sc}^2) \\ n_2' \approx n_0 - \dfrac{1}{4} n_0^3 (g_{11} + g_{12} - g_{44}) \varepsilon_r^2 (\varepsilon_r - 1)^2 (E_0^2 + 2E_0 E_{sc} + E_{sc}^2) \\ n_3' \approx n_0 - \dfrac{1}{2} n_0^3 g_{12} \varepsilon_r^2 (\varepsilon_r - 1)^2 (E_0^2 + 2E_0 E_{sc} + E_{sc}^2) \end{cases} \tag{7.12}$$

从式（7.12）可以看出，外电场可以控制折射率变化。

如图 7.35 所示为制作二维 Raman-Nath 衍射光学分束器的制作示意图。这时晶体的 4.50 mm× 0.20 mm 面和 4.00 mm× 0.20 mm 面分别被用导电胶固定上银线，然后包裹上绝缘胶。从激光器出来波长为 532nm 的激光被分为功率均为 4mW 的四束，这四束激光经过反射镜反射后，对称的照射到样品上，两束相邻入射光之间夹角为1.5°（空气中）。记录过程中6000 V/cm外电场沿 x 轴和 y 轴方向施加，记录15秒后，各阶衍射光的强度达到稳定。这时有多个Raman-Nath衍射光栅被记录在样品中，规则的Raman-Nath衍射光在观察屏上被观察到（图7.36）。因为 g_{44} 是一个非零系数，所以 n_1' 大于 n_2'，沿着电场方向的Raman-Nath衍射阶次多于垂直于电场方向的Raman-Nath衍射阶次。在光栅建立后，用其他波长的入射光照射样品时，类似于图7.36的衍射也能被观察到。

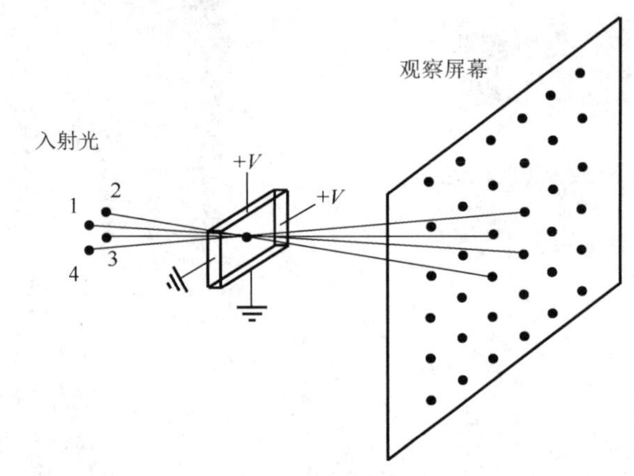

图7.35　二维Raman-Nath衍射光学分束器的制作示意图

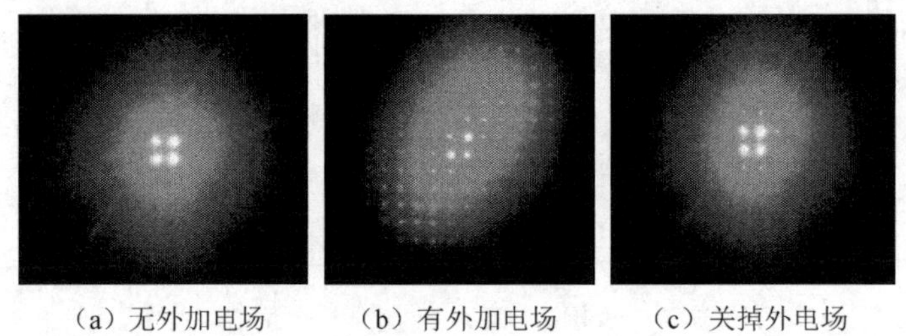

（a）无外加电场　（b）有外加电场　（c）关掉外电场

图7.36　小角度时二维Raman-Nath衍射

7.3　基于KLTN晶体的电控全息图像处理

本节介绍顺电相KLTN晶体在光学信息处理方面的一些新的发现。通过实验发现，在小角度体全息存储时产生的Raman-Nath衍射可用于存储图像的电控光学信息处理，入射信号光可以通过Raman-Nath衍射的形式被放大、缩小以及旋转，这种衍射提供了一种新的电控光学图像处理方法。

实验采用铁离子掺杂浓度（质量分数）为0.03%的 $K_{0.99}Na_{0.01}Ta_{0.63}Nb_{0.37}O_3$ 晶体，实验温度依然为18℃，在这个温度晶体处于顺电相。图7.37给出了光折变Raman-Nath衍射图像实验光路图。信号光经过空间光滤波器后，被焦距为150mm的傅里叶透镜（FL_1）变成平行光。平行光照射到空间光调制器上，然后被焦距为505mm的傅里叶透镜（FL_2）聚焦，晶体被放在焦平面前或焦平面后，参考光和信号光中线之间的夹角为2.5°，参考光和信号光对称的照射到晶体上，输入图像是一个二进制的图像字母“F”，参考光的光强是40 mW/cm^2，信号光的光强是45 mW/cm^2。记录过程中，当电场沿 x 方向施加在晶体上，经过一段时间后，Raman-Nath

衍射图像在晶体后面的观察屏上被观察到。实验发现，Raman-Nath 衍射图像的个数随着电场的增加而增加。当外电场达到 6000 V/cm 时，Raman-Nath 衍射图像的数量达到最多，晶体的折射率变化最大。但是实验上发现，这时的 Raman-Nath 衍射图像并不是最清晰的，为了得到更加清晰的 Raman-Nath 衍射图像，不得不降低施加在晶体上的电场。为此，实验上采用 4000 V/cm 外电场。在此外电场强度下，图像的清晰度与 Raman-Nath 衍射的阶次达到最佳关系，既保证了 Raman-Nath 衍射图像有足够的清晰度，又保证了有足够的衍射阶次。图 7.38（a）给出晶体被放在 FL_2 焦平面前的 Raman-Nath 衍射图像。当外电场被撤掉后，Raman-Nath 衍射图像几乎立刻消失。如图 7.38（b）所示，从残留 Raman-Nath 衍射的角度看，小角度记录全息图像记录时的残留 Raman-Nath 衍射要明显小于前面非全息图像记录时的残留 Raman-Nath 衍射，理论与实验吻合的更好。

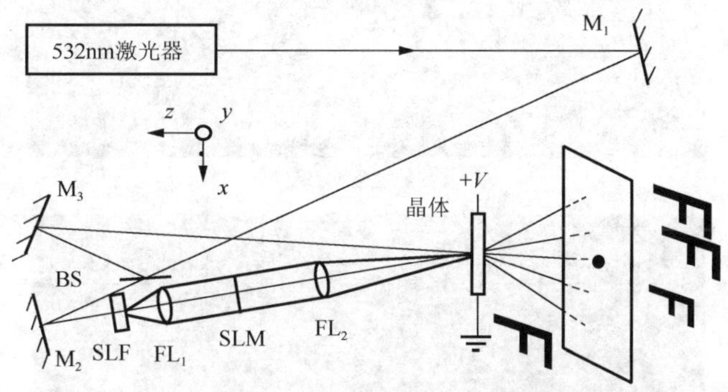

图 7.37 Raman-Nath 衍射图像实验光路图

M 为反射镜；BS 为分束器；SLF 为空间光滤波器；FL 为傅里叶透镜；SLM 为空间光调制器

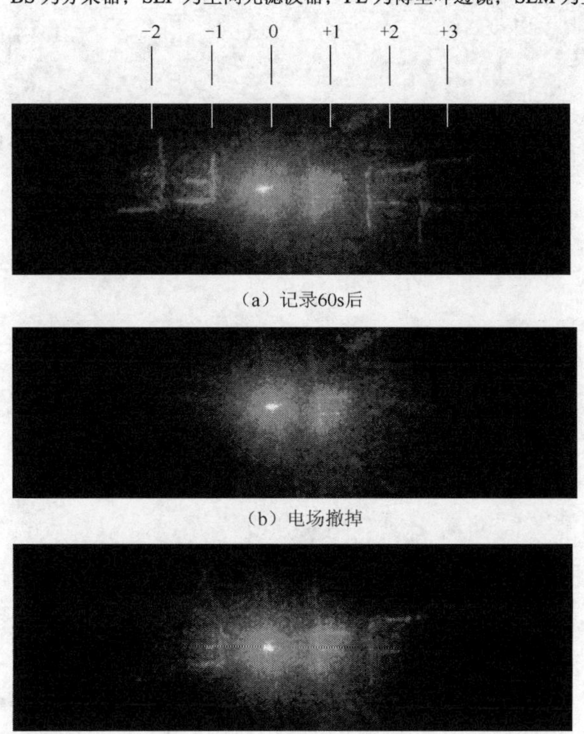

（a）记录60s后

（b）电场撤掉

（c）施加电场2000V/cm

图 7.38 当晶体置于焦平面前时入射光波长为 532 纳米激光的 Raman-Nath 衍射图像

记录完光栅后，用一束水平偏振的 He-Ne 激光垂直照射晶体表面。当外电场沿 x 轴方向施加时，晶体后的观察屏上立刻出现很多的 Raman-Nath 衍射图像[图 7.39（a）]，Raman-Nath 衍射图像被很好地再现。这时的 Raman-Nath 衍射图像要大于记录过程中相应阶次的 Raman-Nath 衍射图像，各 Raman-Nath 衍射图像之间的距离也发生了相应的变化。当关闭外加电场后，Raman-Nath 衍射图像的强度会立刻减弱[图 7.39（b）]。并且 Raman-Nath 衍射图像的强度可以通过外加电场的大小来加以控制[图 7.39（c）]。

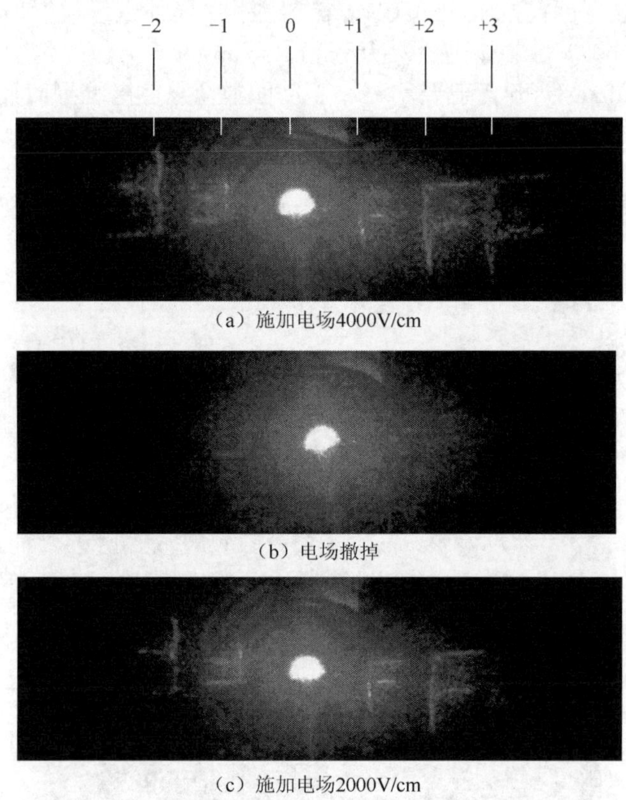

（a）施加电场4000V/cm

（b）电场撤掉

（c）施加电场2000V/cm

图 7.39　当晶体置于焦平面前时 He-Ne 激光再现的 Raman-Nath 衍射

7.4　基于 KTN 晶体的可变折射率梯度器件

近年来，梯度折射率光学器件由于在集成光学、成像光学和光纤光学中的重要应用，受到了广泛关注。由于器件内部的空间折射率分布，相比于传统均匀材料，梯度折射率光学器件能够实现众多新型功能，能够简化现有高质量光学系统。以梯度折射率透镜为例，其通过离子交换技术或结构协调增益设计在原透镜基础上实现特定的折射率分布，使得光束能够得到更加有效地汇聚或发散并纠正像差，进而实现对光束传输及成像系统的优化。此外，人造结构超材料可用于梯度折射率材料的设计与制造，改变单元结构的组分和形貌能够调整整体结构的折射率分布进而实现新功能。梯度光子晶体，其折射率分布可通过光学控制以实现聚焦与自准直性能，同样是一种重要的梯度折射率介质。

随着系统小型化、便捷化要求的提出，可变梯度折射率概念成为新的热点。可变梯度折射率介质，在外电场、光场或其他因素影响下，能够改变材料的折射率梯度，是一种有力的性能调控手段。目前，可变梯度折射率可通过超材料结构设计实现，可通过流体条件控制实现可调液体梯度折射率透镜，还可通过以半导体棒为基底诱导产生表面等离子实现。但是，这些材料的制备条件较为苛刻，实现较为困难，很大地限制了可变梯度折射率材料的发展与应用。2006 年，日本电信电话株式会社公司在 KTN 材料中通过电极材料注入电荷实现晶体内空间电荷场，利用晶体自身的电光效应实现线性空间折射率梯度。然而，当电极间距增大时，这种利用空间电荷效应产生的梯度折射率将难以控制。

顺电相 KTN 晶体具有巨大的二次电光效应，可在不同外加电场下实现介质折射率的快速调控，在对 KTN 晶体的长期研究中，研究者着重关注于均质晶体的生长制备，刻意避免由于生长过程中分凝作用导致的组分梯度分布，忽视了可控组分分布晶体对实现新型折射率梯度分布介质的重要作用。在 KTN 晶体生长过程中，Ta 离子与 Nb 离子在熔体中结晶能力的差异，导致生长晶体中组分的空间分布，进而实现与组分密切相关的电光系数的梯度分布，结合 KTN 晶体优异的电光性能，在改变施加电场情况下，可实现材料内部显著折射率分布及变化，不论是对新型光电功能器件的开发，还是对现有器件的完善与优化，都具有重要的意义与价值。

7.4.1　梯度电光系数 KTN 晶体的设计

1. KTN 晶体组分可调性

钽铌酸钾晶体是铌酸钾（$KNbO_3$，KN）和钽酸钾（$KTaO_3$，KT）的固溶体混晶，其各种物理性质，例如电光系数、相变点、折射率等，都和晶体组分（即 Ta、Nb 比例）密切相关。图 7.40 为 KTN 晶体组分和相变温度的关系，对于特定组分 KTN 晶体，当温度由高变低时，会依次处于立方相（m3m）、四方相（4mm）、正交相（mm2）和三方相（3m）晶体结构。

如图 7.40 所示，在室温下，KTN 晶体依据组分区别，可以处于立方相、四方相、正交相三种不同的相。在室温下，当组分范围是 0～37%时，KTN 晶体稳定存在于立方相；组分范围是 37%～52%时，室温下 KTN 晶体以四方相稳定存在；当 Nb 摩尔分数大于 52%时，室温下晶体以正交相存在。由此，可依照研究目的对晶体进行组分设计，以获得预期性能。

由 KTN 晶体相图可知，KTN 晶体中的 Ta^{5+}和 Nb^{5+}可以以任意比例混熔得到连续固溶体。但是熔体内 Ta^{5+}和 Nb^{5+}在晶体生长过程中，结晶能力（即分凝效应）是不同的。且 Ta^{5+}和 Nb^{5+}的分凝系数并不恒定，Ta^{5+}的分凝效应远大于 Nb^{5+}。在晶体生长初始阶段，Ta^{5+}具有较强的结晶能力，导致熔体中 Ta^{5+}迅速消耗，因此在连续生长过程中，Ta/Nb 比例随晶体生长发生变化，熔体原料中 Nb^{5+}摩尔百分数增大，其结晶能力有所增强，进而导致生长晶体中 Nb 摩尔分数较初始阶段增加。因此，若通过控制晶体生长条件对分凝效应进行控制，可实现组分均匀或梯度分布

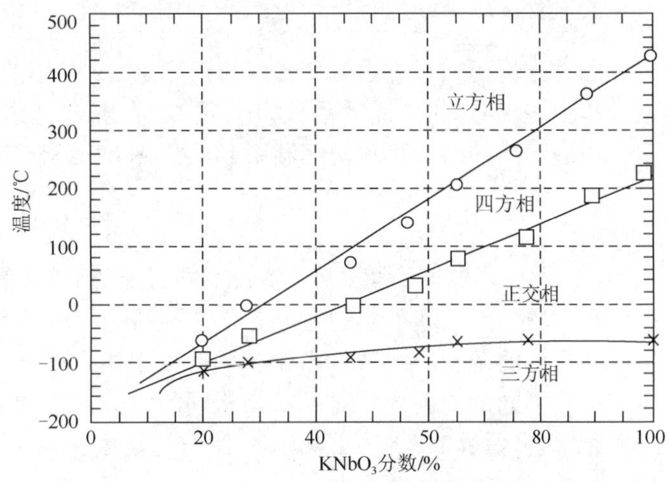

图 7.40　$KTa_{1-x}Nb_xO_3$ 相变温度与晶体组分的关系

KTN 晶体的生长。

2. KTN 晶体组分与电光系数关系及梯度折射率的实现

立方顺电相 KTN 晶体点群为 m3m，空间群为 Pm3m，在（001）方向外加电场后主轴折射率变为

$$\begin{cases} n_1' = n_2' \approx n_0 - \dfrac{1}{2} n_0^{\ 3} h_{12} E_3^{\ 2} \\ n_3' \approx n_0 - \dfrac{1}{2} n_0^{\ 3} h_{11} E_3^{\ 2} \end{cases} \tag{7.13}$$

由式（7.13）可知，若实现沿特定方向的电光系数 h_{11} 或 h_{12} 梯度分布，即可在外加电场 E_3 作用下，实现在该方向上的折射率梯度分布。

KTN 晶体，作为一种典型的钙钛矿结构晶体，具有钙钛矿材料的典型特性。其二次电光系数 $s_{1j}(j=1,2)$ 与晶体极光系数 $g_{1j}(j=1,2)$ 具有如下关系：

$$s_{1j} = \varepsilon_0^{\ 2} \left(\varepsilon_{\mathrm{r}} - 1\right)^2 g_{1j} \tag{7.14}$$

式中，ε_0 是真空介电系数；ε_{r} 是相对介电常数。ε_{r} 在顺电相 KTN 晶体中符合 Curie-Weiss 定律，即

$$\varepsilon_{\mathrm{r}} = C_1 / \left(T - T_{\mathrm{C}}\right) \tag{7.15}$$

式中，T 是温度；T_{C} 是居里温度；C_1 对于确定样品为常数。

根据 Drdomenico 和 Wemple[1]提出的理论，在钙钛矿晶体中，极光系数 g_{1j} 为常量。并且，KTN 样品的居里温度 T_{C} 与晶体中 Nb 组分摩尔分数 x 成线性关系[2]：

$$T_{\mathrm{C}} = 676x - 241.15 \tag{7.16}$$

联立式（7.13）～式（7.15），可得

$$s_{1j} \propto 1/\left(T - T_{\mathrm{C}}\right)^2 = 1/\left(T - ax - b\right)^2 \tag{7.17}$$

式中，$a=676$，$b=241.15$。因此，通过 KTN 晶体中组分分布可实现晶体内电光系数的分布。即，如果 Nb 组分分数及分布可控，由式（7.13）可知，通过 KTN 晶体电光系数分布，可在可变外加电场作用下实现材料内部可变折射率梯度分布。

3. KTN 晶体组分梯度设计理论

通过分析可知，实现可变梯度折射率 KTN 晶体的关键在于组分梯度 KTN 晶体的设计与生长。由图 7.41 KTN 晶体生长相图可知，生长晶体组分与晶体生长温度密切相关。

由固相线的斜率可求得降温引起的晶体 Nb 组分的变化 Δx 为

$$\Delta x = \left(\frac{\mathrm{d}x}{\mathrm{d}T_{\mathrm{e}}}\right) \cdot \Delta T_{\mathrm{e}} \tag{7.18}$$

式中，T_{e} 为晶体生长平衡温度。生长不同组分的 KTN 晶体时，因为对应部分固相线斜率不同，所以相同的降温区间引起的组分变化是不同的，换句话说，即生长晶体中 Ta 和 Nb 的相对含量会随温度的改变而改变。由相图知，当熔体中组分不同时，相同的降温引起的熔体中组分的变化是不同的。同样，对于初始相同的组分，不同的降温变化也会使组分变化不同。生长立方相 KTN 晶体时，若按照相图中组分与温度关系生长，则从相图中得到晶体生长温度的变化与晶体组分的变化关系为

$$x_1 - x_2 = (T_2 - T_1)/600 \tag{7.19}$$

式中，温度从平衡温度 T_1 降到平衡温度 T_2，相应Nb组分从 x_1 升至 x_2，熔体温度每降低10℃，析出晶体中Nb摩尔分数增加约1.7%[3]。

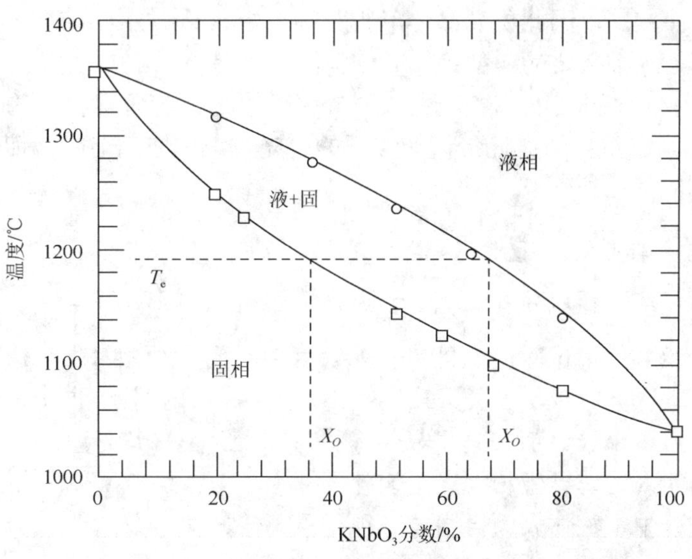

图7.41 KTN晶体相图

除生长温度外，晶体生长体积和熔体原料质量也直接影响所生长晶体的组分，在生长过程中，熔体可近似看做均匀分布，当晶体严格按照相图生长时，当从 T_1 温度降到 T_2 温度的生长过程结束时，由杠杆原理，可得

$$m(X_1 - x_2) = (M - m)(X_2 - x_1) \tag{7.20}$$

式中，X_1 和 x_1 表示初始温度 T_1 时熔体和晶体中Nb的摩尔分数；m 为生长所得晶体质量，M 为熔体原料质量，X_2 和 x_2 分别是生长结束时对应 T_2 温度熔体和晶体中Nb的摩尔分数。结合组分与生长温度变化关系及晶体密度可得，晶体生长体积 V、熔体原料质量 M 和生长温度 T_e 这三个对晶体组分具有直接影响因素之间的关系为

$$V = C_2 M \Delta T_e \tag{7.21}$$

其中，C_2 为常数。进而可得 V、M 和 T_e 对组分的影响为

$$\Delta x \propto \Delta T_g,\ \Delta x \propto V,\ \Delta x \propto 1/M \tag{7.22}$$

其中，Δx 是生长过程中Nb组分的变化。因此，当原料组分配比一定时，控制生长过程中的生长温度、晶体生长体积和生长原料质量是实现晶体中组分可控的关键。合理控制以上生长条件，以生长出所需组分分布梯度。

7.4.2 晶体等径生长理论

顶部籽晶助溶剂法是一种利用籽晶从熔体中通过提拉生长单晶的方法，此方法被广泛应用于光学晶体的生长，是生长高质量KTN晶体的主要方法之一。在TSSG法生长KTN晶体过程中，晶体形貌与等径对高质量晶体的生长起着重要作用。

通常，相比于非等径晶体，等径晶体具有更加优异的性能。晶体垂直于提拉方向截面的变化会导致晶体结构上的畸变，对晶体性能产生不利影响。例如，当晶体尺寸波动剧烈时，晶体中会出现大量的点缺陷与生长条纹。这些尺寸波动往往来源于生长过程中晶体生长速度的变化。而由于温度波动产生的生长速度振荡将导致包裹带及体缺陷。因此，在尺寸波动的晶体位置上，会出现大量的缺陷，直接影响生长晶体的性能。此外，晶体形貌同样受如生长组分浓度等生长条件控制，因此研究晶体形貌及等径生长是十分必要的。

KTN 和 KNN 是两种重要的典型钙钛矿结构固溶体晶体。KTN 被认为是最优异的电光材料之一，KNN 具有优异的压电性能，被认为最可能成为铅基压电材料的替代品。高质量的 KTN 和 KNN 晶体具有重要的研究价值和广泛的电光及压电应用前景。而高质量晶体的前提就是晶体的等径生长。

1. 晶面生长速率与晶面表面能的关系

在自由生长体系中生长的晶体，通常来讲，各个晶面的生长速率是不相同的。晶面生长速率是指沿晶面法线方向单位时间向外生长的长度，不同晶面相对生长速率决定晶体的生长形态。当采用顶部籽晶助溶剂方法生长 KTN、KNN 晶体，在提拉方向上晶体生长受到强制拉力作用，无法实现自由生长。但在垂直晶体提拉方向上，晶体旋转，相比于提拉作用，在晶体生长中引入微弱的人为诱导生长因素，因此本征生长习性仍有所体现。

在晶体生长过程中，整体表面自由能必须是最小值，即存在：

$$W = \min\int \gamma(n)\mathrm{d}s \tag{7.23}$$

式中，W 表示总表面自由能；γ 表示特定晶面表面自由能；s 表示特定晶面面积。

当晶体完全由清晰晶面组成，式（7.23）可表示为

$$W = \min\sum_{l}\gamma(n_l)A(n_l) \tag{7.24}$$

式中，$\gamma(n_l)$ 表示晶面法线方向为 n_l 晶面的表面自由能；$A(n_l)$ 表示相应晶面面积。

Wulff[4]在 1901 年首先发现了晶体最小表面自由能对晶体形状特征的影响，提出理论表明在平衡态晶体中存在一点，从这一点沿各晶面法线方向出发至各晶面的距离 l 都和相应的 $\gamma(n)$ 成正比，即

$$\frac{\gamma(n_1)}{l_1} = \frac{\gamma(n_2)}{l_2} = \cdots = \frac{\gamma(n_i)}{l_i} \tag{7.25}$$

由式（7.25）可知相对面积随着 γ 的减小而增加，一个面的生长速率越慢，在晶体上的尺寸就越大，生长形状由慢速生长表面所决定[4]。由此可知晶面表面自由能决定着其生长速率。

随后人们对晶体生长形态做出了大量的研究，Hartman 和 Perdok[5]提出晶体表面附加能与材料表面生长速率的关系，薄片模型与体块之间能量差称为表面附加能量，表示为 E^{att}，对于任何晶面（hkl），薄片能量 E_{hkl}^{sl} 和表面附加能量 E_{hkl}^{att} 的总和为体块能量 E^{latt}，即

$$E^{\mathrm{latt}} = E_{hkl}^{\mathrm{att}} + E_{hkl}^{\mathrm{sl}} \tag{7.26}$$

Hartman-Perdok 理论中指出：

$$R_{hkl} \propto \left|E_{hkl}^{\mathrm{att}}\right| \tag{7.27}$$

式中，R_{hkl} 为晶面（hkl）法线方向生长速率，分析可知 $\left|E_{hkl}^{\mathrm{att}}\right|$ 既为表面自由能，则可知晶面的生长速率随着表面自由能的增加而增加。

由 Hartman-Perdok 理论和 Wulff 结构理论，晶体晶面生长速率取决于该晶面表面自由能。结合晶面生长速率和晶体生长形态的关系，若已知晶体特征晶面（110）、（100）的表面能，

即可获得晶体相应生长形态。

2. 生长温度对晶体等径生长的影响

等径生长对晶体质量具有关键性影响，具有均匀尺寸的晶体其内部缺陷较少。但是，在顶部籽晶助溶剂法生长晶体过程中，由于生长条件的变化与波动，所生长晶体尺寸也存在相应波动，严重影响晶体质量。在众多影响因素中，温度起着最重要的作用。

采用 TSSG 法生长晶体时，熔体结晶成所生长的晶体，在这一过程中，伴随着自由能的变化，且只有当自由能减小时，晶体才能生长，被释放的自由能，即固液两相之间自由能的差值 ΔG，可以认为是结晶过程的驱动力。

假定系统中原有固液界面保持不变，系统吉布斯自由能可表示为

$$G = H - TS \tag{7.28}$$

式中，H 是焓；S 为熵；T 为绝对温度。

当生长过程在固液两相平衡温度 T_e 进行时，两相之间自由能差值为 0，即

$$\Delta G_V = \left(H_s - T_e S_s\right) - \left(H_l - T_e S_l\right) = 0 \tag{7.29}$$

式中，ΔG_V 为两相自由能变化，下标了 l 和 s 表示液相和固相。则

$$\Delta S = \Delta H / T_e \tag{7.30}$$

其中，ΔH 表示两相变化的焓变；ΔS 表示两相变化的熵变。

当生长温度 T 不等于平衡温度 T_e 时，有

$$\Delta G_V = \Delta H - T\Delta S \tag{7.31}$$

联立式（7.31）和式（7.32），得

$$\Delta G_V = \frac{\Delta H\left(T_e - T\right)}{T_e} \tag{7.32}$$

由于 ΔH 是由液相变为固相过程的焓变，则 $\Delta H < 0$，因此需满足 $T_e > T$，才能满足 $\Delta G < 0$，即为晶体生长的必要条件。

如上过程为等径生长中自由能变化，但当晶体非等径生长时，因为形成新界面需要额外能量，所以要求结晶过程所释放的能量，部分转化为界面的表面能，此时系统总自由能变化为

$$\Delta G = \Delta G_V \cdot V + \sigma \cdot \Delta A \tag{7.33}$$

式中，ΔA 表示固液界面面积变化；V 表示晶体生长体积；σ 为晶体单位面积的表面能。只有在 $\Delta G_V < 0$ 时才能实现晶体的生长。而对于这种晶体生长过程，正是非等径生长过程。

已知在晶体等径生长过程中，结晶速率是要通过一定的 ΔG_V 来实现的，令晶体生长的最初阶段处于等径生长过程中，此时由于没有 ΔA 导致的表面能的影响，只要满足 $\Delta G_V < 0$ 并且保持一定的值，则晶体就可按一定的形核速率进行等径生长。而当晶体中自由能关系能够满足晶体非等径生长时，若晶体原等径生长界面部分还需按原生长速率继续生长的话，则等径生长部分新产生的 ΔG_V 并不会对新产生的界面产生影响，而是继续提供满足一定晶体结晶速率的驱动力。因此，只需考虑新界面处的结晶导致的 ΔG_V。

在 KTN 和 KNN 晶体生长过程中，当采用 7 层模型对式（7.33）简化时，有

$$\Delta G_{\text{unit}} = \frac{3.5\Delta H_{\text{unit}}\left(T_e - T\right)}{T_e} + \sigma \cdot \Delta A_{\text{unit}} \tag{7.34}$$

通过第一性原理计算式（7.35）中相应参数 ΔH_{unit}，ΔA_{unit} 并代入该式，可得自由能变化量。当设平均 $T_e - T$ 值为 14K，且平衡温度 $T_e = 1450\text{K}$，

$$\Delta G_{\text{unit}}^{\text{KTN}} = 0.0064\ \text{eV} > 0 ,\quad \Delta G_{\text{unit}}^{\text{KNN}} = -0.1188\ \text{eV} < 0 \tag{7.35}$$

由于式（7.34）中 ΔH_{unit} 和 $\sigma \cdot \Delta A_{\text{unit}}$ 在假设条件下都是确定的，因此 $T_e - T$ 决定了 KTN 和 KNN 晶体是否能外长。当晶体外长处于临界状态时，可知 $\Delta G_{\text{unit}} = 0$，此时可得到对于 KTN 和 KNN 的 $T_e - T$ 的临界值，即能实现晶体外长的最小值分别为

$$\min\left(T_e - T\right)_{\text{KTN}} \approx 14.07\text{K} ,\quad \min\left(T_e - T\right)_{\text{KNN}} \approx 12.77\text{K} \tag{7.36}$$

则比较 KTN 和 KNN 结果可知在相同的生长条件下，KNN 不易实现等径，这与实际生长过程中的观测结果也是相同的。

$T_e - T$ 决定了 KTN 和 KNN 晶体能否外长，在实际生长过程中，温度 T 是在逐渐降低的，与此同时由于晶体生长过程中分凝效应的影响，延晶体提拉生长方向组分不同，从 KTN 和 KNN 相图可知，T_e 在逐渐减小，比较可知，KTN 的 T_e 降低速率较 KNN 慢，因此当采用确定的降温速率，当生长温度 T 降至 T' 时，$T_e^{\text{KTN}} < T_e^{\text{KNN}}$，此时有 $\left(T_e - T\right)^{\text{KTN}} < \left(T_e - T\right)^{\text{KNN}}$。则可知由于 T_e 变化的差异，也使得 KNN 较 KTN 在相同的晶体生长过程中更不易保持等径生长。

综上，依据式（7.34）可以估计保持晶体等径生长的合适温度区间，指导高质量晶体的生长。

7.4.3 等径 KTN、KNN 晶体性能表征

按照上节方法，研究者成功生长出一系列高质量形貌规则且等径 KTN、KNN 晶体，实际生长结果与相应理论相符，如图 7.42 所示。在 TSSG 法提拉过程中，由于分凝效应，沿提拉方向不同晶体位置具有不同组分，KTN 晶体组分测量如图 7.43 所示，分别对应图 7.42 中晶体 KTN-1 和 KTN-2，T_e-T 的实验与理论值也显示在图 7.43 中。如图 7.42 所示，KTN-1 晶体垂直提拉方向截面在初始生长阶段逐渐增加，随后以 6.5 mm 的恒定尺寸生长。KTN-2 从开始就保持等径生长，在 20.3 mm 位置处产生生长台阶。在图 7.43 中，依据式（7.34）估算的晶体尺寸波动和晶体照片中显示的实际晶体尺寸波动位置相符。

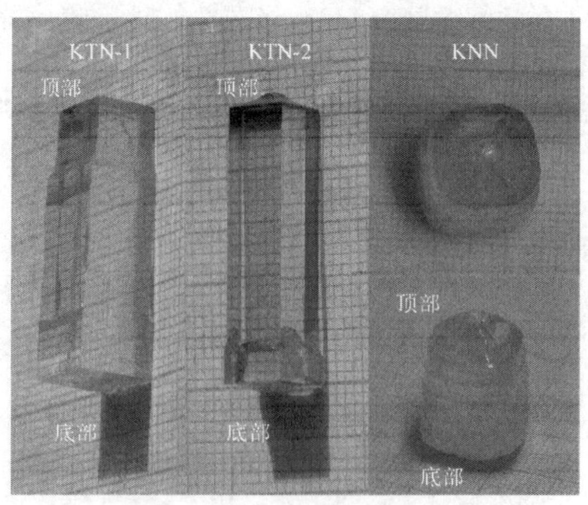

图 7.42 KTN 与 KNN 晶体实物图[6]

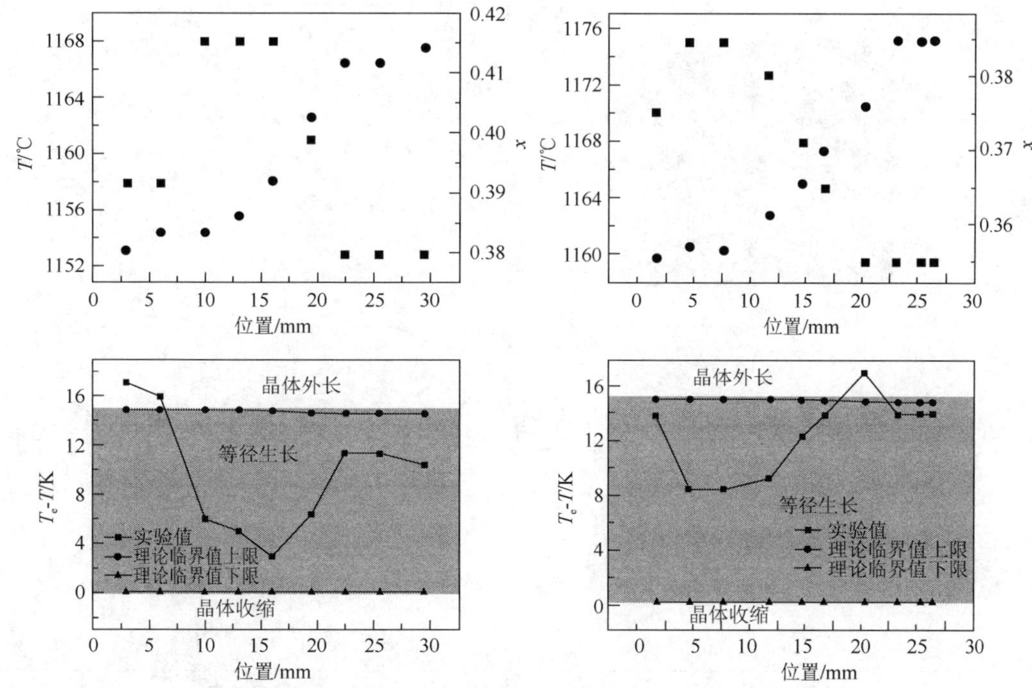

图 7.43　KTN-1、KTN-2 晶体生长温度、组分与截面尺寸波动[6]

7.4.4　组分梯度 KTN 晶体的组分与电光系数分布

1. 晶体组分分布表征

KTN 晶体随着温度的变化，会呈现顺电相与铁电相之间的相变，此相变的温度称为居里温度 T_C。当温度低于 T_C 时，晶体为铁电相结构；温度高于 T_C 时，晶体为顺电相结构。由于介电反常现象，KTN 晶体的介电系数在 T_C 附近时突然变得很大，并出现峰值，因此可用突变现象来测定晶体的居里温度 T_C。

并已知生长所得晶体组分与居里温度关系如式（7.16）所示。即可通过测量居里温度获得相应 KTN 晶体样品组分，进而得到沿晶体生长方向组分分布。

对应晶体、生长温度及相应组分分布，如图 7.44 所示。

三块晶体在相应生长条件下都具有确定的截面尺寸。在生长过程中，生长温度是组分分凝的决定性因素。当生长温度保持不变时，晶体中 Nb 组分也保持相对稳定。随着生长温度的降低，Nb 组分会逐渐增加。并且当原料质量大且晶体生长小时，晶体沿提拉方向具有较小的 Nb 组分变化，与理论相符。此外，实际晶体截面积通常略小于理论值。从实验结果出发，分凝效应与晶体截面积的关系为

$$\frac{\Delta x_{\text{theory}}}{\Delta x_{\text{actuality}}}=0.246\frac{\Delta S_{\text{theory}}}{\Delta S_{\text{actuality}}}+0.852 \tag{7.37}$$

式中，S 为晶体截面积，下标 theory 和 actuality 分别表示理论和实际参数。因此，当考虑生长晶体截面积时，生长结果能够与组分分布 KTN 晶体的理论设计相符合，证明了组分分布设计理论与实际生长方法的可行性。

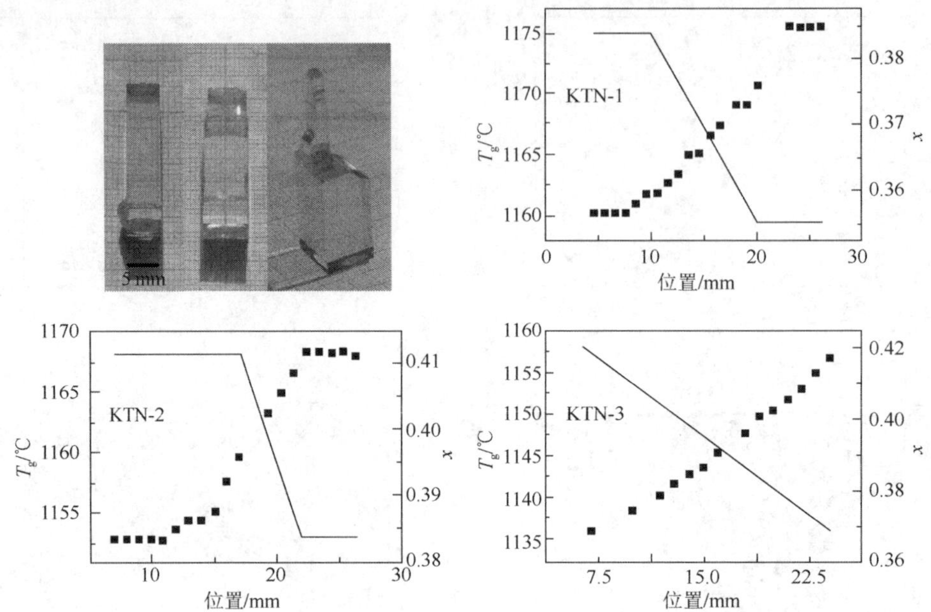

图 7.44　KTN 晶体生长参数及 Nb 组分分布[7]

2. KTN 晶体中电光系数分布测量

为验证 Nb 组分对二次电光系数分布的影响，需测量不同 Nb 组分 KTN 晶体相对介电常数 ε_r、电光系数 s_{11} 和 s_{12}。不同组分样品沿晶体提拉方向从 KTN-3 晶体上获得，分别进行 ε_r、s_{11} 和 s_{12} 的测量，测量结果如图 7.45 所示。

图 7.45（a）显示不同晶体位置处相对介电常数的温度稳定性，可发现居里温度取决于晶体不同位置（即不同的 Nb 组分），且在接近居里温度 T_C 时样品相对介电常数较大，这对实现优异二次电光效应极其有利。由于晶体中组分分布的存在，不同晶体位置具有不同的居里温度，进而导致在以特定实验温度下，晶体中相对介电常数具有确定分布。图 7.45（a）中虚线显示 25℃时晶体中不同位置处 ε_r，具体分布如图 7.45（b）所示。根据式（7.13），ε_r 分布将导致电光系数 s_{1j}（$j = 1$，2）分布。相应位置处晶体电光系数分布，如图 7.45（b）所示。其中，虚线为测量数据的拟合曲线，与测量数据点符合度高，很好地表征了 KTN 晶体中沿晶体提拉方向上的二次电光系数分布，表征结果与设计理论相符。在 25℃环境下，T_C 为 25℃的晶体具有高达 $1.04 \times 10^{-14}\ m^2V^{-2}$ 的二次电光系数 s_{11}，也显示出晶体的高电光调制应用价值。

此外，垂直提拉方向晶体截面的二次电光系数分布如图 7.45（c）所示。由图可知，在组分分布 KTN 晶体生长过程中适当旋转速率的选取保证了垂直提拉方向晶体截面上相对均匀的二次电光系数的分布。

KTN 晶体未加电场时的折射率为 2.24。由初始折射率、沿晶体提拉方向电光系数分布，可计算出在不同外加电场下，沿晶体提拉方向上晶体内折射率分布，如图 7.46 所示。白色和浅灰色区域在 25℃时为顺电相。在外电场改变时，沿提拉方向上晶体内折射率分布也相应改变。因此，设计生长的 KTN 晶体能够实现在不同外电场下可变梯度折射率器件的制备。

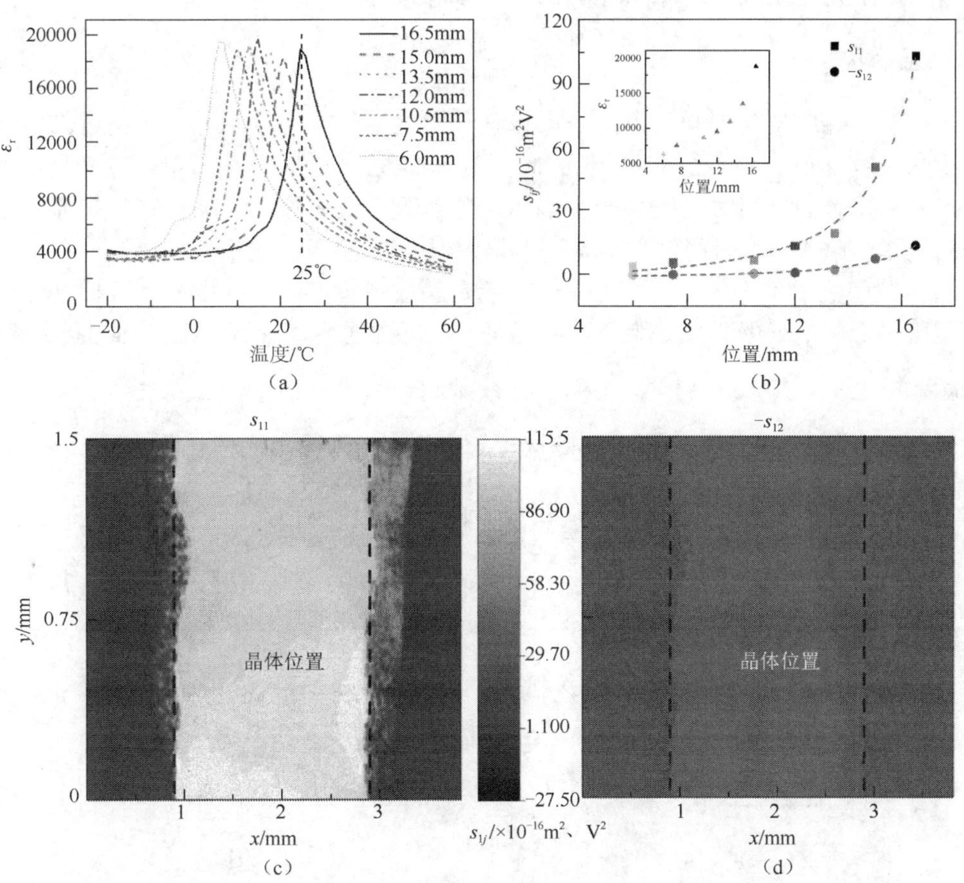

图 7.45　KTN-3 晶体沿提拉方向相对介电常数 ε_r 分布及 25℃下电光系数分布

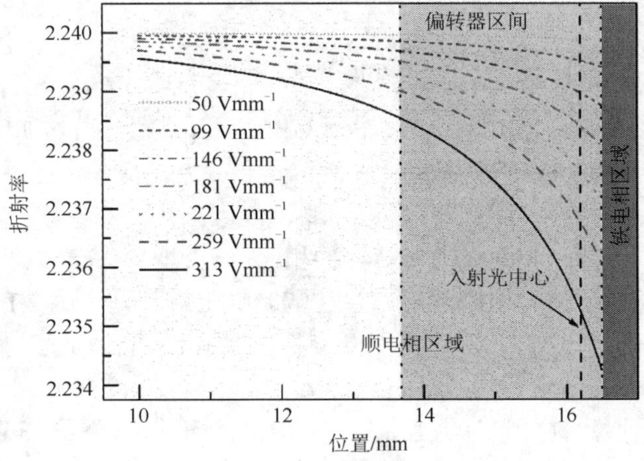

图 7.46　KTN-3 晶体在 25℃、不同外电场作用下折射率分布计算值[7]

7.4.5 基于梯度电光系数 KTN 晶体的电光偏转应用

1. 电光偏转理论

对于折射率梯度变化的介质，当一束光垂于梯度变化方向入射时，光通过晶体后会发生偏转。组分梯度分布 KTN 晶体沿生长方向折射率梯度，如图 7.46 所示。当光垂直于生长方向入射时，从平行面出射时光线会产生偏转，并当改变施加外电场 E，二次电光效应将产生不同的折射率变化Δn，进而控制光线不同偏转角度，实现可控连续偏转。

图 7.47 为电控光偏转晶体示意图，z 方向是晶体提拉方向，即电光系数梯度分布沿 z 方向。当偏振平行于电场的激光光束通过晶体时，在外加电场下 z 方向上晶体内折射率变化为

$$\Delta n(z) = -\frac{1}{2} n_0{}^3 s_{11}(z) E^2 \tag{7.38}$$

式中，$s_{11}(z)$ 表示对应二次电光系数，是位置 z 的函数。则输出光偏转角 θ 为

$$\theta = l\left|\frac{\mathrm{d}\Delta n}{\mathrm{d}z}\right| = \frac{1}{2} n_0{}^3 E^2 l \left|\frac{\mathrm{d}s_{11}(z)}{\mathrm{d}z}\right| \tag{7.39}$$

式中，$\mathrm{d}s_{11}(z)/\mathrm{d}z$ 表示 s_{11} 沿 z 方向梯度；l 是晶体沿 x 方向通光长度。由式（7.39）可知，沿 z 方向 s_{11} 的变化决定光偏转角度。

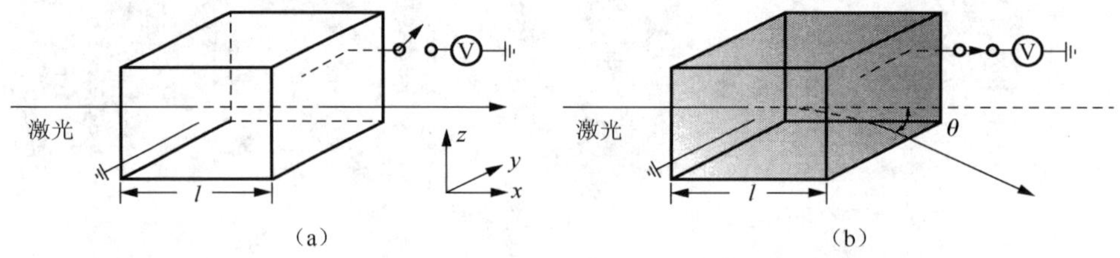

图 7.47 电控光偏转示意图

2. 器件性能

长方体 KTN 样品尺寸为 4.00 mm（x）×2.76 mm（z）×1.60 mm（y），在 xz 晶体面镀电极，入射光沿 x 方向，入射位置如图 7.47 所示。在此入射位置，当外加电场为 313 Vmm^{-1} 时，折射率梯度约为 2.65×10^{-3} mm^{-1}。将狭缝放置于光学探测器前端，当输出光束扫描过狭缝，相应光信号将被测量并记录。光束偏转理论计算、数值计算和实验结果，如图 7.48 所示，三种方法得到的结果基本一致。和同类光偏转器件相比，该类型 KTN 光偏转器能够在 313 Vmm^{-1} 外加电场条件下，实现 0.61° 大偏转角度。并且施加电压最高频率达 1.1 MHz，电光偏转器可实现高达 2.2 MHz 的光束扫描。因此，可变梯度折射率 KTN 晶体适于进行快速的光偏转扫描调制，其响应速率是同类产品无法匹及的。

使用可变梯度折射率 KTN 设计方法，通过控制晶体中组分分布，可生长获得具有特定电光系数分布的 KTN 晶体。在生长过程中，控制晶体生长温度、晶体生长体积和原料质量，有助于控制晶体组分。该方法对实现梯度折射率材料具有指导意义。通过可变梯度折射率 KTN 晶体制得的具有大二次电光系数、高速扫描速度的光束扫描器，显示出该种材料的优异性能及潜在应用价值，其大范围连续扫描及高速电光调制特性可应用于全光网络、通信的实现。因此，可变梯度折射率 KTN 晶体对电光器件的发展具有重要意义。此外，该种设计生长 KTN

晶体的方法可同样用于其他钙钛矿晶体，可实现更多具有特定梯度性能分布的功能材料与器件，这将对新型晶体功能器件的设计与制造提供重要价值。

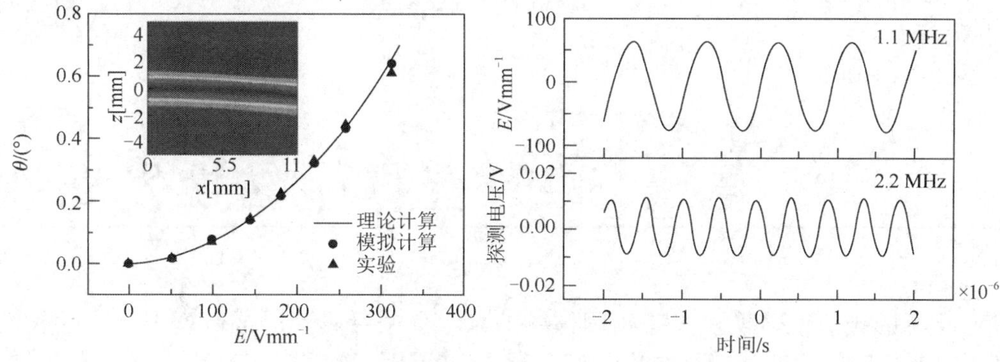

图 7.48　可变梯度折射率 KTN 光偏转器[7]

参 考 文 献

[1] Drdomenico M, Wemple S H. Oxygen-octahedra ferroelectrics. Ⅰ. Theory of electro-optical and nonlinear optical effects[J]. Journal of Applied Physics, 1969, 40:720-734.

[2] Sakamoto T, Sasaura M, Yagi S, et al. In-plane distribution of phase transition temperature of $KTa_{1-x}Nb_xO_3$ measured with single temperature sweep[J]. Applied Physics Express, 2008, 1:101601.

[3] 王旭平, 王继杨, 于永贵, 等. 提拉法生长立方相 $KTa_{1-x}Nb_xO_3$[J]. 稀有金属, 2006, 30(6):841-845.

[4] Wulff G. Zur frage der geschwindigkeit des wachsthums und der auflösung der krystallflächen[J]. Zeitschrift für Krystallographie und Mineralogie, 1901, 34:449.

[5] Hartman P, Perdok W G. On the relations between structure and morphology of crystals. Ⅰ[J]. Acta Crystallographica, 2010, 8(9): 521-524.

[6] Tian H, Tan P, Meng X D, et al. Effects of growth temperature on crystal morphology and size uniformity in $KTa_{1-x}Nb_xO_3$ and $K_{1-y}Na_yNbO_3$ single crystals[J]. Crystal Growth & Design, 2016, 16:325-330.

[7] Tian H, Tan P, Meng X D, et al. Variable gradient refractive index engineering: design, growth and electro-deflective application of $KTa_{1-x}Nb_xO_3$[J]. Journal of Materials Chemistry C, 2015, 3:10968-10973.

第 8 章

KLTN 晶体上转换发光性质

稀土离子的频率上转换发光是指固体中的稀土离子吸收两个或者两个以上的长波长光子，利用自身特定的阶梯状能级结构，使自身逐步跃迁到较高激发态能级，之后向低能级辐射产生短波长光子的过程。随着科技的发展，利用稀土离子掺杂材料上转换性能实现短波长蓝绿激光输出，在高密度光学存储、彩色显示、光电子、光刻等领域有广泛的应用前景和巨大的发展潜力，设计研发稀土掺杂晶体材料便成为实现短波长激光输出的关键问题。因为具有大非线性光学系数、宽非临界相位匹配范围和高抗光伤阈值等优点，钨青铜型钽铌酸钾锂（$K_{1-y}Li_yTa_{1-x}Nb_xO_3$，KLTN）单晶是一种优良的蓝光二次谐波产生（second-harmonic generation, SHG）晶体。通过研究稀土离子掺杂 KLTN 单晶的上转换荧光性能来分析其作为激光晶体的可行性具有实际研究价值。本章将对 Er^{3+}及 Er^{3+}/Yb^{3+}掺杂四方钨青铜型 KLTN 单晶的生长、基本物理性质、晶体吸收性能和光致发光性能做系统的介绍。

8.1 掺铒 KLTN 晶体的吸收光谱特性

研究稀土离子掺杂单晶材料的目的是将其发展成为一种激光晶体，以期在未来激光领域得到实用化，因此首先要研究其光谱性能。通过研究晶体材料的吸收光谱和发射光谱性能初步判断这种材料作为激光晶体的可行性，是研究新型激光晶体材料的基本方法。因此在成功生长出稀土掺杂单晶、确定其组分和结构后就需要对晶体吸收和荧光性能进行系统研究。测试晶体样品的吸收光谱能够确定样品的吸收带，了解晶体中的稀土掺杂元素的吸收强度，用以选择最适合波长的光源对晶体进行激发。同时通过吸收光谱测试可以得到 Judd-Ofelt 理论计算所必需的数据，从而得到晶体唯象强度参数及一系列光谱参量，便于对晶体结构及作为激光晶体的性能进行理论分析。

本节测试 Er^{3+}:KLTN 及 Er^{3+}/Yb^{3+}:KLTN 单晶的吸收光谱，并利用 Judd-Ofelt 理论计算晶体光谱强度参数，给出晶体光谱唯象强度参数并对其进行研究。

8.1.1 吸收光谱

图 8.1 和图 8.2 分别为 Er^{3+}:KLTN 和 Er^{3+}/Yb^{3+}:KLTN 单晶样品的紫外-可见-近红外吸收光谱。从图 8.1 可以看出 Er^{3+}:KLTN 具有典型的 Er^{3+}的吸收特性，在 350～1600 nm 范围内具有 Er^{3+}的 12 条特征吸收带，并给出对应的能级跃迁。吸收带中心波长 $\bar{\lambda}$ 为

$$\bar{\lambda} = \frac{\int_{\text{band}} \lambda OD(\lambda)\,\mathrm{d}\lambda}{\int_{\text{band}} OD(\lambda)\,\mathrm{d}\lambda} \tag{8.1}$$

式中，$OD(\lambda)$ 为不同波长下光密度。

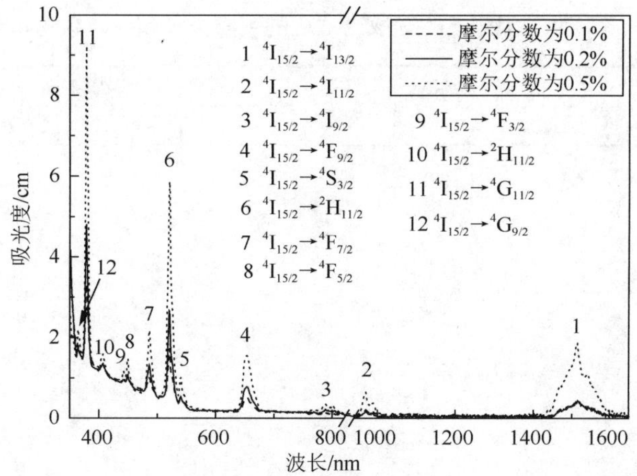

图 8.1　Er^{3+}:KLTN 单晶样品紫外-可见-近红外吸收光谱

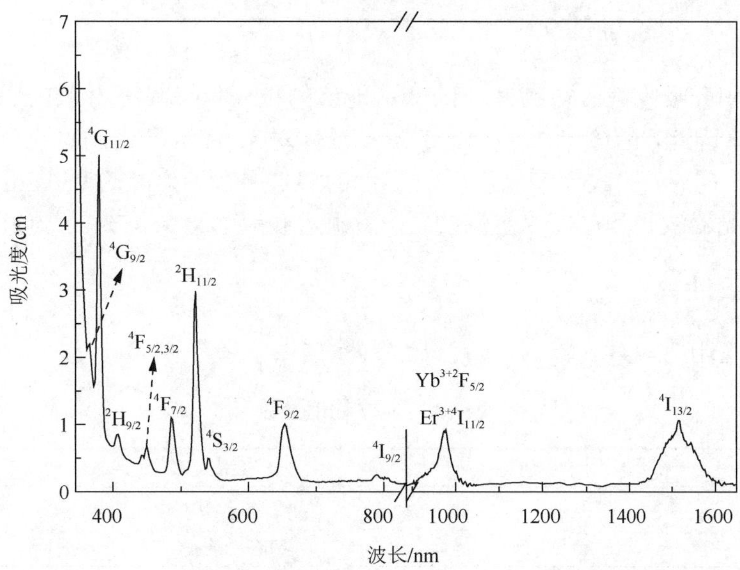

图 8.2　Er^{3+}/Yb^{3+}:KLTN 单晶样品的紫外-可见-近红外吸收光谱[1]

从图 8.1 中可以看出 KLTN 晶体紫外吸收边约为 350 nm，而且晶体样品吸收系数随着 Er^{3+} 掺杂浓度升高而显著增强。比较图 8.1 和图 8.2 可以看出，Yb^{3+}的掺入使得晶体在中心波长为 980 nm 吸收带处的吸收强度较单掺 Er^{3+}的晶体明显增强。从吸收光谱可以看出晶体在 800 nm 和 980 nm 附近有明显吸收，因此可以利用此波长对其进行激发。

Er^{3+}各能级的积分吸收截面能比较完整地描述各能级的吸收强度，积分吸收截面可以用式（8.2）计算得到[2]，即

$$\Sigma_{\text{band}}=\int_{\text{band}}\sigma(\lambda)\mathrm{d}\lambda=\int_{\text{band}}\frac{\alpha(\lambda)}{N}\mathrm{d}\lambda \tag{8.2}$$

计算所得的各吸收带中心波长及对应的各能级积分吸收截面列于表 8.1 中。

表 8.1 Er^{3+}:KLTN 单晶中 Er^{3+}吸收带对应的中心波长和各能级的积分吸收截面

吸收带	中心波长 $\bar{\lambda}$ /nm	跃迁	积分吸收截面Σ/（10^{-20} $cm^2\cdot nm$）		
		$^4I_{15/2}\to$	0.1%*	0.2%*	0.5%*
1	1517	$^4I_{13/2}$	32.50	15.72	28.34
2	978.1	$^4I_{11/2}$	3.82	1.69	3.47
3	805.7	$^4I_{9/2}$	1.14	1.05	0.89
4	656.3	$^4F_{9/2}$	7.06	6.08	5.82
5	536.8	$^4S_{3/2}$	0.79	0.79	0.82
6	522.0	$^2H_{11/2}$	12.85	11.43	11.45
7	486.2	$^4F_{7/2}$	3.83	3.73	3.40
8（9）	446.7	$^4F_{5/2,3/2}$	1.85	1.47	1.46
10	405.7	$^2H_{9/2}$	1.12	0.97	0.82
11	379.4	$^4G_{11/2}$	11.93	11.07	10.29
12	365.6	$^4G_{9/2}$	0.25	0.54	0.78

* 0.1%、0.2%、0.5%表示摩尔分数

通过计算其积分吸收截面得到 Yb^{3+}的 $^2F_{5/2}$ 能级的积分吸收截面约为 Er^{3+}的 $^4I_{11/2}$ 能级吸收截面的十倍以上。因此，晶体掺入 Yb^{3+}能够提高晶体对 980 nm 激光的吸收效率，从而增强其上转换发光强度。同时，吸收光谱显示由于 Yb^{3+}的掺入展宽了样品的 980 nm 吸收带，这样能够降低对泵浦激光器波长和温度稳定性的要求，并且提高了对泵浦光的吸收效率。

8.1.2 光谱参数计算

光谱参数计算中所用基本物理参数，如表 8.2 所示。

表 8.2 基本物理参数

名称	符号	数值	单位
真空光速	c	$2.997\,924\,58\times10^{8}$	m/s
真空介电常数	ε_0	8.85×10^{-12}	F/m
电子质量	m_e	$9.109\,534\times10^{-31}$	kg
元电荷	e	$1.602\,189\,2\times10^{-19}$	C
普朗克常数	h	$6.626\,069\,3\times10^{-34}$	J · s
阿伏伽德罗常数	N_A	6.022×10^{23}	/mol

Er^{3+}各激发态能级向基态跃迁的约化矩阵元[3]，如表 8.3 所示。因为 Er^{3+}的 $^4I_{15/2}\to{}^4I_{13/2}$ 跃迁只有电偶极跃迁，所以在拟合过程中应该扣除其磁偶极跃迁成分，于是需要计算出相应的磁偶极跃迁谱线强度 S_{md}，并在理论振子强度中扣除。经拟合得到的 Er^{3+}在 Er^{3+}:KLTN 晶体中的实验跃迁振子强度 f_{exp}、理论跃迁振子强度 f_{cal}、JO 强度参数 Ω_t 和方均根偏差 δ_{rms}、自发辐射系数 A_{ij}、能级辐射寿命 τ_i 和荧光分支比 β_{ij} 等参数如表 8.4 和表 8.5 所示。

表 8.4 显示 Er^{3+}在 KLTN 单晶中的三个能级跃迁强度参数Ω_t 表现出的规律为$\Omega_2>\Omega_4<\Omega_6$，与 Er^{3+}在其他多数材料中的表现出的规律$\Omega_2>\Omega_4>\Omega_6$ 有所不同。一般来说，强度参数Ω_t 与稀土离子所处的晶体场的结构密切相关。Ω_2 反映基质材料配位场的对称性和有序性，Ω_2 越大基质晶体场的对称性越低，基质离子性越强；相反，Ω_2 越小对称性越高，基质共价性越强。

Ω_4受基质键性和结构对称性影响较小，它主要受基质的酸碱度影响。Ω_6与基质的刚性有关，且刚性越好，Ω_6值越小。Ω_6决定自发辐射跃迁几率和能级辐射寿命，Ω_6越小自发辐射跃迁几率越小，辐射寿命越大。光谱品质因子 $X=\Omega_4/\Omega_6$ 能够反映出稀土离子所处的奇次晶体场和跃迁分支比的大小。

表 8.3 Er^{3+}各能级向基态 $^4I_{15/2}$ 能级跃迁的约化矩阵元

能级	$(U^2)^2$	$(U^4)^2$	$(U^6)^2$	能级	$(U^2)^2$	$(U^4)^2$	$(U^6)^2$
$^4I_{13/2}$	0.0195	0.1173	1.4316	$^4F_{7/2}$	0	0.1468	0.6266
$^4I_{11/2}$	0.0282	0.0003	0.3953	$^4F_{5/2}$	0	0	0.2233
$^4I_{9/2}$	0	0.1732	0.0099	$^4F_{3/2}$	0	0	0.1272
$^4F_{9/2}$	0	0.5354	0.4619	$^2H_{9/2}$	0	0.0190	0.2255
$^4S_{3/2}$	0	0	0.2211	$^4G_{11/2}$	0.9181	0.5261	0.1171
$^2H_{11/2}$	0.7125	0.4123	0.0925	$^4G_{9/2}$	0	0.2415	0.1234

表 8.4 Er^{3+}在 Er^{3+}:KLTN 晶体中的 f_{exp}、f_{cal}、JΩ_t和 δ_{rms}

能级	中心波长 /nm	0.1%* Er^{3+}:KLTN		0.2%* Er^{3+}:KLTN		0.5%* Er^{3+}:KLTN	
		$f_{exp}/\times10^{-6}$	$f_{cal}/\times10^{-6}$	$f_{exp}/\times10^{-6}$	$f_{cal}/\times10^{-6}$	$f_{exp}/\times10^{-6}$	$f_{cal}/\times10^{-6}$
$^4I_{13/2}$	1517	17.79	18.840	7.266	12.32	16.020	15.620
$^4I_{11/2}$	978.1	5.048	9.290	2.072	5.600	4.799	7.499
$^4I_{9/2}$	805.7	2.159	2.760	1.818	1.941	2.585	3.517
$^4F_{9/2}$	656.3	22.640	15.390	17.750	15.010	18.830	15.360
$^4S_{3/2}$	536.8	6.590	6.699	4.563	4.809	6.945	5.399
$^2H_{11/2}$	522.0	64.730	61.770	51.390	50.260	56.300	53.370
$^4F_{7/2}$	486.2	23.440	23.790	20.430	17.810	19.740	20.430
$^4F_{5/2,3/2}$	446.7	15.310	13.240	10.430	9.352	10.340	10.700
$^2H_{9/2}$	405.7	9.822	9.782	9.903	7.080	8.713	8.092
$^4G_{11/2}$	379.4	111.200	112.800	90.950	91.500	95.790	97.350
$^4G_{9/2}$	365.6	3.617	10.760	5.658	9.809	8.303	11.390
JO 参数Ω_t（t=2,4,6）/$\times10^{-19}$ cm^2		Ω_2=2.73 Ω_4=0.51 Ω_6=1.16		Ω_2=2.34 Ω_4=0.75 Ω_6=0.87		Ω_2=2.22 Ω_4=0.69 Ω_6=0.94	
方均根偏差δ_{rms}		4.19×10^{-6}		4.40×10^{-6}		4.15×10^{-5}	

* 0.1%、0.2%、0.5%表示摩尔分数

表 8.6 收集了 Er^{3+}在 $LiNbO_3$ 及其他几种材料中的强度参数Ω_t[4]。相对于其他几种晶体材料，KLTN 晶体具有较大的Ω_2值，说明 Er:KLTN 晶体中 Er^{3+}所处的晶体场对称性较低，这有利于 Er^{3+}能级的展宽，从而使其跃迁光谱带展宽，有利于提高晶体的吸收和发射特性。并且Ω_2随着 Er^{3+}掺杂浓度增加而降低，说明随着掺杂浓度的升高，Er^{3+}周围的晶体场对称性升高。KLTN 晶体具有较小的Ω_6值，从而具有较小的自发辐射跃迁几率和较长的辐射寿命，有利于其作为激光工作物质实现激发态能级的粒子数反转，从而有利于其产生激光。同时，Er:KLTN 晶体具有较小的 X 值（0.73），更接近于传统的优秀激光晶体 YAG 和 GGG 的 X 值（分别为 0.32 和 0.43），因此具有较优秀的光谱品质因子。

表 8.5 Er^{3+}在 Er^{3+}:KLTN 晶体中的 A_{ij}、τ_i 和 β_{ij}

跃迁	0.1%*Er^{3+}:KLTN			0.2%*Er^{3+}:KLTN			0.5%*Er^{3+}:KLTN		
	A_{ij}	β_{ij}	τ_i	A_{ij}	β_{ij}	τ_i	A_{ij}	β_{ij}	τ_i
$^4I_{13/2}\to{}^4I_{15/2}$	0.313	100	320	0.244	100	409	0.262	100	381
$^4I_{11/2}\to{}^4I_{15/2}$	0.495	89.5	202	0.380	89.2	263	0.399	89.5	251
$\to{}^4I_{13/2}$		10.5			10.8			10.5	
$^4I_{9/2}\to{}^4I_{15/2}$		66.9			78.6			75.9	
$\to{}^4I_{13/2}$	0.465	32.6	215	0.538	21.1	186	0.513	23.7	195
$\to{}^4I_{11/2}$		0.5			0.3			0.4	
$^4F_{9/2}\to{}^4I_{15/2}$		82.5			84.2			83.9	
$\to{}^4I_{13/2}$	1.661	6.4	60	1.613	7.0	62	1.646	6.7	61
$\to{}^4I_{11/2}$		10.6			8.3			9.0	
$\to{}^4I_{9/2}$		0.5			0.3			0.4	
$^4S_{3/2}\to{}^4I_{15/2}$		54.3			54.0			54.6	
$\to{}^4I_{13/2}$		40.5			40.4			39.9	
$\to{}^4I_{11/2}$	4.681	2.2	21	3.571	2.2	28	3.733	2.3	27
$\to{}^4I_{9/2}$		3.0			3.3			3.2	
$\to{}^4F_{9/2}$		0			0			0	
$^2H_{11/2}\to{}^4I_{15/2}$		91.8			91.7			91.6	
$\to{}^4I_{13/2}$		4.3			4.5			4.6	
$\to{}^4I_{11/2}$	9.292	1.2	11	8.333	1.3	12	8.065	1.3	12
$\to{}^4I_{9/2}$		2.0			1.8			1.9	
$\to{}^4F_{9/2}$		0.5			0.4			0	
$\to{}^4S_{3/2}$		0.2			0			0	
$\to{}^4I_{15/2}$		87.7			85.5			86.3	
$\to{}^4I_{13/2}$	6.536	1.0	15	5.556	1.7	18	5.711	1.3	18
$\to{}^4I_{11/2}$		6.2			7.8			7.4	
$\to{}^4I_{9/2}$		4.8			4.7			4.8	
$^4F_{7/2}\to{}^4F_{9/2}$		0.2			0.2			0.2	
$\to{}^4S_{3/2}$		0			0			0	
$\to{}^2H_{11/2}$		0.1			0			0	
$^4F_{5/2,3/2}\to{}^4I_{15/2}$		50.4			46.4			47.4	
$\to{}^4I_{13/2}$		18.0			19.3			18.8	
$\to{}^4I_{11/2}$		23.3			24.4			24.5	
$\to{}^4I_{9/2}$	10.07	4.9	10	8.333	6.4	12	8.696	5.9	12
$\to{}^4F_{9/2}$		3.0			3.3			3.2	
$\to{}^4S_{3/2}$		0.1			0			0	
$\to{}^2H_{11/2}$		0.1			0.1			0.1	
$\to{}^4F_{7/2}$		0			0			0	
$^2H_{9/2}\to{}^4I_{15/2}$		48.4			45.8			47.5	
$\to{}^4I_{13/2}$		43.6			45.1			44.1	
$\to{}^4I_{11/2}$		4.1			4.6			4.4	
$\to{}^4I_{9/2}$		1.7			1.9			1.7	
$\to{}^4F_{9/2}$	5.677	0.9	18	4.545	1.0	22	4.794	1.0	21
$\to{}^4S_{3/2}$		0			0			0	
$\to{}^2H_{11/2}$		0.6			0.7			0.7	
$\to{}^4F_{7/2}$		0.3			0.4			0.3	
$\to{}^4F_{5/2,3/2}$		0			0			0	

* 0.1%、0.2%和 0.5%表示摩尔分数

表 8.6　Er^{3+}在不同晶体中的 JO 强度参数Ω

晶体	Ω_2	Ω_4	Ω_6	X
$LiNbO_3$	7.29	2.24	1.27	1.76
Zn(6%*):$LiNbO_3$	2.19	2.00	1.13	1.77
Sc(3%*):$LiNbO_3$	1.07	0.98	1.10	0.89
YAG	0.74	0.33	1.02	0.32
GGG	0.70	0.37	0.86	0.43
$NaBi(WO_4)_2$	5.50	1.0	0.71	1.41
$KGd(WO_4)_2$	8.90	0.96	0.82	1.17
$ZnWO_4$	6.76	0.37	0.50	0.74
$SrWO_4$	7.41	0.25	1.71	0.15
$Li_6Y(BO_3)_3$	7.67	1.45	0.82	1.77
$YAl_3(BO_3)_4$	8.38	1.61	1.50	1.07
$LiLa_9(SiO_4)_6O_2$	1.80	0.53	1.30	0.41
KLTN	22.2	6.9	9.4	0.73

* 6%、3%表示摩尔分数

8.2　掺铒及铒镱双掺 KLTN 晶体上转换发光

Er^{3+}能够在红外 1.54 μm、980 nm 和 800 nm 波长激发下实现红光和绿光上转换发光，并且在 542 nm 和 1.54 μm 波长激发下能实现 410 nm 蓝光上转换发光。研究结果表明，引起 Er^{3+}上转换发光的过程主要有激发态吸收（excited state absorption, ESA）、能量传递上转换（energy transfer upconversion, ETU）和光子雪崩（photon avalanche, PA）过程[5-8]。

研究材料上转换发光性能和机理的一般步骤是：首先需要确定每个上转换发射光子是由几个泵浦光子引起的，即研究发光过程是多光子过程，这个问题可以利用发光强度随泵浦激光强度的变化关系确定；然后利用荧光时间分辨光谱得到的荧光强度衰减曲线得到上转换发光机制；最后确定上转换发光跃迁机理。

本节将对 Er^{3+}:KLTN 单晶进行 400 nm 波长激光激发荧光光谱、800 nm 和 980 nm 波长激光激发上转换荧光光谱、上转换荧光强度随泵浦能量的变化关系进行研究，并通过绿光和红光上转换发射衰减动力学研究 Er^{3+}在 Er^{3+}:KLTN 单晶中的 $^4S_{3/2}$ 和 $^4F_{9/2}$ 能级对应的过程，进而确定其上转换发光机制[9-11]。

8.2.1　800 nm 激光激发上转换发光性能

测量 800 nm 激光激发 Er^{3+}:KLTN 和 Er^{3+}/Yb^{3+}:KLTN 单晶的上转换荧光光谱的光路如图 8.3 中实线部分所示。图中光源为主动声光锁模飞秒激光系统。输出光束首先经反射镜调节方向后，再经光阑整形，其次经过可调衰减片，最后经过凸透镜聚焦照射到样品上。可调节衰减片用来控制泵浦激光能量，为了防止高功率密度的飞秒激光烧伤晶体，样品要放在前后偏离焦点的位置上。为了防止晶体上转换荧光被晶体再吸收，光束要照射到晶体的边缘，在垂直于激发光入射方向上用光纤耦合器收集荧光。收集到的荧光经光纤传输到光栅光谱仪分析后被增强型电荷耦合器（intensification charge-coupled device，ICCD）探测收集。图中虚线表示的BBO晶体可以用来将800 nm激光倍频为400 nm蓝光，用来测试样品光致发光光谱。图中用虚线连接的数字信号发生器和同步延时发生器是用来测试样品时间分辨光谱的外触发电路。同步延时发生器可以控制飞秒脉冲的输出时间和脉冲的重复频率，还可以给数字信号发生器一个与激光输出时间有一个时间差的电脉冲，用来触发数字信号发生器，产生一个晶体管-晶体管逻辑电平（transistor transistor logic，TTL）信号触发ICCD定时采集荧光强度，实现样品激发和光谱强度采集时间间隔的控制，从而得到荧光的时间分辨光谱。

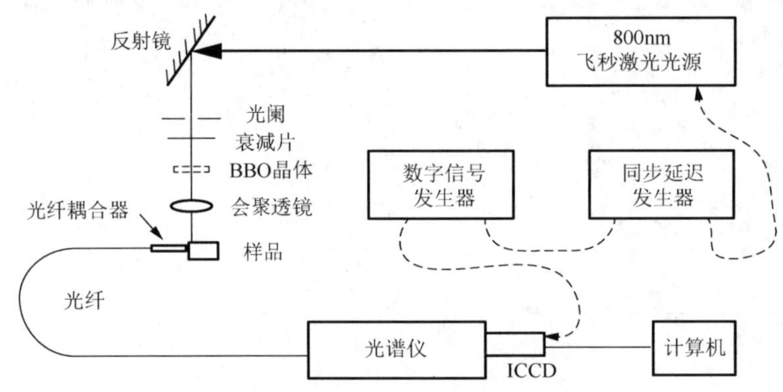

图 8.3　荧光光谱和时间分辨光谱测试实验原理图

在实验过程中，当 800 nm 激光照射到晶体样品上时，样品发出明亮的绿色荧光，其中Er^{3+}掺杂浓度（摩尔分数）为0.5%的KLTN样品发射出黄绿色的荧光。采集到的稳态上转换荧光光谱，如图8.4所示。样品发射出三个明显的荧光带，最强的是峰值波长548 nm和527 nm的绿光发射带，分别对应Er^{3+}的$^4S_{3/2}\to{}^4I_{15/2}$和$^2H_{11/2}\to{}^4I_{15/2}$跃迁。此外还存在一个较弱的红光发射带，中心波长为665 nm，对应Er^{3+}的$^4F_{9/2}\to{}^4I_{15/2}$跃迁。

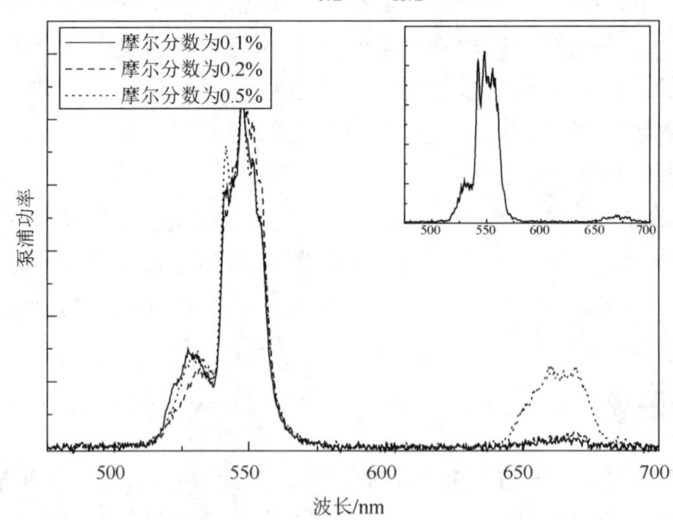

图 8.4　800 nm 飞秒激光激发下 Er^{3+}:KLTN 单晶中 Er^{3+}的稳态上转换荧光光谱

如图8.4所示为800 nm飞秒激光激发下Er^{3+}:KLTN单晶中Er^{3+}的稳态上转换荧光光谱。其中，插图为400 nm激发下摩尔分数为0.5%Er^{3+}:KLTN单晶的Er^{3+}的上转换荧光光谱。从

图 8.4 中可以看出，在三个样品中各发射带的波长位置完全一致，但 665 nm 红光强度明显随着 Er^{3+}掺杂浓度的增加而增强，527 nm 绿色发光强度随着 Er^{3+}浓度增加而减弱。为比较相对各发射带的相对强度，利用如下公式对发光强度进行积分[12]，即

$$\sum_{\mathrm{band}}=\int_{\mathrm{band}} I(\lambda)\mathrm{d}\lambda \tag{8.3}$$

式中，$I(\lambda)$ 为波长 λ 处的发射强度。

红光积分波长范围为 640～690 nm，因为在室温下 Er^{3+}的 $^2H_{11/2}$ 和 $^4S_{3/2}$ 能级热耦合在一起，绿光积分波长范围为 510～580 nm。Er^{3+}掺杂浓度摩尔分数分别为 0.1%、0.2%和 0.5%的三个 KLTN 样品中红光发射带的强度占上转换发射强度的比例分别为 1.8%、3.1%和 21.9%。这说明高的 Er^{3+}掺杂浓度对促进红光上转换发射的作用更明显。图 8.5 为 400 nm 蓝光诱导摩尔分数为 0.5%Er^{3+}:KLTN 晶体采集到的光致发光光谱，光谱中也有上述三个荧光发射带，但是红光发射带的相对强度要比上转换激发光谱的红光发射带强度小得多。

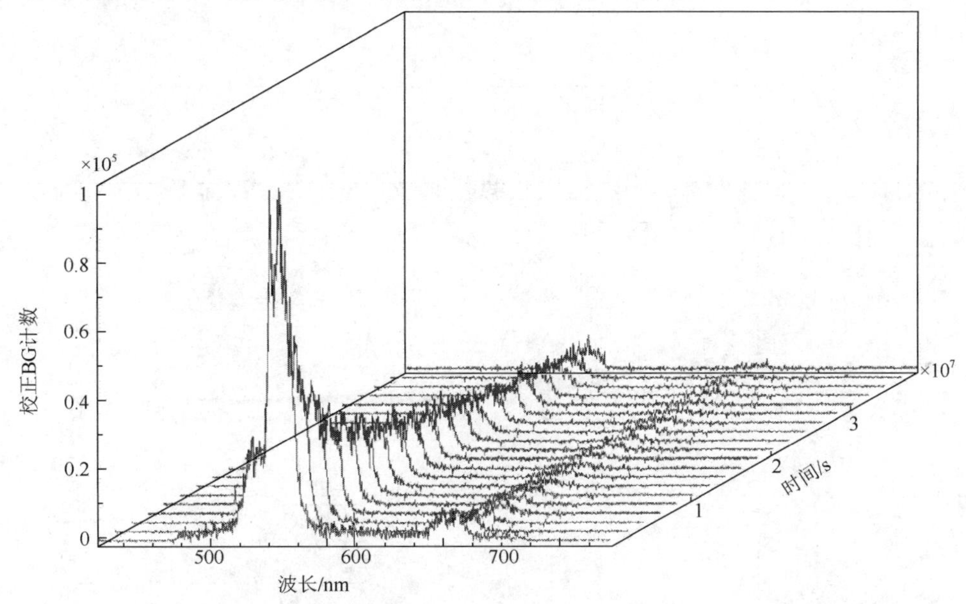

图 8.5　摩尔分数为 0.5% Er^{3+}:KLTN 单晶的时间分辨光谱

为了研究 800 nm 激发下的上转换发射机制，首先需要通过实验确定上转换属于多光子过程。图 8.6 给出实验结果，在双对数坐标下，所测数据没有出现饱和的趋势，用相应公式对曲线进行拟合，得到所有曲线斜率都约为 2.0，证明所有绿光和红光发射均为双光子过程。

800 nm 激发 Er^{3+}的上转换机制最可能是 ESA 和 ETU，为了进一步确定上转换机制，需要对上转换荧光做衰减动力学研究，因为荧光的衰减动力学曲线能够有助于区分上转换机制。如图 8.5 所示为摩尔分数是 0.5% Er^{3+}:KLTN 单晶的时间分辨光谱。由于时间分辨率很低，无法观察到 ETU 过程的上升阶段，只能从寿命的衰减规律上区分有没有 ETU 过程。在相同实验条件下采集三个晶体样品的时间分辨光谱，分别取其红光和绿光的合适波长进行积分，得到其强度随时间的变化曲线，即强度衰减曲线，如图 8.7 所示。图 8.7（a）是绿光的强度衰减曲线，在线性坐标下，用如下函数进行拟合[13]，即

$$I(t)=A_s e^{-t/\tau_s}+A_l e^{-t/\tau_l}+I_0 \tag{8.4}$$

式中，$I(t)$为时刻 t 的发光强度；I_0 为背景光强；τ_s 为短寿命衰减过程的衰减寿命，μs；τ_l 为

长寿命衰减过程的衰减寿命，μs；A_s为快衰减过程对衰减寿命贡献的权重；A_l为慢衰减过程对衰减寿命贡献的权重。

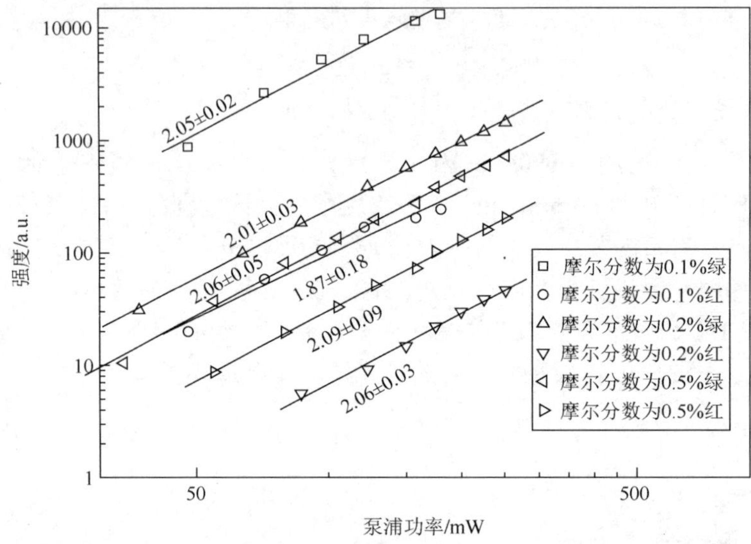

图 8.6 Er^{3+}在 Er^{3+}:KLTN 单晶中的上转换绿光和红光发光强度与激发能量的双对数曲线

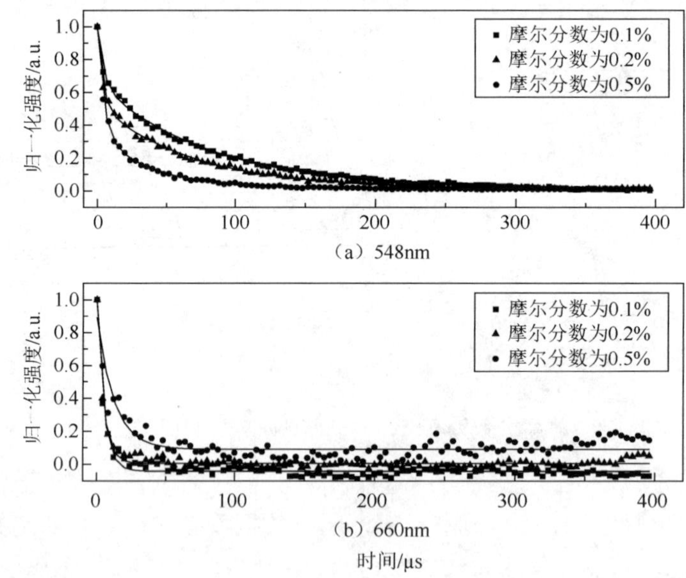

图 8.7 Er^{3+}:KLTN 单晶中的 Er^{3+}的 548 nm 和 660 nm 处的上转换荧光衰减曲线

短寿命过程一般认为是 ESA 过程，长寿命过程一般认为是 ETU 过程。平均寿命 τ_m 可以通过计算得[14]

$$\tau_{\mathrm{m}} = \frac{\int_0^\infty tI(t)\mathrm{d}t}{\int_0^\infty I(t)\mathrm{d}t} \tag{8.5}$$

经过拟合和计算得到三样品的各参数列于表 8.7 中。

表 8.7　三样品绿光发射强度衰减曲线利用式（8.5）拟合的衰减寿命

样品	$\tau_l/\mu s$	$\tau_s/\mu s$	A_l/A_s	$\tau_m/\mu s$
摩尔分数为 0.1%Er^{3+}:KLTN	81.9	4.6	1.9	56.1
摩尔分数为 0.2%Er^{3+}:KLTN	68.3	3.5	1.1	40.5
摩尔分数为 0.5%Er^{3+}:KLTN	38.7	4.4	0.5	18.1

如表 8.7 所示，三样品 ETU 过程寿命随着 Er^{3+}掺杂浓度升高而变短，且对平均寿命的贡献逐渐降低，从而使平均寿命逐渐变短。说明 ETU 过程在低浓度样品中对绿光上转换跃迁贡献较大，ESA 过程在高浓度样品中对绿光上转换贡献较大。

图 8.7（b）是红光发射强度衰减曲线，可以用单 e 指数函数进行拟合，说明红光上转换发射只有一个粒子数布居过程。经拟合得到三样品红光衰减寿命分别为 5.1 μs、4.7 μs 和 12.5 μs。在激光系统里，亚稳态的能级寿命越长，越容易实现粒子数反转，即越利于实现激光输出，因此低 Er^{3+}浓度掺杂 KLTN 单晶易于实现绿光激光输出，而高 Er^{3+}浓度掺杂易于实现红光激光输出。因为 800 nm 激发光不可能直接将处于某一能级的 Er^{3+}激发到红光发射能级 $^4F_{9/2}$，所以 $^4F_{9/2}$ 能级只能通过 Er^{3+}-Er^{3+}之间的能量传递完成粒子布居。因为 $^4F_{3/2}$ 和 $^4F_{5/2}$ 能级寿命较短，约为 6 μs，所以 665 nm 红光发射最有可能是由于这两个能级和基态之间发生的交叉弛豫过程（$^4F_{5/2,3/2}+^4I_{15/2}\rightarrow^4F_{9/2}+^4I_{13/2}$）引起的。

665 nm 红光发射强度随着 Er^{3+}掺杂升高而增强，这主要是因为当掺杂浓度升高时，晶体中单位体积中 Er^{3+}浓度变大，使得 Er^{3+}-Er^{3+}之间的距离缩短，从而增加交叉弛豫（cross relaxation，CR）过程跃迁几率，使得红光发光能级 $^4F_{9/2}$ 上粒子数增多，导致红光发光增强。由 JO 理论和拟合的荧光衰减寿命可以求得三样品绿光发光效率分别为 $\eta_{1g}=0.22$、$\eta_{2g}=0.13$ 和 $\eta_{3g}=0.16$；红光发射效率分别为 $\eta_{1r}=0.09$、$\eta_{2r}=0.08$ 和 $\eta_{3r}=0.20$。

根据上面的讨论，给出 800 nm 激发下 Er^{3+}:KLTN 单晶中 Er^{3+}的上转换跃迁机理，如图 8.8 所示。

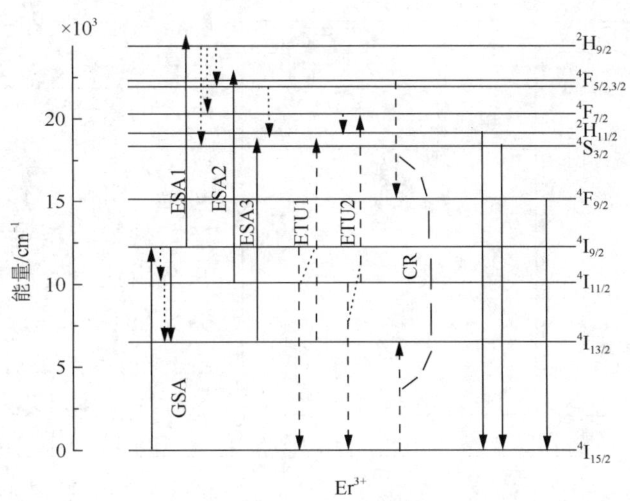

图 8.8　Er^{3+}:KLTN 单晶中 Er^{3+}在 800 nm 激发下的上转换跃迁机理

图中实线、虚线和虚线箭头分别代表跃迁、能量转移和多声子弛豫过程

处于基态的 Er^{3+}吸收一个激发光子跃迁到 $^4I_{9/2}$ 能级，随后继续吸收一个光子跃迁到高能级 $^2H_{9/2}$（ESA1）。因为 KLTN 单晶的声子能量约为 560 cm^{-1}，Er^{3+}在 $^2H_{9/2}$ 与 $^2H_{11/2}$ 能级之间的各相邻能级间的能量差最大约为 2100 cm^{-1}。处于 $^2H_{9/2}$ 能级的 Er^{3+}在晶体中声子的辅助下能够利用本身阶梯状能级结构发生多声子弛豫过程到达 $^4F_{5/2,3/2}$、$^4F_{7/2}$、$^2H_{11/2}$ 和 $^4S_{3/2}$ 能级。400 nm 光致微弱红色发光能够直接证明 $^2H_{9/2}$ 能级能够无辐射弛豫到 $^4F_{5/2,3/2}$ 能级。

处于中间能级 $^4I_{9/2}$ 的粒子能够无辐射弛豫到 $^4I_{11/2}$ 和 $^4I_{13/2}$ 能级，然后分别吸收一个泵浦光子激发到高激发态 $^4F_{5/2,3/2}$ 和 $^4S_{3/2}$ 能级，这两个过程分别记为 ESA2 和 ESA3。另外一种跃迁机理是能量转移上转换过程。其中一个过程是一个处于 $^4I_{9/2}$ 能级的粒子和一个处于 $^4I_{13/2}$ 能级的粒子发生能量转移，前者失去能量跃迁到基态并将能量传递给后者，后者吸收能量跃迁到 $^4S_{3/2}$ 能级，这个过程便是图 8.8 中的 ETU1；另外一个能量转移过程是 ETU2，两个处于 $^4I_{11/2}$ 能级的粒子发生能量传递，分别弛豫到基态和跃迁到 $^4F_{7/2}$ 能级。高能级向 $^2H_{11/2}$ 和 $^4S_{3/2}$ 能级发生弛豫完成绿光发光能级的布居，并向基态跃迁产生峰值波长分别在 527 nm 和 548 nm 的绿色荧光。因为 548 nm 发射最强，可以说明 ESA3 和 ETU1 过程发生几率较高。绿光发射布居机制可以表示为

$$\text{GSA: } {}^4I_{11/2}+h\nu \longrightarrow {}^4I_{9/2}$$
$$\text{ESA1: } {}^4I_{9/2}+ h\nu \longrightarrow {}^2H_{9/2}$$
$$\text{ESA2: } {}^4I_{11/2}+h\nu \longrightarrow {}^4F_{5/2,3/2}$$
$$\text{ESA3: } {}^4I_{13/2}+h\nu \longrightarrow {}^4S_{3/2}$$
$$\text{ETU1: } {}^4I_{9/2}+{}^4I_{13/2} \longrightarrow {}^4S_{3/2}+{}^4I_{15/2}$$
$$\text{ETU2: } {}^4I_{11/2}+{}^4I_{11/2} \longrightarrow {}^4F_{7/2}+{}^4I_{15/2}$$

因为 $^4S_{3/2}$ 与 $^4F_{9/2}$ 能级能量差过大（约为 3200 cm^{-1}），由 $^4S_{3/2}$ 向 $^4F_{9/2}$ 能级无辐射弛豫几率很小，可以忽略由 $^4S_{3/2}$ 向 $^4F_{9/2}$ 的无辐射弛豫引起 $^4F_{9/2}$ 能级的布居。红光发射是 CR 过程使粒子从能级 $^4F_{5/2,3/2}$ 布居到 $^4F_{9/2}$ 能级产生跃迁所致。因为 CR 过程能减少粒子从 $^4F_{5/2,3/2}$ 能级弛豫到 $^4S_{3/2}$ 能级并且增加 $^4I_{13/2}$ 能级的布居，使 548 nm 发光强度相对于 527 nm 发光增强。同时 $^4I_{13/2}$ 能级的粒子数布居增加也使ESA3 的跃迁几率升高，使绿光能级布居机制中 ESA 的成分增加，从而降低绿光发射寿命。400 nm 蓝光诱导摩尔分数为 0.5%:KLTN 晶体的光致发光光谱中红光发射带的相对强度要比上转换激发光谱的红光发射带强度小得多的实验事实说明，从 $^2H_{9/2}$ 能级向 $^4F_{5/2,3/2}$ 能级的声子协助无辐射弛豫几率较小，ESA2 过程对 $^4F_{5/2,3/2}$ 能级的布居起主导地位。

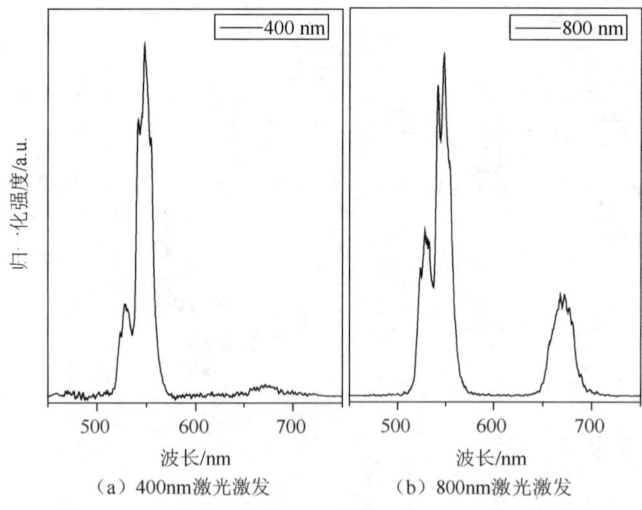

（a）400nm激光激发　（b）800nm激光激发

图 8.9　Er^{3+}/Yb^{3+}:KLTN 单晶中 Er^{3+}在 400nm 和 800nm 激光激发下的绿色和红色荧光光谱

摩尔分数为 0.2%Er^{3+}/0.1%Yb^{3+}:KLTN 单晶样品的 400 nm 光致发光光谱和 800 nm 稳态上转换荧光光谱，如图 8.9 所示。

波长为 400 nm 的光子能够将 Er^{3+}

一步激发到 $^2H_{9/2}$ 能级。因为在 400 nm 激发下的红光发光很弱，说明 CR 过程发生几率很小。相对于图 8.9（a），图 8.9（b）中显示样品有很强的红光发射，548 nm 绿色发射相对强度却降低很多。在 Er^{3+}/Yb^{3+}双掺系统中，存在一个使 $^4S_{3/2}$ 能级粒子布居数大量减少的高效背向能量传递过程（efficient back-energy transfer，EBT）。此 EBT 过程可以描述为，处于 $^4S_{3/2}$ 能级的 Er^{3+}和基态 Yb^{3+}发生能量传递，Er^{3+}将能量传递给 Yb^{3+}使其激发到 $^2F_{5/2}$ 能级而自身失去能量退激发到 $^4I_{13/2}$ 能级，从而有效地降低 Er^{3+}的 $^4S_{3/2}$ 能级的布居，使 548 nm 发光强度大幅降低。但在图 8.9（b）中绿光发射强度降低并不是由此 EBT 过程引起，因为在 800 nm 激发下此 EBT 过程会被 ESA3 过程抵消。

在 800 nm 激发下摩尔分数为 0.2%Er^{3+}/0.1%Yb^{3+}:KLTN 单晶样品的红光发射相对于摩尔分数为 0.2%Er^{3+}:KLTN 单晶样品的红光发射强得多，说明增强的红光发射是由于 Yb^{3+}的掺杂引起，即在双掺系统里还存在其他的能量背向传递过程。分析两种离子的能级结构，由处于 $^4F_{7/2}$ 能级的 Er^{3+}向基态的 Yb^{3+}发生背向能量传递过程较为合理，Er^{3+}将能量传递给 Yb^{3+}而自身退激发到 $^4I_{11/2}$ 能级。从而增加 $^4I_{11/2}$ 能级粒子数布居，进而通过 ESA2 过程布居到 $^4F_{5/2,3/2}$ 能级，导致 $^4F_{5/2,3/2}$ 能级粒子数布居增多，进而增加 CR 过程发生几率，导致红色上转换荧光发射增强，同时这个过程也能够有效减少绿光发光能级 $^4S_{3/2}$ 的粒子数布居，起到减弱绿光发光的作用。图 8.9（b）中绿光发光强度降低就是由此 EBT 过程引起。这两个 EBT 过程可以表示如下。

$$\text{EBT1: } Er(^4S_{3/2})+Yb(^2F_{7/2}) \longrightarrow Er(^4I_{13/2})+Yb(^2F_{5/2})$$

$$\text{EBT2: } Er(^4F_{7/2})+Yb(^2F_{7/2}) \longrightarrow Er(^4I_{11/2})+Yb(^2F_{5/2})$$

因此 Yb^{3+}能够调节晶体在 800 nm 激发下红光和绿光相对发射强度，对实现此种晶体中的多色激光输出有举足轻重的作用。

8.2.2　980 nm 激光激发上转换发光性能

980 nm 激光激发的上转换荧光光谱的测试光路原理与图 8.3 实线部分一致，光源换为 980 nm 功率可调半导体激光器，上转换荧光利用透镜耦合到光谱仪中进行分析。实验中晶体样品发射出明亮的绿色荧光，其中掺杂浓度（摩尔分数）为 0.5%的 KLTN 样品发射出黄绿色荧光。实验测得稳态上转换荧光光谱，如图 8.10 所示。

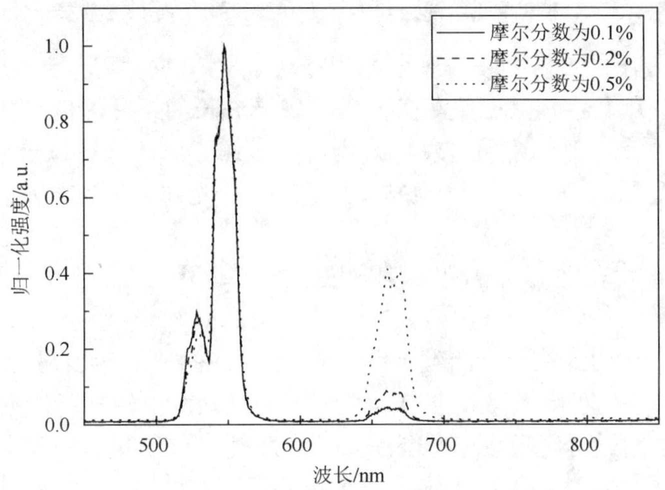

图 8.10　980 nm 激光激发下 Er^{3+}:KLTN 单晶中 Er^{3+}的绿色和红色上转换荧光光谱

晶体发射出峰值波长为 527 nm、548 nm 的绿色上转换荧光和 665 nm 的红色上转换荧光。经过归一化能够很明显地看出随着 Er^{3+}掺杂浓度的增加，红色上转换荧光强度随之增强。利用相应公式对上转换发射强度进行积分，能够求得其发射强度分别占上转换发射强度的 4.1%、9.0%和 31.5%。

为了确定 980 nm 泵浦上转换发射的光子数，测试了上转换发射强度随着激发功率的变化关系，所得 Er^{3+}在 KLTN 单晶中的功率曲线如图 8.11 所示。Er^{3+}掺杂浓度（摩尔分数）分别为 0.1%、0.2%和 0.5%的晶体绿光发射的 *n* 值分别为 1.88、1.81 和 1.71，红光发射的 *n* 值分别为 1.83、1.60 和 1.67，意味着 Er^{3+}的 $^2H_{11/2}$ 和 $^4S_{3/2}$ 绿光发光能级和 $^4F_{9/2}$ 红光发光能级的上转换布居都是靠双光子过程完成的。值得注意的是随着样品中掺杂 Er^{3+}浓度的增加，绿光和红光的 *n* 值都大致呈现出减小的趋势。出现 *n* 值减小说明上转换过程中出现一定的饱和趋势，即在上转换粒子布居时出现对中间能级的粒子数平衡起作用的 ESA 和 ETU 过程所占比例较线性弛豫过程逐渐增大的情况。图 8.11 还反映出三样品的绿光发射强度随着 Er^{3+}浓度的增加出现饱和趋势，而红光发射强度与 Er^{3+}浓度大致成线性关系。

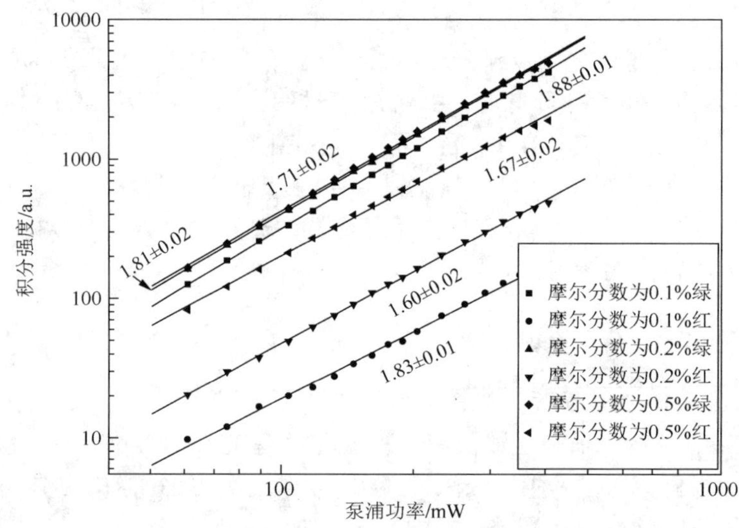

图 8.11 Er^{3+}在 Er^{3+}:KLTN 单晶中的上转换绿光和红光发光强度与激发能量的双对数曲线

研究 980nm 激发下的上转换发光强度的衰减动力学，需要将半导体激光器输出激光调制为方波脉冲形式，利用数字示波器采集某一固定发光波长的下降沿曲线即可，实验获得的发光衰减曲线如图 8.12 所示。图中所有衰减曲线均可用式（8.5）进行拟合，说明三晶体样品的上转换发光过程均有 ESA 和 ETU 过程参与，并且单带绿光和单带红光发射衰减寿命随着 Er^{3+}掺杂浓度增加呈增长趋势。

根据上面的讨论，给出 980 nm 激发下 Er^{3+}:KLTN 单晶中 Er^{3+}的上转换跃迁机理，如图 8.13 所示。

处于基态 $^4I_{15/2}$ 的 Er^{3+}的第一步激发是通过 GSA 完成的，Er^{3+}吸收一个泵浦激光光子并跃迁到中间激发态 $^4I_{11/2}$。处于中间激发态 $^4I_{11/2}$ 的 Er^{3+}通过两个上转换跃迁通道被激发到 $^4F_{7/2}$ 能级，其中一部分离子通过再次吸收一个泵浦光子被激发到 $^4F_{7/2}$ 能级，这是一个激发态吸收过程（ESA1）；与此同时，另一部分处于 $^4I_{11/2}$ 能级的 Er^{3+}与相邻 Er^{3+}发生能量转移过程（ETU1），其中一个 Er^{3+}将自身能量传递给另一个 Er^{3+}，使其激发到 $^4F_{7/2}$ 能级，而自身回到基态。Er^{3+}

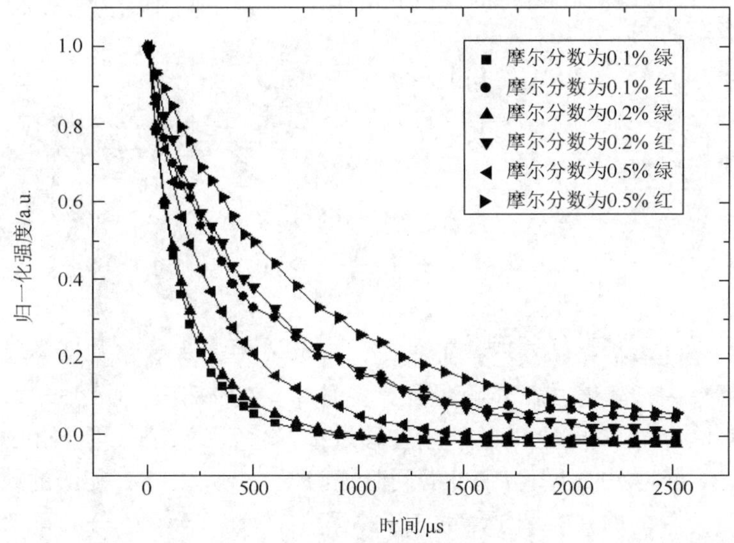

图 8.12　980 nm 激光激发下 Er^{3+}:KLTN 单晶中的 Er^{3+} 上转换荧光绿光和红光发射衰减曲线

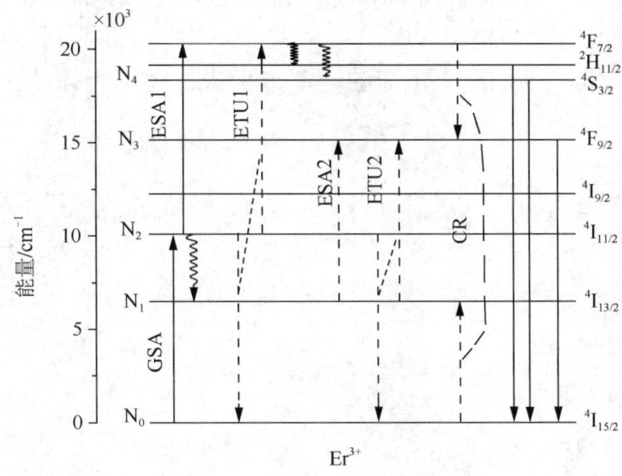

图 8.13　Er^{3+}:KLTN 单晶中 Er^{3+}在 980 nm 激光激发下的上转换跃迁机理

实线、虚线和虚线箭头分别代表跃迁、能量转移和多声子弛豫过程

离子 $^4F_{7/2}$ 能级与 $^2H_{11/2}$ 和 $^4S_{3/2}$ 能级的能级差分别约为 1150 cm^{-1} 和 1950 cm^{-1} 的声子能量，处于 $^4F_{7/2}$ 能级的 Er^{3+}在晶体中的声子的辅助下很容易发生多声子弛豫过程到达 $^2H_{11/2}$ 和 $^4S_{3/2}$ 能级，处于这两个能级的 Er^{3+}分别向基态跃迁产生 525 nm 和 548 nm 的上转换绿色荧光。部分处于亚稳态 $^4I_{11/2}$ 的 Er^{3+}通过多声子协助弛豫到 $^4I_{13/2}$ 能级，和 $^4F_{7/2}$ 能级的布居相似的原理，通过激发态吸收 ESA2 和能量转移过程 ETU2 跃迁到 $^4F_{9/2}$ 能级，吸收泵浦光的能量及能量转移过程与两能级差有约为 1450 cm^{-1} 的能量失配，可以利用多声子协助来调节。除此之外，发生在相邻 Er^{3+}之间的 CR 过程也能使 Er^{3+}布居到 $^4F_{9/2}$ 能级。在声子辅助情况下，一个处于 $^4F_{7/2}$ 能级的 Er^{3+}失去能量并弛豫到 $^4F_{9/2}$ 能级，另一个处于基态的 Er^{3+}得到能量并被激发到 $^4I_{13/2}$ 能级。这三个过程共同完成 Er^{3+}的 $^4F_{7/2}$ 能级的布局，并向基态跃迁产生 665 nm 的上转换红光发射带。各跃迁过程可以表达如下。

绿光发射能级布居为

$$\mathrm{ESA1}: {}^4\mathrm{I}_{11/2} + h\nu \longrightarrow {}^4\mathrm{F}_{7/2}$$

$$\mathrm{ETU1}: {}^4\mathrm{I}_{11/2} + {}^4\mathrm{I}_{11/2} \longrightarrow {}^4\mathrm{F}_{7/2} + {}^4\mathrm{I}_{15/2}$$

红光发射能级布居为

$$\mathrm{ESA2}: {}^4\mathrm{I}_{13/2} + h\nu \longrightarrow {}^4\mathrm{F}_{9/2}$$

$$\mathrm{ETU2}: {}^4\mathrm{I}_{13/2} + {}^4\mathrm{I}_{11/2} \longrightarrow {}^4\mathrm{F}_{9/2} + {}^4\mathrm{I}_{15/2}$$

$$\mathrm{CR}: {}^4\mathrm{F}_{7/2} + {}^4\mathrm{I}_{15/2} \longrightarrow {}^4\mathrm{F}_{9/2} + {}^4\mathrm{I}_{13/2}$$

对红光发光强度随着掺杂浓度升高而增强，但绿光发光强度随着掺杂浓度升高出现饱和趋势的现象可以解释为：随着 Er^{3+}浓度增加，晶体中单位体积中 Er^{3+}离子数密度升高，相邻 Er^{3+}之间的距离减小，导致离子之间的能量转移过程发生几率增加。使得 ETU2 和 CR 过程增强，增加 ${}^4F_{9/2}$ 和 ${}^4I_{13/2}$ 能级的粒子数密度的同时还降低 ${}^2H_{11/2}$ 和 ${}^4S_{3/2}$ 能级的粒子数密度。同时 ${}^4I_{13/2}$ 能级的粒子数密度增加又有利于增强 ESA2 和 ETU2 跃迁，使 ${}^4F_{9/2}$ 能级的粒子数密度增加，导致红光发射增强。因为 ETU2 过程需要 ${}^4I_{11/2}$ 能级的参与，因此 ETU2 和 ETU1 及 ESA1 是相互竞争关系，ETU2 的增强一定程度上抑制了绿光发光能级的上转换布居，所以随着掺杂 Er^{3+}浓度增加绿光发射呈现饱和趋势。

为了研究其物理机制，我们建立下面的速率方程来描述这个体系：

$$\frac{\mathrm{d}N_1}{\mathrm{d}t} = M_{21}N_2 + CN_4N_0 - A_{13}N_1 - W_{13}N_1N_2 - \frac{N_1}{\tau_1} \tag{8.6}$$

$$\frac{\mathrm{d}N_2}{\mathrm{d}t} = A_{02}N_0 - A_{24}N_2 - M_{21}N_2 - 2W_{20}N_2^2 - W_{13}N_1N_2 - \frac{N_2}{\tau_2} \tag{8.7}$$

$$\frac{\mathrm{d}N_3}{\mathrm{d}t} = A_{13}N_1 + W_{13}N_1N_2 + M_{43}N_4 + CN_4N_0 - \frac{N_3}{\tau_3} \tag{8.8}$$

$$\frac{\mathrm{d}N_4}{\mathrm{d}t} = A_{24}N_2 + W_{20}N_2^2 - M_{43}N_4 - CN_4N_0 - \frac{N_4}{\tau_4} \tag{8.9}$$

$$A_{ji} = \rho\sigma_j = \frac{\lambda}{hc\pi w_{\mathrm{p}}^2}P\sigma_j \quad (j = 0, 1, 2; i = 3, 2, 4) \tag{8.10}$$

式中，N_i 为图 8.13 中所示的 i 能级上的粒子数密度；τ_i 为 i 能级辐射跃迁寿命；A_{ji} 为能级 j 到能级 i 的 GSA 和 ESA 上转换速率；W_{ji} 为能级 j 到能级 i 的 ETU 上转换速率；M_{ji} 为能级 j 到能级 i 的多声子弛豫速率；C 为 CR 过程粒子相互作用系数；σ_j 为 Er^{3+} j 能级的吸收截面；P 为激发光泵浦常数。

当上转换发射处于稳态情况下，式（8.6）～式（8.9）全部等于零，非饱和情况下，中间能级上转换跃迁速率远低于其线性弛豫项，在推导过程中忽略方程中的上转换项。由于 ${}^4S_{3/2}$ 能级和 ${}^4F_{9/2}$ 能级的能量差较大，发生无辐射跃迁的几率较低，所以在式（8.8）和式（8.9）中忽略 $M_{43}N_4$ 项。推导简化后的稳态速率方程可以求得

$$N_4 = \rho^2\tau_2\sigma_0N_0\left(\sigma_2 + W_{20}\tau_2\sigma_0N_0\right) \propto P^2 \tag{8.11}$$

$$N_3 = \rho^2\left[\sigma_0\tau_1\tau_2M_{21}N_0\left(\sigma_1 + \sigma_0\tau_2W_{13}N_0\right) + C\tau_2\tau_4\sigma_0N_0^2\left(\sigma_2 + W_{20}\tau_2\sigma_0N_0\right)\right] \propto P^2 \tag{8.12}$$

可见在非饱和情况下，${}^4S_{3/2}$ 和 ${}^4F_{9/2}$ 能级的粒子数密度和泵浦光功率的平方成正比。因为这两个能级的粒子数密度分别和他们的发射光强度成正比，所以绿光和红光发射分别与泵浦光功率成平方关系，即上转换为双光子过程。

随着掺杂 Er^{3+}浓度升高，掺杂浓度达到足够高时，发生在相邻 Er^{3+}之间的能量转移过程占绝对优势，所以在式（8.6）～式（8.9）中可以忽略所有 ESA 和线性弛豫项，只保留 ETU 和 CR 项，简化的公式可以表示为

$$CN_4N_0 - W_{13}N_1N_2 = 0 \tag{8.13}$$

$$A_{02}N_0 - 2W_{20}N_2^2 - W_{13}N_1N_2 = 0 \tag{8.14}$$

$$W_{13}N_1N_2 + CN_4N_0 - \frac{N_3}{\tau_3} = 0 \tag{8.15}$$

$$W_{20}N_2^2 - CN_4N_0 - \frac{N_4}{\tau_4} = 0 \tag{8.16}$$

可以求得

$$N_4 = A_{02}N_0/(2/\tau_4 + 3CN_0) \approx \rho\sigma_0/3C \propto P \tag{8.17}$$

$$N_3 = 2\tau_3 CN_0N_4 = 2/3\tau_3\rho\sigma_0N_0 \propto N_0 \approx N \propto P \tag{8.18}$$

即在足够高的掺杂浓度下，$^4S_{3/2}$ 能级的粒子数密度为常数，意味着绿光上转换发射强度出现饱和状态；$^4F_{9/2}$ 能级的粒子数密度与掺杂离子浓度成正比关系，意味着红光上转换发射强度与掺杂浓度成线性关系，未出现饱和趋势。同时也证明泵浦功率曲线斜率与泵浦光功率成线性关系，所以功率曲线斜率逐渐减小。此结果很好地解释了实验中绿光出现饱和趋势的现象。

如图 8.14 所示是 980 nm 激光激发摩尔分数为 0.2%Er^{3+}/0.1%Yb^{3+}:KLTN 单晶样品的上转换荧光光谱，相对于单掺摩尔分数为 0.2%Er^{3+}:KLTN 样品，两者发射光谱的差别主要有两点：一是双掺样品的 665 nm 红色发光强度相对单掺样品增强；二是双掺样品发射出中心波长约为 850 nm 微弱红外荧光，而在单掺样品中没有此荧光发射带。红色发光强度增强说明 Yb^{3+}的掺入使得 980 nm 激发下 Er^{3+}在 $^4F_{9/2}$ 能级粒子数布居增加。850 nm 红外荧光发射归因于 Er^{3+}的 $^4S_{3/2}\rightarrow{}^4I_{13/2}$ 跃迁。图 8.14 插图中为样品绿光和红光发光强度随着泵浦功率的变化关系，在双对数坐标下能够对曲线进行很好的线性拟合，得到绿光和红光荧光带的斜率 n 值分别为 1.89 和 1.73，说明 Er^{3+}采用双光子过程布居其 $^4S_{3/2}$ 和 $^4F_{9/2}$ 能级。

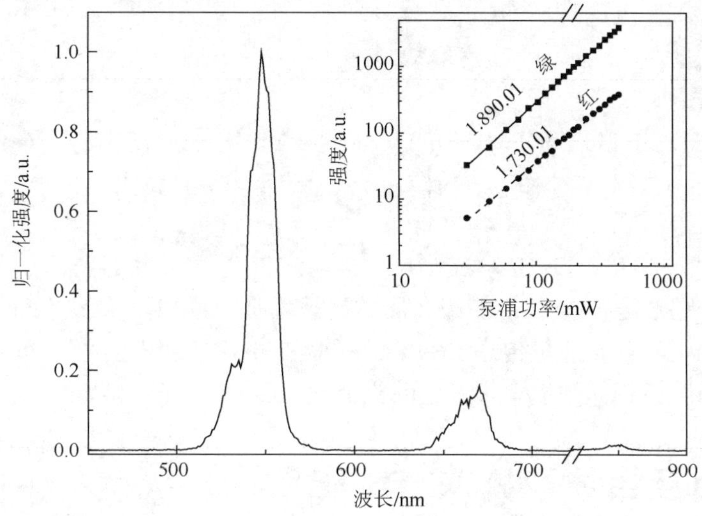

图 8.14　980 nm 激光激发下 Er^{3+}/Yb^{3+}:KLTN 单晶中 Er^{3+}的绿色和红色上转换荧光光谱

插图中是绿光和红光强度与激发能量的双对数曲线

图 8.15 显示的是 Yb^{3+}和 Er^{3+}的能级图和 980 nm 激发下的上转换机制。图中 GSA 和 ESA 过程以及 $^4I_{13/2}$ 能级的布居已经在单掺系统中做了详细解释，此处不再赘述。因为 Yb^{3+}作为敏化离子，Yb^{3+}到 Er^{3+}的能量传递效率较 Er^{3+}之间的能量传递效率高得多，所以忽略 Er^{3+}之间的各种能量传递过程。如图 8.15 所示，处于基态 $^2F_{7/2}$ 的 Yb^{3+}吸收泵浦光子被激发至激发态 $^2F_{5/2}$ 能级，然后通过 ET1 和 ET2 将处于基态的 Er^{3+}二步激发到 $^4F_{7/2}$ 能级，之后发生声子协助无辐射弛豫到 $^2H_{11/2}$ 和 $^4S_{3/2}$ 绿色发光能级；通过 ET3 过程将处于 $^4I_{13/2}$ 态的 Er^{3+}激发到 $^4F_{9/2}$ 红色发光能级，完成绿光和红光发射能级的布居并分别向基态跃迁产生绿光和红光上转换荧光，而 Yb^{3+}本身由于失去能量退激发到基态能级。

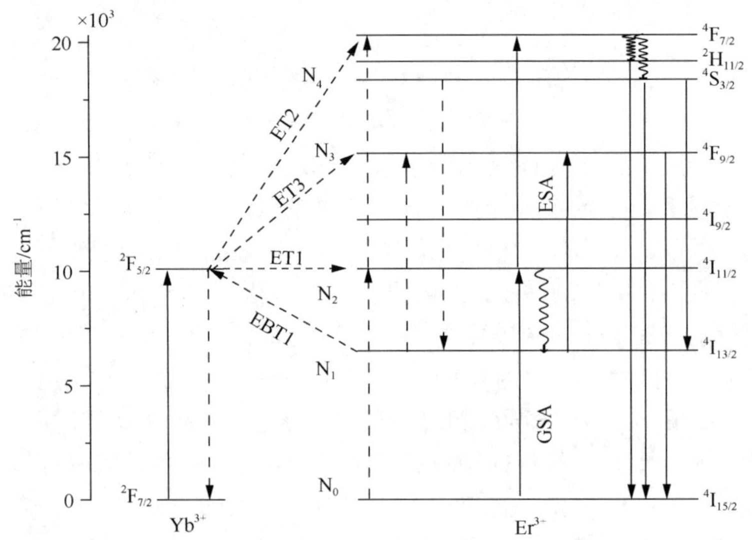

图 8.15 Er^{3+}/Yb^{3+}:KLTN 单晶中 Er^{3+}在 980 nm 激发下的上转换跃迁机理

图中实线、虚线和虚线箭头分别代表跃迁、能量转移和多声子弛豫过程

此上转换跃迁过程可以表示为

$$Yb^{3+}: GSA:^2F_{7/2} + h\nu \longrightarrow {}^2F_{5/2}$$

绿光发射能级布居为

$$ET1: Yb(^2F_{5/2})+Er(^4I_{15/2}) \longrightarrow Yb(^2F_{7/2})+Er(^4I_{11/2})$$

$$ET2: Yb(^2F_{5/2})+Er(^4I_{11/2}) \longrightarrow Yb(^2F_{7/2})+Er(^4F_{7/2})$$

红光发射能级布居为

$$ET3: Yb(^2F_{5/2})+Er(^4I_{13/2}) \longrightarrow Yb(^2F_{7/2})+Er(^4F_{9/2})$$

高效的能量传递过程使得 $^4S_{3/2}$ 能级布居数显著增加，向 $^4I_{13/2}$ 能级跃迁产生 850 nm 红外发光；从 Er^{3+}到 Yb^{3+}的背向能量传递 EBT1 过程增加 $^4I_{13/2}$ 能级的粒子数布居。高效的 ET3 过程使得红光发射强度较相同浓度单掺 Er^{3+}的样品变大。

8.3 掺铒及铒镱双掺 KLTN 陶瓷

稀土离子掺杂的 KLTN 晶体，因其具有生长到大尺寸困难、成本较高及无法实现高浓度稀土掺杂等缺点，一定程度上限制了稀土掺杂 KLTN 晶体的性能和实用化研究。有些发光特性需要在高浓度掺杂及多种稀土离子掺杂材料中才能观察到，比如三色荧光发射是利用多种离子掺杂，荧光光谱设计则是利用某些离子的高浓度掺杂来实现某特定波长发射带的增强并抑制其他某波长的发射来实现。对 KLTN 这种复杂体系，Nd^{3+}、Ho^{3+}和 Tm^{3+}等离子以及高浓度的 Er^{3+}和 Yb^{3+}无法在此组分 KLTN 单晶中实现掺杂生长。所以，有必要探索新形式的 KLTN 基质材料，以期能够较全面了解 KLTN 基质对发光性能的影响，并在更广泛的领域进行实用化研究。

本节首先基于固相反应法制备 Er^{3+}及 Er^{3+}/Yb^{3+}共掺 KLTN 陶瓷，研究其晶体结构及微观形貌。其次对其发光性能进行系统的研究，比较 KLTN 陶瓷和单晶的发光性能的异同。最后根据高浓度稀土掺杂陶瓷的荧光发射带劈裂现象研究稀土离子在 KLTN 材料中的占位情况[15]。

8.3.1　Er^{3+}掺杂及 Er^{3+}/Yb^{3+}双掺 KLTN 陶瓷制备及表征

1. KLTN 陶瓷的制备

KLTN 陶瓷材料的制备采用固相反应法，其制备过程包括配料研磨、预烧、造粒成型、烧结。

配料研磨：将 K_2CO_3、Li_2CO_3、Ta_2O_5、Nb_2O_5 粉末按照物质的量之比 0.6:0.4:0.5:0.5 计算质量，配制质量为 10 g 的混合粉末。按照摩尔浓度分别加入 Er_2O_3 和 Yb_2O_3 粉末，获得摩尔分数为 $x$$Er^{3+}$:$K_{0.6}Li_{0.4}Ta_{0.5}Nb_{0.5}O_3$（$x$=0.1%、0.2%、0.5%、1%、2%、6%和 10%）和 1% Er^{3+}/$y$$Yb^{3+}$:$K_{0.6}Li_{0.4}Ta_{0.5}Nb_{0.5}O_3$（$y$ 是摩尔分数，y=0.5%、1%和 2%）的原料混合粉末。原料粉末需要进行均匀的混合与研磨，研磨主要目的是使参与反应的粉末原料的颗粒达到一定的细度，并且能在研磨过程中对原料进行充分的混合。将粉末倒入玛瑙研钵中，将其磨碎，直至原料变为均匀细腻的粉末为止，加入适量酒精使其混合均匀并研磨 5h 左右，烘干，再次得到粉末状原料。

预烧：将干燥后的粉末压制成直径为 30 mm 的原料片，压强在 250 MPa 以上。将原料片放入马弗炉中，以 150℃/h 升温至 100℃，保持 0.5 h 蒸发原料中含有的水分。以 150℃/h 升温至 800～950℃，并保持 8～10 h 进行多晶合成，然后降温至室温。主要材料合成过程的反应方程式如下：

$$0.6K_2CO_3 + 0.4Li_2CO_3 + 0.5Ta_2O_5 + 0.5Nb_2O_5 \longrightarrow 2K_{0.6}Li_{0.4}Ta_{0.5}Nb_{0.5}O_3 + CO_2\uparrow \tag{8.19}$$

经过预烧结的原料片有明显的体积收缩。多晶合成的化学反应不是在原料熔融状态下进行的，而是在比熔点低的温度下，通过各原子或离子之间的扩散来完成的。因此控制好预烧温度和保持时间能够提高陶瓷的成瓷效果。

造粒成型：将预烧过的原料片捣碎研磨成粉末，加入适量酒精浸泡研磨 2h 左右并烘干。加入 20 滴摩尔浓度为 8%的聚乙烯醇（polyvinyl alcohol，PVA）的酒精溶液作为黏合剂，充分研磨使粉料和 PVA 混合均匀。加入适量酒精研磨 1h 左右并烘干，在干燥器中静置 24 h。用筛子选取粒度在 75～100 μm 的粉末，粒度大于 100 μm 的颗粒碾碎继续过筛，将小于 75 μm 的粉末再次压成片，然后捣碎过筛，如此反复，直到所有原料的粒径都符合大小要求。此操作同时也能起到减少陶瓷的气孔率、提高坯体密度、强度和均匀度的作用，提高陶瓷成瓷效果。黏合剂能够增加瓷料的可塑性和提高坯体的机械强度。PVA 经过高温煅烧能全部挥发，因此不会引入杂质，对最终烧结的陶瓷性能没有影响。

造粒质量好坏直接影响成型坯体及烧结体的质量，所以造粒是成型工艺的一个关键工序。

将处理好的粉体装入模具中，压制成直径为 12 mm 的陶瓷毛坯。干压成型时压力的大小也会影响毛坯的密度和收缩率，成型压力小，毛坯收缩大，最终烧成的陶瓷密度较小。但是压力过大会造成毛坯出现裂纹以及分层和脱模困难等现象。同时在压片时，加压速度过快会导致坯体分层，表面致密中间松散，甚至坯体中存在气泡等问题，因此加压速度应缓慢，并且应该有一定的保压时间。

烧结：制备程序的最后阶段就是对压片成型的 KLTN 毛坯进行烧结。具体过程为：将毛坯放在刚玉垫片上，放入马弗炉中并做好标记，保证毛坯周围有较好的通风条件，以 150℃/h 升温至 500～600℃，保持 2～4 h，使 PVA 充分排出毛坯，降温至室温。用相同组分的粉料掩埋陶瓷毛坯，升温至 100℃并保持 0.5 h，烘干毛坯中残余的水分。以 150℃/h 升温至 850℃，以 60℃/h 升温至 1170～1175℃，保持 4～6 h。为防止烧好的陶瓷在高温时降温速度过快导致出现生长缺陷影响陶瓷质量，采取缓慢降温的方法（以 40℃/h 降温至 800℃，以 120℃/h 至室温）处理，至此完成 KLTN 陶瓷的烧结过程。

烧结过程是将毛坯的温度加热到略低于毛坯的熔化温度，使毛坯发生一系列的物理和化学变化。毛坯由粉体聚集体变为晶粒结合体，发生体积收缩、密度提高和强度增强，从而得到陶瓷。提高材料的致密度是烧结的主要目的之一，它主要受烧结温度以及烧结时间的影响。合理的烧结温度应该选择在体积密度最大的温度附近，这需要实验工作的摸索来寻找。随着烧结温度的升高，毛坯的晶粒不断长大、晶界迁移、体积收缩、密度提高、在理想的温度时样品密度达到最大值。但烧结温度并不是越高越好，温度越高，晶粒生长速度越快，晶粒产生生长缺陷的可能性也越大。同时组分挥发也越快，气孔增多，从而降低样品的密度，影响烧结效果，甚至会使样品熔化。同时，烧结时间越长，样品的晶粒会不断长大，晶粒的强度也会提高，但是过大的晶粒尺寸也会影响陶瓷的成瓷效果。因此必须合理控制烧结温度和烧结时间。一般来说，烧结效果较好的样品，收缩率在 10%左右。样品折断后可看到断面处均匀细密、平坦而有光泽。烧结温度过低的样品，收缩率小、密度低、颜色浅、易折断且断面粗糙。烧结温度过高的样品，收缩率大甚至出现变形、颜色较深、不易折断，断面粗糙或者有明显的晶粒感。

Er^{3+}:KLTN 和 Er^{3+}/Yb^{3+}:KLTN 的烧结步骤流程，如图 8.16 所示。

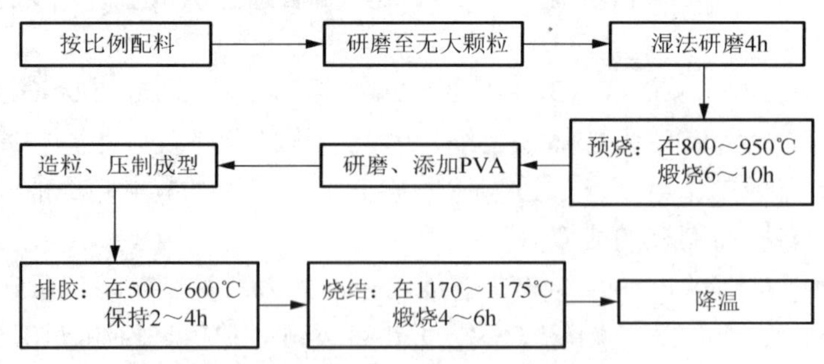

图 8.16 KLTN 陶瓷制备流程图

随着稀土离子的掺杂浓度增加，样品的最佳烧结温度降低，机械强度和硬度变大。采用质量体积法测得烧结样品平均密度约为 4.6 g/cm^3。

2. KLTN 陶瓷的表征

$K_{1-y}Li_yTa_{1-x}Nb_xO_3$ 陶瓷的晶体结构会随着组分不同而变化，对陶瓷进行 X 射线衍射分析，样品的 XRD 衍射模式如图 8.17 所示。从图中可以看出，随着稀土离子浓度的增加，陶瓷的衍射模式并没有发生明显变化。对样品 XRD 模式图进行指标化，其主要衍射峰和标准卡片中的 $K_3Li_2Nb_5O_{15}$ 晶体相一致，表明晶体具有四方相晶体结构，其晶胞属于 4mm 点群、P4/mbm 空间群。

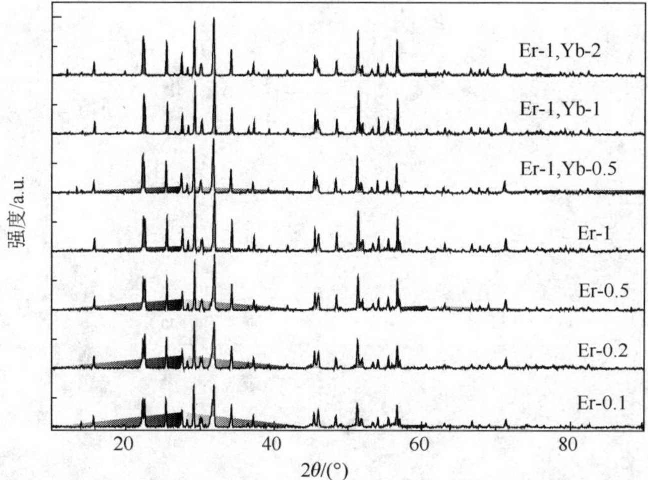

（a）摩尔分数为xEr^{3+}:KLTN (x=0.1%, 0.2%, 0.5%, 1%)和1% Er^{3+}/yYb^{3+}: KLTN (y=0.5%, 1%, 2%)陶瓷

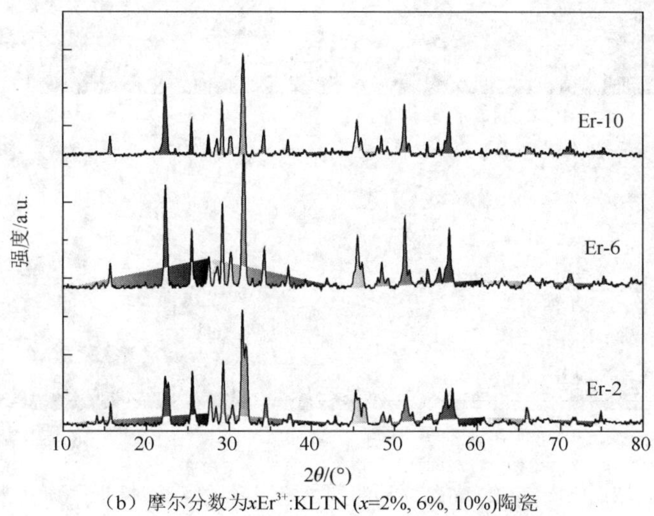

（b）摩尔分数为xEr^{3+}:KLTN (x=2%, 6%, 10%)陶瓷

图 8.17　KLTN 陶瓷的 X 射线衍射模式图

对比标准卡片，从 XRD 模式图上可以看到样品没有杂相出现，表明陶瓷样品结晶状态良好。将样品 XRD 衍射峰角度和对应的衍射面利用 Jade5 软件计算其晶格常数，发现其晶格常数并没有明显变化，即稀土离子的掺入并没有改变晶体结构和晶胞参数。以样品摩尔分数为 $1\%Er^{3+}/1\%Yb^{3+}:K_{0.6}Li_{0.4}Ta_{0.5}Nb_{0.5}O_3$ 为例，给出样品的晶格参数为：$a=b=12.61$ Å, $c=3.9042$ Å, $v=620.63$ $Å^3$。陶瓷的晶格结构与单晶完全一致。根据 Er_2O_3 的标准卡片，其 29.31° 的最强衍射峰与晶体的（410）面的衍射峰重合，且其他位置并没有出现 Er_2O_3 的其他衍射峰，所以可以认为陶瓷样品中不存在大量 Er_2O_3 团簇。同理，XRD 模式中没有强的 Yb_2O_3 的最强衍射峰 29.61° 出现，且次强衍射峰 34.33° 与晶格的（321）面的衍射峰重合，所以陶瓷样品中也不存

在大量的 Yb_2O_3 团簇。

为了分析陶瓷的微观结晶状况，研究了扫描电子显微镜拍摄的陶瓷表面和断面形貌照片。图 8.18 为摩尔分数为 $x$$Er^{3+}$:KLTN($x$=0.1%, 0.2%, 0.5%)陶瓷样品的表面和断面 SEM 照片。

（a）0.1% Er^{3+}:KLTN表面形貌图　（b）0.1% Er^{3+}:KLTN断面形貌图

（c）0.2% Er^{3+}:KLTN表面形貌图　（d）0.2% Er^{3+}:KLTN断面形貌图

（e）0.5% Er^{3+}:KLTN陶瓷表面形貌图　（f）0.5% Er^{3+}:KLTN陶瓷断面形貌图

图 8.18　Er^{3+}:KLTN 陶瓷样品的扫描电子显微镜表面和断面形貌图[4]

从左侧的表面相片可以看出，陶瓷结晶状况非常好，晶粒为比较规则的长方体。其中图 8.18（a）中的 0.1%Er^{3+}:KLTN 样品表面相片显示此配比陶瓷结晶状况很好，晶粒大小非常均匀，为 1～3 μm。晶粒与晶粒之间结合较为紧密，气孔率较少。此样品的断面微观结构如图 8.18（b）所示，晶粒之间有明显的穿晶断裂现象，即断裂处并不是晶粒和晶粒的连接处，而是晶粒产生断裂，且晶粒之间连接致密，气孔率较低，这些现象表明此陶瓷样品的烧结状况良好。纵向观察各陶瓷样品的表面照片，晶粒尺寸并没有固定的变化规律，如图 8.18（e）中的 0.5%Er^{3+}:KLTN 样品的晶粒大小就出现较大的不均匀性。可能造成此现象的原因是所有样品是在一起烧结，烧结温度对个别样品来说并不一定是理想的烧结温度，并且在造粒后粉料研磨可能不够充分导致造粒大小不均匀。但是这些样品结晶状况都很好，这个结论从样品的断面相片即可以看出，各样品都出现明显的穿晶断裂现象，且断裂面并没有明显不同。即

在低浓度稀土离子掺杂的情况下，陶瓷的成瓷效果受掺杂离子及掺杂浓度的影响较小。

如图 8.19 所示为摩尔分数为 1% Er^{3+}/yYb^{3+}: KLTN（y=0.5%, 1%, 2%）陶瓷样品表面和断面的 SEM 照片。从左侧表面照片可以看出，样品晶粒形状依然是长方体，但是晶粒的平均大小已经明显比单掺 Er^{3+}的 KLTN 样品要小。从右侧的断面相片可以看出，样品的穿晶断裂现象更加明显，说明掺杂稀土离子浓度的升高已经影响了陶瓷的结晶状况。实验结果表明，随着掺杂稀土离子浓度的升高，陶瓷的理想烧结温度降低。陶瓷的低倍 SEM 照片显示，样品稀土掺杂浓度越高，气孔率也越高。这主要是因为实际烧结温度偏高，使得烧结时样品的组分挥发比较严重，导致气孔增多。实验结果表明，10% Er^{3+}:KLTN 陶瓷样品的合理烧结温度约为 1040℃。

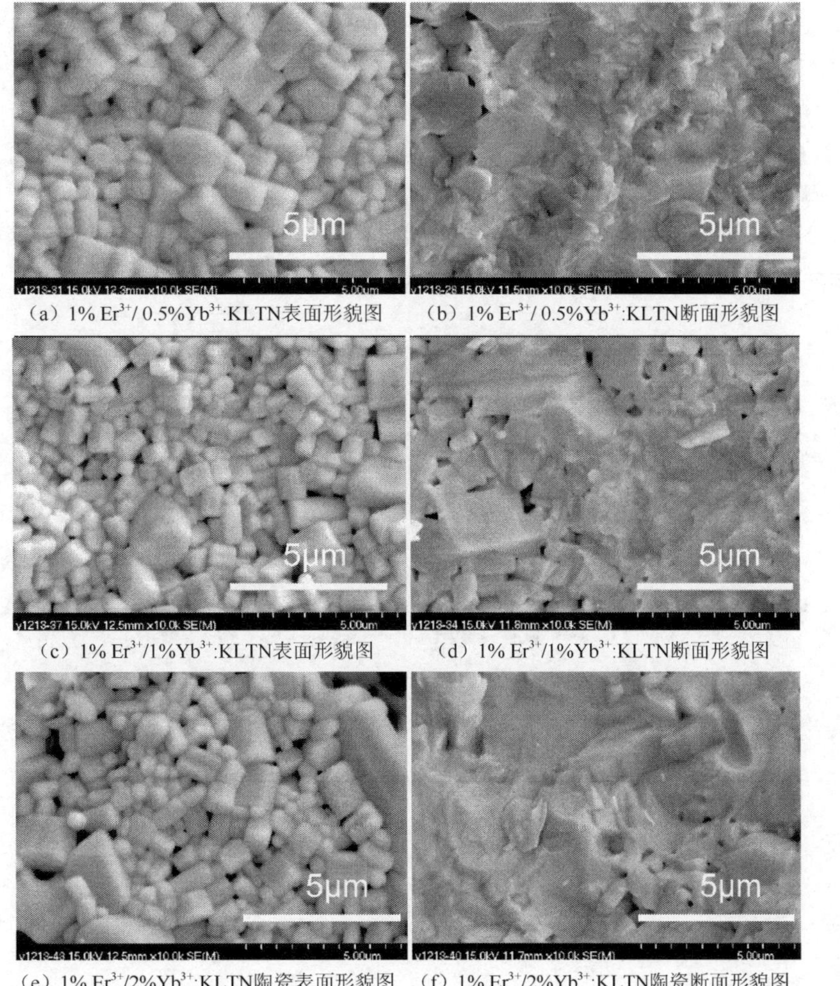

（a）1% Er^{3+}/ 0.5%Yb^{3+}:KLTN表面形貌图 （b）1% Er^{3+}/ 0.5%Yb^{3+}:KLTN断面形貌图

（c）1% Er^{3+}/1%Yb^{3+}:KLTN表面形貌图 （d）1% Er^{3+}/1%Yb^{3+}:KLTN断面形貌图

（e）1% Er^{3+}/2%Yb^{3+}:KLTN陶瓷表面形貌图 （f）1% Er^{3+}/2%Yb^{3+}:KLTN陶瓷断面形貌图

图 8.19 Er^{3+}/Yb^{3+}:KLTN 陶瓷样品的扫描电子显微镜表面和断面形貌图[4]

8.3.2 Er^{3+}掺杂及 Er^{3+}/Yb^{3+}双掺 KLTN 陶瓷的发光性能

为研究陶瓷样品的荧光性能，分别测试了中心波长为 400 nm、800 nm 和 980 nm 激光泵浦下陶瓷样品的稳态荧光光谱。其测试光路和电路系统与晶体一致。

1. 980 nm 激发 Er^{3+}:KLTN 和 Er^{3+}/Yb^{3+}:KLTN 陶瓷上转换发光性能

图 8.20 为 980 nm 半导体激光泵浦样品的稳态上转换荧光光谱。如图 8.20（a）所示，在 980 nm 激光激发下，样品发射出三个不同的荧光光谱带，分别为绿色、红色和红外发射带。最强的上转换荧光发射带是中心波长在 525nm 和 548nm 的绿色发射带，从 640～700 nm 为红光发射带，其中心波长在 660 nm。从 800～865 nm 为红外发射带，发射光强很弱，对应 Er^{3+} 的 $^4I_{9/2}\rightarrow{}^4I_{15/2}$ 跃迁。上转换荧光光谱中还可以看出，绿光和红光荧光发射随着掺杂 Er^{3+}和 Yb^{3+} 浓度增加而增强。因为所有荧光数据都是在相同的光路和激发能量下测得的，所以上转换荧光强度的增加只能是因为稀土离子掺杂浓度的增加引起的。图 8.20（b）为掺杂 Er^{3+}摩尔浓度分别为 1%、2%、6%和 10%的 KLTN 陶瓷样品的 980nm 激光泵浦上转换荧光光谱。从图中可以看出，上转换荧光强度在 Er^{3+}浓度为 2%时达到最大，之后便随着掺杂浓度增加而降低，说明上转换发光强度不是随着掺杂稀土离子浓度单调增强，Er^{3+}掺杂浓度在 1%～6%存在一个阈值。在低于阈值浓度时荧光强度单调增强，高于阈值浓度时荧光强度单调降低。这主要是因为随着 Er^{3+}浓度增加，发生在相邻 Er^{3+}-Er^{3+}离子之间的能量传递过程增加，使得发光能级粒子布居效率降低，从而导致有效上转换发光强度随之降低。当掺杂浓度高于某一值后就不会有荧光发射，即所谓的稀土离子浓度猝灭现象。

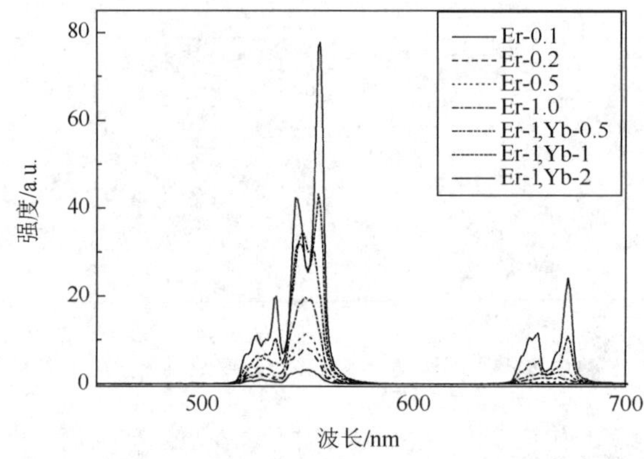

（a）xEr^{3+}:KLTN (x=0.1%，0.2%，0.5%，1%)和1% Er^{3+}/yYb^{3+}:KLTN (y=0.5%，1%，2%)陶瓷

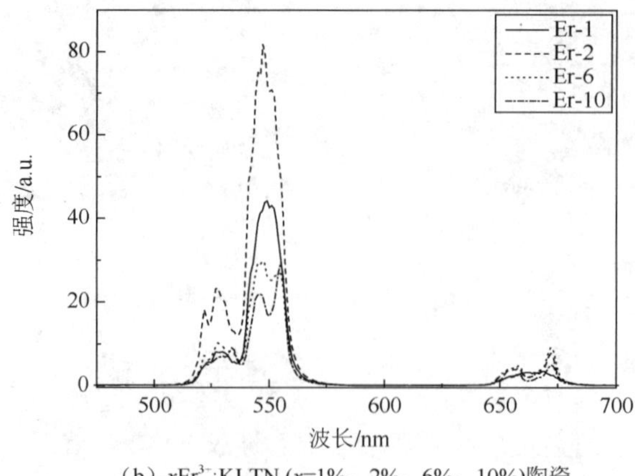

（b）xEr^{3+}:KLTN (x=1%，2%，6%，10%)陶瓷

图 8.20　980 nm 二极管激光激发下陶瓷的稳态上转换荧光光谱

在图 8.20（a）中单掺 Er^{3+}:KLTN 陶瓷样品的上转换荧光中的每个发射带都是一个连续的发射带，但在 Er^{3+}/Yb^{3+}:KLTN 样品，每个 Er^{3+}荧光发射带都发生劈裂，变为两个连续的发射带。并且随着 Yb^{3+}掺杂浓度的增加，荧光带劈裂越明显。以 Er^{3+}的 $^4S_{3/2}$ 能级跃迁产生的绿色发射带为例，当 Yb^{3+}浓度较低时，峰值为 544 nm 的荧光带发射强度要大于峰值为 556 nm 的荧光带，而当 Yb^{3+}掺杂浓度升高时，峰值为 556 nm 的荧光发射带强度慢慢超越峰值为 544 nm 的发射带。同样的现象也发生在 $^2H_{11/2}$ 和 $^4F_{9/2}$ 能级跃迁产生的绿光和红光发射带中。为了验证荧光带劈裂是否是因为 Yb^{3+}的掺入引起的，特意制备了高浓度单 Er^{3+}掺杂的 KLTN 陶瓷样品，并测试其 980 nm 泵浦荧光光谱，如图 8.20（b）所示，摩尔分数为 1% Er^{3+}掺杂 KLTN 的荧光劈裂并不明显，但是随着 Yb^{3+}浓度的增加，每个荧光发射带也出现同样的劈裂现象，说明荧光劈裂并不是因为 Yb^{3+}的掺杂及其能级结构引起的。

当稀土离子掺杂在晶格不同位置时因为其所处的周围晶体场作用强度不同，导致稀土离子能级重心位移不同，会引起晶格中稀土离子的发光光谱峰位置不同。在除稀土离子掺杂浓度不同外其他条件都一致的情况下，样品的荧光光谱的差异可以认为是掺杂稀土离子浓度不同引起了稀土离子在晶格中的占位不同。不同的晶格占位具有不同的晶体场位能，导致稀土离子能级位移不同，引起对应的发光光谱的差异。

实验中还发现，陶瓷的荧光光谱与单晶的荧光光谱图（图 8.10）有所不同，浓度（摩尔分数）为 0.5%:KLTN 单晶样品出现了荧光劈裂，而此浓度下的陶瓷样品并无劈裂现象。这是因为单晶中 Er^{3+}的真实浓度比原料配比浓度高，也就是比陶瓷的浓度高。原因如下：在单晶生长过程中，原料熔融状态下 Er^{3+}存在严重的分凝现象，高的分凝现象导致晶体中的 Er^{3+}的真实浓度比原料配比浓度高。陶瓷中的 Er^{3+}是均匀分布的，真实 Er^{3+}浓度和原料配比浓度相同。摩尔分数为 0.5%:KLTN 晶体样品中 Er^{3+}真实浓度（摩尔分数）要高于 0.5%，因此产生荧光发射劈裂也是正常的。

为了确定 980nm 激光泵浦下陶瓷样品的上转换发光的过程，首先研究了上转换荧光强度分别随掺杂 Er^{3+}和 Yb^{3+}浓度的变化关系，获得的实验结果如图 8.21 所示。因为红光和红外上转换发光强度比较弱，为了方便比较，图中将其积分发射强度放大若干倍后描述在图中。图 8.21（a）中给出的是单掺 Er^{3+}的 KLTN 样品发光强度的变化关系，绿光和红光的发光强度随着掺杂浓度大致呈线性增强关系，而红外荧光的发光强度也随着掺杂浓度增强，但是却呈现饱和趋势。以摩尔分数为 0.1%的 Er^{3+}掺杂 KLTN 陶瓷作参考，对绿色上转换发光而言，掺入摩尔分数为 0.2%的 Er^{3+}可以将上转换发光增强 2.4 倍；掺入摩尔分数为 0.5%的 Er^{3+}可以将上转换发光增强 3.3 倍；掺入摩尔分数为 1%的 Er^{3+}可以将上转换发光增强 5.8 倍。对红色上转换发光而言，掺入摩尔分数为 0.2%的 Er^{3+}可以将上转换发光增强 1.8 倍，掺入摩尔分数为 0.5%的 Er^{3+}可以将上转换发光增强 5.9 倍；掺入摩尔分数为 1%的 Er^{3+}可以将上转换发光增强 17.5 倍。在这四个样品中，红光发射带相对于绿光发射带的积分荧光发射强度之比分别为 0.031、0.024、0.056 和 0.094。可以看出，Er^{3+}浓度的增加能增强红光上转换荧光发射强度，这是因为 Er^{3+}浓度的增加缩短陶瓷晶格中 Er^{3+}-Er^{3+}离子之间距离，使得发生在相邻 Er^{3+}之间的 CR 过程增强，增加 Er^{3+}的 $^4F_{9/2}$ 能级的粒子数布居，从而增强红光上转换发光强度。

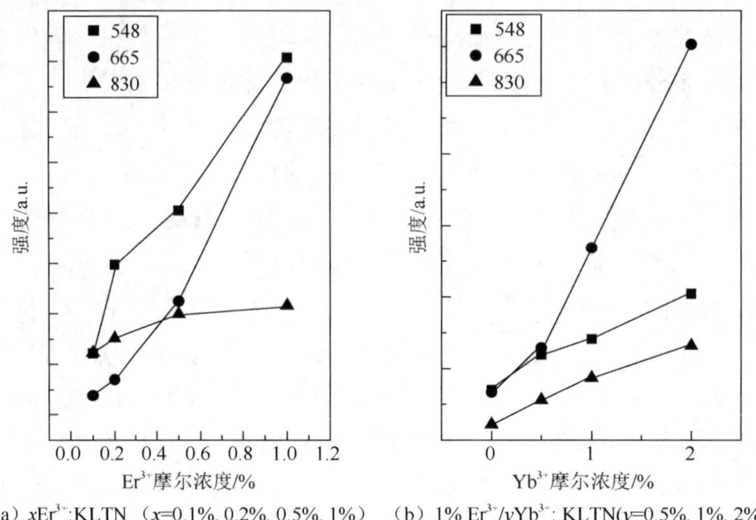

（a）xEr^{3+}:KLTN （x=0.1%, 0.2%, 0.5%, 1%） （b）1% Er^{3+}/yYb^{3+}: KLTN(y=0.5%, 1%, 2%)

图 8.21 980 nm 激光激发下，陶瓷 Er^{3+}上转换荧光强度分别随 Er^{3+}和 Yb^{3+}浓度的变化关系

图 8.21（b）给出的是 Er^{3+}/Yb^{3+}共掺 KLTN 样品的发光强度随 Yb^{3+}浓度的变化关系。包括红外发射带在内的各个荧光发射带的发射强度都随掺杂浓度大致呈线性增强趋势。以摩尔分数为 1%Er^{3+}单掺 KLTN 陶瓷作参考，对绿色上转换发光而言，掺入摩尔分数为 0.5%的 Yb^{3+}可以将上转换发光增强 1.7 倍；掺入摩尔分数为 1%的 Yb^{3+}增强 2.0 倍；掺入摩尔分数为 2%的 Yb^{3+}增强 2.9 倍。对红色上转换发光而言，掺入摩尔分数为 0.5%的 Yb^{3+}可以将上转换发光增强 1.9 倍；掺入摩尔分数为 1%的 Yb^{3+}增强 4.0 倍；掺入摩尔分数为 2%的 Yb^{3+}增强 8.3 倍。对近红外上转换发光而言，掺入摩尔分数为 0.5%的 Yb^{3+}可以将上转换发光增强 2.6 倍；掺入摩尔分数为 1%的 Yb^{3+}增强 4.0 倍；掺入摩尔分数为 2%的 Yb^{3+}增强 6.1 倍。因为作为发光中心的 Er^{3+}浓度并没有改变，所以增强的上转换荧光意味着从 Yb^{3+}到 Er^{3+}的能量转移过程的增强。在这三个样品中，红光发射带相对于绿光发射带的积分荧光发射强度之比分别为 0.11、0.19 和 0.27。可以看出，Yb^{3+}能明显增加 Er^{3+}的上转换荧光发射强度，对增强红光上转换发光效果尤为显著，这是因为 Yb^{3+}有大的 980 nm 吸收截面，Er^{3+}-Yb^{3+}离子之间有理想的能级匹配，所以 Yb^{3+}到 Er^{3+}具有高效的能量传递效率。因此，此时的 Er^{3+}-Er^{3+}之间的相互作用与 Er^{3+}-Yb^{3+}之间的相互作用相比可以忽略。Yb^{3+}对增强红光发射效果更好是因为 Er^{3+}与 Yb^{3+}之间的高效背向能量传递过程 EBT1 所导致。此过程将处于激发态的 $^2H_{11/2}/^4S_{3/2}$ 的 Er^{3+}反向弛豫到 $^4I_{13/2}$ 能级，再通过能量传递过程布居到红光发射能级 $^4F_{9/2}$，产生红光上转换发射。

为确定这些上转换发光的物理起源，研究了 980 nm 激光激发上转换荧光强度随激发激光能量的变化关系，实验测得的上转换积分荧光强度与泵浦能量的双对数依赖关系如图 8.22 所示。图中大致可以看出，红光和绿光发射基本都是双光子过程。但是曲线斜率随着掺杂离子浓度大致呈现降低的趋势，尤其是 Yb^{3+}浓度（摩尔分数）为 2%的 Er^{3+}/Yb^{3+}:KLTN 样品，红光发射斜率仅为 1.25，即可以认为此样品红光荧光发射出现明显的饱和现象。

在图 8.22 中，对于单掺 Er^{3+}样品绿光发射功率曲线斜率随着掺杂浓度降低，根据之前推导泵浦功率曲线随着离子掺杂浓度升高而降低的结果可以找到合理的解释。在低浓度时上转换为非饱和过程，对中间能级 $^4I_{11/2}$，线性衰减过程对平衡其能级粒子数起主要作用，所以此时斜率接近于 2，即如式（8.11）和式（8.12）所示。当掺杂浓度足够高时，上转换过程为主

要平衡 $^4I_{11/2}$ 能级粒子数的过程，此时上转换为饱和过程，发光强度与稀土离子数密度以及泵浦光强度成正比，如式（8.17）和式（8.18）所示斜率为 1。因此随着稀土掺杂浓度的升高，上转换过程由非饱和过程逐渐变为饱和过程。

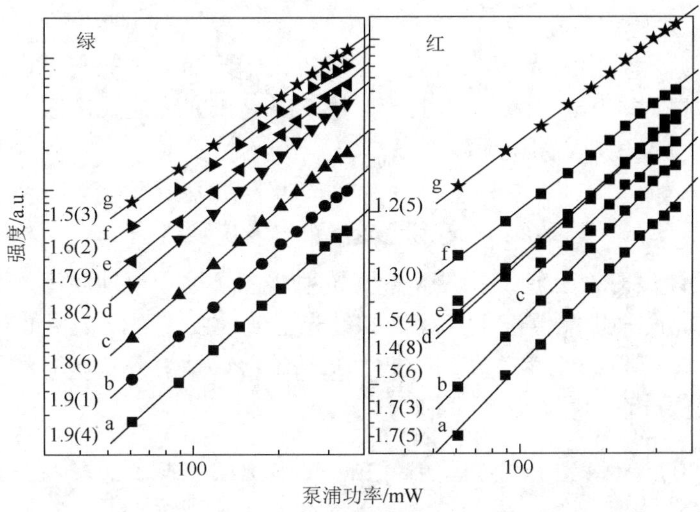

图 8.22　Er^{3+}:KLTN 和 Er^{3+}/Yb^{3+}:KLTN 陶瓷中上转换发光强度与激发能量的双对数曲线

a～d 分别代表 xEr^{3+}:KLTN（x=0.1%, 0.2%, 0.5%, 1%），e～g 分别代表 1% Er^{3+}/yYb^{3+}: KLTN（y=0.5%, 1%, 2%）样品

对 Er^{3+}/Yb^{3+}双掺样品，上转换荧光发射功率曲线斜率也逐渐降低，即意味着单光子上转换过程成分所占比例随着掺杂 Yb^{3+}浓度变大。因为样品中 Er^{3+}浓度相同，斜率降低主要是由增强的能量背向传递过程引起，使 $^4I_{13/2}$ 能级发生饱和。为从理论上研究其物理机理，建立下面的速率方程来描述这个体系，各方程只考虑 Er^{3+}-Yb^{3+}间的能量传递过程：

$$\frac{dN_1}{dt}=W'N_4N_{Yb0}-W_{13}N_1N_{Yb1}-\frac{N_1}{\tau_1} \tag{8.20}$$

$$\frac{dN_2}{dt}=W_{02}N_0N_{Yb1}-W_{24}N_2N_{Yb1}-\frac{N_2}{\tau_2} \tag{8.21}$$

$$\frac{dN_3}{dt}=W_{13}N_1N_{Yb1}-\frac{N_3}{\tau_3} \tag{8.22}$$

$$\frac{dN_4}{dt}=W_{24}N_2N_{Yb1}-W'N_4N_{Yb0}-\frac{N_4}{\tau_4} \tag{8.23}$$

$$\frac{dN_{Yb1}}{dt}=\frac{P\sigma_{Yb}N_{Yb0}}{h\nu\pi w_p^2}+W'N_4N_{Yb0}-\left(W_{02}N_0+W_{13}N_1+W_{24}N_2\right)N_{Yb1}-\frac{N_{Yb1}}{\tau} \tag{8.24}$$

式中，N_i 为图 8.15 中所示的 Er^{3+} i 能级上的粒子数密度，个/m^3；W_{ij} 为激发态 Yb^{3+}对 Er^{3+} i 能级的能量传递速率，W/s；τ_i 为 Er^{3+} i 能级的辐射寿命，μs；W'为 EBT 能量回传速率；P 为激光功率，W；ν 为激光光子频率，Hz；w_p 激光光束半径，m；σ_{Yb} 为 Yb^{3+}的吸收截面，cm^2；τ 为 Yb^{3+} $^2F_{5/2}$ 能级的辐射寿命，μs。

在稳态下，上述公式结果全部等于零。因为 $^4I_{13/2}$ 能级的寿命为 ms 量级，所以忽略式（8.20）中其线性弛豫项 N_1/τ_1。因为激光与离子相互作用远大于 EBT 过程能量回传作用，所以忽略式（8.24）中的 $W'N_4N_{Yb0}$ 项。根据式（8.24）推导得

$$N_{Yb1}=P\sigma_{Yb}N_{Yb0}\big/\left(1/\tau+W_{02}N_0+W_{13}N_1+W_{24}N_2\right)h\nu\pi w_p^2\propto P \tag{8.25}$$

当 Yb^{3+}浓度较低时，$^4I_{11/2}$ 能级上线性速率应远大于其上转换项，所以在式（8.21）中忽略其上转换项 $W_{24}N_2N_{Yb1}$。根据式（8.21）～式（8.25）可得

$$N_4 = \tau_2 W_{02} W_{24} N_0 N_{Yb1}^2 \big/ \left(1/\tau_4 + W'N_{Yb0}\right) \propto P^2 \tag{8.26}$$

$$N_3 = \tau_2\, \tau_3 W_{02} W_{24} W'N_0 N_{Yb0} N_{Yb1}^2 \big/ \left(1/\tau_4 + W'N_{Yb0}\right) \propto P^2 \tag{8.27}$$

即在低 Yb^{3+}浓度时，上转换绿光和红光发射强度正比于泵浦功率的平方，为双光子过程。

当 Yb^{3+}浓度较高时，$^4I_{11/2}$ 能级上的上转换速率要远比其线性弛豫项大，因此在式（8.21）中忽略其线性弛豫项 N_2/τ_2，经推导得

$$N_4 = W_{02} N_0 N_{Yb1} \big/ \left(1/\tau_4 + W'N_{Yb0}\right) \propto P \tag{8.28}$$

$$N_3 = \tau_3 W_{02} W'N_0 N_{Yb0} N_{Yb1} \big/ \left(1/\tau_4 + W'N_{Yb0}\right) \propto P \tag{8.29}$$

即在足够高的 Yb^{3+}浓度时，上转换绿光和红光发射强度正比于泵浦功率，上转换过程为单光子过程。在介于上面两种极端情况下，绿光和红光上转换发光强度功率曲线的斜率介于 2 和 1 之间，并且随着 Yb^{3+}掺杂浓度升高而降低。此结论很好地解释了实验结果，并且也从另一个方面证明能量回传过程的存在。

2. 400 nm 和 800 nm 激发 Er^{3+}:KLTN 和 Er^{3+}/Yb^{3+}:KLTN 陶瓷上转换发光性能

图 8.23 为 800 nm 飞秒激光激发样品的稳态上转换荧光光谱。

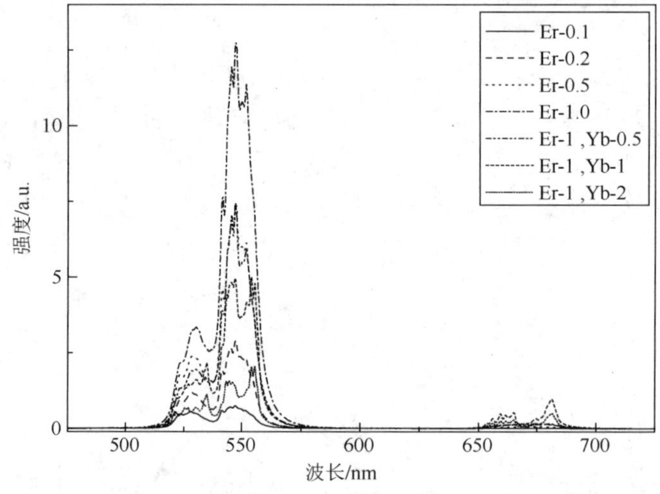

图 8.23　800 nm 激光激发下摩尔分数为 $x$$Er^{3+}$:KLTN（$x$=0.1%，0.2%，0.5%，1%）和 1% Er^{3+}/$y$$Yb^{3+}$: KLTN（$y$=0.5%，1%，2%）陶瓷的稳态上转换荧光光谱

从图中可以看出，在单掺 Er^{3+}的样品中，上转换荧光强度随着掺杂 Er^{3+}的浓度增加而增强。同时样品 1% Er^{3+}:KLTN 也出现轻微的荧光发射带劈裂。当样品中掺杂入 Yb^{3+}后，Er^{3+}的上转换绿光发射强度明显降低，并且随着 Yb^{3+}的掺杂浓度增加而迅速降低。红光发射较单掺 Er^{3+}样品增强，但随 Yb^{3+}浓度变化规律不明显。因为所有荧光数据都是在相同的光路和激发能量下测得的，并且 Er^{3+}掺杂浓度保持不变，所以上转换荧光发射强度的降低意味着 Er^{3+}的上转换布居效率的降低，绿光上转换发射强度的降低是由于 Yb^{3+}的掺杂引起的。在图 8.23 中，很明显地看到，随着掺杂离子浓度的增加，样品的荧光发射带发生明显的劈裂，并且劈裂开的两荧光带的相对强度变化情况和 980 nm 激光激发上转换荧光变化情况一致。因为 Yb^{3+}不能被 800 nm 光子激发，所以荧光劈裂不是由 Yb^{3+}的敏化引起的。

为比较多步激发上转换荧光发射与一步激发荧光发射的异同，测试样品 400 nm 激发稳态荧光光谱，得到的一步激发荧光光谱如图 8.24 所示。

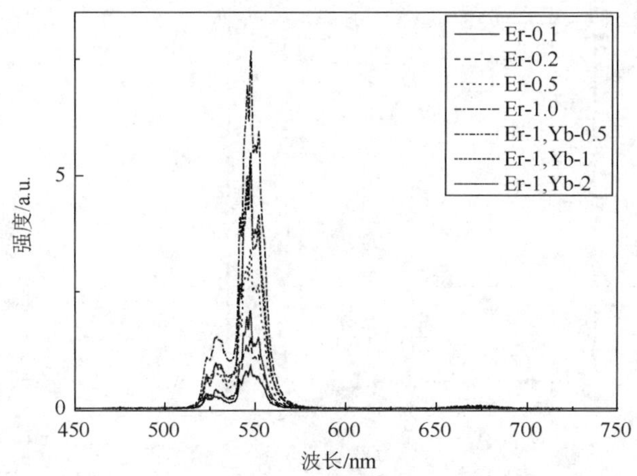

图 8.24　400 nm 激光激发下摩尔分数为 xEr^{3+}:KLTN（x=0.1%，0.2%，0.5%，1%）和 1% Er^{3+}/yYb^{3+}: KLTN（y=0.5%，1%，2%）陶瓷的稳态 Stokes 荧光光谱

样品发出很强的绿色荧光，发光强度随 Er^{3+}浓度增加而增加，随 Yb^{3+}浓度降低而减弱，这和 800 nm 激光激发上转换荧光光谱结论一致，但红色荧光极微弱。在双掺样品中的两个背向传递过程 EBT1 和 EBT2 共同降低绿光发光强度，同时 EBT2 过程能起到增强红光发射的作用。

8.3.3　稀土离子在 KLTN 晶格中的占位

由 980 nm 和 800 nm 激光激发上转换荧光光谱分析可知，当稀土离子掺杂浓度较高时，荧光发射光谱带会产生劈裂，并且随着掺杂浓度的升高，荧光劈裂会变得越明显。长波长荧光分支发射强度会超过短波长荧光分支成为主要的荧光发射带。前面的分析已经确定荧光发射带劈裂不是由掺入 Yb^{3+}所引起，而是由稀土掺杂离子浓度升高引起，下面就从陶瓷晶胞结构出发研究稀土离子的掺杂在晶胞中的占位，并研究占位对荧光发射光谱的影响。

钨青铜型 KLTN 晶体是由 BO_6 氧八面体为骨架堆积形成的。图 8.25 为四方钨青铜型 KLTN 晶体结构在（001）面上的投影示意图，图中显示离子占位及空隙类型。

因为氧八面体空间取向排布的不同，使得在一个单胞中形成 2 个配位数为 12 的四元环空隙 A_1，4 个配位数为 15 的五元环空隙 A_2 和 4 个配位数为 9 的三元环空隙 C，同时形成位置不同的 B_1 和 B_2 位。对于 KLTN 组分的晶体结构，C 位由离子半径较小的 Li^+填充；K^+、Er^{3+}及 Yb^{3+}的离子半径较大（分别为 1.51Å、1.00Å 和 0.99Å），因此占据 A_1 位和 A_2 位；B 位由 Ta^{5+}和 Nb^{5+}无序占据。

利用第一性原理计算，用 Er^{3+}分别替代 A_1 位和 A_2 位的 K^+，计算 B 位分别全部由 Nb^{5+}占据和全部由 Ta^{5+}占据的两种极限情况下的 A_1 位和 A_2 位的位能，在两种极限情况下，Er^{3+}在 A_2 位比 A_1 位的位能每原子高 3.2 meV，即 A_1 位的能量较低，结构更稳定。因此当 Er^{3+}掺杂入晶格时，优先占据较稳定的 A_1 位。当掺杂浓度升高以后，A_1 位占满，Er^{3+}开始占据能量较高的 A_2 位。因为处于两种占位的 Er^{3+}能量不同，并且 A_1 位和 A_2 位的晶体场对称性不同，引起处于两种位置的 Er^{3+}的能级重心不同，晶体场引起的 Stark 能级劈裂也不同，所以产生高浓度稀土离子掺杂样品的 Er^{3+}的荧光光谱劈裂现象。

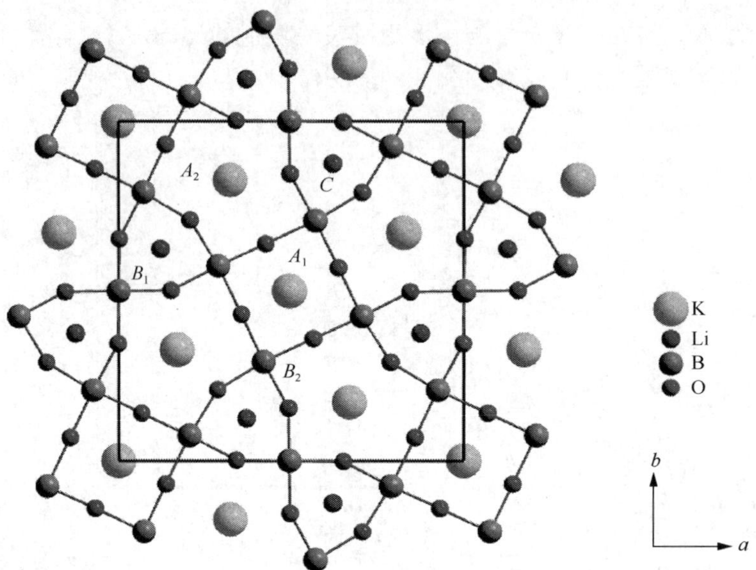

图 8.25　四方钨青铜型 KLTN 晶体结构在（001）面上的投影图

参 考 文 献

[1] Li L, Zhou Z, Tian H, et al., Spectral studies on erbium doped potassium lithium tantalate niobate single crystal grown by the step cooling technique[J]. Applied Physics B, 2010, 101: 193-197.

[2] Lomheim T S, DeShazer L G. Optical absorption intensities of trivalent neodymium in the uniaxial crystal yttrium orthovanadate[J]. Journal of Applied Physics, 1978, 49(11): 5517-5522.

[3] Johnson L F, Guggenheim H J. Infrared pumped visible laser[J]. Applied Physics Letters, 1971, 19: 44-47.

[4] 李磊. Er^{3+}及 Er^{3+}/Yb^{3+}掺杂钽铌酸钾锂晶体生长和光谱性能[D]. 哈尔滨：哈尔滨工业大学，2011.

[5] Zhang H X, Kam C H, Zhou Y, et al. Green upconversion luminescence in Er^{3+}:$BaTiO_3$ films[J]. Applied Physics Letters, 2000, 77: 609-611.

[6] Jia W, Lim K S, Liu H, et al. Up conversion of multi-site Er in $LiNbO_3$ single crystal fibers[J]. Journal of Luminescence, 1996, 66-67: 190-197.

[7] Hehlen M P, Frei G, Güdel H U. Dynamics of infrared to visible upconversion in $Cs_3Lu_2Br_9$:1% Er^{3+}[J]. Physical Review B, 1994, 50:16264.

[8] Vetrone F, Boyer J C, Capobianco J A, et al. Concentration-dependent Near-infrared to Visible upconversion in nanocrystalline and bulk Y_2O_3: Er^{3+}[J]. Chemistry of Materials, 2003, 15: 2737-2743.

[9] Li L, Zhou Z X, Tian H, et al. Spectroscopic and upconersion properties of Erbium-doped potassium lithium tantalate niobate crystals under 800 nm femtosecond laser excitation[J]. Journal of Applied Physics, 2010,108: 043520.

[10] Zhou Z X, Li L, Duan Q Q, et al. Growth, characterization and upconversion properties of erbium-doped potassium lithium tantalate niobate single crystals under 975 nm laser excitation[J]. Optics Communications, 2012, 285: 1854-1858.

[11] Li L, Zhou Z X, Feng L, et al. Spectroscopic and upconversionproperties of Er^{3+}/Yb^{3+}-codoped KLTN single crystal[J]. Journal of Alloys and Compounds, 2011, 509: 6457-6461.

[12] Shi W Q, Bass M, Birnbaum M. Effects of energy transfer among Er^{3+} ions on the fluorescence decay and lasing properties of heavily doped Er:$Y_3Al_5O_{12}$ [J]. Journal of the Optical Society of America B, 1990, 7: 1456-1462.

[13] Ju J J, Lee M H, Cha M, et al. Energy transfer in clusters sites of Er^{3+} ions in $LiNbO_3$ crystals[J]. Journal of the Optical Society of America B, 22003, 0: 1990-1995.

[14] Li A H, Zheng Z R, Lü Q, et al. Sensitized holmium upconversion emission in $LiNbO_3$ triply doped with Ho^{3+}, Yb^{3+}, and Nd^{3+}[J]. Journal of Applied Physics, 2008, 104: 063526.

[15] Zhou Z X, Li L, Yang W L, et al. Preparation and upconversion emission properties of erbium and ytterbium doped potassium lithium tantalate niobate ceramics[J]. Chinese Physics Letter, 2013, 30: 12703.

[16] Chen Y H, Yang J T, Martinez H M. Determination of the secondary structure of proteins by circular dichroism and optical rotatory dispersion[J]. Biochemistry, 1972, 11: 4120-4131.

第9章

新型光电功能材料 KNTN

钽铌酸钾钠（KNTN）晶体是铌酸钾钠（KNN）和钽酸钾钠（KNT）的固溶体混晶。基于 KNTN 晶体的电控全息技术，在光通信领域可实现光交叉互连、波长选择光开关，具有交换速度快、大容量、低损耗、透明等特点，被认为是未来光开关发展的主导方向之一。

9.1 KNTN 晶体的结构优化和光学性质

在 2.1 节介绍了第一性原理的基本原理及方法，并利用其对 KTN 晶体性能进行了详细的研究，这一节用同样的方法来分析 KNTN 晶体的性质[1−3]。

9.1.1 KNTN 的几何结构优化（晶体与表面）

仍采用层状结构的超晶胞，计算 40-原子超晶胞模型。由于 Na 和 Li 属于同主族碱金属元素，因此在 KTN 中引入的 Na 离子将与 Li 离子一样，取代居于晶格中心的 K 离子进行替代。

首先，由 BFGS 方法和 Vanderbilt 超软赝势（USP）对 Na:$KTa_{0.5}Nb_{0.5}O_3$ 超晶胞进行几何结构优化。选取初始晶格参数 $\alpha=\beta=\gamma=90°$ 和 $a=b=c=4.000$ Å，加入厚度为 10.000 Å 的真空层建立 KNTN 超晶胞（100）表面模型进行计算。图 9.1 中 KNTN 超晶胞结构以离子键的形式绘出，表面模型则以典型钙钛矿结构氧八面体的形式绘出。对几何结构使用完全弛豫，即模型中离子位置和晶胞形状都不加以固定，对得到的稳定几何结构进行全电子电荷能量计算。计算所用参数设置如下：最大平面波截止能被设置为 410 eV，KNTN 表面模型采用 3×3×2 k 点格子，自洽场收敛的极限值为 10^{-6} eV/atom。几何优化结果均通过平面波截止能量的收敛测试。K (3s, 3p, 4s)、Li (1s, 2s)、Na (2s, 2p, 3s)、Ta (5d, 6s)、Nb (4d, 5s)和 O (2s, 2p)是价态电子。

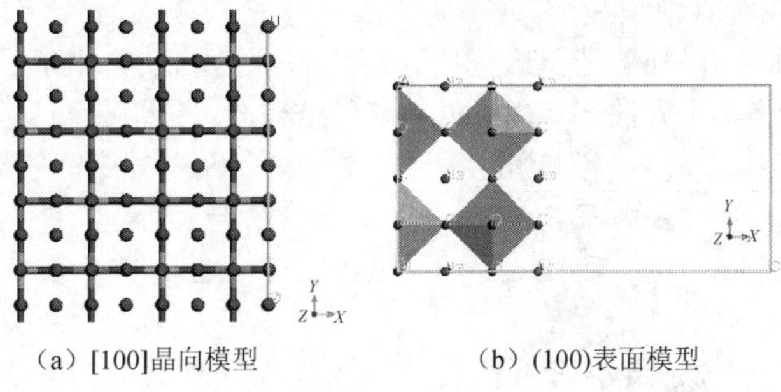

（a）[100]晶向模型　　（b）(100)表面模型

图 9.1　KNTN 超晶胞

优化后的超晶胞属于P$\bar{4}$3m空间群。A位离子占据在理想位置上，只有O和B位离子发生微小的移动。B位离子无序地分布在沿着[111]方向的立方对角线处的8个可能位置上，此时势能最小。根据有序无序模型，优化后的超晶胞是顺电相。

如表9.1所示为计算的KNTN晶格总能E和晶格常数a。KNTN表面优化后得到的稳定结构晶格常数为a=b=3.988 Å，c=15.976 Å，三个方向角度基本保持不变，保持α=β=γ=90°。A位K^+、Na^+仍处于氧八面体的理想位置上，B位阳离子和氧离子发生比较微小的位移，Ta离子在结构优化后，仍基本处于氧八面体和钾钠立方体中心位置；Nb离子在初始时相对于氧八面体中心就有一定的位置偏移。计算的KNTN超晶胞晶格常数，与实验数据非常匹配，只有不到1%的误差。对于LDA和GGA方法可以为电子体系提供一个更好更全面的描述。从表9.1以及前面章节对KTN的计算发现，还没有发现哪个近似足够好。因此，同时利用LDA和GGA方法研究KNTN晶体电子结构和光学性质。

表9.1　晶格常数*a*与总能*E*和带隙BG及实验数据

方法	a/Å	E/eV	BG/eV
LDA	3.988	−3005.056	1.558
GGA	4.038	−3013.243	1.558
Ave.	4.013	−3009.150	1.558
Exp.	3.984	—	—

注：Ave.表示平均值；Exp.表示实验值

为了检验KNTN超晶胞中A离子替代效应，对Na—O键长和原子布居进行了计算，如表9.2所示。数据表明，Na—O键布居非常接近于零，Na离子和O离子没有重要相互作用；Na离子电荷非常接近正常离子电荷，是完全离子键。

表9.2　键长BL与键布居BP和原子布居AP

方法	Na—O		Na
	BL/Å	BP/e	AP/e
LDA	2.808	−0.01	1.07
GGA	2.851	−0.02	1.09

9.1.2　KNTN晶体与表面的电子结构

1. KNTN晶体的电子结构

电子结构是光学性质的物理基础。为了研究A离子替代效应对KNTN结构光学性质影响，通过理论晶格常数，在−30～6eV能量区间内，利用密度泛函方法计算了能带结构和电子态密度（DOS）。图9.2给出LDA方法计算两种材料能带结构图。价带在−6～0eV低能区，这是O p电子与B（Ta, Nb）d电子发生强烈轨道杂化形成的。上面是导带，主要是由B（Ta, Nb）d电子组成，外加一小部分O p电子。KNTN晶体带隙比纯KTN晶体理论结果（1.573 eV或2.02 eV）和实验数据（3.6 eV）都小，是在布里渊区中心G点产生的直接跃迁。然而，从G点到F点和从Z点到G点两处最大值价带几乎平直，能量差别小于0.01eV，能带些微变化都会改变当前情形。因此到导带最小值G点处光学跃迁会从相对大的k空间发生。总之，光学吸收光谱某个特定峰不仅仅是单一跃迁产生，因为会有很多直接或间接跃迁在同一个峰处。

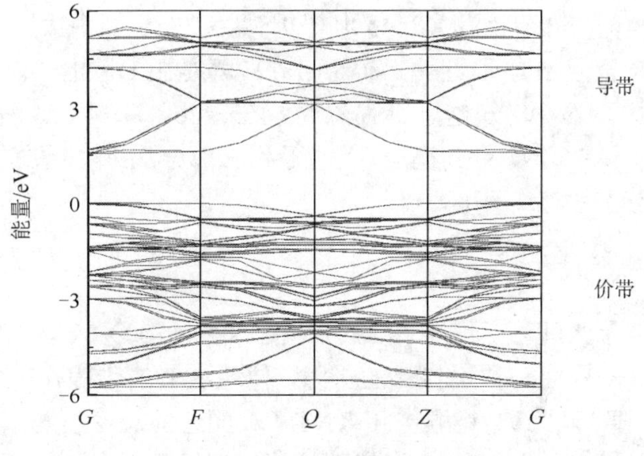

图 9.2　LDA 计算 KNTN 能带图

顺电相 KNTN 晶体的总能态密度（TDOS）和部分电子态密度（PDOS），如图 9.3 所示。TDOS 覆盖很宽能量取间，即−30～6eV。位于−6～0eV 的宽带也是由 p-d 轨道杂化形成。0～6eV

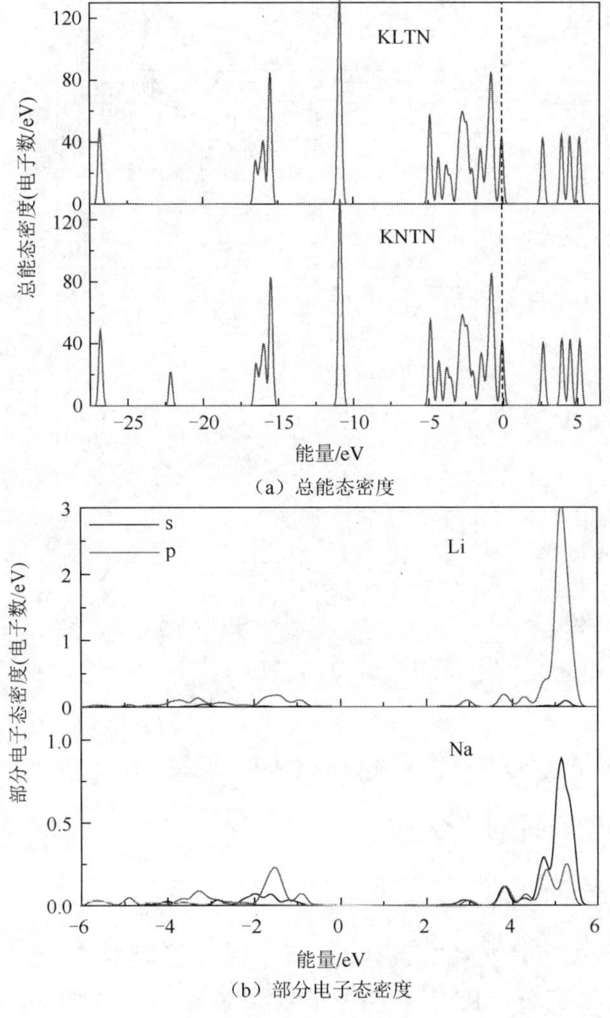

图 9.3　LDA 计算的总能态密度和部分电子态密度

包含四个峰，也存在 p-d 轨道杂化及 K3p4s 电子贡献。-27eV 峰由大多数 K 离子 s 电子组成，而-11eV 峰则主要是 K 离子 p 电子贡献。居于-17eV 峰是由 O s 电子，Nb pd 电子和 Ta sd 电子混合产生。而 Na 离子 2s 和 2p 电子则强烈局域在-22eV 和-48eV 附近。在价带区域，Na 离子的电子态很少。在导带区域，Na 离子 3s 电子和一部分 2p 电子在 5eV 附近形成一个态密度峰，说明 Na 离子几乎完全离子化。

2. KNTN 表面的电子结构

在-40～10eV 的能量区间内，顺电相 KNTN 晶体的（100）表面电子态密度（DOS），如图 9.4 所示。比较 KNTN 表面与体块材料的带隙，体块材料的带隙在 1.50 eV 左右，表面带隙更接近于 KTN 理论带隙 2.02 eV。将顺电相 KNTN 表面总能态密度与 RNTN 体块材料的总能态密度进行对比，峰的位置比较接近，但表面的峰值远小于体块材料，形状也不相同。DOS 中位于-7～0 eV 的区域中几个峰主要是由 O、Ta、Nb 离子 s、p、d 轨道杂化形成。0～6 eV 区域也存在 p-d 轨道杂化及 K3p 和 4s 电子贡献。Na 离子 2s 和 2p 轨道的贡献则在-22 eV 附近。能带与态密度存在差异的结果都说明，表面与体块材料的物理性质以及内部光学性质都会存在差异性。

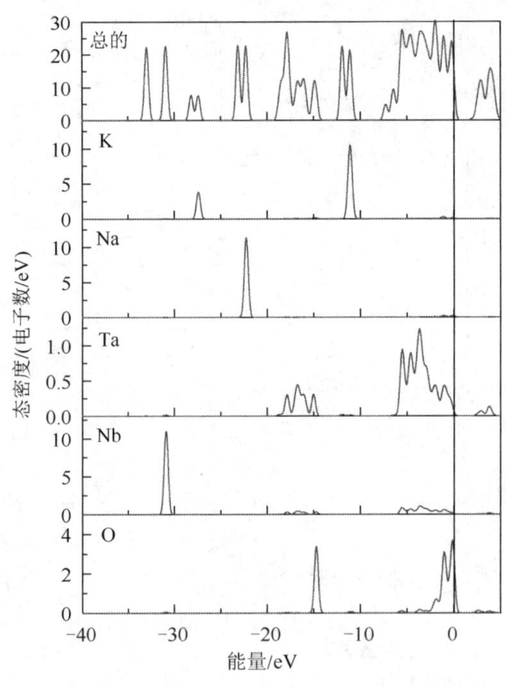

图 9.4　KNTN 晶体（100）表面的态密度

9.1.3　KNTN 晶体与表面的光学性质

1. KNTN 晶体的光学性质

仍通过复介电函数来研究 KNTN 晶体的光学性质。过程中，用剪切因子来补偿密度泛函方法对能带带隙的低估部分。KNTN 晶体的能量移动为 2.042eV。折射率通过如下方式 $n^2(\omega)=\varepsilon(\omega)$ 与介电函数联系起来。表 9.3 列出静态介电常数 $\varepsilon_1(0)$ 和几个波长下的折射率

n[435.8nm ($n1$), 546.1nm ($n2$), 632.8nm ($n3$), 1759nm ($n4$)]。随着波长增加，KNTN 晶体的折射率快速减小，见图 9.5。计算的反射率光谱如图 9.6 所示。KNTN 的发射谱与 KTN 晶体的结果有很大不同。KNTN 晶体的吸收系数和能量损失函数计算如图 9.6（b）所示，KNTN 晶体吸收系数也与纯 KTN 晶体结果有不小的差异。$L(\omega)$居于 11.1eV 附近，正好对应反射光谱的急剧下降处。

表 9.3　静态介电常数和折射率以及实验数据

方法	$\varepsilon_1(0)$	$n1$	$n2$	$n3$	$n4$
LDA	3.855	2.2816	2.1257	2.0752	1.9789
GGA	3.214	1.9936	1.9068	1.8739	1.8047
Ave.	3.534	2.1376	2.0162	1.9746	1.8918
Exp.	—	2.399	2.305	2.267	2.188

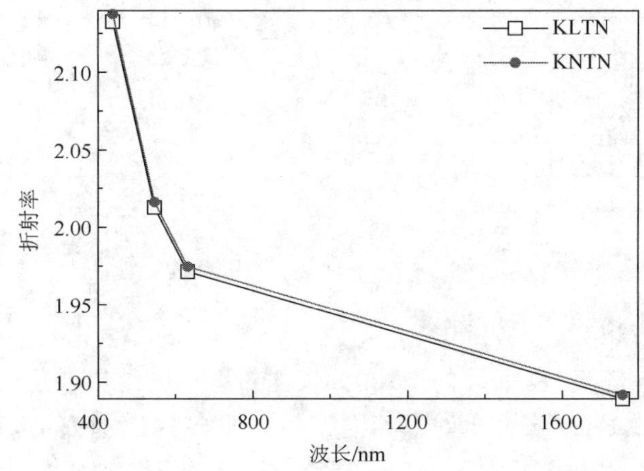

图 9.5　折射率的理论结果

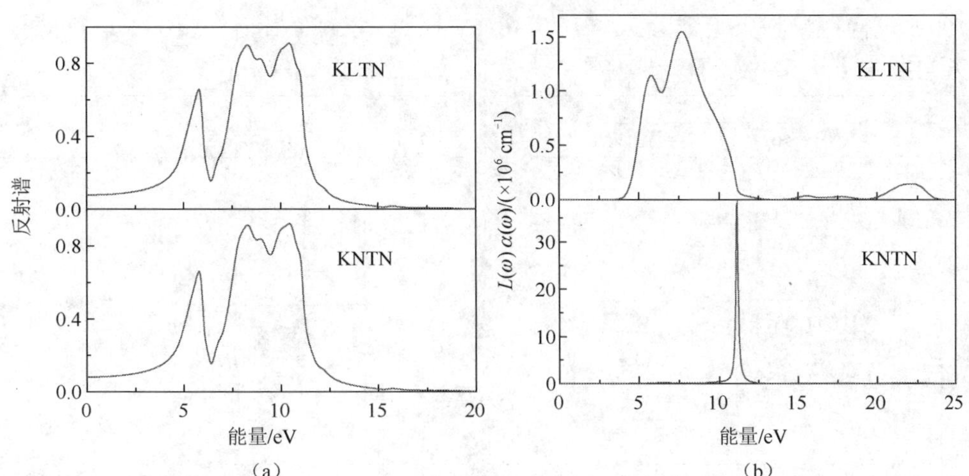

图 9.6　反射率 $R(\omega)$、吸收系数$\alpha(\omega)$和能量损失函数 $L(\omega)$

2. KNTN 表面的光学性质

KNTN 表面光学性质与体块相比，峰位置、形状接近，但值大小都存在数量级的差别。

计算光谱列于图 9.7～图 9.12 中，并将其与 KTN 晶体（100）表面的相应光学性质进行比较。

首先讨论介电函数变化规律。KNTN 晶体（100）表面的介电函数虚部在 0～5 eV 有两个峰：一个在 1.34 eV，峰值为 1.00；另一个在 3.90 eV，峰值为 2.40。介电函数实部在 0.57～4.71 eV 出现快速递减，中间有一个小波动，与虚部第一个峰值位置相对应，在 4.71 eV 达到极小值-0.10，然后平缓增长并最终趋于 1.00。KTN 晶体（100）表面的介电虚部，在 4.76 eV 处峰值为 3.51，在 20.06 eV 和 35.05 eV 处还有两个峰，后两个峰值都非常小，如图 9.7 所示。表面反射率的计算结果见图 9.8。所产生的变化均是由经过 A 位 Na^+替代所引起。

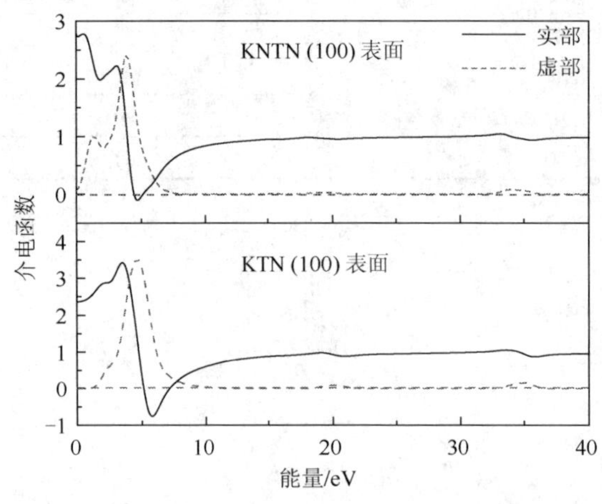

图 9.7 KNTN 与 KTN(100)表面介电函数

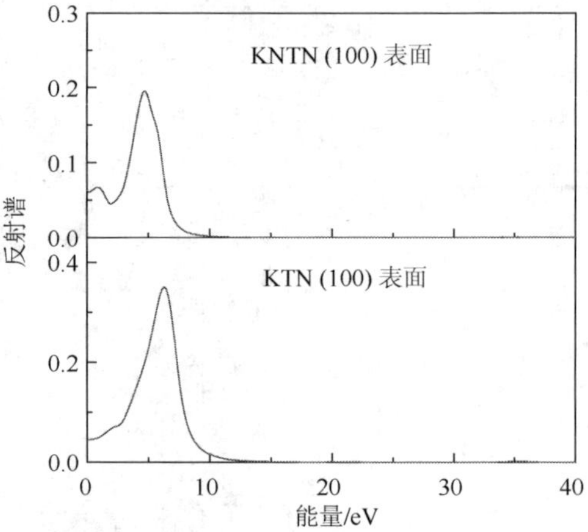

图 9.8 KNTN 与 KTN(100)表面反射率

图 9.9 给出 KNTN 和 KTN 晶体的（100）表面折射率的结果。总的变化趋势基本相同，在 0～10 eV 区间内，KNTN 表面折射率和消光系数都略小于对应的 KTN(100)表面，峰值位置和形状也都发生了一定的变化。

如图 9.10 所示，KNTN 晶体（100）表面的能量损失函数 $L(\omega)$主峰在 5.88 eV 附近，KTN 表面（100）晶向能量损失函数 $L(\omega)$峰在 7.36 eV 附近，KNTN 晶体（100）表面峰值位置向低能量方向发生了 1.50 eV 的移动。

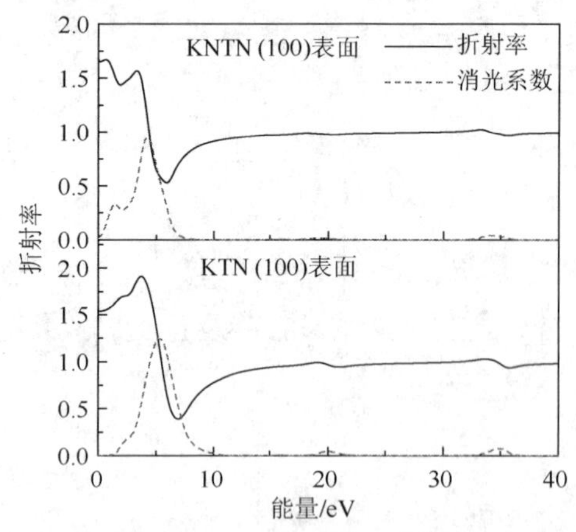

图 9.9 KNTN 与 KTN(100)表面折射率

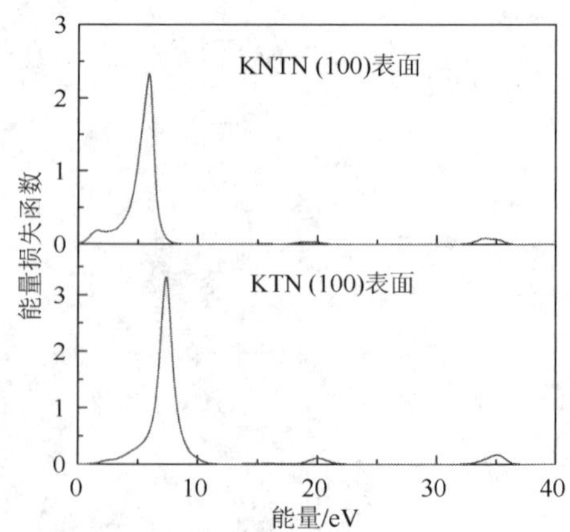

图 9.10 KNTN 与 KTN(100)表面能量损失函数

表面传导率的实部与虚部、表面吸收率计算结果分别如图 9.11 和图 9.12 所示，在此不再详细进行对比的叙述，产生差别的原因和上述性质基本一致。将这些计算结果分别与前面得到的顺电相 KTN（100）、（110）和（111）表面和 KLTN 不同表面的各种光学性质进行比较，可以找出 KTN 晶体表面随着 A 位阳离子变化，光学性质产生变化的规律。据此寻找 A 位替代作用下，性能较好的晶体表面和薄膜。

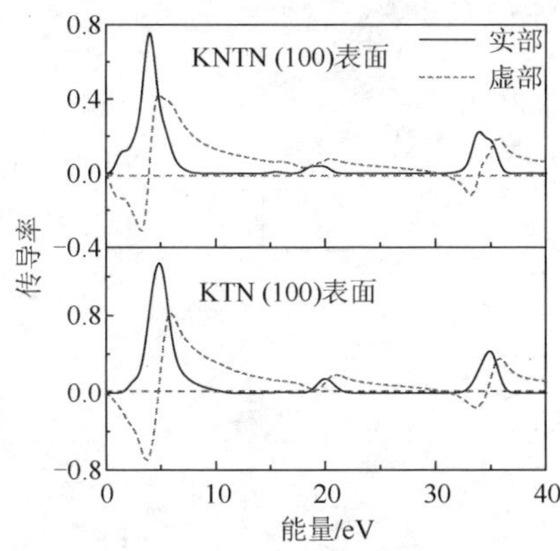

图 9.11 KNTN 与 KTN(100)表面传导率

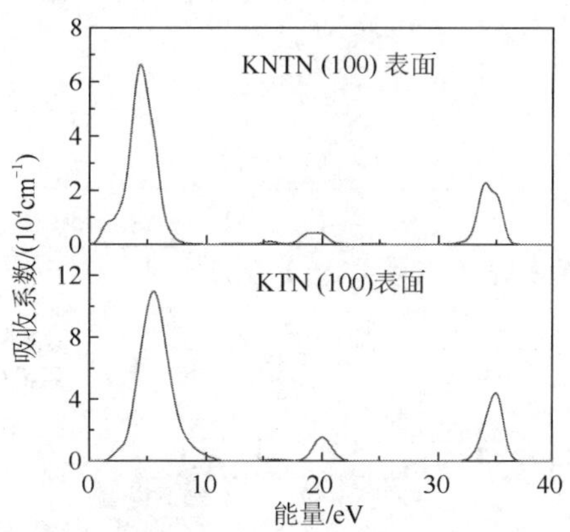

图 9.12 KNTN 与 KTN(100)表面吸收系数

9.1.4 KNTN 陶瓷的结构与基本性质

KNTN 无铅压电陶瓷具有密度小、声速快、机电耦合系数大、介电常数低、压电性能高等优点，常用来制备成光电材料、传声介质和高频换能器等[4]。

1. 陶瓷的制备

先来介绍 KNTN 陶瓷的制备。在陶瓷制备过程中最重要的寻找粉体合成温度和陶瓷的最佳烧结温度。

（1）粉体的合成。

粉体的合成即固相反应的主要目的是为了使配料组分中的 K_2CO_3、Li_2CO_3、Na_2CO_3 等分解释放出 CO_2 形成固溶体。为了寻找合适的 KNTN 陶瓷的合成温度，需要原料和不同化学计量比的配料进行了热失重差热分析。如图 9.13 所示是所用原料各自的热失重曲线，图中测试零点有稍微的偏移是由实验设备测量的误差造成的。K_2CO_3、Na_2CO_3、Ta_2O_5 在 100℃附近均有明显的失重，其对应着样品中失去水分的量。这说明样品长期放置在空气中，即使有一般防潮措施仍有一定的吸潮现象，特别是 Na_2CO_3 在室温到达 91℃过程中的失重竟达 6.5%，可见其吸潮的严重性，因此在原料配比之前必须进行干燥。K_2CO_3 在 893.5～965℃的失重 9%，Na_2CO_3 在 853～956℃失重 13.3%；分别对应着加热过程中 K_2CO_3 和 Na_2CO_3 分解释放 CO_2 时减少的质量。

如图 9.14 所示为按 $K_{0.5}Na_{0.5}Ta_{0.05}Nb_{0.95}O_3$ 的化学计量比混合的原始粉料的热失重差热曲线。图中曲线 110℃存在一个吸热峰，吸热峰附近伴随着约 4%的热失重，它对应着原料中水分的吸热蒸发。原料 800℃附近的吸热峰对应着粉料的固相反应吸热，其反应分解放出 CO_2 的起始温度、截止温度和热失重分别为 560℃、870℃和 12%。综合考虑不同化学计量比的陶瓷粉料的固相反应起始、截止温度，既保证反应的充分进行、又避免超过 900℃后原料中 K、Na 元素的大量挥发，选定 $K_{0.5}Na_{0.5}Ta_{0.05}Nb_{0.95}O_3$ 粉体的预烧温度为 880℃，煅烧时间为 2h。

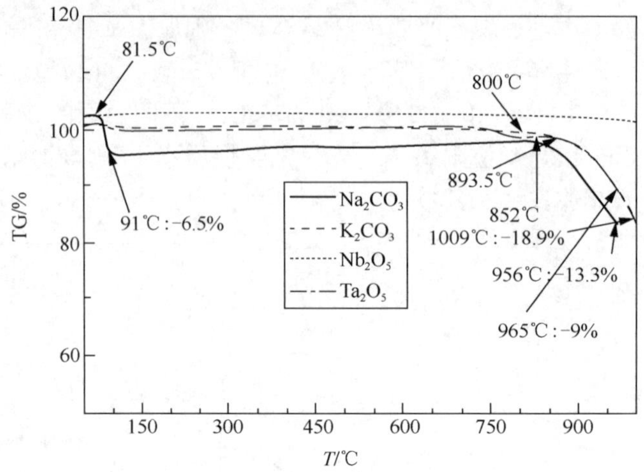

图 9.13 Na_2CO_3、K_2CO_3、Ta_2O_5 和 Nb_2O_5 原料的热失重曲线

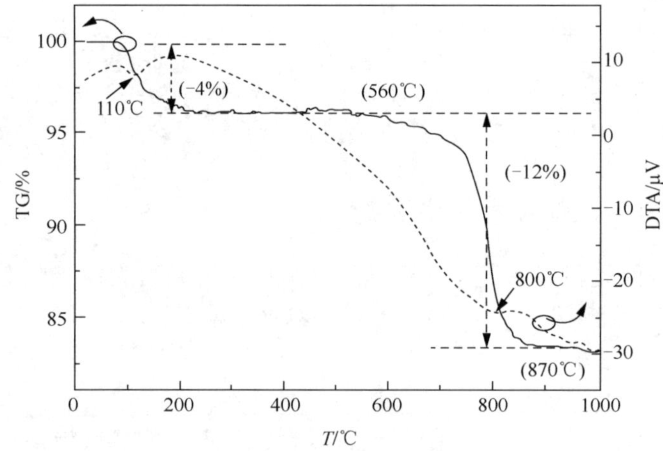

图 9.14 $K_{0.5}Na_{0.5}$ $Ta_{0.05}Nb_{0.95}O_3$ 原始粉料的热失重差热曲线

（2）陶瓷的烧结。

如图 9.15 所示是 $K_{0.5}Na_{0.5}Ta_{0.05}Nb_{0.95}O_3$ 陶瓷坯体烧结时的径向收缩曲线，测试时的升温速率为5℃/min，保温时间为4 h。由图可见，坯体在1000℃之前尺寸未发生显著变化，在1100～1140℃区间内剧烈变化，体积迅速收缩。结合 $K_{0.5}Na_{0.5}Ta_{0.05}Nb_{0.95}O_3$ 陶瓷的收缩特点、成瓷情况和 XRD 表征，确定其最佳烧结温度在 1140℃附近，掺入 Fe_2O_3 后陶瓷的烧结温度向低温度区间移动，在材料制备时做了相应的调整。

2. 掺铁 KNTN 无铅陶瓷的结构和基本物性

（1）掺铁 KNTN 无铅陶瓷的结构。

为了确定 KNTN-*x*Fe（摩尔分数 *x*=0%, 0.2%, 0.4%, 0.6%, 0.8%, 1.0%, 2.0%, 3.0%）压电陶瓷的结构和物相，对样品进行了 XRD 测试，如图 9.16 所示为不同 Fe 掺杂浓度样品的 XRD 谱图。测试时 X 射线管参数为 Cuα，λ=1.5418 Å；发射电压 40.0 kV；电流 50.0 mA；接收狭缝宽度 0.15 mm；扫描参数为θ～2θ连续扫描，扫描速率 5.0°/min，步长 0.02°；扫描出各级衍射峰位后，对用于晶格参数计算的峰位进行了精扫，扫描速率为 0.5°/min。

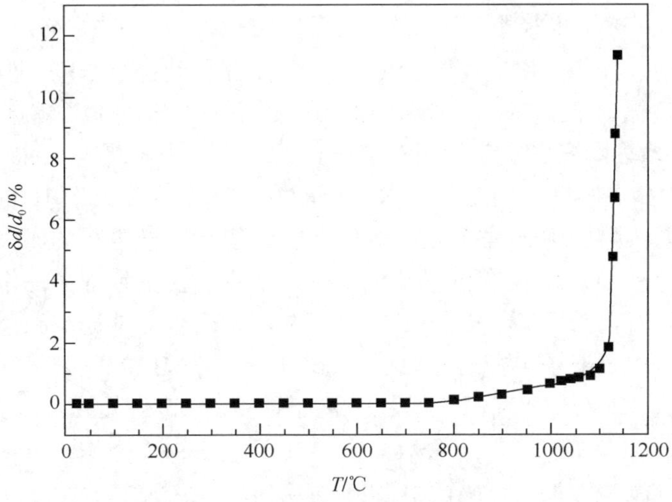

图 9.15　$K_{0.5}Na_{0.5}Ta_{0.05}Nb_{0.95}O_3$ 陶瓷坯体烧结时的径向收缩曲线

不同浓度样品的各级衍射峰及峰位、幅度信息均没有发生显著的变化，说明 Fe_2O_3 的掺杂没有改变陶瓷的基本相结构。当摩尔分数 x<1.0%时，样品为单一的钙钛矿结构，没有杂相出现；当 Fe 掺杂浓度（摩尔分数）x≥1.0%，开始出现少量的第二相，如图 9.16 中箭头所示。由图 9.16（b）中 84°附近的衍射峰，峰的位置随 Fe 的掺杂浓度的增加，先向小角度移动而后向大角度移动，根据 Bragg 衍射方程说明其晶胞参数先增加后减小。

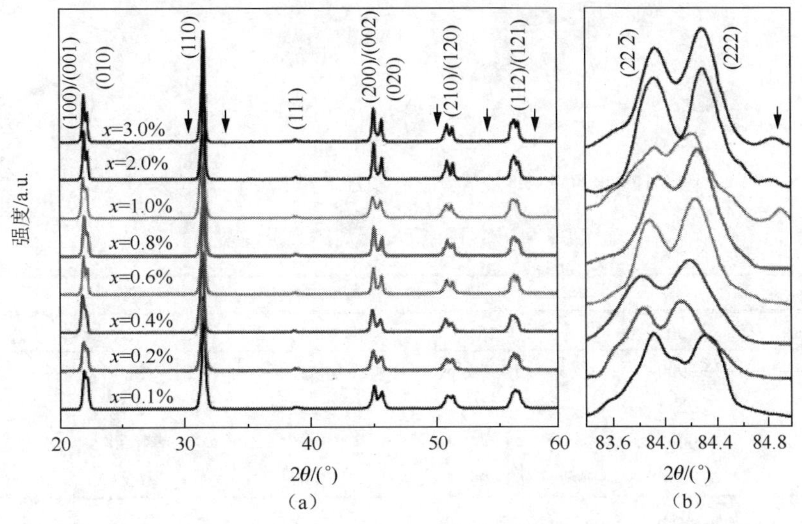

图 9.16　KNTN-Fex 压电陶瓷的 XRD 谱图

众所周知，在碱金属钽铌酸盐 ABO_3 结构中，K^+（1.33 Å）、Na^+（1.02 Å）占据 A 位，Ta^{5+}（0.64 Å）、Nb^{5+}（0.65 Å）离子占据 B 位，如图 9.17 所示。Fe_2O_3 掺入 KNTN 陶瓷后，因为本章研究的所有陶瓷均在空气中烧制而成，没有任何还原性气氛，也没有添加还原性的烧结助剂，由于空气中 O_2 的存在一般认为不出现 Fe^{2+}，即铁元素存在的价态仍为 Fe^{3+}。如表 9.4 所示，对于掺杂后的 KNTN，其晶胞参数（包括 a、b、c 与晶胞体积 V）均随掺杂浓度的增加而逐渐增大，而后减小，并在 Fe 掺杂浓度（摩尔分数）为 0.4%时达到最大值。由于 Fe^{3+}的

离子半径比 Ta^{5+}、Nb^{5+}离子半径小，所以若 Fe^{3+}只占据 B 位，晶胞参数将会减小而不会变大。所以，本章研究认为，Fe^{3+}在 KNTN 陶瓷中先占据 A 位，当掺杂浓度（摩尔分数）大于一定程度时（0.4%）才占据 B 位。Fe^{3+}半径小于 K^{+}、Na^{+}半径，推测 Fe^{3+}占据 A 位是使晶胞参数变大的原因。KNN 系列陶瓷在空气中极难烧结，其中一个原因是 K、Na 等 A 位元素在高温下（大于 900℃）的高挥发性。因为 KNTN-Fex 陶瓷的烧结温度大于 1000℃，所以 A 位元素的挥发是不可避免的。陶瓷中 A 位元素的挥发，必然引起局部电荷的不平衡，这又会导致产生氧空位来进行电荷补偿。A 位空位以及氧空位的产生，会导致部分晶格的塌陷。当样品中掺杂极少量的铁元素时，Fe^{3+}占据 K、Na 挥发后的 A 位空位，从而导致晶胞参数的增加。当掺杂浓度继续提高，由于离子半径的相似性，Fe^{3+}开始占据 B 位。虽然 Fe^{3+}与 Ta^{5+}半径相同，但小于 Nb^{5+}半径，且 KNTN 中 Nb^{5+}占据 B 位离子数量的 95%，因此 Fe^{3+}占据 B 位后晶胞参数稍微下降。当 Fe^{3+}掺杂浓度（摩尔分数）大于 1.0%，Fe_2O_3 杂相的出现说明掺杂浓度已经超出了晶格的容忍程度，Fe_2O_3 开始作为隙间添加物形式存在。

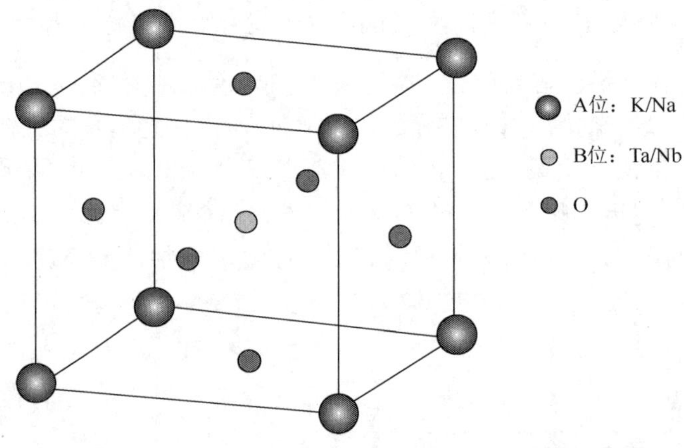

图 9.17 KNTN 陶瓷各元素在 ABO_3 结构中的占位示意图

表 9.4 KNTN-Fex 陶瓷的晶胞参数

参数	掺杂浓度（摩尔分数）x/%				
	0.00	0.20	0.40	0.60	0.80
a/Å	3.9900	3.9938	4.0024	3.9972	3.9961
b/Å	3.9576	3.9568	3.9629	3.9562	3.9523
c/Å	4.0093	4.0144	4.0171	4.0095	4.0047
V/Å^3	63.296	63.406	63.693	63.391	63.232

（2）掺铁 KNTN 无铅陶瓷的基本物性。

a）Fe 掺杂 KNTN 压电陶瓷的烧结性能。

烧结温度的高低直接影响陶瓷坯体的致密度，为了把握陶瓷的压电性能变化，首先研究了 KNTN-Fex 陶瓷的烧结性能。Fe_2O_3 的掺杂能够显著降低陶瓷的烧结温度。如图 9.18 所示是陶瓷的最佳烧结温度随掺杂浓度的变化。由图可见，Fe_2O_3 的掺杂使陶瓷的烧结温度明显下降。未掺杂 KNTN 陶瓷的最佳烧结温度在 1140℃附近，掺杂摩尔分数为 0.2%的 Fe 元素后陶瓷的烧结温度下降了约 7℃，当掺杂浓度（摩尔分数）为 3.0%时陶瓷的最佳烧结温度已经下降到了 1090℃附近。在本节所进行的掺杂范围内（0～3.0%），最佳烧结温度 Fe 元素随掺杂浓度（摩尔分数）下降的平均速率约为 16.7℃/%。烧结温度的降低，能够在一定程度上降低 K、Na 等 A 位元素的挥发，对保持材料的化学计量比、降低材料中缺陷的产生有重要的作用，由对陶瓷烧结温度的影响得知 Fe_2O_3 掺杂有一定的助烧作用。

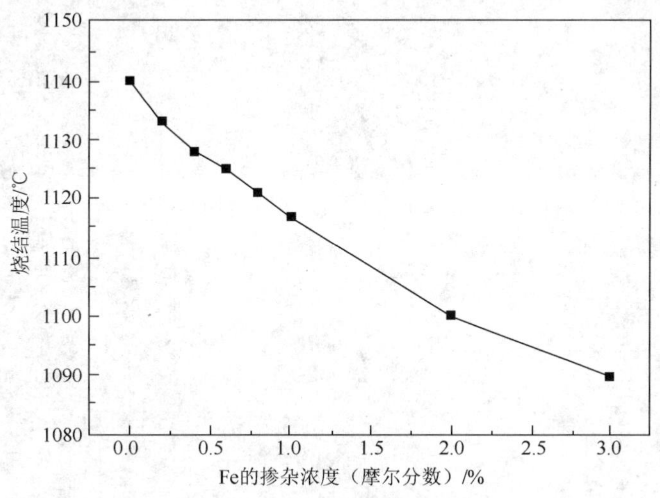

图 9.18　KNTN-Fe*x* 陶瓷最佳烧结温度

b）Fe 掺杂 KNTN 压电陶瓷的微观形貌。

为了研究 Fe_2O_3 掺杂对 KNTN 陶瓷晶粒、晶界、微孔等烧结性能的影响，用 SEM 测试了不同掺杂浓度下陶瓷表面和断面的微观形貌图，如图 9.19 所示。由样品表面的 SEM 照片，即图 9.19 中（a）、（c）、（e）可见，陶瓷结晶状态良好，晶粒清晰、呈立方体形状，晶粒间结合紧密、微孔率较低。纯 KNTN 陶瓷主要由粒径大小为 4～6 μm 的晶粒组成，其间均匀分布着粒径约为 2 μm 细小晶粒。当 Fe 掺杂浓度（摩尔分数）为 0.4%时，2μm 细小晶粒的数量明显增多，如图 9.19（c）所示；当掺杂浓度（摩尔分数）提高到 2.0%时，粒径为 4～6 μm 的大晶粒已经较少，晶粒的均匀性显著好转。由样品断面的 SEM 照片，即图 9.19 中（b）、（d）、（f）可见，陶瓷断裂的基本方式为穿晶断裂，晶粒间结合紧密，样品有较高致密度。未掺杂样品，如图 9.19（b）所示，晶界清晰可见，内部的晶粒形状大小和表面没有显著差异，样品中存在一定量的气孔。当掺杂浓度（摩尔分数）为 0.4%的 Fe 时，如图 9.19（d）所示，气孔开始分散，数量、体积均有所减少，已经很难看出明显的晶界，这说明晶粒间的结合力有所增强，陶瓷的致密度变大；当掺杂浓度（摩尔分数）升高到 2.0%时，如图 9.19（f）所示，气孔基本消失，晶粒间已经紧密结合。

如图 9.20 所示是不同掺杂浓度下 KNTN 陶瓷的密度，与从 SEM 照片得到的陶瓷内部微孔率下降、致密程度增加的结论相符，实验测得的陶瓷密度随掺杂浓度的增大而增加。由上一小节中计算的晶格参数、陶瓷的化学分子式及各元素的相对分子量可以得到，样品的理论密度为 4.71 g/cm^3。实验测得纯 KNTN 样品的密度约为 4.24 g/cm^3，仅约为理论密度的 90%。随着掺杂浓度的增加，样品的密度逐渐提高，当掺杂浓度（摩尔分数）为 2.0%时样品的密度达到一个稳定的水平，为 4.53 g/cm^3，约为理论密度的 96.19%。

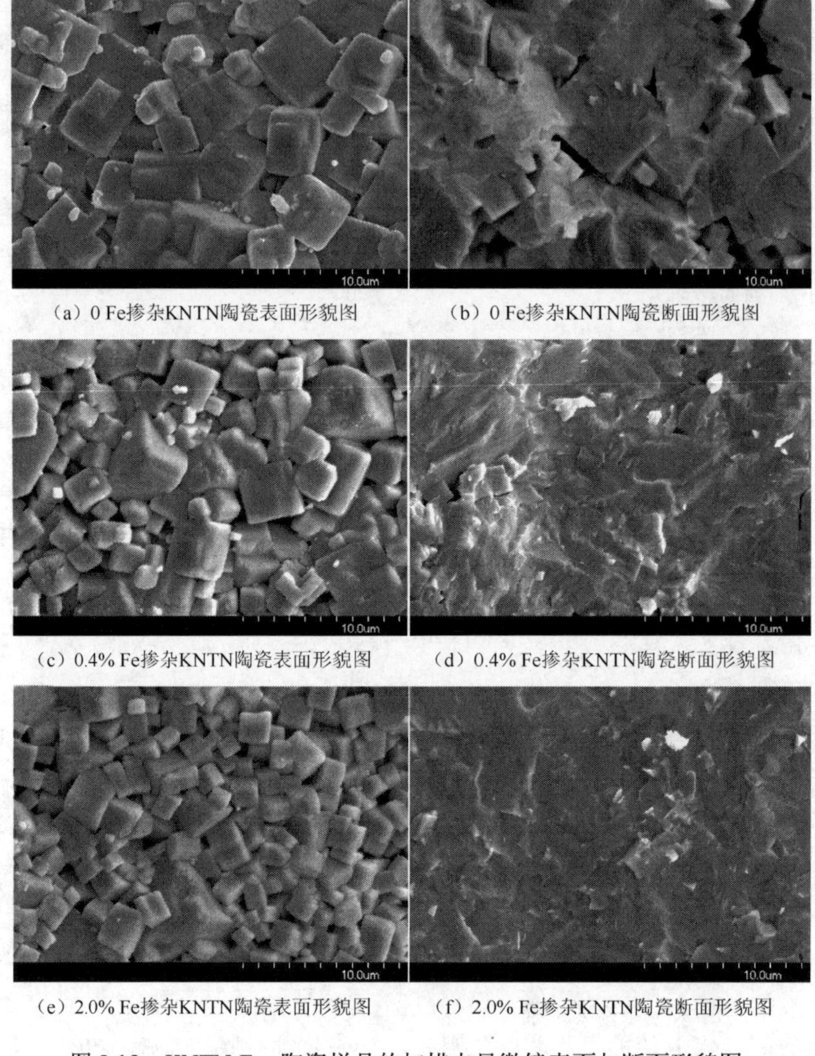

（a）0 Fe掺杂KNTN陶瓷表面形貌图　（b）0 Fe掺杂KNTN陶瓷断面形貌图

（c）0.4% Fe掺杂KNTN陶瓷表面形貌图　（d）0.4% Fe掺杂KNTN陶瓷断面形貌图

（e）2.0% Fe掺杂KNTN陶瓷表面形貌图　（f）2.0% Fe掺杂KNTN陶瓷断面形貌图

图 9.19　KNTN-Fe*x* 陶瓷样品的扫描电显微镜表面与断面形貌图

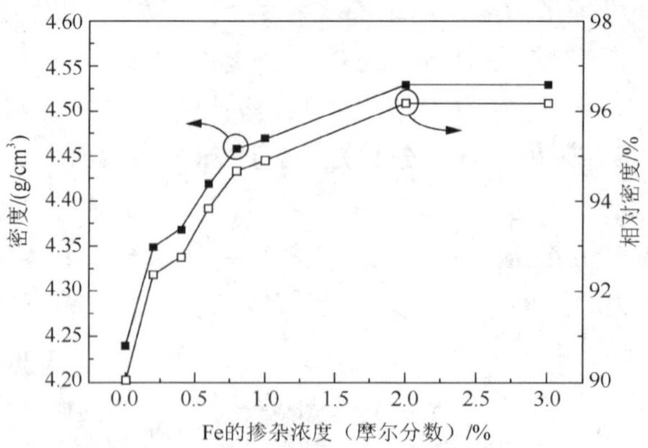

图 9.20　KNTN-Fe*x* 陶瓷的密度曲线

综上所述，Fe_2O_3 掺杂能明显降低 KNTN 压电陶瓷的烧结温度、细化陶瓷的晶粒、减少并分散陶瓷中的微孔洞、提高陶瓷的致密度，从而明显改善 KNTN 陶瓷的烧结性能。

9.2　KNTN 单晶的基本结构

使用 X 射线衍射来确定 KNTN 晶体的结构，如图 9.21 所示为样品的室温 X 射线粉末衍射图。通过与粉末衍射标准联合委员会（Joint Committee on Powder Diffraction Standards，JCPDS）粉末衍射卡片对比，可知衍射峰与卡号为 70-2011 的 $KTa_{0.77}Nb_{0.23}O_3$ 的衍射图基本相同。根据表 9.5 列出的衍射峰数据，计算出晶格常数为 a=3.981Å。XRD 结果同时也表明，在室温下 KNTN 晶体属于立方晶系，空间群 Pm3m，居里温度 T_C 低于室温[5-7]。

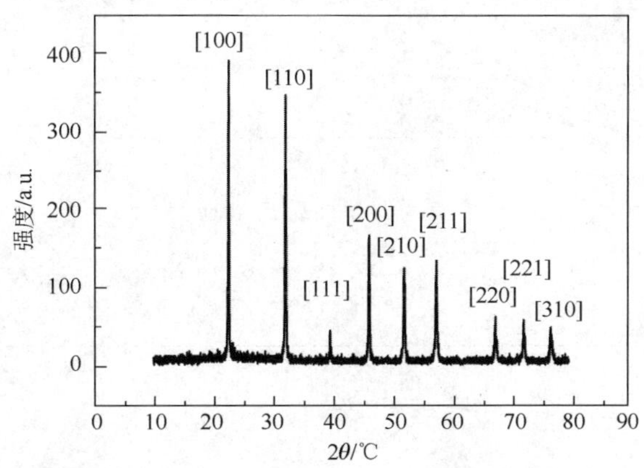

图 9.21　室温下 KNTN 的 X 射线粉末衍射图

表 9.5　KNTN 样品的衍射峰

hkl	*d*
100	3.976
110	2.813
111	2.299
200	1.99
210	1.78
211	1.626
220	1.408
221	1.327
310	1.26

9.3　KNTN 晶体的电学性能

KNTN 单晶在极化成多畴状态时，具有良好的压电、介电性能和机电耦合性能。当晶体在[001]方向极化后，晶体由正交相转为四方相。本节主要研究 KNTN 单晶在沿[001]方向极化成多畴态后的一些电学性质，包括介电常数、压电常数、电滞回线等[5, 6]。

9.3.1　KNTN 晶体的介电性质

KNTN 晶体是一种电介质晶体，因此介电常数是很重要的参数。在频率为 0.01Hz～

150MHz 的低频范围内，通常采用电桥法来测量介电系数，即通过测量电介质的电容量来实现。如图 9.22 所示为三种纯的 KNTN 晶体的相对介电系数随温度的变化曲线。KNTN 晶体的相对介电系数随着温度的升高先增加后减小，在居里温度处达到最大值。各种晶体的居里温度如表 9.6 所示。图 9.23 给出了居里温度为 10.7℃晶体 $K_{0.95}Na_{0.05}Ta_{0.60}Nb_{0.40}O_3$ 的相对介电系数的倒数 $1/\varepsilon_r$ 随温度 T 的变化曲线，晶体在居里温度 T_C 以上 $1/\varepsilon_r$ 与 T 呈线性关系。

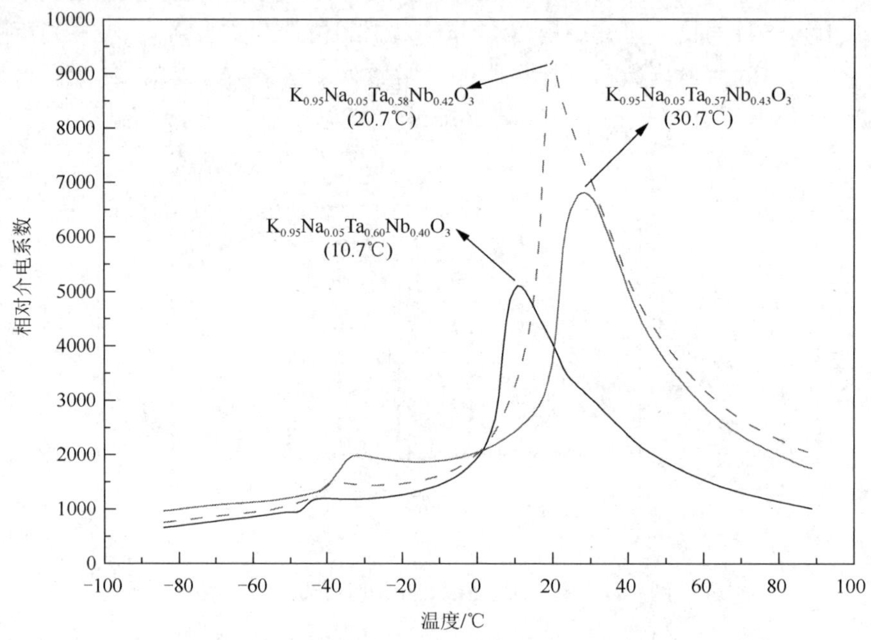

图 9.22 相对介电系数随温度的变化曲线

表 9.6 晶体的尺寸及居里温度

晶体的组分	晶体的尺寸（长×宽×厚）/mm	居里温度/℃
$K_{0.95}Na_{0.05}Ta_{0.60}Nb_{0.40}O_3$	3.955×3.569×1.682	10.7
$K_{0.95}Na_{0.05}Ta_{0.58}Nb_{0.42}O_3$	4.093×5.020×1.726	20.7
$K_{0.95}Na_{0.05}Ta_{0.57}Nb_{0.43}O_3$	2.004×3.407×1.731	30.7

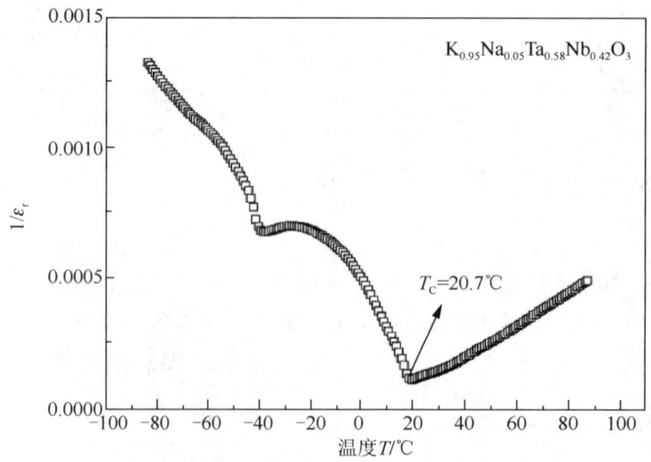

图 9.23 $1/\varepsilon_r$ 与 T 的变化曲线

图 9.24 中给出不同组分单晶分别在 1k、10k、100kHz 频率下介电常数 ε 随温度 T 变化关系。晶体在不同频率下，表现出来的介电常数 ε 有很大的差别，在频率为 1 kHz 时，介电常数最大，10 kHz 其次，100 kHz 最小。随着温度升高，铁电相晶体 KNTN 将变为顺电相 KNTN。晶体的居里温度随 Ta 摩尔分数的增加而降低。

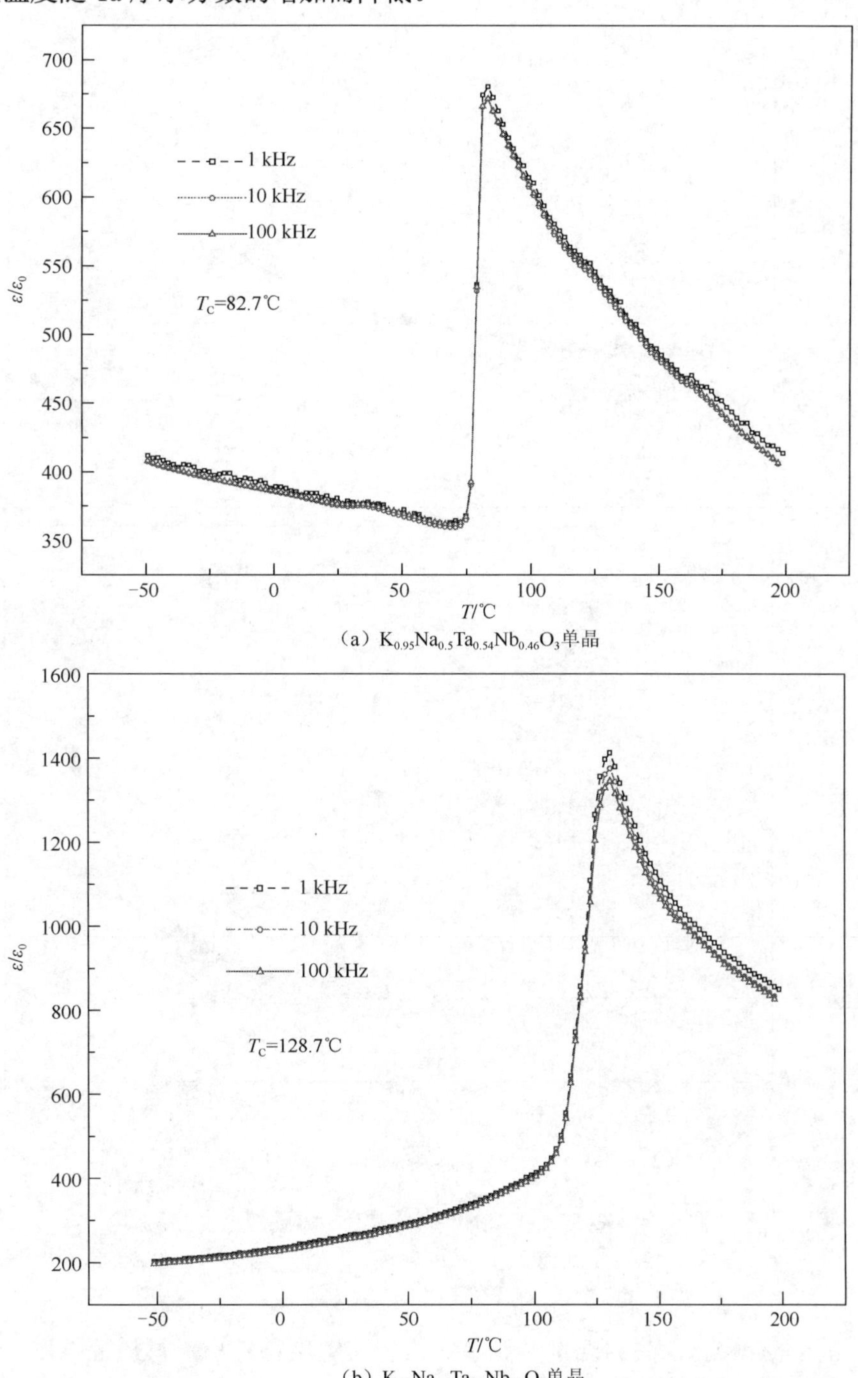

（a）$K_{0.95}Na_{0.5}Ta_{0.54}Nb_{0.46}O_3$单晶

（b）$K_{0.5}Na_{0.5}Ta_{0.5}Nb_{0.5}O_3$单晶

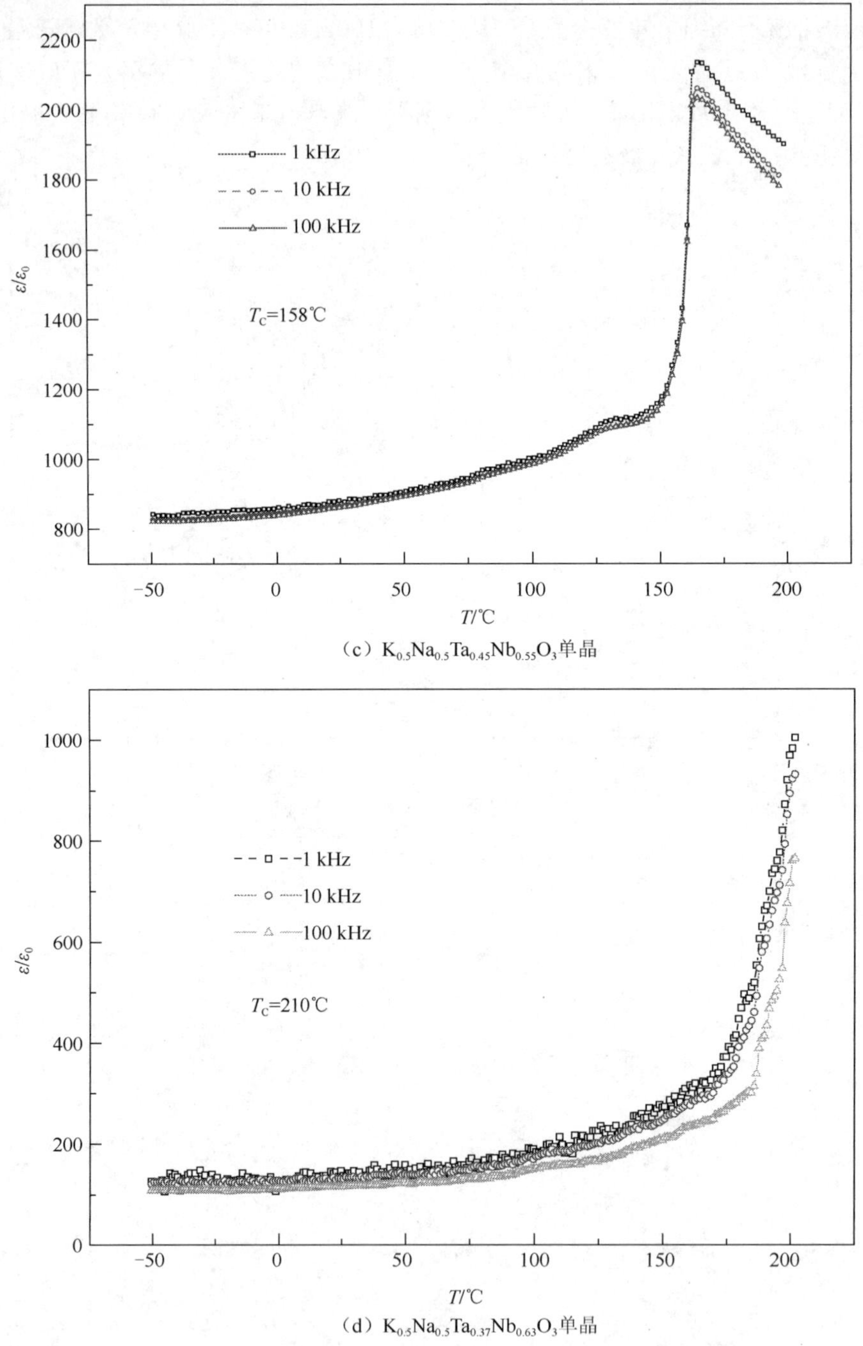

（c）$K_{0.5}Na_{0.5}Ta_{0.45}Nb_{0.55}O_3$单晶

（d）$K_{0.5}Na_{0.5}Ta_{0.37}Nb_{0.63}O_3$单晶

图 9.24 $K_{0.5}Na_{0.5}Ta_{1-x}Nb_xO_3$ 单晶介电常数随温度变化

9.3.2 压电常数

为保证晶体充分极化，先将温度升到 130℃，待温度稳定后，再加上电场。然后将温度缓慢降低到室温，用准静态法测量其压电系数。得到不同组分，不同极化电场下的压电系数情况，如表 9.7 所示。在 Ta 摩尔分数相同时，随着极化电场的增加，压电系数 d_{33} 也增大；在 Ta 摩尔分数从 0.37 到 0.5 变化时，相同极化电压下，压电系数逐渐减小，而且在 Ta 摩尔分数为 0.37 时，压电系数增大很多，造成这个现象的原因可能是这个组分的晶体在室温下处于多型相变附近。

表 9.7　KNTN 晶体在不同极化电场下的压电系数

晶体	极化电场/（V/mm）	压电系数/（pC/N）
$K_{0.5}Na_{0.5}Ta_{0.5}Nb_{0.5}O_3$	1000	10
	2000	23
$K_{0.5}Na_{0.5}Ta_{0.45}Nb_{0.55}O_3$	2000	24
$K_{0.5}Na_{0.5}Ta_{0.37}Nb_{0.63}O_3$	1000	21
	1500	42
	2000	86

对于不同参数的测量需要切割出不同模型，如图 9.25 所示。如测量 k_{33}，要求晶体模型是柱形，即高比长，高比宽在 3 倍左右，四方相 KNTN 单晶沿<001>方向极化。k_{31}、s_{11}^E 需要长条形的模型来测量，要求满足长比高，长比宽在 3 倍左右，ε_{33}^T 需要用大面积平板的模型来测量，测量时频率要求比较低，远低于谐振频率。通过谐振-反谐振法，求出 k_{31}、s_{11}^E 和 ε_{33}^T 三个参量，再求出 d_{31}。

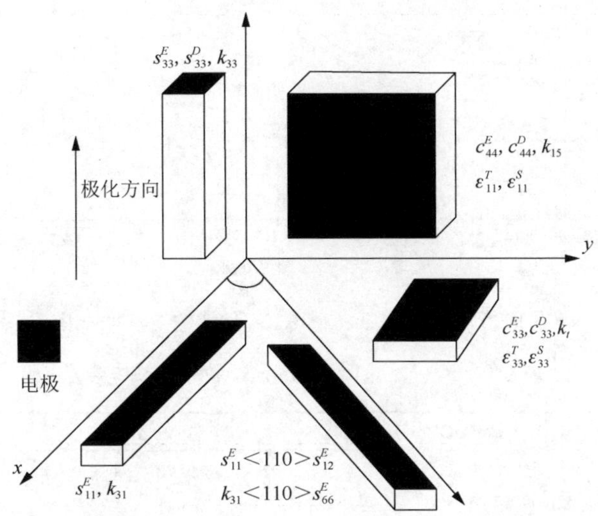

图 9.25　五种测试样品的切型取向示意图

对三种不同组分的晶体进行极化，用阻抗分析仪测 d_{31}，数据列入表 9.8 中。在相同极化电场下，d_{31} 值随 x 值的增加而增大；在同一组分晶体中，d_{31} 值随着极化电场增加而增大。

表 9.8　$K_{0.5}Na_{0.5}Ta_{1-x}Nb_xO_3$ 晶体的阻抗测量结果

x 值	极化电场/（kV/mm）	f_a/kHz	f_r/kHz	d_{31}/（pC/N）
0.63	1.5	765.1	771.25	22
	1	1079.5	1089	14
0.55	1	1584.25	1585.75	9
0.5	1	1227.15	1229.1	7

9.3.3 铁电性质

KNTN 单晶常温下处于铁电相的正交相，为铁电体。铁电体最重要的特征是其极化方向可以反转，极化强度和电场强度存在电滞回线关系。通过研究电滞回线，可以获得 KNTN 单晶的矫顽场和剩余极化强度等信息。电滞回线是铁电体最主要的特征之一。可以通过测量电滞回线，得到铁电体的剩余极化 P_r 和饱和极化 P_s，以及矫顽场 E_c。$K_{0.5}Na_{0.5}Ta_{0.5}Nb_{0.5}O_3$ 晶体的电滞回线，如图 9.26 所示，由图中所得的铁电性能参数列入表 9.9 中。对以上数据进行分析，随着外加电场的增加，饱和极化、剩余极化和矫顽场都增大，当电场增到 2800 V/mm，电滞回线过饱和，再增大电场后，晶体就会漏电。所以当外加电场在 2600 V/mm 时，晶体电滞回线能够达到饱和。

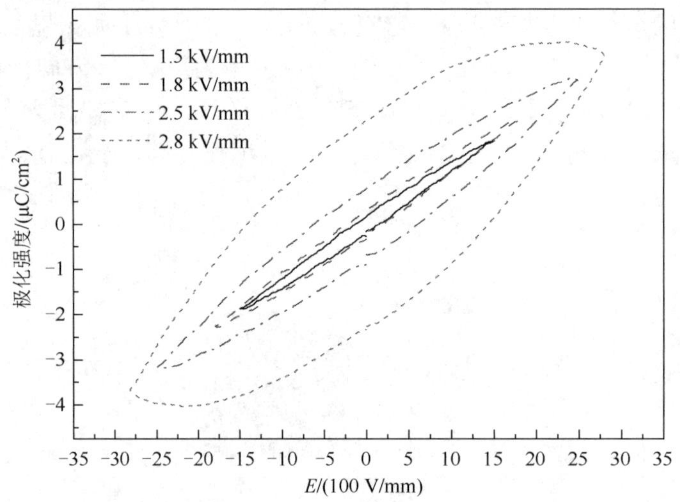

图 9.26 $K_{0.5}Na_{0.5}Ta_{0.5}Nb_{0.5}O_3$ 晶体的电滞回线图

表 9.9 $K_{0.5}Na_{0.5}Ta_{0.5}Nb_{0.5}O_3$ 晶体的铁电参数

E/（100 V/mm）	P_{max}/（μC/cm²）	P_r/（μC/cm²）	E_c/（100 V/mm）
15	1.83	0.78	1.5
18	2.28	0.31	1.87
25	3.22	0.17	6
28	4.02	2.27	14.4

9.3.4 KNTN 陶瓷的压电性能及磁电耦合特性

1. KNTN:Fe 陶瓷的介电和压电性能

为了研究样品的介电、压电等电学性能，首先对陶瓷进行了抛光、被银处理，然后利用电桥测试了陶瓷的介电性能，本节给出的实验数据都是在降温条件下得到的。未极化样品在 1 kHz 条件下的介温谱，如图 9.27 所示。测试温度范围是室温至 500℃。由 9.27（a）可知，KNTN 陶瓷的相对介电常数存在两个明显的峰，一个在 400℃附近，另一个在 200℃附近。这两个峰值分别对应着立方相至四方相的相转变 T_C 和四方相至正交相的相转变 $T_{O\text{-}T}$ 。

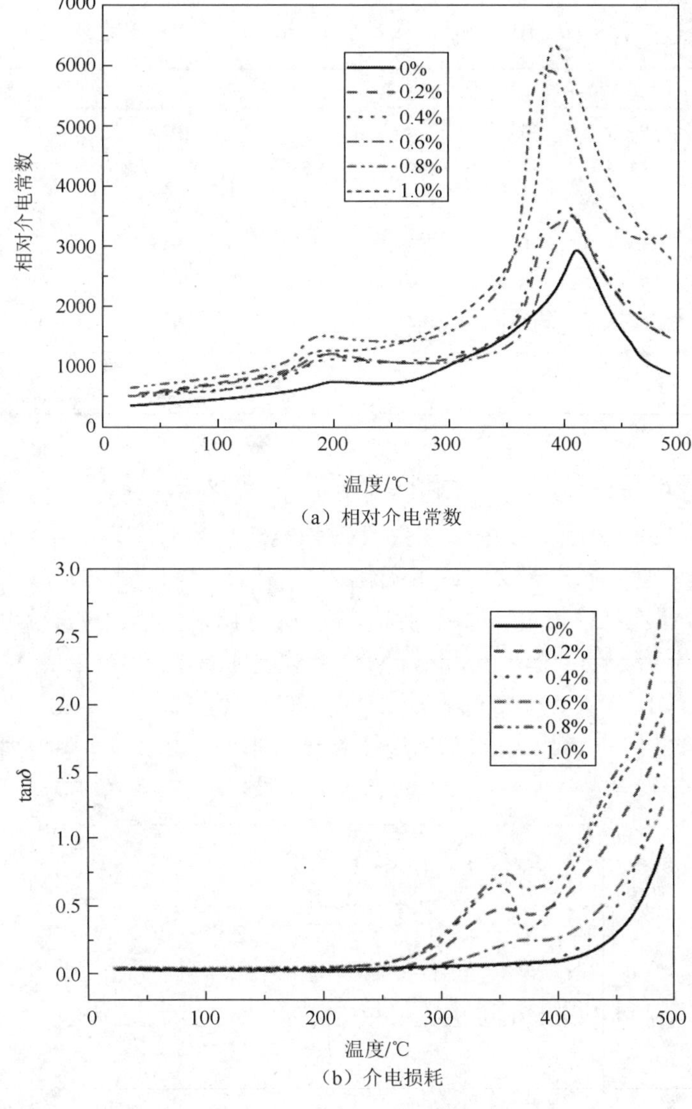

（a）相对介电常数

（b）介电损耗

图 9.27 未极化样品在 1 kHz 条件下的介温谱

由 Curie-Weiss 定律计算得到了不同掺杂浓度（摩尔分数）陶瓷样品 1 kHz 条件下的居里温度，见表 9.10 所示。对于纯 KNTN 陶瓷，其居里温度 T_C 、正交-四方相变温度 T_{O-T} 分别为 409℃和 200℃。随着 Fe_2O_3 的掺杂，两个相变温度均缓慢地向低温度方向移动。当掺杂摩尔分数为 1.0%Fe 元素时，T_C 、T_{O-T} 分别下降至 389℃、182℃。样品的相对介电常数 ε_r 和损耗 $\tan\delta$ 在 Fe 元素掺杂浓度（摩尔分数）由 0 到 0.8%时，有明显增加，分别从 340、0.033 增加为 630、0.045。表明掺杂浓度继续提高，介电常数 ε_r 与损耗 $\tan\delta$ 皆有所下降。在此类材料中，这种低掺杂浓度所造成的介电常数和损耗的增大，来源于 Fe^{3+} 进入晶格扰乱了材料内部原有的电荷平衡，增加了偶极子的数量。另外，由图 9.27（b），在掺杂浓度（摩尔分数）低于 0.6%时，样品从室温到 270℃这一宽广的温度范围内介电损耗都很低，说明在陶瓷有很大的温度使用空间。

表 9.10 KNTN-Fex 陶瓷在 1 kHz 条件下的基本性能

x/%	ρ /(g/cm^3)	ρ_r /%	T_C /℃	T_{O-T} /℃	ε_r（1kHz）	tan δ	d_{33} /（pC/N）	k_p /%	Q_m
0	4.24	90.02	409	200	340	0.033	89	30.6	90
0.2	4.35	92.36	405	194	540	0.036	123	31.6	70
0.4	4.37	92.78	405	190	490	0.045	130	37.2	50
0.6	4.42	93.84	400	190	490	0.043	122	30.9	210
0.8	4.46	94.69	391	185	630	0.045	115	30.3	220
1.0	4.47	94.9	389	182	550	0.036	95	30.6	220
2.0	4.53	96.18	380	179	530	0.35	90	28.3	250
3.0	4.53	96.18	378	176	440	0.34	86	16.9	170

注：ε_r（1kHz）是指在 1kHz 测量的介电常数

KNTN-Fex 陶瓷的极化处理在二甲基硅油中进行，极化电场约为 3kV/mm，样品以 4℃/min 的速率被加热到 130℃，保持 30min 后自然冷却到室温，最后撤去电场。分别利用 ZJ-3A 型压电测试仪和 4294A 型阻抗分析仪测试了极化 24h 后样品的压电系数 d_{33}、机电耦合系数 k_p 和机械品质因数 Q_m 等压电性能参量，如图 9.28 与表 9.10 所示。纯 KNTN 陶瓷的压电系数 d_{33}、机电耦合系数 k_p 分别为 89 pC/N、30.6%，两个系数先随着 Fe 掺杂浓度（摩尔分数）的增加而增大，在 Fe 掺杂浓度（摩尔分数）为 0.4%时达到最大值 130 pC/N、37.2%，而后开始减小。陶瓷的机械品质因数 Q_m 与 d_{33}、k_p 的变化规律有显著不同，随掺杂浓度的增加 Q_m 缓慢下降，而后迅速增大。

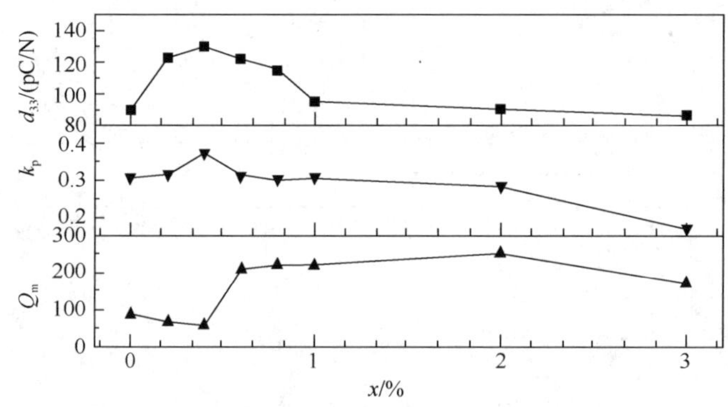

图 9.28 KNTN-Fex 陶瓷的压电性能

综上所述，KNTN 中 Fe 的掺杂浓度（摩尔分数）为 0.4%时，陶瓷的晶粒均匀、晶粒间结合紧密，陶瓷的致密度高（ρ=4.37 g/cm^3，ρ_r=92.78%），介电常数大、损耗小（1 kHz 时，ε_r=490，tan δ=0.045），拥有最佳的压电系数和最高的机电耦合系数（d_{33}=130 pC/N，k_p=37.2%）。

2. KNTN:Fe 陶瓷的掺杂物理机制

研究发现 KNTN-Fex 陶瓷的压电性能的变化与 Fe_2O_3 引起烧结性能改善和晶格结构的变化密切相关[4]。

（1）烧结性能改善对陶瓷压电性能的影响。

随着 Fe_2O_3 的掺杂陶瓷烧结温度降低，低的温度可以在一定程度上抑制 KNTN 陶瓷中 K、Na 元素的挥发，使材料的化学组分更趋近于理想的化学计量比。同时，由于 Fe_2O_3 的掺杂陶瓷的晶粒细化、均匀程度提高，内部的微孔洞减少、扩散，材料的致密度增加，使得陶瓷在极化过程中发生局部电击穿的可能性减小，因此陶瓷的基本性能有所提高。

（2）Fe_2O_3 对 KNTN 结构的影响。

根据 XRD 测试分析可知，铁元素在 KNTN-Fex 陶瓷中以 Fe^{3+}形式存在。在低掺杂浓度（摩尔分数）下（x<0.4%），Fe^{3+}占据 A 位，即占据 K、Na 挥发后留下的空位；在稍高的掺杂浓度（摩尔分数）下（0.4%<x<1.0%），Fe^{3+}占据 B 位；掺杂浓度（摩尔分数）继续提高，开始有杂相出现。

在低掺杂浓度下，Fe^{3+}占据 ABO_3 钙钛矿结构的 A 位时，由于它的化合价比 K^+、Na^+的化合价高，占位后在晶胞中就会出现超额正电荷。由于传统固相烧结法，烧结在常压和空气中进行（与热压烧结不同，不存在超强压力对晶胞的干扰），由于化合价平衡的需要，晶胞中必然出现电荷补偿，每一个 Fe^{3+}进入晶格，就会导致两个 K^+或 Na^+缺位出现，即

$$0.01Fe_2O_3 + (Na_{0.50}K_{0.50})Ta_{0.05}Nb_{0.95}O_3 \longrightarrow (Na_{0.50}K_{0.50})_{0.94}Fe_{0.02}\boxed{\text{A 位空位}}_{0.04}Ta_{0.05}Nb_{0.95}O_3 + 0.02A_2O\uparrow \tag{9.1}$$

式中，$\boxed{\text{A 位空位}}$表示 K^+、Na^+的缺位；A_2O 表示 K_2O 或 Na_2O。K^+、Na^+缺位出现，可在陶瓷中形成以 Fe^{3+}或 Nb^{5+}、Ta^{5+}为中心的正电中心。类似于半导体中的施主离子掺杂，由于电荷补偿可知，这相当于在正电中心附近出现了一个易受电场激发的电子。由于 Fe_2O_3 掺杂的浓度低，与烧结过程中 K、Na 挥发后留下的空位浓度差别不是很悬殊，施主能级上的电子就几乎填充了受主能级上的空穴，因此两种杂质起了补偿作用，可以提高材料的电阻率。

另外，K^+、Na^+缺位出现可以使陶瓷中电畴壁运动变得容易，也就是说在实验条件不变的条件下，相同的极化电场可以使压电性能更充分地表现出来。所以低浓度（摩尔分数）(x<0.4%）的 Fe 掺杂后陶瓷的 d_{33}、k_p 等压电性能有所提高。畴壁移动的容易，必然引起陶瓷内部内耗的增加，这是造成图 9.29 中介电损耗 $\tan\delta$ 增大、机械品质因数 Q_m 较低的原因。

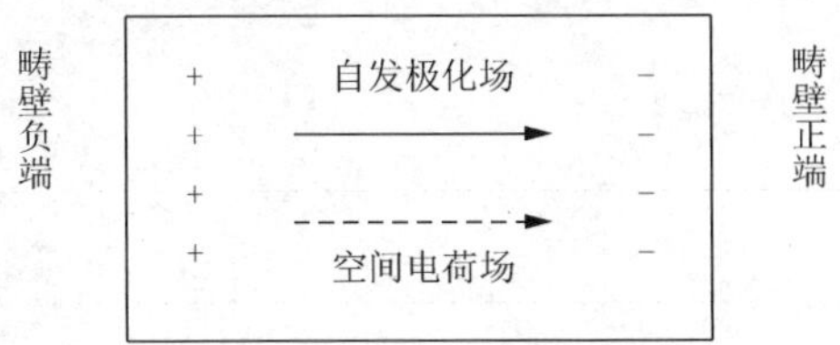

图 9.29　空间电荷场示意图

当在稍高的掺杂浓度下（0.4%<x<1.0%），Fe^{3+}占据 B 位时，由于 Fe^{3+}与 Nb^{5+}、Ta^{5+}电荷的差异，每一个 Fe^{3+}进入晶格则会引起一个氧空位产生来进行补偿，即

$$0.01Fe_2O_3 + (Na_{0.50}K_{0.50})Ta_{0.05}Nb_{0.95}O_3 \longrightarrow (Na_{0.50}K_{0.50})(Ta_{0.05}Nb_{0.95})_{0.98}Fe_{0.02}O_{2.98} + 0.02\,\boxed{\text{氧空位}} \tag{9.2}$$

氧空位的产生，会使陶瓷中产生负电中心和载流子空穴。这种空间电荷的产生对电畴壁的运动是有影响的，特别是 180° 畴。由低价离子掺入 PZT、$BaTiO_3$ 陶瓷 B 位的文献报道可知空间电荷总是要聚集到电畴壁上。如图 9.29 所示，带正电、负电的空间电荷分别聚集在畴的负端、正端，形成了一个与原来自发极化方向相同的电场。因此，进行陶瓷极化实验时，不但要克服原来的自发极化场，而且要克服空间电荷场，即氧空位的产生抑制了电畴壁的运动，所以在相同的极化条件下得到的压电系数 d_{33}、机电耦合系数 k_p 等压电性能有所降低。

3. 掺铁 KNTN 陶瓷的磁电耦合特性

同时具有铁电、铁弹和铁磁性能中两种及两种以上铁性能的材料叫做多铁材料。现阶段研究较多的是包含铁电和铁磁性能的多铁材料。由于多铁性能之间可能存在相互作用，这使得多铁材料在传感器和存储方面具有巨大的应用前景。然而，很少有单相材料同时具有铁电和铁磁这两种性能，一方面主要是由于一般铁电体都是过渡金属的氧化物，其中的过渡金属都具有空的 d 轨道，例如典型的铁电体 $BaTiO_3$ 和 $KNbO_3$ 等中的 Ti^{4+}和 Nb^{5+}。而这些具有空的 d 轨道的过渡金属对于铁电性的出现是必需的；另一方面，磁性确要求离子具有部分填充的 d 轨道，例如 Fe^{3+}和 Mn^{3+}。这种对于离子 d 轨道截然不同的要求使得铁电性和铁磁性在单相材料的共存比较困难。但是依然有一些单相材料同时具有铁电性和铁磁性，如 $BiMnO_3$ 和 $BiFeO_3$，在这些化合物中，铁电性和铁磁性来源于不同的离子（铁电性来源于 Bi^{3+}，铁磁性来源于 Mn^{3+}和 Fe^{3+}），这为设计多铁材料提供了一个思路：可以在铁电体中引入磁性离子使得铁电性和铁磁性共存。前面的论述已经说明，磁性离子 Fe^{3+}能够进入 KNTN 陶瓷的主晶格。下面主要介绍 1.0%Fe 在 B 位掺杂的 KNTN 陶瓷的铁电性和铁磁性，进而阐述其磁电容效应，以表征铁电性和铁磁性的耦合作用。

采用铁电测量系统测量陶瓷的铁电性能，室温测量的 KNTN-Fex 陶瓷的 10Hz 电滞回线，如图 9.30 所示。在外加电场达到 6.5 kV/mm 时，陶瓷都达到了饱和，纯的 KNTN 的剩余计划强度和矫顽场分别为 11.8μC/cm^2 和 1.10 kV/mm，掺杂了摩尔分数为 1%的 Fe 元素后，电滞回线变得倾斜，剩余极化强度和矫顽场变为 10.8 μC/cm^2 和 1.28 kV/mm，这说明 Fe 的掺杂使得 KNTN 陶瓷硬化了，Fe^{3+}掺杂起到了施主的作用。这主要是由于 Fe^{3+}占据 B 位置时和原来离子具有化合价差，需要产生氧缺陷来补偿，这些氧缺陷会钉扎畴壁的运动，从而使陶瓷硬化。Fe 元素的掺杂减弱了陶瓷的铁电性。

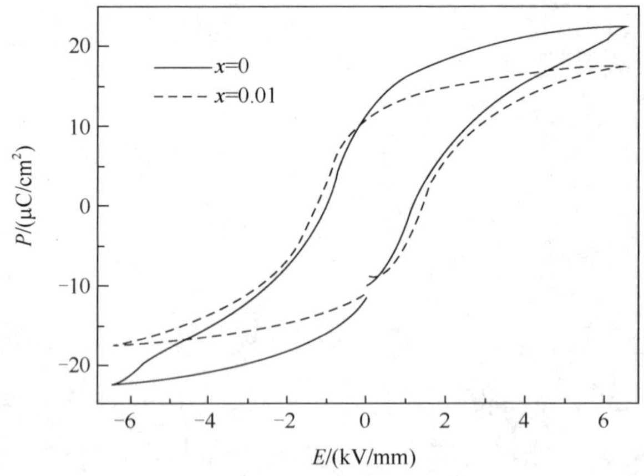

图 9.30 KNTN-Fex（$x = 0$ 和 0.01）样品室温下 10 Hz 处的电滞回线

通过测量 KNTN-Fex（x = 0 和 0.01）陶瓷的磁性能给出材料的磁化强度-磁场曲线，如图 9.31（a）所示。Fe 元素的掺杂对陶瓷的磁性能具有显著的影响：纯的 KNTN 陶瓷表现出反铁磁性[图 9.31（a）的右下角]，掺杂 Fe 元素后，能够观察到明显的磁滞现象，矫顽场和剩余磁化强度分别为 519Oe（1Oe=79.5775A/m）和 0.022emu/g（1emu/g=1A · m^2/kg）。这说明在 Fe 掺杂的 KNTN 陶瓷中出现了 Fe 元素的长程有序，即铁磁性。需要说明的是，Fe 掺杂的 KNTN 的磁滞回线不是很标准，它是扭曲的，这说明其中反铁磁作用也是存在的。在 200～

300K 的温度范围内 Fe 掺杂 KNTN 陶瓷的磁化强度，如图 9.31（b）所示，在温度范围内没有出现磁化强度的急剧减小，这也说明了 Fe 掺杂的 KNTN 的铁磁性。

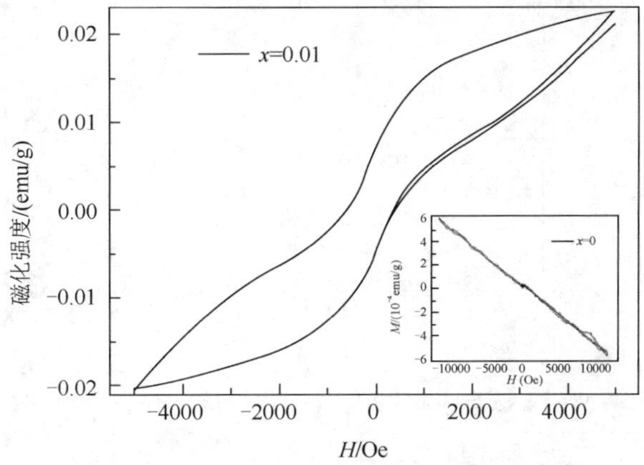

（a）KNTN-Fex (x=0，0.01)样品的磁化强度-磁场关系

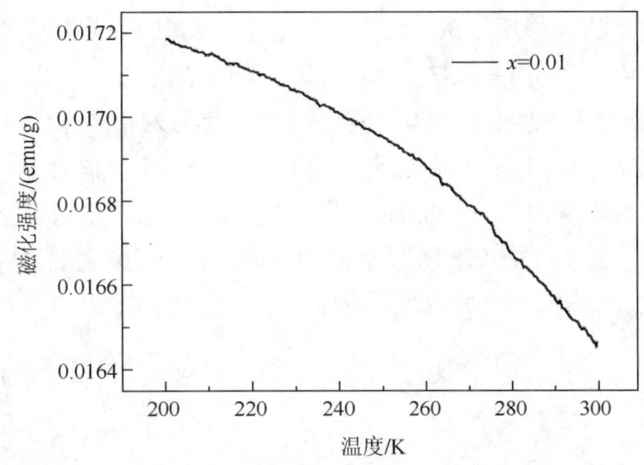

（b）0.01Fe掺杂KNTN样品的磁化强度-温度关系

图 9.31　KNTN-Fex 样品的磁化强度随磁场和温度的关系

采用 F-center 交换机制解释 Fe 掺杂 KNTN 陶瓷的铁磁性。在 Fe 掺杂的 KNTN 中，Fe^{3+} 占据 B 位，氧缺陷会出现来补偿价态差，电子会被这些氧缺陷捕获形成一个 F-center，Fe^{3+} 经过 F-center 的交换作用会产生铁磁性。材料表现的反铁磁性，是由于 Fe^{3+} 经过 O^{2-} 的双交换作用产生的，而且没有进入晶格的 α-Fe_2O_3 也会对反铁磁性产生贡献。这两种交换作用共存，相互竞争，从而形成这种畸变的磁滞回线。

Fe 掺杂 KNTN 陶瓷具有铁电性和铁磁性共存的特点，因此需要考虑它们的耦合效应。在不同磁场强度下对 KNTN:Fex 陶瓷的介电常数测量结果，如图 9.32 所示。对于纯的 KNTN 陶瓷，在磁场从 0 Oe 增加到 5000 Oe 的过程中，介电常数变化了约−0.06%，这主要是材料的疲劳导致的。对于 Fe 掺杂 KNTN 陶瓷，加上外加磁场后，介电常数有了明显的变化，在 50 kHz、100 kHz 和 200 kHz 的频率处外加 5000 Oe 的磁场，介电常数分别变化了−0.77%、−0.54%和−0.40%。介电常数能够对磁场形成明显响应说明 Fe 掺杂 KNTN 陶瓷中铁电有序和铁磁有序存在强的耦合作用。

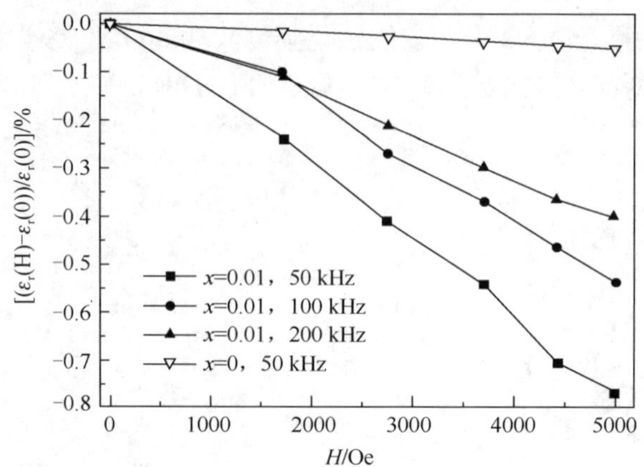

图 9.32　KNTN-Fex（$x=0$ 和 0.01）样品不同频率下的介电常数-磁场关系

9.3.5　KNLTN 陶瓷多型相变附近的压电性能

对 KNLTN 钽铌酸钾钠锂（$K_{1-y-z}Na_yLi_zTa_{1-x}Nb_xO_3$，KNLTN）陶瓷进行抛光、被银电极和极化处理后测出的压电参数，如图 9.33 所示。其基本电学性质列入表 9.11。当样品中 Li 摩尔分数为 3%时，样品的压电系数 d_{33} 和机电耦合系数 k_p 分别为 174 pC/N 和 30.5%。把 Li 摩尔分数 x 从 3%增加到 4%时，KNL$_x$TN 陶瓷的压电系数 d_{33} 和机电耦合系数 k_p 明显提高，其数值达 196 pC/N 和 39.5%，而后随 Li 的增加而下降。样品的机械品质因数 Q_m 的变化规律与 d_{33} 及 k_p 的变化趋势正好相反。当 Li 摩尔分数为 3%和 4%时，KNLTN 陶瓷的 Q_m 分别为 128 和 123，数值较小是由在室温的介电损耗相对较大导致的。

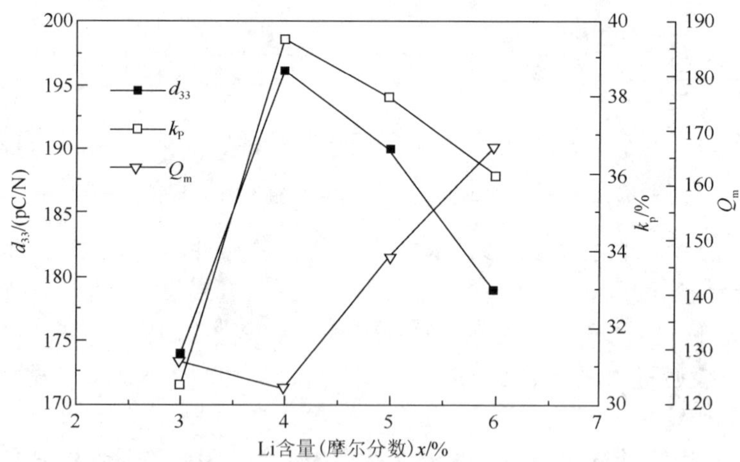

图 9.33　KNL$_x$TN 陶瓷样品的压电性能

表 9.11　KNL$_x$TN 陶瓷样品室温下的基本电学性能

x/%	T_C /℃	$T_{O\text{-}T}$ /℃	ε_r	$\tan\delta$	d_{33} /（pC/N）	k_p /%	Q_m
3	325	72	640	0.031	174	30.5	128
4	340	45	750	0.025	196	39.5	123
5	347	20	900	0.023	190	38.0	147
6	355	0	935	0.021	179	36.1	167

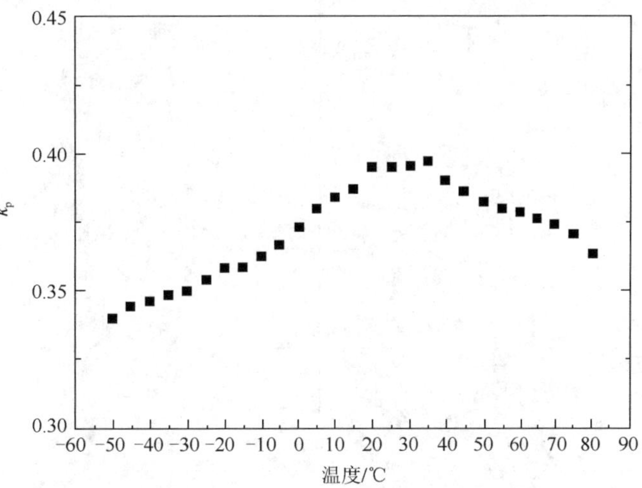

图 9.34　$(Na_{0.52}K_{0.45})Li_{0.04}Ta_{0.2}Nb_{0.8}O_3$ 陶瓷样品在 −50～80℃的机电耦合系数

总体来看，Li 摩尔分数在 4%～5%时样品压电性能较好，其压电系数 d_{33} 和机电耦合系数 k_p 处于较高的水平，与 XRD 分析其多型相变（polymorphic phase transition，PPT）组分区间一致。根据报道，KNLTN 陶瓷在四方铁电相共有 8 个不同的极化状态，在正交铁电相共有 12 个不同的自发极化状态，在 PPT 相转变区间内陶瓷的正交相和四方相共同存在。陶瓷在 PPT 相转变区间内有较多的极化状态是引起陶瓷优异压电性能的原因。

钽铌酸盐无铅压电陶瓷 PPT 附近性能有强烈的温度依赖性，这是限制其实际应用的重要障碍之一。如图 9.34 所示是用谐振-反谐振法测试的 Li 摩尔分数为 4%时样品在−50～80℃温度范围内的机电耦合系数 k_p。陶瓷样品的机电耦合系数 k_p 维持在 0.33～0.40，在钽铌酸盐压电陶瓷样品中处于较高的水平。k_p 值在测量区间内有很强的温度依赖性，随温度的升高先增加而后减小，在 20～40℃时达到最大值。k_p 在−50～80℃的最大偏差值高达 0.05，约是室温（20℃）时 k_p 的 13%，是最小测量值的 15%。如此强烈的温度依赖性，使之很难在压电振荡、压电扬声、压电滤波、压电延迟和压电微位移等领域中应用。

总之，当 Li 摩尔分数为 4%～5%时，KNL_xTN 压电陶瓷的 PPT 区间在室温附近。此时，样品具有较好的压电性能，其中 4%时室温测得的压电系数及机电耦合系数最大，同时样品的温度依赖性也比较强烈。这是因为材料的四方-正交相转变处于室温附近，四方相和正交相的共存一方面增加了陶瓷的自发极化状态，使材料获得了高的压电性能，另一方面，温度的变化可以使陶瓷从一种相结构向另一种相转变，这种相结构的温度依赖性，是陶瓷性能温度稳定性变差的直接原因。所以，如何在保持材料在 PPT 附近拥有高压电性能的基础上，改进材料的温度稳定性，对 KNN 基陶瓷材料的发展至关重要。

另外，La^{3+}掺杂 KNLTN 对 PPT 相变附近的温度稳定性有明显的改善，随掺杂浓度的提高，陶瓷的 A、B 位等价阳离子占位的复杂性得到提高，使得材料的相变弥散，这种弥散相变的存在，使材料的相变范围变宽、变化梯度减小。

9.4　KNTN 晶体的光学性质

9.4.1　KNTN 晶体的折射率色散

如图 9.35 所示为晶体 $K_{0.95}Na_{0.05}Ta_{0.60}Nb_{0.40}O_3$、$K_{0.95}Na_{0.05}Ta_{0.58}Nb_{0.42}O_3$、$K_{0.95}Na_{0.05}Ta_{0.57}Nb_{0.43}O_3$ 的折射率色散曲线，晶体的折射率随着波长的增加逐渐减小，而且三种晶体的折射率色散曲线非常接近。在波长为 632.8 nm 时，晶体 $K_{0.95}Na_{0.05}Ta_{0.60}Nb_{0.40}O_3$、$K_{0.95}Na_{0.05}Ta_{0.58}Nb_{0.42}O_3$、$K_{0.95}Na_{0.05}Ta_{0.57}Nb_{0.43}O_3$ 的折射率依次为 2.239、2.237、2.237[8,9]。

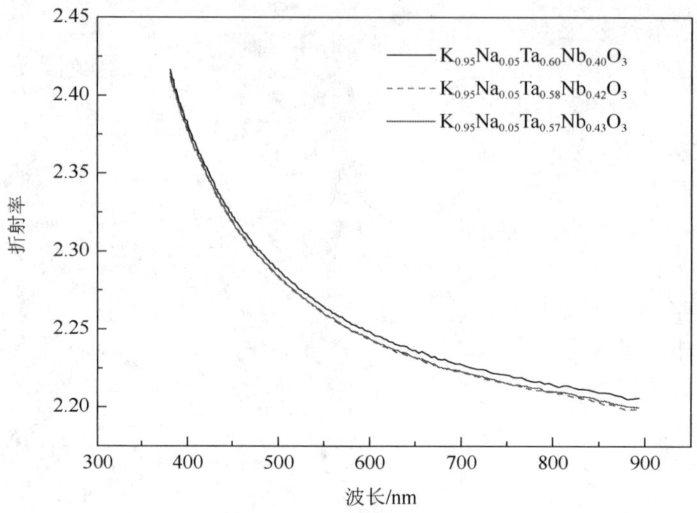

图 9.35　KNTN 晶体的折射率色散曲线

通常用采用单振子模型的塞尔迈耶方程来描述折射率色散。

如图 9.36（a）所示为晶体 $K_{0.95}Na_{0.05}Ta_{0.60}Nb_{0.40}O_3$ 的 $1/(n^2-1)$与 $1/\lambda^2$ 的变化关系，图中的虚线为线性拟合，通过拟合得到平均振子强度 $S_0=1.11\times10^{14}m^{-2}$ 和平均振子位置 λ_0=182nm。如图 9.36（b）所示为 $1/(n^2-1)$与 E^2 的变化关系，图中的虚线为线性拟合，通过拟合得到色散

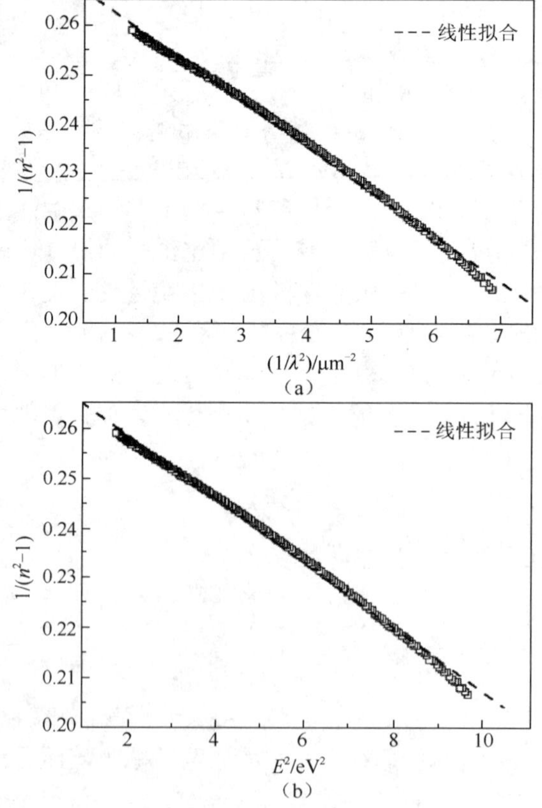

图 9.36　KNTN 的 $1/(n^2-1)$与 $1/\lambda^2$ 关系及 KNTN 的 $1/(n^2-1)$与 E^2 关系

能量 E_d =24eV 和单个振子能量 E_0 =6.51eV。从而可以计算出 KNTN 晶体的折射率色散参量为 E_0/S_0 =5.87×10^{-14}eVm^2，而 Wemple 和 Drdomenico[10]测量的大量的氧八面体铁电体的折射率色散参量 E_0/S_0 =(6±0.5)×10^{-14}eVm^2，显然测量的折射率参量大小也在这个范围内。

9.4.2　KNTN 晶体的吸收光谱

在 25℃下，对 $K_{0.95}Na_{0.05}Ta_{0.60}Nb_{0.40}O_3$（$T_C$=10.7℃）和 $K_{0.95}Na_{0.05}Ta_{0.58}Nb_{0.42}O_3$（$T_C$=20.7℃）晶体在 200～1100nm 范围内的透射率 τ 和吸收系数α随波长的变化曲线，如图 9.37 所示。

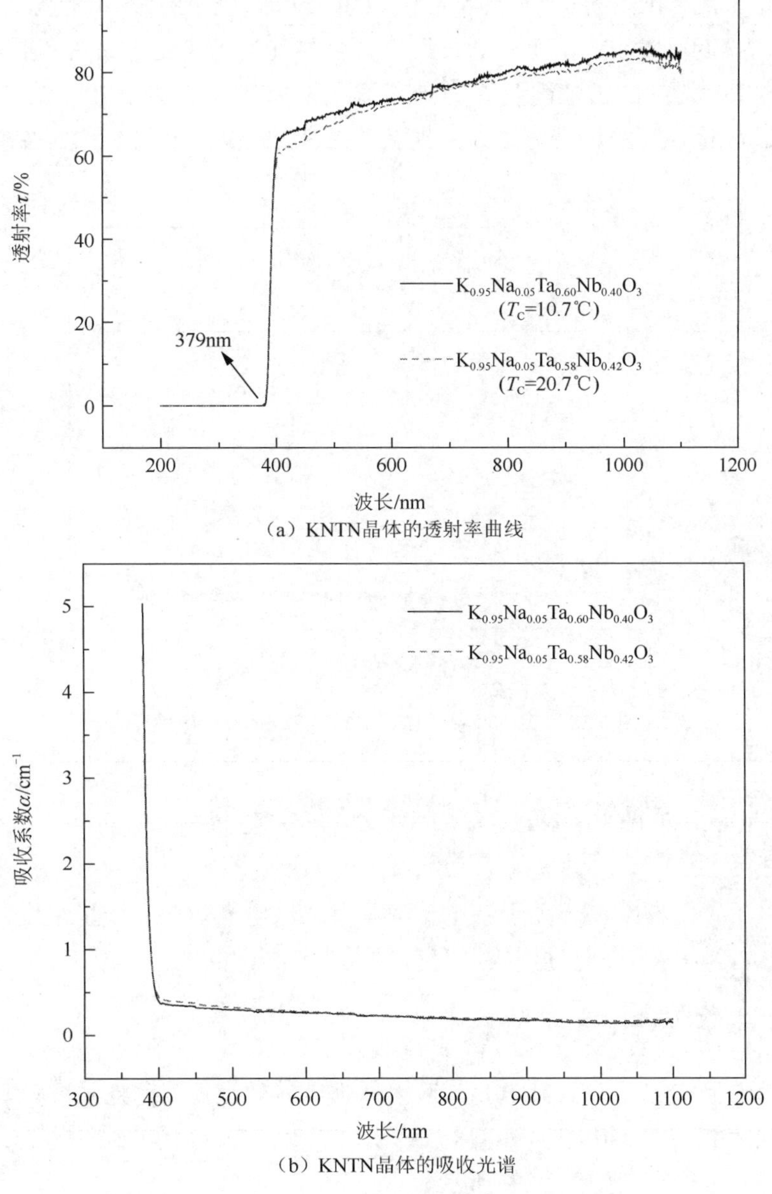

（a）KNTN晶体的透射率曲线

（b）KNTN晶体的吸收光谱

图 9.37　KNTN 晶体的透射和吸收光谱

如图 9.37（a）所示，当入射光波长在 200～379nm 时，入射光被完全吸收，这主要是由于入射波长小于截止波长产生基本吸收引起的；当入射光波长在 380～1100nm 范围内时，晶体的透射率随着波长的增加缓慢增加，而且晶体 $K_{0.95}Na_{0.05}Ta_{0.60}Nb_{0.40}O_3$ 的透射性能略好于 $K_{0.95}Na_{0.05}Ta_{0.58}Nb_{0.42}O_3$，主要是由于前者的居里温度低于后者导致的，当温度高于居里温度越多，其晶体内顺电相转换越完全，其透射性能越好。如图 9.37（b）所示为晶体的吸收系数随波长的变化曲线，两种晶体的吸收光谱几乎是重合的，可见 KNTN 的晶体基本吸收性能应该是相似的。

图 9.38 给出了晶体 $K_{0.95}Na_{0.05}Ta_{0.60}Nb_{0.40}O_3$ 的$(\alpha h\nu)^2$与光子能量 $h\nu$ 的变化关系。在紫外吸收区，$(\alpha h\nu)^2$ 与 $h\nu$ 近似成正比，可以通过线性拟合得到其线性变化关系，拟合直线与横坐标的交点即为禁带宽度对应的带隙能量 E_g，通过读取坐标可得 E_g 为 3.20 eV。同理也可得到晶体 $K_{0.95}Na_{0.05}Ta_{0.58}Nb_{0.42}O_3$ 的禁带宽度，发现依然是 3.20 eV，可见 KNTN 晶体的晶格的能带结构非常相似。

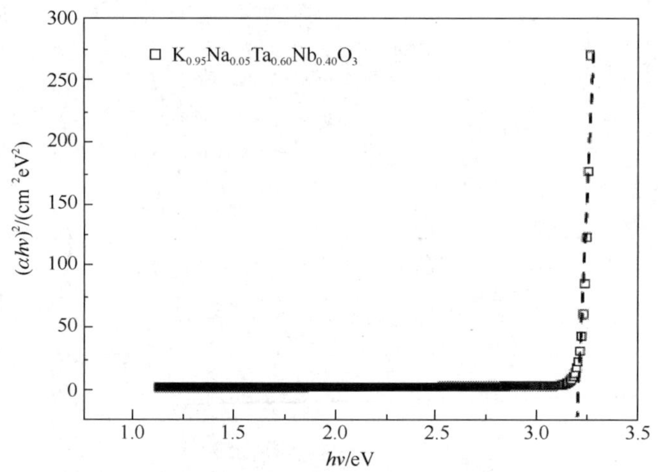

图 9.38 KNTN 晶体的$(\alpha h\nu)^2$随着 $h\nu$ 的变化关系

9.5 KNTN 晶体的电光性能及其应用

居里温度以下，KNTN 晶体处于铁电相，具有线性电光效应；居里温度以上，KNTN 晶体属于 m3m 点群，具有中心对称结构，存在二次或更高次的电光效应。

9.5.1 KNTN 晶体线性电光系数

处于铁电相的 KNTN 晶体，其电光效应为线性电光效应，其电光系数γ_{13}、γ_{33}是重要的研究参数。可以利用 2.2 节介绍的半波电压法对铁电相 KNTN 晶体的线性电光系数进行测量，外加电场方向与光偏振方向如图 9.39 所示。

晶体在不同电场下进行极化后，在温度为 20℃的条件下测量的电光系数结果列于表 9.12 中。

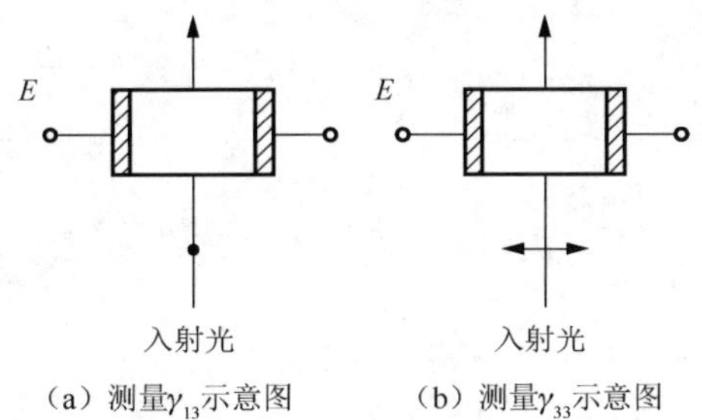

（a）测量γ_{13}示意图　（b）测量γ_{33}示意图

图 9.39　外加电场、光的传播和偏振方向的示意图

表 9.12　KNTN 晶体的电光系数

电光系数	$K_{0.5}Na_{0.5}Ta_{0.37}Nb_{0.63}O_3$ 极化电场 1 kV/mm	$K_{0.5}Na_{0.5}Ta_{0.37}Nb_{0.63}O_3$ 极化电场 1.5 kV/mm	$K_{0.5}Na_{0.5}Ta_{0.5}Nb_{0.5}O_3$ 极化电场 1 kV/mm
γ_3 /（pm/V）	238	298	0.94
γ_2 /（pm/V）	235	293.25	—
γ_1 /（pm/V）	24.5	—	—

9.5.2　KNTN 晶体二次电光系数

在居里温度以上，晶体处于顺电相，具有二次电光效应。因此，必须在居里温度以上对 KNTN 晶体的二次电光系数进行测量[8, 9]。

1. 二次电光系数的概念

采用 2.3 节中描述的马赫-曾德尔电光系数测量系统对顺电相 KNTN 晶体的二次电光系数进行测量。通过测量不同电场下的锁相输出，拟合出 v_{out} 随 E^2 成线性关系变化的斜率，从而计算得到晶体的二次电光系数。如表 9.13 所示为三种不同组分的 KNTN 晶体在居里温度处的二次电光系数 s_{11} 和 s_{12}，晶体的在居里温度处的二次电光系数 s_{11} 均达到了 10^{-15} m^2/V^2 数量级，比一般的电光晶体的二次电光系数高出两个数量级。即在相同的电场下，KNTN 单晶的折射率会产生更大改变，如此优异的电光性能使得 KNTN 晶体在电光调制应用中具有更好的前景。

表 9.13　在居里温度处不同组分的 KNTN 晶体的二次电光系数

晶体组分（测量温度）	居里温度/℃	s_{11} /（m^2/V^2）	s_{12} /（m^2/V^2）
$K_{0.95}Na_{0.05}Ta_{0.60}Nb_{0.40}O_3$(10℃)	10	2.78×10^{-15}	0.72×10^{-15}
$K_{0.95}Na_{0.05}Ta_{0.58}Nb_{0.42}O_3$(20℃)	20	2.28×10^{-15}	0.40×10^{-15}
$K_{0.95}Na_{0.05}Ta_{0.57}Nb_{0.43}O_3$(30℃)	30	3.54×10^{-15}	0.49×10^{-15}

2. 二次电光系数的温度稳定性

KNTN 晶体的二次电光系数受温度的影响较大，晶体二次电光系数随温度的变化关系，如图 9.40 所示，温度范围起点均是从居里温度开始的保证晶体处于顺电相。晶体的二次电光系数随温度的增加逐渐减小，而且减小的幅度越来越小。导致这种变化的主要原因是晶体的

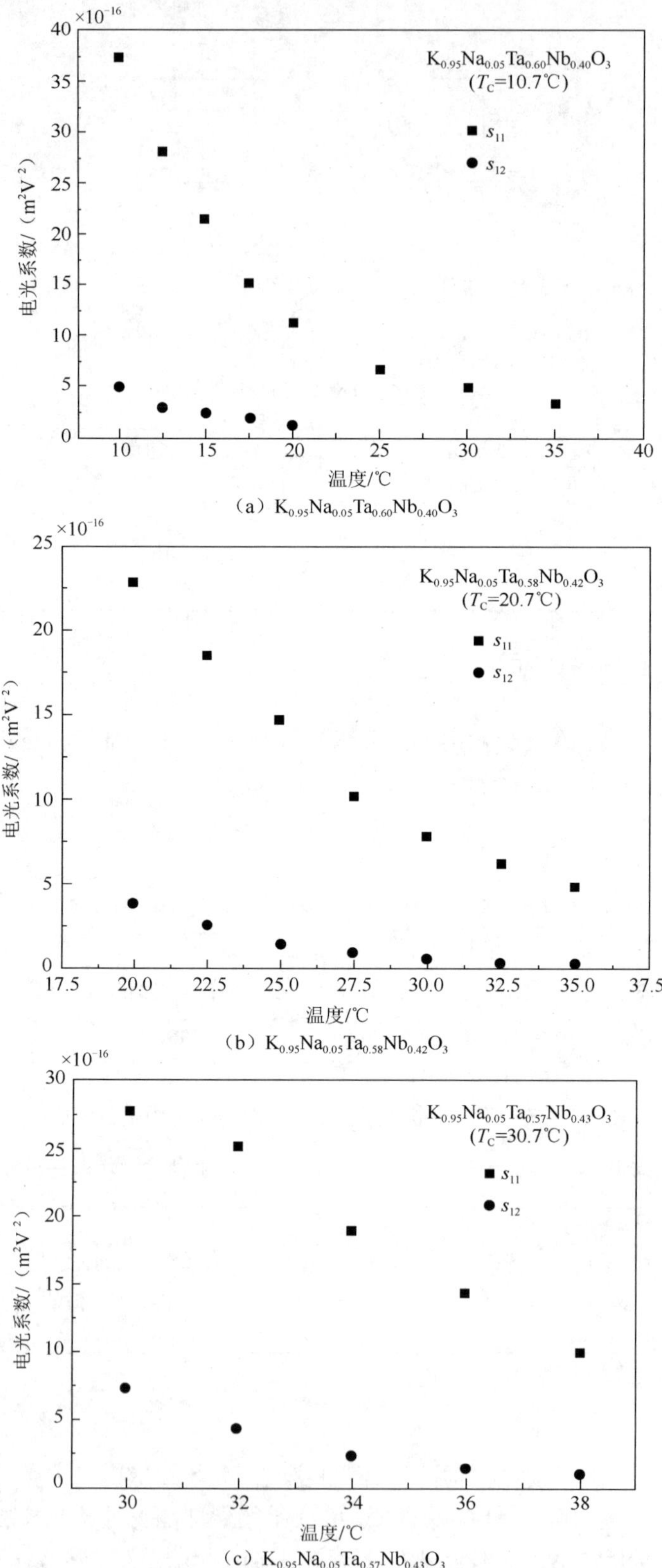

（c）$K_{0.95}Na_{0.05}Ta_{0.57}Nb_{0.43}O_3$

图 9.40　不同组分的 KNTN 晶体的电光系数随温度的变化关系

相对介电系数 ε_r 随着温度的升高不断减小。根据 Drdomenico 和 Wemple[10]理论可知，晶体的二次电光系数 s 可表示成

$$s=\varepsilon_0^2\left(\varepsilon_r-1\right)\left(\varepsilon_r-1\right)g \tag{9.3}$$

式中，ε_0 为真空介电系数；ε_r 为相对介电系数；g 为极光系数，在不同温度下晶体的 g 是不变的。

对于 KNTN 晶体，相对介电系数 $\varepsilon_r \gg 1$，有

$$s=\varepsilon_0^2\left(\varepsilon_r-1\right)\left(\varepsilon_r-1\right)g\approx\varepsilon_0^2\varepsilon_r^2 g\propto\varepsilon_r^2 \tag{9.4}$$

即晶体的二次电光系数与相对介电系数的平方成正比关系，所以晶体的二次电光系数随温度的变化与相对介电系数的平方的变化趋势一致。

二次电光效应主要是由于外电场改变了晶体内的电子及原子核的位置引起的。当温度在居里温度附近时，晶体处于四方相转变为立方相的相变过程中，晶体的晶格结构不是很稳定，晶格内的电子及原子核的位置很容易受到外界的影响发生改变。当在晶体上加上外电场时，晶体内的电子及原子核的位置改变较大，宏观上响应为二次电光系数较大。当温度逐渐升高，晶体内的晶体越来越稳定，外电场对其的影响越来越小，从而导致二次电光系数越来越小。

3. KNTN 晶体二次电光系数色散

KNTN 晶体的电光系数也存在很大的色散。下面从 Sellmeierr 单阵子模型出发讨论电光系数的色散模型。

根据 Brews[11]对钙钛矿材料的理论计算结果，B 位原子沿四重轴向 O 原子的位移产生的晶格极化会导致 d_ε 能带提高。物理上来讲，是 B-O 原子间距的改变导致 pdπ 杂化的能带交叠状态改变。

Johnston[12]假设阵子 λ_ε 的变化量为 $\Delta\lambda_\varepsilon$，其正比于晶格极化的平方，并且与光的偏振方向相关。阵子强度 S_ε 与偏振无关，其表明阵子能量变化并不影响能带宽度。因此可得

$$E_\varepsilon=\frac{hc}{e\lambda_\varepsilon} \tag{9.5}$$

$$\Delta E_{\varepsilon j}=\beta_{ij}P_i^2 \tag{9.6}$$

$$\Delta\lambda_{\varepsilon j}=-\lambda_\varepsilon^2(e/hc)\Delta E_{\varepsilon j}=-\lambda_\varepsilon^2(e/hc)\beta_{ij}P_i^2 \tag{9.7}$$

式中，$\Delta E_{\varepsilon j}$ 为极化引起的阵子能量变化；β_{ij} 为 Drdomenico 提出的极化势；P_i 为极化强度，可以是自发极化，也可以是外电场导致的极化；e 为电子电荷；h 为普朗克常数，c 为光速。

居里温度以上，晶体中没有双折射，沿 x 轴跟 z 轴的折射率都是 n_0，其具有相同的阵子位置 λ_ε。外加电场之后，沿电场方向产生的极化会导致 B 位原子与 O 原子的距离产生变化。

实验中电场沿着 x 轴方向施加，沿 x 和 z 轴方向偏振的两束光对应的阵子位移量 $\Delta\lambda_\varepsilon$ 不同，因此变化后的阵子位置也不同，分别为 $\lambda_{\varepsilon 1}$ 和 $\lambda_{\varepsilon 2}$。可以把变化后沿 x 方向折射率 n_1 和沿 z 方向折射率 n_2 用式（9.8）来描述：

$$\begin{aligned}n_1^2-1&=\frac{S_\varepsilon\lambda_{\varepsilon 1}^2}{1-\lambda_{\varepsilon 1}^2/\lambda^2}\\ n_2^2-1&=\frac{S_\varepsilon\lambda_{\varepsilon 2}^2}{1-\lambda_{\varepsilon 2}^2/\lambda^2}\end{aligned} \tag{9.8}$$

式中，$\lambda_{\varepsilon1} \approx \lambda_{\varepsilon2} \approx \lambda_{\varepsilon0}$。电光效应产生的折射率变化$\Delta n_j$可以表示为

$$\begin{aligned}\Delta n_j = (n_j - n_0) &= \frac{-S_\varepsilon \lambda_{\varepsilon0}^3 (\Delta\lambda_{\varepsilon j} / \lambda_{\varepsilon0}^2)}{n_0 (1 - \lambda_{\varepsilon0}^2 / \lambda^2)^2} \\ &= \frac{eS_\varepsilon \lambda_{\varepsilon0}^3}{hcn_0 (1 - \lambda_{\varepsilon0}^2 / \lambda^2)^2} \beta_{1j} P_1^2\end{aligned}, \quad j=1,2 \tag{9.9}$$

顺电相 KNTN 晶体的电光效应产生的折射率变化与外电场的二次方成正比，

$$\Delta n_j = \frac{1}{2} n_0{}^3 R_{1j} E^2 \tag{9.10}$$

因此，电光系数R_{1j}为

$$R_{1j} = \frac{2eS_\varepsilon \lambda_{\varepsilon0}^3 (\varepsilon_r - 1)^2 \varepsilon_0^2}{hcn_0^4 (1 - \lambda_{\varepsilon0}^2 / \lambda^2)^2} \beta_{1j} \tag{9.11}$$

$$R_{11} - R_{12} = \frac{2eS_\varepsilon \lambda_{\varepsilon0}^3 (\varepsilon_r - 1)^2 \varepsilon_0^2}{hcn_0^4 (1 - \lambda_{\varepsilon0}^2 / \lambda^2)^2} (\beta_{11} - \beta_{12}) = \frac{2eS_\varepsilon \lambda_{\varepsilon0}^3 (\varepsilon_r - 1)^2 \varepsilon_0^2}{hcn_0^4 (1 - \lambda_{\varepsilon0}^2 / \lambda^2)^2} \beta \tag{9.12}$$

采用塞拿蒙补偿法光路测量了 KNTN 晶体在不同 0.491～1.064μm 范围内电光系数（R_{11}-R_{12}）。检偏器 A 的取向与起偏器 P 的取向垂直。晶体 z 轴与起偏器 P，检偏器 A 的方向均为 45°，四分之一波片的光轴沿晶体 z 轴。

沿晶体 x 轴方向加频率为 17Hz 的交流电场，偏振沿 z 和 x 方向的偏振光通过晶体会产生相位差$\Delta\Phi$，对于立方相 KNTN 晶体，沿 x 和 z 方向的轻微折射率差Δn为

$$\Delta n = \frac{1}{2} n_0{}^3 (R_{11} - R_{12}) E^2 \tag{9.13}$$

式中，n_0为没有外加电场时晶体折射率；$(R_{11} - R_{12})$为有效二次电光系数；E为外加电场，产生的相位差为$\Delta\Phi = \Delta n \dfrac{2\pi \cdot l}{\lambda}$，进而引起探测光强变化，经过探测器转换为电信号后由锁相放大器对信号进行滤取，最后在电脑上进行存储。示波器用来调节工作点位置。

实验分别测量了 $K_{0.95}Na_{0.05}Ta_{0.58}Nb_{0.42}O_3$ 单晶在不同波长下的电光系数$(R_{11} - R_{12})$，测量结果列于表 9.14 中。

表 9.14　$K_{0.95}Na_{0.05}Ta_{0.58}Nb_{0.42}O_3$ 单晶室温（25℃）下各波长电光系数

λ /μm	$R_{11} - R_{12}$ / (10^{-5} m^2/V^2)
0.491	1.248±0.011
0.532	1.154±0.013
0.6328	1.100±0.012
0.78	1.030±0.011
0.98	0.985±0.012
1.064	0.977±0.010

如图 9.41 所示为测试得到的不同波长下有效电光系数色散曲线，其中 0.45μm 以及 1.55μm 波长系数为拟合所得，图中曲线是用方程（9.12）拟合得到的。

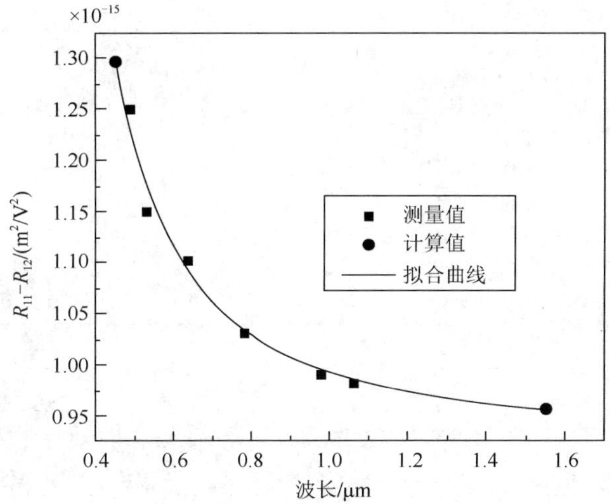

图 9.41　$(R_{11}-R_{12})$ 在 $K_{0.95}Na_{0.05}Ta_{0.58}Nb_{0.42}O_3$ 单晶有效电光系数 $(R_{11}-R_{12})$ 色散曲线

参 考 文 献

[1] 申艳青. 有序取向与 A 位部分替代 KTN 固溶体的第一性原理研究[D]. 哈尔滨：哈尔滨工业大学，2009: 77-84.

[2] 王文瀚. 钽铌酸钾钠（001）表面吸附特性的第一性原理研究[D]. 哈尔滨：哈尔滨工业大学, 2014: 9-17.

[3] 孙洪国. 钽铌酸钾晶体表面性质的第一性原理研究[D]. 哈尔滨：哈尔滨工业大学, 2012:73-85.

[4] 李欢. 铌酸钾钠基材料压电和介电调谐性能研究[D]. 哈尔滨：哈尔滨工业大学, 2015: 74-81.

[5] 何世蛟.钽铌酸钾钠无铅压电单晶的生长及机电性能研究[D]. 哈尔滨：哈尔滨工业大学, 2012: 16-27.

[6] 孟祥达.正交相钽铌酸钾钠单晶的生长及压电特性研究[D]. 哈尔滨：哈尔滨工业大学, 2015: 19-26.

[7] 吕倩倩.钽铌酸钾钠晶体的光学性质及二波耦合实验研究[D]. 哈尔滨：哈尔滨工业大学, 2008: 11-22.

[8] 贾洁姝.电控全息可变焦透镜的性能研究[D]. 哈尔滨：哈尔滨工业大学, 2013: 10-23.

[9] 陈启珍.顺电相钽铌酸钾钠晶体的电控全息性能研究[D]. 哈尔滨：哈尔滨工业大学, 2012: 13-33.

[10] Drdomenico M, Wemple S H. Oxygen-octahedra ferroelectrics. I. Theory of electro-optical and nonlinear optical effects [J]. Journal of Applied Physics, 1969, 40(2): 720-734.

[11] Brews J R. Energy band changes in perovskites due to lattice polarization [J]. Physical Review Letters, 1967, 18:662-664.

[12] Johnston A R. Dispersion of electro-optic effect in $BaTiO_3$ [J]. Journal of Applied Physics, 1971, 42:3501-3507.

第10章

KNN 单晶性能研究

针对无铅压电材料的研究，学术界经过了多年的尝试，但是这些材料的性能都无法超越PZT系列材料，无法在实际应用中代替PZT系列材料。在2004年，*Nature*杂志上报道了Saito等[1]制备的Li、Ta、Sb共掺杂的KNN基压电织构陶瓷，其压电性能d_{33}达到416pC/N，已经非常接近PZT陶瓷且温度稳定性好，引起了人们极大的关注和热情，KNN基压电材料也被认为极具代替含铅材料的无铅材料之一。到目前为止，无铅KNN基材料的研究方向主要集中在陶瓷领域。但是，由于K、Na元素在高温下极易挥发以及KNN陶瓷的烧结温度区间窄、温度循环稳定性差等缺点，难以满足实用的要求。而相比较陶瓷研究来说，晶体由于其组分均一，结构简单及不存在晶界等不确定因素，在压电、铁电等方面，是对材料的物理机理研究的最佳选择。

10.1 KNN晶体的相结构

对KNN晶体的结构进行X射线粉末衍射实验分析，从KNN晶体上切下一小块样品，将其研磨成均匀的微米级粉末。将样品的衍射图谱与标准PDF卡片衍射峰位和强度进行比较，通过峰位与强度信息计算晶面间距。生长的KNN晶体的粉末XRD图谱，如图10.1所示。从图中可以看出，生长的KNN铁电单晶均为纯钙钛矿结构，无其他杂相产生。

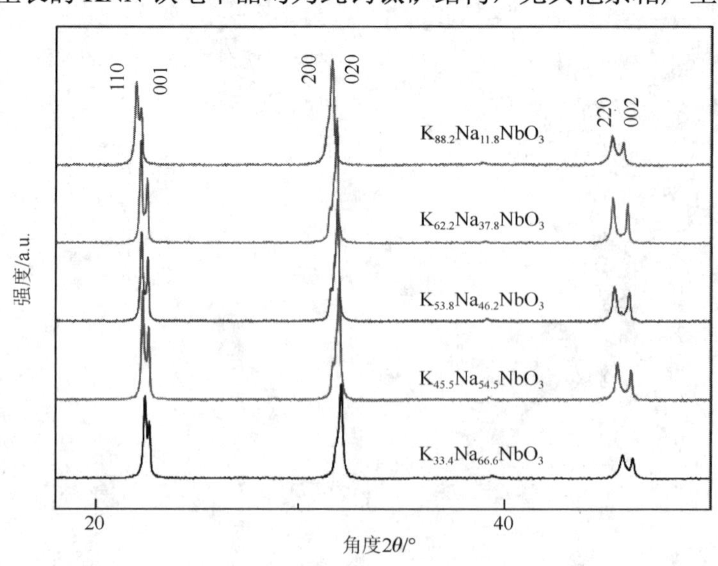

图10.1 不同组分$K_{1-x}Na_xNbO_3$晶体的粉末X射线衍射图谱

对于铁电材料中正交晶相结构，可以通过比较 XRD 图谱的$[001]_C$和$[110]_C$峰的强弱来判断。对于正交相结构，峰强比（I_{001}/I_{110}）在 2∶1 附近，相反对于四方相结构，峰强比（I_{001}/I_{100}）在 1∶2 附近。从图中衍射峰强可知，所有 KNN 单晶均处于正交相结构，与介电温谱的结果相互验证。

通过与标准卡片比较，计算出不同组分 KNN 晶体的晶格常数，如表 10.1 所示。可以发现随着 K 元素摩尔分数的增加，KNN 晶体的晶格常数 a、b 和 c 都在增加，这是由于 K 离子的半径比 Na 离子半径大导致的。同时还进一步地测量了沿$[001]_C$方向的 $K_{0.882}Na_{0.118}NbO_3$ 单晶 XRD 以及 XRD 摇摆曲线，如图 10.2 所示，从单晶 XRD 中可以看出 KNN 晶体只有单一峰，且从摇摆曲线中得出 KNN 晶体的$[001]_C$ 和$[110]_C$ 峰的半峰宽为 0.35° 和 0.4°，说明 $K_{0.882}Na_{0.118}NbO_3$ 单晶具有良好的质量。

表 10.1 不同组分 $K_{1-x}Na_xNbO_3$ 晶体的晶格常数

晶体	a/Å	b/Å	c/Å
$K_{0.334}Na_{0.666}NbO_3$	5.5988	3.9380	5.6587
$K_{0.455}Na_{0.545}NbO_3$	5.6265	3.9386	5.6697
$K_{0.538}Na_{0.462}NbO_3$	5.6258	3.9437	5.7157
$K_{0.622}Na_{0.378}NbO_3$	5.6429	3.9547	5.7211
$K_{0.882}Na_{0.118}NbO_3$	5.6851	3.9571	5.7227
0.95KNN-0.05LN[0]	5.5706	3.919	5.5706
$K_{0.25}Na_{0.75}NbO_3$	5.5985	3.9391	5.6366
$K_{0.3}Na_{0.7}NbO_3$	5.6126	3.9319	5.6430

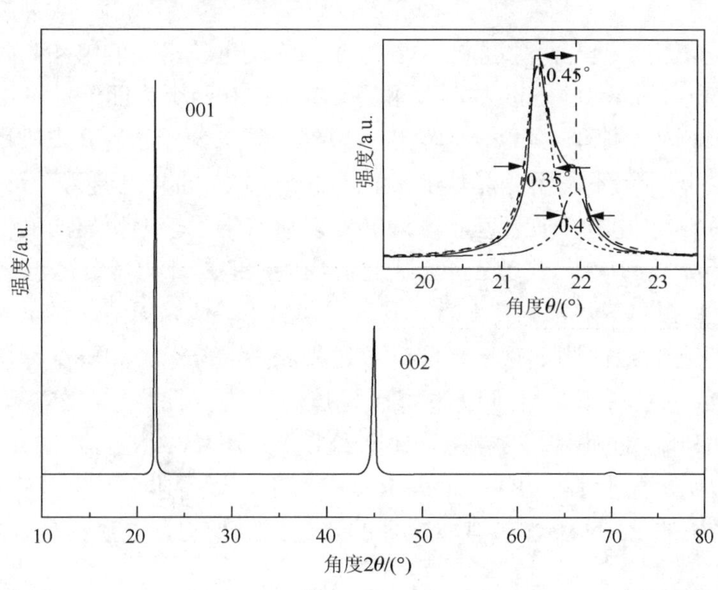

图 10.2 $K_{0.882}Na_{0.118}NbO_3$ 单晶的单晶 X 射线衍射图和（001）面的摇摆曲线（插图）

10.2 KNN 单晶电学性能

介电晶体在外电场作用下，在电极两端感应极化电荷，使得正负束缚电荷的重心不重合，从而产生电极化现象。当材料处于非中心对称的结构时，产生自发极化，且自发极化方向随外电场改变而改变，我们将这种材料叫做铁电体。其有一个主要特征就是电滞回线。一套完整且自洽的介电常数、压电系数、弹性常数和机电耦合系数的测量对材料的基础研究和器件设计是非常有必要的，也是非常有实际意义的工作。

KNN 晶体具有多个铁电相结构，随着温度的降低，晶体将经历顺电相–四方相–正交相–三方相的相转变，其居里温度在 400～450℃（与 K/Na 有关），因此具有优异的温度稳定性，但是压电性能不高。以前的工作通过化学掺杂来提高 KNN 基材料的压电性能，反而忽略了纯 KNN 压电材料的基本性质的研究。本节以 TSSG 法生长的各种组分 KNN 晶体作为研究对象，研究不同组分 KNN 晶体的介电常数及损耗随温度的变化、KNN 晶体的 I/V 特性及电滞回线的铁电性质和测量 $K_{0.47}Na_{0.53}NbO_3$ 和 $K_{0.8}Na_{0.2}NbO_3$ 两种组分晶体的全矩阵宏观机电参数。

10.2.1 KNN 晶体的介电性能

在铁电晶体中普遍存在着一个临界温度（居里温度）T_C，当温度高于 T_C 时，晶体发生结构相变，由铁电相转变为顺电相，晶体的铁电性也随之消失。将原来不带电的介电晶体置于电场中，在其体积内和表面会感应出一定的电荷，这就是电极化现象。在居里点附近，介电系数突然变得很大，在实验中常利用这种现象来测定晶体的居里点。在实际应用中，具有高介电常数的材料主要应用于超高电量电容器和微波器件等领域中，它的使用能使器件小型化，但同时伴随着损耗比较大。因此，寻找高的介电常数和低损耗的材料，对各种器件都具有重要意义。这里采用电桥法测量晶体电容量，分析 KNN 单晶在 10kHz 和 100kHz 频率下的相对介电系数。

在测量 KNN 晶体的介电系数之前，需要将 TSSG 法生长出来的 KNN 晶体定向，沿（001）面切割抛光成 2 mm×2 mm×0.5 mm 左右大小的；然后在其两个大面涂上高温银浆。再用 LCR 数字电桥阻抗测量仪（安捷伦 E4980A）测量，得到不同组分样品的介电常数 ε 随温度 T 变化的曲线。如图 10.3 所示为不同组分晶体 KNN 沿$[001]_C$方向的介电温谱。

从图 10.3 可知，介电损耗在温度高于 300℃以后发生了较为明显的变化，10kHz 测试的介电常数的损耗明显要远大于 100kHz 测试的损耗值，但是介电常数随温度的变化在 10kHz 和 100kHz 两种测试频率下基本保持一致，说明了 KNN 晶体为无弛豫性，为传统型铁电体材料。表 10.2 记录的是 10kHz 测试频率下的升温过程测量的介温谱和降温测量的介温谱中室温的介电数值、损耗、$T_{O\text{-}T}$（正交相–四方相相变温度）和 T_C（四方相–立方相相变温度）。从表中可知，升温过程和降温过程的 $T_{O\text{-}T}$ 相差 10～20℃，另外 $K_{0.538}Na_{0.462}NbO_3$ 晶体的 $T_{O\text{-}T}$ 最低，升温过程有 198℃（降温过程有 184℃）。从介电损耗上可以看出，同类型的 KNN 及压电材料相比，TSSG 法生长的 KNN 晶体具有非常好的质量，最小的介电损耗是 $K_{0.455}Na_{0.545}NbO_3$ 晶体的 0.17%。

另外，测量得到 $K_{0.8}Na_{0.2}NbO_3$ 晶体沿$[001]_C$和$[011]_C$方向的介电温谱，如图 10.4 所示，同时，其相关室温的介电数值、损耗、升温–降温 $T_{O\text{-}T}$ 和 T_C 的数据列在表 10.2 中。从图 10.4 和表 10.2 可知，沿$[001]_C$和$[011]_C$方向的介电行为基本相同，但是在室温下$[011]_C$方向介电常数是$[001]_C$方向的 4 倍，达到 392。

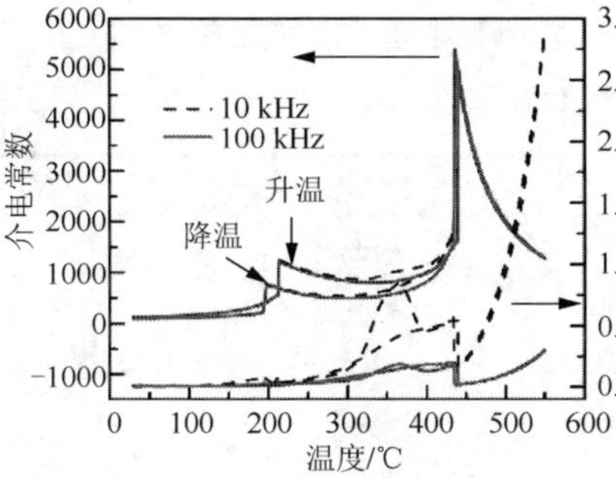

（a）$K_{0.334}Na_{0.666}NbO_3$

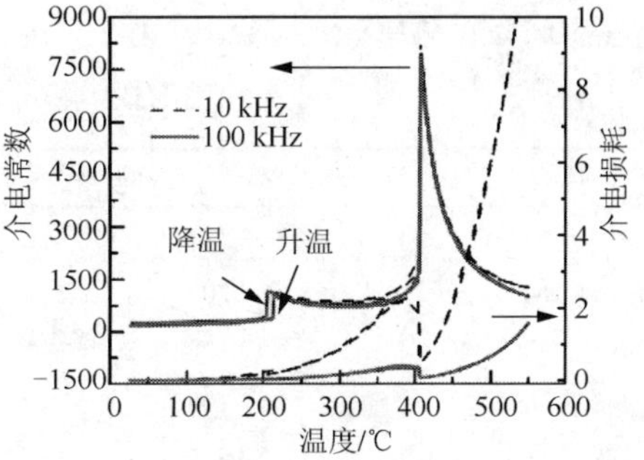

（b）$K_{0.455}Na_{0.545}NbO_3$

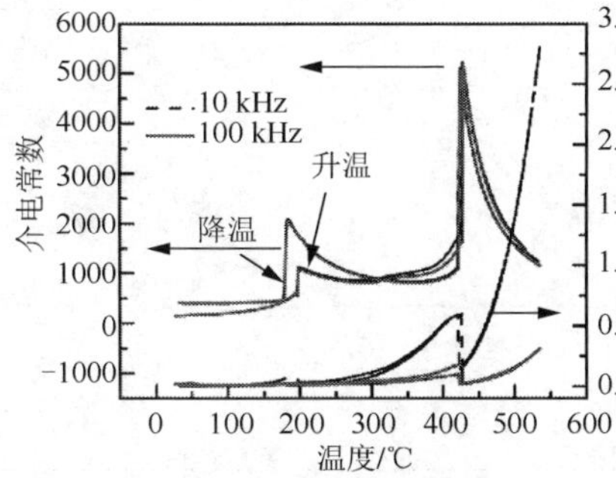

（c）$K_{0.538}Na_{0.462}NbO_3$

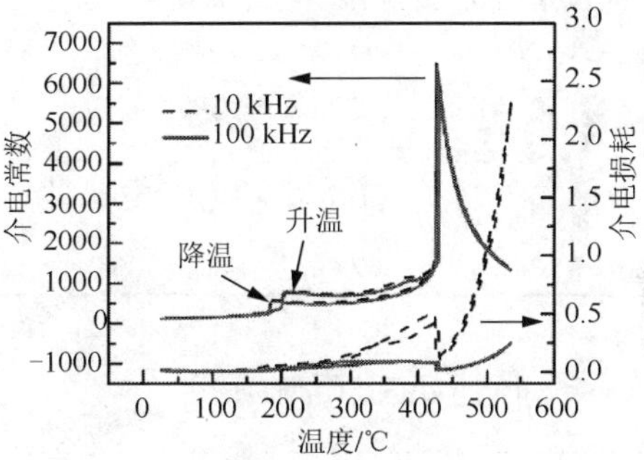

（d）$K_{0.622}Na_{0.378}NbO_3$

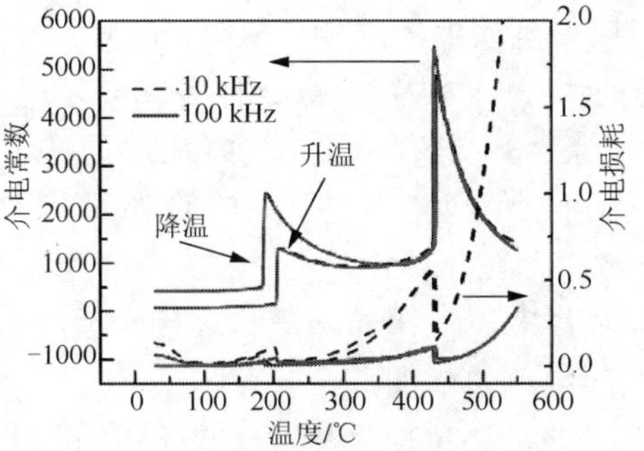

（e）$K_{0.882}Na_{0.118}NbO_3$

图 10.3　KNN 单晶的介电常数随温度变化关系（测试频率为 10kHz 和 100kHz）

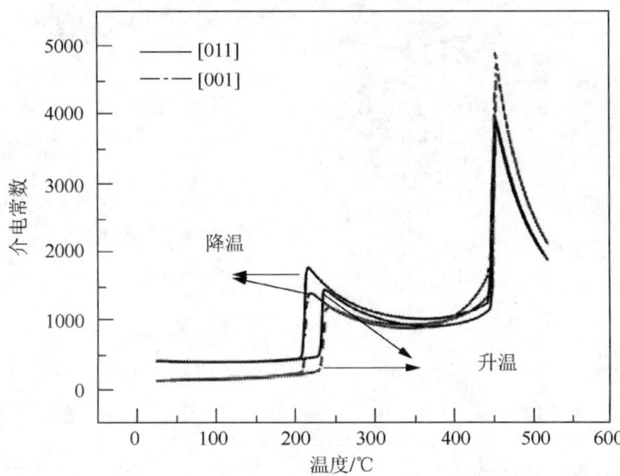

图 10.4　$K_{0.8}Na_{0.2}NbO_3$ 晶体沿$[001]_C$和$[011]_C$方向升温和降温过程的介电常数变化

表 10.2 在 10kHz 的频率下 $K_{1-x}Na_xNbO_3$ 晶体的正交–四方相变温度 T_{O-T} 和四方–立方相变温度 T_C，介电常数 ε 和介电损耗 $\tan\delta$ 的值

晶体	升温过程 T_{O-T} /℃	降温过程 T_{O-T} /℃	T_C/℃	室温 ε	室温损耗 $\tan\delta$ /%
$K_{0.334}Na_{0.666}NbO_3$	214	199	440	130	1
$K_{0.455}Na_{0.545}NbO_3$	207	190	435	69	0.17
$K_{0.538}Na_{0.462}NbO_3$	198	184	427	143	0.2
$K_{0.622}Na_{0.378}NbO_3$	208	190	431	133	0.4
$K_{0.8}Na_{0.2}NbO_3$	239	219	455	104	0.4
$K_{0.8}Na_{0.2}NbO_3$-[011]	237	217	454	392	0.5
$K_{0.882}Na_{0.118}NbO_3$	216	206	409	169	0.3
KNN-LN	192	—	406	—	1.1
$Li_{0.02}$（$Na_{0.5}K_{0.5}$）$_{0.98}NbO_3$	177	—	—	205	33
$K_{0.5}Na_{0.5}NbO_3$	192	—	410	1015	1
$K_{0.5}Na_{0.5}NbO_3$	205	—	393	240	2

10.2.2 KNN 晶体的铁电性能

电滞回线，即极化强度与外加电场强度之间的关系回线，是判断铁电体的一个重要依据。同时通过测量电滞回线，可以得到铁电体的剩余极化 P_r 和矫顽场 E_c 等基本铁电参数，并依此为判断晶体极化所加电场的大小。本章节采用的测试设备是美国辐射技术公司（Radiant Technology）生产的精密铁电综合测试仪，在测试前，在单晶样品的上下两面镀高温银浆电极。

通常在 KNN 晶体中，不可避免地会出现氧空位的情况，其主要原因是：第一，高温生长 KNN 晶体时，发现大量的 Nb^{4+}存在晶体中，而 Nb^{4+}中 4d 电子会造成了漏电流的增加[2]；第二，在高温下元素 K 和 Na 易挥发，会在晶体生长过程中，形成大量的氧空位 V_O，也会导致电子空穴的形成，从而导致漏电流的增加。

$K_{0.334}Na_{0.666}NbO_3$ 和 $K_{0.882}Na_{0.118}NbO_3$ 两种组分的晶体的漏电流密度 J 与电场 E 的依赖关系曲线，如图 10.5 所示。漏电流测试采用铁电综合测试仪，施加的最大外电场为 3kV/mm。从图中可知 $K_{0.334}Na_{0.666}NbO_3$ 和 $K_{0.882}Na_{0.118}NbO_3$ 两种组分的晶体的漏电流密度 J 在 $10^{-6}A/cm^2$ 左右。同 2006 年 Kizaki 等[3]的工作相比，相当于 KNN 晶体在高压氧（35MPa）且 750℃的温度下退火后测得的漏电流，但是比 1100℃退火的漏电流大，说明了通过 TSSG 法生长的 $K_{0.334}Na_{0.666}NbO_3$ 和 $K_{0.882}Na_{0.118}NbO_3$ 两种组分的晶体中的氧空位很少，但是并没有完全消除氧空位。

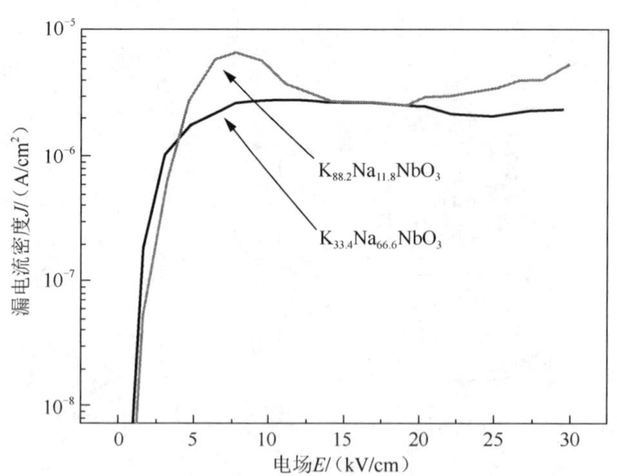

图 10.5 $[100]_C$ 方向 $K_{1-x}Na_xNbO_3(x = 0.118, 0.666)$ 晶体的漏电流密度与电场的依赖关系曲线

如图 10.6 所示为 $K_{0.334}Na_{0.666}NbO_3$ 晶体在不同频率下的电滞回线。从图中可以

看到，电滞回线在低频 10Hz（100ms）的测试下表现出近似椭圆形，即 KNN 晶体在测试电滞回线过程中出现较大的漏电流。这正是由于 KNN 晶体中存在氧空位，在低频外加电场下，氧空位形成的空间电荷会对介电性能产生很大的贡献。同时还可以观察到，空间电荷对不同测试频率会有不同的响应，当测试频率大于 50Hz（20ms）时，电滞回线表现非常好，即基本没有漏电流的现象，此时空间电荷对电滞回线基本不产生影响。因此在之后的测量不同组分 KNN 晶体电滞回线的实验时，测量频率为 100Hz（10ms）。

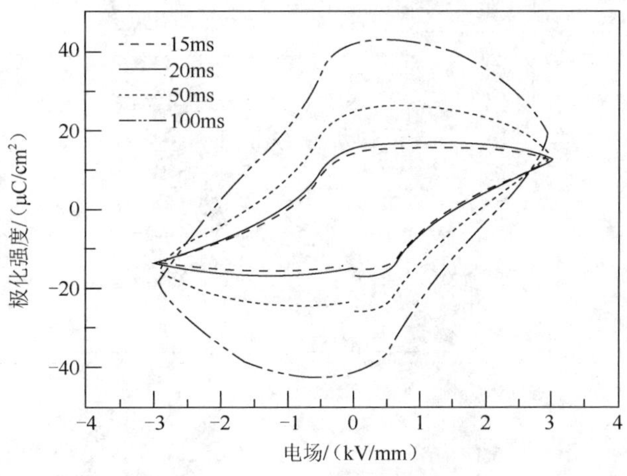

图 10.6 $K_{0.334}Na_{0.666}NbO_3$ 晶体在不同频率下的电滞回线

如图 10.7 所示的是 $K_{0.334}Na_{0.666}NbO_3$，$K_{0.455}Na_{0.545}NbO_3$，$K_{0.538}Na_{0.462}NbO_3$，$K_{0.622}Na_{0.378}NbO_3$ 和 $K_{0.882}Na_{0.118}NbO_3$ 五种不同组分的 KNN 晶体在不同电场下测量的电滞回线。从图中可以看出，所有的电滞回线相似，都显示出饱和的电滞回线，说明这些晶体具有铁电体的本质。所有晶体的剩余极化强度和矫顽场，如表 10.3 所示。值得注意的是，剩余极化强度随着 K 摩尔分数的增加先减小后增大，$K_{0.538}Na_{0.462}NbO_3$ 晶体的剩余极化强度是最低的，只有 8.2μC/cm²，约为 $K_{0.88}Na_{0.12}NbO_3$ 晶体剩余极化强度 16.1μC/cm² 的一半。同时，大部分 KNN 晶体的矫顽场在 1.0～1.3kV/mm，只有 $K_{0.882}Na_{0.118}NbO_3$ 晶体的矫顽场达到 15.4kV/mm。矫顽场大小反应铁电体中电畴翻转和畴壁运动的容易程度，表中数据对比说明了所有 KNN 晶体不是非常容易极化，但同时表明了极化后的晶体不容易受到外界影响而退极化。如图 10.8 所示，$K_{0.8}Na_{0.2}NbO_3$ 单晶沿$[001]_C$和$[011]_C$方向的电滞回线。从图中可以看出，$[011]_C$方向矫顽场 E_c 为 8.6kV/cm，小于$[001]_C$ 方向的矫顽场，表明 $K_{0.8}Na_{0.2}NbO_3$ 单晶单畴结构比多畴要更加难以极化，另外$[011]_C$方向的剩余极化强度为 27μC/cm²，约是$[001]_C$方向的剩余极化强度的 1.68 倍。E_c 的确定为极化电场的选取提供了重要的依据。

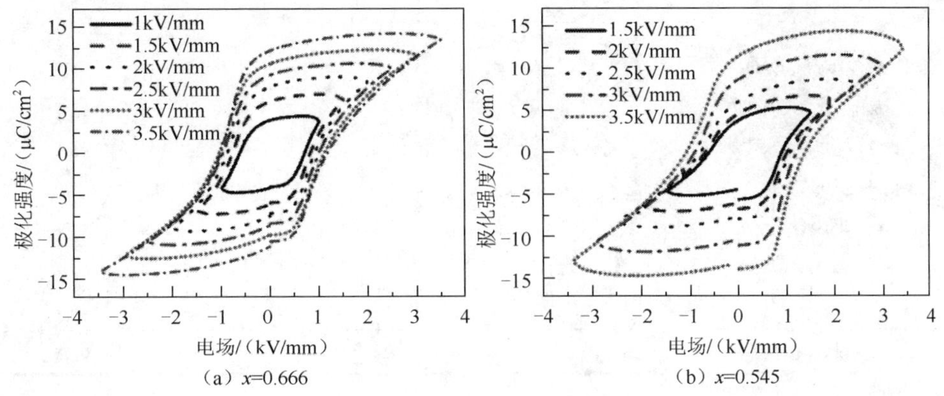

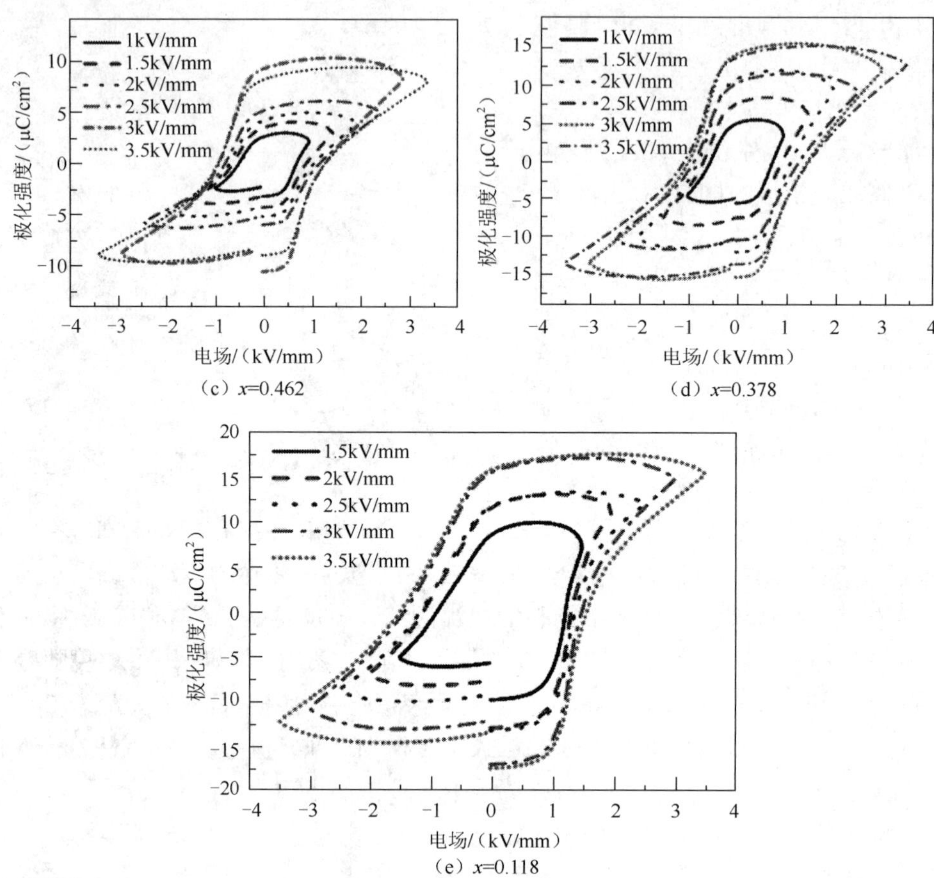

图 10.7　不同组分 $K_{1-x}Na_xNbO_3$ 晶体的电滞回线（实验在室温和 100Hz 的频率下进行）

表 10.3　不同组分 $K_{1-x}Na_xNbO_3$ 晶体和 KNN 基材料的铁电参数

材料	E_c/（kV/cm）	P_r/（μC/cm²）
$K_{0.334}Na_{0.666}NbO_3$	11.6	12.3
$K_{0.455}Na_{0.545}NbO_3$	12.5	11.5
$K_{0.538}Na_{0.462}NbO_3$	11.3	8.2
$K_{0.622}Na_{0.378}NbO_3$	12.8	13.7
$K_{0.88}Na_{0.12}NbO_3$	10.8	16.1
$K_{0.8}Na_{0.2}NbO_3$-$[011]_C$	8.6	27.
$K_{0.882}Na_{0.118}NbO_3$	15.4	15.7
$K_{0.5}Na_{0.5}NbO_3$-$[1\bar{3}1]$	24	17
KNN	14.6	18.5
KNN-LN	22	9.05

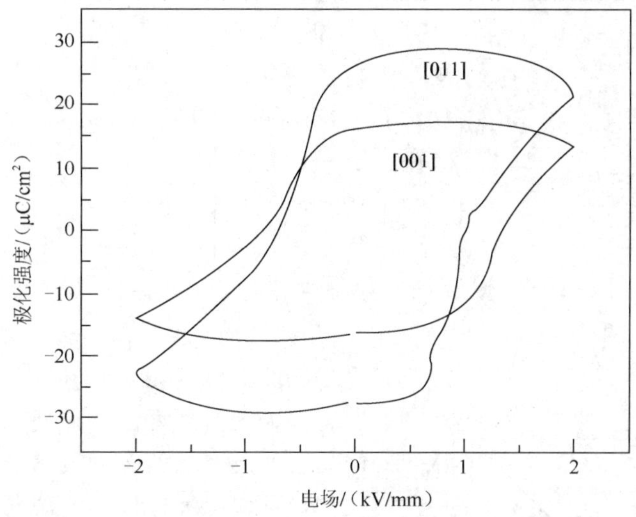

图 10.8　100Hz 测试频率下$[001]_C$和$[011]_C$方向 $K_{0.8}Na_{0.2}NbO_3$ 晶体的电滞回线

10.2.3　KNN 晶体基本压电性能

对 KNN 单晶在$[001]_C$方向极化时的压电性能进行测试分析。压电性能的最常用测试方法可分为静态法、准静态法和动态法。静态法和准静态法是指在压电材料上施加一定的力，通过收集和测量压电效应感应得到的自由电荷，进而得到压电材料的压电系数，这种方法的缺点是准确度低。动态法又称为共振法，可以通过测量压电振子得到样品的多个压电参数，具有高精度，可做变温实验等特点。共振法，是使用一个交流信号来激励样品，当所施加的激励信号的频率等于压电振子本身的固有谐振时，弹性性能最大，反应为阻抗最小，得到谐振峰；反之，得到反谐振峰。通过相关公式以及记录样品的谐振频率f_r、反谐振频率f_a、尺寸、密度和电容等其他参数，可以计算得到压电材料的压电参数值。

纯 KNN 单晶室温下为正交相结构，对称性表现为 mm2 点群对称性。在实验中发现 KNN 晶体极难单畴化，体现为在高温极化时很容易产生很大的漏电流，并且低温下极化退掉电场后电畴容易回复原来状态。如在低温（< 130℃）下极化时，在硅油中施加了 4kV/mm 的电场，去掉电场后压电系数保持极化前的数值。因此，基于对晶体单畴化处理困难，研究其在多畴状态下的压电性能，即通过在 KNN 单晶的$[001]_C$方向施加电场来实现晶体多畴化。根据多次实验研究，对于 KNN 晶体在$[001]_C$方向极化最好的实验条件是在低于正交–四方相变温度 10°～20°施加电场，电场强度为 200～300V/mm，极化时间为 2h，再缓慢的降到室温。此时形成的多畴状态，在宏观上可以将其看成四方相结构，对称性表现为 4mm 点群，具有 6 个弹性常数，4 个压电系数，2 个介电常数，具体的矩阵形式如下：

弹性常数
$$\boldsymbol{c}=\begin{bmatrix} c_{11} & c_{12} & c_{13} & 0 & 0 & 0 \\ c_{12} & c_{11} & c_{13} & 0 & 0 & 0 \\ c_{13} & c_{13} & c_{33} & 0 & 0 & 0 \\ 0 & 0 & 0 & c_{44} & 0 & 0 \\ 0 & 0 & 0 & 0 & c_{44} & 0 \\ 0 & 0 & 0 & 0 & 0 & c_{66} \end{bmatrix} \tag{10.1}$$

压电系数
$$\boldsymbol{d}=\begin{bmatrix}0 & 0 & 0 & 0 & d_{15} & 0\\ 0 & 0 & 0 & d_{15} & 0 & 0\\ d_{31} & d_{31} & d_{33} & 0 & 0 & 0\end{bmatrix} \tag{10.2}$$

介电常数
$$\boldsymbol{\varepsilon}=\begin{bmatrix}\varepsilon_{11} & 0 & 0\\ 0 & \varepsilon_{11} & 0\\ 0 & 0 & \varepsilon_{33}\end{bmatrix} \tag{10.3}$$

压电材料的弹性常数 $\boldsymbol{c}$ 与材料声速 v 和密度 ρ 有关
$$\boldsymbol{c}=\rho v^2 \tag{10.4}$$

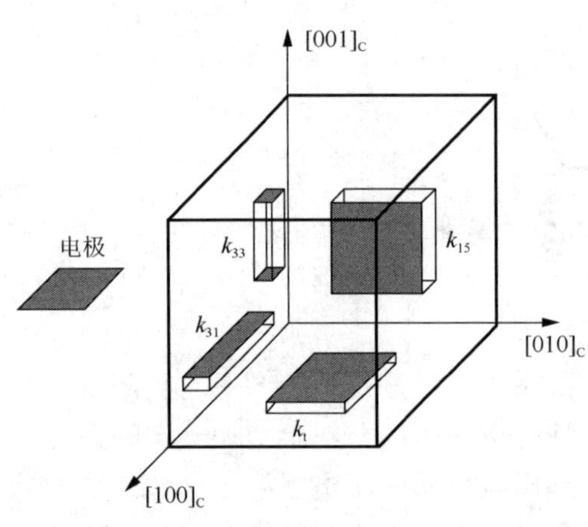

图 10.9 KNN 基单晶压电振子

因此分别采用 15MHz 纵波换能器和 20MHz 剪切波换能器测量样品的纵波声速和横波声速。根据样品表面反射的两个回波信号的时间差，以及样品尺寸，可以计算出样品的声速，继而可以求出弹性刚度系数。实验中可以直接测量出来的刚度系数有 c_{11}^{E}、c_{33}^{D}、c_{44}^{E}、c_{66}^{E} 和 c_{44}^{D}。

所需要测量的压电振子有四种 k_{31}、k_{33}、k_{15} 和 k_{t}，使用型号 HP 4294A 精密阻抗相位分析仪对 $[001]_{\mathrm{C}}$ 方向极化的 KNN 单晶的压电性能，以及机电耦合性能进行测试分析。如图 10.9 所示，为四种压电振子的示意图，以及极化方向（图中涂黑部分为振子镀电极方向），极化方向为 $[001]_{\mathrm{C}}$。

10.2.4 KNN 晶体的全矩阵参数

由上面的分析可知，测量 KNN 晶体的宏观机电参数需要一个立方体块晶体用于声速测量，4 个不同种类的压电振子用于测量压电和介电等参数，最后用直接测量出来的参数可以通过压电方程中各常数之间的关系式推导出所有机电参数。实验中，为测得一套完整的全矩阵机电参数，需从大块晶体的相近部分切割样品，然后使用 X 射线定向仪对 KNN 单晶进行定向，确定所切割的块状晶体学方向为 $[100]_{\mathrm{C}} \times [010]_{\mathrm{C}} \times [001]_{\mathrm{C}}$。在 $[001]_{\mathrm{C}}$ 两表面上涂抹上高温银浆，然后放到硅油中加热进行极化。为保证测量误差尽可能的小，在极化完成后先使用准静态 d_{33} 测试仪测量样品压电系数 d_{33} 以保证极化完全。极化后的 KNN 单晶具有宏观 4mm 点群对称性的多畴结构单晶。对于 k_{15} 振子来说，极化完全后，需要抹掉 $[001]_{\mathrm{C}}$ 两表面上的高温银浆，在 $[100]_{\mathrm{C}}$ 两表面重新涂抹上常温银浆作为电极使用。在后期数据处理的时候，通过计算机编程，将各个参数之间的关系式编入程序中计算，完成整套参数的自洽分析，即各个参数间可以通过压电方程相互推导。

1. $[001]_{\mathrm{C}}$ 方向极化的 $K_{0.8}Na_{0.2}NbO_3$ 晶体的全矩阵参数

实验中准备测量声速和 4 种压电振子的样品尺寸如表 10.4 所示。从表 10.2 中可以得到 $K_{0.8}Na_{0.2}NbO_3$ 晶体的正交–四方相变温度在 210℃左右。因此根据最佳极化效果的方法，在 190℃施加 200V/mm 的电场，保持极化时间 2h 后，以 0.5℃/h 的速度降至室温。经过自洽分析的 $[001]_{\mathrm{C}}$ 方向极化的 $K_{0.8}Na_{0.2}NbO_3$ 晶体和作为比较的 KNTN 晶体及 KNLTN 陶瓷的全套宏观机电参数，如表 10.5 所示。

表 10.4 $K_{0.8}Na_{0.2}NbO_3$ 晶体振子的尺寸

模型	长度 l/mm	宽度 w/mm	厚度 t/mm
声速	3.50	3.20	3.00
k_{31}	2.24	0.79	0.45
k_{33}	0.40	0.45	1.30
k_{15}	0.41	0.99	1.42
k_t	2.46	1.14	0.30

表 10.5 $[001]_C$ 方向极化的 $K_{0.8}Na_{0.2}NbO_3$ 晶体、KNTN 晶体和 KNLTN 陶瓷的弹性常数、压电系数、介电常数和机电耦合系数

材料	弹性刚度常数 c_{ij}^E 和 c_{ij}^D / ($10^{10}N/m^2$)											
	c_{11}^E	c_{12}^E	c_{13}^E	c_{33}^E	c_{44}^E	c_{66}^E	c_{11}^D	c_{12}^D	c_{13}^D	c_{33}^D	c_{44}^D	c_{66}^D
KNN	27.4	15.0	6.2	14.6	7.9	8.5	28.3	15.9	3.0	26.4	9.1	8.5
KNTN	17.2	11.0	10.2	13.8	8.3	9.3	22.9	16.8	2.8	23.2	8.9	9.3
KNLTN	11.7	−3.9	−1.9	7.4	25.9	31.3	12.0	−3.6	−2.9	11.0	32.0	31.3

材料	弹性柔顺常数 s_{ij}^E 和 s_{ij}^D / ($10^{-12}N/m^2$)											
	s_{11}^E	s_{12}^E	s_{13}^E	s_{33}^E	s_{44}^E	s_{66}^E	s_{11}^D	s_{12}^D	s_{13}^D	s_{33}^D	s_{44}^D	s_{66}^D
KNN	5.4	−2.7	−1.2	7.9	12.7	12.0	5.2	−2.9	−0.3	3.9	11.0	12.0
KNTN	11.9	−4.3	−5.6	15.5	12.0	10.7	9.4	−6.8	−0.3	4.4	11.2	10.7
KNLTN	11.7	−3.9	−1.9	7.4	25.9	31.3	12.0	−3.6	−2.9	11.0	32.0	31.3

材料	压电系数 $e_{i\lambda}$ / (C/m^2)、$d_{i\lambda}$ / ($10^{-12}C/N$)、$g_{i\lambda}$ / ($10^{-3}Vm/N$) 和 $h_{i\lambda}$ / ($10^8V/m$)											
	e_{15}	e_{31}	e_{33}	d_{15}	d_{31}	d_{33}	g_{15}	g_{31}	g_{33}	h_{15}	h_{31}	h_{33}
KNN	7.4	−3.4	12.3	93.7	−23.2	104.2	27.1	−8.4	37.6	13.4	−26.6	97.1
KNTN	3.7	−5.2	6.7	45	−77	162	17.4	−32.6	68.5	15.5	−110.0	140.0
KNLTN	6.3	−0.6	19.9	200	−50	174	30.0	−5.9	20.6	17.6	−2.9	68.8

材料	介电常数 $\varepsilon(\varepsilon_0)$ 和 β ($10^{-4}\varepsilon_0^{-1}$)							
	ε_{11}^T	ε_{33}^T	ε_{11}^S	ε_{33}^S	β_{11}^T	β_{33}^T	β_{11}^S	β_{33}^S
KNN	390	313	320	141	25.6	31.9	31.2	70.9
KNTN	291	267	272	54	34.4	37.5	36.8	186
KNLTN	776	956	424	361	12.9	10.5	23.6	27.7

材料	机电耦合常数 k			
	k_{15}	k_{31}	k_{33}	k_t
KNN	0.45	0.19	0.71	0.67
KNTN	0.234	0.46	0.827	0.646
KNLTN	0.43	0.16	0.57	0.34

表 10.6 列出了$[001]_C$方向极化的 $K_{0.8}Na_{0.2}NbO_3$ 晶体的声速与$[001]_C$方向极化的 0.27PIN-0.40PMN-0.33PT 晶体声速的比较，发现 $K_{0.8}Na_{0.2}NbO_3$ 晶体的声速要远远大于 0.27PIN-0.40PMN-0.33PT 晶体的声速（为 1.5～1.6 倍）。表 10.5 列出了$[001]_C$方向极化的 $K_{0.8}Na_{0.2}NbO_3$ 晶体、KNTN 晶体和 KNLTN 陶瓷的弹性常数、压电系数、介电常数和机电耦合系数的比较。

可以发现 $K_{0.8}Na_{0.2}NbO_3$ 晶体弹性刚度常数要比掺 Ta 的 KNN 晶体的大，相应的弹性柔顺常数就要小得多，特别是 $[011]_C$ 方向的弹性刚度系数要远远大于 KNTN 晶体，预示了纯的 KNN 晶体在横向方向具有更加困难的机电运动。另外，纯的 KNN 晶体在介电常数、d_{15}、k_{15} 和 k_t 等常数上要比 KNTN 晶体更大，而在 d_{31}、d_{33}、k_{31} 和 k_{33} 等常数上，Ta 元素的掺杂明显能够改善这些参数，可见 $[001]_C$ 方向极化的 $K_{0.8}Na_{0.2}NbO_3$ 晶体的全套全矩阵的测量可以为以后掺杂元素对 KNN 晶体的研究具有重要的意义。

表 10.6 $[001]_C$ 方向极化的 $K_{0.8}Na_{0.2}NbO_3$ 晶体的声速和相应弹性系数

对应弹性系数	c_{33}^D	c_{44}^E	c_{11}^E	c_{66}^E	c_{44}^D
声速/（m/s）	$v_l^{[001]}$	$v_s^{[001]}$	$v_l^{[100]}$	$v_{s\perp}^{[100]}$	$v_{sP}^{[100]}$
$K_{0.8}Na_{0.2}NbO_3$	7700	4210	7860	4370	4470
0.27PIN-0.40PMN-0.33PT	4571	2900	3850	2750	2962

2. KNN 单晶机电性能的晶向依赖性

对于各向异性压电材料，在标准坐标系中得到的压电性能可能并不是最好的，这就需要对在标准坐标系中得到的全套全矩阵参数进行坐标变换，寻找最佳的压电性能。而新旧坐标系中的全矩阵参数可以通过坐标变换矩阵联系起来。

在欧拉（Euler）三维空间中，一个向量 $\boldsymbol{r}$ 从一个笛卡尔坐标系变换到另一个笛卡尔坐标系的坐标变换属于正交变换，若另正交变换矩阵为 $\boldsymbol{A}$，则有

$$\boldsymbol{r}' = \boldsymbol{A}\boldsymbol{r} \tag{10.5}$$

$$\boldsymbol{A}=\begin{bmatrix} a_{11} & a_{12} & a_{13} \\ a_{21} & a_{22} & a_{23} \\ a_{31} & a_{32} & a_{33} \end{bmatrix} \tag{10.6}$$

式中，a_{ij} 为新旧坐标系的方向余弦；i 表示新坐标系的某一坐标轴；j 为旧坐标系的某一坐标轴。对于正交矩阵 $\boldsymbol{A}$，有 $\boldsymbol{A}^{-1} = \boldsymbol{A}^{\mathrm{T}}$。

令 $\boldsymbol{M}$ 为应力张量的变换矩阵，则

$$\boldsymbol{M}=\begin{bmatrix} a_{11}^2 & a_{12}^2 & a_{13}^2 & 2a_{12}a_{13} & 2a_{11}a_{13} & 2a_{11}a_{12} \\ a_{21}^2 & a_{22}^2 & a_{23}^2 & 2a_{22}a_{23} & 2a_{21}a_{23} & 2a_{21}a_{22} \\ a_{31}^2 & a_{32}^2 & a_{33}^2 & 2a_{32}a_{33} & 2a_{31}a_{33} & 2a_{31}a_{32} \\ a_{21}a_{31} & a_{22}a_{32} & a_{23}a_{33} & a_{22}a_{33}+a_{32}a_{23} & a_{23}a_{31}+a_{33}a_{21} & a_{21}a_{32}+a_{31}a_{22} \\ a_{31}a_{11} & a_{32}a_{12} & a_{33}a_{13} & a_{32}a_{13}+a_{12}a_{33} & a_{33}a_{11}+a_{13}a_{31} & a_{31}a_{12}+a_{11}a_{32} \\ a_{11}a_{21} & a_{12}a_{22} & a_{13}a_{23} & a_{12}a_{23}+a_{22}a_{13} & a_{13}a_{21}+a_{23}a_{11} & a_{11}a_{22}+a_{21}a_{12} \end{bmatrix} \tag{10.7}$$

$\boldsymbol{M}$ 的逆矩阵是应变张量的变换矩阵 $\boldsymbol{N}$ 的转置，即 $\boldsymbol{M}^{-1} = \boldsymbol{N}^{\mathrm{T}}$

$$\boldsymbol{N}=\begin{bmatrix} a_{11}^2 & a_{12}^2 & a_{13}^2 & a_{12}a_{13} & a_{11}a_{13} & a_{11}a_{12} \\ a_{21}^2 & a_{22}^2 & a_{23}^2 & a_{22}a_{23} & a_{21}a_{23} & a_{21}a_{22} \\ a_{31}^2 & a_{32}^2 & a_{33}^2 & a_{32}a_{33} & a_{31}a_{33} & a_{31}a_{32} \\ 2a_{21}a_{31} & 2a_{22}a_{32} & 2a_{23}a_{33} & a_{22}a_{33}+a_{32}a_{23} & a_{23}a_{31}+a_{33}a_{21} & a_{21}a_{32}+a_{31}a_{22} \\ 2a_{31}a_{11} & 2a_{32}a_{12} & 2a_{33}a_{13} & a_{32}a_{13}+a_{12}a_{33} & a_{33}a_{11}+a_{13}a_{31} & a_{31}a_{12}+a_{11}a_{32} \\ 2a_{11}a_{21} & 2a_{12}a_{22} & 2a_{13}a_{23} & a_{12}a_{23}+a_{22}a_{13} & a_{13}a_{21}+a_{23}a_{11} & a_{11}a_{22}+a_{21}a_{12} \end{bmatrix} \tag{10.8}$$

在新的坐标系中，介电常数张量坐标变换的表达式为

$$\varepsilon' = \boldsymbol{A}\varepsilon\boldsymbol{A}^{-1} \tag{10.9}$$

弹性柔顺常数张量坐标变换的表达式为

$$s' = \boldsymbol{N}s\boldsymbol{N}^{\mathrm{T}} \tag{10.10}$$

压电系数张量坐标变换的表达式为

$$d' = \boldsymbol{A}d\boldsymbol{M}^{-1} \tag{10.11}$$

机电耦合常数坐标变换的表达式为

$$k'_{33} = \frac{d'_{33}}{\sqrt{\varepsilon_{33}^{\mathrm{T}\prime}\varepsilon_{33}^{\mathrm{E}\prime}}} \tag{10.12}$$

$[001]_C$ 方向极化的 $K_{0.8}Na_{0.2}NbO_3$ 晶体具有 4mm 点群。所以新旧坐标系的变换矩阵为

$$\boldsymbol{A}=\begin{bmatrix} 1 & 0 & 0 \\ 0 & \cos\beta & \sin\beta \\ 0 & -\sin\beta & \cos\beta \end{bmatrix} \tag{10.13}$$

式中，β 是沿 x 轴逆时针旋转角度。则新坐标系下的压电系数，弹性柔顺系数和介电常数的表达式为

$$d'_{33} = (d_{31} + d_{15})\cos\beta\sin\beta^2 + d_{33}\cos^3\beta \tag{10.14}$$

$$s'^{\mathrm{E}}_{33} = s^{\mathrm{E}}_{33}\cos^4\beta + s^{\mathrm{E}}_{11}\sin^4\beta + (2s^{\mathrm{E}}_{13} + s^{\mathrm{E}}_{55})\cos^2\beta\sin^2\beta \tag{10.15}$$

$$\varepsilon'^{\mathrm{T}}_{33} = \varepsilon^{\mathrm{T}}_{33}\cos^2\beta + \varepsilon^{\mathrm{T}}_{11}\sin^2\beta \tag{10.16}$$

如图 10.10 所示在晶体$[010]_C$–$[001]_C$晶面内，压电系数、机电耦合系数、弹性柔顺系数和介电常数的晶向依赖性。它们的最大值所在方向与$[001]_C$ 晶向的夹角分别为 0°、0°、37.6°和 90°。在晶体$[010]_C$–$[001]_C$晶面内存在$[011]_C$晶向，与$[001]_C$晶向的夹角为 45°，可以计算出晶体在$[011]_C$晶向上的压电系数、机电耦合系数、弹性柔顺系数分别为 61.8pC N^{-1}、0.368、9.1×10^{-12}N m^{-2} 和 351。

另外，还制作了一个$[011]_C$取向的 $K_{0.8}Na_{0.2}NbO_3$ 晶体的 k_{33} 振子，测量得到其各项纵向参数值，如表 10.7 所示。可以发现通过坐标变换计算得到的$[011]_C$晶向上的压电系数、机电耦合系数、弹性柔顺系数与单畴化单晶的实验数值非常接近，大约只有 10%的误差。说明在

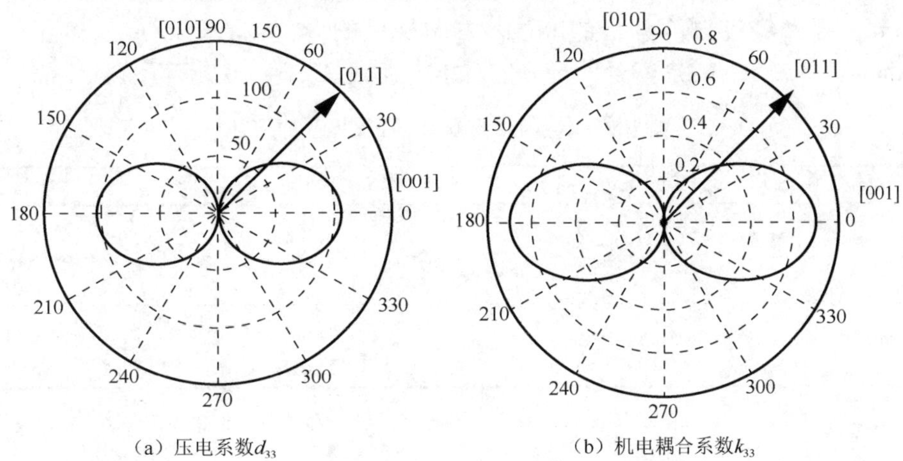

（a）压电系数d_{33}　　（b）机电耦合系数k_{33}

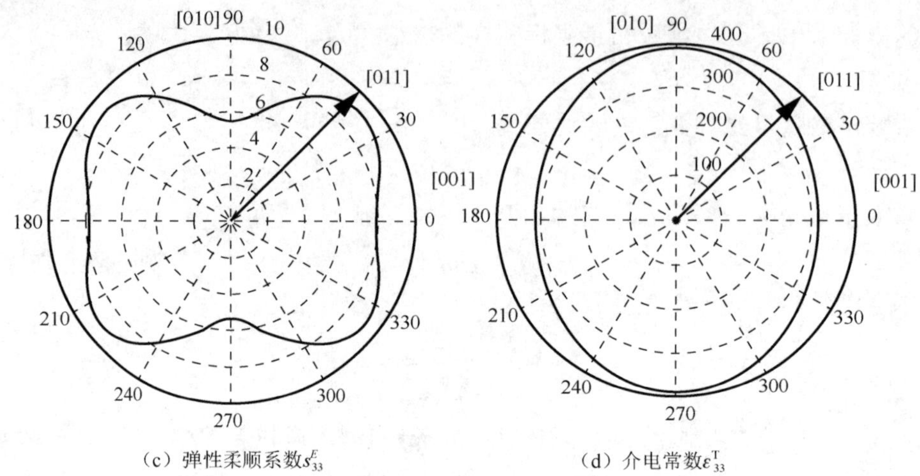

（c）弹性柔顺系数s_{33}^E　　（d）介电常数ε_{33}^T

图 10.10　$(100)_C$ 面 $K_{0.8}Na_{0.2}NbO_3$ 晶体的晶向依赖特性

$K_{0.8}Na_{0.2}NbO_3$ 晶体中，宏观压电和机电性能起主要作用的是铁电畴的取向效应，其他如畴的大小，畴壁的作用都只是起次要作用，这也说明可以通过改变畴的结构和取向来设计和优化铁电单晶材料的宏观机电性能。

表 10.7　沿$[011]_C$极化 $K_{0.8}Na_{0.2}NbO_3$ 晶体的计算值和实验测量值

参数	计算值	测量值
k_{33}	0.368	0.326
ε_{33}^T	351	374
s_{33}^E	9.1	8.8
d_{33}	61.8	56.0

3. $[001]_C$ 方向极化的 $K_{0.47}Na_{0.53}NbO_3$ 晶体的全矩阵参数

实验中准备测量声速和 4 种压电振子的样品尺寸，如表 10.8 所示，满足国际标准振子模型的要求。从表 10.2 中可以得到 $K_{0.47}Na_{0.53}NbO_3$ 晶体的正交–四方相变温度在 210℃左右。因此根据最佳极化效果的方法，在 170℃施加 100V/mm 的电场，保持极化时间 2h 后，以 0.5℃/h 的速度降至室温。经过自洽分析的$[001]_C$ 方向极化的 $K_{0.47}Na_{0.53}NbO_3$ 晶体和作为比较的 $K_{0.8}Na_{0.2}NbO_3$ 晶体及 KNNLT 陶瓷的全套宏观机电参数，如表 10.9 所示。

表 10.8　$K_{0.47}Na_{0.53}NbO_3$ 晶体振子的尺寸

模型	长度 l/mm	宽度 w/mm	厚度 t/mm
声速	1.78	1.42	1.15
k_{31}	2.90	1.02	0.40
k_{33}	0.43	0.51	1.43
k_{15}	0.42	1.06	1.07
k_t	2.20	2.02	0.30

表 10.9　[001]$_C$-极化 $K_{0.47}Na_{0.53}NbO_3$（简称 KNN47）和 PZN-8.0%PT 晶体的全矩阵参数

材料	弹性刚度常数 c_{ij}^E 和 c_{ij}^D / （$10^{10}N/m^2$）											
	c_{11}^E	c_{12}^E	c_{13}^E	c_{33}^E	c_{44}^E	c_{66}^E	c_{11}^D	c_{12}^D	c_{13}^D	c_{33}^D	c_{44}^D	c_{66}^D
KNN47	22.2	18.3	4.6	6.7	7.7	7.16	24.1	20.2	1.1	13.3	7.8	7.16
PZN–PT	87.0	−13.1	−70	141	15.8	15.4	55.8	−44.2	−8.2	18.5	14.8	15.4

材料	弹性柔顺常数 s_{ij}^E 和 s_{ij}^D / （$10^{-12}N/m^2$）											
	s_{11}^E	s_{12}^E	s_{13}^E	s_{33}^E	s_{44}^E	s_{66}^E	s_{11}^D	s_{12}^D	s_{13}^D	s_{33}^D	s_{44}^D	s_{66}^D
KNN47	14.3	−11.4	−2.0	17.6	13.0	14.0	14.0	−11.7	−0.2	7.5	12.8	14.0
PZN–PT	87.0	−13.1	−70	141	15.8	15.4	55.8	−44.2	−8.2	18.5	14.8	15.4

材料	压电系数 $e_{i\lambda}$ / （C/m^2）、$d_{i\lambda}$ / （$10^{-12}C/N$）、$g_{i\lambda}$ / （$10^{-3}Vm/N$）和 $h_{i\lambda}$ / （$10^8V/m$）											
	e_{15}	e_{31}	e_{33}	d_{15}	d_{31}	d_{33}	g_{15}	g_{31}	g_{33}	h_{15}	h_{31}	h_{33}
KNN47	4.6	−5.9	11.1	60	−40	220	3.1	−8.3	46	2.4	−31.5	59.3
PZN–PT	10.1	−5.1	15.4	159	−1455	2890	6.2	−21.3	42.4	4.2	−5.8	17.7

材料	介电常数 $\varepsilon(\varepsilon_0)$和$\beta$（$10^{-4}\varepsilon_0^{-1}$）							
	ε_{11}^T	ε_{33}^T	ε_{11}^S	ε_{33}^S	β_{11}^T	β_{33}^T	β_{11}^S	β_{33}^S
KNN47	2194	540	2162	211.4	4.56	18.5	4.63	47.3
PZN–PT	2900	7700	2720	984	3.45	1.30	3.68	10.2

材料	机电耦合常数 k			
	k_{15}	k_{31}	k_{33}	k_t
KNN47	0.12	0.15	0.76	0.70
PZN–PT	0.25	0.60	0.94	0.45

表 10.10 列出了[001]$_C$ 方向极化的 $K_{0.47}Na_{0.53}NbO_3$ 晶体的声速与[001]$_C$ 方向极化的 $K_{0.8}Na_{0.2}NbO_3$ 晶体声速的比较，发现 $K_{0.47}Na_{0.53}NbO_3$ 晶体的声速要比 $K_{0.8}Na_{0.2}NbO_3$ 晶体的声速会有很大的变化，特别是在[001]$_C$ 方向的纵波声速直接降到 5490m/s，直接下降了 30%左右。表 10.9 列出了[001]$_C$ 方向极化的 $K_{0.47}Na_{0.53}NbO_3$ 晶体和 PZN-8.0%PT 晶体的弹性常数、压电系数、介电常数和机电耦合系数的比较。可以发现 $K_{0.47}Na_{0.53}NbO_3$ 晶体弹性柔顺常数要比 PZN-8.0%PT 晶体的小。在机电耦合方面，只有厚度伸缩振动 k_t 与含铅相比有较大的优势。与 $K_{0.8}Na_{0.2}NbO_3$ 单晶相比，$K_{0.47}Na_{0.53}NbO_3$ 晶体弹性柔顺常数都有所增加，其中 33 方向弹性柔顺常数 S_{33}^E 为 $17.6\times10^{-12}N\ m^{-2}$，相应的压电性能 d_{33} 达到了 220pC/N，另外机电耦合 k_{33} 和 k_t 分别达到 0.759 和 0.702。由图 10.11 中的阻抗和相位频谱可知，k_t 振子具有比较纯净的谐振峰、谐振频率和反谐振频率可以确定。

表 10.10　[001]$_C$ 方向极化的 $K_{0.47}Na_{0.53}NbO_3$ 晶体的声速和相应弹性系数

对应弹性系数	c_{33}^D	c_{44}^E	c_{11}^E	c_{66}^E	c_{44}^D
声速/（m/s）	$v_l^{[001]}$	$v_s^{[001]}$	$v_l^{[100]}$	$v_{s\perp}^{[100]}$	$v_{sP}^{[100]}$
$K_{0.47}Na_{0.53}NbO_3$	5490	4178	7093	4028	4205
$K_{0.8}Na_{0.2}NbO_3$	7700	4210	7860	4370	4470

表 10.11 列举了本章生长的 $K_{0.47}Na_{0.53}NbO_3$ 和 $K_{0.8}Na_{0.2}NbO_3$ 单晶，通过准静态法、谐振–反谐振法和应变–电场法计算得到的压电参数、机电耦合系数和介电常数以及同其他压电材料的对比。如图 10.12 所示，电场为 4kV/mm 时的应变曲线。从表中可以看出，用准静态法测量出来的 $K_{0.47}Na_{0.53}NbO_3$ 单晶的压电系数 d_{33} 为 250pC/N，是目前所知的纯 KNN 压电材料中压电性能表现最好的，可以说明 $K_{0.47}Na_{0.53}NbO_3$ 单晶具有非常好的质量。同时其厚度机电耦

合系数k_t为 0.702，比 $K_{0.8}Na_{0.2}NbO_3$ 单晶的 0.67 大，且在众多压电材料中表现最好。另外 $K_{0.47}Na_{0.53}NbO_3$ 单晶的机电耦合系数k_{33}为 0.759，比 $K_{0.8}Na_{0.2}NbO_3$ 单晶的 0.706 大，说明在纯 KNN 晶体中，K：Na 越接近 1：1，其整体性能越好。

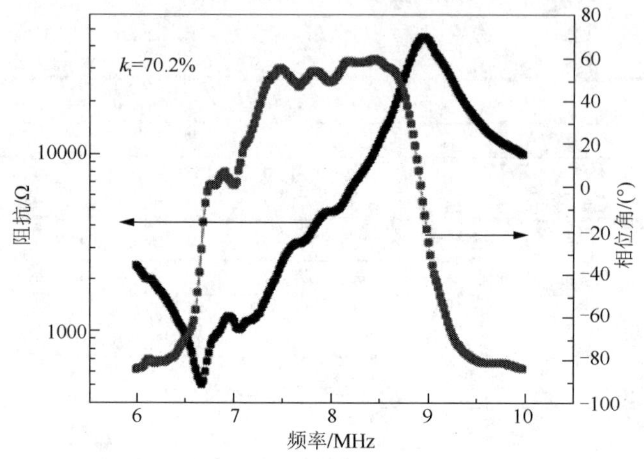

图 10.11　$K_{0.47}Na_{0.53}NbO_3$ 晶体的谐振谱和相位谱

表 10.11　压电材料参数

材料	d_{33}/（pC/N）	k_t/%	k_{33}/%	$\varepsilon_{33}^T/(\varepsilon_0)$（1 kHz）	T_C/℃
KNN47	220①250② 401③	70.2	75.9	540	428
KNN80	104.2① 110②	67	70.6	313	455
KNTN	162① 200②	64.6	82.7	267	291
Mn-doped KNN	161②	—	64	424（10kHz）	407
KNN	160②	45	—	240	393
0.95KNN-0.05LiNbO$_3$	405②	61	—	185	426
KNN47	110③	—	—	600	390
LF4T	416① 750③	61（k_p）		1570	253
PZT4	410② 700③	60（k_p）	—	2300	250

① 谐振法，② 准静态法，③ S-E 曲线斜率

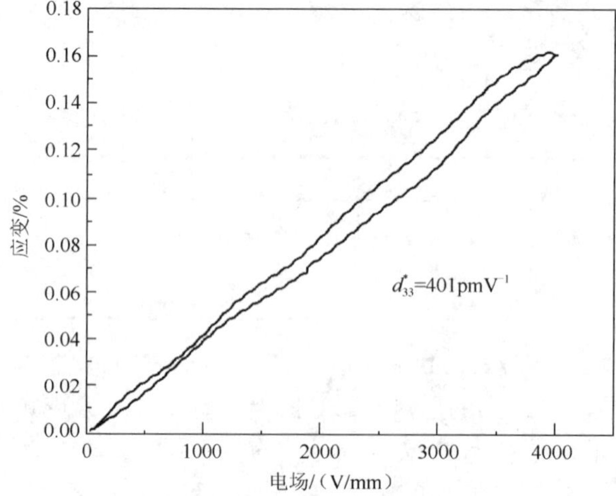

图 10.12　$K_{0.47}Na_{0.53}NbO_3$ 单晶的 *S-E* 曲线

10.3　KNN 晶体的压电常数演变

KNN 基压电材料作为无铅压电领域中最重要的备选材料而备受关注。其主要在于 KNN 压电材料本身具有较高的居里温度和压电性能。相对 KNN 基压电材料的研究，人们更加关注对其进行各种元素和化合物的掺杂，从而提高压电性能，而忽略了解 KNN 基压电材料高压电性能的具体机制。比如为什么相界附近的压电性能要明显高于远离相界处的压电性能。KNN 基压电材料在改变 K 和 Na 元素比例接近 1∶1 时，发现不管是纯 KNN 还是 KNN 基压电材料，它们的压电性能都会出现明显的增加。这种类似于 PZT 体系的压电演变过程在 KNN 体系中却还无法得到合理的解释。

$K_{1-x}Na_xNbO_3$ 是 $KNbO_3$ 和 $NaNbO_3$ 的固溶体。$KNbO_3$ 具有与 $BaTiO_3$ 类似的结构，分别在 435℃、225℃和−10℃时，$KNbO_3$ 经历了立方相到四方相的顺电–铁电相变、四方相到正交相正交相到三方相的铁电–铁电相变。而 $NaNbO_3$ 在室温下具有反铁电性能其相结构复杂。经过大量的研究表明，当 K 摩尔分数约为 0.5 时，KNN 的压电系数 d_{33}、介电常数、机电耦合系数、密度和剩余极化强度等都会发生一个突变，这个现象在 10.2 小节中的介温谱和电滞回线都有体现。这些现象表明了 KNN 材料在 K∶Na 约为 0.5∶0.5 时，发生异于常态的变化。1968 年，Tennery 和 Hang[4]用 X 射线衍射的方法报道了当 $NaNbO_3$ 摩尔分数为 82.5%、67.5%和 52.5%时，KNN 存在相界。1971 年，Jaffe 等[5]制作出了 KNN 相图，并且认为压电性能提高的起源来自于两种不同的正交相在相界处相遇的结果。1976 年，Ahtee 和 Glazer[6]用 Tennery 和 Hang 的工作，同样制作出了 KNN 相图。他们认为在 $NaNbO_3$ 摩尔分数为 52.5%的相界是正交相和单斜相的相界，也正是由于存在这样的一个相界，KNN 的压电性能才会显著增加。随着对 KNN 研究工作的不断开展，人们对 KNN 结构的认识不断更新，但是到目前为止还是无法确定出在 Na 元素摩尔分数超过 0.5 时 KNN 是什么结构。

造成这种无法判定相结构的局面主要在于 KNN 材料中正交相和单斜相具有极高的相似性，凭借现有的技术手段，包括 XRD 和中子衍射等技术都难以分辨。因此始终无法解释为什么在 K∶Na 约为 0.5∶0.5 时具有最高的压电性能。本节将从 KNN 单晶的压电性能随组分的演变过程，并将朗道理论进行扩展应用到 KNN 压电性能演变机制中，寻找 KNN 单晶具有最高压电性能可行性地解释，同时进一步研究 KNN 单晶的大应变的性能及机制。

10.3.1　KNN 单晶压电性能的演变

将 10.1 节中所有不同组分的 KNN 晶体经过 XRD 定向仪定向后，沿垂直生长方向进行切割和研磨，样品厚度在 0.2mm 左右，将处理完成后的样品做好标记，以 Na 摩尔分数多的那个表面记为正面，Na 摩尔分数少的记为反面，即靠近籽晶的那面为正。每组同组分的 KNN 晶体都有两份，然后将所有样品都涂上高温银浆，并在 180℃烘烤，再缓慢降到室温。

在极化前，将所有 KNN 样品标记为正面放在 d_{33} 测量仪上测量，如图 10.13（a）所示。值得注意的是，所有数据点都是每个样品经过至少 5 次不同位置测量后平均计算出来的，如图 10.13 所示。可以发现当 K 摩尔分数小于 0.43 时，所有样品的 d_{33} 都是负值，而 K 摩尔分数在 0.43～0.46 时，所有样品的 d_{33} 都突然减少，并且有正有负。每一个样品的 5 次以上不同位置的压电系数并不小，以K摩尔分数为0.455和0.433为例，有些测试点的位置压电系数d_{33}在100pC/N和-90pC/N左右。而在K摩尔分数为0.445左右时，5次不同测试位置的压电系数都非常小，在10～20pC/N左右。当K摩尔分数大于0.46时，所有样品的d_{33}都是正值，且在K摩尔分数为0.46时，KNN晶体所有5次不同位置的测试结果都变得非常大，且比较均匀的都在180pC/N左右。综上所述，可以得出自发极化方向随组分的变化关系，即K摩尔分数从0.3增加到0.43，KNN晶体的自发极化朝向K摩尔分数少的方向；K摩尔分数在0.43～0.46范围内，自发极化同时存在朝向K摩尔分数少和摩尔分数多的方向；K摩尔分数大于0.46，自发极化同时存在朝向K摩尔分数多的方向，如图10.13（c）所示。

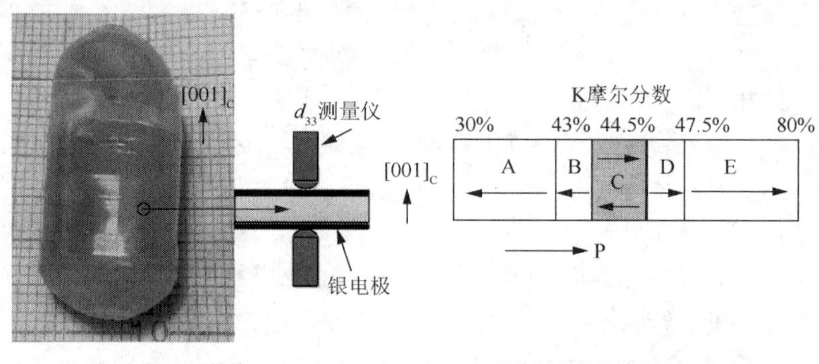

（a）KNN晶体　　（b）KNN晶体极化前的自发极化方向的示意图

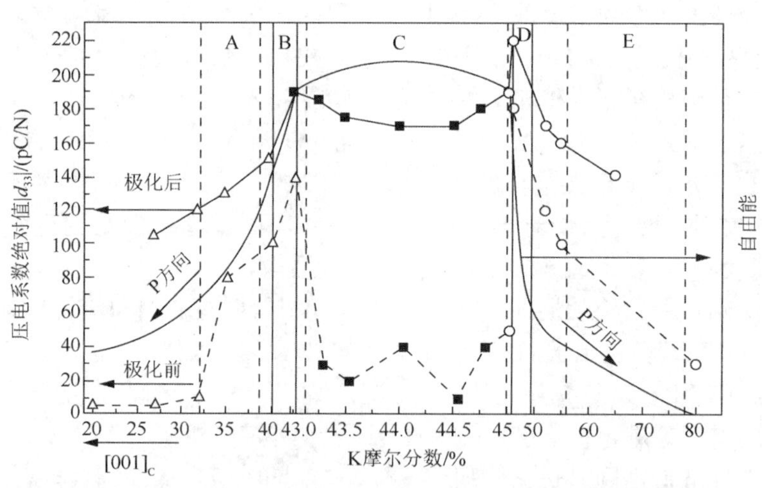

（c）黑点线和实线表示的是极化前后的绝对值d_{33}与K摩尔分数之间的关系

图10.13　KNN晶体压电系数和自由能的演变

结合10.2小节中的介温谱，极化温度在正交相–四方相相变温度以下10～20℃，并且施加外加电场为100～200V/mm。所有样品的极化方向都是在未极化前样品表现出来的自发极化方向，只有K摩尔分数在0.43～0.46样品的极化方向可以是随意一个方向。从图中可以看出，所有样品在极化后压电系数d_{33}都增加了，其中K摩尔分数在0.43～0.46的样品的压电系数d_{33}都增加最多。K摩尔分数为0.46的样品极化后，其压电系数甚至达到220pC/N。

详细研究压电系数随组分变化关系，可以发现KNN材料在K摩尔分数0.43和0.46附近出现了压电常数高峰值。通过比较KNN相图，发现在相图中并没有K摩尔分数为0.43相界存在。同时KNN单晶出现了未极化前就有压电性能的现象，这在人工压电材料领域中属于极为特殊的存在，并且以图 10.13（b）中区域 C 为分界，两边的自发极化方向相反。正是基于这种反常现象的存在，抛开相结构的共存问题，只对其从自发极化角度出发，研究内部自发极化和自由能的机理问题，并进一步分析在 C 区域边界即 B 和 D 区域有高压电性能的原因。

10.3.2 KNN 单晶极化前自发极化变化机制

对于钙钛矿铁电材料，有四方相、正交相及三方相三种相结构，不同相结构的根本差异在于自发极化方向的不同，如图 10.14 所示。对于四方相结构，共有 6 个自发极化方向，分别沿着晶轴方向，为$[001]_C$族；对于正交相结构，共有 12 个自发极化方向，分别沿着晶面的面对角线方向；对于三方相结构，共有 8 个自发极化方向，分别沿着晶格的体对角线方向。

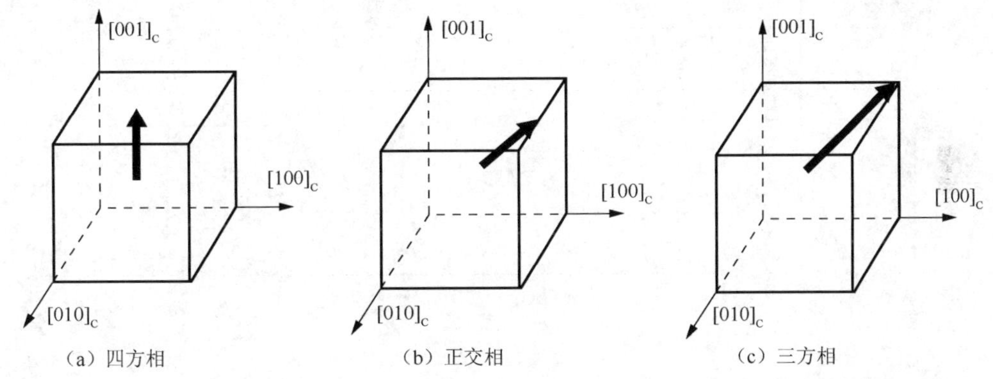

图 10.14 三种钙钛矿结构的自发极化方向

常温下，KNN 属于正交相，即具有 12 个自发极化方向，如图 10.14 所示。一般而言，人工压电晶体为了保证体系能量最低原则，12 个自发极化方向是均匀分布的，即在 KNN 晶体中，理论上其应该不显现出宏观自发极化，也就是没有压电系数 d_{33}。但是实验发现，在 KNN 晶体实际测量时出现很大的差异，KNN 晶体中出现了明显的宏观自发极化。

为了解释这个问题，本书从朗道理论和成分起伏模型入手。苏联科学家 Smolensky 等[7]在研究符合钙钛矿 $Pb(Mg_{1/3}Nb_{2/3})O_3$ 等铅基铁电体的弛豫特性时提出了成分起伏模型：对于固溶体铁电体，晶体组分不可避免地会在晶体生长过程中受到例如温场波动等影响出现起伏状况，因此从微观或者介观尺度上不可避免地存在不同的化学组分，因而导致不同微区内部具有不同的居里温度。后来随着人们研究发现，含铅材料在相变附近会出现了极性纳米微区（PNRs），这些 PNRs 对性能影响非常大，能显著提升含铅材料的压电性能。这些 PNRs 如同宏观电畴一样，具有统一的极化方向；但是，PNRs 在尺寸上要明显小于宏观的电畴。随后 Cross[8,9]和 Daris 等[10]完善了局域组分起伏模型，认为在钙钛矿结构体系中，自发极化主要来自于 B 位离子偏离中心运动导致的，因此对 B 位离子取代过程中，由于微观上的组分不同，对于某一局部微区而言，其周围的势阱不可能是完全的立方或者球形对称结构。在 Nb^{5+}更少的一侧势阱 ΔG_1 相对较浅，而 Nb^{5+}更多的一方势阱 ΔG_2 相对较深。这样在此区域内会形成一个梯度势，即自由能在局域内会存在高低之分，其中自发极化会优先朝着势阱更浅的方向取向。

由组分分凝规律可知，KNN 晶体中 K 在晶体中的摩尔分数不断增加，即在微观上以及宏观上去测量 KNN 晶体组分变化时，能明显的测量出相同的组分差异变化规律。以上表面的势阱更深为例[图 10.15（b）]，这里需要注意的是，势阱越深意味着自由能越小。微观上 B 位离子偏离中心运动，由于受到周围势阱不对称影响，自发极化会优先朝着势阱更深的方向取向，即每个正交相晶格中，朝向上表面的 4 个自发极化几率 η_1 要小于水平方向的 4 个自发极化几率 η_2 小于朝向下表面的 4 个自发极化几率 η_3，因此微观上晶格自发极化方向优先朝向于下表面。同时宏观与微观上的组分差异变化规律是相同的，因而导致在宏观上自发极化方向能够延续微观上的自发极化方向，形成明显的宏观压电常数。而在理想的各向同性的压电晶体中[图 10.15（a）]，从微观和宏观的角度看认为上下表面的自由能是相同的，因而自发极化方向出现的概率是相同的，最终不具备形成宏观压电常数的条件。

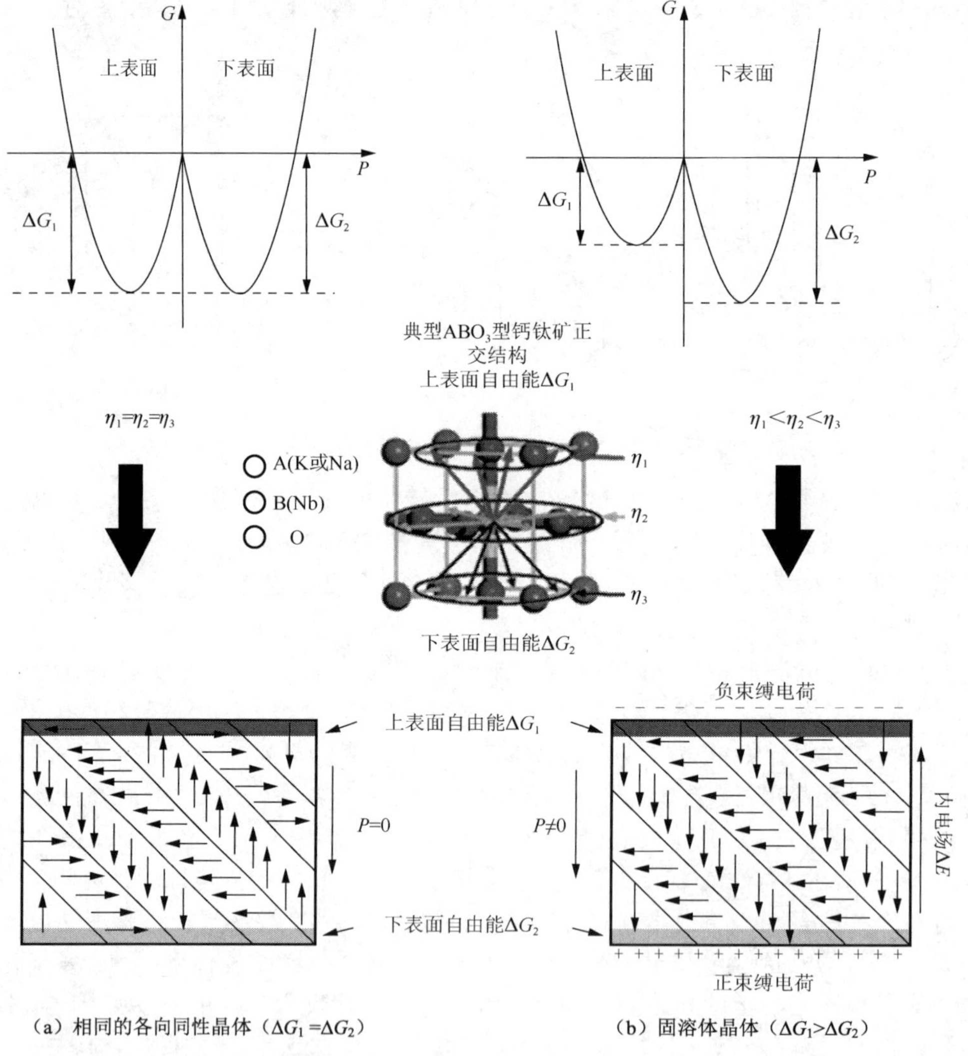

（a）相同的各向同性晶体（$\Delta G_1=\Delta G_2$）　　（b）固溶体晶体（$\Delta G_1>\Delta G_2$）

图 10.15　分别属于相同的各向同性和固溶体晶体中的 Landau-Ginzburg-Devonshire 模型

在钙钛矿型铁电体中自发极化主要来自于 B 位离子偏离中心运动。从上面阐述以及图 10.13 可知，K 元素和 Na 元素不同比例混合时，KNN 晶体中并没有破坏这个主要极化机制，但是不同 K 元素和 Na 元素比例却影响了 Nb^{5+}往哪个方向做偏心运动。本书将自由能与自发极化方向相互联系起来，即通过自发极化方向来判断自由能的大小，如图 10.13 所示。

从简单的示意图中可以看出，在 KNN 单晶中，随着 K 摩尔分数增加，自由能先增加，然后有段相对平缓的区域，再下降的过程。通过简单的示意图同 PZT 体系中的自由能比较，发现两者存在非常大的相似性，如图 10.16 所示。PZT 在室温下通过自由能算出来的准同型相界（morphotropic phase boundary，MPB）与实验能够相符的非常好。同时，与利用第一性原理计算出的 KNN 体系的能量相比，如图 10.17 所示，在理论计算中，K 摩尔分数为 0.5 时，正交相体系的能量是最高的。这进一步证明利用自发极化方向来判断 KNN 体系自由能的可行性，同时也证明了体系自由能的高低能够影响自发极化方向。

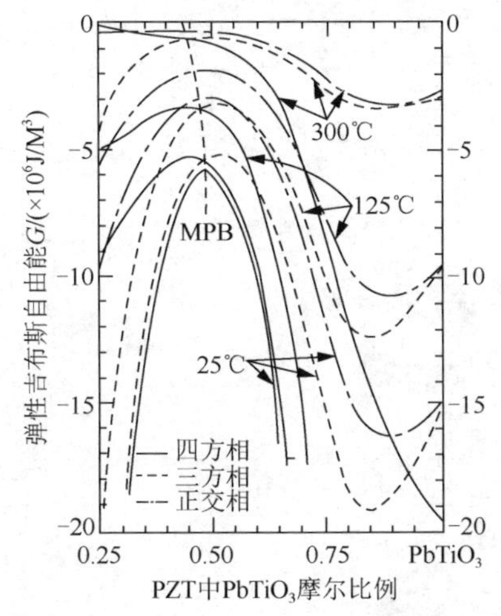

图 10.16　PZT 基于朗道理论计算的自由能

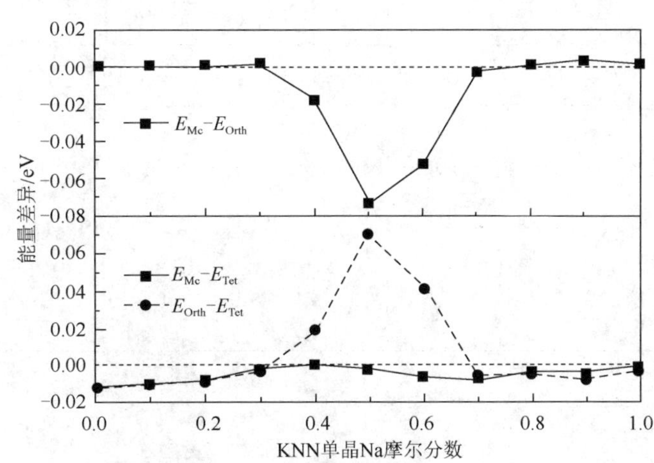

图 10.17　KNN 基于第一性原理计算的自由能

另外 KNN 体系在 K 摩尔分数为 0.5 时具有最好压电性能。从自由能的角度分析可以发现，图 10.13（c）中 C 区域是自由能最高的区域，而这个区域同时受到两个自发极化方向的影响，形成了类似于相界这样一个在微观区域内两个自发极化方向共存的区域。这极有可能是这个区域能够从未极化前的低压电系数提高到极化后高压电系数的原因。

10.3.3　KNN 单晶电畴结构的表征

对于钙钛矿铁电材料，有四方相、正交相及三方相三种相结构，不同相结构的根本差异在于自发极化方向的不同。对于正交相结构，共有 12 个自发极化方向，分别沿着晶面的面对角线方向。对于铁电体材料，相同自发极化方向的区域，形成铁电畴，在不同极化方向区域即不同畴结构之间的交界处，形成铁电畴壁。使用偏光显微镜以及压电力显微镜等方法，通过不同方向可以观察到晶体不同畴结构形成的畴壁，如图 10.18 所示。

这里选择 K 摩尔分数为 0.37、0.43 和 0.455 三个组分的 KNN 晶体作为电畴结构观察的样本，这三个组分分别对应图 10.13（c）中的 A、B 和 C 区域。在 PFM 和偏光显微镜（polarized light microscopy，PLM）测试前，对测试样品进行精细抛光，在显微镜下对表面进行观察，直到镜面平整度，达到 PFM 和 PLM 测试要求为止。它们极化后的 PFM 电畴图像和 PFM 电畴图像，如图 10.19 所示。K 摩尔分数为 0.455 的 KNN 晶体未极化的 PFM 电畴图像如图 10.20（a）所示。从图 10.19 中的偏光显微镜中电畴图像可知，A 区域的电畴尺寸大约 40μm 要大于 C 区域的 30μm，更大于 B 区域的 10μm。

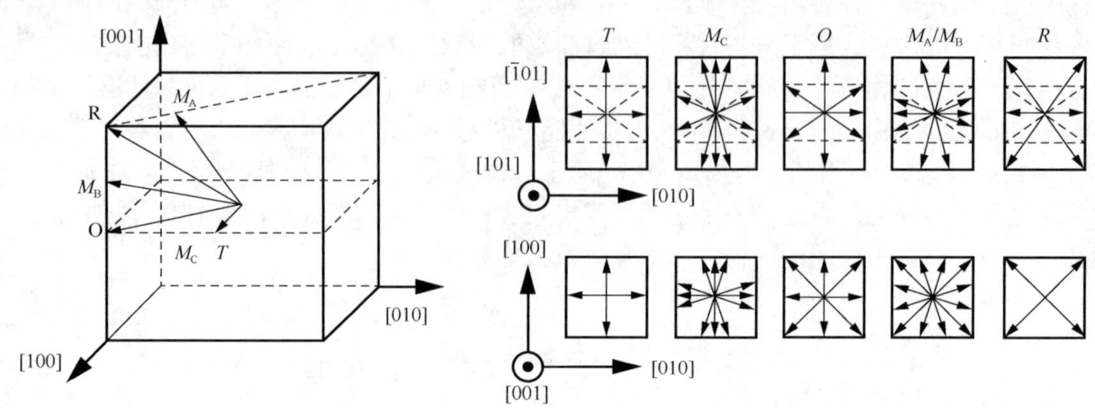

（a）不同铁电相的P_S方向的示意图

（b）$(101)_c$面和$(001)_c$面中消光位置的示意图

图 10.18 不同铁电相观察到的畴壁示意图

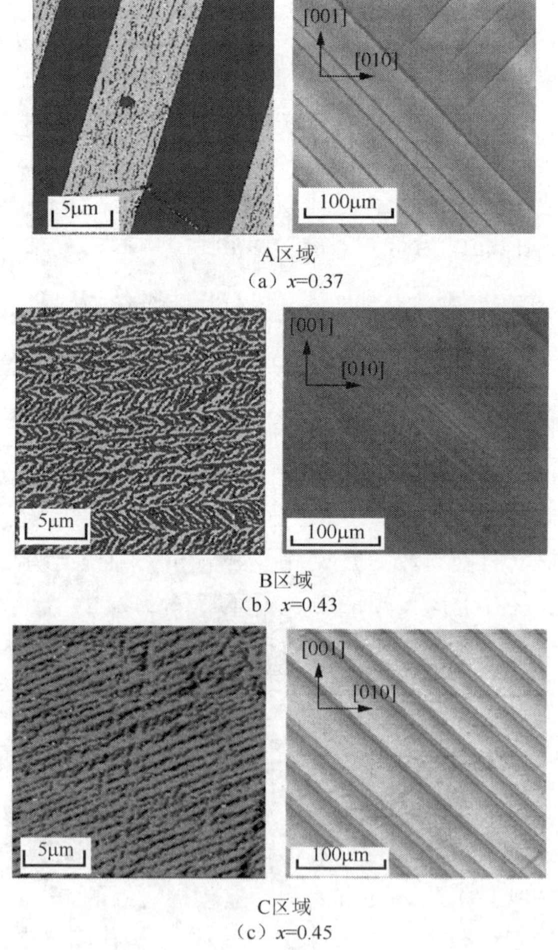

A区域

（a）x=0.37

B区域

（b）x=0.43

C区域

（c）x=0.45

图 10.19 压电力显微镜和偏光显微镜下电畴结构

从偏光显微镜中观察到的电畴都是条纹状的，且畴壁方向为$[011]_C$，符合正交相的电畴结构，但是当用 PFM 来观察电畴结构时，发现微观区域的电畴出现了很大不同。从电畴尺寸上说，观察到的 PFM 电畴图像和 PLM 相同，都是 B 区域的电畴尺寸最小，但是从电畴形态上看，可以发现 B 区域和 C 区域的电畴不再是完全条状电畴，而是微观上由迷宫状电畴和压微观上成条纹状电畴组成。值得注意的是，在 D 和 E 区域的电畴状态与 B 和 A 区域相似。

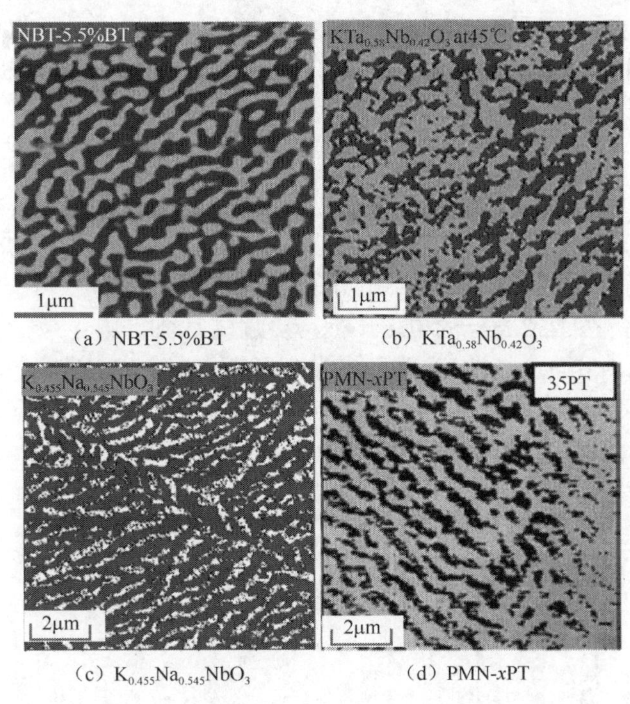

（a）NBT-5.5%BT　（b）$KTa_{0.58}Nb_{0.42}O_3$

（c）$K_{0.455}Na_{0.545}NbO_3$　（d）PMN-xPT

图 10.20　各种铁电材料的极性纳米微区电畴结构

对比 C 区域没有极化前的 PFM 电畴图像，可以发现 C 区域电畴在未极化前是杂乱无章的迷宫状电畴，属于极性纳米电畴。但是这里的极性纳米电畴在 KNN 晶体中不表现出弛豫特性，仅表示在尺寸上接近纳米级。根据现有文献的报道，一般杂乱无章的极性纳米电畴出现在相界附近 PMN-PT、BNT 和 KTN 等材料中，如图 10.20 所示，从这个角度看，C 区域具备相界附近的某些特征属性。同时因压电常数极化前后的巨大变化，C 区域就是我们认知中的 MPB。但是在相图中并没有发现过这段区间的描述，且从电畴的结构中，可以判断出 A 和 E 区域的电畴符合正交相，也就是说不存在两种相结构共存的相界现象存在。那么我们提出 C 区域压电常数变化的根本原因在于自由能的变化，或者受影响于自发极化。通过详细研究组分、压电系数、自由能和电畴之间的关系，对于这段区间的变化进行解释：在 A 和 E 区域，通过压电系数极化前后比较可以看出，这两个区域的自发极化都比较均一，比较统一朝 K 摩尔分数低的方向（K 摩尔分数高的方向），受到朝 K 摩尔分数高（K 摩尔分数低）的自发极化方向影响比较小。所以表现出比较大的压电系数和电畴结构，极化后电畴重新自组装，使得压电系数会有所增加；在 B 和 D 区域，KNN 晶体中的自发极化方向还是比较统一沿 K 摩尔分数低的方向（K 摩尔分数高的方向），但是此时受到 K 摩尔分数高（K 摩尔分数低）的自发极化方向影响变大，同时 KNN 体系能量变大后，自然而然会通过减少电畴尺寸来降低自由能。同时沿 K 摩尔分数高（K 摩尔分数低）的自发极化方向影响变大后，其电畴也会变大，最后组成了 B 和 D 区域的复杂电畴结构。可以确定的是这段区域，与 A 和 E 区域相同方向的自发极化还是占据主要地位，唯一发生变化的是在沿 K 摩尔分数高（K 摩尔分数低）自发极化方向以及自由能变大的影响，这段区域的电畴尺寸变小了，导致未极化时 d_{33} 就能达到很大的值。以此类推，可以认为在 C 区域中存在两个自发极化方向的竞争，其结果就是在一块样品中不再是统一的自发极化方向，表现为一些区域为正，另一些区域为负，甚至在 C 区域的某个组分中，这种竞争出现在微观区域，表现为压电系数等于 0。这样利用自由能演变或者是自发极化的差异比较合理地解释了为什么在 K 摩尔分数低约为 0.5 时具有最大压电性能的机理问题。

10.3.4 KNN 晶体的大应变研究

铁电体的应变研究也是反映铁电性能的重要参数。用铁电测试仪测量了不同组分 KNN 的应变，发现在 K 元素为 0.43 和 0.46 两个组分的晶体发现了超大应变，*S* 达到了 1%，几乎是钙钛矿铁电体的极值，在 1kV/mm 的电场下，应变就能达到 0.9%，如图 10.21 所示。同目前具有大应变的铁电材料相比，在相同电场下发现的这两个组分的 KNN 晶体具有非常大的优势。

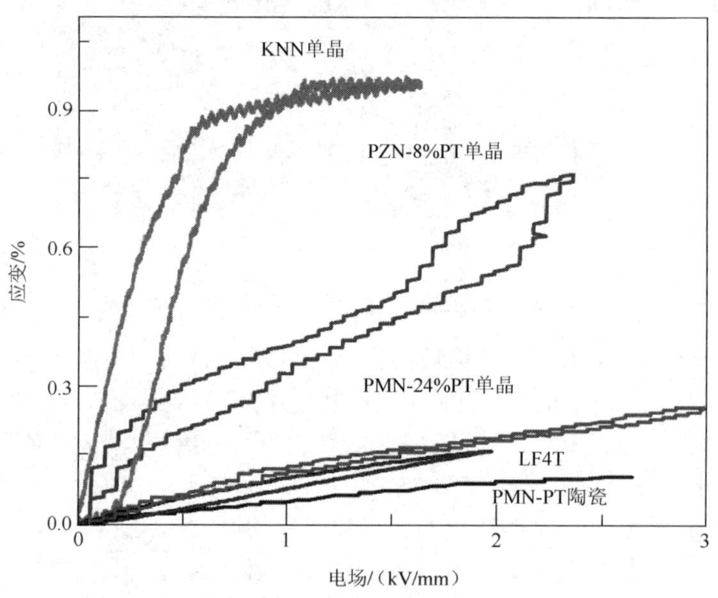

图 10.21 不同材料的电致应变

对这两种组分的 KNN 晶体做了大量重复实验，发现这两种组分晶体具有非常良好的可恢复性，即加一个小的反向电场，不超过矫顽场，即可重复实验，或者放置大约 6h 的时间也可重复性实验。这个现象对大信号的压电性能是非常重要的。由于一般应变是由晶格畸变和电畴的运动引起的，其中晶格畸变通常表现为晶格拉伸或者收缩，因此是可逆的，为本征贡献，而电畴在外电场下的重新取向即畴壁运动是不可逆的，为非本征贡献。所以发现的应变值达到 1%的现象可以肯定是电畴的运动，但是可恢复性实验却打破了电畴不可逆的规律。

为了进一步对大应变性能的研究，先对单晶用 PFM 做相位滞后回线图，如图 10.22（a）所示。发现 KNN 晶体中存在可观的内电场，结合上面小节的理论，更加可以证实 KNN 晶体中存在极强的自发极化，导致微观区域的应变随电场变化受到局部宏观内电场的影响。当对晶体做双边电致应变曲线，它并没有表现出与传统一样的“蝴蝶”曲线，如图 10.22（b）所示，负的应变达到−0.36%，正应变达到 0.95%，总的应变（正，负应变之和）达到了 1.31%。这个现象进一步的反映了自发极化形成的内电场阻碍了电畴的翻转。

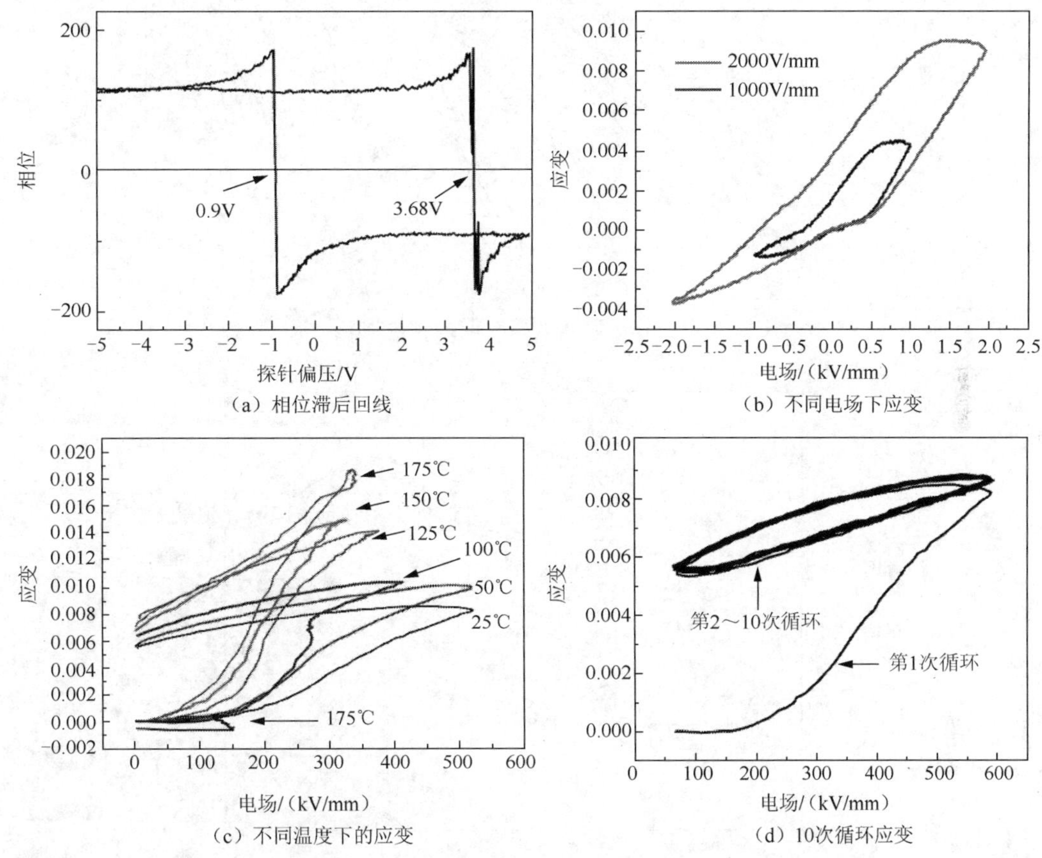

（a）相位滞后回线（b）不同电场下应变
（c）不同温度下的应变（d）10次循环应变

图 10.22 $(K_{0.43}Na_{0.57})NbO_3$ 晶体的电致应变

然后对其测量变温下 10 次单边循环的电致应变曲线实验，测试频率为 1Hz，如图 10.22（c）和（d）所示。可以看到随着温度的升高，其最大应变不断变大，在 175℃时，应变达到最大值为 1.84%。到 200℃时，应变突然降为低值，此时晶体过了相变温度。巨大的应变 1.84%已经超过了 PZN-8%PT 的电致相变下达到的 1.7%。这里需要注意的是，外部施加的电场强度始终小于 500V/mm，到高温时甚至由于漏电原因，只能达到 350V/mm 左右的电场。与 PZN-8%PT 的高电场，其具有小电场，大信号的优点。

从循环的电致应变曲线[图 10.22（d）]中得出，第 2～10 次循环的应变基本保持不变，约为 0.40%的应变，占最大应变的 43%。从图中可以发现，这部分应变是非常有效的，具有非常强的应变可恢复性。将不同温度下的循环应变总结到图 10.23 中。在 100℃之前，KNN 晶体都具有非常好的可恢复性，逆压电系数 *S*/*E* 达到了 10000pC/N，再升高温度后，受到相变温度的影响，电畴活动剧烈，明显感觉出应变的增加。从第 10 次循环曲线可以看出，尽管应变随温度增加，逆压电系数会增加到 13000pC/N，但是在多次循环后，总体上还是会保持一个比较平稳的状态。因此这部分具有良好可恢复性的电畴具有非常优秀的温度稳定性。

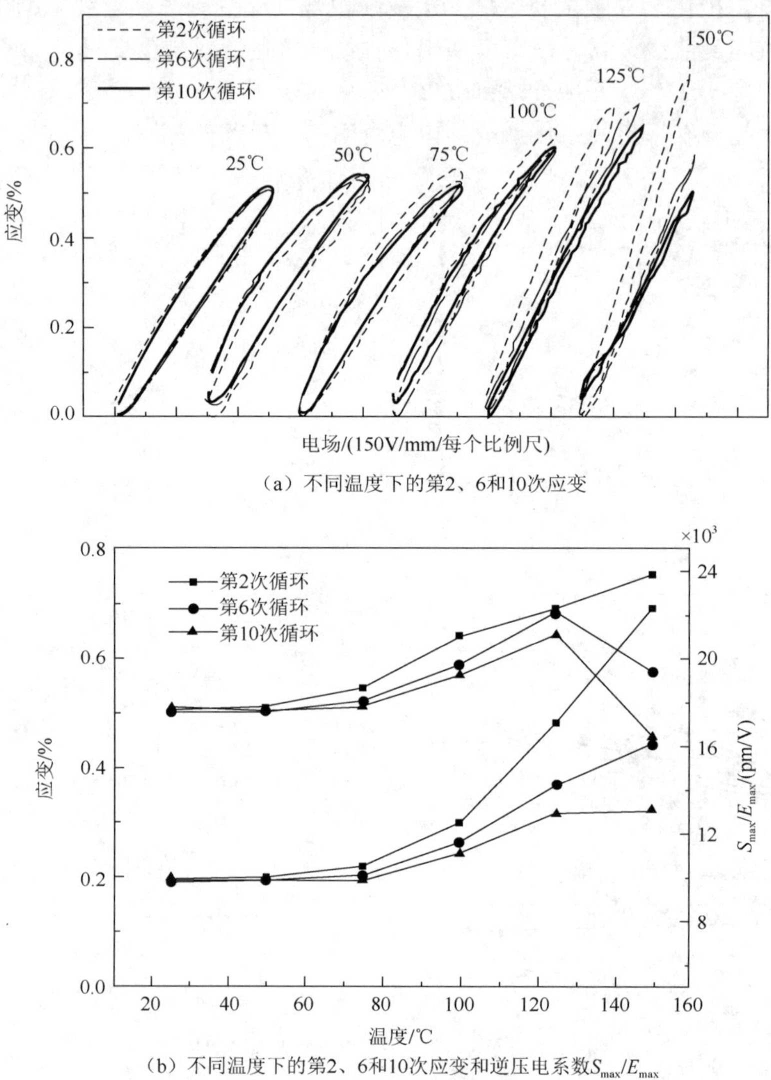

（a）不同温度下的第2、6和10次应变

（b）不同温度下的第2、6和10次应变和逆压电系数S_{max}/E_{max}

图 10.23 $(K_{0.43}Na_{0.57})NbO_3$ 晶体应变行为

综上所述，这两种组分的KNN晶体组分具有非常好的逆压电性能，不仅应变大、所施加电场小还具有非常好的可恢复性。从应变的贡献来源来说，其主要的贡献来自于电畴运动，如图 10.24 所示，在外加 1500V/mm 后电畴出现明显的消失，但是去掉电场后，电畴重新出现。利用单晶衍射实验也能观察到类似的晶格运动，如图 10.25 所示。对晶体施加外电场时，晶格发生明显的偏转，电场越大时，沿电场方向的晶格 X 射线峰值越大。但是在单晶衍射实验中并没有观察到晶格回复过程。从循环的电致应变曲线中能够发现，存在两种不同的电畴运动，一种认为具有不可逆的电畴运动，这里通常认为是那些尺寸比较大的电畴；另一种认为具有可逆的电畴运动，这里理解为那些极性纳米畴。从图 10.20 中明显能够看出 C 区域存在这两种电畴对应着电致应变中两种电畴运动。

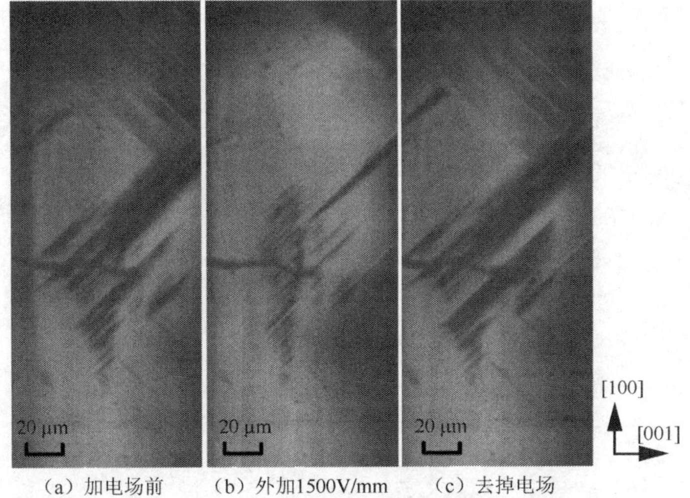

图 10.24 $(K_{0.43}Na_{0.57})NbO_3$ 晶体中电畴在外加电场前后的变化

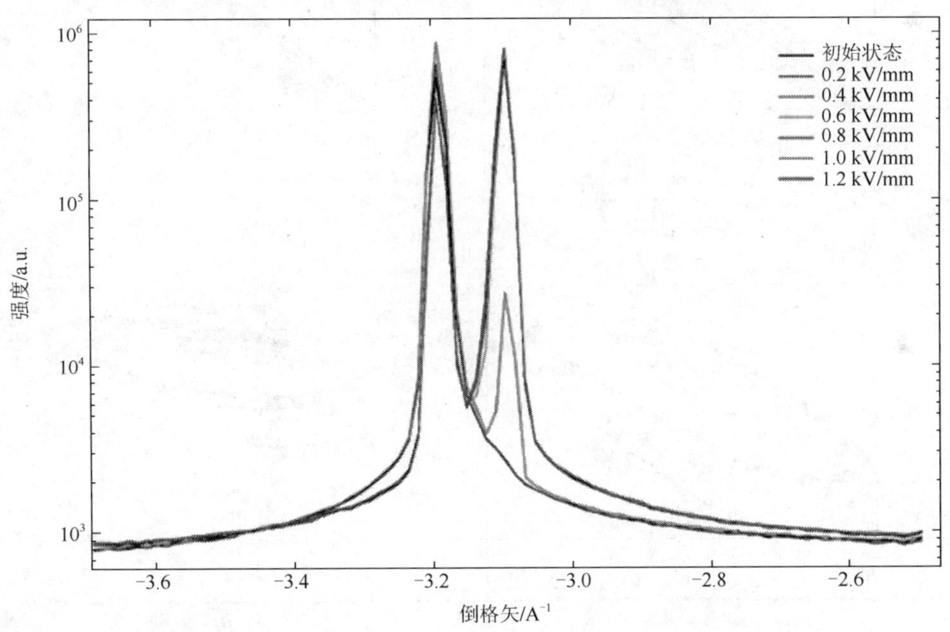

图 10.25 （021）倒数空间中线扫描显示伪立方 022 衍射峰

此外，本章节还对电致应变做了相关的频率响应实验，如图 10.26 所示。从图中可以发现，可恢复性良好的电致应变具有非常明显的频率响应特征，测试频率越高，电致应变越小。当频率只有 0.1Hz 时，多次循环的电致应变能达到 0.55%左右，与 1Hz 的测试频率相比，其电致应变有 0.47%，提高了 0.08%的应变。当频率达到 40Hz 时，其电致应变只有 0.07%。说明了电畴运动对频率有非常强的响应，当频率越高时，即使是纳米电畴也不容易翻转。同时还可以看到当频率小于 0.05Hz 时，电致应变曲线线性更好，其滞后性更弱。而线性良好的电致应变曲线是非常需要的，这样可以在实际工作时能有效地实现电场和应变的对应。电致应变曲线主要参数列于表 10.12。

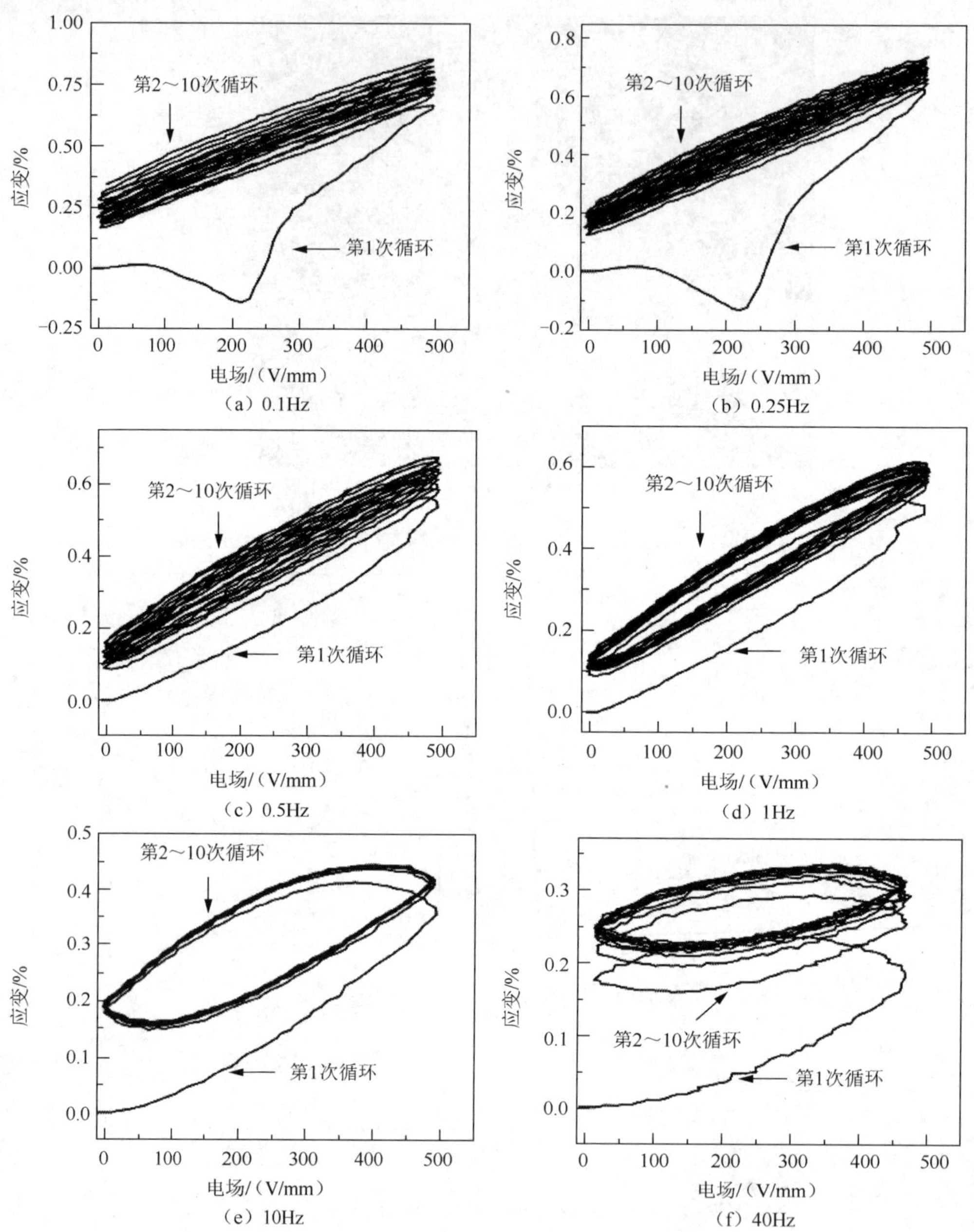

图 10.26 $K_{0.43}Na_{0.57}NbO_3$ 晶体不同频率下的应变

表 10.12 $K_{0.43}Na_{0.57}NbO_3$ 晶体不同频率下的应变

频率/Hz	应变/%			
	第 1 次循环	第 2 次循环	第 6 次循环	第 10 次循环
0.1	0.665	0.547	0.529	0.553
0.25	0.625	0.518	0.519	0.531
0.5	0.552	0.494	0.502	0.519
1	0.509	0.469	0.472	0.478
10	0.365	0.232	0.230	0.230
40	0.188	0.085	0.068	0.066

10.4 KNN 晶体的巨压电性能

大量研究表明，铁电体在准同型相界（MPB）附近可以存在比较突出的压电性能。人们通过大量化学改性掺杂，将铁电体在室温的相结构移到相界附近，从而提高压电性能，这是一个非常有效的提高压电性能的手段。2004 年，Saito 等[1]通过 Li、Ta 和 Sb 元素的掺杂，将 KNN 无铅陶瓷的相变温度移到室温，使其压电性能从 80pC/N 提高到 416pC/N 的高度。这项成果开创了无铅压电领域的研究工作。随着 10 多年来对无铅压电材料的研究，人们陷入了研究瓶颈，主要在于压电性能可以与铅基材料相媲美的无铅材料通常表现出不好的温度稳定性，即随温度的变化，压电性能出现较大起伏。这个问题是现实压电材料使用时需要克服的，因此通过化学掺杂的方法对无铅压电材料的研究出现了不可避免的压电性能和温度稳定性之间的矛盾。

除以化学掺杂手段来提高压电性能外，还可以通过畴工程的方法来提高压电性能。研究发现，压电性能的好坏往往可以通过电畴来判断，通常表现为密集电畴，或者非常复杂电畴形式的材料中，其压电性能表现为非常优秀。但是对畴工程实现的方法通常是通过在非自发极化方向外加电场，并通过极化温度、时间和升降温度速率等方式进行。可惜的是目前并没有一套非常成功的，能适用于大部分压电材料畴工程的方法。也就是说，我们对电畴的理解还是处于表面认识，无法对其进行大范围的人工调控。

最后一种可行性就是在合适的方向上对压电材料施加大应力，从而提高压电性能的方法。通过对朗道理论计算，在外加压应力的情况下，体系的自由能会减少，同时压电性能提高。这样是实验和理论在 $BaTiO_3$、$KNbO_3$ 和 PZT 等材料中得到证实，如图 10.27 所示是 PMN-32PT 和 PZN-4.5PT[10]在外加压应力的情况下，压电系数 d_{33} 变大的结果。但是目前关于这方面的研究非常少，仅限于 PMN-PT 和 PZN-PT 体系。而对 $BaTiO_3$ 和 $KNbO_3$ 两种材料而言，通过计算压应力需要达到几个 GPa 才能使压电性能得到巨大的提升。所以对于晶体材料而言，这么大的应力极容易对晶体造成破坏，并且不容易作为实验研究途径。

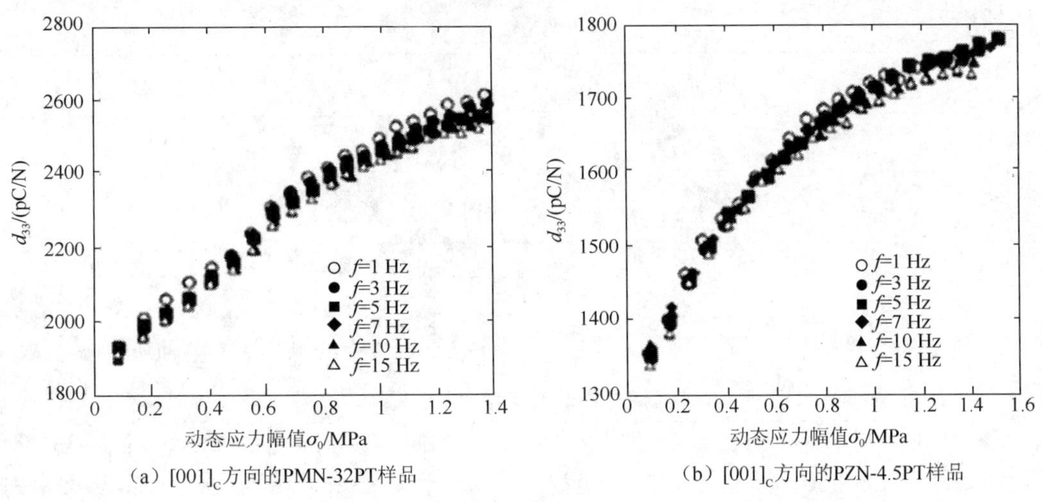

（a）$[001]_C$方向的PMN-32PT样品　　（b）$[001]_C$方向的PZN-4.5PT样品

图 10.27　压电系数 d_{33} 随压应力 σ_0 和施加压应力频率的变化关系

σ_{ST} = 1.4MPa 和 P = 0.6MPa

因此，依据朗道理论中压应力对压电性能提高，并且通过改变外加压应力为内部局部压应力来实现提高压电性能。以 KNN 晶体为研究对象，通过压电性能和畴结构等方面的行为进行研究，系统分析局部内应力对压电性能和畴结构等方面的影响。

10.4.1 $K_{0.40}Na_{0.60}NbO_3$ 晶体的压电和介电性能的研究

压电系数 d_{33} 与相应的电畴结构有着直接关系，而对电畴结构的调控一般通过晶体的生长和后续的工作，如电场极化。目前，电场极化过程对电畴调控主要体现在畴工程上，在非自发极化方向外加电场，从而形成多畴状态来提高压电性能。但是这个过程往往只是在宏观上的行为，无法继续深入的局部细节中进行改变电畴结构，而且对电畴进行系统的调控目前还没有报道。因而在畴工程极化困难的情况下，研究调控电畴的形成，即在晶体生长时就对电畴结构进行改变，这方面的机理将在下面章节中细讲。

在晶体生长中通过引入内应力的方法生长出来的 $K_{0.40}Na_{0.60}NbO_3$(KNN40G)晶体，如图 10.28 中插图所示。将放肩位置的晶体定向，切割并研磨到 0.2mm 厚度的小薄片，上下表面喷金作为电极，测出晶体的最大压电系数达到 1500pC/N 以上，如图 10.29 所示，与之相比的正常 $K_{0.40}Na_{0.60}NbO_3$ 晶体中的压电系数 d_{33} 只有 165pC/N 左右，压电系数提高了 9 倍多。与其他各种体系中压电材料相比，可以看到，KNN40G 同时具有很高的居里温度和远超其他材料的压电系数。目前应用最广的 PZT 性能也远远不如 KNN40G。从图中可知，生长得到的 KNN40G 晶体与 BT 体系和 KNN 体系相比，通过引入应力的手段来提高压电性能可以很好地解决目前无铅压电领域中高压电性能同时低居里温度或者高居里温度同时低压电性能的矛盾局面。

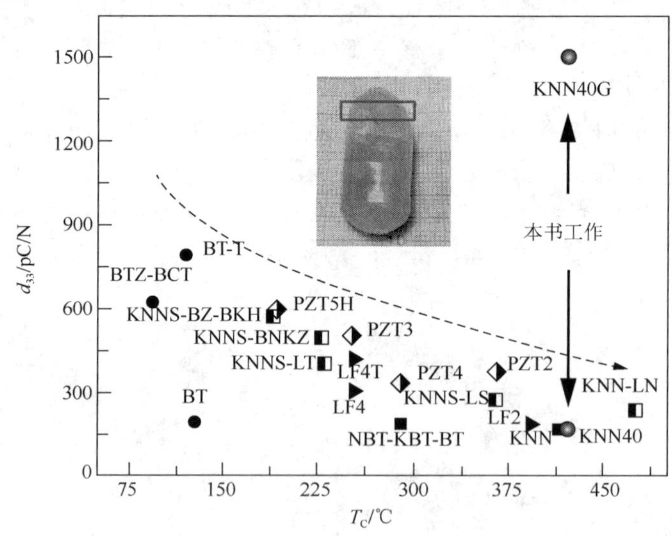

图 10.28　室温下，KNN 晶体同其他无铅压电材料和传统 PZT 陶瓷的压电性能的比较

与 PMN-PT 晶体相比，KNN40G 晶体的压电性能还略显不足。但是 PMN-PT 晶体在居里温度（图 10.30）和矫顽场方面体现出了它们的巨大缺陷。如表 10.13 所示，PMN-33PT 晶体的压电系数达到 2800pC/N，但是它的居里温度只有 155℃，矫顽场也只有 0.28kV/mm 大小。也就是说 PMN-33PT 晶体可使用的温度范围比较小，同时晶体容易退极化。KNN40G 晶体中不存在类似的问题，并且值得注意的是，KNN40G 晶体保持着自发极化行为无需外加电场就

有压电性能的现象，即最大的压电性能 1500pC/N 是在未极化的前提下测量的。这对于减少极化过程对晶体造成的损耗是有非常大的意义的。

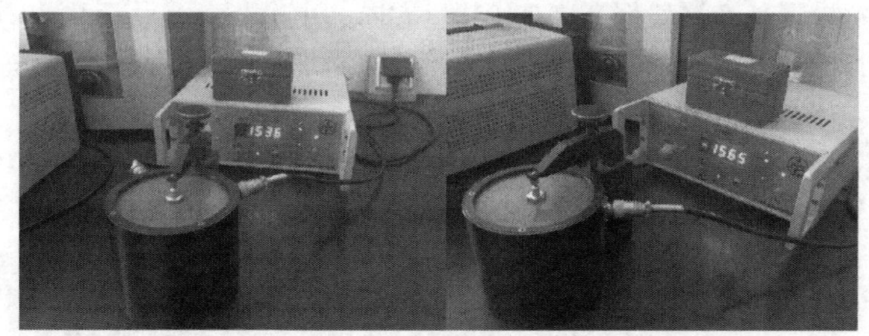

图 10.29　室温下，KNN40G 晶体用准静态法测量压电系数

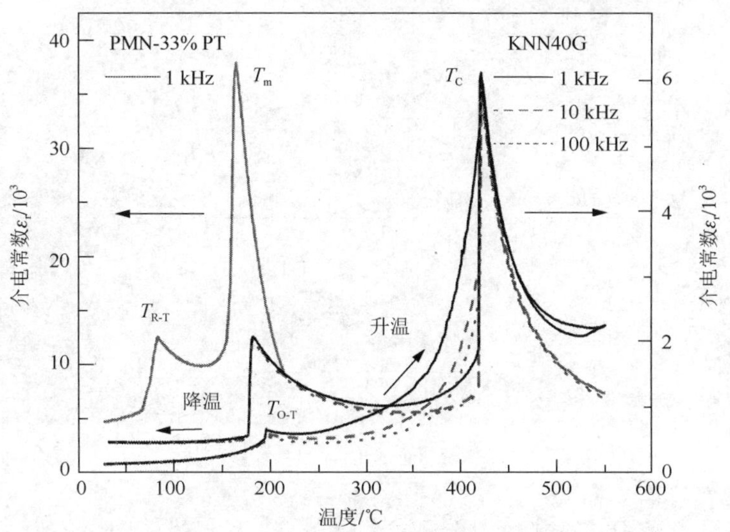

图 10.30　PMN-33PT 和 KNN40G 晶体的介温谱

表 10.13　KNN40G 晶体同其他压电材料比较

压电性能	KNN40G（晶体）	PMN-33PT（晶体）	LF4T（织构陶瓷）	PZT5H（陶瓷）
d_{33}/（pC/N）	1500	2800	416	600
居里温度 T_C/℃	421	155	253	200
损耗 tan δ （1kHz）	0.008	0.017	—	0.02
厚度机电常数 k_t	0.65	0.45	0.61（kp）	0.49
介电常数 ε_r	600	8200	1570	3500
矫顽场 E_C/（kV/mm）	1.4	0.28	—	0.75

注：LF4T 化学式为$(K_{0.44}Na_{0.52}Li_{0.04})(Nb_{0.84}Ta_{0.10}Sb_{0.06})O_3$；PZT5H 的化学式为 $Pb(Zr_{1-x}Ti_x)O_3$-5H

10.4.2　内应力对电畴和结构影响的研究

1. 内应力对电畴的影响

压电性能和电畴形态是密切相关的，KNN40G 晶体的高压电性能就意味着电畴结构发生了不可预计的变化。利用 PFM 观察电畴手段，可以看出 KNN40G 晶体的电畴在 5 倍物镜观

察下，发生了明显的弯曲现象，如图 10.31 所示。电畴的弯曲现象是一种不同正常晶体中存在的电畴行为，在正常晶体中，电畴结构能很好地延续晶格长程有序的行为，但是可以明显地从图 10.32 中看到晶格的长程有序被$[010]_C$方向的电畴打断，从而可以看出图 10.31 中电畴弯曲是由于与$[100]_C$方向成 25°角的畴壁，经过不断地被$[010]_C$方向的电畴扭曲而形成的。这样就可以看出，沿$[100]_C$方向，出现正常电畴–扭曲电畴–正常电畴这样的阶梯状电畴。且$[010]_C$方向的电畴越多，畴壁越倾向于$[100]_C$方向。从图 10.32 中，可以看到$[010]_C$方向的电畴在偏光下成像比较暗，可以认为这是由晶格在内应力作用下光散射造成的。

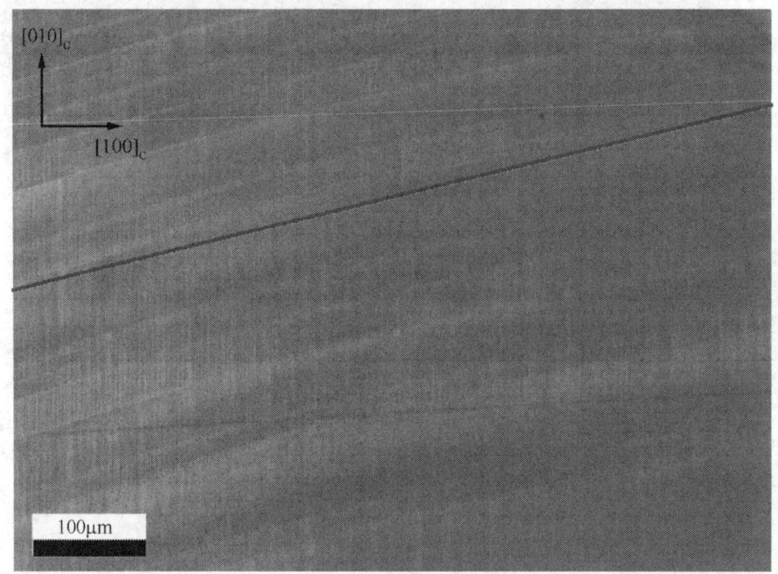

（a）KNN40G晶体

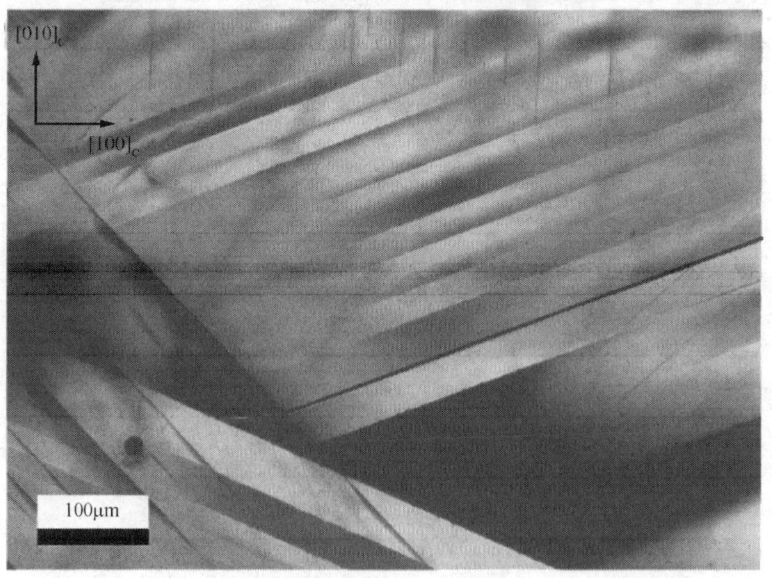

（b）正常$K_{0.40}Na_{0.60}NbO_3$晶体

图 10.31　偏光显微镜下 KNN 晶体的电畴结构

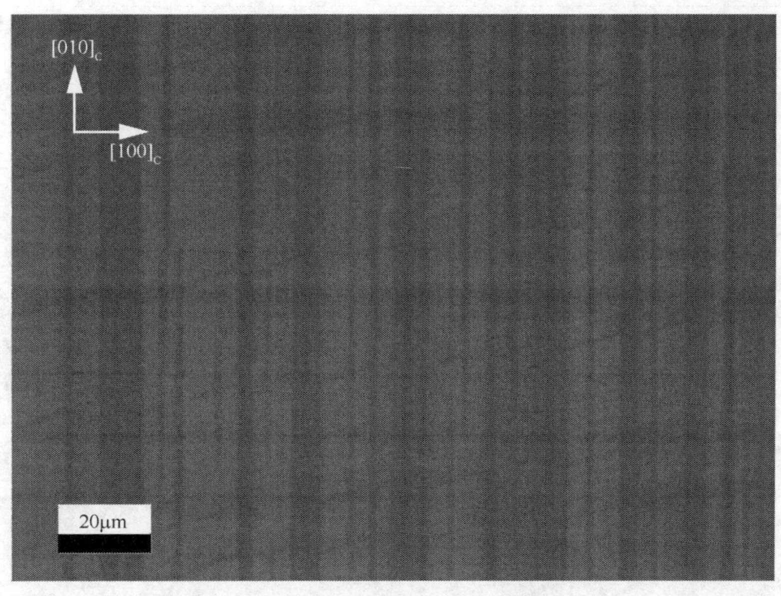

图 10.32　偏光显微镜下 KNN40G 晶体的电畴

另外，可以看到 KNN40G 晶体的电畴密度明显比正常的晶体中电畴密度大得多。由于正常的条纹状电畴在沿着畴壁方向会保持晶格长程有序的行为，因此定义电畴尺寸大小时，通常以沿垂直畴壁方向的两个畴壁之间的大小为电畴尺寸，而沿着畴壁方向由于长程有序，通常来说这个方向的电畴尺寸要远远大于沿垂直畴壁方向的电畴尺寸。若以这种方式来定义电畴尺寸大小，KNN40G 晶体的电畴尺寸为 2.5～10μm，而正常 $K_{0.40}Na_{0.60}NbO_3$ 晶体的电畴尺寸为 33～50μm，所以 KNN40G 晶体的电畴是正常 $K_{0.40}Na_{0.60}NbO_3$ 晶体的 1/20～1/5。但是在 KNN40G 晶体中的电畴结构由于被$[010]_C$方向的电畴扭曲，在原有的长程有序的方向电畴大小不再是远远大于沿垂直畴壁方向的电畴尺寸，如图 10.32 所示，扭曲的电畴从$[010]_C$方向和$[100]_C$方向看都是比较小的。因此从（001）$_C$面的面密度上来说，KNN40G 晶体的电畴是正常 $K_{0.40}Na_{0.60}NbO_3$ 晶体的 1/500 左右。从电畴结构来说，KNN40G 晶体的电畴变成小方块，不再是正常 $K_{0.40}Na_{0.60}NbO_3$ 晶体中的长条电畴，因此 KNN40G 晶体的电畴活性更强，导致压电性能提高到 1500pC/N。

然后通过对图 10.32 中晶格扭曲位置进行局部微观 PFM 扫描，可以得到 KNN40G 和正常晶体中的电畴比较，如图 10.33 中（a）和（b）所示。从图中可以明显地看出 KNN40G 晶体中扭曲电畴的不同，这部分电畴尺寸比较小，尺寸在 2μm 左右，而且通过测量正常电畴和扭曲电畴之间的夹角，为 109.8°，比理论中的 112.5° 小 2.7°。可以看出扭曲电畴并没有将扭曲区域的晶格完全转到另一个方向的正交相结构中，形成的相结构偏向于单斜相。因此，在 PMN-PT 和 PZN-PT 晶体的相界附近，有外力的作用下，容易出现单斜相，这个也是 PMN-PT 和 PZN-PT 晶体能够具有巨大压电性能的重要原因。另一方面，从 PFM 相位中可以看出，扭曲电畴和相邻两边的电畴相位刚好相反。经过内应力扭曲而得到的电畴与正常状态的电畴成 120° 左右的孪畴结构，通过多次测量结果表明，所有具有类似结构的电畴都呈现这样的孪畴形态。其结果经过内应力作用下，晶格自发极化方向更加容易朝向与正常电畴成 120° 左右的方向，从而形成孪畴结构。在此基本可以得出，内应力引起的扭曲电畴是造成压电性能关键，一方面是因为扭曲电畴尺寸小，另一方面是扭曲电畴并没有完全形成正交相电畴结构，倾向于单斜相。

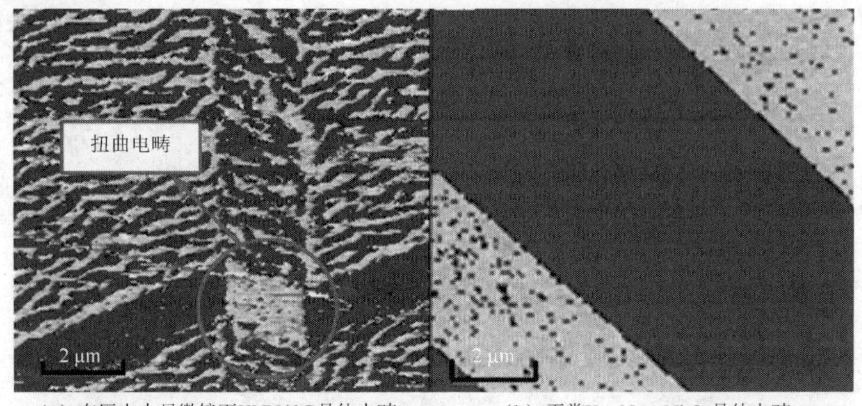

（a）在压电力显微镜下KNN40G晶体电畴　　（b）正常$K_{0.40}Na_{0.60}NbO_3$晶体电畴

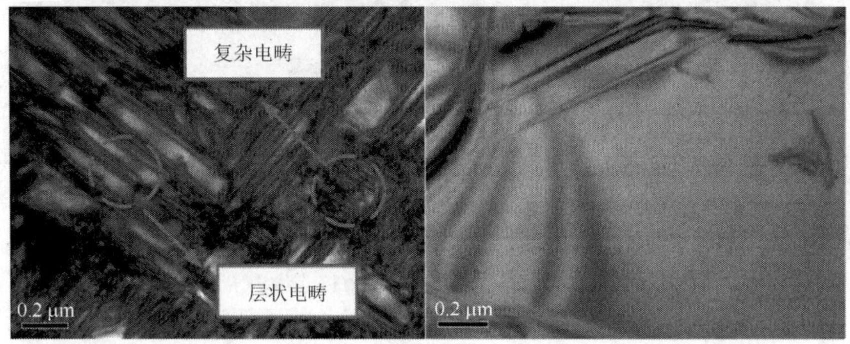

（c）在透射电子显微镜下KNN40G晶体电畴　　（d）正常$K_{0.40}Na_{0.60}NbO_3$晶体电畴

图 10.33　KNN 晶体的电畴结构

同时，还用美国 FEI 公司生产 Tecnai G2 F20 型透射电子显微镜来对 KNN40G 和正常 $K_{0.40}Na_{0.60}NbO_3$ 晶体电畴做电镜实验（TEM），如图 10.33 中（c）和（d）。总体而言，KNN40G 晶体显示的畴结构比较复杂。如图中所示，该图的畴结构主要由薄层（lamellar）状畴结构和复杂畴结构所构成。薄层状畴结构的平均畴结构大小为 50nm，即为纳米畴（nanodomains）结构。一般，纯 KNN 陶瓷很难表现出复杂的畴结构，并且很难找到纳米畴结构，而 KNN 单晶中却观测到很明显的纳米畴结构。畴结构被认为是高压电性能起源之一。根据经验，畴尺寸跟畴壁能的开方成正比，那么畴壁能的降低就会使电畴变小，从而导致纳米畴结构的出现。

$$\lambda_0 = \beta\sqrt{\frac{\gamma}{\mu\varepsilon_0^2}D} \tag{10.14}$$

式中，λ_0 是电畴尺寸；γ 是畴壁能。从这个经验公式中，可知 KNN40G 晶体的电畴更小，意味着畴壁能更低，其晶格压电活性也越好，从而使得压电性能越大。

此外 TEM 图像中还出现了类似文献中报道的梯度分布畴结构（hierarchical domain structure）。而类似的畴结构分布在 PMN-PT 单晶、BZT-BCT 陶瓷和高性能 KNN 陶瓷[11-13]中也被发现。不同的是，本次试验结果所得到的该种畴结构分布明显较多且排列整齐。综合表现来看，KNN40G 晶体在 PFM 和 TEM 中观察到的电畴结构确实表现出不同于正常 $K_{0.40}Na_{0.60}NbO_3$ 晶体的电畴形态，主要体现为电畴更小，更复杂甚至会存在扭曲电畴等诸多有利于促进压电性能提高的行为。

2. 内应力对结构的影响

高分辨 X 射线衍射是一种表征晶体质量的常用手段。通过测量摇摆曲线的峰型和半高宽，可以分析出晶体的完整性和应力情况。用（001）$_C$面作为衍射面，利用比德 D1 X 射线衍射仪测试晶体的质量，分辨率达到 0.0004°。同时用粉末 XRD 来研究两种晶体的结构，确认应力对晶体结构的影响。如图 10.34 所示，当将两种晶体研磨至微米级的粉末时，可以看到两种晶体的粉末 XRD 表征出来的晶格结构基本相同。而在单晶 XRD 衍射中，可以明显地看到 KNN40G 晶体的衍射峰[图 10.34（d）]要比正常 $K_{0.40}Na_{0.60}NbO_3$ 晶体的衍射峰[图 10.34（c）]宽。再进一步测量两种晶体的摇摆曲线，可以看到正常 $K_{0.40}Na_{0.60}NbO_3$ 晶体衍射峰是由两种晶格叠加在一起宽化而成的，其结果类似于 $K_{0.882}Na_{0.118}NbO_3$ 晶体。而 KNN40G 晶体的摇摆曲线出现了很多峰，类似于缺陷造成的多峰。但是对比于之前的扭曲电畴区域和正常电畴区域，可以发现扭曲电畴在巨大的内应力作用下，其晶格发生了明显变化，电畴形态不在完全属于正交相结构。对比 KNN40G 晶体的粉末，单晶 XRD 衍射图以及电畴结构，可以得知，巨大的内应力极大的可能存在于扭曲电畴的区域。可以想象到，内应力的作用结果就是将扭曲电畴区域的晶格发生了巨大的变化，得到的摇摆曲线与原有的正常电畴区域中得到的摇摆曲线发生角度偏差，从而出现了多峰现象。

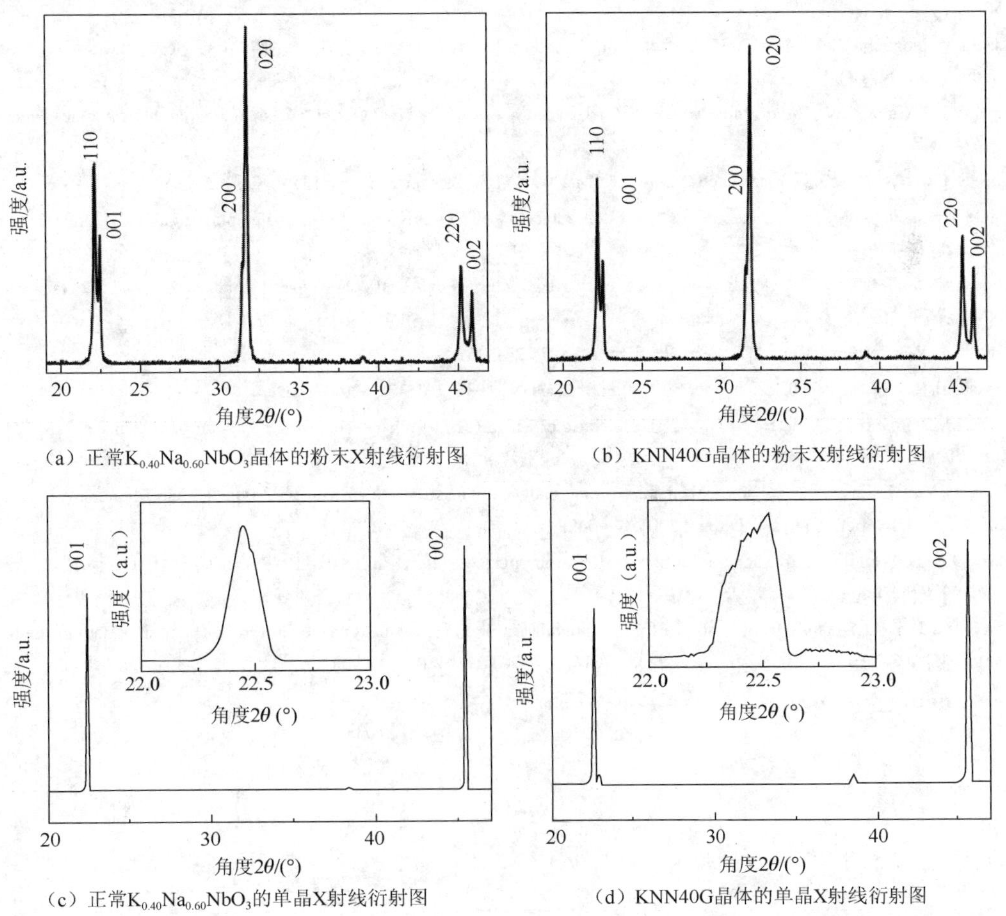

（a）正常$K_{0.40}Na_{0.60}NbO_3$晶体的粉末X射线衍射图　（b）KNN40G晶体的粉末X射线衍射图

（c）正常$K_{0.40}Na_{0.60}NbO_3$的单晶X射线衍射图　（d）KNN40G晶体的单晶X射线衍射图

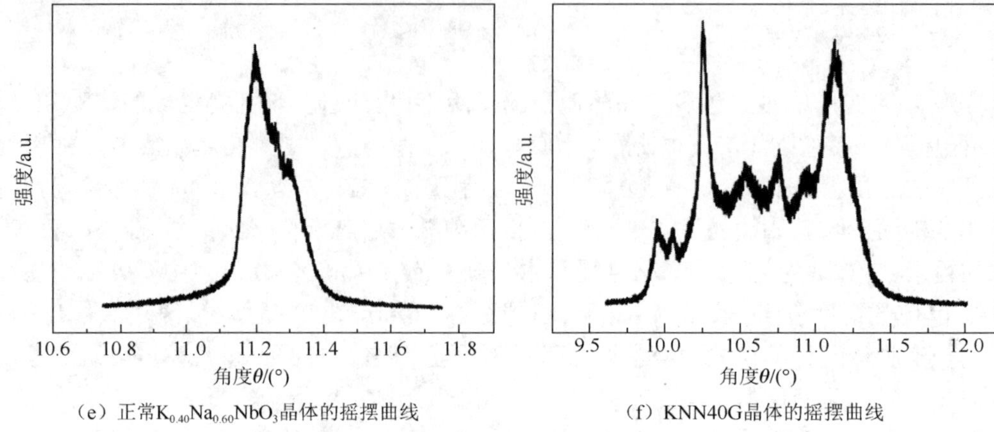

（e）正常$K_{0.40}Na_{0.60}NbO_3$晶体的摇摆曲线

（f）KNN40G晶体的摇摆曲线

图 10.34 KNN40G 和正常 $K_{0.40}Na_{0.60}NbO_3$ 晶体的 X 射线衍射图

参 考 文 献

[1] Saito Y, Takao H, Tani T, et al. Lead-free piezoceramics[J]. Nature, 2004, 432(7013): 84-87.

[2] Kubacki J, Molak A, Talik E. Electronic structure of $NaNbO_3$-Mn single crystals[J]. Journal of Alloys and Compounds, 2001, 328: 156-161.

[3] Kizaki Y, Noguchi Y, Miyayama M. Defect control for low leakage current in $K_{0.5}Na_{0.5}NbO_3$ single crystals[J]. Applied Physics Letters, 2006, 89: 142910.

[4] Tennery V J, Hang K W. Thermal and X-Ray Diffraction Studies of the $NaNbO_3$-$KNbO_3$ System[J]. Journal of Applied Physics, 1968, 39: 4749-4753.

[5] Jaffe B, Cook W R, Jaffe H. Piezoelectric Ceramics[M]. New York: Academic Press, 1971: 120-165.

[6] Ahtee M, Glazer A M. Lattice parameters and tilted octahedra in sodium-potassium niobate solid solutions[J]. Acta Crystallogr A, 1976, 32: 434-446.

[7] Smolensky G A, Isupov V A, Agranovskaya A I, et al. New materials of AIIBIVOVI type[J]. Translation: Soviet Physics-Solid State, 1961, 2: 2651-2654.

[8] Cross L E. Relaxor ferroelectrics[J]. Ferroelectrics, 1987, 76:241-267.

[9] Cross L E. Relaxorferroelectrics: an overview[J]. Ferroelectrics, 1994, 151:305-320.

[10] Davis M, Damjanovic D, Setter N. Direct piezoelectric effect in relaxor-ferroelectric single crystals[J]. Journal of Applied Physics, 2004, 95: 5679-5684.

[11] Wang H, Zhu J, Lu N, et al. Hierarchical micro-/nanoscale domain structure in MC phase of $(1-x)Pb(Mg_{1/3}Nb_{2/3})O_3-xPbTiO_3$ single crystal[J]. Applied Physics Letters, 2006, 89: 042908.

[12] Gao J, Xue D, Wang Y, et al. Microstructure basis for strong piezoelectricity in Pb-free $Ba(Zr_{0.2}Ti_{0.8})O_3$-$(Ba_{0.7}Ca_{0.3})TiO_3$ ceramics[J]. Applied Physics Letters, 2011, 99: 092901.

[13] Lv X, Wu J, Yang S, et al. Identification of phase boundaries and electrical properties in ternary potassium-sodium niobate-based ceramics[J]. ACS Applied Materials & Interfaces, 2016, 8: 18943-18953.